U0342136

高频直缝焊管理论与实践

曹国富 曹笈 著

北 京

冶 金 工 业 出 版 社

2016

内 容 提 要

本书分绪论、焊管坯料、焊管设备、焊管工艺与缺陷处理、孔型设计、生产管理等共 14 章，从理论和实践两方面，以全新视角和前所未有的深度与广度解析焊管成型焊接定径机理，并着重探讨了焊管成型与孔型设计，见解独到，案例翔实丰富，配置各类图表 500 多个，是高频直缝焊管方面理论性与实用性兼备的专著，可使读者在全面了解和熟悉高频直缝焊管生产全过程的同时，提高驾驭焊管设备、焊管调整和孔型设计的能力。

本书可供从事焊管生产、工艺研究、孔型设计和设备制造的科技人员、管理人员、生产人员阅读，也可供高等院校轧钢、冶金等相关专业师生参考。

图书在版编目（CIP）数据

高频直缝焊管理论与实践/曹国富，曹笈著 . —北京：
冶金工业出版社，2016.5
ISBN 978-7-5024-7202-3

Ⅰ . ①高…　Ⅱ . ①曹…　②曹…　Ⅲ . ①直缝焊管机
Ⅳ . ①TG431

中国版本图书馆 CIP 数据核字（2016）第 062911 号

出 版 人　谭学余
地　　　址　北京市东城区嵩祝院北巷 39 号　邮编　100009　电话　(010)64027926
网　　　址　www.cnmip.com.cn　电子信箱　yjcbs@ cnmip.com.cn
责任编辑　李培禄　美术编辑　吕欣童　版式设计　彭子赫
责任校对　王永欣　责任印制　李玉山
ISBN 978-7-5024-7202-3
冶金工业出版社出版发行；各地新华书店经销；固安华明印业有限公司印刷
2016 年 5 月第 1 版，2016 年 5 月第 1 次印刷
787mm×1092mm　1/16；26.75 印张；647 千字；418 页
79.00 元
冶金工业出版社　投稿电话　(010)64027932　投稿信箱　tougao@cnmip.com.cn
冶金工业出版社营销中心　电话　(010)64044283　传真　(010)64027893
冶金书店　地址　北京市东四西大街 46 号(100010)　电话　(010)65289081(兼传真)
冶金工业出版社天猫旗舰店　yjgycbs.tmall.com
（本书如有印装质量问题，本社营销中心负责退换）

前　言

纵观高频直缝焊管70余年，其理论体系似乎已经相当完备，生产工艺似乎已经相当成熟。然而，由于高频直缝焊管生产工艺无处不显示出数学计算和经验参与的双重特点，致使焊管生产平添了许多不确定性与值得继续探索的奥秘，而且，越往深处挖掘疑问越多，越往细处考究疑惑越多。所以，每每研读一些高频直缝焊管的著述时，总有蜻蜓点水、意犹未尽之感和犹抱琵琶半遮面之憾；每每与焊管从业人员在生产现场交流时，又总能听到理论高居庙堂、距离世俗太远的怨言。如片面理解下山成型底线原理并据此夸大下山成型底线的作用，认为下山成型底线有利于薄壁管成型，但是，焊管生产实践证明，按下山成型底线变形薄壁管时，其边缘反而比上山成型底线的更容易失稳。诸如此类的问题与现象，都需要新理论与新实践加以解疑释惑。

另外，随着高频直缝焊管制造日新月异的变化，许多经实践检验过的研究成果和已经上升为焊管理论的实践经验都需要总结与固化。因此，以焊管基本原理为依据，以焊管生产实践为标准，不断充实、完善、厘清一些有关焊管成型焊接定径及孔型设计、设备改进方面的内容，更好地服务于焊管制造，就成为每一个焊管工作者应尽的责任与使命。

本书以高频直缝焊管生产工艺流程为主线，集笔者30多年焊管理论研究成果和实践经验为源泉，聚五百图表和翔实一手数据为素材，以前所未有的深度与广度揭示焊管奥秘；注重方法论探讨，授人以鱼与渔并重；勇于破旧与善于立新并举，不被传统所羁绊。坚持继承、发展、探索与创新为宗旨，秉承理论与实践相结合的基本原则，针对焊管生产工艺中的关键技术、问题缺陷和疑难杂症，都提出许多独到解决方案；书中绝大部分的图、表、公式及其表述独具匠心，在各章均有大量新理论、新见解、新实践贡献给读者，从而赋予焊管制造新内涵、新活力和新生命。力求老歌新唱唱出新意境是本书的亮点；将理论请下神坛、将实践顶礼膜拜，使二者融会贯通是本书的特色；尽可能把焊管调整过程中大量缄默知识显性化并与读者发生共鸣是著作本书的愿望；试图能助焊管从业人员一臂之力，使读者在全面了解和熟悉高频直缝焊管生产全过程的同时，既提高焊管理论水平，又增强焊管实践能力则是本书的出发点。因此，本书用60%左右的篇幅阐述了读者最感兴趣的两个话题——焊管成型与孔型设计，并通过大量实操案例分析丰富这两个话题，对指导焊管操作工现场调试、孔型设计师改进轧辊孔型、机械工程师设计焊管设备和工艺师优化焊管生产工艺等都具有重要参考价值；也可作为职业院校金属材料成型、金属压力加工等专业教学和相关行业生产一线员工的培训教材。

受作者知识面限制，加之才疏学浅，书中难免谬误，故恳请读者不吝赐教；同时，深知焊管事业任重道远，当老骥伏枥，愿用毕生所学为焊管企业的工艺优化、孔型设计、产品创新等排忧解难。作者邮箱：fu_liwang@163.com。

在本书写作过程中，得到夫人曹丽珠女士、卢启威先生的大力支持，同时参考了一些专家学者的文献资料，在此一并表示诚挚的感谢！

作　者
2016 年 3 月

目　　录

第1章 绪 论

焊接钢管起源于 200 多年前。期间，得益于人类社会的多项科技成果，使得高频直缝焊管发展迅猛，品种繁多，工艺多样，用途广泛。

1.1 高频直缝焊管的沿革

高频直缝焊接钢管的出现，经历了探索和发展两个阶段。

据考证，早在 19 世纪初，因战争需要，人们就用钢板弯卷成圆管筒，然后对管筒边缘加热并将加热边缘搭接，最后在短芯棒上锻接成管子，用来制造炮筒，这是最早的焊接钢管。到了 1825 年左右，炉焊钢管方法问世，这种制管方法是将金属带钢加热到焊接温度后，从碗形模具中拉出，达到焊接温度的带钢边缘被挤压到一起，形成圆管筒。直到电磁理论的出现并被逐步工业应用，才有了现代意义上的高频直缝焊管。

高频直缝焊接钢管用焊接能量起源于工频电流，经历了 50 ~ 60Hz、180 ~ 360Hz 直至 200 ~ 500kHz 的探索过程。据美国俄亥俄 TOCCO 轴承公司 H. B. Osborn Jr. 的记载，高频焊管的历史，距今有 70 年左右。世界上第一条真正意义上的高频直缝焊管生产线诞生于 1951 年，Yoder 公司首次将高频电流通过感应圈传输到待焊管筒上，用于焊管生产，并于 1954 年发表了《高频感应焊接工艺》的专利，即现代意义上的高频感应焊接工艺；也是在 1954 年，Thermatool 公司发表了《高频电阻焊接工艺》的专利，形成了现在的高频接触焊焊接工艺。

直到 20 世纪 60 年代初，高频焊管生产随着高频电流的频率达到 200 ~ 500kHz，以及彻底解决了高频设备防过载、意外停机保护等安全互锁之后才得到快速发展，世界各国相继建设了大量小、中、大型高频焊管机组，高频直缝焊管的生产和应用产生了一个爆发式增长阶段。以 60 年代为标志，之前的钢管市场是无缝钢管一统天下；约到 70 年代，焊管行业用了十多年时间，以稳定的质量、低廉的成本、繁多的品种，迅速使其市场占有率与无缝钢管平分秋色；到 70 年代后期，得益于钢铁冶金、机械电子等行业的快速发展，焊管则进入了全面超越无缝钢管的阶段。

1.2 高频直缝焊管制造与相关行业的关系

焊管制造工艺是建立在金属材料学、塑性加工力学、电学、机械以及轧制理论等学科基础上的一门应用学科。国民经济中许多行业都与焊管制造有着千丝万缕的联系，其中，最直接的莫过于机械制造、电子网络与钢铁冶金。

1.2.1　与钢铁冶金的关系

仅就我国而言，在三十多年改革开放的大背景下，我国钢铁冶金业发展迅猛，统计显示，2012 年我国粗钢产量超过 5 亿吨，各种板带材达 1.8 亿吨，这种情况第一为焊管行业的快速发展提供了前提条件和坚实基础，使高频直缝焊管的产量从 1978 年的 100 多万吨增加到 2012 年的 2000 多万吨；第二，炼钢水平的提高，为高频直缝焊管的应用领域不断"开疆拓土"，如价廉物美的耐候钢的成功开发，使耐候结构钢高频直缝焊管迅速占领了室外钢结构用钢管市场，从而迫使不锈钢管逐步退出该市场；第三，连铸连轧的普遍应用和轧钢技术的不断改善，从源头上保证了管坯用料，板材的宏观缺陷和微观缺陷大为减少，质量显著提高，为生产高品质、高要求高频直缝焊管提供了先决条件和必要的物质基础，现在，以这些优质原材料生产的高品质中低压锅炉管、油井管，凭借其不亚于无缝管的品质和大大低于无缝管的价格，已占据了中低压锅炉用管、石油开采输送用管市场的大半壁江山，随着高频直缝焊管品质的不断改善和提高，必将有更多高频直缝焊管替代无缝管；第四，冷轧技术随着 IT 行业的介入使焊管用坯料发生了革命性进步，用板面更光洁更平整、壁厚和宽度公差波动更小、综合力学性能更好、价格更低的优质管坯制作的焊管，越来越受到各行各业的青睐。

1.2.2　与互联网及电子行业的关系

"互联网＋"时代对焊管业的影响主要表现在：

（1）利用 CAD/CAM/VMT 等电脑网络虚拟技术，模拟仿真优化焊管生产过程和轧辊孔型设计，对人们进一步认识直缝焊管成型规律、改进成型孔型、提高管坯成型质量起到了不可替代的作用。同时，借助互联网，彻底解放了焊管工作者的肢体地域局限和思维束缚，任何一个孔型设计师都可以享受到孔型设计专家系统为您提供的高水平服务，从而促进孔型设计更加科学合理，设计效率空前提高，在更好更高层面上满足了日新月异的焊管市场需求。

（2）用传感技术实现焊接要素的自动跟踪与实时调节，有效避免了操作人员的经验局限、精力有限和人为疏忽，从工艺层面和技术层面上确保了焊缝质量。

（3）探伤技术借助植入 IT，使焊管人具备了"火眼金睛"，不仅能够清晰地看到焊管坯和焊缝的微观缺陷等质量状况，而且还能对整个管体实行无间隙检查，最大限度地提高了焊管品质的自信度和市场对焊管品质的认可度；同时也为焊管进一步替代无缝管提供了技术支持和信念支撑。

另外，IT 与焊管机组完美结合之后，使焊管机组具有了记忆、人机对话等功能，焊管机组的调试、作业与控制等从依赖个体经验逐步转变成了一个个优化的数据；甚至不需要实物投入，就能模拟出某种焊管的成型、焊接与定径全过程，并能从中发现问题，通过网络专家会诊给予解决。

（4）电脑飞锯在近 20 年得到长足发展，机械飞锯与 PLC/DSP 的完美结合，使制约焊管连续高速生产的中间切断问题发生了质的飞跃，焊管速度从 40m/min 到 100m/min 再到 200m/min，精度也从 6m 误差 20 ~ 15mm 提高到 3 ~ 0mm，并促进制管速度、锯切精度和切口质量朝着更快更好的方向发展。

（5）固态高频焊机迎合了人们要求高效、节能、低碳的生产方式。焊管用高频焊机在过去几十年里，一直使用高能耗的电子管高频。固态高频焊机的出现，使得焊接功率输出更稳定、焊接效率更高，节能效果更显著；在我国，仅用了近十年时间，通过新增和淘汰的方式，其市场占有率便超过50%，极大地促进了高频直缝焊管向优质、高效、节能的方向发展。

1.2.3 与机械制造业的关系

机械制造业的发展，使焊管机组及其相关设备精度、运行可靠性和便于调整操作等方面有了长足进步，促使焊缝质量更稳定、尺寸精度更精密和生产效率更高。

当然，还有许多行业与高频焊管行业密切相关，不一而足。花费这么多文字谈这一话题，目的是告诉所有已经入行和准备入行的人，要想在这一行业或者您所服务的企业中有所作为，仅仅了解焊管、熟悉焊管是远远不够的，必须要有宽泛的知识面和长时间的积淀，从更高层面理解焊管制造、掌控焊管工艺，触类旁通，才能使我们从必然王国走向自由王国，最终驾驭焊管。

1.3 高频直缝焊管的分类

高频直缝焊管的分类方法和分类标志较多，仁者见仁，智者见智。标准的分类过于简单，民间的分类又过于繁杂，充满地方特色。本书介绍的分类指导思想是，立足标准，同时将民间分类中大家普遍接受的分类方法与标准分类中的方法相结合，从不同角度、按不同标志，对高频直缝焊管进行分类，参见图1-1。

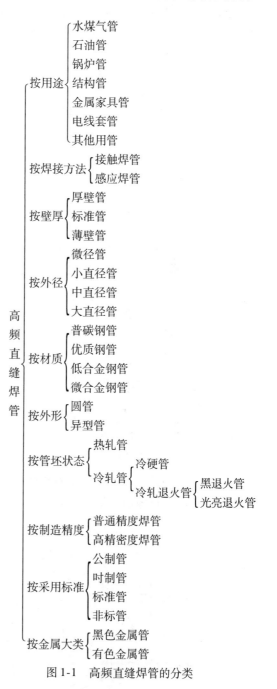

图1-1　高频直缝焊管的分类

1.3.1 按用途分类

高频直缝焊管在国民经济中的应用十分广泛，目光所致，无所不在。

（1）输送用管：

1）水煤气输送用管，主要用于输送压力小于1.6MPa的水、油、燃气、蒸汽、压缩空气等。

2）中压流体输送用管，输送压力在 10MPa 左右、温度在 − 15 ~ 350℃的中压流体，如石油、天然气、化工气体和化工液体等。

（2）结构用管：

1）钢构建筑、输变电塔、电视塔、运动场馆建设用管等，这类用管对管材的耐候性与强度等都有特殊要求。

2）自行车架、摩托车架、货车车厢等用管，这类管材往往更注重材料强度与可焊性。

3）液压缸、气缸、传动轴、滚筒管及各种机械制造用管，一般对精度、强度和壁厚等有比较严格的规定。

4）中低压锅炉管、过热蒸汽管、热交换器管等，这些管材对自身力学性能和焊缝残余应力等要求都很严格。

（3）金属家具用管：包括办公家具用管、居家家具用管、灯饰管、运动器材用管等。由于这些管材在后续加工过程中，都无一例外地需要进行喷粉、电泳、电镀等表面处理，所以对管材表面存在的划伤、压痕、凹坑、凸点、针孔、麻面、锈蚀、气泡等缺陷都相当敏感。对一些需要进行弯管、缩口、胀管、锥管的高频焊管，还应该严格控制管坯的化学成分和硬度、伸长率、屈服强度等力学性能，并且要留有足够的裕量。

（4）建筑用管：包括建筑用脚手架管、建筑装修装饰用管、各类护栏用管等，这些管正在向提高管材强度、减少管材壁厚的方向发展。

（5）其他特殊用管。

1.3.2　按焊接方式分类

高频直缝焊管生产，无论采用的是电子管高频还是固态高频，按焊接方式不同，都可以分为接触焊和感应焊两种。

1.3.2.1　接触焊

接触焊指高频功率的输出是通过扁平金属电极触头或滚轮式电极触头直接与管子外表面接触，实现能量传递，如图 1-2 和图 1-3 所示。

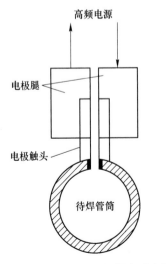

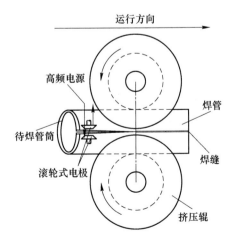

图 1-2　接触焊扁平式电极触头示意图　　　　图 1-3　滚轮式接触焊示意图

主要优点表现在：

（1）焊接效率高，功率损耗少。在焊接装置功率相同、制管规格相同、机组和成型管坯的操作调整状态基本相同的情况下，接触焊的焊接速度是感应焊的 $1.5 \sim 2$ 倍，或者说功率损耗是感应焊的 $1/3 \sim 1/2$。

（2）适宜生产大中直径焊管。根据高频电流的集肤效应原理，管径越大，周长越长，电回路便越长，功率损耗就越大，而接触焊的功率损耗比感应焊小得多，可以弥补长回路带来的功率损耗，这是其一。其二是，通常大中直径焊管的绝对壁厚都较厚，触点压力不会对管坯边缘产生负面影响。

（3）适合生产厚壁管。焊接厚壁管需要较大的高频功率，而接触焊损耗小的优势恰好迎合了这一需求。

1.3.2.2 感应焊

将高频电流以感应方式引导到待焊管筒上而得名。即将承担高频输出功率的感应圈和接受高频功率的待焊管筒看成一个变压器，感应圈是变压器的一次线圈，待焊管筒是变压器的二次线圈，当一次线圈通电后，二次线圈便产生出感应电流，从而加热管坯，如图1-4所示。

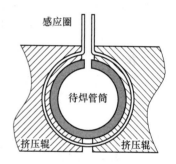

图 1-4　感应焊示意图

由此可见，感应焊的感应圈与待焊管坯之间没有接触，而且绝对不允许有任何接触。一旦有接触，就相当于变压器一、二次线圈间短路、打火，无法感应出电流。

感应焊的主要优点有：

（1）焊接过程稳定，焊缝表面光滑。因其与待焊管筒没有接触，焊接时不受管坯边缘状况影响，不会产生跳焊、漏焊等焊接缺陷。

（2）从根本上消除接触焊可能开路所引发的高频设备故障，降低设备日常维护成本，提高设备利用率。

（3）因为无电极接触和电极压力，所以最适合焊接薄壁管。通常将感应圈内径与待焊管筒外径之间的单边间隙控制在 $2 \sim 3\,\mathrm{mm}$，间隙越小，感应焊效率越高。

（4）感应圈的操作调整简单方便、一次到位，中途没有变化，不需要停机调整；而接触焊的电极触点由于滑动磨损需要经常停机调整，既费时费力，又增加开口管，影响成材率。

（5）理论上讲，每生产一种外径的焊管，除第一次制作感应圈用铜管外，就再无有色金属铜的消耗，既节省成本，也节省时间。

其实，接触焊和感应焊，就高频焊管生产而言，二者并无本质区别，只是待焊管筒获得焊接热量的方式不同而已。

1.3.3　按壁厚分类

可细分为特厚壁管、厚壁管、标准壁厚管、薄壁管和特薄壁管等五类。其分类标志是管壁厚度 t 与焊管外径 D 之比率，详见表1-1。

之所以要对管壁厚度进行分类，是因为生产不同壁厚的高频直缝焊管，无论是在成型方面、焊接方面或者是整形方面的工艺要求有的大相径庭。如用成型厚壁管的轧辊生产相同外径的薄壁管，就存在很高的成型失败风险。

1.3.4　按外径分类

高频直缝焊管按外径大小可分为微径管、小直径管、中直径管和大直径管四类，详见表1-2。

<table>
<tr><th colspan="2">表 1-1　焊管壁厚分类表</th></tr>
<tr><th>名　称</th><th>壁径比百分数$(t/D \times 100)/\%$</th></tr>
<tr><td>特厚壁管</td><td>$t/D \times 100 > 18$</td></tr>
<tr><td>厚壁管</td><td>$12 < t/D \times 100 \leqslant 18$</td></tr>
<tr><td>标准壁厚管</td><td>$5 < t/D \times 100 \leqslant 12$</td></tr>
<tr><td>薄壁管</td><td>$2 < t/D \times 100 \leqslant 5$</td></tr>
<tr><td>特薄壁管</td><td>$t/D \times 100 \leqslant 2$</td></tr>
</table>

<table>
<tr><th colspan="2">表 1-2　高频直缝焊管外径分类表</th></tr>
<tr><th>名　称</th><th>外径(D)/mm</th></tr>
<tr><td>微径管</td><td>$D \leqslant 8$</td></tr>
<tr><td>小直径管</td><td>$8 < D \leqslant 114$</td></tr>
<tr><td>中直径管</td><td>$114 < D \leqslant 406$</td></tr>
<tr><td>大直径管</td><td>$D > 406$</td></tr>
</table>

有资料显示，目前高频直缝焊管最小已做到 $\phi 3.4$mm；而受热轧钢带轧机宽度制约，目前所能生产最大直径高频直缝焊管管径（指外径）为 $\phi 660$mm（美国）。最大直径高频直缝焊管机组为 $\phi 711$mm，最大热轧板带机组可生产热轧板带的规格为$(1.2 \sim 25.4)$mm $\times 2300$mm。

1.3.5　按材质分类

焊管按材质可分为普通碳素结构钢焊管、优质碳素结构钢焊管、低合金钢焊管、微合金钢焊管和不锈钢焊管，区分的主要标准是化学成分与力学性能。

1.3.5.1　普通碳素结构钢焊管

相应钢号和化学成分见表1-3。这类焊管一般不要求力学性能。

表 1-3　普通碳素钢焊管钢号和化学成分　　　　　　　　　　　（%）

钢号（屈服点）	C	Si	Mn	P	S
Q195	$0.06 \sim 0.12$		$0.25 \sim 0.50$		
Q215（A）	$0.09 \sim 0.15$	$\leqslant 0.30$	$0.25 \sim 0.55$	$\leqslant 0.045$	$\leqslant 0.050$
Q235（A）	$0.14 \sim 0.22$		$0.30 \sim 0.65$		
Q255（A）	$0.18 \sim 0.28$		$0.40 \sim 0.70$		

需要说明的是，在有的钢号后面还有 A、B、C、D 之分，差别在于碳含量或硫含量不同；还可以后缀 F、L 等，F 表示沸腾钢，L 表示延伸性能更优。

1.3.5.2　优质碳素结构钢焊管

这类管坯，既对化学成分有要求，又对力学性能有要求，综合考量看，品质优于普碳钢焊管。常用于制作优质碳素结构钢的高频直缝焊管，其钢号、化学成分和力学性能分别见表1-4 和表1-5。

表 1-4　常用优质碳素结构钢焊管的化学成分　　　　　　　　　（%）

钢　号	C	Si	Mn	P	S	Cr	Ni	Al
08F	$0.05 \sim 0.11$	$\leqslant 0.03$	$\leqslant 0.04$	$\leqslant 0.02$	$\leqslant 0.03$	$\leqslant 0.01$		—
08Al								$0.015 \sim 0.065$
10	$0.07 \sim 0.14$			$\leqslant 0.035$	$\leqslant 0.035$	$\leqslant 0.15$	$\leqslant 0.25$	—
15	$0.12 \sim 0.19$	$0.17 \sim 0.37$	$0.35 \sim 0.65$	$\leqslant 0.04$	$\leqslant 0.04$	$\leqslant 0.25$		
20	$0.17 \sim 0.24$							

表1-5 常用优质碳素结构钢焊管（R）的力学性能[①]

钢 号	σ_s/MPa	σ_b/MPa	δ_5/%	ψ/%
08Al	185	325	33	60
08	185	325	33	58
10	210	340	31	55
15	230	380	27	55
20	250	420	25	55

①焊管的实际力学性能与表中数值相比会略有变化，如屈服点和抗拉强度都会有所上升，而伸长率和断面收缩率则会有所下降。

1.3.5.3 低合金钢焊管

高频直缝焊管用低合金钢，其钢号、化学成分和力学性能分别见表1-6和表1-7。

表1-6 常用低合金钢焊管的化学成分 （%）

钢 号	C	Mn	Si	P	S	V	Nb	Ni	Cr	Cu	Ti
16Mn	0.12 ~ 0.20	1.20 ~ 1.60	0.20 ~ 0.60	≤0.030	≤0.030	—	—	≤0.30	≤0.30	≤0.25	—
10Ti	0.07 ~ 0.14	0.30 ~ 0.60	0.10 ~ 0.40	≤0.04	≤0.04	—	—	—	—	—	0.12 ~ 0.22
Q345A	≤0.20	1.00 ~ 1.60	≤0.55	≤0.045	≤0.045	0.02 ~ 0.15	0.015 ~ 0.06	—	—	—	—

表1-7 常用低合金钢焊管的力学性能

钢 号	σ_s/MPa	σ_b/MPa	δ_5/%
16Mn	345	470 ~ 620	21
10Ti	—	459 ~ 534	$\delta_{10} \geqslant 15$
Q345A	345	470 ~ 630	21

1.3.5.4 微合金钢焊管

一般情况下，微合金钢焊管属于订单式生产产品。它是为了满足某一特定需要，在钢中少量添加某些（一种或几种）化学元素，使之除了具备钢材的一般性能外，同时具备某种特殊功能。如为了不降低P110高频直缝焊石油套管的强度，在钢中添加微量Nb、Mo、V、B后，就能显著细化管材晶粒、提高抗回火软化性能和析出强化效果，进而对提高P110材质焊管的强度和韧性有利。

1.3.6 按管坯制造工艺分类

焊管按管坯制造工艺分为热轧高频焊管、冷轧高频焊管和镀层高频焊管三大类。

1.3.6.1 热轧高频焊管

热轧高频焊管指直接用热轧管坯做原料所生产的高频直缝焊管。热轧高频焊管广泛应用于国民经济各部门，约占高频直缝焊管总量的70%。与冷轧高频焊管相比，热轧高频焊管表面较粗糙，壁厚公差较大，内径尺寸不稳定。

1.3.6.2 冷轧高频焊管

冷轧高频焊管指以冷轧钢带为原料所生产的高频直缝焊管。它包括冷轧不退火焊管（Y表示硬态）和冷轧退火焊管（R表示软态）。

（1）冷轧不退火焊管，又称冷硬（Y）管。是冷轧不退火板材经纵剪成管坯后，直接用于制作焊管。根据金属冷轧变形原理，冷轧后的板材会产生硬化现象，甚至变得很硬。影响板材轧后硬度的因素较多，主要有冷轧变形量、材质、冷轧工艺、轧前板材硬度等。图1-5反映了Q215F板材冷轧变形量与硬度变化的关系。适用于检测板材硬度的有表面洛氏硬度（HRB）计和维氏硬度（HV）计两种。

目前，暂无关于冷硬高频直缝焊管标准的信息，基本是根据客户要求，供需双方协商。一般将焊管用冷硬带的硬度控制在 $150 \leqslant HV < 190$，若维氏硬度超过190HV，在成型管坯变形到中后段（变形角约270°）时，管坯底部就存在横向开裂的风险；硬度低于

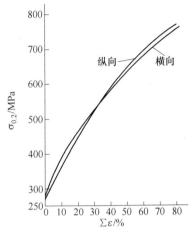

图1-5 Q215F钢的加工硬化曲线

150HV的板材，已属于半软的范畴。表1-8是根据日本《冷轧碳钢钢板和钢带》（JIS Z 3141—1994）工业标准所列板材硬度划分及其对应硬度值。我国在《低碳钢冷轧钢带》（YB/T 5059—2005）标准中亦有规定，参见表1-9。

表1-8 板材硬度划分及其对应硬度值（日本）

硬度代号	硬 度 值	
	HRB	HV
1/8 质硬	45~55	95~130
1/4 质硬	50~71	115~150
1/2 质硬	65~80	135~185
1 质硬	76~85	≥170

表1-9 板材硬度划分及其对应硬度值（中国）

硬度名称	σ_b/MPa	HV[1]
特软 TR	275~395	85~100
软 R	325~440	101~130
半软 BR	375~490	131~150
低硬 DY	410~540	151~180
冷硬 Y	490~785	≥180

[1] HV 值系类比值。

冷硬焊管的特点是硬度硬、强度高；优势是米重轻、性价比高。主要适合直用，像家具管中不需要弯曲变形的直用部位、街道护栏、探桩管等，市场前景不容小觑。

（2）冷轧退火焊管，又有光亮退火焊管（简称光退管或光亮管）和黑退火焊管（简称黑退管）之分。光退管是以光亮退火钢带为管坯生产的高频直缝焊管，该管种不仅表面光洁、致密，而且厚度均匀、力学性能优异。光退管能满足后续加工过程中的弯、涨、锥、缩口等变形加工以及喷粉、电镀等表面处理需要，是生产中高档金属家具的理想管材，当然价格比黑退管高300~500元/吨。黑退管是以黑退火钢带为管坯生产的高频直缝焊管，从理论上讲，如果黑退管使用的黑管坯之原料与光亮管坯之原料相同，那么，除了管面呈黑色和管面致密程度稍微逊色之外，其他与光退管并无多少差别。

1.3.6.3 镀层高频焊管

镀层高频焊管是指以各种镀层板带钢为管坯生产的高频直缝焊管，其中，有的根据需

要，还会在线对焊缝进行热喷涂处理。如热喷锌，经热喷锌过的焊管，从表面看，与传统热镀锌管并无二致，但成本更低，用此工艺生产镀锌电线套管等已获得广泛认同。根据镀层材料和涂镀工艺不同，镀层高频焊管可分为热镀锌（铝、锡、铜等）焊管和冷（电）镀锌（铝、锡、铜等）焊管。

1.3.7 按管坯边缘状态分类

高频直缝焊管的坯料，有的是将较宽板带纵剪分条成一定宽度的管坯，俗称切边管坯，切边管坯边缘呈直线，故又称为直边管坯；有的直接用标准宽度的热轧钢带作管坯，该种管坯的边缘呈圆弧状，故也称为圆边管坯。

之所以将切边与不切边作为区分高频直缝焊管的标志之一，是因为切边管坯和不切边管坯对成型后的管坯边缘对接形态、焊接质量、焊缝强度、内毛刺形状和外毛刺大小以及给定管坯宽度等都有较大影响。在某种意义上讲，人们为管坯所做的一切努力，都是试图使管坯边缘能够在平行对接的状态下完成焊接，如图1-6a所示，而这是圆边管坯无法做到的（图1-6b）。

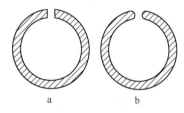

图1-6　切边（a）与圆边（b）
待焊圆管筒

1.3.8 按制造精度分类

焊管按制造精度分为普通精度焊管和高精度焊管，参见标准 GB/T 3091—2008。需要指出的是，实际操作中，有些客户提出的精度要求往往比高精密度标准的管子要求还要高许多，个中原因错综复杂，既有客户后续加工的需要，也有行外人的不理解，更有行内人的经济目的。

（1）后续加工需要，如需要外套、内配、车外圆、镗孔等，就完全有必要要求制管企业尽可能地提高精度，以减少后续加工量，如微电机外壳用管。

（2）行外人的不理解，易将焊管行业与机械行业相提并论，如 $\phi50^{\pm0.10}$ mm × 3mm 的圆管，对车床金加工而言，可以轻而易举地获得；但是，对焊管生产来说，受设备精度、材料精度、配合精度、孔型精度等制约，则并非易事，必须花一番工夫。

（3）行内人的经济目的，如在标准允许范围内利用尺寸负差赚取理论重量与实际重量差。

1.3.9 按横截面形状分类

焊管横截面形状大致分为圆管和异型管两类。以下说的异型管是指除圆以外且凭借焊管机组一次完成所得管形，如圆变方矩管、D形管、蛋形管、腰鼓管、凹槽管、凸筋管等。

1.3.10 按采用标准分类

焊管按采用标准分为吋制管、公制管和非标管三类。

1.3.10.1 吋制管

吋制管有两种表述，一种是以英寸（in）作为管子名义规格的计量单位，如水煤气管，其名义规格与公称口径、外径及中径均不相同，参见表1-10。另一种是以英寸作为焊管规格的实际计量单位，建议当客户提出时制管订货要求时，要进行确认。

表 1-10　常用水煤气管的规格

名义规格/in	公称口径/mm	外径/mm	壁厚/mm	名义规格/in	公称口径/mm	外径/mm	壁厚/mm
3/8	10	17	2.75	5	125	140	4.5
1/2	15	21.25	2.75	6	150	165	4.5
3/4	20	26.75	2.75	8	200	219	6
1	25	33.23	2.75	10	250	273	8
$1\frac{1}{4}$	32	42.25	3.25	12	300	325	8
$1\frac{1}{2}$	40	48	3.5	14	350	377	9
2	50	60	3.5	16	400	426	9
$2\frac{1}{2}$	65	75.5	3.75	18	450	480	9
3	80	88.5	4.0	20	500	530	9
4	100	114	4.0	24	600	630	9

1.3.10.2　公制管

公制管是以国际法定长度计量单位中的毫米（mm）计量管子外径和壁厚，如 $\phi50mm \times 3.5mm$。

1.3.10.3　非标管

非标管的全称是非标准尺寸管，它是相对于标准尺寸管而言的。通常是外径相同、壁厚不同，如 2in 管的标准外径和壁厚分别是 $\phi60mm$ 和 3.5mm，而 2in 的非标管之壁厚可以是 1.0mm、1.5mm、…、5mm 等，但是，外径都是 $\phi60mm$，都称之为 2in 非标管。

1.3.11　按金属大类分类

焊管按金属大类分为黑色金属焊管和有色金属焊管。我们经常讲的焊接钢管就是指黑色金属焊管。另一部分就是有色金属焊管，如铜管、铝管、钛管等。

1.4　高频直缝焊管生产工艺流程概述

高频直缝焊管种类繁多，用途不同，使得生产工艺线长短不一，差别较大，代表性的生产工艺流程大致有以下四类：

（1）水煤气输送用管生产工艺。其流程为：管坯准备→上料拆卷→粗矫平→切头切尾→焊接头尾→打磨对焊缝→活套储料→精矫平→成型→高频焊接→去外毛刺→冷却→定径（外径抽检）→粗矫直→定尺切断（长度抽检）→精矫直（直度抽检）→平头倒角（断面抽检）→水压试验（抽检）→目测检验→六角包装→称重入库，参见图 1-7。

┗→ **修整** →┛

（2）石油天然气用管生产工艺。其流程为：管坯准备→上料拆卷→粗矫平→切头切尾→焊接头尾→去对焊毛刺→活套储料→精矫平→洗边→板宽超声波探伤→成型→高频焊接→去内外毛刺→焊缝超声波检测→焊缝中频退火→空冷→水冷→定径→粗矫直→定尺切断

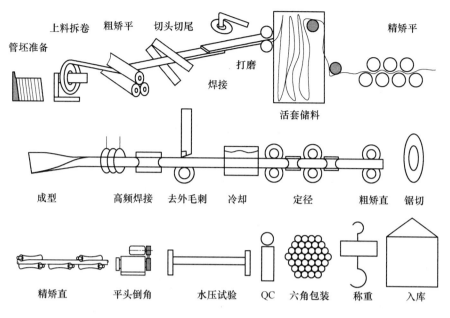

精矫平

成型　高频焊接　去外毛刺　冷却　定径　粗矫直　锯切

精矫直　平头倒角　水压试验　QC　六角包装　称重　入库

图 1-7　水煤气输送用管生产工艺流程

→压扁试验（取样）→精矫直→水冲洗→平头→倒角→水压试验→焊缝超声波检测→管端焊缝超声波检测→外尺寸检验→称重测长→喷标→（涂敷）→管端保护→入库。
　　　　　└─→修整─┘

石油天然气用管的生产工艺与水煤气输送用管生产工艺最显著区别在于：前者强化生产过程各个阶段的无损探伤与检测，做到百分百全检，更侧重于全过程的质量控制。

（3）锅炉用管的生产工艺。其流程为：管坯准备→上料拆卷→粗矫平→切头切尾→焊接头尾→去对焊毛刺→活套储料→精矫平→洗边→成型→高频焊接→去内外毛刺→水冷→定径→粗矫直→焊缝超声波检测→焊缝中频退火→定尺切断→无氧化热处理→张力减径或冷拔→外尺寸检验→精矫直→水压试验→焊缝超声波检测→平头→倒角→力学性能检测→工艺检测→最终检验→喷标→防锈涂敷→管端保护→称重→入库。
　　　　　└─→修整─┘

（4）金属家具用管生产工艺。其流程为：管坯准备→上料拆卷→焊接头尾→去对焊毛刺→活套储料→矫平→成型→焊接→去外（内）毛刺→冷却→整形→随机矫直→表面防锈→切断→检验→包装→称重→入库。

以上四种高频直缝焊管生产工艺，具有一定的代表性，其他一些高频直缝焊管的生产工艺，不外乎上述四种工艺或组合或删减，万变不离其宗，同时又各有侧重。如果我们将焊管生产工艺看作一个大系统，那么无论简繁，都可以把这个大系统按近似功能与作业内容，分成 7 个子系统，如图 1-8 所示。各个子系统以焊管机组为中心，既协调运转，又各自独立运行，且各有侧重，如备料系统的重点是制备焊管坯。

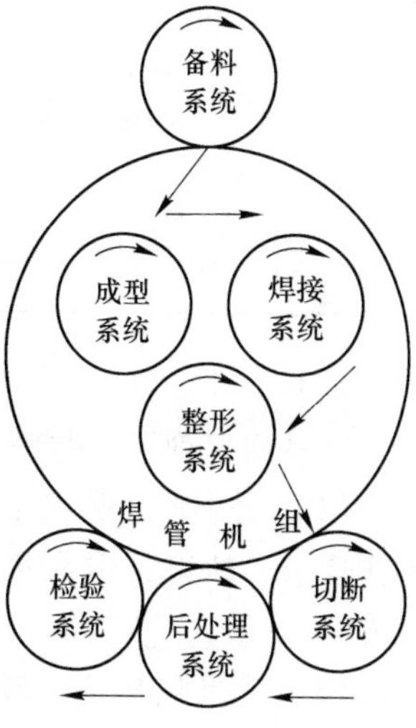

图 1-8　焊管生产 7 个子系统与相互关系

第2章 高频直缝焊管用管坯

焊管坯是制作焊管所用原材料，它的力学性能与化学成分对焊管质量影响深远，其宽度更是决定焊缝强度的第一要因。人们通常讲焊管坯宽度合适，是指既定厚度的宽度；宽度的确定，受多种因素制约。本章探讨了多种管坯宽度计算方法，指出各种计算方法的共性与差异及其适用条件。同时，将焊管坯存在的缺陷分为显性和隐性两大类，并剖析管坯缺陷对焊管生产的不利影响。

2.1 焊管坯的分类

焊管坯可按钢种、轧制管坯时的温度、焊管坯来源的宽度和焊管坯边缘状态等分为四大类。

2.1.1 按钢种分类

根据《焊接钢管用钢带》（GB/T 700—2008）之规定，焊管坯按钢种分为普通碳素结构钢、优质碳素结构钢、低合金结构钢和微合金钢等，详见表2-1。

表2-1 管坯按钢种分类

普通碳素结构钢	优质碳素结构钢	低合金结构钢	微合金钢
Q195、Q195A、Q195L、Q195F、Q215、Q215A、Q215B、Q215F、Q235、Q235A、Q235B、Q235C、Q235D	08、08Al、10、15、20、25	12Mn、16Mn、08Ti、10Ti、Q295、Q345、X 系列、P 系列	RMH-1、R429EX、R434LN

2.1.1.1 Q 系列焊管坯

Q 系列焊管坯又称普碳钢焊管坯。用普碳钢作焊管坯，需作两点说明：

（1）由于普通碳素结构钢只对钢中化学成分（参见表1-3）有严格规定，对力学性能不作要求，所以，用普通碳素结构钢生产的高频直缝焊管在交货时，理论上讲并不能保证其力学性能。

（2）标准只是一个最低要求，出于市场竞争的需要，以及随着炼钢水平、轧制技术尤其是冷轧技术及其相关退火工艺、精整工艺、拉矫工艺的不断改进与提高，Q 系列焊管坯的力学性能已改观不少，有的可与优质碳素结构钢相媲美。用 Q 系列冷轧光亮退火钢带生产的冷轧光亮管，其力学性能已经与优质碳素结构钢没有太大的差别。

2.1.1.2 优质钢系列焊管坯

（1）优质碳素结构钢必须既要保证管坯的化学成分，同时又要保证管坯的力学性能，因此，用优质碳素结构钢焊管坯制作的焊管，至少在力学性能上是有保证的。如 10 号钢必须保证抗拉强度 $\sigma_b \geqslant 340MPa$，屈服强度 $\sigma_s \geqslant 210MPa$，伸长率 $\delta_5 \geqslant 31\%$。

（2）受包申格效应影响，焊管坯经过成型变形、焊接挤压和整形变形后，像伸长率、收缩率这类指标会有所下降，而屈服强度和抗拉强度则会略有上升。这一方面提醒我们注意，选购优质钢焊管坯时在性能指标方面要留有裕量；另一方面要求在制管操作过程中，应尽量避免管坯，特别是成型管坯局部不当受力，防止包申格效应被强化。包申格效应在所有钢材变形中都有表现，区别在于程度不同。

2.1.1.3 低合金钢系列焊管坯

低合金钢焊管坯既要保证管坯的化学成分，同时，还必须保证有较高的抗屈服能力和抗拉强度以及一定的韧性。主要用于生产高强度、耐冲击、耐磨损类的管材，如石油输送用管、煤浆输送用管、传动轴用管、大跨度钢结构用管、高强度脚手架用管等。使用低合金钢焊管的最大优势在于高性价比，可以在不降低构件强度的前提下，通过强度替换，减轻米重，减轻构件自重，这对大跨度钢结构具有特别重要的意义。

2.1.1.4 微合金钢系列焊管坯

这类管坯是为了满足某些特定客户的需求或特定用途而专门研制的焊管坯。主要借助低合金结构钢、优质结构钢这一平台，通过添加某些微量金属或非金属，使管坯和焊管具备某些特殊功能。

2.1.2 按轧制坯料的温度分类

所有焊管用料都需要经过一定的轧制才能成为管坯。按轧制管坯前的坯料是否需要加热再实施轧薄，可将焊管坯分为冷轧焊管坯和热轧焊管坯两类。

2.1.2.1 冷轧焊管坯

冷轧焊管坯指以热轧钢带作原料，在室温下对经过酸洗的热轧钢带进行轧薄，得到预定厚度的冷轧钢带，再经分条切边或不切边等加工，获得符合焊管用料宽度要求的焊管坯。冷轧焊管坯又有退火与不退火（俗称冷硬）、光亮退火（带保护气体，使之不被氧化）与黑退火（不带保护气体，退火钢带表面被氧化成锂黑色）、精整拉矫与未精整拉矫、切边与不切边之分。用它们生产的焊管，无论是表面还是性能都有较大差异，如冷轧退火与冷轧不退火焊管，正常情况下，前者弯管、扩口、胀管等都没有问题，后者弯管会断、扩口会爆、胀管会裂，只适宜直用。

2.1.2.2 热轧焊管坯

需要将钢坯加热至再结晶温度以上（800~1250℃）进行轧制，所得到的带状产品称之为热轧钢带；直接用于焊管原料的即是热轧管坯。热轧管坯又有切边与不切边之分。

输送用管、结构用管、货架用管等常用 Q195~Q235、SPHC 热轧钢带作焊管坯，SPHC 的化学成分和力学性能见表 2-2。

表 2-2　SPHC 热轧板的化学成分和力学性能

化学成分（质量分数)/%		力 学 性 能	
C	≤0.12	σ_s/MPa	195[①]
Si	≤0.3	σ_b/MPa	≥270
Mn	≤0.5	δ_5/%	≥33
P	≤0.04	ψ/%	55
S	≤0.035	HV	120 ~ 140

①通过类比获得。

2.1.2.3　冷轧焊管坯与热轧焊管坯的区别

（1）工艺区别。1）温度不同：前者是在常温下对常温（严格讲再结晶温度以下都算）坯料进行轧制，后者是在常温下对加热坯料进行轧制。2）宽度变化不同：冷轧时主要改变坯料厚度，宽度微量变窄，通常忽略不计；热轧时厚度变薄，宽度增宽，同时变化。3）轧制对象不同：前者的轧制对象是常温钢带，后者的轧制对象是高温钢锭，后者是前者的原材料。

（2）质量差异。主要表现在四个方面：1）冷轧焊管坯厚薄均匀，一般内控为 0.01 ~ 0.03mm；当然，国标规定要宽泛得多，参见表 2-3。2）通过冷轧，可以获得热轧无法生产的极薄焊管坯，如 0.1mm；而据报道，目前热轧焊管坯最薄仅为 1.0mm，且厚度波动大；50 ~ 600mm 宽热轧管坯厚度允差见表 2-4。3）冷轧管坯表面质量优越、组织致密、板面光洁，不存在热轧焊管坯常有的氧化层压入、麻点、粗糙等缺陷。4）冷轧焊管坯具有较好的力学性能和工艺性能，如较高强度、较低屈服极限、良好深冲性等。

表 2-3　宽度 600mm 以下冷轧管坯厚度允差　　　　　　　　　（mm）

厚 度	允 许 偏 差	
	普通精度 P	较高精度 H
0.5	±0.06	+0.03 −0.05
0.6	±0.07	+0.04 −0.07
0.8	±0.08	
1.0	±0.09	+0.05 −0.09
1.2	±0.11	
1.4	±0.12	+0.06 −0.11
1.5	±0.13	
1.6	±0.14	
1.8	±0.14	+0.07 −0.13
2.0	±0.15	
2.2	±0.16	
2.5	±0.17	+0.08 −0.16
2.8 ~ 3.0	±0.18	
3.2 ~ 3.5	±0.20	+0.10 −0.20
3.8 ~ 4.0	±0.22	

表 2-4　50~600mm 宽热轧管坯厚度允差　（mm）

热轧管坯宽度	管坯厚度	厚度允许偏差
50~600	1.8, 2.0, 2.2	±0.18
	2.5, 2.8, 3.0	±0.2
	3.2, 3.5, 3.8, 4.0	±0.25
	4.2, 4.5, 4.8, 5.0, 5.5	±0.29
	6.0, 6.5, 7.0	±0.32
	7.5, 8.0	±0.39

（3）价格差异。二者在价格上每吨有 400~700 元的差价，显然，前者比后者贵。在用于冷轧焊管坯的冷轧钢板中，比较著名的牌号是 SPCC-SB，其综合力学性能、板面板形、性价比等都优于同类产品。SPCC-SB 的化学成分和力学性能参见表 2-5。

表 2-5　SPCC-SB 冷轧板的化学成分和力学性能

化学成分（质量分数）/%		力 学 性 能	
C	≤0.12	σ_s/MPa	185[1]
Si	≤0.3	σ_b/MPa	≥270
Mn	≤0.5	δ_5/%	≥32
P	≤0.04	ψ/%	60[1]
S	≤0.035	HRB/HV	50~71/95~130

①通过类比获得。

2.1.3　按焊管坯来源的宽度分类

焊管坯的原料以宽度为标志分窄带、中宽带和宽带三种，参见表 2-6。

表 2-6　焊管坯的原材料宽度划分表　（mm）

窄 带	中 宽 带	宽 带
≤400	401~999	≥1000

2.1.3.1　窄带焊管坯

窄带焊管坯分两种：一种是根据焊管规格的需要，将钢锭热轧成特定宽度（≤400mm）和特定厚度的热轧不切边焊管坯，直接用于焊管制作，如小直径水煤气管用焊管坯，其常用规格见表 2-7。另一种是根据轧制焊管（$\phi \times t$）需要的宽度，选用宽度 400mm 以下厚度为 t 的窄钢带在纵剪机上剪切成相应宽度的焊管坯，用于焊管生产。

表 2-7　小直径水煤气管用焊管坯规格

焊管规格/in	外径/mm	壁厚/mm	管坯宽度/mm	焊管规格/in	外径/mm	壁厚/mm	管坯宽度/mm
3/8	17	2.25	50	1 $\frac{1}{2}$	48	3.5	145
1/2	21.25	2.75	63	2	60	3.5	183
3/4	26.75	2.75	80	2 $\frac{1}{2}$	75.5	3.75	235
1	33.5	2.75	100	3	88.5	4.0	273
1 $\frac{1}{4}$	42.25	3.25	128	4	114	4.4	353

注：1in = 25.4mm。

2.1.3.2　中宽带和宽带焊管坯

来源于中宽带或宽带的焊管坯，基本上都需要经过纵剪分条，剪切成宽度符合焊管生产要求的管坯；当然，也有冷、热之分。

对焊管坯的来源按宽度进行分类，有利于人们更深入地了解焊管品质，有利于从原材料的角度保证焊管品质。一般来说，窄带的质量缺陷总是比中宽带多，中宽带的质量缺陷又比宽带多。从实际使用情况和人们的口碑看，宽板的综合质量更让人放心。

2.1.4　按管坯边缘状态分类

焊管坯按管坯边缘状态分为不切边管坯和切边管坯。不切边管坯系指管坯边缘保持轧制原始状态，边缘呈半圆形，参见图 1-6；切边管坯是利用纵剪机组对管坯或钢带按照既定宽度进行剪裁，剪裁可以是单条，也可以是多条。由此可见，切边管坯宽度偏差是可控的，根据目前纵剪机组的技术条件，已经能够将宽度偏差控制到不大于 ±0.10mm 精度范围内，参见表 2-8。而不切边管坯的宽度波动幅度远大于切边管坯，就表 2-6 所列规格而言，宽度公差在 −1 ~ +2mm 并不少见。这在标准 GB/T 8164—1993 上亦有所体现，如表2-8 所示。如此大的宽度波动幅度对焊接状态和焊缝强度的影响是不言而喻的。因此，凡是对焊缝强度有较高要求的焊管，都必须使用切边管坯；并且建议，在焊管领域要逐步限制和淘汰不切边管坯。

表 2-8　50 ~ 600mm 热轧管坯切边与不切边宽度允差　　　　　　　　（mm）

热轧管坯宽度	允　许　偏　差	
	切　边	不切边
50 ~ 200		±1.5
>200 ~ 300	±1.0	±1.8
>300 ~ 600		双方协商

另外，在确定管坯用料宽度时，通常切边管坯要比同一规格不切边管坯窄 1 ~ 2mm。

2.2　确定焊管坯宽度的基本原理

确定焊管坯宽度的基本思路是，要制造出如图 2-1d 所示尺寸的焊管，在假定厚度不变的前提下，需要考虑管坯在成型过程中的变窄量、焊接时转化为内外毛刺的消耗量以及为定径过程中焊管直径减小而预留的消耗量等，这样，要给予的管坯宽度 B 必然要大于成品管所需要的宽度 B_1。不妨让我们根据图 2-1 进行逆向思维，逐步解析制管过程，进而加深对确定管坯宽度原理的理解。

2.2.1　整形中的管坯宽度消耗分析

根据焊管生产工艺和整形原理，要得到中性层直径为 D 的成品管，就需要用大于中性层直径的待整形焊管 D' 以供整形消耗之需，这样，被整形"消耗"掉的管坯宽度等于 $(D' - D)\pi$。而 $(D' - D)\pi$ 就是图 2-1c 中网格所指的部分，即定径余量的宽度表达式为：

$$\Delta_3 B = (D' - D)\pi \tag{2-1}$$

式中　$\Delta_3 B$——供定径过程消耗的管坯宽度，或称定径余量；

D'——待整形焊管中性层直径；

D——成品焊管中性层直径。

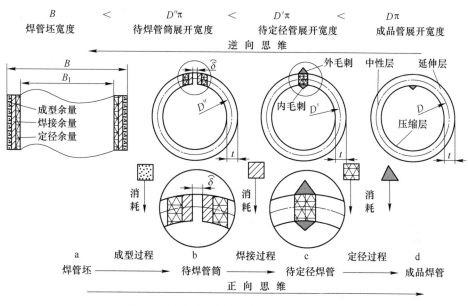

图 2-1 制管过程中管坯宽度消耗变化示意图

2.2.2 挤压焊接时的管坯消耗分析

待定径焊管来源于对待焊管筒的挤压与焊接，由金属挤压焊接原理易知，在这个过程中，必然会有部分金属被挤出。被挤出的这部分金属，在尚未受到挤压焊接前被称为焊接余量，是专门为挤压焊接而准备的，如图 2-1b 中剖面线所示。当待焊管坯受到挤压焊接后，一方面，管子周长在 20~40MPa 挤压力作用下会缩短；另一方面，会有部分金属被挤出，这部分被挤出的金属附着在焊缝内外壁，它们在焊管工艺中被称之为内毛刺和外毛刺，参见图 2-1c 中黑色三角涂层。显然，就体积而言，如果加上焊接过程中飞溅掉的金属钢珠，那么，内毛刺、外毛刺、飞溅掉的钢珠加上周向收缩的体积，理论上应该恰好等于图 2-1b 中剖面线所表示的量。由此易得焊接余量的宽度表达式：

$$\Delta_2 B = (D''\pi - \overset{\frown}{\delta}) - D'\pi$$
$$= \frac{\text{内毛刺体积} + \text{外毛刺体积} + \text{飞溅钢珠体积} + \text{周向收缩体积}}{tl} \tag{2-2}$$

式中 $\Delta_2 B$——焊接余量宽度；

D''——待焊开口管筒中性层直径；

$\overset{\frown}{\delta}$——管坯开口段弧长；

D'——待整形焊管中性层直径；

t——焊管坯厚度；

l——挤压长度。

或者说，内、外毛刺和飞溅掉的钢珠是焊管坯部分宽度的显性转化形态；而周向压缩的隐形消耗则常常被忽视，但却很重要，必须引起设计师与调整工的高度重视。

2.2.3 成型时的管坯宽度消耗分析

待焊管筒 D'' 的形成，既是成型过程的产物，同时也是以牺牲一定管坯宽度为代价的。

在平直管坯被卷制（成型）成如图 2-1b 所示的开口管筒过程中，受成型机组纵向轧制张力和管坯纵向拉伸变形的共同作用，管坯纵向会或多或少产生弹性延伸和塑性延伸，尽管局部也会发生弹塑性压缩，但总的趋势是延伸量大于压缩量。根据金属秒流量相等的原理，流经这一区间的管坯宽度必然会变窄，变窄过程如图 2-2b 中管坯两边涂层逐渐变窄所演示，直至形成待焊管筒，此时，涂层不复存在，说明成型余量用尽；同时，消耗掉的成型余量转变成图 2-2b 中直径为 D''、长度为 ΔL 的纵向增长量。这一阶段最终的变窄量就是焊管工艺中的成型余量，在数值上由式（2-3）定义：

$$\Delta_1 B = B - D''\pi + \hat{\delta} \qquad (2\text{-}3)$$

式中，$\Delta_1 B$ 为成型余量；其余符号意义同上式。

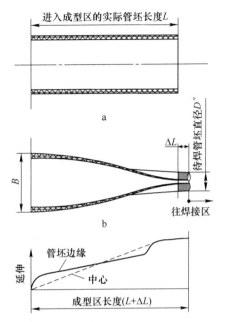

图 2-2 成型管坯横向变窄转换成纵向伸长示意图
a—原料管坯；b—成型管坯

2.2.4 成品管展开宽度与管坯宽度的关系

根据金属变形的中性层原理，管坯在变圆过程中，中性层内侧的金属会发生周向压缩现象，中性层外侧金属被周向拉伸；当变形半径 r（内径）与壁厚 t 之比即 $r/t \geqslant 5$ 时，中性层的位置就在管壁厚度的 1/2 处，且中性层长度既不被压缩，也不被拉长；同时，中性层的周长等于该圆环内、外圆周长之和的一半。根据该原理，展开图 2-1d 中规格为 $D \times t$ 的成品管，其中性层周长 B_1 为：

$$B_1 = D\pi \qquad (2\text{-}4)$$

从对图 2-1d 中成品管 $D \times t$ 展开图 2-3a 看，中性层处于等腰梯形中位线位置，梯形下底边长是成品管外圆周长，上底边长为成品管内圆周长，梯形高等于成品管壁厚。这样，外层拉伸的增量（图 2-3b 中小三角涂层）恰好用来填补内层被压缩的量。而且，填补后的展开料宽 B_1 正好与中性层周长 B_1 相等，则 B_1 就是生产 $D \times t$ 焊管真正需要的宽度量。由此易得轧制外径为 ϕ（$\phi = D + t$）、壁厚为 t 的管坯宽度计算通式，即

$$B = (\phi - t)\pi + (\Delta_1 B + \Delta_2 B + \Delta_3 B) \qquad (2\text{-}5)$$

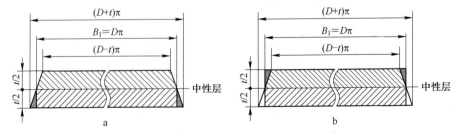

图 2-3 $D \times t$ 成品管的展开图

式（2-5）的意义在于：制造焊管用焊管坯的宽度由两部分构成，前半部是生产 $\phi \times t$ 焊管所必须的宽度——中性层展开宽度，对既定焊管来说，它是定值；后半部分是制作 $\phi \times t$ 焊管所必须的工艺消耗量，该工艺消耗量的确定与使用，直接决定焊管品质之优劣。因此，式（2-5）既是所有计算管坯宽度方法的理论基础，同时也为找寻影响确定管坯宽度的因素指明方向。

2.3 影响焊管坯宽度的因素

显然，焊管生产过程中的工艺消耗量 $(\Delta_1 B + \Delta_2 B + \Delta_3 B)$ 决定管坯宽度，而影响工艺消耗量的因素主要有材料、机型、孔型、工艺、操作等五个方面。

2.3.1 材料因素

材料因素主要有宽度公差与厚度公差、强度与硬度、切边与不切边。

2.3.1.1 宽度公差与厚度公差对管坯宽度的影响

宽度公差对管坯宽度的影响是不言而喻的。仅以焊管外径为例，当它的单向公差每超过 1mm，根据式（2-5）可知，就会对焊管外径产生约 0.3mm 的影响。

厚度公差对管坯宽度的影响，主要表现在厚度是可以"转化"为宽度的。在式（2-5）中，令 $t = t + \Delta t$、$(\Delta_1 B + \Delta_2 B + \Delta_3 B) = \Delta B$，则解析式（2-6）用数学语言反映了这种转化过程：

$$B_{\Delta t} = (\phi - t)\pi + (\Delta_1 B + \Delta_2 B + \Delta_3 B) \xrightarrow[\Delta B = \Delta_1 B + \Delta_2 B + \Delta_3 B]{t = t + \Delta t} [\phi - (t + \Delta t)]\pi + \Delta B$$

$$\xrightarrow{\text{整理}} [(\phi - t)\pi + \Delta B] + \Delta t \pi \xrightarrow[\Delta b = \Delta t \pi]{B = (\phi - t)\pi + \Delta B} B + \Delta b \tag{2-6}$$

式中　$B_{\Delta t}$——含有厚度增量的管坯表征宽度，mm；

　　　　t——管坯公称厚度，mm；

　　　　Δt——厚度单向公差，mm；

　　　　B——管坯公称宽度，mm；

　　　　ΔB——制管工艺消耗量，mm；

　　　　Δb——厚度变化引起的宽度增量，mm。

也就是说，当管坯厚度发生 Δt 的变化时，便转化出 Δb 的管坯宽度增量：当 $\Delta t > 0$ 时，相当于管坯增宽；当 $\Delta t < 0$ 时，则相当于管坯变窄。

2.3.1.2 强度与硬度对管坯宽度的影响

根据金属材料的力学性能，可以说强度与硬度是一对孪生兄弟，性格相似。当强度高时，通常硬度也高。强度和硬度是反映材料抵抗弹塑性变形能力的重要指标，反映到管坯宽度上，在焊管成型、焊接和定径过程中，管坯在轧辊孔型成型力和由其产生的纵向张应力共同作用下，管坯周长会或多或多地减少，如图 2-2b 所示，强度高的管坯周长减小得少，需要的工艺余量就少；反之，就多。因此，生产同样规格的焊管，高强度管坯宽度应该比低强度管坯宽度给得窄一些，反过来就要给得宽一些；尤其对那些特软管坯或硬管坯，在确定管坯宽度时，必须考虑该因素，否则，将增加这类管的生产难度，甚至无法生产出外径合格、表面合格的焊管。

2.3.1.3 切边与不切边坯对管坯宽度的影响

比较图2-4，令 $t = 2r$，则在公称尺寸相同的情况下，圆边管坯的横截面面积比直边管坯少 $(4 - \pi)r^2$，由此管坯宽度折合减少 $\dfrac{(4 - \pi)r^2}{t}$。以 $1\frac{1}{2}$ in 水管为例，由表2-7可知，$B = 145\text{mm}$，$t = 3.5\text{mm}$，那么不切边管坯比切边管坯的折合宽度约窄 0.75mm。

因此，无论在孔型设计阶段，还是在确定管坯宽度时，都必须充分考虑所用管坯的强度、硬度、公差、切边与否等因素。

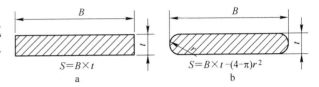

图2-4 切边管坯与不切边管坯横截面面积的比较
a—切边管坯；b—不切边管坯

2.3.2 焊管机组因素

2.3.2.1 机组型号

以调整精度为例，小型机组的调整精度通常高于大中型机组，如标准规定：在32机组上生产 $\phi25\text{mm}$ 的焊管，管子外径最高精度为 $\pm0.1\text{mm}$；用114机组生产 $\phi114\text{mm}$ 焊管，最高精度是 $\pm0.57\text{mm}$。仅此各自允许的管坯宽度公差带分别为 $\pm0.35\text{mm}$ 与 $\pm1.79\text{mm}$。所以说，一般情况下，机组大，对管坯宽度的要求不那么严；相反，机组小，对管坯宽度的要求必须高。

2.3.2.2 悬臂机与龙门机

焊管机组平辊轴的约束方式大体有悬臂式与龙门式两种，机组施力方式和焊管受力方式因之存在较大差异，见图2-5。悬臂式机组（图2-5a）的轧制力在约束点一侧，轧辊受力后，约束侧就存在绕支点 o 旋转的趋势，受力越大，旋转的可能性和幅度就越

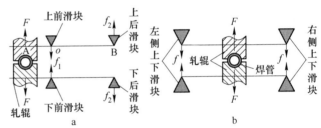

图2-5 龙门机、悬臂机受力分析示意图
a—悬臂机；b—龙门机
F—轧制力；f—约束力

大，并引起受力侧不稳定，进而影响焊管精度。这一特性要求给予的管坯宽度要比龙门机的窄一点。

反观龙门式机组的受力，其施力点在两约束点的中间，不存在旋转趋势，结构稳定，遇强则强。因此，龙门式机组所用管坯宽度可适当宽一点，宽出的部分可在闭口孔型段、焊接段和定径段以纵向延伸和周向收缩的形式消耗掉，一般不会对焊管精度产生过大影响。

2.3.2.3 机组样式

布辊方式、是否带立辊组、传统牌坊还是万能牌坊以及采用的是二辊挤压辊还是三辊、多辊挤压辊等，都对确定管坯宽度有影响。以挤压辊为例，立式二辊挤压辊施加到管坯上的名义挤压力一般都比三辊的大，而焊接边缘实际接收到的挤压力却不一定大。前者易将管坯周长挤短，即需要的焊接余量多。在计算管坯宽度时，就要宽一点。

2.3.3　孔型因素

2.3.3.1　孔型 R 大小

如果整套轧辊孔型，特别是从闭口孔型往后的孔型半径 R 普遍设计偏小，那么即使是较宽的管坯进入孔型后，偏小的孔型也会迫使管坯周向产生较大压缩；反过来，如果轧辊孔型 R 偏大，遇到同样宽度的管坯进入后，孔型对管坯产生的周向压缩便少，即便是较窄的管坯也显不出其窄。

2.3.3.2　成型方式

成型方式不同，对管坯宽度要求不同。比较圆周变形与边缘变形，前者需要的成型余量比后者大。这是因为：根据变形原理，变形管坯边部、约等于管坯全宽 1/4 弧段上的半径 R，在进入闭口孔型前，圆周变形法的 R_Y 最小只能变到成品管半径的 2 倍，而边缘变形法的管坯边缘半径 R_B 却可以变形到成品管半径，甚至小于成品管半径，如图 2-6 所示。这样，在后续变

图 2-6　圆周变形法与边缘变形法开口孔型管坯边缘变形半径的比较

形中，为了将圆周变形法的管坯边缘 R_Y 变到成品管半径，必然要借助小于 R_Y 的闭口孔型对半径为 R_Y 的管坯边部施以较大的径向和周向轧制力。大轧制力在促使管坯边部半径变小的同时，管坯周长亦在导向环和孔型的共同作用下大幅压缩（相对于边缘变形）；而由于边缘变形法的 R_B 与闭口孔型的半径相差无几，管坯在闭口孔型中只受较小的径向和周向轧制力轧制，故管坯周长缩短甚微，由此对管坯宽度的要求便不同。

2.3.4　工艺因素

仅以直用管与锥管为例，锥管对焊缝强度要求特别高，在焊接操作时施加的挤压力必须比直用管大很多，这样，管坯在挤压辊中消耗掉的焊接余量会比直用管多，从而影响管坯宽度的给予。

2.3.5　操作因素

受焊管调试工技术、经验及责任心等影响，调试操作过程中可能会导致管坯宽度表现为异常窄或异常宽，甚至会误导设计人员，误以为设计的管坯宽度不恰当。比较典型的案例是：在成型闭口孔型阶段和焊接挤压阶段施加的成型力与挤压力若过大，将导致设计的成型余量和焊接余量不够用，进而挤占部分定径余量，出现定径余量偏小不够用或没有定径余量的假象。

由此可见，影响管坯宽度给定的因素较多，当物的因素确定之后，日常焊管生产中出现的宽度"问题"，绝大部分都是人为操作不当所致。

2.4　焊管坯宽度的定量计算

给定管坯宽度的计算式比较多，有的适用于不同变形方式，有的适用于不同壁厚，有的适用于不同材料，更有适用于不同管径、不同管形，可以说是各有千秋。

2.4.1　圆管管坯宽度计算式

$$B = \pi(D_T - t) + \Delta_1 B + \Delta_2 B + \Delta_3 B \tag{2-7}$$

式中　B——管坯宽度，mm；

　　　D_T——成品管外径，mm；

　　　t——管坯厚度，mm；

　　　$\Delta_1 B$——成型余量，mm，取值见表 2-9；

　　　$\Delta_2 B$——焊接余量，mm，取值见表 2-10；

　　　$\Delta_3 B$——定径余量，mm，取值见表 2-11。

表 2-9　$\Delta_1 B$ 取值表

D_T/t	8 ~ 15	16 ~ 25	26 ~ 40	41 ~ 60
$\Delta_1 B$/mm	$\frac{1}{2}t$	$\frac{2}{3}t$	$\frac{3}{4}t$	$\cdot\, t$

表 2-10　$\Delta_2 B$ 取值表　　　　（mm）

t	≤1.0	1.1 ~ 4.0	4.1 ~ 6.0
$\Delta_2 B$	t	$\frac{2}{3}t$	$\frac{1}{2}t$

表 2-11　$\Delta_3 B$ 取值表　　　　（mm）

D_T	6.3/25	26/35	36/50	51/70	71/95	96/120	121/145	146/172	173/200
$\Delta_3 B$	0.7	1.0	1.3	1.5	2.0	2.6	2.9	3.2	3.5

式（2-7）适用于圆周变形法。

$$B = \pi(D_T + \Delta D_d - t) + Kt \tag{2-8}$$

式中　ΔD_d——定径余量，$\Delta D_d = 0.7 \sim 1.5$mm；

　　　K——焊接余量和成型余量，$K = 0.5 \sim 2.5$mm，管壁越薄、直径越大、碳含量越低，K 取值越大。

式（2-8）适用于 $D_T \leqslant 114$mm 的焊管。

$$B = \pi(D_T - t) \times (1.04 \sim 1.05) \tag{2-9}$$

当 $D_T > 40$mm 时，系数取 1.04 ~ 1.045；当 $D_T \leqslant 40$mm 时，系数取 1.046 ~ 1.05。

式（2-9）适用于薄壁管。

$$B = \pi(D_T - t) + \lambda t + 1.7 \tag{2-10}$$

式中　λ——壁厚系数，非薄壁管 $\lambda = 1.35$，薄壁管 $\lambda = 1.36 \sim 1.70$。

$$B = \pi(D_T + 2\Delta R - t) + Z + 3\beta t \tag{2-11}$$

式中　Z——焊接余量，$Z = 0.9 \sim 1.2$，R_J 越大，取值越大；

　　　β——精成型管坯的平均伸长率，$\beta = 0.15 \sim 0.2$，t 越大，β 取值越大；

　　　ΔR——挤压辊系数，取值见表 2-12。

表 2-12　ΔR 取值表　　　　（mm）

D_T	9.5 ~ 31.8	32 ~ 65	66 ~ 90	91 ~ 120	121 ~ 160
ΔR	0.15 ~ 0.20	0.20 ~ 0.32	0.37 ~ 0.42	0.47 ~ 0.55	0.60 ~ 0.90

式（2-10）和式（2-11）适用于软管坯（W 孔型）。

$$B = \pi D_T - 2t + 1 + Z \tag{2-12}$$

式中 Z——系数，取值见表 2-13。

表 2-13 系数 Z 取值表 （mm）

D_T	≤18	18~25	26~40	41~50	51~114	115~165
Z	0.4π	0.48π	0.56π	0.6π	0.72π	1.1π

式（2-12）适用于双半径孔型。

$$B = \pi(D_T + 0.8 - t) + t \tag{2-13}$$

式（2-13）适用于 $D_T \leq 76$mm 的焊管。

$$B = \pi(D_T - t) + 0.5t + \sqrt[3]{D_T} \tag{2-14}$$

式（2-14）无使用限制。

$$B = \pi(D_T - 0.5t) \tag{2-15}$$

式（2-15）不适用于薄壁管和不切边管坯。

$$B = \pi(D_T + \delta - t) + \alpha \tag{2-16}$$

式中 δ——焊管外径上偏差，mm；

α——系数，切边带 α 取 1，不切边带 α 取 2。

$$B = \pi(D_T - 2t + 2Kt) + \Delta_2 B + \Delta_3 B \tag{2-17}$$

式中 K——中性层系数，见表 2-14。

表 2-14 中性层系数 K 取值表

D_T/t	8	10	12	14	16	20	24	28	≥32
K	0.41	0.43	0.44	0.45	0.46	0.47	0.48	0.49	0.50

式（2-17）无使用限制。

$$B = \pi(D_T - t) + 0.438t + 0.035D_T + 2.07 \tag{2-18}$$

式（2-18）无使用限制。

尽管上述计算圆管坯宽度的计算式表现形式各异，内涵不尽相同，但万变不离其宗，通过变换后，都可以表示成"基本需要量 + 各种余量"的通式：

$$B = (D_T - t)\pi + \Delta \tag{2-19}$$

式中，Δ 为制管用工艺余量。该式有利于帮助人们理解管坯宽度计算式的本质。

2.4.2 异型管管坯宽度计算式

由平直管坯变为异型管，基本路径有两条：一是平直管坯→圆→异型，简称"先成圆后变异"，见图 2-7a；二是平直管坯→异型，简称"直接成异"，见图 2-7b。

图 2-7 异型管的两种工艺路径
a—圆变异图；b—直接变异图

（1）先成圆后变异（矩）管坯宽度计算式：

$$\begin{cases} P = 2(A + C - 4r) + 2r\pi \\ D_Y = \mu P/\pi \\ B = (D_Y - t)\pi + 0.438t + 0.035D_T + 2.07 \end{cases} \tag{2-20}$$

式中 D_Y——变异前圆管直径，mm；

　　　　A——矩形管宽，mm；

　　　　C——矩形管高，mm；

　　　　r——矩形管外角半径，mm；

　　　　P——矩形管展开宽度，mm；

　　　　μ——矩形宽高比系数，取值见表 2-15。

表 2-15   系数 μ 取值表

A/B	1	1.5	2	2.5	3	≥4
μ	1.020	1.025	1.030	1.035	1.040	1.045

（2）直接成异管坯宽度计算式：

$$B = \left[2(A + C - 4R_{中}) + 2R_{中}\pi \right] \times (1.005 \sim 1.01) \tag{2-21}$$

式中，$R_{中}$ 为矩形管角部中性层半径；管越大，系数（1.005 ~ 1.01）取值越大。

　　不论是设计圆管管坯宽度，还是设计异型管管坯宽度，在选用公式时，第一，要弄清公式含义，理解适用条件，明白限制条件，了解产品用途；第二，要结合本企业设备状况、材料状况、成品技术要求、调试工技术状况和操作习惯等；第三，在确定新规格焊管用管坯宽度时，建议先小量准备且以偏宽为基本原则，同时设计人员与调试人员要充分沟通，以便修正出适应本企业用的管坯宽度；第四，在使用分条管坯时，还可根据计算值，结合边丝宽度适当增减管坯宽度，以提高板材利用率。

2.5   管坯化学成分对焊管性能的影响

　　管坯中化学元素多达数十种，常见的有十多种；它们有的以单质形态存在，有的以化合物形态存在，并共同影响焊管坯的焊接性能。

2.5.1   钢中常见化学元素对焊接性能的影响

　　（1）碳（C）的影响：随着碳含量增加，焊缝中的渗碳体增多，应力增大，塑性和韧性下降。高频直缝焊管在形成焊缝的过程中，管坯边缘被加热到 1250℃ 以上，焊后被快速冷却，焊缝会被淬硬，热影响区（HAZ）会产生硬化和脆化倾向，进而产生热裂纹和冷裂纹；严重的时候，会在焊缝刚刚离开挤压辊约束后就在成型回弹应力作用下"炸裂"，完全裂开。

　　（2）锰（Mn）的影响：锰使焊接性能降低，易造成焊缝脆裂。机理是：在焊接时，锰易与钢中的硫结合，形成高熔点（1610℃）MnS 或（Mn·Fe）；而 MnS、（Mn·Fe）的结晶温度远低于焊缝凝固温度，当焊缝整体已经凝固时，它们仍处于液态，当它们也凝固时，由于 MnS、（Mn·Fe）的收缩系数比钢基体大，因而冷却后就在其周围形成空隙；空隙约占 MnS、（Mn·Fe）体积的 1.1%，由此易在焊缝中形成显微裂纹，破坏焊缝的连续性，受力后会首先沿 MnS、（Mn·Fe）形成的显微裂纹断裂。我国常用管坯规定锰含量在 0.25%~0.5% 之间，低合金钢管坯中的锰含量较高，如 16Mn 中的锰含量在 1.2%~1.6%，是因为在钢中添加了其他有利于消除锰不利影响的合金元素如矾、硼、钛等，这类元素可以在焊缝中起到细化晶粒的作用。

（3）硅（Si）的影响：硅在焊管焊接过程中，易与氧结合，生成低熔点的 SiO_2 夹杂在焊接组织内部，在焊缝冷却过程中，它与金属基体的收缩率和弹复应力不一致而产生裂纹；同时，低熔点的 SiO_2 会增加焊接熔渣和金属流动，引起喷溅，影响焊接性能；硅还会降低焊缝金属的韧性、增加脆性、助长裂纹产生。因此，我国规定管坯中的硅含量镇静钢不得超过 0.30%，沸腾钢不超过 0.07%。

（4）磷（P）的影响：磷对焊接性能不利，是造成蓝脆的主要原因。作用机理是：磷在焊缝中通常以 FeP_3、FeP_2 等形态存在，易偏析，且熔点低（1160℃），磷还会与铁、碳形成更低熔点（1050℃）的三相共晶体，这些低熔点化合物在焊缝凝固后期，会在晶粒界面上析出，引发微裂纹，俗称"冷脆"。磷与焊缝热裂纹的敏感性存在强正相关关系，有实验指出，焊缝中磷含量从 0.01% 增加到 0.04% 时，室温缺口冲击韧度从 200J 降低到 20J。所以，在普碳钢中对磷含量的限制各国都很严，我国规定普碳钢管坯中 $w(P) \leqslant 0.05\%$，日本为 $w(P) \leqslant 0.04\%$。

（5）硫（S）的影响：硫易导致焊缝热裂，俗称"热脆"。在焊接过程中，一方面，硫容易与空气中的氧结合，生成 SO_2 气体逸出，部分未逸出的气体残留在焊缝中，形成气孔；气孔使焊缝组织疏松，受力后焊缝易开裂。另一方面，硫与锰结合，生成 MnS。我国规定硫在普碳钢管坯中的含量不得超过 0.05%，国外一些钢铁强国对此规定得较严。

（6）镍（Ni）的影响：镍是提高焊缝低温韧性最重要的合金元素之一，提高镍含量是保证焊缝金属在较高抗拉强度下获得韧性的有效手段。镍含量增加一个百分点，焊缝的屈服点可提高 20~50MPa。但是，镍对氢有溶解作用，会降低焊缝冲击韧性。

（7）铬（Cr）的影响：铬能提高焊缝强度、屈服点和塑性，但是，当焊缝中的铬含量超过 0.8% 时，就会使焊缝韧性明显降低。综合来看，铬对焊接性能不利。

（8）钼（Mo）的影响：钼在低合金钢焊缝中含量小于 0.6% 时，既能提高焊缝强度和硬度，又能细化焊缝晶粒，防止回火脆性，还能提高焊缝塑性，减少产生裂纹倾向；可是，当含量超过 0.6% 时，塑性就会下降。

（9）铌（Nb）的影响：铌在焊缝中起两个作用：一是细化焊缝晶粒，增强韧性；二是使扩散氢从焊缝中逃逸出去，有利于防止氢致裂。但是，铌含量超过 0.04% 后，就会大大降低焊缝韧性。

（10）钒（V）的影响：钒能细化焊缝晶粒，防止焊接热影响区晶粒长大和粗化，改善低合金钢焊缝的韧性。但是，如果需要对焊缝进行焊后热处理，就要防止焊缝在热处理过程中产生钒的共轭碳化物而使韧性急剧下降。

（11）钛（Ti）的影响：钛能显著细化焊缝晶粒，提高焊缝强度，改善塑性和韧性，但应该控制好量，过多反而会大幅度降低焊缝韧性；钛的另一个作用是与焊缝中的氮结合，减少固溶氮的有害作用，促使焊缝成为细晶粒组织，增强焊缝韧性。

（12）铝（Al）的影响：铝对焊接性能的影响不能一概而论，含量不大时对焊接性能影响不大；当含量超过一定值后，会降低钢的焊接性能。

（13）氧（O）的影响：在高温焊接过程中，氧易与多种金属、非金属元素结合，产生多种非金属夹杂如 FeO、SO_2、SiO_2 等非金属或气体残留于焊缝中，从而破坏焊缝组织的连贯性。

（14）氢（H）的影响：氢在焊缝中的溶解度低，在焊缝结晶过程中，由于焊缝冷却速度快，会导致氢来不及扩散到焊缝外部，并聚集在晶体缺陷部位（空位、滑移线、晶界处），产生很大的压力，致使焊缝出现裂纹（发裂）。

（15）氮（N）的影响：氮在焊缝中的溶解度低，在焊缝冷却至 200～300℃ 过程中，常有氮化物析出，使焊缝强度升高，塑性下降，产生"蓝脆"。

2.5.2 管坯化学成分与力学性能的关系

（1）碳（C）：碳在钢中起强化作用，随着碳在管坯中含量的增大，管坯的强度、硬度会增加，塑性、韧性与伸长率会下降，碳对管坯力学性能的影响参见式（2-22）：

$$\sigma_b = 25 + 67w(C) + 14w(Mn) + 20w(Si) \tag{2-22}$$

式中 σ_b——抗拉强度。

碳还通过影响屈服极限与塑性应变比 R 值来影响管坯成型性能。以 10 号、15 号钢为例，它们的 Si、Mn、P、S 含量都一样，不同的是碳含量相差 0.05，可是，15 号钢的抗拉强度、屈服强度分别是 10 号钢的 111.8%、109.5%，而综合反映塑性与韧性的伸长率从 31% 降低到 27%。因此，用碳含量偏高的管坯制管，对希望获得高强度焊管的用户来说是好事；可是，对生产和后续加工均不利，增加成型、焊接、锯切难度；在弯管时易断裂，胀管翻边时焊缝和母材易爆裂，因此除定向需要外，焊管坯中的碳含量一般不宜超过 0.20%。

（2）锰（Mn）：锰在钢中起强化作用，锰使钢的强度、硬度增加，韧性、塑性降低，增大成型和锯切难度。当锰含量适当偏高时，不仅可以增大管坯强度和硬度，同时还会保持足够的韧性。所以，高强度焊管一般都选用锰含量偏高的焊管坯，如 Q345 或 16Mn。

（3）硅（Si）：管坯中硅含量高，会显著增加强度和硬度，与此同时会降低管坯塑性。如果生产的焊管随后需要作小曲率弯管、拔管、锥管等加工，那么就应该选用低硅的沸腾钢类管坯。

（4）硫（S）和磷（P）：管坯中对硫和磷的含量有严格要求，它们都使管坯塑性、韧性及冷弯变形能力大幅降低，不利于焊管及其产品的后续塑性变形加工。硫、磷都有提高屈服强度的趋势。

（5）铝（Al）：铝对屈服性能有影响，铝与屈服性能的关系见图 2-8，如 08Al 管坯的屈服点就比 Q195 还要低，塑性也比 Q195 好，而其他化学成分含量却差不多。

（6）Cr、Mo、Ni、Ti、V、Nb、B 与焊管力学性能的关系：这些物质在管坯中统称为微量元素，既能或多或少地细化晶粒、提高强度、改善管坯焊接性能，又能保证管坯具有适当的塑性与韧性。微量元素在焊管坯

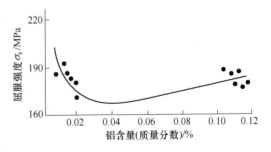

图 2-8 铝含量与屈服强度的关系

中的作用列于表 2-16 中。可以用这些微量元素提高管坯强度，用以生产石油钻井用管、天然气输送用管等高强度焊管。

表 2-16　微合金元素在管坯中的作用

微合金化的作用	元素化合物	微合金化的作用	元素化合物
细化晶粒	Nb(C)，Ti(C)	与碳、氮的完全结合	Nb(C、N)，TiN，TiC
滞后再结晶的亚结构	Nb(C)，Ti(C)	织构的影响	Nb(C)，Ti(C)，(BN)
强化析出强化	Nb(C)，Ti(C)	α-晶粒界面结合	B 偏析

从以上分析可知，单纯谈论钢中某一元素对焊接的作用和影响其实意义并不大，更应该从综合含量方面进行考量，即用碳当量来衡量。

2.5.3　碳当量对焊管质量的影响

碳当量（carbon equivalent）是指把钢中合金元素的含量按其作用换算成碳的相当含量，是反映管坯中多种化学成分共同作用的综合指标，并综合反映与力学性能的关系，图2-9 说明，随着碳当量增大，管坯硬度会随之升高。

另根据金属学原理，决定碳素钢性能的主要化学成分是碳含量。碳含量决定碳当量，而碳当量高与低，直接关系到焊接性能的优劣。碳当量增高，硬度上升，焊缝易发生脆裂，而且难切断。碳当量与焊接性能呈强负相关关系，如图2-10 所示。

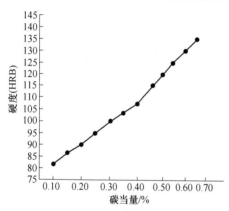

图 2-9　碳当量与硬度的关系

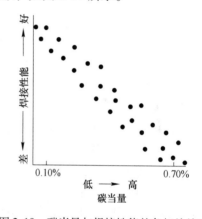

图 2-10　碳当量与焊接性能的负相关关系

符合焊管坯质量要求的碳当量由式（2-23）确定：

$$C_{eq} = w(C) + \frac{1}{4}w(Si) + \frac{1}{4}w(Mn) \leqslant 0.5\% \tag{2-23}$$

国际公认的焊管用碳当量用 C_E 表示，参见式（2-24）：

$$C_E = w(C) + \frac{w(Mn)}{6} + \frac{w(Cr + Mo + V)}{5} + \frac{w(Ni + Cu)}{15} \leqslant 0.40\% \sim 0.48\% \tag{2-24}$$

式（2-24）已为国际焊接学会 IIM 所采用，指标评价见表2-17。

表 2-17　C_E 指标与适用性评价

碳当量（C_E）/%	适用评价
≤0.40	管坯焊接性好，适合制作高频直缝焊管
0.40～0.60	管坯焊接性较差，不允许制作焊缝要求高的焊管
≥0.60	管坯焊接性很差，不宜用于制作高频直缝焊管

低合金钢的国际标准碳当量由式（2-25）决定：

$$P_{cm} = w(C) + \frac{w(Si)}{30} + \frac{w(Mn+Cu+Cr)}{20} + \frac{w(Mo)}{15} + \frac{w(Ni)}{60} + \frac{w(V)}{10} + 5w(B) \leqslant 0.25\%$$

$$(2-25)$$

2.6　焊管坯主要显性缺陷对焊管质量的影响

如果把焊管坯化学成分、力学性能这类需要借助一定检测手段才能知道的缺陷统称为隐形缺陷的话；那么，不妨将那些仅凭视觉就能看出的缺陷叫作管坯显性缺陷。焊管坯显性缺陷大致有裂边、破边、锯齿、麻点麻面、划痕、辊印、黑斑、边缘毛刺、镰刀弯、皱纹、波浪、边缘翘曲、分层、翘皮、针孔、粘卷、软点、锈蚀、氧化层、塔形、散卷等。

2.6.1　裂边

裂边指管坯边缘存在宽窄不一的细裂纹，主要发生在冷轧管坯边部，有单边、双边、连续与断续之分。

（1）产生的原因：

1）热轧钢带边缘极易发生化学成分偏析，在冷轧过程中偏析的边缘就容易出现脆裂。

2）冷轧工艺不合理。单道次压下量过大，导致板材急剧硬化和延伸率急剧降低，在随后的轧薄延伸和纵向张力作用下，就易在板材强度最薄弱的边缘产生裂纹，甚至开裂。

3）切边量过小，纵剪管坯边部仍然残留或宽或窄的裂纹。

（2）裂边管坯对焊管生产的影响：

1）成型过程中，管坯边缘裂纹会在纵向张应力作用下发生开裂。

2）焊缝致密性无法保证。

3）焊缝强度无法保证，经不住弯管、扩口、压扁、翻边等变形。

2.6.2　锯齿

锯齿指管坯边缘外侧的凸起，冷热管坯都可能有锯齿，但是以热轧管坯居多。

（1）管坯锯齿产生的原因：

1）热轧过程中管坯边缘与轧机非正常转动的立辊、侧导卫发生剐蹭，且在未切边的情况下被直接投入焊管生产。

2）分条管坯时，纵剪刀片蹦刃所形成；或者收卷时与分离片发生剐蹭所致。

（2）锯齿管坯对焊管产生的影响：

1）根据高频焊接的临近效应原理，存在锯齿的管坯会在焊接过程中提前临近，齿尖部位发生"提前焊接"，造成焊缝在锯齿部位过烧，甚至烧穿。

2）较大的锯齿会被导向环压入管腔内，拉跑磁棒，造成生产停顿。

3）导致导向环畸变，提前报废。

4）接触焊会导致漏焊，触点瞬间断路、短路。

2.6.3　麻点麻面

麻点麻面指管坯表面上的小凹坑。凹坑数量不多且分散分布的界定为麻点，若数量多且密集成片的则定义为麻面。

（1）麻点麻面产生的原因：

1）管坯锈蚀。

2）严重锈蚀的钢带，酸洗后冷轧，锈坑变为小凹坑。

3）酸洗不干净，部分铁锈在冷轧时被压入板面，随后铁锈掉落形成的小凹坑。

4）热轧时氧化铁皮压入。

（2）麻点麻面对焊管质量的影响：麻点麻面主要影响焊管表面质量，对需要进行表面高要求处理（镀铬、镀镍、电泳、喷粉）的用户以及中高档家具管用户来说，属于不可接受的缺陷。

2.6.4　划痕

划痕指管坯表面存在的刻划印。划痕的特征多为纵向且位置相对固定，有一定规律可循。

（1）划痕产生的原因：

1）冷轧时，轧机张力板中进入了硬的异物，划伤管坯面。

2）分条张力站夹板中有硬异物侵入划伤。

3）焊管储料时打料辊转动不灵活划伤板面。

4）坯料外圈的划伤，主要是储存、吊装、运输不慎碰擦所致。

（2）划痕对焊管质量的影响：与麻点麻面对焊管质量的影响大同小异。

2.6.5　毛刺与边缘翘曲

管坯毛刺指残留在切边管坯两侧边缘、高出平面、用手横向（从安全考虑必须横向摸）触摸，不平滑，有摸在刀刃上的感觉。边缘翘曲则是管坯平面两侧边缘相对于平面而翘起的部分，如图 2-11 所示。

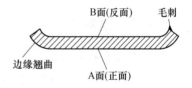

图 2-11　管坯边缘翘曲与毛刺

管坯边缘毛刺与边缘翘曲是一对孪生兄弟，通常，边缘毛刺大，则边缘翘曲严重；反之，若边缘翘曲严重，则边缘毛刺必大；二者与分条管坯共存，只是程度不同而已。轻微的边缘毛刺与边缘翘曲可以通过成型辊进行部分矫正，但翘曲无法根除。

（1）毛刺与边缘翘曲产生的原因：

1）纵剪分条刀刃不锋利。

2）纵剪机刀轴精度差，或者隔套平面上有杂质，致使分条刀平面在刀轴上摆动，影响侧间隙，管坯边缘产生周期性毛刺。

3）分条刀片上下刀口侧间隙过大。

（2）毛刺与边缘翘曲对焊管质量的影响：

1）轻微的管坯毛刺和边缘翘曲对厚壁管及标准壁厚管来说，没有什么太大影响；对一些要求内毛刺较小、特小的管子，还可以通过将管坯反进料的方式达到目的，即将图 2-

11 中的 A 面卷成管内壁。

2）边缘翘曲较严重时，会形成焊缝"角接"，即 A 面卷制在外面会出现图 2-12a 所示的外缘角接，A 面卷制到里面则出现图 2-12b 所示的内缘角接，两种边缘对接形态都是焊接工艺所不希望的。

3）薄壁管外毛刺难去除。薄壁管生产中应尽可能不使用边缘毛刺大和边缘翘曲的管坯。

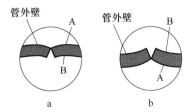

图 2-12　边缘翘曲管坯的外缘角接
与内缘角接示意图
a—外缘角接；b—内缘角接

2.6.6　镰刀弯

镰刀弯指管坯存在横向侧边弯曲的现象。标准规定，热轧管坯镰刀弯不大于 3mm/m，冷轧管坯不大于 2mm/m。热轧不切边窄管坯发生的可能性最大。

（1）镰刀弯产生的原因：

1）生产管坯时轧辊两端的压下量有波动。

2）带坯开轧时两侧温差大。

3）纵剪机收料装置与张力站及剪切机的中心不一致。

（2）镰刀弯对焊管生产的影响：

1）成型过程中，长的一侧会"多余"出来，易产生成型鼓包。

2）焊接过程中容易产生"搭焊"或焊缝错位，焊缝强度无法保证。

3）焊缝左右偏摆，不易把控外毛刺去除深度。

4）镰刀弯管坯两侧的成型力不一样，成型变形过程中，管坯存在弯曲前行的趋势，容易发生成型管坯"跑偏"，造成生产停顿。

2.6.7　横向皱纹

横向皱纹系指管坯面上的横向折线。衡量皱纹是否可消除，要看皱纹底部 R 角的大小，当 R < 0.5mm，就认为皱纹在焊管生产过程中难以彻底消除。皱纹消除得比较理想的情形是：有观感没手感。横向皱纹多发生在薄壁软管坯上。

（1）横向皱纹产生的原因：

1）管坯太软。如厚度 0.8mm 以下、宽度 100mm 以上的管坯，硬度低于 100HV 时，极易发生横向皱折。

2）冷轧管坯未经过精整拉矫，表面易屈服。

3）笼式储料仓中储料太多，相互挤压过紧，致使管坯折叠处形成"死折"。

（2）横向皱纹对焊管质量的影响：

1）妨碍焊管表面质量，管壁稍厚的可以做到有观感没手感，但会增大设备负荷。

2）消除不掉的横向皱纹，会在薄壁管或者壁厚小于 0.7mm 的管子上形成一个一个不规则的"O"形、"C"形圈，使管子表面后处理变得困难重重，或者会增大处理成本。因此，焊管生产中必须避免使用那些横向皱纹无法消除的管坯。

3）焊接过程不稳定，每一个皱纹都相当于一个"微型鼓包"，焊缝强度没有保障。

2.6.8 分层

分层指管坯在厚度方向上出现两层或两层以上的现象。分层有显性和隐性之分，显性分层不需要变形就可凭肉眼判断，隐形分层需要变形后才能看出。隐形分层的危害比显性更大。

（1）分层产生的原因：

1）钢液表面氧化膜被卷入钢锭内部，在后续轧制中形成。

2）钢坯内有夹渣，轧制后形成分层。

3）钢液在凝固过程中的缩口以及缩口以下部位，因钢液填充不足，形成疏松，缩口和疏松在轧制后形成分层或夹层。

4）非金属夹杂物。浇铸时钢中的钢渣或耐火材料未能浮出钢液表面而夹杂在钢锭中，后续轧制形成分层。

（2）分层对焊管质量的影响：

1）成型过程管坯易跑偏，导致生产无法正常进行。这是因为分层管坯被开口孔型上下成型辊碾压时，由于上下成型辊的线速度事实上不绝对同步，这样，分层管坯就会发生不规则滑移。

2）影响焊缝质量。如果管坯边缘分层，在成型为待焊开口管筒后，管筒内层要压缩、外层要延伸，致使分层边缘错位，进而形成焊缝错位，外毛刺难以去除。

3）隐性分层的管坯即便生产出了管子，若生产过程中未及时发现，则危害更大，使焊管难以承受正常壁厚时的压力。

2.6.9 翘皮

翘皮指管坯表面翘起的铁皮，它一端连着管坯基体，一端与基体分离，高高翘起，见图2-13。翘皮形状各异，大小不等。它与分层的区别在于局部翘起明显，形成机理却与分层类似，属于局部分层且位于表层又被轧破的极端表现形式。翘皮对焊管生产影响如下：

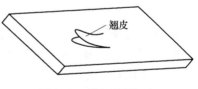

图2-13 管坯局部翘皮

（1）容易撞坏感应圈或触点，带跑磁棒，迫使停机。

（2）导致管材承压能力降低。

（3）感官不好，不符合焊管表面质量要求。

2.6.10 粘带

粘带指冷轧退火管坯层与层或卷与卷之间的黏结现象。轻微的粘带在焊管开卷时可顺利拉开，但会听到小的撕裂声；中等程度的局部粘带虽然可拉开，但会在黏结点处撕开，甚至洞开，并在管坯两面都留下粗糙不平的痕迹；严重的会导致整卷管坯展不开而报废。

（1）粘带产生的原因：

粘带主要发生在冷轧退火管坯上。

1）冷轧用冷却液过滤不干净，较多金属末残留在冷轧板面，金属末在退火过程中发生熔融。

2）减张轧制（轧制后不再松卷，直接退火）时张力控制仍然很大，退火过程中就容易产生粘带。

3）没有严格执行退火工艺，对着烧嘴的部位就会发生点状局部粘带。

4）未严格执行退火工艺，再结晶温度以上冷却速度过快，导致钢卷外圈冷收缩过快过猛，对里圈形成较大的压应力所致。

5）退火时，再结晶温度（400～450℃）以上升温过快。

6）厚薄料混装、宽窄料混装、大小卷混装，退火工艺难以两全其美。小卷、窄卷、厚料传热快，易热透，导致再结晶回复不统一，等到薄、宽、大料也热透时，前者可能已经发生过烧。

7）清洗卷取张力过大。

8）退火堆垛过多过高。

（2）粘带管坯对焊管质量的影响：

1）用粘带管坯生产的焊管，不能用于对表面要求较高的中高档家具管。

2）对中等程度的粘带管坯，要严格挑选，既要挑选管坯，也要注意将那些洞穿管挑出切掉，作短管处理，费时费力，还影响成材率。

2.6.11　锈蚀

锈蚀指管坯被雨水、酸液、碱液等液体浸湿或空气氧化而致使管坯面遭到破坏的现象。锈蚀有轻微锈蚀与严重锈蚀之分。轻微锈蚀的管坯，用 240 号砂纸轻轻擦拭，吹去锈粉后，管坯表面没有任何痕迹。严重锈蚀的管坯，砂纸擦拭后，管坯表面仍留有被腐蚀的凹陷痕迹。锈蚀是管坯常见缺陷之一。

（1）锈蚀产生的原因：

1）管坯长期裸露在空气中，与空气中的水气、氧气等接触氧化。

2）被水、酸、碱等液体直接腐蚀。

（2）锈蚀对焊管质量的影响：

1）即使是轻微的锈蚀，经过焊管成型、焊接、定径轧辊的轧制后，焊管表面会因锈粉压入留下印迹，破坏焊管表面质量，增大焊管后续表面处理成本。

2）焊缝强度低，焊缝组织不致密。锈粉的化学表达式是 $m\mathrm{Fe_2O_3} \cdot n\mathrm{H_2O}$，管坯厚度方向上的铁锈在高温焊接时会发生一系列化学反应，生成 CO 气体和 $\mathrm{H_2}$，并在凝固时滞留在焊缝中，形成气孔和组织疏松。

3）严重的锈蚀会减薄管壁，降低管材承压能力。

2.7　管坯几何尺寸缺陷对焊管的影响

几何尺寸缺陷指带钢实际几何尺寸与理论几何尺寸之间的差值过大或过小，也就是平常所说的公差带（为方便数学描述，这里用增量表述）大。它有宽度增量、厚度增量及宽度厚度全增量。这些增量有时单一、有时共同作用于焊管生产全过程，程度不同地影响焊管质量。

2.7.1 几何尺寸缺陷对焊管质量的影响机理

2.7.1.1 宽度增量分析

宽度增量系指管坯在一定长度内（假定实际厚度与理论厚度相等），实际宽度与理论宽度不一致的差值，见图 2-14。

根据管坯宽度计算式（2-7），若给式（2-7）的管坯宽度一个增量 δB，而 t 恒定，且还要保证焊管基本尺寸 D_T 不变，则可得到抽象的管坯宽度增量影响焊管质量的表达式（2-26）：

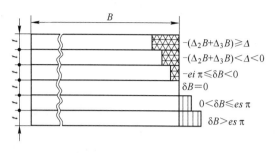

图 2-14 管坯宽度增量示意图

es—上偏差；ei—下偏差

$$D_T = \frac{B - \Delta_1 B - (\Delta_2 B + \Delta_3 B - \delta B)}{\pi} + t \tag{2-26}$$

式（2-26）的意义在于：

（1）当 $B_{实} > (B + es\pi)$ 时，$\delta B > es\pi$，要使 $D_T \leqslant \phi^{es}$（ϕ^{es} 为焊管最大极限尺寸），就必须使超出 $B + es\pi$ 的多余部分在（$\Delta_2 B + \Delta_3 B$）里消耗。消耗 δB 的途径有三条：

1）若定径余量 $\Delta_3 B$ 不变，则 δB 必然要以焊接余量的形式与原焊接余量一同消耗掉；这样，焊接余量 $\Delta_2 B$ 必然增加，从而导致管坯在挤压辊中产生压痕、搭焊或熔融金属绝大部分被挤出，使焊缝强度降低。

2）若焊接余量 $\Delta_2 B$ 不变，则 δB 必然要以定径余量的形式与原定径余量一同消耗掉；这样，定径余量 $\Delta_3 B$ 必然增加，导致焊管在整形辊中产生压伤、转缝等缺陷。

3）若焊接余量和定径余量共同消耗 δB，则上述 1）、2）中所列缺陷同时存在，但程度较轻。

（2）当 $B < B_{实} \leqslant (B + es\pi)$ 时，则 $0 < \delta B \leqslant es\pi$；当 $B > B_{实} \geqslant (B - es\pi)$ 时，则 $-ei\pi \leqslant \delta B < 0$。要使焊管外径控制在 $\phi^{ei} \sim \phi^{es}$（ϕ^{ei} 为焊管最小极限尺寸），只要按工艺要求操作，将焊接余量和定径余量控制在工艺规定范围内，就能获得较高质量的焊管；并且，随着 δB 的缩小，焊管质量不断提高。

（3）当 $[B - (\Delta_2 B + \Delta_3 B)] < B_{实} < (B - ei\pi)$ 时，也即 $-(\Delta_2 B + \Delta_3 B) < \delta B < 0$ 时，要使 $D_T > \phi^{ei}$，就必须使缺少的 δB 从（$\Delta_2 B + \Delta_3 B$）中得到补偿。补偿途径也有三条：

1）若定径余量 $\Delta_3 B$ 不变，则 δB 只有从焊接余量 $\Delta_2 B$ 中得到补偿；这样，焊接余量必然减少，挤压力也相应减小，从而导致焊缝处的非金属夹杂物不能被全部挤出，金属填充不足，焊缝强度低。

2）若焊接余量 $\Delta_2 B$ 不变，则 δB 只有从定径余量 $\Delta_3 B$ 中得到补偿；这样，定径余量锐减，甚至全无，形成焊管在定径机中转缝、失圆、外径尺寸小等缺陷。

3）若焊接余量和定径余量共同补偿 δB，则焊缝强度、外径、直度等都会受到一定影响。

（4）当 $B_{实} \leqslant B - (\Delta_2 B + \Delta_3 B)$ 时，则 $-(\Delta_2 B + \Delta_3 B) \geqslant \delta B$，在保证 $D_T \geqslant \phi^{ei}$ 的前提下，焊接余量和定径余量之和不够补偿 δB 时，必定形成开口管。

（5）作为特例，当 $B_{实} = B$ 时，$\delta B = 0$，管坯处于理想状态，焊管生产全过程既不存在多余消耗，也不存在缺少补偿，焊管质量将从管坯宽度方面得到保证。

2.7.1.2 厚度增量分析

厚度增量系指管坯在一定长度内（假定实际宽度与理论宽度相等），实际厚度与理论厚度不一致的差值，它有四种表现形态：（1）管坯在全长上超上差或超下差；（2）管坯在全长上间断性或周期性有厚薄；（3）中间厚两边薄或中间薄两边厚；（4）一边厚一边薄。

前三种形态的厚度增量可以 Δt 为标志，划归一类，即若式（2-7）中的 t 存在一个增量 Δt，B、D_T 恒定，则得：

$$B_{(t+\Delta t)} = \left[(D_T - t)\pi + \Delta_1 B + \Delta_2 B + \Delta_3 B \right] - \Delta t\pi \tag{2-27}$$

式中，$B_{(t+\Delta t)}$ 是厚度有增量的管坯宽度；中挂号内的值为理论管坯宽度。由式（2-27）可知：

（1）当 $\Delta t > 0$ 时，应使 $B_{(t+\Delta t)} < B$，就是当管坯厚度增量为正时，生产焊管所需管坯宽度应比理论宽度窄 $\Delta t\pi$，否则会出现"多余消耗"问题。

（2）当 $\Delta t = 0$ 时，有 $B_{(t+\Delta t)} = B$，说明管坯处于理想状态。

（3）当 $\Delta t < 0$ 时，应使 $B_{(t+\Delta t)} > B$，即当厚度增量为负时，生产焊管所需管坯宽度应比理论宽度宽 $\Delta t\pi$，否则将产生"缺少补偿"问题。

以上 Δt 的三种取值结果说明，厚度增量可以看作是宽度增量的一种特殊转化形态，反之亦然，见图 2-15。因此，厚度增量的前三种形态对焊管质量的影响与宽度增量基本相似。

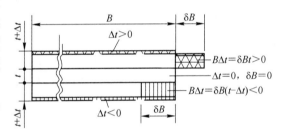

图 2-15 厚度增量转为宽度增量示意图

一边厚一边薄的管坯对焊管质量的影响主要有两点：

（1）管坯两边缘之间厚度不一，致使两边缘焊接温度不等。边缘加热焊接温度 T（℃）由式（2-28）确定：

$$T = \frac{I^2 R}{AF} \sqrt{\frac{L}{v}} \tag{2-28}$$

式中 I——焊接电流，A；

　　　R——管坯电阻，Ω；

　　　A——金属物理系数；

　　　L——焊接区长度，mm；

　　　v——焊接速度，mm/s；

　　　F——焊接断面面积，mm^2。

由于 $F = Lt$，若 t 为较厚一边的管坯，则较薄一边的管坯厚度为 $(t - \Delta t)$；那么，较薄一边的焊接断面面积为 $F_\Delta = L(t - \Delta t)$。将 $F = Lt$ 和 $F_\Delta = L(t - \Delta t)$ 分别带入式（2-28），就得到边缘不等厚条件下管坯两边缘加热焊接温度 T 和 T_Δ：

$$T = \frac{I^2 R}{ALt} \sqrt{\frac{L}{v}} \tag{2-29}$$

$$T_\Delta = \frac{I^2 R}{AL(t - \Delta t)} \sqrt{\frac{L}{v}} \qquad (2\text{-}30)$$

比较式（2-29）、式（2-30），得：

$$Tt = (t - \Delta t)T_\Delta \quad 或 \quad \frac{T}{T_\Delta} = \frac{t - \Delta t}{t} \qquad (2\text{-}31)$$

式（2-31）揭示了管坯两边缘厚度与加热焊接温度之间的关系，即：当 $t > t - \Delta t$ 时，$T < T_\Delta$。说明焊接时，管坯边缘较薄一边的温度高于边缘较厚一边的温度；Δt 越大，两边缘温度差也越大并表现为焊缝不是被过烧就是冷焊。

（2）由于存在 Δt，所以焊缝错位不可避免，并且由此引发毛刺难去除、焊缝不平整等缺陷。

2.7.1.3　宽度厚度全增量分析

宽度厚度全增量是指管坯实际宽度和厚度值与理论值相比均出现差异（增量）时，管坯实际横截面面积与管坯理论横截面面积之间的差值。因管坯理论横截面面积 $S = Bt$，故当 B、t 分别有增量 δB、Δt 时，管坯全微分为：

$$dS = S'_B(Bt)dB + S'_t(Bt)dt \qquad (2\text{-}32)$$

式中，$dB = \delta B$，$dt = \Delta t$，由式（2-32）有下列四种情况：

（1）当 $dB > 0$、$dt > 0$ 时，$dS_1 \approx tdB + Bdt > 0$，此时若 $dS_1 > es\pi t$，焊管同样会发生如前所述的"多余消耗"问题。

（2）$dB < 0$、$dt < 0$ 时，$dS_2 \approx tdB + Bdt < 0$，此时若 $dS_2 < -(\Delta_1 B + \Delta_2 B)t$，焊管同样会发生如前所述的"缺少补偿"问题。

（3）当 $dB > 0$、$dt < 0$ 时，若 $tdB \leqslant |Bdt|$，则 $dS_3 \leqslant 0$，若 $tdB \geqslant |Bdt|$，则 $dS_3 \geqslant 0$，这表明宽度增量与厚度增量之间有互补作用，这种互补作用在 $tdB = |Bdt|$ 时达到最好效果。但若 $dS_3 < -(\Delta_1 B + \Delta_2 B)t$ 或 $dS_3 > es\pi t$，同样会出现"缺少补偿"或"多余消耗"问题。

（4）当 $dB < 0$、$dt > 0$ 时，也会有 $tdB \leqslant |Bdt|$ 和 $tdB \geqslant |Bdt|$ 两种情况，也即 $dS_4 \leqslant 0$ 或 $dS_4 \geqslant 0$，其宽度增量和厚度增量之间的互补作用与 $dB > 0$、$dt < 0$ 的情况相同。

因此，全微分是宽度增量和厚度增量的综合体现；而宽度增量 dB 是全微分 dS 当 $dt = 0$ 时的特例；厚度增量 dt 是全微分 dS 当 $dB = 0$ 时的特例。同时，应该意识到，厚度宽度增量全微分对焊管质量具有互补性和负面影响二重性。

2.7.2　几何尺寸缺陷产生的原因

（1）轧机设备精度、轧辊精度、分条刀精度、隔套精度及其积累误差。

（2）热轧过程中的拉钢、温度不均匀、冷却不均匀。

（3）分条薄壁管坯时，采用木条退料与胶圈退料，影响薄管坯在两分条刀之间的凸起高度，进而影响宽度。

（4）分条前的板形存在波浪、荷叶边、龟背等缺陷。

（5）分条刀片并紧螺帽松动。

（6）冷轧张力波动、压下调整频繁。

（7）热轧板材厚度波动大，导致冷轧板厚度公差大。

管坯几何尺寸波动大主要影响焊缝强度与焊管尺寸精度。

第3章 焊管坯备料系统

本章介绍与管坯准备有关的纵剪机、开卷机、矫平机、剪床、对焊机以及储料笼与螺旋活套等的构成、工作原理和操作注意事项。

3.1 管坯准备

要获得满足制管宽度要求的管坯，途径有两条，一是以特定宽度的热轧成品钢带为管坯，直接生产焊管；二是借助纵剪机组将较宽钢带剪切成特定宽度的管坯。后者是管坯制备的原意，前者的实质是管坯准备。

3.1.1 管坯准备三原则

(1) 质量原则：即从库房领取的管坯，都应当是合格的。

(2) 重量原则：需要领取的管坯重量由式（3-1）确定：

$$W \geq \lambda w \qquad (3-1)$$

式中 W——领取材料重量，t；

w——订单焊管需要量，t；

λ——管坯利用系数，通常 $\lambda = 1.02 \sim 1.05$，设备好、材料好、易成型、要求低时，λ 取值可小一点；反之，取值要偏大，这样才能确保所产出的焊管吨位数大于等于订单需要量。

当领取管坯重量 W 不是整数卷重量时，按大于 W 的整数卷发货，即若 $W = 3.1$ 卷（重），则按 4 卷重量领取。多余部分视订单是否允许多生产，若客户不接受，则应当在生产结束后及时将余料打包退回仓库。

(3) 守时原则：根据焊管机组需要用料的时间，必须至少提前 4h 备好料，提前 1h 将管坯领到制管作业现场。

3.1.2 管坯制备

管坯制备的实质是根据订单和焊管生产工艺的要求，利用纵剪机组将选定的钢带剪切成既定的宽度，成为待用焊管坯。管坯制备的关键设备是纵剪机组。

3.1.2.1 纵剪机组的构成

纵剪机组是对管坯进行纵向剪切的生产线，是焊管生产重要的配套设备，没有纵剪机组，就无法满足市场对各种规格焊管的需求。纵剪机组的设备构成及工艺路径参见图 3-1。1600mm×3.0mm 纵剪机组主要技术参数见表 3-1。

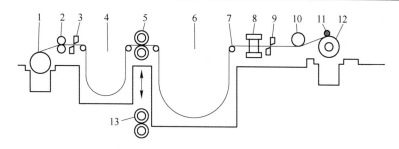

图 3-1 双刀座纵剪机组示意图

1—开卷机；2—送料辊；3—头尾剪；4—前活套；5—圆盘剪；6—后活套；7—前分离片；
8—张力站；9—分段剪；10—测长测速辊；11—后分离片；12—收卷机；13—双刀座

表 3-1 1600mm × 3.0mm 纵剪机组的主要技术参数

参 数 名 称		技 术 参 数
剪切材料		冷轧钢带
抗拉强度 σ_b/MPa		412
钢带尺寸	厚度/mm	0.3 ~ 3.0
	宽度/mm	860 ~ 1600
钢卷尺寸	内径/mm	508
	外径/mm	1200 ~ 1800
钢卷最大质量/t		20
切边成品管坯	内径/mm	508
	外径/mm	1800
	宽度/mm	25 ~ 1600
	剪切条数	1 ~ 25
	最大卷重/t	20
刀轴直径/mm		250
纵剪速度/m · min⁻¹		0 ~ 200
年产量（单班制）/t · a⁻¹		15000

纵剪机组的工作原理是：当按照管坯宽度换好圆盘剪刀片后，以手动方式穿引钢带至圆盘剪进行慢速剪切，然后将剪切后的管坯牵引到卷取机，就可在卷取电机、剪切电机和递送辊电机联动下进行高速剪切。

3.1.2.2 换刀与排料

（1）圆盘刀需要量：为了确保纵剪机组不间断地工作，确保在磨刀期间也有刀可用，通常一条纵剪生产线至少需要配置两套刀（厚度可以不同）。每套刀的最少数量 S 由该机最多剪切条数 n 决定，即

$$S \geqslant 2n + 2 \tag{3-2}$$

该式的另一个作用是，看到生产指令单上剪切条数时，就知道要准备多少刀片。

有些纵剪机组，为了节省在线换刀作业的非直接生产时间，匹配双刀座模式，即在机组操作侧备用一台圆盘剪，利用空闲离线换刀与调整，变换规格时，只要将在线圆盘剪传动脱开，横向移动到步进机上，再把步进机上已经装配好刀具的备用圆盘剪移入作业线，液压锁紧和接上传动后就可进行纵剪生产，十分方便，只需 2 ~ 3min 即可完成。

（2）刀刃侧间隙与重叠量：二者决定剪切管坯上毛刺大小和翻边严重程度。

刀刃侧间隙 Δ 是剪切工艺的重要参数之一，指上下刀刃重叠后，相对两平面之间的间

隙，参见图 3-2。它与被剪切管坯的厚度 t 以及所剪板材性状有关，可参照式（3-3）设置：

$$\Delta = \begin{cases} (0.10 \sim 0.15)t,\text{适用于剪切热轧管坯和 } t \geqslant 2\text{mm 的管坯} \\ (0.05 \sim 0.08)t,\text{适用于剪切冷轧管坯、薄管坯和高精度管坯} \end{cases} \quad (3\text{-}3)$$

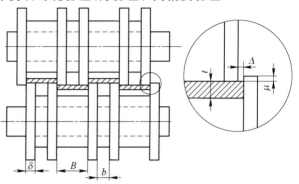

Δ 过大，管坯边缘毛刺大，边缘翻边严重，甚至剪不断；Δ 过小，刀片侧面重叠部位磨损严重，甚至发生"咬刀"。与侧间隙密切相关的另一个剪切工艺参数是刀刃重叠量 μ。它主要取决于被剪钢带厚度 t，参见式（3-4）：

$$\mu = (0.5 \sim 0.6)t \quad (3\text{-}4)$$

μ 过深，刀具磨损严重，增大退料阻力和设备负载；μ 过浅，易剪不断。

图 3-2 圆盘剪剪切示意图

B—长隔套长度；b—短隔套长度；Δ—上下刀片侧间隙；
δ—刀片厚度；μ—上下刀片重叠量；t—管坯厚度

（3）隔套长度：剪切用隔套有长短之分，参见图 3-2。长短套的关系是：

$$B = b + 2\delta + 2\Delta \quad (3\text{-}5)$$

式中 B——长隔套长度或管坯宽度，mm；

b——短隔套长度，mm；

δ——圆盘刀厚度，mm；

Δ——刀刃侧间隙，mm。

当隔套长度无法满足侧间隙要求时，就不得不依靠垫铜皮或纸片来解决。铜皮或纸片必须平整，否则影响剪切精度。

（4）退料圈（条）：种类有 O 形圈或木条，O 形圈常用橡胶、PU、丙腈等制作。一般剪切热轧钢带用橡胶圈，剪切冷轧钢带用 PU 或丙腈或木条材质。退料圈壁厚由式（3-6）确定：

$$H = \frac{D - d}{2} + k \quad (3\text{-}6)$$

式中 H——退料圈壁厚，mm；

D——刀片外径，mm；

d——隔套外径，mm；

k——退料圈硬度补偿量，$k = 0.5 \sim 2\text{mm}$；硬度硬，取值小；反之，取值大。

如果剪切更薄、边缘毛刺要求更小、尺寸精度更高的管坯，就需要用包裹环氧树脂的木条来退料，但成本会更高。

（5）排料：当一卷钢带需要分剪不同宽度时，要尽可能将窄料排在两边，宽料排到中间。因为钢带难免不存在拉钢、边部破损等缺陷，这样排料有利于减少损失。

3.1.3 管坯宽度精度控制

管坯宽度精度由纵剪机组的精度、圆盘剪刀轴精度、圆盘刀精度、隔套精度和上下刀口侧间隙等决定。

（1）纵剪机组精度：主要体现在两个方面，一方面是刀轴牌坊及轴承座滑块对刀轴的定位，不允许存在轴向窜动，它是刀刃侧间隙稳定不变的保证；另一方面体现在整机联动协调上，自从 PLC 成功植入纵剪机组后，纵剪机组的高速、高效、平稳协调运行有了质的飞跃。

（2）刀轴精度：由刀轴材料、刚度、强度、加工工艺保证。刀轴材料常用 40Cr 或 GCr15，热处理后镀硬铬精磨到 $\phi^{-0.02 \sim -0.03}$ 和粗糙度优于 $R_a 0.2 \mu m$。这样才能得到并长期保持高强度、高韧性、高精度的刀轴。

（3）圆盘刀精度：首先，从刀片材质看，目前我国普遍使用 Cr12MoV 或 SKD11 材质做刀片，经淬火加低温回火后，具备高硬度（HRC60~63）、高耐磨性和抗冲击能力。这类刀具适合剪切抗拉强度不超过 550MPa 的低碳钢、低合金钢带材。

其次是机加工精度：主要包括厚度精度、内孔精度、外圆精度和形位公差等；尤其要重视刀片厚度的积累公差，一旦厚度存在较大积累公差，则每次换刀会很麻烦。因此，无论何种材质的圆盘刀，厚度精度必须达到忽米级。

（4）圆盘刀精度的维持：能否长期保持刀片精度，与正确使用、维护、保管等密不可分。具体有以下六个方面：1）必须确保圆盘刀外径一致；2）必须确保换下来的刀片码放整齐，避免刀刃撞击碰伤；3）必须确保同一套刀一起磨削，即使是没有参与使用的刀，也要一起磨，而且每一次的修磨进刀量不宜过大，否则易烧伤刀刃；同时圆盘刀的修磨，仅指磨外圆，严禁磨平面；4）要分粗磨和精磨，精磨后要仔细检查，保证所有刀刃全部磨出；5）必须确保圆盘刀清洁和防锈，防止铁屑夹杂；6）隔套长度精度要与刀片厚度精度等量齐观，不应被忽视，没有隔套精度，刀片精度再高也显不出英雄本色。

3.2 管坯上料拆卷

上料拆卷，从这一刻起，才可以说是焊管生产线的真正起点。由于所要拆的钢卷管坯，少则几百公斤，多则数吨，所以它离不开放置管坯用的开卷机和吊装管坯用的吊机。

3.2.1 上料吊机

常用的上料吊机有悬臂吊机、单梁龙门吊机和行车三种。

（1）悬臂吊机：工作方式是，借助车间行车，将多卷管坯吊到悬臂吊机的回转半径以内，然后由悬臂吊机单卷起吊管坯至开卷机。悬臂吊机的优点是周围放置的管坯多，操作方便，投入小；缺点是起重量小，一般不宜超过 2t。用作 32 以下焊管机组上料，能满足 32 机组最大单卷重量一般不超过 1.5t 的起吊。

（2）单梁龙门吊机：工作方式是，先由车间行车将多卷管坯调至单梁吊机下方，然后由单梁吊机单卷起吊到开卷机上。它的优点是结构简单、制作方便、价格低廉、操作方便、强度高；缺点是受单梁长度制约，梁下方一次存放的料有限，需频繁使用车间行车。单梁吊机可用作 76 机组以下单卷焊管坯的起吊，因为一般 76 以下机组用料的单卷重量不超过 3t，通常配置 3t 电动葫芦即可。表 3-2 是某企业 3t 单梁龙门吊机的主要技术参数。

表 3-2 某企业 3t 龙门吊机的主要技术参数

项 目 名 称	参 数	项 目 名 称	参 数
电动葫芦型号	LD3-S	运行速度	20m/min
最大起重量	3t	管坯提升高度	2m
升降速度	8m/min	运行范围	0~3500mm

（3）行车：常规型号有 3t、5t、10t、15t、20t、25t 等，又有单梁与双梁之分；通常 10t 以下的单梁居多。选择原则是，能够满足该机组最大单卷重量的起吊，如 114 焊管机组建议配置一台 10t 单梁地控加遥控的上料行车。使用这种行车的最大优点是材料存放地点不受限制。

3.2.2 开卷机及工作原理

开卷机的作用是支撑管坯、确保无障碍地拆开管坯上的包装带并使管坯平稳转动，实现管坯向储料活套内转移。常用的开卷机有单筒悬臂式、双臂滑套式和双锥式三种。

3.2.2.1 单筒悬臂式开卷机

单筒悬臂式开卷机由开卷机和升降行走小车两部分构成，见图 3-3。开卷机主体由胀筒、驱动电机、液压缸和联合器组成。工作原理是：胀紧液压缸和升降行走小车协调配合，将钢卷送入处于收缩状态的胀缩筒上；对准中心后，胀紧缸活塞向右侧运动，带动斜滑块 1 向右轴向移动，迫使与其配合的斜滑块 2 作径向移动，使固定在斜滑块 2 上的四块弓形板构成的筒胀大至钢卷内径并牢牢地撑住，撤走行走小车；合上联合器后慢慢驱动电

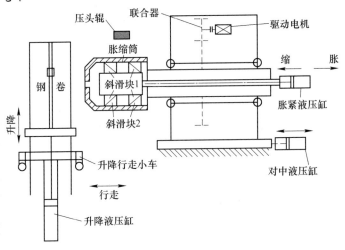

图 3-3 单筒悬臂式开卷机

机，使钢卷头朝着活套方向，压下压辊，剪开钢卷外圆的包装带；再次驱动电机，通过托板将钢卷头送入剪切对焊机中；打开联合器，钢卷就在活套送料辊的牵引下正常工作。常用标准胀筒规格有 $\phi508mm$ 和 $\phi610mm$ 两种。

单筒悬臂式开卷机的优点是，机械化程度高、载荷大、高速运转稳定，适合大中型焊管机组用。缺点一是造价高、维护不方便；二是胀缩范围小，最大只有 40mm 左右，当遇到钢卷内圈散卷时就较难进入胀筒；三是留给下一卷上料、剪切、对焊的时间不充裕，稍有不慎就会导致机组停机。

3.2.2.2 双臂滑套回转式开卷机

这种开卷机操作方便灵活，上料与储料分别在两侧同时进行，互不干涉，上料时间充裕，胀缩范围大，造价低、免维护，广泛应用于 114 以下焊管机组，见图 3-4。双臂

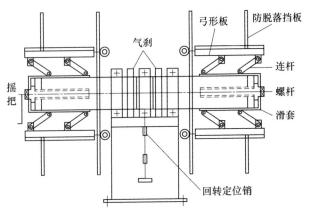

图 3-4 双臂滑套回转式开卷机

滑套回转式开卷机的工作原理是：通过摇把旋转螺杆，将由四块弓形板构成的"圆"调到比管坯卷内径小30~50mm，使管坯卷能够顺利进入；然后反向旋转螺杆，使四块弓形板顺着滑套移动致紧紧地顶住管坯卷内圈，并且装上防脱落挡板；剪掉包装带后松开气刹，人工牵引带头至头尾焊接机。

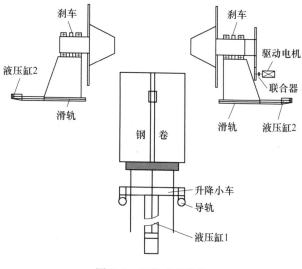

图 3-5　双锥式开卷机

3.2.2.3 双锥式开卷机

双锥式开卷机的结构如图3-5所示。结构复杂程度、维护难度和造价均比单悬臂式的低许多，承载重量大。在三种开卷机中，双锥式稳定性最好，因此大中型焊管机组常选用此种结构的开卷机，有些宽大的纵剪机组也使用双锥式开卷机。但是，它容易挤坏管坯内圈，使边缘发生畸变，不适用于薄壁管坯。

3.2.3 上料注意事项

（1）上料前必须再次核对所领用管坯的重量、卷数、规格等信息，并总体观察管坯外观有无明显散卷、缺肉、锯齿、裂边、分层、麻面、针孔、浪边、边缘毛刺大、严重翻边、严重锈蚀等缺陷，并与机组人员实现信息共享。

（2）检查管坯几何尺寸。测量厚度时，可从距头部1500mm处开始检测，厚度测量点应至少距边10mm以上，通常允许带头带尾厚度有少许超差。

（3）管坯必须严格按指定的编号投料，对号入座，严禁张冠李戴、窜用、混用。

（4）必须注意管坯面的方向。主要针对切边管坯而言，有正上料与反上料之分：正上料指将板面有毛刺的一面（图2-11的B面）卷在管子里面，这对焊缝强度较为有利；所谓"反上料"是指将管坯存在边缘毛刺的那一面卷制到管子外壁的一种生产工艺方法，它是焊管获得较小内毛刺的捷径，但焊缝强度稍逊于正上料。

（5）在起吊单卷管坯时，操作者必须站在管坯外圆的方向，严禁使用不足管坯宽度的吊钩。

3.3 管坯矫平与切头尾

3.3.1 管坯矫平

大中型焊管机组用管坯带动力矫平机如图3-6所示，小型焊管机组用无动力矫平机如图3-7所示。大中型管坯矫平机是大中型焊管机的标配设备，为的是方便对宽厚焊管坯头尾进行矫平。而小型焊管机用矫平机则是焊管机组的组成部分，目的是矫平管坯面。

3.3.1.1 管坯矫平的必要性

（1）热轧管坯是在550~600℃的高温状态卷取并且在卷取状态下冷却至室温，管坯

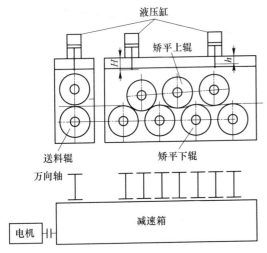

图 3-6　大中型焊管机组用矫平机

H—上辊矫后压下深度参考值；

h—上辊矫前压下深度参考值

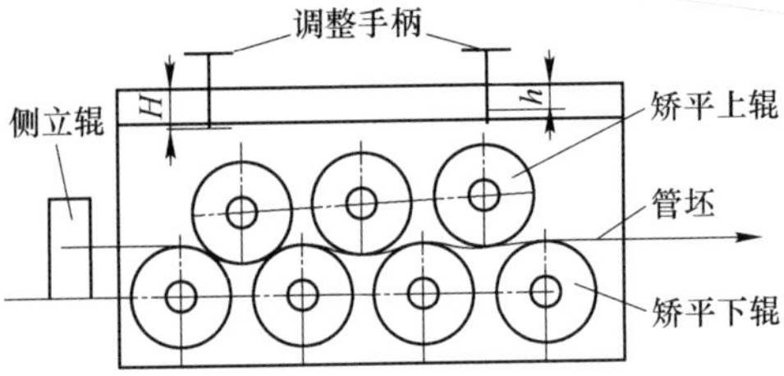

图 3-7　小型焊管机用无动力管坯矫平机

在此过程中被充分定型为一个一个的圆。当需要直用它时，圆形带状管坯在固有内应力作用下会抵抗这种变形，导致管坯出现波浪，影响头尾对接。

（2）宽厚管坯的"抗直"内应力很大，不经过专门的矫平，便无法实现头尾平行对焊。

（3）在将管坯往笼式活套内充料时，管坯会被打折，甚至折得很"死"；特别是薄管坯上的"死折"，如果不矫平，必将影响随后的焊接质量。

由此可见，无论出于何种原因，焊管工序中都离不开矫平机。

3.3.1.2　矫平原理与矫平效果

A　矫平原理

矫平机的矫平原理是：由于平行错开且又相互重叠的矫平辊，能够对通过其间的管坯施以反复大弹塑性变形，而金属材料在较大弹塑性弯曲条件下，不管其原始弯曲程度有多大差别，在经过矫平辊多次反复弯曲变形和弹复变形后，管坯上残留的弯曲程度差别会显著减小，甚至趋于一致；随着反复压弯程度的减少，其弹复后的残留弯曲必然逐渐趋于零，管坯逐步趋向平直，最终获得宏观上的、完全能够满足焊管生产工艺要求的平整管坯。

该原理告诉人们，管坯矫平效果至少与矫平辊重叠量（弹塑性变形量）和反复弯曲变形次数（矫平辊数量）有直接的关系。

B　矫平机主要参数与矫平效果的关系

矫平机的主要参数包括上辊压下深度、辊径、辊距、辊数、辊身长度、矫平速度等，它们相互联系，相互作用，共同影响矫平效果。

（1）辊径与矫平效果的关系。在充分考虑矫平机强度的前提下，辊径越小，矫平效果越好。以矫平管坯上的横向"死折"为例，见图 3-8。小辊径矫平辊要比大辊径矫平辊更接近 V 形折纹底部，小矫平辊对 V 形折纹的"压平"作用更显著。

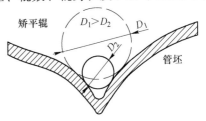

图 3-8　辊径与管坯矫平效果的关系

另外，由于管坯是弹性体，大辊施力点远离 V 形折纹底部，矫平力被弹性消耗后实际传递到V形折纹底部的力所剩无几；同理，小辊施力更接近V形折纹底部，V形折纹底部受到的矫平力更直接，效果自然要好于大辊。

（2）辊距与矫平效果的关系。在相同矫平力作用下，辊距越大，矫平力对折纹的作用越柔性，矫平不理想；辊距过小，辊子承受的压力大，加重辊面磨损。建议辊距按式（3-7）确定：

$$L = (1.05 \sim 1.15)D \tag{3-7}$$

式中　L——矫平辊辊距，mm；

　　　D——矫平辊直径，mm。

（3）辊数与矫平效果的关系。根据矫平机的矫平原理，辊数与矫平弯曲变形次数有如下关系：

$$n = N - 2 \quad (3 \leqslant N \leqslant 21) \tag{3-8}$$

式中，N 为矫平辊辊数，焊管机组取 7~13 就足够了；n 为弯曲变形次数，代表变形效果，n 越大，表示变形效果越好。式（3-8）明确说明矫平效果与矫平辊辊数的关系，在辊数达到3之后，每增加一支矫平辊，矫平效果都会有所改善；但是改善效果的增幅会随着矫平辊辊数的增加而减小。如果用矫平效果增幅来评价因为增加矫平辊而带来的效果改善，那么有：

$$\begin{cases} \Delta_N = \left(\dfrac{1}{N^2 - 7N + 12} \right) \times 100\% , & N > 4 \\ \text{令} \ \Delta_3 = 100\% , \ \Delta_4 = 50\% \end{cases} \tag{3-9}$$

式中　Δ_N——矫平效果增幅，%；

　　　N——矫平辊辊数。

计算结果显示，刚开始增加矫平辊（$N=4\sim8$）时，矫平效果十分明显，这也与生产实际状况相吻合；在 $N=10$ 以后，矫平效果增幅就不足2%了，因此，焊管机用矫平机的矫平辊辊数通常不超过9辊。

（4）辊身长度与矫平效果的关系。根据挠度原理可知，辊身长度关系到辊子刚性，关系到矫平时辊子中部偏离静止位置的距离，距离大，说明辊轴刚度差，矫平质量不稳定。因此，在满足焊管机组最宽管坯矫平的前提下，辊身长度越短越好。

（5）矫平速度与矫平效果的关系。大中型矫平机实施主动矫平时，矫平速度与矫平效果关联不紧密。这里主要针对松开联合器后的被动矫平和小型焊管机用的无动力矫平机。

被动矫平的动力来源于焊管机组的拉力，当矫平辊上下重叠以后，管坯穿行其间时，便受到来自矫平辊的阻力 f 作用，并试图阻碍管坯前进，这样，管坯就被方向相反的两个拉力拉直，如图3-9所示，图中，f 和 F 分别表示矫平辊重叠后对管坯形成的阻力以及由机组拽动管坯所形成的拉力。当 $f < F$ 时管坯前进；当 $f \geqslant F$ 时管坯静止。根据动能原理，F 的大小，除了与机组牵引力有关外，还与牵引力的速度密切相关。速度越快，F 越大；而与 F 对应的阻力 f 也会随之增大，管坯就更容易被拉

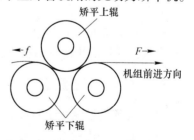

图 3-9　管坯受矫平机阻力与
机组拉力作用示意图

直。不过，f 也不是纯粹任由 F 决定，事实上，它经常凭借矫平上辊的压下和回调而增大或减小，进而达到增大或减小 F 之目的。特别地，如果 f 过大，则有可能拽停焊管机组，或者导致焊管机组打滑。

影响矫平效果的还有材料硬软厚薄、皱折性质等因素。如管坯为软料或特软料，屈服点低，易打成"死折"，完全矫平难度较大。

3.3.1.3　矫平原则

大中型焊管机用带动力矫平机与小型焊管机用无动力矫平机，除了电动操作与手动操作不同之外，其余的矫平方法基本类似，矫平原则基本相同。

（1）矫平压力入口大、出口小的原则。

（2）矫平压下深度薄管坯深、厚管坯浅的原则。

（3）见好就收的原则。该原则要求，在管坯基本被矫平并确认不会影响焊管质量后，就不要再压下了，特别是当管坯较平整时完全可以提起矫平上辊。

（4）矫平辊平衡施力的原则。

3.3.2　管坯切头尾

焊管坯的头尾通常都需要经过剪切才能达到焊管工艺要求的头尾对接状态。大中型焊管生产线用剪切设备为剪床，小型焊管机组则多配置地剪实施管坯头尾的剪切。

3.3.2.1　剪床

剪床由头尾压紧装置、剪切机（液压剪、机械剪）、递送装置和对中装置等构成。

（1）管坯头尾压紧装置：主要作用是把管坯紧紧地压在剪床上，防止剪切时管坯发生前后左右移动，导致切口不平整和切口与边缘不垂直，无法实现头尾平行对接，影响焊接质量。压紧装置有两种，一种是由两个液压缸与一块固定板组成，在剪切前先启动液压缸将管坯头或尾压在固定板上，剪好后再退回；另一种是安装在活动剪刃前，比活动剪刃略高，结构由活动压板、导柱和弹簧组成，剪切时，活动压板首先碰到管坯并将管坯压在固定板上，然后才会发生剪切，剪好后随刀刃一起退回。后一种结构紧凑，但会消耗部分剪切力，剪床功率相较前者稍大一些。

（2）剪切机：主要作用是齐头齐尾以及切除管坯中间的不合格料。大中型焊管生产线用管坯头尾剪切设备多为液压剪床，由上下刀座、上下刀片、液压缸、床身及控制部分组成。

（3）递送对齐装置：大中型剪切对中装置由压紧液压缸和可带动管坯头、尾小幅纵向移动的液压移动装置构成，目的是把剪切好的头尾对齐在一起，为焊接做好准备。

3.3.2.2　地剪

建议在买来的地剪上加装一小型靠板，使靠板侧边与剪刀垂直。剪切时，将管坯一侧紧靠靠板，这样剪出的切口就不会斜，容易对齐。

3.3.3　剪切注意点

（1）必须借助测量工具或止通规卡板将不足宽和特别厚的头尾全部剪切掉。

（2）必须将边缘缺肉、裂边、锯齿、分层、不够宽等缺陷管坯切除。

3.4　对焊

对焊的作用是把前后两卷管坯的头尾焊接起来，以保证管坯在焊管机组中顺利通过，实现连续生产。适合对焊的设备较多，有弧焊机、O_2-C_2H_2 焊机、CO_2 气体保护焊焊机、惰性气体保护焊焊机和闪光焊焊机等。大中型焊管机组多用 CO_2 气体保护焊焊机和闪光焊焊机。

3.4.1 闪光焊焊机的工作原理

闪光焊是电阻焊的一种，由烧化和顶锻两个工艺过程组成。基本原理是：利用焊件本身固有电阻和焊件端面的接触电阻，当通电时，引起金属被加热至烧化；烧化时迸发出猛烈火花，接触面被融化；然后中断电流，给予大（5～15MPa）的顶锻力，管坯头尾在高温高压下被锻接在一起。如图 3-10 所示，闪光焊焊机的工作程序是，将要焊接的管坯头尾夹于电极之间，活动电极 1 装在可沿机座 3 导轨移动的活动牌坊 2 上；第二对电极（固定电极 4）装在固定牌坊 5 上。两个牌坊、导轨和机座在电气上都绝缘。焊接变压器 6 的二次线圈用软电缆与牌坊连接，变压器一次线圈经开关 7 与交流电连接。用调整辊 9、10 推动管坯头尾，使它们被定缝刀 8 顶住为止；然后夹紧管坯头尾，抬起定缝刀，接通变压器；与此同时，活动牌坊带动头或尾互相靠近，首先形成一点或几点电接触。

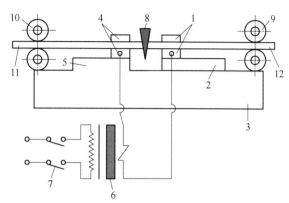

图 3-10 闪光焊对焊原理
1—活动电极；2—活动牌坊；3—机座；4—固定电极；
5—固定牌坊；6—变压器；7—开关；8—定缝刀；
9，10—调整辊；11，12—管坯头尾

在焊接开始时，管坯头尾间并无多大压力，因此这些接触点的电阻很大，在持续大电流作用下，这些接触点通过的电流密度逐渐增大，大到接触点附近的金属被加热融化，并在管坯头尾间形成一个或几个液体过梁，这种过梁在进一步加热中发生爆炸而遭到破坏；同时，融化的小颗粒从牌坊缝隙中以火花的形式射出，焊接件也略有缩短。但是，管坯头在活动牌坊带动下，不断接近管坯尾，新的液体过梁又会不断形成，而形成液体过梁时的热量也就迅速把头尾部加热。当被加热连接在一起的部分达到一定长度后，即进行顶锻。在设定的顶锻过程中，断开电流，继续顶锻剩余部分，从而结束整个焊接过程。

德国米巴赫焊机制造厂制造的 SB63/1250/16 型米巴赫焊接机在焊管行业应用较为成熟。该焊接机由焊机、加工装置、电气设备三大部分组成，共设计了 5 套规范焊接程序（略），用以适应不同厚度管坯。该设备适用于大中型焊管机组，主要参数见表 3-3。

表 3-3 SB63/1250/16 型米巴赫焊接机主要参数

参 数 名 称	技 术 参 数
焊接管坯规格	(1.2～6.5)mm×(500～1650)mm
顶锻力	最大 630kN（9.3MPa 时）
	最小 320kN（4.7MPa 时）
每侧夹紧电极夹紧力	最大 4×340=1360kN（22MPa 时）
	最小 2×340=680kN（22MPa 时）
光整机	刨光力 115kN（8.5MPa 时）
	夹紧力 260kN（8.5MPa 时）
切口、冲孔机	每侧冲月牙的冲力 560kN（22MPa 时）
	冲孔力 270kN（22MPa 时）

续表3-3

参 数 名 称	技 术 参 数		
送料小车	夹紧力 146kN（9.3MPa 时）		
	牵引力 80kN（8.5MPa 时）		
工作速度	夹紧速度 60mm/s		
	闪光速度 1～10mm/s		
	顶锻速度 100mm/s		
	刨光速度 360mm/s		
	传递速度 360mm/s		
最大可焊横截面面积	单位顶锻力/MPa	60	100	160
	焊接截面面积/mm²	10500	6300	3900

3.4.2　CO_2 气体保护焊焊机

CO_2 气体保护焊焊机由剪切机、焊接部分和电控设备三部分构成，自动化程度高，操作方便，在大中型焊管生产线上广为应用。见图 3-11。

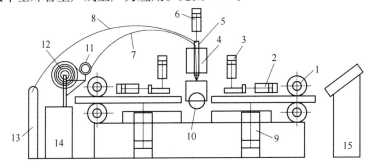

图 3-11　CO_2 气体保护焊焊机结构示意图

1—送料辊；2—送料液压缸；3—压紧液压缸；4—焊枪移动座；5—焊枪；6—焊枪液压升降缸；7—焊丝；
8—CO_2 气管；9—剪切缸；10—对中装置；11—送丝轮；12—焊丝盘；13—CO_2 气瓶；14—CO_2 焊机；15—电控柜

3.4.2.1　剪切机

剪切机包括送料辊、压紧装置、送料装置、剪床、对中装置等。其中对中装置是 CO_2 焊机最重要组成部分之一，直接影响焊接质量。它由两块挡板、丝母、丝杠及油马达构成，工作原理见图 3-12，作用是将切好头尾的管坯限制在中间，强制地使对缝与管坯中心线垂直，是获得优良焊接质量的前提。

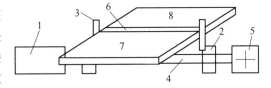

图 3-12　对中挡板工作原理

1—油马达；2—丝母；3—挡板；4—丝杠；
5—轴承座；6—键；7，8—管坯头尾

3.4.2.2　焊接部分

（1）焊接部分构成：由液压马达、焊枪移动座、焊机、气瓶等组成。

1）液压马达驱动焊枪移动座，实现焊枪横向均衡稳定地移动，保证焊缝一致。焊枪不仅可以做横向快慢移动、升降移动，而且焊枪头还可以作小幅度偏移摆动调整，这样，焊枪在三维空间内均可移动，以满足实际操作需要。

2）CO_2气体保护焊的基本原理是，当焊接电源的两极分别接通焊丝和管坯后，焊丝和管坯之间便产生电弧，电弧熔化金属，以CO_2气体作为保护介质，保护电弧和熔池，从而获得良好的焊接接头，故又称为CO_2气体保护电弧焊，简称CO_2焊。

CO_2焊的优点：一是CO_2气体密度大，隔离空气保护焊接熔池效果好；二是生产效率高，自动焊时最快可达150m/h；三是CO_2气体成本低，来源广，焊接成本只有埋弧焊和焊条手弧焊的40%~50%，能耗只有埋弧焊和焊条手弧焊的70%（焊3mm厚左右）；四是适应范围广，可全位置焊，可薄到0.5mm厚，最厚则不受影响（多层焊）；五是焊缝含氢低，焊缝抗裂性能好。同时又不需要清渣且是明弧，便于监视和控制，有利于实现焊接过程自动化。所以，自20世纪80年代以来，CO_2焊就在焊管行业普遍应用。目前在焊管行业应用较广的是IC-500-1、IC-500-2、IC-350型号焊机，主要性能参数见表3-4。

表3-4　IC-500-1、IC-500-2、IC-350 CO_2焊机主要性能参数

参 数 名 称	参　　数		
	IC-500-1	IC-500-2	IC-350
电源电压/波动范围	三相，380V，50Hz/380V±10%		
空载电压/V	60~70		55~60
焊接电流/A	100~500		70~350
适用焊丝直径/mm	$\phi1.2~1.6$		$\phi1.0~1.2$
适用板厚/mm	4~35		1~25
焊接电压/V	18~35		17~37

3）气瓶：CO_2气体无色无味，在0℃和101.3kPa气压时，密度是空气的1.5倍，易于隔离空气，保护焊缝。工业用瓶装CO_2都是液态存储，容量为40L的标准钢瓶可灌装25kg液态CO_2；1kg液态CO_2可气化509L气体；满瓶气压5~7MPa，正常使用气压为0.1~0.2MPa。

CO_2气瓶内易积水，要注意去除，不然的话，焊接后焊缝易产生气孔。生产现场减少瓶内水分的措施有二：一是将气瓶倒置1~2h，然后少许开启阀门，这样就可以把沉积在瓶口的水排出，每隔0.5h放一次，放2~3次即可；二是在气路中设计高、低压干燥器，吸收气体中的水分。

（2）焊丝直径与焊接电流的关系：参见表3-5。

表3-5　焊丝直径与焊接电流的关系

焊丝直径 ϕ/mm	焊接电流/A		
	细滴过渡 （25~40V）	短路过渡 （16~22V）	射流过渡 （富氩气体）
0.5	—	30~70 （17~21V）	—
0.6	—	49~90 （17~21V）	—
0.8	150~250	60~160	≥150
1.0	150~250	70~170	≥220
1.2	200~300	100~175	≥220
1.6	350~500	100~180	≥275
2.4	500~750	150~200	—

（3）CO_2 焊工艺参数与焊接质量的关系：

1）焊丝直径对焊接过程的电弧、金属飞溅以及熔滴过渡等都有显著影响。焊丝加粗或减细，则熔滴下落速度相应减小或增大，此时就需要相应减慢或加快送丝速度，才能保证焊接过程的电弧稳定；随着焊丝直径加粗，焊接电流、焊接电压、飞溅颗粒都增大，焊接电弧不稳定，焊缝难成型。

2）焊接电流除上述影响外，还对焊缝宽度、高度、熔深产生影响。增大焊接电流，熔深加深，易发生烧穿、气孔等缺陷；反之，电弧不连续燃烧，产生未焊透缺陷。

3）电弧电压是影响熔滴过渡、金属飞溅、电弧燃烧时间及焊缝宽度的主要因素。电弧电压越高，电弧笼罩也越大，于是熔宽增加，而熔深和余高减小，焊接趾部易出现咬边；反之，电弧不稳，熔合不良。

4）焊接速度对焊缝内部与外观质量都有重要影响。在焊接电流、电压一定的情况下，焊速加快则焊缝熔深、熔宽和余高都减小，焊道成凸形；相反，焊速过低，熔池中液态金属就会流到电弧前面，电弧只在液态金属上面燃烧，出现焊缝熔合不良，形成未焊透。

5）焊丝伸出长度指管坯与导电嘴间的距离，通常伸出长度为焊丝直径的 10 倍左右为宜。伸出过长，焊丝电阻热增大，熔化速度快，电弧不稳；反之，喷嘴易过热，易堵塞，影响保护气体流通。

6）保护气需要量与焊接电流呈正相关关系。电流越大，则气体流量要相应增加。通常焊接电流 200A 的气体流量为 10 ~ 25L/min；焊接电流 200A 以上的气体流量是 15 ~ 25L/min；粗丝焊接的气体流量是 25 ~ 50L/min。另外，环境风速超过 4m/s 时，也要增大气体流量或采取防风措施。

3.4.2.3　CO_2 剪切对焊机的工作流程

由于 CO_2 剪切对焊机采用液压传动和各个动作的可重复性，为运用计算机程序进行控制创造了条件；同时计算机程序的运用又确保了各个动作更加精准。CO_2 剪切对焊机的工作流程可以分成切尾、切头和焊接三个模块。三个动作模块既能通过 PLC 整机联动，实现工作程序的自动控制，又能各自独立操控。

3.4.3　小型焊管机组用手动 CO_2 焊接操作程序与注意事项

3.4.3.1　操作流程

小型焊管机组手动 CO_2 焊接程序参见图 3-13。由于小型焊管机组的上料、焊接、剪切等岗位工作通常只需 1 ~ 2 人即可完成全部工作，因此上料工往往兼焊工。手动 CO_2 焊焊接参数与自动焊基本相似，只是在起弧和收弧方面略有不同，需要注意。

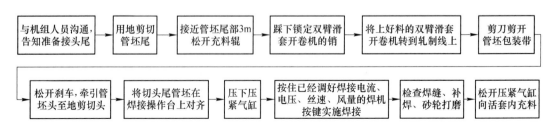

图 3-13　小型焊管机组用手动 CO_2 焊接岗位工作流程

3.4.3.2 手动 CO_2 焊接要领

（1）引弧前，将焊枪嘴悬置于对缝边缘，但并不触碰管坯。

（2）按焊枪控制键，但不要急于接通电流，让保护气体有 $2\sim3s$ 的通气时间，以排除枪内空气，然后再接通电源形成短路自然引燃电弧，此时，焊枪有被顶起的倾向，所以，引弧时手要稍微用力压焊枪，防止因焊枪抬起过高而导致电弧太长熄火。

（3）焊接结束前必须要收弧，收弧不当就容易产生弧坑、裂纹、气孔等缺陷。收弧时，焊枪要在收弧处停止前进，并在熔池未凝固时反复断弧、引弧几次，直至填满弧坑，整个动作过程要一气呵成；若等熔池凝固后才引弧，则极易产生焊缝未融合和气孔等缺陷。

（4）停止焊接（停丝）后，必须滞后 $2\sim3s$ 再停气，这对防止枪嘴堵塞效果明显。

3.5 活套

焊管生产用管坯卷，无论卷大与卷小，其长度总是有限的，为了保证焊管生产线能够不间断地运行，就需要将上一卷管坯尾与下一卷管坯头连（焊）接起来。在连接期间，必须要对上一卷管坯进行切尾、下一卷管坯切头和头尾相连的焊接工作，以及上料和拆卷等，这些都需要时间以及在这段时间内储存足够的管坯供焊管机组正常运转之用，于是，焊管生产用活套（accumulator）应运而生。可见，活套系指积聚储蓄带状焊管坯的存储器，是确保焊管生产线连续不间断生产的必备辅助设备。活套种类较多，有隧道小车式、地坑式、笼式和螺旋式四类。前两种已经淘汰，这里只介绍后两种。

3.5.1 笼式活套

笼式活套因其外形酷似笼子而得名，如图 3-14 所示。它的主要缺点是充料时管坯边缘易变形、易起折、噪声大。但是，由于它的优点更显著，造价低廉、制作方便、安装简单、储料量较多，因而笼式活套在小型焊管机组上广为应用。

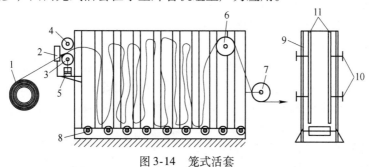

图 3-14 笼式活套

1—管坯（开卷机）；2—侧立辊；3—充料下辊；4—充料上辊；5—充料气缸；6—解结辊；
7—出料辊；8—防划伤辊；9—外框；10—宽度调节螺杆；11—移动栅栏

3.5.1.1 笼式活套的工作原理

操作者根据机组运行状况和经验，认为需要向活套内充料时，首先将充料用交流调速电机调至0，启动该电机按钮，使充料上辊4（提供充料动力）处于待命状态；由于该电机与充料气缸5和开卷机1的气刹电磁阀联动，所以，充料气缸便推顶充料下辊3（被动辊）与上辊一起夹持管坯，同时开卷机气刹松开；然后旋转调速电位器，由慢到快，逐渐增加充料速度，至接近管坯尾部时再逐渐减速并点刹开卷机；其间，管坯一直在机组的拉拽下经解结辊 6 和出料辊 7 源源不断地被拉进焊管机。如果活套内所储存管坯足够机组在上料工实施切头尾与焊接这段时间内的用料，那么就能实现机组连续作业。

确定笼内管坯最低保有量的方法有经验法和理论计算法。

（1）经验法：所谓经验法就是操作者根据当前焊管机速度 $v_机$、平均充料速度 $v_充$、充料时间 $t_充$、焊接（切尾、对缝、焊接）该种管坯头尾需要用时 $T_接$ 以及预留的保险长度 $L(L = 20 \sim 40\text{mm})$ 等因素，决定何时充料、充多少料。它们的关系用下式表示：

$$v_充 t_充 \geqslant v_机 T_接 + L \tag{3-10}$$

式（3-10）说明，只要充料长度（$v_充 t_充$）大于操作者在接头尾期间焊管机用料长度（$v_机 T_接$），就能确保机组不停顿地连续生产。

（2）理论计算法：一个熟练工，在某种管坯拆卷（单背开卷机）、矫平、剪切、对焊所用时间基本上是一个定值，这样，为了确保焊管机组能够连续生产，活套内的净储料量必须至少满足：

$$l \geqslant kv_机 T_操 \tag{3-11}$$

式中　　l——活套内的净储料长度，m；

　　　　$v_机$——焊管机组速度，m/min；

　　　　$T_操$——操作时间，min；

　　　　k——熟练系数，$k > 1.2$，操作工技术越熟练，取值越小。

然而，受操作、管坯和充料装置等的影响，使得有时充料充不远，储料量不尽如人意。

3.5.1.2　增大储料量的措施

（1）改进工艺规程和操作方法，必要时可以降速充料或停顿数秒再充料，避免管坯堵塞充料口，从而腾出更多的空间，让管坯可以充得更远更多。

（2）在可能的情况下，要尽量选择高速充料。

（3）薄管坯充料速度要比厚的快，管坯薄，刚性差，易下坠，更难往前送；反之，厚管坯刚性高，截面惯性矩大，抗绕曲能力强，管坯会被送得更远。

（4）适当增大充料气缸的压力，有利于减少打滑以及提高管坯的实际充料速度。

（5）改变充料机构设计方案。根据抛掷原理，要想将物体抛掷得更远，就必须让物体以一定角度向上向前抛掷。物理学已经证明，在速度一定的情况下，当抛掷角度 α 为 $0°$ 即平抛时，物体被抛掷距离最短；随着抛掷角度 α 增大，抛掷距离逐渐变远，至 $\alpha = 45°$ 时抛掷距离最远。

受这一原理启迪，可将充料上辊设计为向开卷机方向平移，使过上辊中心的竖直平面与过下辊中心的竖直平面相距 Δ，如图 3-15 所示。这样，充料时，管坯便获得一个抛掷角 α，在充料速度相同的前提下，管坯必然会被抛得更高更远。图中，抛掷角 α 为：

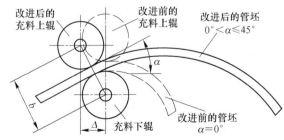

图 3-15　抛掷角 α 与管坯被抛掷距离的关系

$$\alpha = \arcsin \frac{\Delta}{b} \tag{3-12}$$

式中，b 是两充料辊中心距，在充料辊直径确定之后，它依管坯厚度而变化；Δ 为错位距 $[\Delta = (0.1 \sim 0.3)b]$，错位距 Δ 越大，抛掷角 α 也越大，管坯就会被充送得更远。

3.5.1.3 笼式活套操作要点

（1）两片活动栅栏之间的宽度控制在管坯宽度的 1.2~1.5 倍比较适宜。

（2）活动栅栏宽度的对称中心线必须与机组轧制中心线重合。

（3）充料要瞻前顾后。瞻前就是充分了解机组运行现状、本批管坯的大致性能状况；顾后是指要瞄着开卷机上的管坯开卷进展情况、抱刹松紧以及何时减速充料等，防止管坯尾被充入活套。

（4）如果不小心将管坯尾充进了活套，必须通知机组操作人员，等候停机处理，严禁在未停机的情况下将手伸进活套内。

3.5.2 螺旋活套

螺旋活套是指存料方式或出料方式是以螺旋状出现，管坯进出点两个平面至少相差一个管坯宽度的活套。

3.5.2.1 螺旋活套的分类

螺旋活套种类较多，但万变不离其宗，大致分为卧式和立式两大类，具体分类如下：

（1）立式螺旋活套与卧式螺旋活套。水平放置的称为卧式螺旋活套，竖直放置的则称作立式螺旋活套，如图 3-16 所示。

优缺点：立式螺旋活套有效利用了工作场地的空间，占地面积小；同时，管坯进出活套不需要翻转环节，管坯在充料过程中不会发生边缘变形。但是，受重力影响，薄管坯在活套中容易发生塌套故障，所以它不太适合 2.0mm 以下薄壁管坯的储存。而卧式螺旋活套虽然占地面积大以及需要翻转管坯，可是没有塌套的烦恼，应用不受限制，维护、维修更方便，只要设计合理，其边缘变形问题完全可以避免。

（2）变圈式螺旋活套与定圈式螺旋活套。指活套中管坯的圈数是变化还是不变化，还有管坯内外圈的连接方式也不同，见图 3-17 中箭线所示的连线。不同的内外圈连接方式，使得储料的形式、储料量、储料质量与工作原理

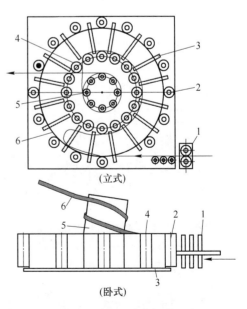

图 3-16 卧式、立式螺旋活套

1—送料辊；2—外套支撑辊；3—侧挡辊（转盘）；

4—内套支撑辊；5—导出辊；6—管坯

都不尽相同。

（3）转盘式和转辊式螺旋活套。
转盘式指卧式螺旋活套的托料构件
是圆环状钢板；转辊式指卧式螺旋
活套的托料构件是由一道道的主动
辊和被动辊组成，如图 3-18 所示。
转盘式螺旋活套可储存厚、薄壁管
坯，转辊式螺旋活套则不宜储存
2.0mm 以下的管坯。

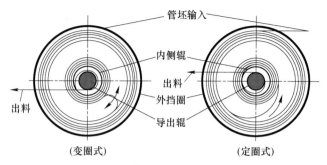

图 3-17　变圈式与定圈式螺旋活套状况示意图

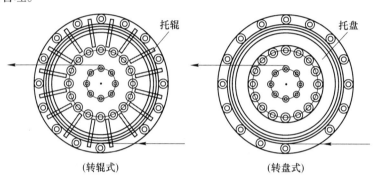

图 3-18　转辊式与转盘式螺旋活套

3.5.2.2　螺旋活套的基本结构与功用

立式螺旋活套由充料装置、活套本体、出料辊和动力传动设备 4 部分组成，参见图 3-19。

卧式螺旋活套由进料翻转辊、充料装置、活套本体、出料翻转辊、引导架及动力传动设备 6 个部分组成，见图 3-20。

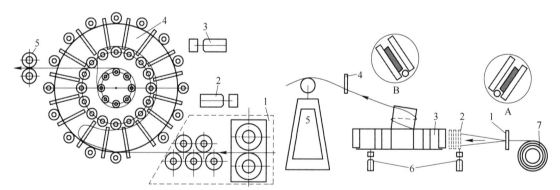

图 3-19　立式螺旋活套设备组成
1—充料装置；2，3—动力传动设备；
4—活套本体；5—出料辊

图 3-20　卧式螺旋活套设备组成
1—进料翻转辊；2—充料装置；
3—活套本体；4—出料翻转辊；5—引导架；
6—动力传动设备；7—管坯卷

各个部分的功用如下：

（1）进料翻转辊（图中 A 放大）：作用是将管坯宽度（以水平面为参照）逐渐翻转过渡为管坯高度（与水平面垂直），以便顺利充料。

（2）充料装置：由充料辊、动力减速机构、压料辊及制动装置等构成，用以将开卷机上的管坯充入活套本体内。

（3）活套本体：以卧式转盘活套为例，包括外套及外套辊，它决定活套的大小及储料量多少；转盘（托辊）的功能是托住进入活套内的管坯并使活套外圈的管坯顺利地过渡到活套内圈；内套支撑辊，管制进入内圈的管坯保持圆状，以利于导出辊顺利从中抽料；导出辊的作用是通过螺旋状料道，将管坯从活套内圈导出托料盘，并确保管坯在导出过程中不与托盘内的管坯发生干涉以及减少边缘延伸。

（4）出料翻转辊（图中 B 放大）：作用恰好与进料翻转辊的功能相反，是将管坯高度翻转换成管坯宽度，让管坯大面逐步以水平的姿态去到引导架和机组。

（5）引导架：因为从螺旋料道出来的管坯，是以宽作高且呈现向上的姿态进入翻转辊的，如果没有引导架延续这种向上趋势并协助翻转，那么，势必导致管坯一侧边缘单边受力，发生延伸变形，影响后续焊管生产。

（6）动力传动设备：由直流调速或者交流调速电机与减速机构成，分两个部分，分别为充料装置和托盘旋转提供动力；二者联动后，可实现活套装置在 0 与 2～3 倍的机组速度之间联动。

3.5.2.3　工作原理

A　定圈式螺旋活套的工作原理

由于在定圈式活套内分别存在旋向相同的 n_1 圈外圈管坯和 n_2 圈内圈管坯，并且（$n_1 + n_2$）$= n$ 在一个工作周期内 n 不变；同时外、内圈直径之比至少大于 2 倍，这样，在活套充料过程中，管坯在充料装置和料盘的驱动下，外圈管坯沿充料方向转动，并依靠内外圈之间的"丿"字形连接，带动内料圈，使内料圈的外层管坯逐圈向外料圈靠近，直至使料盘的内料圈全部靠向外圈，形成大圈，活套被充满；而在出料过程中，料盘中的内料圈被机组拉出，靠在外料圈内层的管坯被逐渐拉向内料圈，全部移动到内料圈时，活套内没有净储料，必须在内圈管坯收紧过程完成之前再次进行充料，见图 3-17 中的定圈图。在管坯从大料圈变成小料圈时，必定会多出一段，产生一个差值，若干个大小圈差值的总和，就是可供机组使用的净储料量。根据定圈式螺旋活套的工作原理可知：

（1）定圈式活套净储料量。其计算式为：

$$\sum_{i=n}^{i+1} \Delta L_{定} = \left[(\pi D_{大1} - \pi d_{小1}) - 2(\delta + \Delta t) \right] + \left[(\pi D_{大2} - \pi d_{小2}) - 2(\delta + \Delta t) \right] + \cdots +$$
$$\left[(\pi D_{大i} - \pi d_{小i}) - 2(\delta + \Delta t) \right] \tag{3-13}$$

式中　$\Delta L_{定}$——第 i 圈大小圈周长的差值，mm；

　　　$D_{大i}$——第 i 圈（从外往内数）大圈直径，mm；

　　　$d_{小i}$——第 i 圈（从内往外数）小圈直径，mm；

　　　δ——管坯厚度，mm；

　　　Δt——定圈式活套圈间平均间隙，mm；

　　　i——1，2，3，…，n；

　　　n——活套内管坯圈数。

在式（3-13）中，理论上认为，$D_{大1} - d_{小1} = D_{大2} - d_{小2} = \cdots = D_{大i} - d_{小i}$。所以，可取外圈最大值与内圈最小值作为计算依据，并归纳整理式（3-13），得定圈式活套储存 n

圈管坯的净储料量：

$$L_{定n} = n\pi\left[(D_{max} - d_{min}) - 2n(\delta + \Delta t)\right] \tag{3-14}$$

式中　　$L_{定n}$——定圈式活套储存 n 圈的净储料量，mm；

　　　　D_{max}——活套储料外圈内直径最大值，mm；

　　　　d_{min}——活套储料内圈外直径最小值，mm。

（2）定圈式活套最多储料圈数 $N_{定max}$。在式（3-14）中，D_{max}、d_{min}、δ、Δt 都是已知量，只有储料圈数 n 属于变量，且决定活套储料量。为了得到活套最多储存圈数 $N_{定max}$，利用导数的定义，对式（3-14）求一阶导数，得极值（实际问题是最大值）：

$$\frac{\mathrm{d}L_{定n}}{\mathrm{d}n} = \pi(D_{max} - d_{min}) - 4\pi tn \tag{3-15}$$

在式（3-15）中，令 $\dfrac{\mathrm{d}L_{定n}}{\mathrm{d}n} = 0$，得

$$N_{定max} = \frac{D_{max} - d_{min}}{4(\delta + \Delta t)} \tag{3-16}$$

那么，式（3-16）就是某种定圈式活套在考虑了圈间间隙后储存厚度为 δ 的管坯之最多圈数。

（3）定圈式螺旋活套实际可净储存最长管坯 $L_{定max}$。令 $n = N_{定max}$ 并将式（3-16）代入式（3-14），得

$$L_{定max} = \frac{\pi(D_{max} - d_{min})^2}{8(\delta + \Delta t)} \tag{3-17}$$

式中，通常取 $\Delta t = (2 \sim 4)\delta$，如某活套的 $D_{max} = 5000\text{mm}$，$d_{min} = 2000\text{mm}$，$\delta = 4\text{mm}$，令 $\Delta t = 3 \times 4\text{mm}$；代入式（3-17）可知，该螺旋活套实际可净储存的最长管坯是 220.78m，最多圈数为 46 圈（取整数）。

　B　变圈式螺旋活套的工作原理

在变圈式活套内分别存在旋向相反的 n 圈大外圈管坯和 n 圈小内圈管坯，并且外、内圈直径比至少大于 2 倍，在活套充料过程中，管坯在充料装置和料盘驱动下，外圈管坯沿充料方向进入活套，并依靠内外圈之间的"U"字形连接，将外圈内层管坯送入内圈外层，"U"字逆时针旋转，见图 3-17 中的变圈图，在外圈圈数增加的同时，内圈数也同步增加，二者不存在相互抵消的问题；当小圈内层出料时，"U"字连接作顺时针移动，小圈外层通过"U"字连接与外圈内层管坯一同减少，直至再次充料时都不会相互抵消；并且，由于内外圈是相向旋转，根本不存在内圈"抱死"问题。

由此可见，内外圈的"U"形连接方式，使得变圈式活套的储料量和储存圈数都与定圈式活套不同。

（1）变圈式螺旋活套理论净储料量。根据变圈式活套的工作原理，其理论净储料量为：

$$\sum_{i=n}^{i+1} \Delta L_{变} = \left[(\pi D_{大1} + \pi d_{小1}) - 2(\delta + \Delta T)\right] + \left[(\pi D_{大2} + \pi d_{小2}) - 2(\delta + \Delta T)\right] + \cdots +$$
$$\left[(\pi D_{大i} + \pi d_{小i}) - 2(\delta + \Delta T)\right] \tag{3-18}$$

式中　$\Delta L_{变}$——第 i 圈大小圈周长的差值，mm；

　　　$D_{大i}$——第 i 圈（从外往内数）大圈直径，mm；

$d_{小i}$——第 i 圈（从内往外数）小圈直径，mm；

ΔT——变圈式活套圈间平均间隙，mm；

δ——管坯厚度，mm；

n——大圈或小圈的储料圈数。

在式（3-18）中，理论上同样认为：

$$D_{大1} + d_{小1} = D_{大2} + d_{小2} = \cdots = D_{大i} + d_{小i} \tag{3-19}$$

所以，可取外圈最大值与内圈最小值作为计算依据，并归纳整理式（3-18），得

$$L_{变n} = n\pi\left[(D_{max} + d_{min}) - 2n(\delta + \Delta T)\right] \tag{3-20}$$

式中　$L_{变n}$——变圈式螺旋活套储存 n 圈的净储料量，mm；

D_{max}——螺旋活套储料外圈内直径最大值，mm；

d_{min}——螺旋活套储料内圈外直径最小值，mm。

（2）变圈式螺旋活套最多净储料圈数 $N_{变max}$。在式（3-20）中，D_{max}、d_{min}、δ、ΔT 都是已知量，只有储料圈数 n 属于变量，且决定活套料量。为了得到 $L_{变}$ 的极值 $L_{变max}$（实际问题是最大值），根据导数的定义，对式（3-20）求一阶导数，有

$$\frac{dL_{变n}}{dn} = \pi(D_{max} + d_{min}) - 4\pi n(\delta + \Delta T) \tag{3-21}$$

在式（3-21）中，根据极值的数学意义，令 $\dfrac{dL_{变n}}{dn} = 0$，得

$$N_{变max} = \frac{D_{max} + d_{min}}{4(\delta + \Delta T)} \tag{3-22}$$

那么，式（3-22）就是变圈式螺旋活套理论上储存厚度为 δ 的管坯之最多圈数。

（3）变圈式螺旋活套实际可净储存最大管坯长度。令 $n = N_{变max}$ 并将式（3-22）代入式（3-20），得

$$L_{变max} = \frac{\pi(D_{max} + d_{min})^2}{8(\delta + \Delta T)} \tag{3-23}$$

则式（3-23）就是变圈式螺旋活套实际可净储存的最长管坯。由于变圈式活套内外圈的连接方式是"U"字形，故通常取 $\Delta T = (5 \sim 7)\delta$。如仍取活套的 $D_{max} = 5000mm$，$d_{min} = 2000mm$，$\delta = 4mm$，令 $\Delta T = 6 \times 4mm$，代入式（3-23）可知，该变圈式螺旋活套实际可净储存的最长管坯是 686.88m，最多圈数为 62 圈（取整数）。

在净储存长度上，与定圈式不同的是，变圈式可以将活套内的管坯全部用掉（只需留 1 圈就又能储料），直接经活套使用开卷机上的管坯，所以变圈式活套的最长储料就等于净储料。

C　计算活套净储料长度的意义

计算活套净储料长度的意义至少有两点：

（1）为设备选型提供依据，根据企业产品大纲和拟定的焊管机组速度，选择与机组速度相匹配的螺旋活套。

（2）为制定生产工艺提供依据。螺旋活套一定后，焊管机组速度与上料、开卷、焊接岗位的人员必须匹配。

3.5.2.4　定圈式与变圈式螺旋活套的比较

（1）活套内管坯总圈数的变与不变。定圈式活套在一个充料周期内，活套内管坯的总

圈数是不变的，变的只是大圈变成小圈或者小圈变回大圈，这也是定圈式名称的由来；而变圈式活套在一个充料周期内，活套内管坯的总圈数不是增（充料速度大于出料速度）就是减（未充料或充料速度小于出料速度），不断变化，故得名变圈式活套。

（2）活套内大小圈的圈数不同。定圈式活套内大小圈上的管坯圈数多数时候是不等的，充料时外圈增内圈减，未充料或出料速度大于充料速度时是外圈减内圈增；而变圈式活套内大小圈上的管坯圈数始终相等，充料时与用料时一样、充料速度与用料速度不同步时也一样。

（3）储料质量的差异。定圈式活套内外圈之间的连接是采用"丿"字形，管坯在大小圈间过渡自然、顺势移动，管坯不易起皱；可是，变圈式活套大小圈的连接是采用"U"字形，管坯在活套内被对折回转，因而储存管坯的表面容易产生皱纹，这种皱纹有的会影响焊管表面质量。

（4）适用范围不同。正因为定圈式活套采用"丿"字形连接方式，管坯在活套内无须打折弯曲，使得定圈式螺旋活套成为储存厚壁管坯的唯一选择；一般储存厚度 5mm 以上的管坯，基本都使用定圈式螺旋活套。同时，对于 5 ~ 20mm 的厚壁管坯，尤其是 8mm 以上的管坯，欲使其在活套内打"U"形折后再回复，除非把活套做得相当大（仅存理论可行性），否则难以实现。可见，变圈式活套更适合储存厚度 5mm 以下的管坯。

（5）净储料长度不同。比较实际净储料长度的计算式（3-17）和式（3-23）以及相应计算实例可知，储存同种规格管坯，定圈式活套的净储料量只有变圈式活套的 22.4% ~ 49%。

（6）能耗不同。定圈式螺旋活套在充料过程中，托盘电机功率有相当一部分做了无用功；而且，由于定圈式活套净储料少，它必须经常带着重负载频繁启动，从而消耗较多能量。变圈式螺旋活套因其净储料多，以及可以等到活套内存料极少时才开始充料，相对于定圈式，它的启动既不频繁，启动负载也轻。

3.5.2.5　卧式螺旋活套的翻转距离

管坯翻转距离是整套活套设备的重要参数之一。

A　翻转问题的由来

管坯在卧式螺旋活套中是以图 3-21 所示的 b 端状态放置的，管坯平面与水平面垂直；可是，在它的前工序即开卷机上，管坯平面 a 端却与水平面平行。两种状态下管坯平面间相差 90°，于是，就产生了管坯翻转问题。理论和实践都证明，只要这个翻转距离选择恰当，对焊管就不会产生负面影响。

另外，从卧式螺旋活套中出去的管坯平面与焊管机组需要的方向也相差 90°，这里同样存在一个再翻转问题。

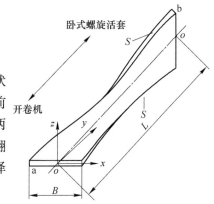

图 3-21　管坯 90°翻转示意图

o-o—管坯几何对称中心线；L—扭转前管坯长度；S—管坯棱边螺旋线

其实，翻转本身并不难，难的是在质量与效益之间求得平衡。胡克定律告诉我们，只要这个翻转距离足够长，就不会对管坯产生不利影响。但是，过长，占用场地多，不经济；过短，导致管坯边缘延伸，影响焊管成型与焊接。因此，必须经过严格计算，以翻转过程中管坯边缘不发生塑性延伸为基本原则。

B 翻转距离解析

管坯在开卷机与卧式螺旋活套之间作 90°翻转时，我们认为它是以管坯几何对称中心 o-o 为对称轴的扭转，这种扭转符合圆柱螺旋线的特征，管坯的原四条棱线转变成直径为 B 的圆柱体的螺旋线 S。同时，根据工艺需要，S 只是暂时大于 L，一旦管坯进入活套后，S 长的螺旋线就会立刻回复到 L 长。这样，由应变-应力理论的胡克定律和圆柱体螺旋线长度计算式易得：

$$L = \frac{\pi E}{4} \frac{\sqrt{B^2 + \delta^2}}{\sqrt{\sigma_s(\sigma_s + 2E)}} \tag{3-24}$$

式（3-24）仅具理论意义，并无实用价值。因为它只针对某一种管坯（σ_s），实际情况是，此距离一旦确定之后，便不可更改，但是，式（3-24）同时又指出，翻转长度与管坯宽度和厚度成正比。所以，要使式（3-24）对焊管生产有现实指导意义，必须考虑该焊管机组最宽管坯和最厚管坯同时出现的情景以及弹性极限值的要求，因此，赋予式（3-24）一般意义后变形为：

$$L_{min} \geqslant \frac{\pi E}{4} \frac{\sqrt{B_{max}^2 + \delta_{max}^2}}{\sqrt{\sigma_s(\sigma_s + 2E)}} \tag{3-25}$$

式中 L_{min}——开卷机中心至卧式螺旋活套充料装置入口处的最短距离，mm；

B_{max}——某种型号机组用最宽管坯，mm；

δ_{max}——某种型号机组用最厚管坯，mm。

那么，式（3-25）就是开卷机中心至卧式螺旋活套充料装置入口处的距离。为了确保当管坯较软、强度较低时也不至于发生塑性延伸变形，在设备安装时，建议在式（3-25）的基础上增加 5%~10%。

同理，出口段管坯翻转的水平距离应为：

$$l_{min} = \lambda \left[\frac{\pi E}{4} \frac{\sqrt{B_{max}^2 + \delta_{max}^2}}{\sqrt{\sigma_s(\sigma_s + 2E)}} \cos\theta \right] \tag{3-26}$$

式中 l_{min}——卧式螺旋活套料道出口到引导辊中心线的水平距离，mm；

θ——卧式螺旋活套料道螺旋角，（°）；

λ——弹性延伸保险系数，取 $\lambda = 1.05 ~ 1.10$；场地宽裕取大值，场地偏紧取小值。

3.5.2.6 翻转辊位置与引导辊高度

（1）翻转辊位置：指下翻转辊距开卷机或上翻转辊距活套料道出口辊的距离。以上、下各一道翻转辊为例，在安装位置不受制约的情况下，应该设置在 l_{max} 或 l_{min} 的中点，翻转角度为 45°。

对于宽度大于 500mm 的管坯，通常上下各自需要均布两道或三道翻转辊。

（2）引导辊高度 H 的确定：引导辊高度指从基准 0 位至引导辊上辊面之间的距离：

$$H = l_{min}\sin\theta + h \tag{3-27}$$

从式（3-27）易知，螺旋活套引导辊的高度既与 l_{min} 有关，也与导出辊的导出角 θ 密切相关，同时更与导出管坯下边缘至 0 位的高度 h 直接相关。

3.5.2.7 导出辊与导出角

A 导出辊

导出辊有斜立滚筒型和直立滚道型两种：

（1）斜立滚筒型导出辊。如图 3-16 所示，圆滚筒在管坯摩擦力作用下绕轴滚动旋转，轴与底盘有一固定夹角，底盘与活套底板可作 20°左右的周向移动，这样就能实现管坯在圆导出滚筒上的螺旋角小范围调整，从而在一定范围内满足同一活套不同管坯宽度对螺旋导出角的需要。

（2）直立滚道型导出辊。由圆筒和均布在圆筒外圆上、按一定螺旋升角排列的若干辊子组成的滚道构成，该滚道的斜置限位辊可相对圆筒外圆作一定变径调整，目的是适应不同管坯宽度条件下对不同螺旋轨迹的要求，如图 3-22 所示。

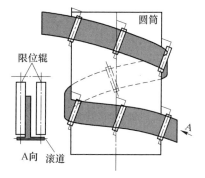

图 3-22　直立滚道型导出辊

B　导出角

一般大中型螺旋活套都使用直立滚道型导出辊，它的优点是螺旋线可变。调整的理论依据是：在圆柱螺旋线中，如果圆柱体的半径发生变化，那么，这条螺旋线的弧长及其运动轨迹都随之发生相应改变，并由此改变螺旋线的升角，该升角即为导出角，进而影响运动其间的管坯边缘受力，参见式（3-28）：

$$\begin{cases} L = \sqrt{(2\pi r)^2 + h^2} \\ \lambda = \arctan \dfrac{h}{2\pi r} \end{cases} \tag{3-28}$$

式中　　L——一个导程螺旋线的长度，mm；

　　　　r——圆柱体半径，mm；

　　　　h——螺旋线导程，mm；

　　　　λ——螺旋线升角，（°）。

3.5.3　管坯穿入螺旋活套

穿引管坯进入变圈式螺旋活套，在图 3-23 中，第二、第三步中的断开位置，表示管坯是从下层经过，箭线表示管坯在活套中的路径，具体穿引分三步：第一步，将管坯按图中指引从活套中心的导出滚筒导出，送入焊管机组；第二步，用充料装置"点动"送出一段管坯后，停止充料，折出一个"U"形；第三步，慢慢充料至图中位置后，完成管坯穿引。随后就可正式进入充料程序，正常充料。

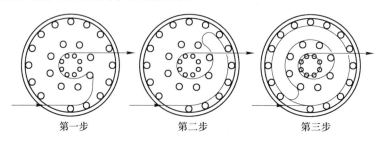

图 3-23　管坯穿过变圈式螺旋活套步骤

至此，完成焊管坯料至焊管机组的所有准备工作，等待成型。

第4章 高频直缝焊管成型机组

高频直缝焊管机组由成型机、焊接机和定径机三部分组成，多以成型机样式作为焊管机组的分类标志，如按成型机换辊时的操作方式不同，可分为悬臂侧出式、龙门侧出式和龙门吊出式；按平立辊布置方式不同，分为交替布辊式与带立辊组式；按生产产品规格大小分为小型、中型和大型焊管机组；按成型机特征区分为传统成型、排辊成型、柔性成型焊管机组等。

4.1 龙门式焊管机组

4.1.1 龙门式焊管机组的分类

4.1.1.1 按换辊方式分类

龙门式焊管机组按换辊方式分为吊出式和侧出式两种。

侧出式是指在更换轧辊时，移开如图4-1a所示左侧（习惯上也称外侧）牌坊，松开上下轴外侧螺母，取出平辊，重新配上对中衬套、装上需要的轧辊和螺母后，将左侧牌坊复位。小型龙门机组大多采用这种换辊方式，劳动强度和用时长短短于悬臂式与吊出式之间。

吊出式是拆开内外龙门架上部紧固螺栓，如图4-1b所示，将辊、轴、滑块、万向轴等一同吊出进行轧辊更换，然后重新吊装回去。大中型以上焊管机组基本上都采用这种换辊模式。

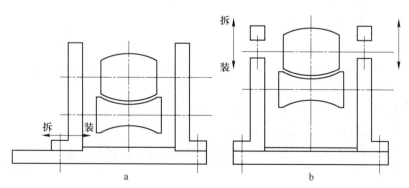

图 4-1 侧出式与吊出式焊管机组
a—侧出式；b—吊出式

就同等机组换同一种轧辊而言，吊出式不仅比侧出式用时长，而且对机组精度的损伤更大。有的企业为了节省换辊时间，准备两套平辊轴、滑块和联轴器，事前按要求换好轧辊，真正换辊时，做的其实是吊装工作，这样可以节省 60% 左右的在线换辊时间，这对日产数百吨的大型焊管机组来说，经济效益显而易见。

4.1.1.2　按成型机平立辊布辊方式分类

焊管机组可以分为平立交替式与立辊组式两种，见图 4-2。平立辊交替布置的成型机施加的轧制力比带立辊组的大，所以更适合变形除薄壁管以外的管种；而带立辊组的机组对薄壁管坯边缘的控制能力要强于平立交替式的，也更柔性，有利于控制和预防成型管坯边缘的"鼓包"。因为根据变形原理，在平立交替布辊方式下，成型管坯边缘在第四、五道平辊中不受控，换成立辊组后，就能在该段对管坯边缘实施有效控制。

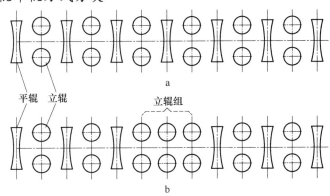

图 4-2　按成型机平立辊布辊方式分类

a—平立辊交替式布辊机组；b—立辊组式布辊机组

设备制造厂在这方面给市场的是"单项选择"：要么是前一种，要么是后一种。实际上，这两种机组是可以相互贯通与兼容的。根据生产实践经验看，将这两种进行组合配置不失为一种好方案。如广东省江门市俭美实业有限公司（焊管生产企业）在这方面就进行了有益探索，在他们商谈、采购焊管机组时，就向设备供应商提出，按平立交替模式订购机组，但是在第四道成型牌坊部位预留随时可替换成立辊的螺孔位置并多配置一道立辊架，从而实现了两种焊管机组贯通与兼容。当需要轧制薄壁管时，就拆走成型第四道牌坊总成，换成立辊架总成，如图 4-3 所示形成带立辊组的机组；当需要生产厚壁管时，拆走立辊架总成，重新装回牌坊，就是几个螺栓松与紧的问题，简单快捷地实现兼容，没有负面影响。

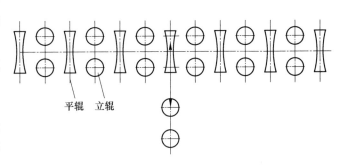

图 4-3　平立辊兼容的焊管机组

4.1.1.3　按机组生产最大管径分类

关于何谓大、何谓小，目前焊管行业没有严格界定。现借鉴行业习惯作如下分类，参见表 4-1。

表 4-1　高频直缝焊管机组按管径分类

机 组 名 称	可生产焊管外径 D/mm
小型焊管机组	3.4（目前最小） $\leqslant D \leqslant 114$
中型焊管机组	$114 < D \leqslant 406$
大型焊管机组	$406 < D \leqslant 711$（目前最大）

在我国，小型高频直缝焊管机组约占总数的95%以上，大型高频直缝焊管机组则屈指可数，约二、三十套。普遍存在档次不高、产能过剩问题，必须引起行业警醒。

4.1.2 龙门式焊管机组成型设备的构成

龙门式焊管机组由牌坊总成、立辊总成、分齿轮箱、减速机、电动机、主传动轴和分传动轴等组成，见图4-4。

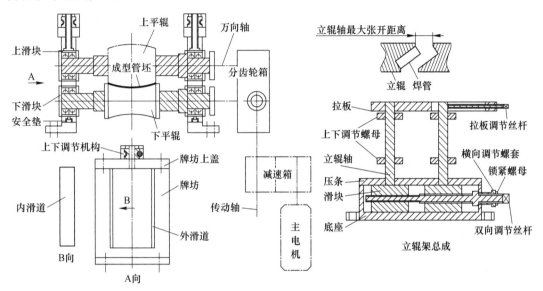

图4-4 龙门式高频直缝焊管机组成型段示意图

4.1.2.1 牌坊总成

牌坊总成包括牌坊、上下滑块、平辊轴及螺帽和平辊轴上下调节机构等。牌坊总成的作用是：通过安装在上面的、带有特定孔型的轧辊，对管坯施加轧制力，同时接受来自分齿轮箱的转动力矩。

A 牌坊形式

牌坊的基本形式有两种，一种是下滑块与牌坊为一体，轧制底线不可调，多应用于小型焊管机组；另一种是上下滑块均可调。不管是哪种形式，对牌坊都有三个方面的基本要求：

（1）刚性要求。必须保证牌坊受到垂直张力和横向推力作用时，牌坊立柱都不产生纵向和横向塑性变形，它是衡量焊管机组优劣的重要尺度。

（2）精度要求。包括滑块与内外滑道的滑动配合精度、形位公差精度、螺纹精度以及安装位置精度等，是考量焊管机组精度维持时间长短的重要指标。

（3）材料要求。以往用球墨铸铁作牌坊材料，现在多用45号铸钢、20号钢板焊接而成。无论用哪种材质制作牌坊，在精加工前都必须进行去应力处理，不然，在后期使用过程中，牌坊可能会发生变形。

B 滑块

滑块由盖板和贯通的立方体组成，用于放置滚动轴承和支承平辊轴。主要要求有三点：

（1）精度，包括宽度精度、厚度精度和内孔精度。宽度精度和厚度精度关系到滑块与牌坊内滑道、外滑道的配合精度，它们影响轧辊与轧制中线的位置稳定性以及管坯纵向运行的稳定性。

（2）在选择滑块材料时，要求滑块材料的强度、硬度、耐磨性等都要比牌坊材质稍微逊色一点，因为更换滑块比更换牌坊更划算也更方便。

（3）对内侧滑块端盖的凸台，亦有较高要求，它关系到平辊轴的横向定位精度。有厂家将一端的盖与滑块做成一体，这对平辊轴的定位精度有利。

C　平辊轴和螺帽

平辊轴是焊管机组最重要的构件，用于装配平轧辊并通过轧辊对管坯施加轧制力，其品质是衡量焊管机组优劣的最重要标志，平辊轴精度直接决定焊管机组精度及精度保持时间。精度持久是对平辊轴的根本要求，而优良的热处理是实现这一要求的必由之路，加工工艺则是这一路必须遵守的"交通规则"。一支好的平辊轴，评判标准有五条：

（1）尺寸精度。至少达到图 4-5 所示的要求，尤其要保证所有下轴关于 27 ± 0.02 这个台阶的尺寸精度，因为当下轴内侧该部位不用螺纹并帽时，该台阶就起着定位下平辊的作用；而且，它还关乎上轴与下轴的定位精度。

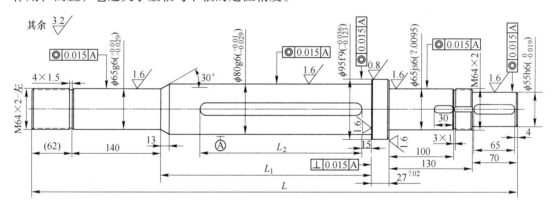

图 4-5　某 76 焊管机组用平辊轴

（2）表面粗糙度。要求该轴 $\phi80$ 部位的表面粗糙度必须优于 $R_a1.6\mu m$，否则，不但轴的精度很快被磨蚀，而且轧辊也难装配。

（3）强度与表层硬度。要求焊管机组平辊轴具备"内柔外刚"的特质。内柔指轴的整体硬度必须达到 HRB250 ~ 280，外刚指对该轴要进行表面淬火处理，如表面高频淬火，要求精磨后单边淬硬层不少于 0.20mm，40Cr、GCr15 的表面硬度必须达到 HRC56 ~ 60。这样，才能既保证轴的耐磨性，又能保证轴的刚性（抗弯、抗断裂）。

注意，不提倡在轴 $\phi80$ 部位的键槽内钻孔攻丝用以固定键。生产实践证明，许多断轴，其断口起裂位置大多在该螺纹孔处。

（4）加工工艺。一支好的平辊轴，必然有一个合理的工艺规程。平辊轴的加工工艺流程为：下料→锻打→球化退火→粗加工→调质→半精加工→高频表面淬火→精加工→尺寸精度检查→抽样破坏性试验→成品。

（5）平辊螺母。仅有高品质平辊轴是不够的，还必须有一个质量与之相匹配的并帽，这一点常常被忽视。平辊螺母的作用有两个：一是调节平辊横向位置，使之符合工艺要求；二是紧定平辊，确保平辊不发生横向窜动。在实际频繁紧固与旋松并帽的过程中，有时需要反复击打螺母并导致被击打部位发生畸变，出现不规则外凸。因此，建议在并帽上设计一个台阶，以避免不规则的外凸部位与轧辊端面接触，导致轧辊端面偏斜，孔型偏摆，继而影响产品精度；同时，该螺母必须足够厚实，确保厚度不低于最大轴径的50%。

D　上下调节机构

上下调节机构的作用是控制平辊上轴上下移动，实现平辊辊缝调节。分螺母螺杆调节和蜗轮蜗杆调节两种：

（1）螺母螺杆调节的原理是，螺母的上下位移被约束后，旋转带有内螺纹的螺母时，螺杆就会在螺母内螺纹作用下产生位移，从而带动被约束在螺杆下的滑块一起上下移动。这种调节方式直观、直接、反应灵敏，比较适合76以下的小型焊管机组用；缺点是精度不高且自锁性差，微调操作难度大。

（2）蜗轮蜗杆调节的原理与螺母螺杆调节相似，不同的是将转动螺母外侧设计成蜗轮蜗杆结构。优点是调节柔和、压下微调精准、自锁性好，工人劳动强度低，一旦调好后便没有什么变化，比较适合大中型焊管机组用；缺点是回调空隙大（螺纹间隙加蜗轮蜗杆间隙）、手感差，回调量比较难掌控。

选择蜗轮材料和设计内螺纹强度时要慎重，强度级别都不要太高，目的是让它同时具备安全垫功能，释放突发过大的轧制力。

E　安全垫

安全垫功能类似于电路中的保险丝，当平辊遭遇意外特大径向冲击力作用时，如不慎进入双层管坯、跑偏导致的堆钢等，为了保证牌坊、滑块、轴承、平辊轴、调节机构等部件不受损伤而专门设计的过载保护件，释放瞬间过大的冲击载荷，如图4-6所示。材质多为铸铁等低强度材料，其设定的端面厚度H，是垫块最薄弱部位，H和（$\Phi-\phi$）之差值等都经过严格强度校核计算和实际试验。然而，在实际操作中，安全垫的作用往往被忽视，在此特别强

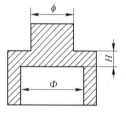

图4-6　安全垫

调。否则，就会出现"鱼不死、网就破"的恶劣后果，即平辊轴弯曲、断裂、蜗轮内螺纹损坏、冲顶上盖，甚至牌坊变形。

4.1.2.2　立辊架总成

立辊架总成由底座、立辊轴和螺母、滑块、双向调节丝杆、丝杆调节螺套及压板等组成。工作原理是：通过旋转双向调节丝杆，带动滑块和立辊轴实现立辊轴上面的立辊横向同步收缩或同步张开移动；并借助丝杆横向调节螺套的转动，推动调节丝杆—滑块—立辊向某一侧单向同步移动；通过旋转立辊轴上下螺母，将立辊在竖直方向上定位到工艺要求的位置，参见图4-4。

（1）底座：承载来自管坯的纵向冲击力和立辊对管坯施加的横向轧制力。由铸钢或45号钢板焊接加工而成，强度与稳固性能是其首要考虑的问题。必须保证即使发生堆钢、管坯跑偏等对立辊形成强大冲击力时，底座也不破坏、不变形、精度不降低。

（2）立辊轴与螺母：立辊轴与滑块的组合有两种：一种是轴与滑块为一体，一种是轴与滑块以螺纹连接。前者多为锻件，优点是刚性好、精度高，缺点是当轴磨损后需要更换时，必须连同滑块一起换掉；后者的缺点是刚性差，但更换立辊轴比较方便，精度恢复成

本低。

　　调整立辊上下位置的方式也有两种，一种是下端靠不同厚度垫圈的组合，上端螺帽只起紧定作用。最大优点是稳定，一旦垫好高度后，就没有"跑模"的可能性；缺点是校调效率低，操作者劳动强度高，尤其当生产的管子尺寸接近该机组最大规格或超规格尺寸（一般焊管机组都可以生产名义尺寸 1.2 倍的管子），或者是变形宽高比大的异型管时，要想进行立辊高低的调整是很困难的，难就难在即使滑块在立辊架内全部张开到极限位置，仍然拿不出右侧立辊（见图 4-4），实施垫圈增减。另一种是立辊轴上下都有螺纹和螺帽，旋转轴上螺帽来调整立辊高低，方便快捷，调整精度高；缺点是变化多，特别当轴承与轴的配合较松时，就更易发生"跑模"。

　　（3）滑块：滑块的结构形式有两种，调节螺孔位置在中间的滑块，从施力角度看更合理，施力点与受力点在同一个平面内，没有力矩，滑块在立辊架内不存在偏斜移动，精度保持时间相较偏心螺孔的更长。对滑块长度要给予足够重视，有些焊管企业，为了扩大立辊中心距，人为缩短滑块长度，这种做法并不可取，会削弱滑块在架体内的稳定性。

　　（4）双向调节丝杆：作用是实现立辊同步双向横移，因此，立辊调节丝杆的最显著特征是：杆的两端螺纹直径不同、螺距相同、螺纹旋向相反。左右旋向是为了实现立辊双向横移，相同螺距则可确保立辊同步横移与对中，不同螺纹直径便于安装与拆卸。

　　（5）丝杆调节螺套：作用原理是，凭借套的外螺纹和立辊架端盖内螺纹以及套的两端被调节丝杆横向约束，当转动丝杆调节套时，套的一端便推动调节丝杆单向横移，带动立辊在不改变辊缝的前提下同步单向横移。

　　（6）压板（条）：作用是制约滑块，不允许滑块存在上下窜动。因此对压板施加给滑块的压力调整要适中。调整原则是，既要保证滑块在立辊架内横向自由移动，又要绝对禁止滑块存在上下窜动和前后扭动，这是确保立辊孔型调整好以后不再发生变化的前提条件和质量稳定的基础性保证。

　　（7）拉板：作用是辅助双向调节丝杆调节立辊辊缝，防止立辊轴发生仰角、辊缝上大下小，以及强化立辊孔型上部施力。

4.1.2.3　分齿轮箱总成

A　分齿轮箱的形式

　　分齿轮箱有分体式与连体式两类，分体式系指一个分齿轮箱对应一个道次上下平辊的传动，连体式则是指一个齿轮箱对应两个或两个道次以上上下平辊的传动。两种传动方式各具特点、各有优势，前者传递力矩大，故障判断准确，但刚性和稳定性逊色于后者，日常监护与维护相对麻烦。连体式齿轮箱大多用于 32 以下焊管机组的平辊轴传动，有两连、三连、四连甚至整个定径合用一个齿轮箱进行集体传动，现已较少使用；而分体式应用更广泛，如图 4-7 所示。

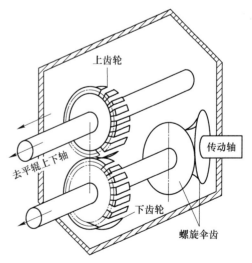

图 4-7　分齿轮箱总成

B　分体式齿轮箱速比配置

高频直缝焊管机组所配用分齿轮箱的速比，根据机组大小、拖动方式、产品结构等不同，大体有三种配置方式。

（1）上下前后等速比分齿轮箱（$i_{粗} = i_{精} = i_{定} = 1$）：是指由各个分齿轮箱传输到上下平辊轴的转速是1:1，而前后等速比齿轮箱是指焊管机组粗成型段、精成型段和整形（定径）段所使用分齿轮箱的速比都是1:1。这类分齿轮箱主要应用在25以下焊管机组，生产工艺需要的纵向张力，依靠适当增大平辊底径所形成的速度差获得满足。

（2）粗成型段速比不等于1、精成型段与整形定径段速比为1（$i_{粗} \neq i_{精} = i_{定} = 1$）：其中，$i_{粗} \neq 1$的分齿轮箱又分三种：一种是所有分齿轮箱的速比都相等，28机组和32机组大多采用这类齿轮箱，因为这两种机型需要成型的管坯宽度尚不宽，前后粗成型上辊切入孔型内的深度尚不大，轧辊与成型管坯不会发生干涉；第二种是第1、2道速比相同、第3~5道速比相同，一般50机组、60机组采用这种配比模式；第三种是所有粗成型的分齿轮箱速比均不同，114以上机组基本采用这类分齿轮箱。

（3）粗成型、精成型与整形定径段速比都不同：适用于114以上焊管机组，且主电机拖动模式为双拖。

焊管机组的速比，对焊管生产企业而言，多数情况下是被动接受。但是，也可结合本企业实际，向设备供应商提出要求。若是新厂新机或旧厂增添不同类型新机，通常由设备制造厂决定，一张白纸，不存在旧轧辊的适用问题。若是旧厂增添同类型新机，这就牵涉到是扩大生产能力还是开发新产品，如果以前者为目的，那就要考虑与旧轧辊的匹配问题。因为轧辊投入是焊管生产企业最大投入之一，往往积累投入超过焊管机组本身；供应商要理解焊管生产企业，更应了解焊管生产企业的需要。

C　确定速比的依据

确定速比的依据有三个：一是工艺要求，二是焊管规格，三是轧辊重量。

（1）工艺要求：焊管生产工艺要求，不管生产何种管子、不管规格大小与厚薄，都必须确保第n道上下水平轧辊底径的线速度相等（微量递增不计）。所谓轧辊底径是指轧辊孔型面上、凸孔型最凸部位的外径，或者凹孔型最凹处的直径（喉径），如图4-8所示。如果由平辊底径形成的线速度$v_{上} > v_{下}$，那么成型管坯或者整形焊管就会向下追，甚至导致部分管坯追入立辊辊缝中；如果$v_{上} < v_{下}$，则管坯就会向上翘或者从立辊孔型上部跑偏，这些都影响焊管正常生产与稳定运行。因此，当孔型设计需要$D_{上} > D_{下}$导致$v_{上} > v_{下}$时，就必须运用速比，使$v_{上} = v_{下}$。

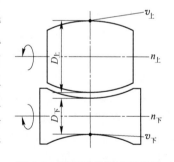

图4-8　轧辊底径线速度位置

根据运动学原理，在图4-9中，易得各自的线速度v和角速度ω，参见式（4-1）和式（4-2）：

$$\begin{cases} v_{上} = \dfrac{\pi D_{上}\, n_{上}}{t} \\[2mm] v_{下} = \dfrac{\pi D_{下}\, n_{下}}{t} \end{cases} \tag{4-1}$$

式中　$v_上$——粗成型上辊孔型最凸处单位时间的线速度，m/s；

$\quad\quad\ v_下$——粗成型下辊孔型最凹处单位时间的线速度，m/s；

$\quad\quad\ D_上$——粗成型上辊孔型最凸处的直径，m；

$\quad\quad\ D_下$——粗成型下辊孔型最凹处的直径，m；

$\quad\quad\ n_上$——粗成型上辊单位时间内的转速，r/s；

$\quad\quad\ n_下$——粗成型下辊单位时间内的转速，r/s；

$\quad\quad\ t$——时间，s。

$$\begin{cases} \omega_上 = \dfrac{2\pi n_上}{t} \\[3mm] \omega_下 = \dfrac{2\pi n_下}{t} \end{cases} \tag{4-2}$$

式中　$\omega_上$——上辊单位时间内的角速度，rad/s；

$\quad\quad\ \omega_下$——下辊单位时间内的角速度，rad/s。

　　这样，根据线速度与角速度的关系，当轧辊底径不同而又要它们底径的线速度相等时，就必须让它们的转速不同，即存在速比 i，让它们的底径与转速满足式（4-3）要求：

$$i = \frac{D_上}{D_下} = \frac{n_上}{n_下} \tag{4-3}$$

　　在式（4-3）中，通常是 $D_上 \geq D_下$（一般 25 以下机组才取等号），这样，大直径上辊总是比同道次小直径（指底径）下辊转得慢。

　　（2）焊管规格：根据几何原理和变形工艺，焊管外径越大，上平辊切入管坯内的深度越深，如图 4-9 所示，上辊切入变形管坯腹腔的深度与焊管外径存在如下关系：

$$h = \frac{D\pi}{\theta} + \frac{D\pi}{\theta}\sin\left(\frac{\theta - \pi}{2}\right) \tag{4-4}$$

式中　h——上辊切入成型管坯腹腔的深度，mm；

$\quad\quad\ D$——焊管外径，mm；

$\quad\quad\ \theta$——管坯变形角，rad。

　　式（4-4）表明，在变形方法和道次相同（管坯变形角 θ 相等）的情况下，焊管外径越大，上辊切入成型管坯腹腔的深度就越深；这就要求上辊底径 $D_上$ 必须随焊管外径的增大而相应增大，否则，上辊或上轴与管坯边缘就会发生干涉（见图 4-9 左图），破坏成型管坯。而考虑到所有成型下平辊的协调，为了使增大的 $D_上$ 仍然与 $D_下$ 保持相同线速度，根据式（4-3），在

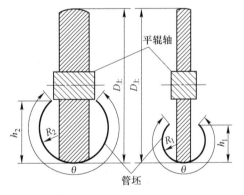

图 4-9　同道次上平辊切入不同成型
管坯的深度比较

下辊喉径不变的前提下，就需要一个速比让上辊转速慢下来。

　　（3）轧辊重量：从降低轧辊成本和减轻换辊劳动强度的角度出发，在满足制管工艺需要和确保轧辊强度的前提下，人们总是希望尽可能把轧辊设计得小一点，比如粗成型段的成型下辊底径，有的只是上辊底径的 30%～50%。解决这一大一小矛盾的唯一方法便是借助速比。

　　D　分齿轮箱传动原理

　　分齿轮箱有两个功用：首先是传递动力，将来自主拖动电机的动力通过图 4-7 所示传

动轴传给螺旋伞齿轮，再由伞齿轮传给与其共轴的下齿轮并带动上齿轮旋转，继而将动力输送到每一条平辊轴上；其次是配合焊管生产工艺对轧辊的要求，确保传递到每一对平辊底径处的线速度都相同。

与龙门式机组不同，悬臂式机组没有独立的齿轮箱，而是将齿轮箱、齿轮轴与平辊轴巧妙地结合在一起，形成机构独特的焊管机组。

4.2 悬臂式焊管机组

4.2.1 悬臂式焊管机组的特点

悬臂机组有牌坊式悬臂机与箱式悬臂机两种形式，如图4-10所示。这两种机组换辊的一个共同特点是，只需拧开平辊轴外侧锁定平辊的螺母，退出平辊并套上准备更换的轧辊，就能达到快速换辊的目的。像更换一套50悬臂机的轧辊，从拆卸到换好另一套轧

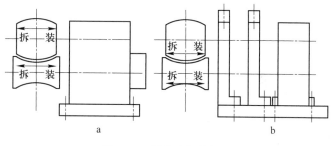

图4-10 悬臂式焊管机组
a—箱式悬臂机；b—牌坊式悬臂机

辊，3～5个熟练工，一般用时不会超过0.5h。由此可见，与龙门机相比，悬臂机的优点是换辊方便快捷、调整操作方便快捷、结构紧凑（箱式），比较适应多品种、小批量、快节奏的生产模式。但是，随着龙门机结构不断优化和制造精度不断提高，龙门机换辊耗时越来越短，这就导致悬臂机稳定性差、载荷小、维修不方便（指箱式）等缺点越发显现。受悬臂机受力因素制约，目前服役的悬臂机，多以箱式50以下机型为主，制管规格不超过 $\phi50mm \times 2.0mm$。因其稳定性和承受载荷能力远不及龙门机，已出现被替代趋势。

而牌坊式悬臂机则是近几年的产物，尚处于萌芽阶段，不过，除了维修比箱式的有所改观外，其余缺点被全部遗传。可以说，除非出现革命性变化，否则，包括牌坊式悬臂机在内的悬臂式焊管机组前景都不容乐观。

4.2.2 箱式悬臂焊管机组的设备构成

箱式悬臂焊管机组由辊轴箱、立辊架、减速机和主电机构成。

4.2.2.1 辊轴箱

辊轴箱实际上是将平辊轴与分齿轮箱巧妙结合，将平辊轴的功能进行延伸，一部分充当平辊轴使用，一部分充当齿轮轴使用，使辊轴箱既具备了分齿轮箱的功能，同时又起到支撑平辊轴的作用。它由平辊轴、滑块、上轴上下调节机构、下轴上下调节机构、齿轮和螺旋伞齿轮等组成，详见图4-11。

4.2.2.2 辊轴箱的工作原理

当小伞齿轮接收到来自主传动的动力后，通过大伞齿轮将力改变90°方向传递给下平辊轴2和下过桥齿轮3；宽体下过桥齿轮3一方面带动其两侧的两个下轴齿轮6、6′（图中

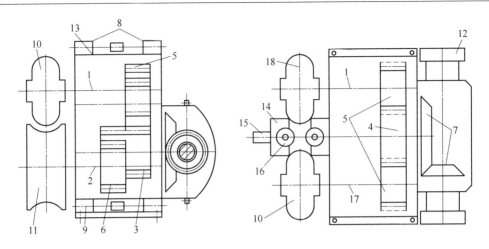

图 4-11　悬臂式焊管机辊轴箱

1，17—上平辊轴；2—下平辊轴；3—下过桥齿轮；4—上过桥齿轮；

5—上轴齿轮；6—下轴齿轮；7—螺旋伞齿轮；8—上轴调节机构；9—下轴调节机构；

10，18—上辊；11—下辊；12—联轴器；13—箱体；14—立辊架；15—立辊调节丝杆；16—立辊

看不见）和两支下平辊轴 2、2′作同向旋转，实现动力向下平辊轴 2 和 2′传递；与此同时，宽体下过桥齿轮带动上过桥齿轮 4 作与下平辊轴 2 旋向相同的旋转，由此带动两侧上轴齿轮 5 和两支上平辊轴 1、17 作与下平辊轴旋向相反的旋转，从而完成动力向两上辊 10、18 的传递；由于平辊与平辊轴是刚性连接，所以，当转向相反的上下平辊在调节机构 8 作用下对管坯施加轧制力时，管坯一边发生横向断面变形，一边被拉着前进，进入曲率半径更小的孔型接受继续轧制。

4.2.2.3　悬臂机受力分析

如图 4-12 所示，当轧辊对管坯施加轧制力后，管坯就会以大小相等、方向相反的力 F 作用到轧辊上，并通过平辊轴传递给前、后滑块，前滑块形成阻止轧辊张开方向向下（以上轴为研究对象）的力 f_1，后滑块也产生一个阻止平辊张开的方向向上的力 f_2，由此形成一个以前滑块 O 为支点的平面力偶系。由平面力偶系平衡的充分必要条件有：

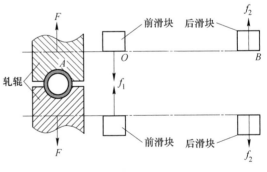

图 4-12　悬臂机受力示意图

$$FAO = f_2 BO \qquad (4-5)$$

在式（4-5）中，距离 AO 和 BO 始终不变，变的只是 F 和 f_2。说明只要轧制力 F 发生增大或减小变化，后滑块受力必然随之相应变化，形成新的 f_2；反之，受后滑块轴承间隙、压下机构存在的间隙以及滑块与滑道的间隙等不确定因素作用，f_2 会随时发生一些变化，形成瞬间平衡，瞬间平衡的结果是 F 变大或减小；并且受力矩作用，f_2 对 F 的影响必然数倍于自己。而轧制力 F 被动增大或减小对焊管生产工艺最直观的表现是辊缝变小或增大，最终导致焊管轧制过程波动；这种波动发生在成型段会或多或少造成焊接速度不稳定，发生在定径整形段则表现为公差波动。这就是悬臂机焊管生产工艺不稳定的机理。

4.2.2.4 箱式悬臂机使用注意点

受结构限制，轧辊距离箱体滑道很近，这样，用于冷却轧辊的冷却液极易飞溅进入箱体内，日积月累，易导致箱体内润滑油与水共存，齿轮得不到很好润滑，易失效。因此，毫不夸张地说，防止冷却液进入辊轴箱内是箱式悬臂机维护与保养的头等大事，不得懈怠。

4.2.2.5 箱式悬臂机的立辊架

箱式悬臂机立辊架的外形和安装方式与龙门机不同，正是这些不同，使得箱式立辊架和其上的立辊具有同升同降功能，如图 4-13 所示。

4.2.3 牌坊式悬臂机

牌坊式悬臂机的主体结构利用了龙门式机组的机件，按悬臂机原理设计、组装，参见图 4-10b。与箱式比较，只是外形发生了变化，在原理、受力等方面并未发生根本改变，但是，设备故障减少了许多。

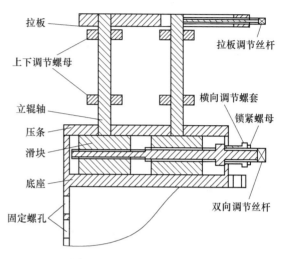

图 4-13　悬臂式立辊架总成

4.3　排辊成型机组

4.3.1　排辊成型机组的演变

排辊成型机组是运用三点弯曲原理，在第一道传统机架和闭口孔型辊之间布置一组或多组位置可调、成排被动小辊机架，替代若干传统平辊和立辊，使管坯按所设计的孔型系统变形，如图 4-14 所示。该成型技术最早起源于 20 世纪 40 年代中期，首先由美国 Torrance 公司推出排辊成型（cage forrance）装置，到 60 年代末，美国 Yoder 公司对其进行改进，当时只应用于大中直径焊管机组，并且是大中直径焊管机组的首选机型。直到 80 年代末期，排辊成型技术才真正成熟。

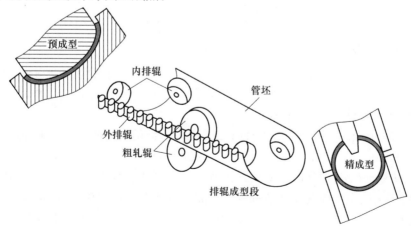

图 4-14　排辊成型机组

之后，又演变和派生出多种机型，如法国 DMS 公司的线性成型技术（liner forming）、德国 MEER 公司的直缘成型技术（straight edge forming）、奥钢联的 CTA 成型技术（central tool abjustment）、美国 Bronx-Abbey International LTD 的 TBS 成型技术（transition beam system）等。这些排辊成型技术，虽然在结构上有些差异，调整方式也有差别，粗成型机架数和排辊数也不尽相同，但都十分相似。作为一种先进的直缝焊管成型技术，经过多年不断改进与完善，已经较为成熟。

4.3.2　排辊成型的变形原理

4.3.2.1　排辊成型的工艺依据

当变形方式确定之后，使用排辊成型，就相当于在传统辊式成型管坯回弹的部位加密了若干（净增约 3 倍）专门控制回弹的轧辊（图 4-15b 中黑色涂层轧辊），将以往大而显著的回弹变成小而隐形的回弹，接近直线，这便是排辊成型理论的精髓。更换规格时，只需根据成型管坯的尺寸，按 ±Δ 平移外排辊大梁，同时作相应的升降，以及对内排辊和压辊作对应调整。

而且，比较图 4-15a 与 b，可以看出，在相同成型区间内，曲线比直线长的事实说明，排辊成型的实际管坯边缘长度比传统辊式的短许多。图 4-15 同时揭示了排辊成型与传统辊式成型的内在联系，排辊成型源于传统辊式成型，但是却优于传统辊式成型，仅从边缘延伸的角度看，排辊成型的管坯边缘延伸只有传统辊式成型的 50% 左右；而且，也避免了辊式成型时需逐道调整轧辊的麻烦，明显减少换辊与调模数量，提高换辊效率和调整效率。

4.3.2.2　排辊成型原理

根据图 4-15，变形管坯最边缘各点的连线是一条斜直线，这样，可以让排辊与管坯接触各点连线与图 4-16 中表示管坯边缘的斜

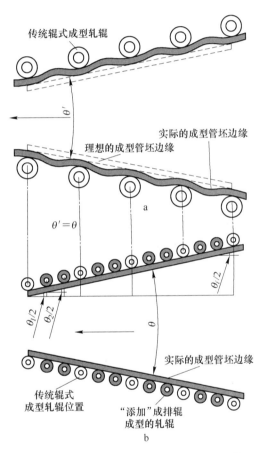

图 4-15　排辊成型与辊式成型的关系及比较
a—传统辊式成型；b—排辊成型

直虚线重合，而且，由各触点引出的纵向直线与该斜直线的夹角都相等，即：$\theta_1/2 = \theta_2/2 = \cdots = \theta_i/2$，从而消除了传统辊式变形管坯边缘在此区域因触点少所导致的回弹与延伸。

当管坯被送入 1~2 道预成型机架经预成型后，管坯边缘外侧就立刻被角度相同的两排 15~18 对小圆柱辊所控制并被渐进变形，同时有两个自由回旋的内成型辊和一个单独调整的轧辊从管坯上方压轧管坯，提供动力，参见图 4-14。随着管坯的前进，管坯逐渐被弯曲成 U 形，前进中的 U 形管坯进入传统精成型段（2~3 道）轧辊孔型，被轧制成 O 形

开口圆管筒，从而完成管坯成型，变形花见图4-17。

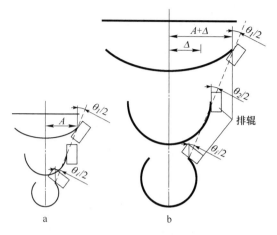
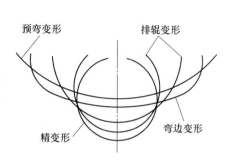

图4-16 排辊成型原理
a—小规格；b—大规格

图4-17 排辊成型变形花

4.3.2.3 排辊成型的变形特点

与传统成型机组相比，排辊成型的变形特点有三个：

（1）成型机架次少。采用排辊成型后，粗成型段的长度只有传统成型的60%左右，因而所用成型辊的数量少；控制并迫使管坯边缘变形的排辊全部是圆柱形，通用性强，只要是该机组可以生产的产品，这部分轧辊一律共用，使成型机用轧辊数量（将排辊看成一个道次）减少约50%。

（2）控制管坯边缘能力强。密布于成型管坯边缘外侧的排辊，对抑制成型管坯边缘延伸、防止成型管坯边缘产生波浪和"鼓包"作用显著，使径壁比达到80~140，同时，采用同步拖带系统，转动力矩大，也可以生产高强度厚壁管。

（3）变形自然。在成型过程中，对称布置在两根横梁上的直缘小排辊使管坯边缘按自然成型曲线逐渐连续变形，一方面对管坯边缘进行弯曲加工，另一方面压缩和吸收管坯边缘的延伸，调整精度高，生产过程稳定，大大提高成型质量。

4.3.3 排辊成型机主要构成

排辊成型机由机身、入口导向装置、预弯成型机架、弯边机架、排辊装置、精成型机架等装置组成。从图4-18看，入口导向装置、预弯成型机架、弯边机架、精成型机架等装置都与传统牌坊结构类似，真正体现排辊成型机组灵魂的是排辊装置。

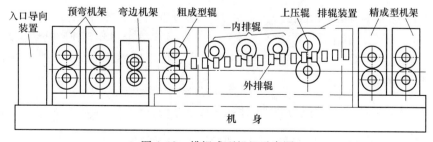

图4-18 排辊成型机组示意图

（1）入口导向装置：位于预弯机架前，由驱动装置、固定支架、活动支架、槽型导向立辊等构成。作用是调节管坯对中和将管坯送入预弯机架。

（2）预弯机架：结构与前述龙门式牌坊类似，有辊缝调节装置和对中调整螺母，预弯轧辊孔型见图 4-14。预弯辊的功能是：将平直管坯弯曲成大曲率单半径圆弧，以便随后能顺利进入弯边机架，进行弯边和排辊成型。弯边对成型高强度厚壁管坯有重要作用，有的排辊机组没有配置预弯机架，导致许多高强度厚壁管无法生产。

（3）排辊装置：它由外排辊、内排辊和上压辊又称粗成型辊组成。

1）外排辊装置的结构如图 4-14 所示。由 15～18 对直缘辊组成的外排辊、外排辊大梁、外排辊宽窄调整装置和外排辊升降调节装置等构成。

2）内排辊由 3～5 对可自由回转的凸形孔型辊（见图 4-14）、支撑架和调节装置组成。作用是配合外排辊对管坯边缘下部实施变形。内排辊可在一定范围内实现轧辊共用。

3）上压辊一般是两只凸型自由转动的轧辊，安装在一根大梁上，可以上下调整，如图 4-19 所示。作用是从管内壁将管坯压靠到下辊和排辊上。

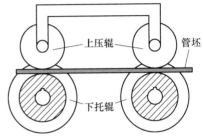

图 4-19　上压辊与下托辊示意图

4.3.4　排辊成型机组的不足

（1）机组刚性较差。由于外排辊和内辊尺寸小，但是又要承担很大的变形力，特别成型高强度厚壁管，轧辊受力就更大，并暴露出辊排梁与小排辊的刚性不足。

（2）变形不充分。主要表现在预成型辊孔型和直缘排辊难以解决管坯边缘附近变形曲率大的问题，精成型段轧辊也难以从根本上改变，导致进入焊接段的待焊管筒坯边缘呈 V形对接，进而既影响焊接质量，又加重精成型轧辊和整形定径辊的负担，加速这些轧辊孔型的磨损。

（3）焊管内在质量下降。虽然排辊成型机生产出的管子表面质量和尺寸都符合产品要求，但是在变形不充分的焊管横断面内，必然积聚大量分布不均匀的残余应力，对焊管抗应力腐蚀会产生不利影响。

（4）推力不足，焊速不稳。常规成型下，管坯受 6～7 道成型平辊施加的摩擦力作用，而排辊成型的管坯只受 4～5 道平辊的推拉，在变形高强度管坯时，就会出现推力不足和打滑现象，导致焊接速度不稳定和焊接质量不稳定。

4.4　FFX 成型机组

FFX（Flexible Forming Excellent）直缝焊管成型机组由日本中田制作所（NAKATA）于 1986 年成功开发，最初是 FF 成型，后经中田公司连续十多年对 FF 成型机跟踪研究、实践、总结和理论探索，在借鉴传统辊式成型理论、排辊成型理论及其成功与失败的基础上，推出 FFX 成型机。

4.4.1　FFX 成型机主要成型构件

FFX 成型机由床身、入口引导装置、开式成型机架、闭式牌坊、立辊群、四辊式牌坊、传动机构、液压站和微机操作系统等组成，如图 4-20 所示。

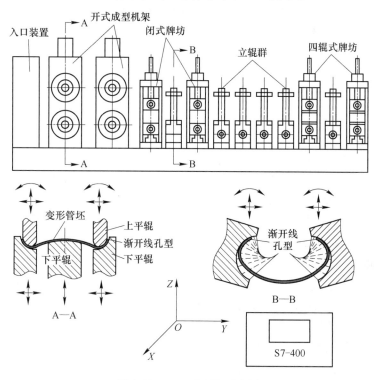

图 4-20　FFX 成型机示意图

FFX 焊管机组中包括精成型段以后的部分都与传统龙门式机型差别不大，精华集中体现在粗成型段。其变形理念和为实现这一理念所设计的平辊牌坊总成和立辊总成及操控方式都与龙门式机组和排辊成型有很大不同。

（1）开式成型机架：开式成型机架的一个最大特点是，平辊轴被分别安装在轧制中线两侧的支架上，上下各两支共四支悬臂轴；其中，每支上轴都能在三个维度内实现位移，即以约束轴的滑块为支点作一定范围内的摆动，带动其上的轧辊在 XOZ 平面内上下摆动，同时，上轴既能沿 X 轴方向作伸缩运动，又能沿滑道（Z 轴方向）作上下移动，而下辊只可以沿 X 轴作伸缩位移与上下位移，如图 4-20 中 A—A 的箭线所示。直的箭线表示轧辊能够沿箭线所指方向作直线位移，弧形箭线则表示轧辊能绕支点做一定角度的偏摆，这是 FFX 成型机的最显著特点之一。让轧辊作上下移动、左右摆动和伸缩位移的目的是，在渐开线的孔型面上，寻找到一段恰当的孔型曲线，使通过其间的管坯边缘变形至人们期待的曲率。渐开线孔型是 FFX 焊管机组的又一特别之处。

（2）可倾式立辊机架：这是 FFX 焊管机组的另一特色，传统立辊在立辊架中只能沿 Z 轴方向和 X 轴方向作直线位移，而 FFX 焊管机组的立辊还可以随立辊轴一起做一定角度的摆动，如图 4-20 B—B 剖面所示，同样可以完成三个维度的运动，这样就能在渐开线的立辊孔型面上，找到一段适合当前变形管坯需要的孔型段，从而实现管坯的最佳变形以及对管坯边缘实现最佳控制。

（3）微机操作系统：FFX 焊管机组实行高度的自动化控制，像轧辊的升降、进退和偏摆等一系列操作，都是由一台 S7-400 主机通过各自的机、电、液系统控制。S7-400 主机内储存大量与焊管规格相关的数据与程序，操作工要做的工作是，进行人机对话，将要生产的管子外径、壁厚、管坯宽度、公差等参数输入电脑即可；正常生产过程中，能通过屏幕反馈信息，进行实时微调与人机对话。可以预料，焊管机组植入 IT 将成为未来的发展方向。

4.4.2 FFX 成型机的变形原理

4.4.2.1 变形过程

FFX 成型机的变形过程是利用渐开线和灵活的机电控制系统，通过寻找 W 孔型上渐开线孔型面某一区段，为管坯边缘变形物色到一段合适的孔型面，首先由第一道 W 孔型辊对管坯边部进行弯曲，单边弯曲部位为管坯全宽的 12%~18%；然后由第二道 W 孔型辊从前一道尚未变形部位开始继续弯边，单边弯曲宽度为管坯全宽的 7%~13%。

之所以分两次完成弯边，有三个方面的考量：

（1）一次性边缘升起高度小，有利于降低管坯边缘塑性延伸。

（2）配合渐开线孔型的需要。其实，根据渐开线的性质，渐开线上任意两点的曲率半径都不相同。严格意义上讲，在一条渐开线的孔型面上，真正能够与理想的特定管坯边缘变形曲率相拟合的曲线只有一点，该点后那么一小段的曲率半径只能说与其接近或近似，分段轧制正是为了利用这个近似的一小段。

（3）开式机架悬臂轴受力的制约。根据受力原理，悬臂结构的施力没有龙门式的大。所以，选择分次轧制以分担轧制力且与其他方面没有冲突。

紧接着，利用龙门式牌坊上单半径孔型轧辊对管坯中部进行变形，同时发挥可倾斜的立辊架总成机构和渐开线立辊群孔型对管坯边缘及边缘下部进行控制性轧制。最后，管坯进入四辊牌坊进行精成型至基本圆筒形。

4.4.2.2 渐开线孔型

（1）渐开线（involute）。指这样一条线：当一直线沿半径为 R 的圆作无滑动的纯滚动时，此直线上任意一点的运动轨迹就是该圆的渐开线，用函数表示的极坐标方程为：

$$\begin{cases} \rho = \dfrac{R}{\cos\alpha} \\ \theta = \tan(\alpha) - \alpha \end{cases} \tag{4-6}$$

式中　ρ——渐开线的曲率半径，mm；

　　　α——渐开线的压力角，rad；

　　　θ——渐开线 K 点的展角，rad；

　　　R——渐开线基圆半径，mm。

式（4-6）为我们选择合适的渐开线孔型提供了理论依据，渐开线曲率半径的大小，由基圆大小和压力角大小决定，其中，基圆半径 R 起决定性作用。理论上讲，只要基圆选择确定，就一定能在由该基圆确定的渐开线上找到一段，使曲率半径 ρ 的范围基本满足所要变形管种的范围。

（2）渐开线孔型。由渐开线的形成过程易得渐开线长度 S 的积分式：

$$S = \int_{\theta}^{\alpha} \sqrt{\rho^2 + \rho'(\theta)^2}\,\mathrm{d}\theta \tag{4-7}$$

将式（4-6）代入式（4-7）得：

$$S = \frac{R \tan^2 \alpha}{2} \tag{4-8}$$

那么，式（4-8）就是设计渐开线孔型长度的基本依据。结合成型机组需要变形管种的范围和变形管坯边缘需要变形的长度，选择相应渐开线作轧辊孔型。

4.4.3　FFX 成型技术的优缺点

4.4.3.1　FFX 成型的优点

（1）FFX 成型机在粗成型段的水平辊和立辊完全共用。利用渐开线孔型和卷贴辊弯方法，使每种焊管成型（该机范围）都能在渐开线的孔型中找到相近的孔型段，从而做到完全共用粗成型辊，可以为用户节省大量轧辊费用。

（2）设备刚性高。FFX 成型机吸取了龙门式成型机高强度、大推力的优点，同时克服了排辊成型机刚性不足、推力小的缺点，增加了动力辊的数量，使上述机组能够生产焊管的壁厚与钢级都是同型号排辊成型机组无法比拟的，如钢级为 X70，最大壁厚可以做到22.0mm；钢级 X80，最大壁厚可做到20.0mm。

（3）变形量分配合理，成型工艺稳定。在粗成型段，采用水平辊为主的大变形方式，使进入精成型辊的管坯曲率与传统辊式成型相差无几，从而解决了因排辊成型变形量分配不合理所造成的焊接质量不稳定。

（4）成型管坯变形充分。FFX 成型采用连续弯边变形方法，充分利用水平辊和立辊各自的成型特点，减少管坯边缘实际变形盲区的宽度，使变形管坯成为更圆的待焊开口管筒。

（5）薄壁管成型稳定。可倾斜的立辊孔型更有利于对管坯边缘的控制，能够生产壁径比达 1% 的薄壁管。

（6）能精确调整轧辊。整条生产线通过 Profibus 现场总线将各工位相连，实现各工位间的通讯和整条生产线的稳定可靠运行；单机设备依靠驱动电机上的编码器与交流变频器构成闭环控制系统，对电机进行实时监控；主机采用 SLMENS 公司的 S7-400 对所有控制信息进行处理。轧辊调整与控制都通过计算机辅助计算，经由电液控制系统和机械传动实现轧辊上下、横移和转角，并具有记忆和人机对话功能，不断将实践经验优化为新工艺参数；生产不同焊管规格时，只需输入粗成型段 5 架平辊和 6 架可倾立辊机架的位移量。

4.4.3.2　FFX 成型的缺点

用哲学观点看，凡事有其利，必有其弊。FFX 成型机组的缺点有三：

（1）由于轧辊孔型，特别是下辊孔型曲线由渐开线组成，当大批量、少品种生产时，孔型面上的曲线必然是部分磨损较多，而另一部分则少磨损或未磨损，这样，磨损多的曲线与磨损少的曲线之会合点必呈尖角状，进而影响焊管表面质量。

（2）机组运行和维护成本高，轧辊孔型修复难度大。

（3）初次投入大，仅粗成型段的价格便数倍于同规格的其他类型焊管机组整机价格。

4.5　精成型机组

自高频直缝焊管诞生以来，焊管机组的精成型设备变化都不大，基本上都是 2 平 2 立或 3 平 3 立平立辊交替布置。但是，随着粗成型段的变化，还是促使精成型段的布辊有微妙改变。

4.5.1　精成型段设备的演变

4.5.1.1　与粗成型相匹配

粗成型段为 5 平 5 立交替布辊模式的，精成型段通常是 2 平 2 立布辊；粗成型段带立辊组的，精成型段通常为 3 平 3 立布辊；排辊成型和 FFX 成型机组都是 3 平 3 立布辊，目的是利用精成型轧辊孔型进一步强化管坯变形。

4.5.1.2　万能牌坊应用增多

二辊式牌坊有向四辊式牌坊又称万能牌坊发展的趋势。特别是 114 以上的大中型焊管机组更是如此，四辊式牌坊如图 4-21 所示。它有三个优点：

（1）操作调整更方便灵活，四辊式牌坊不仅能从上下和左右对管坯实施调节，而且还能单独地依靠左侧轧辊或右侧轧辊对管坯进行单向调整，能够更好地实现调整意图。

（2）有效减小轧辊速度差，进而明显减少轧辊孔型磨损，延长轧辊使用寿命。

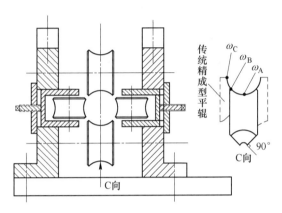

图 4-21　焊管机组用万能牌坊

在图 4-21 所示精成型平辊 A、B、C 点角速度 $\omega_A = \omega_B = \omega_C$，但是，它们的线速度却是 $v_C > v_B$，并且，随着外径的增大，线速度差将以 3 倍多的增速增大，而根据磨损原理，磨损量与相对滑动速度即速度差呈增函数关系，这样，轧辊孔型面与管坯表面的接触磨损就会大增。四辊式牌坊正是人们要求减小轧辊孔型磨损的产物。

（3）提高轧辊材料加工收得率，降低轧辊费用。

4.5.2　精成型段设备的作用

首先是管坯变形的需要。与轧辊孔型相配合，将粗成型段的横"C"形管坯变形为精成型段"O"形开口圆管筒，如图 4-22 所示，完成管坯最终变形。可以毫不过分地说，人们在粗成型段所作的一切努力，从设备改进到孔型变化，就是为了获得一

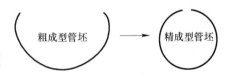

图 4-22　粗成型管坯变形为精成型管坯

个稳定而规整的开口圆管筒。稳定而规整的开口圆管筒，也是自高频直缝焊管问世以来人们为之追求的最高阶段性目标，它是获得优良焊接质量的前提和基础。

其次是为成型管坯提供继续前进的动力与轧制力。

第 5 章　高频直缝焊接机

高频直缝焊接机由导向辊架、挤压辊架、高频焊接机、除内外毛刺装置（含托辊、压光辊）及冷却水套等组成。几乎所有高频焊接机，尽管存在大小、新旧、机型、先进程度之分，但是，焊接机组构成都差不多。

5.1　导向辊架装置

导向辊在整套轧辊中具有举足轻重的作用，它对焊接热量、焊接速度、焊缝对接状况、焊接稳定性以及焊缝内在质量和外在质量等都有重要影响。对导向辊的调节必须做到"随心所欲"，这就要求导向辊架具有多维度调节功能，参见导向辊架总成图5-1。

5.1.1　导向辊架的工作原理

（1）旋转导向辊架横向移动丝杆，带动横向移动滑块及其之上的导向辊作垂直于轧制中线的移动，实现导向辊横向对中调整。

（2）旋转导向辊架上下调节丝杆，带动上下移动滑板与导向辊做上下位移，以及实现导向下辊与轧制底线的位置调节。

（3）转动导向偏摆调节蜗杆，带动支架上的导向辊作绕轧制中心线的左右偏摆，以达到控制焊缝位置之目的，这对控制异型管上焊缝位置起关键作用。一般情况下，偏摆角度达到±30°就完全能够满足生产调整需要。

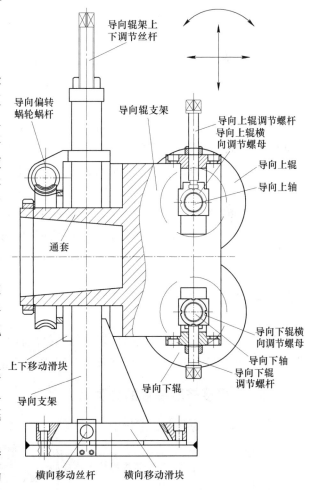

图 5-1　导向辊架总成

（4）旋动导向辊横向移动螺母，实现上、下导向辊孔型的对称性调整，以得到规整的基本圆筒形，这是每次换辊或取出其中一只导向辊后必须要做的工作，也是实现稳定焊接的前提条件。

（5）拧紧或旋松导向上辊调节丝杆，完成对导向辊辊缝的控制，进而实现对待焊开口管筒之开口角的调节。需要指出的是，一旦导向下辊轧制底线调整到位后，就不宜用此调节辊缝，因为这样会使导向下辊高出或低于轧制底线，对挤压辊及其随后的焊接都会带来不利影响。

5.1.2　导向辊架的基本要求

导向辊架除了要具备上述功能外，作为焊接机的主要机构还必须满足以下 4 个要求：

（1）良好的配合精度。要求各个滑动部位既要配合紧密、精密，没有活动间隙，又要保证操作灵活。一个稳固的导向架机构是实现稳定焊接的前提。

（2）高强度高刚性。理论上讲，导向辊是不承担变形任务的。但是，由于管坯回弹、粗成型和精成型变形不充分等原因，其上的导向辊事实上不得不承担部分变形功能，对管坯施以一定的轧制力，进而转变成对导向辊架的冲击力，以及可能发生的断接头、管坯跑偏、超厚管坯等突发因素对导向辊架形成的瞬间强大冲击力，都要求导向辊架必须具备足够的强度和刚性。在实际使用中，有的导向辊架因强度不够始终处于“点头哈腰”状态，这需要引起焊管机组制造商的高度重视。

（3）自锁性能好。以导向辊架的偏转调整为例，当实施了偏转调整后，就要求在下次人为干预之前，偏转位置不允许发生变化，否则，将影响焊接质量和焊缝位置。

（4）预留足够操作空间。导向辊架总成是焊管生产过程中调整最频繁的部位之一，而且紧靠焊接变压器、感应圈和挤压辊等高温危险区域，因此，导向辊架的设计，既要考虑操作方便、换辊方便，为操作者留足操作空间；更要考虑操作者的安全操作空间。

有些导向辊架还可以沿轧制中线作远离或靠近挤压辊装置的移动，目的是控制开口角，但是，实践中应用此法调整的并不多，效果亦不明显。

5.2　挤压辊装置

挤压辊装置用来安装焊接挤压辊并借助挤压辊对被加热至熔融状态的管坯两边缘施加挤压力，实现焊接目的。挤压辊装置有二辊式、三辊式、四辊式和五辊式等多种形式。

5.2.1　焊接挤压装置的分类

焊接挤压装置的分类如下所示：

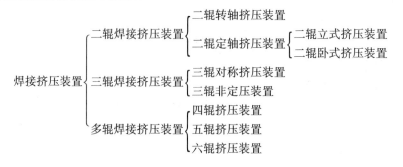

其中，二辊挤压装置最为经典，应用历史最久，技术最成熟。

5.2.2 二辊式挤压辊装置

5.2.2.1 定轴立式二辊挤压装置

定轴立式二辊挤压装置的结构如图 5-2 所示，是应用最广泛、最普遍的一种。它的工作原理是，利用挤压辊上下调节螺母调整孔型对称和使孔型最下边缘的高度与轧制底线齐平后，通过双向调节丝杆调整挤压辊辊缝间隙至理论辊缝值，并借助丝杆上的横向调节螺母调整挤压辊孔型与轧制中线对称；然后调整拉板螺杆，使挤压辊上下辊缝一致；

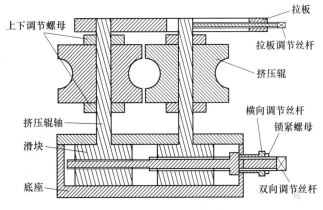

图 5-2　定轴立式二辊挤压装置

最后锁紧螺帽，完成挤压辊的初步调整。进一步调整则要依据管坯进入挤压辊孔型后的实际情况而定。

定轴立式二辊挤压装置的优点是：挤压辊调整操作方便、易找正，与拉板配合后，可以对焊缝施加强大的挤压力；缺点是施加挤压力时，挤压辊孔型上边缘对焊接管坯边缘施加的上压力小，边缘管坯易从辊缝处"逃逸"，形成尖桃形对接，影响焊缝强度。

5.2.2.2 定轴卧式二辊挤压装置

定轴卧式二辊挤压装置是建立在全新概念基础上的新型挤压辊装置。焊管行业区分平辊与立辊的依据是：看轧辊内孔轴向中心线，轧辊轴向中心线呈水平状态就叫做平辊，呈竖直状态则称之为立辊。以此为区分标志，称图 5-3 所示的新型挤压辊架机构为定轴卧（平）式二辊挤压装置，它由挤压辊机架总成和水平挤压辊组成，其总成与导向辊架总成类似。

定轴卧式二辊挤压装置的功能有六个方面：

（1）横向整体移动功能。在保持挤压辊对称性不变以及与焊管机组相对状态（偏转角度、辊缝、挤压力、轧制标高等）不变的前提下，满足水平挤压辊同时对轧制中线作横向调整的需要。

（2）上下整体移动功能。借助图 5-3 中所示的上下调节机构能够实现对水平挤压辊上下整体实时移动，而且，这种移动是在保持两挤压辊对称性、辊缝、角度、挤压力、轧制中线等不变的情况下实现的，动态调整与静态调整不受限制，这是以往任何挤压装置都不具备的。在现有其他形式的挤压装置中，若需要在动态下对挤压辊进行轧制底线高度的调整，只能先调一只，尔后再调另一只，但是，这样一来必然破坏孔型原有对称格局，势必产生废次品管，所以通常进行这类调整都需要停机进行，以图坯中求好。

（3）左右整体偏转功能。在焊管生产实践中，尤其是生产异型管时，对焊缝位置都有要求，当需要焊缝位置偏离轧制中线竖直平面时，就需要从出导向辊的待焊管坯缝隙开始偏转，经挤压辊一路偏下去，直至定径整形结束。可是，立式挤压辊及其装置没有偏转功

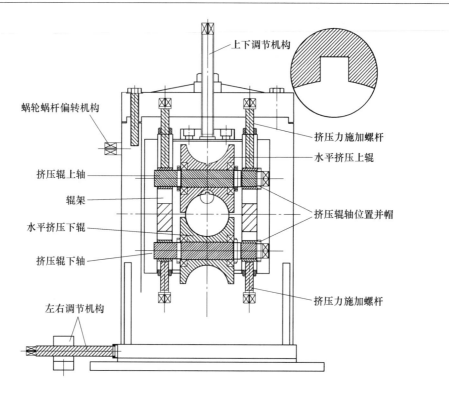

图 5-3　定轴卧式二辊挤压装置

能，偏转后的焊缝将导致其中一只挤压辊孔型上边缘部位不得不正对焊缝上最热部位，易致挤压辊孔型上边缘烧损、焊缝错位。而水平挤压辊能够随挤压装置整体偏转，使挤压辊孔型面上的避空槽恰好追踪焊缝最热部位，从而既避免孔型被烧损，又能实现焊缝大幅度偏摆的需要。

　　（4）辊缝调节功能。挤压辊辊缝调节的实质是调整挤压力，通过装置上挤压力施力螺杆实现焊接挤压力的调整。

　　（5）孔型对称性调节功能。图 5-3 所示挤压辊轴左端螺纹与辊架上滑块的内螺纹配合，左旋或右旋轴端的四方头，就能使挤压辊轴向右或朝左移动，继而带动轴上的挤压辊同步移动，实现挤压辊孔型的对称性调整。

　　（6）焊接开口角调节功能。使用这种水平挤压辊后，就不再需要导向辊及其导向装置了，控制开口角的任务改由末道精成型立辊来完成，见图 5-4，从而真正实现开口角与管坯缝隙根据工艺需要随时可调可控，如图 5-4

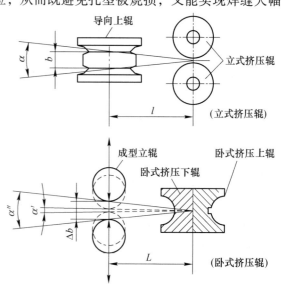

图 5-4　立式挤压辊与卧式挤压辊开口角可控制比较

α—不可控开口角；b—导向环厚度；l—导向辊与挤压辊中心距；
α'，α''—可调开口角；Δb—管坯开口；
L—原导向辊与挤压辊中心距

中的 $\alpha' \leftrightarrow \alpha''$ 所示。在卧式挤压辊装置下，能够实现开口角在 α'（大于 0）~ α'' 之间依据需要随时调整，不再受制于导向环厚度 b。开口角 α 则由式（5-1）决定：

$$\begin{cases} \alpha = \alpha' \sim \alpha'' = \arctan\dfrac{\Delta b}{2L} \\ \Delta b = 0 \sim b \end{cases} \tag{5-1}$$

式中，α'、α'' 分别为开口角最小值与最大值；Δb 是变化的管坯开口；L 是末道精成型立辊与挤压辊的中心距；b 是导向环厚度，在没有导向辊时它是精成型末道平辊导向环厚度。由于在卧式挤压辊前的立辊处其实并没有导向环，故不计回弹时 Δb 的最小值为零。在式（5-1）中，L 为定值，通过控制 Δb 值，就能根据工艺需要控制开口角大小。这是以往任何焊管机组都不具备的功能。

而在立式挤压辊装置条件下，开口角 α 完全由导向环厚度 b 和管坯回弹量决定，无法进行人为干预。导向环厚度未磨损与管坯回弹大时开口角最大，随着导向环厚都磨损减薄而逐渐自然变小，无法依据工艺需要调整开口角，因此，在传统立式挤压辊装置条件下讲调整开口角其实盛名难副。

定轴卧式二辊挤压装置的优点是：

（1）确保焊缝平行对接。待焊管坯边缘在平行对接状态下进行焊接，是获得优质焊缝的前提。从孔型对管坯边缘施力和管坯边缘受力的角度（图5-5）看，焊接所需要的挤压力是由孔型提供的大小相等、方向相同的若干平行力 f。可是，当施力体和受力体均是圆弧面时，根据力在圆弧面上

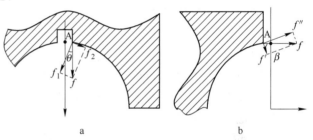

图 5-5　卧式与立式挤压辊对管坯边缘施加的上压力比较
a—卧式挤压辊；b—立式挤压辊

的作用规律可知，力 f 对管面各部位的作用效果不尽相同。运用有限元思维分析挤压力 f 发现，A 点挤压力转化为沿孔型切线方向的力 f_2、f'' 和法线方向的力 f_1、f' 在立式与卧式挤压装置中差距较大；其中，力 f_1 和 f' 之大小对控制管坯边缘平行对接有特别重要的意义，力大，则易实现平行对接。在图 5-5 中：

$$\begin{cases} f_1 = f\cos\theta \\ f_2 = f\sin\theta \end{cases} \tag{5-2}$$

$$\begin{cases} f' = f\cos\beta \\ f'' = f\sin\beta \end{cases} \tag{5-3}$$

当施力点 A 接近管坯边缘时，在式（5-2）和式（5-3）中，$\theta \ll \beta$，说明管坯边缘受到来自卧式挤压辊孔型的上压力 f_1 远远大于立式孔型中的 f'，卧式挤压装置用挤压辊孔型约束管坯边缘往外向上跑的能力比立式强得多，待焊管坯边缘被上挤压辊孔型避空槽的边缘牢牢控制住，无论挤压力大与小都始终被强制处于平行对接状态，从根本上消除了不平行对接的因素。这里，当 θ 足够小即避空槽宽度很窄时，挤压力与上压力接近相等，这对控制管坯边缘实现平行对接意义非凡。而立式挤压辊在 A 点因 β 很大使得上压力 f' 很小，控制管坯边缘的能力极弱。

（2）调整灵活，功能齐全。卧式挤压装置中的挤压辊既能作整体上下、左右及绕轧制中心线 ±90°偏转的适时调整，又可各自独立地进行动态微调，施力大且直接，无仰角烦恼、不需要拉板、稳定性更好。

（3）增加有效挤压力。有效挤压力是指在克服管坯回弹后，只要能将加热管坯边缘氧化物挤出并实现相互结晶的力，超过这个挤压力，就会有部分原本用于焊接结晶的高温熔融金属被挤出，反而降低焊缝强度。从焊接理论上讲，如果施力方式正确和两焊接面能平行对接，那么，挤出熔融金属面上的氧化物并达到焊缝强度只需要很小的力。当施力方式不正确时，如立式挤压辊遇到待焊管坯边缘呈 V 形对接，由于它不能有效地控制待焊管坯边缘实现平行对接，为了弥补这种缺憾就需加大挤压力；可是，加大的挤压力只有极小部分转化成有用挤压力，绝大部分都用到减径上去了，这从大挤压力往往伴随过大减径量和过多内、外毛刺得到证明。而如前所述，卧式挤压辊面对 V 形对接管坯的控制方式是先把边缘 V 形口强制压成基本平行对接，尔后再焊接；同时，直接从管坯边缘上面压迫管坯边缘达到平行对接并不需要过大的挤压力，这样挤压辊所增加的挤压力几乎百分之百用于达成工艺目标。

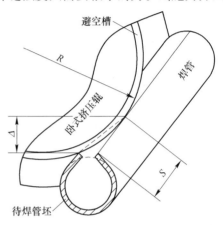

图 5-6　管坯边缘 V 形口被提前压平的
距离 S 与高度 Δ 示意图

在图 5-6 中，存在 Δ（mm）高度差的 V 形口管坯边缘首先被挤压上辊孔型中的槽边提前 S（mm）开始轧压并逐渐轧成平行对接。V 形口管坯边缘被开始压平的距离为：

$$S = \sqrt{2R\Delta - \Delta^2} \tag{5-4}$$

式中，S 是 V 形口管坯边缘压平开始点与挤压辊中心连线的距离；R 为水平挤压上辊避空槽凸缘半径；Δ 是存在 V 形口的待焊管坯边缘处的直径与平行对接后的待焊管坯直径之差。若管坯边缘存在 1.5mm 的翘曲，且挤压辊避空槽处的半径为70mm，则翘曲的管坯边缘在距焊合点 14.4mm 前就开始被压下，直至在汇合点被完全压平。

（4）卧式挤压辊装置结构稳定。卧式挤压辊装置的挤压辊轴在轴向和径向均被有效约束，不存在自由摆动空间，管坯受到的挤压力均等。而立式挤压辊装置的挤压辊轴只有一端被约束（未使用拉板），当挤压辊受到张力作用后，轴自由端势必或多或少发生位移，最常见的表现形式如图 5-7 所示的仰角 θ；一旦

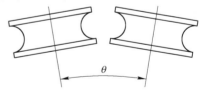

图 5-7　挤压辊仰角 θ 示意图

挤压辊轴出现仰角，就说明管坯受到的挤压力呈现下大上小分布，管坯上部挤压力仅是下部挤压力在克服下部管坯减径张力后的产物，形成表观挤压力很大，而有效挤压力却不大的现象。这也从另一个侧面证明，只要施力方式正确，有效的焊接挤压力并不需要太大。

（5）降低能耗和提高成材率。实现平行对接焊后有两个显著好处，一是边缘加热宽度和传热深度都不需要那么宽深，这样可以缩短加热时间，提高焊接速度；二是没有非必要的金属挤出，能提高焊管成材率。生产统计证明，同型号机组，使用卧式挤压辊装置的机组所产生的内外毛刺量比立式挤压辊机组的低 40%～50%。

（6）管筒不会被挤压辊孔型边缘咬伤。通过末道精成型立辊的调整，可以在不减径的前提下，将待焊圆管筒水平方向的尺寸调到小于卧式挤压辊孔型的开口，实现"大孔型"迎接"小管坯"，这样就从根本上解决了挤压辊孔型咬伤待焊管筒的问题。

（7）解决导向环厚度与管坯厚度的矛盾。根据高频焊接电流的临近效应原理，当焊接厚壁管时，人们希望有一个小的开口角，以便在同一时间内得到更高的焊接热量，这就要求决定开口角大小的导向环尽可能薄一点；与此同时，人们又希望导向环尽可能厚以确保强度，但是，依据式（5-1），这样做必然增大开口角。而使用卧式挤压辊后，在原导向辊处不存在导向辊与导向环，控制开口角的任务改由末道成型立辊完成，并可实现开口角在 $0 \sim \alpha''$ 之间按需调节。

5.2.2.3 转轴立式二辊挤压装置

如图 5-8 所示，该装置的工作原理是，当挤压辊被压盖和螺丝紧固到转轴上后，轴便随着辊在滑块内自由转动；施加挤压力由双向调节丝杆完成，横向对中则由单向调节螺套完成；两挤压辊对称性调整与高度调整，一靠转轴纵向相关台阶长度尺寸精度，二靠挤压辊几何尺寸精度，三靠加减垫片。

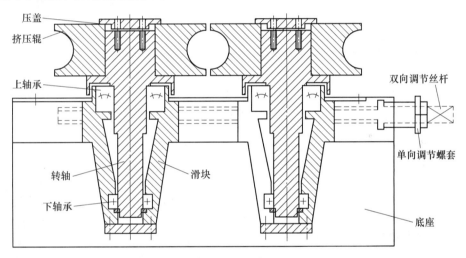

图 5-8　转轴立式二辊挤压装置

它的优点是结构紧凑，轴承不易被污染，精度保持时间长，使用寿命长。缺点是：（1）轴承一旦磨损后，调节轴承间隙不方便，易产生轴向窜动，导致焊缝对接不稳定；（2）挤压辊对称性调节和高度调节都只能依靠加减垫片，不方便；（3）挤压辊受力后易产生如图 5-7 所示的仰角，形成挤压辊辊缝上大下小，影响实际挤压力的判断，影响焊缝强度。这种结构形式的挤压辊装置无法使用拉板，故大多应用在 50 以下焊管机组、壁厚 2.0mm 以下焊管，现在已较少应用。

5.2.3　三辊式挤压辊装置

三辊式挤压辊装置也有两种形式：一种是对称布辊，另一种是非对称布辊。

5.2.3.1　非对称三辊式挤压装置

非对称三辊式挤压装置结构如图 5-9 所示，它由上下两部分构成，下部与二辊定轴立

式挤压辊基本相似；上部由一个独立的
上挤压辊支架 10 和安装其上的上挤压
辊上下移动滑块 12，以及上挤压辊横
向移动滑块 11 组成。这样，通过移动
滑块 11，就能实现上挤压辊 9 的横向
移动，通过移动滑块 12 实现挤压力加
压与减压。这种结构装置最显著的优点
是，增大焊接上压力，改善管坯边缘对
接状况，防止管坯对接边缘产生尖桃
形、V 形、错位、搭焊等缺陷，使挤压
力与上压力高度统一。只要该装置强度
足够，就没必要担心挤压力不足。

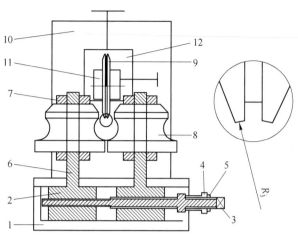

图 5-9　非对称三辊式挤压装置

1—底座；2—滑块；3—双向调节丝杆；4—横向调节螺母；
5—锁紧螺母；6—挤压辊轴；7—挤压辊上下调节螺母；
8—下挤压辊；9—上挤压辊；10—上挤压辊支架；
11—横向移动滑块；12—上下移动滑块

5.2.3.2　对称三辊式挤压装置

这里的对称是指三只挤压辊呈
120°均布，如图 5-10 所示。该结构施
力强度大，对管坯边缘控制能力强，挤
压辊磨损小，但设备结构复杂、投资大，一般不适用于小型焊管机组。对称三辊式挤压辊
可以三辊同步施加挤压力，确保三挤压辊相对于被焊钢管能够同步移动；也可各自独立进
行径向调整，以便满足实际操作需要。

其他挤压装置如四辊、五辊、六辊等布辊形式，如图 5-11 所示。

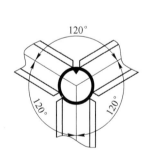

图 5-10　对称三辊式挤压装置布辊形式

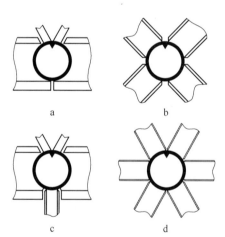

图 5-11　四辊至六辊挤压辊布辊方式

a，b—四辊挤压辊；c—五辊挤压辊；d—六辊挤压辊

5.2.4　挤压辊装置的基本要求

不管挤压辊装置布辊形式如何，都必须至少满足以下四个要求：

（1）高精度。特别是要能经受住长期重负载、频繁冲击之后仍然能够保持较高精度
水准。

（2）高强度。要耐冲击，能经得住包括断带、堆钢等在内的冲击力考验，千锤百炼不动摇。

（3）高载荷。选用的轴承载荷要大，决不允许挤压辊因之发生平面摆动、轴向窜动。

（4）操作方便。包括日常操作调整、挤压辊拆卸与安装等均不受掣肘。

5.3 高频焊接电源

供焊管机组用的高频焊接电源，根据高频振荡器件不同，分为电子管高频和固态高频两类。就最终焊接效果来讲，电子管高频与固态高频没有本质区别，都是提供高频电源而已，主要区别在于获得高频电源的方式不同。因此，本节将从电子管高频电源、固态高频电源以及带有共性的高频输出系统这三个方面介绍高频焊接设备。

5.3.1 电子管高频焊接装置

电子管高频焊接装置采用一个大功率的电子管振荡电路，如图 5-12 所示，通过它把 50Hz 的工频电流转换成 200~400kHz 的高频电流，并通过感应器形成强大的电磁场，金属管坯在高频电流磁场里产生涡流和磁滞损耗而发热，使被加热金属管坯局部（两边缘）温度迅速升高，当管坯边缘温度达到 1250~1450℃后被挤压，实现焊接目的。电子管高频焊接装置由高压变压器（或阳极变压器）、高压整流（或低压整流）柜、电子管振荡（柜）器和输出系统（焊接系统）等组成，它们各自在整个高频系统中协调运转，发挥各自的作用。

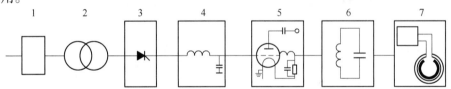

图 5-12　电子管高频焊接装置框图
1—低压配电柜；2—阳极变压器；3—可控阳极整流器；4—滤波器；
5—电子管振荡器；6—正极电路；7—接触感应系统

5.3.1.1 高压变压器

频率为 50Hz、电压为 380V 的线路电压经高压变压器升压至 10~11kV 后，被送入闸流管或晶闸管进行高压整流；或者，直接由阳极变压器低压侧输入整流器进行整流。

5.3.1.2 整流器

整流器分低压整流器和高压整流器两种。

（1）低压整流器：由 380V 馈电线路供电，整流器件是半导体二极管，用阳极变压器低压侧的可控硅调节，如图 5-13 所示为具有对称输入端的整流及原理图。

（2）高压整流器：器件是晶闸管，由高压变压器高压侧供电；晶闸管整流器及其原理如图 5-14 所示。这类整流器主要由动力部分和控制部分构成，动力部分由三相桥路组成，共有六条可控支路 $V_1 \sim V_6$，每条支路都串联 32 个可控硅；进行三相全波整流；控制系统则保证向整流器供与高压线路同步的控制脉冲，并能在加载和整流器本身发生故障时确保整流器断开。

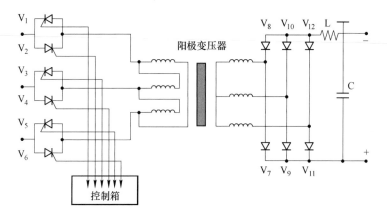

图 5-13　阳极变压器低压侧晶闸管调节器的整流电路

$V_1 \sim V_6$—晶闸管调节器；$V_7 \sim V_{12}$—二极管

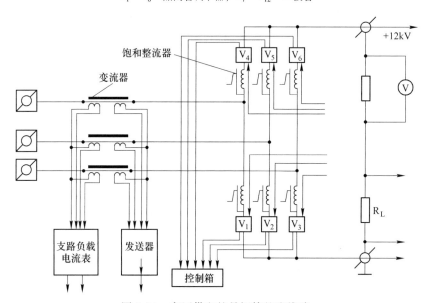

图 5-14　高压供电的晶闸管整流线路

$V_1 \sim V_6$—晶闸管调节器

不管是高压整流器还是低压整流器，它们的共同作用是：

（1）保证平稳地调制出一定频率的恒定脉冲整流电压；

（2）在恒定的短时间内自动调整和稳定整流电压；

（3）确保高频焊接装置在较大温度波动范围以及启动时间短的条件下仍然能够可靠地工作。

5.3.1.3　电子管振荡器

电子管振荡器的关键器件是大功率电子管，我国目前常用电子管型号主要有 FD-911S（100kW）、FD-934S（200kW）、FD912S（300kW）。电子管振荡器是利用电子管的放大作用，把阳极回路上的电能反馈到栅极，电子管就发生振荡。常用的反馈电路有电容反馈、电感反馈和电容电感反馈三种。在图 5-15 所示的高频电路里，既有电容反馈，也有电感反馈，阳极和栅极采用并联馈电，L_1 是阳极阻流圈，L_2 是栅极阻流圈，C_1 为阳极隔直电容，C_4 是栅极隔直电容，R_3 是栅偏压电阻，C_0、C_8 是高频旁路电容，R_1、L_2 是阳极防寄生振荡装置，C_3、C_5、R_2 是栅极防寄生振荡装置，C_6、C_7 是阴极高频旁路电容。CJ_3 是控制加热接通的交流接触器，当 CJ_3 未吸合时，由截止栅负压整流器供给栅极一个负电压，阳极电流被截止；当 CJ_3 吸合时，外加负压切断，栅极电路接通，电子管振荡。同时，通过改变槽路线圈中 L_5 与 L_4 的相对位置来调节高频输出功率。频率改变则主要取决于加热感应圈 B 与 C_{11} 谐振频率，当 L_5 在

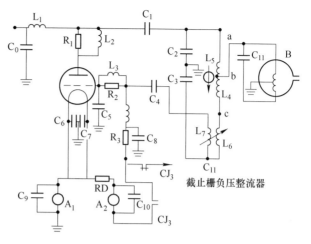

图 5-15　电子管高频振荡电路

上端时，振荡频率比较接近 B 与 C_{11} 的固有频率；当 L_5 移至下端时，则振荡频率较 B 与 C_{11} 的固有频率低，最低时，比 B 与 C_{11} 的固有频率低 10%~15%。

电子管高频电源为高频直缝焊管生产与繁荣作出过历史性贡献。但是，不可否认的是，电子管高频设备存在效率低、能耗高、体积大、预热时间长及电子管寿命短等缺陷。人们一直在努力寻找效率更高、更节能、使用寿命更长的高频电源，固态高频电源便是理想的电子管高频替代电源。

5.3.2　固态高频焊接电源

与电子管高频电源类似，固态高频电源设备也是将三相工频 50Hz 交流电转变为 200~500kHz 的高频电流，主要由整流柜、逆变柜、输出（与电子管相似）等部分组成，见图 5-16。

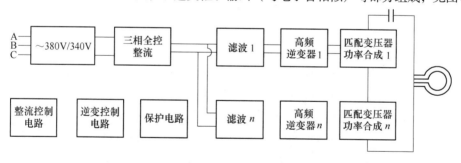

图 5-16　焊管用固态高频电源设备框图

5.3.2.1　固态高频电源原理

固态高频电源一般采用交-直-交变频模式，当 380V 三相交流电源经开关柜中的降压变压器和主接触器后，送入整流器柜进行整流，整流器采用三相晶闸管全控整流桥，通过控制晶闸管导通延时角 α，实现调节电源输出功率，见式（5-5）：

$$U_d = 1.35 U_a \cos\alpha \tag{5-5}$$

式中　U_d——输出直流电压平均值，V；

　　　U_a——整流桥输入电压，V；

α——晶闸管触发延时角，rad。

整流后的直流电压经滤波环节送入高频逆变器，由高频逆变器逆变产生单相高频电源送入谐振电路，经焊接变压器和感应器输出高频能量，完成高频直缝焊管的焊接。从固态高频设备框图和工作原理看，要实现工频电流向高频电流的转换，必须解决通过晶闸管整流和功率 MOSFET 或 SIT 的逆变与合成。

A　晶闸管整流

由于功率 MOSFET 或 SIT 的输入和输出均为直流，所以将交流变成直流是获得固态高频电源的第一步。固态高频焊机采用三相晶闸管全控整流技术，如图 5-17 所示。该三相桥式全控整流电路有四个特点：

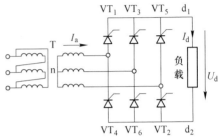

图 5-17　三相桥式全控整流电路

（1）二管同时接通，形成供电回路，其中共阴极组 VT_1、VT_3、VT_5 和共阳极组 VT_2、VT_4、VT_6 各一。

（2）触发脉冲要求：第一，按 $VT_1 \rightarrow VT_2 \rightarrow VT_3 \rightarrow VT_4 \rightarrow VT_5 \rightarrow VT_6$ 的顺序，相位依次相差 60°；第二，共阴极组 VT_1、VT_3、VT_5 的脉冲依次相差 120°，共阳极组 VT_2、VT_4、VT_6 脉冲也相差 120°；第三，同一相上下两个桥，即 VT_1 与 VT_4、VT_3 与 VT_6、VT_5 与 VT_2 的脉冲相差 180°。

（3）U_d 一周期脉动 6 次，每次脉动波形都相同，故该电路又称 6 脉波整流电路。

（4）晶闸管承受的电压波形与三相半波相同，晶闸管承受最大正、反向电压的关系也相同。

在图 5-17 中，整流输出电压连续时的平均值为：

$$U_d = 2.34 U_a \cos\alpha \tag{5-6}$$

则输出电流平均值为：

$$I_d = \frac{U_d}{R} \tag{5-7}$$

B　高频功率器件 MOSFET 的容量合成和频率提高

作为固态高频电源功率开关件主要器件功率 MOSFET 或 SIT，从欧美等国研制和生产固态高频电源的成功经验看，大多采用 MOSFET 为高频功率器件。这是因为，一方面功率 SIT 存在高通态损耗、制造工艺复杂、成本高、且工作频率不宜超过 200kHz 等缺陷；另一方面是，随着功率 MOSFET 器件的模块化、大容量化和高压化，使得功率 MOSFET 在容量和开关速度等关键性能方面提高很快，如 36A/1000V 功率 MOSFET 的关断时间已缩短至 75ns，而且功率 MOSFET 易于并联，实现大容量。像 50kW 高频逆变器，当 I_{dmax} = 120A、U_{dmax} = 450V 时，只需要将 8 只 36A/1000V 功率 MOSFET 和 16 只 100A 快恢复二极管并联在一起，就构成一个 50kW 高频逆变器桥臂。

需要指出的是，该逆变器桥臂名义额定电流为 36A×8 = 288A，但考虑到并联后的均流系数和动态分布参数的影响因素，从确保高频逆变器有合理安全裕量的角度出发，通常将功率 MOSFET 的工作电流设定为额定电流的 35%~45%，因此单个逆变器桥臂的实际工作电流一般不超过 120A，电压一般不超过 450V。而且由于目前高电压（1000V 左右）

MOSFET 最大允许电流只有 36A，多管并联后产生的均流问题和参数变化，使单逆变桥功率受限在 50kW 左右，于是，为了获得大容量固态高频电源，就必须对单个高频逆变器进行再组合。

C　固态高频逆变器的组合模式

高频逆变器的组合有串联谐振型（也称电压谐振型逆变器）与并联谐振型（又叫电流谐振型逆变器）两种形式，它们的区别在于，用来提高电源功率因数的补偿电容器、负载等连接方式不同。由于并联谐振型逆变器在高频电源、尤其在大容量高频电源应用中有诸多困难，因此串联谐振型逆变器就成为现有固态高频焊机用电源的首选。

而单个逆变器桥之间则以并联方式实现扩容。因电压型逆变器大多采用变压器副边串联合成功率输出，且逆变器桥与桥的输入和输出均为软连接，对逆变器一致性的要求不高，这就使固态高频电源大容量化得以实现。理论上讲，固态高频电源的大容量化已经没有技术障碍。同时，并联后的高频逆变器也实现了强制均流，这样，在恒压源供电的情况下，高频逆变器的安全运行便有了保障。

D　固态高频的功率调节

对于采用三相晶闸管相控整流的固态高频焊机，调节输出功率是通过控制整流器的触发角方式来实现的。当整流器输出电压为式（5-5）中的 U_d 时，逆变器的振荡功率可用下式表示：

$$P = U_d I_d \cos\phi \tag{5-8}$$

式中　U_d——全控整流桥输出直流电压平均值，V；

I_d——全控整流桥输出直流电流平均值，A；

ϕ——逆变器输出电压和电流的相位角，rad；

$\cos\phi$——串联负载功率因数。

式（5-8）说明，通过调节整流桥输出电压 U_d，即可调节高频电源的输出功率，而整流输出电压是通过控制整流晶闸管移相角实现的。因此，电源输出功率调节可通过改变整流晶闸管触发移相角 ϕ 来完成。

5.3.2.2　固态高频冷却系统

固态高频冷却系统由设备厂家提供，采用封闭式冷却塔结构，冷却用软水在密封水箱及冷却管道中高速流过，由顶置风机加喷淋水方式冷却内循环软水，利用水蒸发时吸收热量的原理使流经喷淋处管道内的冷却水得到冷却。工作原理是，喷淋水贮于塔底部，由喷淋水泵经水分配系统将水喷洒到充满软水的散热盘管表面，软水在封闭式冷却散热盘管内进行封闭循环散热，散热盘管表面的一部分水被蒸发吸走，同时带走散热盘管上的部分热量，从而达到降低盘管内软水温度的目的。该系统要特别注意喷淋水的添加，在设备安装时必须设计自动补水机构。

5.3.2.3　固态高频控制台

固态高频控制台实现了对设备的远程操作功率调节。该系统采用德国西门子公司 S7-200 可编程控制器，装有液晶显示屏与人机对话功能。当控制台通电后，经 10s 左右完成人机自检，便自动进入控制系统页面。

当设备出现故障时，页面上会弹出对话框，显示故障原因并根据提示到故障查询中去查找处理方法。

故障查询主要有四个方面的内容：（1）当前报警内容查询；（2）高频状态查询，可以查询所有高频保护的当前状态；（3）系统设定，包括时间、对比度、中英文切换、辅助设定等；（4）高频工作状态，包括当前时间、高频工作时间、高频主电路状态、加热状态和故障复位等内容。

5.3.2.4　固态高频与电子管高频的比较

高频直缝焊接钢管在我国有近 60 年的发展史，电子管高频电源始终如影随形，为高频焊接钢管做出了特殊贡献。可是，自从第一台固态高频焊机诞生后，就以其能耗低、寿命长、效率高而注定了电子管高频的命运。

比较表 5-1，固态高频除价格外，其余都优于电子管高频；但是从性价比看，仍然是固态高频优于电子管高频。可以预见，不用几年，固态高频必将全面取代电子管高频。

表 5-1　焊管用 100kW 电子管高频与固态高频设备主要技术经济指标的比较

加热电源　　比较项目	100kW 电子管设备（FD-911）	100kW 固态设备
输出功率/kW	80	80
配电容量/kV·A	180	120
整机效率/%	≤50	≥80
振荡器寿命/h	2000	理论上无限制
开机准备	需预热	即开即用
蓄水装置	$20 \sim 30m^3$ 循环冷却水池	配套 $1m^3$ 循环冷却器
耗电/kW·h·t^{-1}	b	$(0.75 \sim 0.9)b$
售价/万元·套$^{-1}$	a	$1.5a$

从某种意义上讲，电子管高频也好，固态高频也罢，对随后的输出系统来说，并无本质差异。

5.3.3　输出系统

输出系统的主要功能是将高频振荡器所产生的能量传输给待焊管坯。它包括焊接变压器、触头架、触头或感应圈和阻抗器等。

5.3.3.1　焊接变压器

焊接变压器实际是降压变压器，作用是将 $10 \sim 13kV$ 的（电子管）高频电流转换成低电压、高电流的高频电流。其一次绕组通常用偏矩形纯铜管绕制而成，二次绕组为铜质空心开口圆管筒。一次绕组和二次绕组内均通过软水进行冷却，基本形状如图 5-18 所示。二次绕组由绝缘板隔开并被固定在一个可以作前后、上下与左右

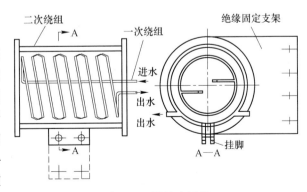

图 5-18　焊接变压器

移动的支架上；挂脚用于安装触头架，如果是感应焊，则挂脚较长（图中虚线框），上有螺丝孔位，直接安装感应圈。

焊接变压器的维护要点有二：一是高低压绝缘，注意防灰尘、防潮湿和防高频电流的尖角效应，避免出现"打火"故障，特别是一、二次绕组之间的绝缘层，要选择抗交流击穿电压较高的聚四氟乙烯材料，而且厚度不宜低于1.0mm（可抗交流击穿电压18kV）；二是循环冷却水，要独立分开，使用软水、预防结垢，避免影响冷却效果，水压必须保持在0.1～0.2MPa并安装水压继电器，以便进行切实可靠的保护。

5.3.3.2 触头架

触头架是专门为接触焊而准备的。它由触头固定架、触头活动块和弹簧组成，见图5-19，固定架和活动块必须用纯铜制作。固定触头架上接焊接变压器的挂脚用以引导高频电流；活动触头架下装焊接触头用以输电至待焊管坯，并通过固定块与活动块间的弹簧控制触头与管坯的接触压力。

5.3.3.3 触头

触头形状有条状和轮滚两种。

（1）条状触头：用5～10mm厚的纯铜板制作成长条状，宽10～30mm，长度则在充分考虑使用寿命和安装位置的前提下，尽可能地短。其尺寸选择和安装位置要求参见表5-2。

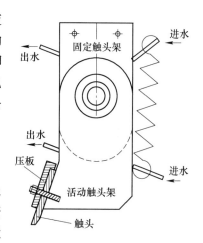

图5-19 焊接变压器触头架

表5-2 触头参数与高频功率、管坯厚度的关系

触头参数	高频功率/kW				管坯厚度/mm			
	50～100	150～250	300～400	>400	1.5～2	2.1～3.5	3.6～5.0	>5.0
宽×厚/mm×mm	10×5	15×8	20×10	30×10	10×5	15×8	20×10	30×10
距挤压辊中心连线的距离/mm	28～30	36～40	55～60	58～65	28～30		55～65	
触头间距/mm	1.5～2.0				1.5～2.0		2.5～4.0	

如果是钨合金材质，则此尺寸可以大大缩减，因为钨具有高强度、高硬度（HRB350）、高熔点（3370℃）和较好的综合导电散热性能（电阻率为548Ω·mm²/m、导热系数为1.69W/(cm·℃)）；如果焊接铝管、铜管等有色金属管材，则可用纯银作电极，以更好地保护管材表面。

（2）滚轮触头：参见图1-3，作用与条状触头相同，使用寿命比条状的长，但是，它的致命缺点是触点远离（与条状比）挤压辊中心连线，导致焊接加热区增长、边缘被氧化时间增长，不仅降低焊接效率，而且影响焊接质量，故在生产线上很少采用。

5.3.3.4 感应圈

感应圈（器）经过70多年的探索与改进，其间经历有内感应器、包容式感应器等形式。

A　内感应器

内感应器由内感应器架、内导磁体、线圈和外导磁体等构成。因其构造复杂、制造成本高、安装使用不方便、易打火短路等问题不被行业认同，未能广泛应用。

B　包容式感应器

包容式感应器由于制作简单方便、使用成本低廉、操作工况宽泛等而广为应用。常用包容式感应圈的结构形式有整体单匝、整体多匝和分体单匝三种，如图 5-20 所示。

单匝感应圈多用 1.5~2mm 厚的单层铜板卷制，使用时直接浇水冷却；也有用双层铜板制成，内通冷却水，显然，双层比单层的冷却效果要好，但是制作较麻

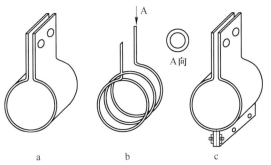

图 5-20　常用感应圈样式
a—整体单匝；b—整体多匝；c—分体单匝

烦，从输送焊接能量的角度看，它们没有什么差别，实践中双层用得比较少。多匝感应圈常用空心圆铜管绕制而成，与机组用冷却水相连，实现感应圈内外同时冷却。感应圈主要参数包括宽度、匝数和内径等。

（1）感应圈宽度。单匝感应圈的宽度应根据管径进行选择，参见表 5-3。整体单匝感应圈比较适用于 32 以下小型焊管机组；分体单匝感应圈比较适合大中型焊管机组，因为对大中型焊管机组来说，如果感应圈不幸被撞坏，需要更换感应圈，麻烦和成本不在于感应圈自身，而是切断管子并由此产生的时间成本；分体感应圈在不切断管子的前提下，能快速高效低成本地更换。

表 5-3　单匝感应圈宽度与焊接管径的关系　　　　　　　　　　　　（mm）

管径 D	≤ϕ50	ϕ51~114	ϕ142~165	>ϕ165
宽度 B	1.5D	(1.3~1.2)D	(1.1~1.0)D	(0.8~0.9)D

感应圈宽度对输出效率的影响表现在：感应圈过宽，则感应圈就会因电感减小而使其上的电压下降，继而传输给管子的实际功率下降；另外，恰当宽度的感应圈使通过其间的管背电阻相对变小，有功损耗减少，对提高焊接效率有利。当然，过窄的感应圈，虽然传输给管子的功率增大了，但与此同时，管背的有功损耗也增大，同样使实际焊接功率下降。

（2）感应圈匝数。匝数增多意味着电阻增大，根据电压 U 与电流 I、电阻 R 的关系式（5-9）：

$$U = IR \tag{5-9}$$

可知，当匝数（R）增大后，电压 U 相应变大，说明多匝感应圈比单匝感应圈上的电压高，进而传输给管子的功率大于单匝。在功率尚有剩余的前提下，功率与感应圈上的电压平方成正比，见式（5-10）：

$$P = \frac{U^2}{R} \tag{5-10}$$

但是，式（5-9）、式（5-10）同时也提醒我们，若匝数增加过多，会导致感应圈上的电流降低，反而使传输给管子的功率减少。需要指出的是，这里所说的多，其实是相对 1 而言的，一般也就 2~4 匝，用 ϕ6~14mm 的纯铜管（114 以下的小型焊管机组）在相应圆柱

体上绕制而成，方便快捷。至于究竟是 2 匝好还是 3 匝、4 匝好，不能一概而论，关键要看匹配，看设备功率、频率、阻抗器面积与长度、铜管直径与壁厚、焊管规格、感应圈内径与待焊管坯外径的间隙、感应圈匝间间隙以及冷却强度等因素，只要这些因素中任意一个发生改变，都将影响对某一匝数效率的评定。

另外，多匝感应圈除了匝数对焊接效率的影响外，宽度也是一个方面。使用经验证实，当多匝感应圈总宽度比单匝约窄 10% 时，效果比较好。

（3）感应圈内径。研究感应圈内径的实质是探讨与待焊管坯外径之间的间隙与焊接效率，感应圈传输给待焊管坯的功率与这个间隙（单边）的平方成反比，$\Delta = 2 \sim 4mm$ 为宜。

C 感应圈防护

感应圈防护的重点应放在防打火与防碰撞方面。

（1）防碰撞：当焊接管坯表观品质较差、易断接头时，建议 Δ 取较大值，有时候就因大那么一点点而使感应圈得已保全。因为往往处理一次断带并撞坏感应圈所花费的时间成本、材料成本、人工成本要比一点点效率所得大得多，"不怕慢就怕站（停）"，说的就是这个道理。

（2）防打火：焊管用感应圈传输的是 200～500kHz 高频电流，受高频电流尖角效应影响，感应圈最易发生尖端放电、打火，类似局部短路，不仅消耗部分焊接能量、缩短感应圈寿命，严重时则无法焊接、甚至损伤高频设备。因此，应该对感应圈外表做必要包覆防护处理，尽量不让感应圈裸露，消除尖角。单匝感应圈通常浸涂一层耐高温的环氧树脂，多匝感应圈建议穿套聚四氟乙烯（F4）管。聚四氟乙烯管可在 260℃ 高温下长期使用仍具有良好绝缘性能，抗击穿电压为 25～40kV/mm。F4 管壁厚度与抗交流电击穿电压的关系见表 5-4。

表 5-4　F4 管壁厚度与抗交流电击穿电压的关系

壁厚/mm	0.2	0.3	0.4	0.5	1.0
击穿电压/kV	≥6	≥8	≥10	≥12	≥18

5.3.3.5 阻抗器

阻抗器又称磁棒、磁集中器，对焊接效率起至关重要的作用，在焊接壁厚较厚的管子时，没有阻抗器就没法实现焊接，其作用可见一斑。

A 阻抗器作用原理

根据电磁学原理，当感应圈中有高频电流通过时，感应圈所包围的空间将产生一个高频磁通量 Φ，方向与感应圈轴线平行；在感应圈内没有待焊管坯时，磁通量 Φ 呈现均匀分布，如图 5-21a 中黑色圆点所示，同时感应圈中的磁通量可用式（5-11）表达：

$$\Phi = B_0 S \tag{5-11}$$

式中　Φ——感应圈所包围的磁通量，Wb；

　　　B_0——磁感应强度，T；

　　　S——感应圈所围面积，m^2。

可是，当在感应圈中置入待焊管坯后，因待焊管坯是导磁体，这样，感应圈所产生的磁通量大部分就会集中到待焊管坯壁厚中，剩下的一部分磁通分布在面积为 $(S - S_1)$ 范围内。在图 5-21b 中，面积 $(S - S_1)$ 所代表的磁通量圆点明显减少、变稀，管壁 S_1 中则聚集众多磁通量（黑色圆点密集），此时，待焊管坯中的磁通量 φ_1 和（$S-S_1$）区域内的磁通量分别为：

$$\begin{cases} \varPhi_1 = \mu_{钢} B_0' S_1 \\ \varPhi_2 = B_0' (S-S_1) \\ \varPhi = \varPhi_1 + \varPhi_2 \end{cases} \qquad (5\text{-}12)$$

式中　　$\varPhi_1$——待焊管坯中的磁通量，Wb；

　　　　$\mu_{钢}$——待焊管坯的起始磁导率；

　　　　B_0'——置入待焊管坯后的真空磁感应强度；

　　　　S_1——待焊管坯的横截面面积，m^2；

　　　　$\varPhi_2$——$S-S_1$ 区域的磁通量，Wb。

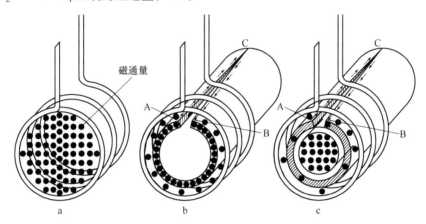

图 5-21　待焊管坯与磁棒置入感应圈磁场中磁通量的变化示意图

a—感应圈的磁通量；b—感应圈 + 管的磁通量；c—感应圈 + 管 + 磁棒的磁通量

　　根据电磁感应定律和高频电流的集肤效应与邻近效应，在图 5-21b 所示的闭合交变磁通量回路中将产生感生电流，形成两个回路：ACB 回路和待焊管坯内外壁上的回路。在这两个回路中，前者沿焊接 V 形口流动，形成有用的焊接电流并产生焊接热量；后者沿管壁流动，使待焊管坯发热，对焊管生产有害无益。

　　为了增加焊接 V 形口的焊接电流，同时减少管壁中的发热电流，只要在待焊管坯内增加尽可能多的阻抗（磁棒）即可达成双重目的，这是由磁棒本身的高电阻率、高磁导率（$\mu_{磁} \geqslant 800$，磁棒名称的由来）特性及由此使感应圈内的磁通量朝着减少管壁上的磁通和增强焊接 V 形区磁通的方向进行重新分布。在图 5-21c 中，绝大部分磁通量都汇聚到了磁棒处，重新分布后的磁通量可用式（5-13）表示：

$$\begin{cases} \varPhi_1' = \mu_{钢} B_0'' S_1 \\ \varPhi_2' = \mu_{磁} B_0'' S_2 \\ \varPhi_3' = B_0'' (S-S_1-S_2) \\ \varPhi = \varPhi_1' + \varPhi_2' + \varPhi_3' \end{cases} \qquad (5\text{-}13)$$

式中，$\mu_{钢}$、S_1、$\varPhi$ 的意义同前；B_0'' 为在待焊管坯内放入磁棒后的真空磁感应强度；S_2 为磁棒横截面面积；$\mu_{磁}$ 为磁棒的磁导率；$\varPhi_3$ 为感应圈范围内除 S_1、S_2 以外的磁通量，$\varPhi_1'$ 为管坯横截面内且大部分已转移至磁棒中的磁通量（称之为磁集中器的缘故）；$\varPhi_2'$ 为磁棒中的磁通量，主要来源于 Φ_1 中。在式（5-13）和图 5-21c 中，总磁通 Φ 没有增减，只不过管内壁回路的磁通量和感应圈与管外壁间的磁通量大幅减少，并因此大幅减少了待焊管坯圆环回路中的感生电流；同时，集中在磁棒内的磁场（图 5-21c 中表示磁通量的点十分稠密）受 ACB 回路磁场作用，不断向 V 形口部位转移，从而使 V 形口的磁通量及其感生电流明显增加，进而增加 V 形口焊接电流和焊接热量。在这个过程中，由于磁棒显著减小了待焊管坯回路中的感生电流，作用相当于在这个回路中加装了一个阻抗，由此顾名思义，磁棒又叫作阻抗器。

另外，式（5-13）和图 5-21c 还给使用者一个有益启迪，就是在工况允许的情况下，要尽量选用横截面大的磁棒。由此可见，磁棒有三个作用：（1）集中感应圈中的磁场于待焊管坯焊接 V 形区部位，增大焊接 V 形区部位的焊接电流，提高焊接热量。（2）增加管臂感抗，减少分流损失。（3）增强电磁感应，加磁棒后，就相当于空心变压器加铁芯，减少磁阻，增加磁通，继而提高管坯边缘之间的焊接电压。磁棒的这些特殊作用源于磁棒材质。

B 阻抗器材质

我国高频焊管行业目前使用的磁棒材质大致有 Mn-Zn 铁氧体系列和 Ni-Zn 铁氧系列。衡量磁棒优劣有三个重要指标。

（1）起始磁导率 μ_0：磁棒（材料）的起始磁导率 μ_0 是温度的函数，它随温度的升高而逐渐增加；但是，当温度达到某一临界温度又称居里温度 T_c 时，μ_0 便急剧下降，如图 5-22 所示。若温度进一步升高或长时间在居里温度 T_c 点附近工作，磁棒将很快失去磁性，成为顺磁物质，不再起阻抗的作用。

（2）磁棒居里点：指磁棒可以在铁磁体和顺磁体之间改变的温度，用 T_c 表示。也就是说，铁磁体的磁棒随着温度不断升高至一定温度后，就变成顺磁体物质，不再具有磁性，这一温度点便是磁棒的居里温度。显然，高居里点的磁棒在使用中不易被磁化。预防磁棒磁化既要从磁棒制造工艺入手，如将横截面面积较大的磁棒做成蜂窝煤状，使截面上的孔细而多，确保磁棒均衡地得到冷却；同时，使用者也要做好磁棒降温措施，尽可能让磁棒在远低于居里点温度以下工作。

（3）饱和磁感应强度 B_s：这是一个与磁导率和磁场强度有关的概念，用电磁学理论表述为，在一定磁场下，材料达到饱和磁化（特定磁场强度下的磁导率最大值），此时如果继续增加磁场，材料的磁感应强度不再增加。或者反过来，为了使磁棒在磁化饱和时能有更多磁通量通过，就要求材料的饱和磁感应强度尽可能地高。目前我国磁棒的 B_s 值仅能达到 320T，而日本 TDK 公司的磁棒 B_s 值却高达 550T±10%。在同等工况下，使用 TDK 公司的磁棒，焊接速度可提高 5%~10%。这种差距要求我国的磁棒科研工作者和磁棒生产者必须加倍努力，为焊管制造提供更多更好、质优价廉的磁棒。

C 磁棒的组合形式

基于磁棒冷却效果的考量，不可能将单支磁棒的横截面做得很大，这样在生产较大直径焊管时，就存在磁棒的组合使用问题。有代表性的组合如图 5-23 所示，无论怎样组合，都应该遵循面积最大化与充分冷却的原则。

需要提醒的是，在用单支磁棒进行组合时，应将甲支磁棒的冷却槽与乙支磁棒平面相对，这样每支磁棒都能得到均匀冷却，提高磁棒散热效果。这个细节告诉焊管工作者一个

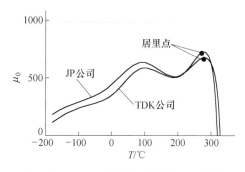

图 5-22　Mn-Zn 铁氧体磁棒的 μ_0-T 曲线

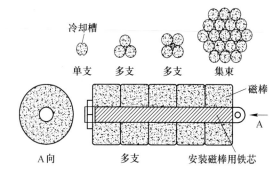

图 5-23　内阻抗器组合类型

浅显的道理，在当前焊管坯料同质、技术装备相似、制造流程雷同的生产工艺条件下，细节决定成败，谁能把焊管生产中的细节做得好，谁就能站在焊管生产制造工艺的制高点上。

D　阻抗器的实际使用

阻抗器可以裸体使用，也可包覆使用，还可以与去内毛刺装置组合使用。

（1）裸体使用：仅用铜丝或铁丝简单捆扎后连接到固定在成型部位的粗铁丝、细铁管上，直接冲水冷却，这样能使阻抗器横截面面积最大化、散热好，一般小型焊管机组多这样用。

（2）包覆使用：可用黄蜡管、胶木管等包覆。这类阻抗器从理论上讲只要冷却良好，就可长久重复使用，成本低廉，但缺陷是裹覆的壳要占用部分管内空间，减少磁棒面积。

（3）双阻抗器：其实是在内阻抗器外、焊缝上方增加一个阻抗器。根据电磁学理论，当在待焊管坯内、外（焊缝处）同时放置阻抗器时，将改变焊接区域磁力线的分布，参见图 5-24，能量明显高度集中到待焊管坯边缘，提高焊接效率。

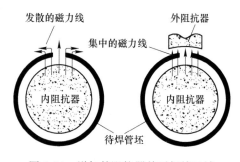

图 5-24　增加外阻抗器前后焊接区域磁力线的分布状况

（4）多功能阻抗器：实际上是将阻抗器与除内毛刺装置组合在一起，最大的优点是充分利用管内有限空间，使二者不发生相互干涉。

E　常用磁棒的几何尺寸及形状

配置高频直缝焊管用磁棒，要从焊接原理和焊管生产实际需要出发，注意以下 4 点：

（1）横截面最大化，提高焊接效率。

（2）表面积最大化，确保磁棒得到充分散热冷却。

（3）磁棒中任何一点（指径向）距散热表面的距离不宜超过 20mm，避免存在散热盲区，导致局部失去磁性。

（4）几何尺寸要系列化，让使用者根据焊管规格有更多选择余地。

我国常用磁棒的几何尺寸及形状参见表 5-5。

F　磁棒的选用

磁棒的选用包括外径、长度与固定等方面。

表 5-5 我国常用磁棒的几何尺寸及形状

型 号	外径(孔径)×长度/mm×mm				横截面形状
ZYC 实心	(6~36)×140	(8~36)×200	(8~36)×100	(6~36)×70	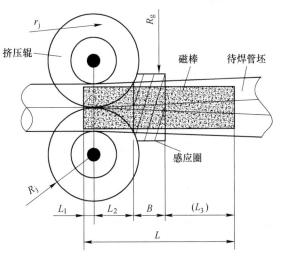
TYC 空心	(3~12)×140	(3~12)×200	(9~36)×140	(9~36)×200	
TY 环状	(13~40)×300	(15~50)×13	(20~68)×30	—	
TYK 环状	(70~170)×(20~40)				

（1）选择磁棒外径。在选择磁棒外径时，要在确保冷却效果的前提下尽可能地大，如果磁棒的冷却液压力大于 0.15MPa，可选得大一点，反之就要偏小一点，具体可参考下式：

$$d = k(D - 2t) \qquad (5-14)$$

式中，d、D 分别为磁棒外径和焊管外径，当磁棒组合形式是裸体多支或裸体集束时，d 是一束磁棒的最大直径，当磁棒使用绝缘套管时，它是绝缘套管的外径；k 是磁棒直径选用系数，$k = 0.8 \sim 0.9$，冷却液压力较大时取大值，冷却液压力较小时取小值，使用绝缘套时 k 取大值，切边管坯取大值，不切边管坯取小值；对焊接头牢固平整时取大值，反之取小值。

（2）选择磁棒长度。影响磁棒长度选择的几个因素是：感应圈宽度、感应圈外径、挤压辊直径、挤压辊中心连线至感应圈最前端的距离以及磁棒散磁场的长度范围（厚壁管要长一点）等，如图 5-25 所示。理想的磁棒长度 L（mm）按下式计算：

$$\begin{cases} L = L_1 + L_2 + B + L_3 \\ L_1 = 3 \sim 5 \\ L_2 = \sqrt{2R_j \sqrt{R_g^2 + r_j^2} - R_g^2 + r_j^2} \\ L_3 = 15 \sim 40 \end{cases}$$

$$(5-15)$$

在图 5-25 和式（5-15）中，需要特别指出以下几点：

1）关于磁棒散磁场，指磁棒在待焊管坯内是一个开路元件，当它受感应

图 5-25 磁棒长度构成示意图

R_g—感应圈外圆半径；R_j—挤压辊外圆半径；r_j—挤压辊孔型半径；B—感应圈宽度（见表 5-3）；L_1—磁棒前出量；L_2—感应圈前面与挤压辊中心连线的距离；L_3—预留散磁场长度；L—理想的磁棒长度

圈磁场作用被磁化时，磁棒两端的磁场将不可避免地产生发散现象，后果是有效磁导率降低，并因之减弱磁棒增加内回路阻抗的能力。理论上和实践中，为了"消除"磁棒散磁场造成的焊接效率损失，常将磁棒长度选得偏长 15～40mm，以预留出磁棒的散磁场长度。高频功率越大，管径越大，管壁越厚，L_1 和 L_3 取值越大；但也不是越长越好，过长不仅没有作用，而且也会增加放置磁棒的难度和使用成本。

2）在计算 L_2 时要注意，从三维空间的角度看，其实感应圈外圆与挤压辊孔型之间存在部分重合；利用 L_2 能精确计算出挤压辊中心连线与感应圈前面之间的最短距离。

3）式（5-15）同时给出了磁棒放置位置，L_1 不宜过长，因为完成焊接后的焊管是一个不规则圆管，管腔加上内焊筋后更小，理论上至少比待焊管坯内径小 1～2mm，若磁棒前出过多，则拉跑磁棒的风险与几率会大增。

（3）磁棒的固定：有刚性连接与柔性连接两种。刚性连接指磁棒在磁棒绝缘套内，套与固定在精成型段的空心铁杆螺纹连接，有的细小直径机组则采用强力胶让磁棒套与空心铁杆相连。刚性连接比较可靠，磁棒与待焊管坯之间不会发生前后相对运动，焊接电流稳定。柔性连接多用在小型焊接机组上，受待焊管坯内腔空间制约，常常将裸体磁棒捆扎后与来自精成型段的铁线挂钩相连，柔性连接虽然安装"固定"方便，但是并没有真正起到固定作用，磁棒在管体内会有小小前后窜动，有时引起焊接电流波动与内焊筋大小变化。由此可见，磁棒的固定要尽可能地采用刚性连接。

5.3.4　感应焊与接触焊的比较

感应焊与接触焊在各自的适用范围内各有优势，具体表现在 6 个方面，详见表 5-6。

表 5-6　感应焊与接触焊的比较

比 较 项 目	接 触 焊	感 应 焊
焊接效率	高	低
焊接稳定性	易打火、跳焊、断路	自身不存在跳焊和断路
适应性	管壁厚度大于 1.5mm	厚薄皆宜
成本	触头材料易损，耗用大	理论上无耗损，重复使用
使用寿命	寿命短，按小时计	相同规格焊管连续长期使用
对操作工的计能要求	较高	一般

至于是选择接触焊还是感应焊，主要看产品结构，如果以生产水煤气输送用管、脚手架管等壁厚较厚的管种居多，建议选用接触焊；如果是生产金属家具用管、薄壁管及对焊缝表面质量要求较高的管种，则建议选用感应焊；如果两类管种都有，则建议在订购设备时选择接触焊，因为接触焊取下触头换上感应圈即成为感应焊，这样对用户来说，选择余地更大。

5.4　高频焊接原理

5.4.1　高频焊接基本原理

高频焊接原理建立在电磁学理论中的焦耳-楞次定律基础之上，并充分利用了电流的临近效应和集肤效应特点。它的基本原理是：当交变电流 i 通入感应圈时，在感应圈所围面积内就会产生随时间变化的交变磁通量，这一磁通量使通过其中的待焊管坯受到电磁感应，产生感应电势和感应电流；并且电流的方向总是使得它所产生的磁场来阻碍引起感应电流的磁通量之变化，而这种阻碍、对抗作用的结果便是把感应圈中的电能量转化为感应电流在待焊管坯回路中的电能，继而待焊管坯回路中的电能又转化为焦耳热能形式；特别当感应圈中通入的是高频电流时，待焊管坯中的感应电流及其焦耳热能量的绝大部分就会汇聚到待焊管坯表面和相邻的待焊管坯两边缘，并且首先使管坯两边缘的金属持续升温，在达到金属熔融温度 1250~1450℃时受外部挤压力作用实现焊接。

5.4.1.1 电磁感应定理

当金属物体（待焊管坯）穿过任何闭合回路（感应圈）所围面积的磁通量 Φ 随时间 t 发生变化时，穿过其间的金属物体上就会产生感应电势 ε 和感应电流 I，如图 5-26 所示。高频电流 i 流过感应圈后在待焊管坯上产生的感应电势由式（5-16）决定：

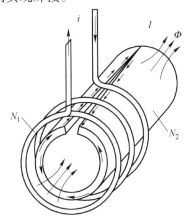

$$\begin{cases} \varepsilon = -N_2 \dfrac{\mathrm{d}\Phi}{\mathrm{d}t} \\ E = 4.44fN_2\Phi_M \end{cases} \tag{5-16}$$

图 5-26 电磁感应加热待焊管坯的原理
i—高频电流；I—待焊管坯中的感应电流；
N_1—感应圈匝数；N_2—待焊管坯的等效匝数；
Φ—通电感应圈产生的交变磁通量

式中 "–"——感应电势的方向与 $\dfrac{\mathrm{d}\Phi}{\mathrm{d}t}$ 的变化方向相反；

ε——感应电势，V；

N_2——待焊管坯的等效匝数；

Φ——管坯上感应电流回路所包围面积的总磁通，Wb（其值与感应器中的电流和材料的磁导率成正比，与管坯和感应器的空气间隙成反比）；

$\dfrac{\mathrm{d}\Phi}{\mathrm{d}t}$——磁通变化率；

E——感应电势的有效值，V；

Φ_M——有效磁通，Wb；

f——电流频率。

感应电势 ε（或 E）在待焊管坯上所产生的感应电流 I（又称涡流）由式（5-17）决定：

$$I = \frac{\varepsilon}{\sqrt{R^2 + X^2}} \tag{5-17}$$

在式（5-17）中，R、X 分别是待焊管坯的电阻与阻抗；$\sqrt{R^2 + X^2}$ 则是管坯自感电抗，通常很小，所以感应电流或涡流电流 I 很大，高达几百安到数千安。该电流在待焊管坯上形成两个回路：一是图 5-26 中所示的 V 形回路，沿着 V 形回路流过的电流在高频焊管工艺中叫作焊接电流 I_1，也是焊接钢管时的有用电流；另一路是沿待焊管坯内外表面流动的循环电流 I_2，见图 5-26 中管坯横截面上的箭线，电流 I_2 对焊接有害（管体发热）无益，导致能量以无用功的形式耗损。为了强化电磁感应，增大管坯表面感抗，减少 I_2 的损耗，如前所述，在待焊管坯内放置阻抗器。而根据能量守恒定律有：

$$I = I_1 + I_2 \tag{5-18}$$

从式 (5-18) 可知，当无功电流 I_2 减少时，必然会相应增大有功电流 I_1。

5.4.1.2　焦耳-楞次定律

焦耳-楞次定律是电磁感应现象中用来判断感应电流方向的基本定律：感应电流激发的磁场方向总是与引起感应电流的原磁场方向相反，并阻碍其磁通量的变化，阻碍的结果使通过其间的导体产生感应电流，该电流使导体（待焊管坯）发热，实现电能向焦耳热能的转换，见式 (5-19)：

$$Q = 0.24I^2Rt \tag{5-19}$$

式中　Q——热能，J；

I——涡流（感应）电流强度，A；

R——待焊管坯电阻，Ω；

t——加热时间，s。

式 (5-19) 对焊管生产有重要指导意义，为提高焊接效率指明了方向。在焊管规格既定的前提下，要提高焊接热量，途径有三条：

（1）提高高频设备的实际输出功率和整机效率，如用固态高频电源取代电子管高频电源，或者使振荡器与负载更加匹配，这样就能从源头上提高图 5-26 中感应圈上的电流 i，继而相应增大焊接电流 I_1。

（2）在感应电流 I_1 和 I_2 中，I_1 与 I_2 是此消彼长的关系，要通过降低无用电流 I_2 来增加有用电流 I_1；并且，这应该是高频焊管行业未来要攻克的课题。

（3）延长加热时间 t，也能提高焊接热量，但这意味着要降低焊接速度、牺牲焊接效率。由此可见，感应加热的过程是电磁感应过程与热传导过程的综合体现，电磁感应过程具有主导作用，它影响并在一定程度上决定着热传导的效率；热传导过程中所表现出的热能是由电磁感应中所产生的涡流功率提供的。

5.4.2　高频电流的特征

高频电流具有集肤效应、临近效应、环流效应和尖角效应四个特征，高频焊接主要利用并强化了其中的临近效应与集肤效应。

5.4.2.1　高频电流的集肤效应

A　集肤效应的内涵

集肤效应又称趋肤效应（skin effect），是指导体中有交流电或交变电磁场时，导体内部电流呈不均匀分布的现象；随着与导体表面的距离逐渐增加，导体内部的电流密度呈指数递减，参见式 (5-20)：

$$J_r = J_0 e^{-r/\delta} \tag{5-20}$$

式中　J_r——距导体表面 r 处的电流密度，A/mm^2；

J_0——导体表面的电流密度，A/mm^2；

r——电流与导体表面的距离，mm；

e——自然对数的底；

δ——趋肤深度，mm。

而且，随着电流频率不断提高，导体内的电流会逐渐集中到导体表面。从与电流方向垂直的横截面（图5-27b）看，导体中心部位几乎没有电流流过，只在导体外缘部分有电流流过，就像集中在导体的"皮肤"上，集肤效应因此而得名。如果导体中通过的是高频电流，那么，由于分布电感的作用，外部电感阻挡了外加电压的大部分，只是在接近表面的电阻才流过较大电流（全部电流的85%～90%），同时因分布电感压降，表面压降最大，并且由表面到中心压降逐渐减少，这样，由表面到中心电流也越来越小，甚至没有电流，高频电流的集肤效应便越发明显，绝大部分电流都汇聚到导体"皮肤"处，见图5-27c。

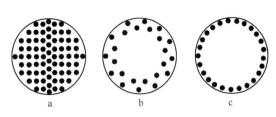

图5-27 集肤效应示意图
a—理想中的电子在导体中平均分布；
b—低频电流电子在导体"皮肤"上的分布；
c—高频电流电子在导体"皮肤"上的分布

B 集肤深度的计算

集肤效应的强弱用集肤深度来表示，与高频电流的频率、导体的磁导率、电阻系数等关系密切，集肤深度由下式确定：

$$\Delta = 50.30 \sqrt{\frac{\rho}{\mu f}} \tag{5-21}$$

式中 Δ——集肤深度或电流渗透深度，mm；

ρ——电阻系数，$\Omega \cdot cm$；

μ——磁导率，H/m；

f——频率，Hz。

在式（5-21）中，当材料确定之后，ρ 和 μ 就是定值，因此真正影响电流渗透深度的因素是电流频率 f；只要是交变电流，都会产生集肤效应，频率越高，集肤效应越强烈，电流渗透深度越浅。表5-7列出了低碳钢管坯在焊管生产中常用高频电源频率范围内的电流渗透深度，以供参考。

表5-7 频率与电流渗透深度的关系值

f/kHz	200	300	400	500	备　注
Δ/mm（居里点以下）	0.042	0.034	0.030	0.027	居里点温度（770℃）以上时，μ 变为 μ_0——真空磁导率 $\mu_0 = 4\pi \times 10^{-7}$
Δ/mm（居里点以上）	1.125	0.918	0.795	0.711	

C 集肤效应对焊管生产的意义

集肤效应对焊管生产的意义表现在以下几个方面：

（1）如果没有集肤效应，电流就会均布在管坯横截面内而无法集中，继而不可能实现高速高效焊接。

（2）若电流渗透超过管坯厚度一半时，集肤效应对焊管生产便失去意义，这也是为什么管壁越薄选择频率越高的缘由。

（3）集肤电流渗透深度与频率的平方根成反比，也就是说，频率越高，电流渗透深度越浅，当生产薄壁管时，要求选择较高的电流频率，因为薄壁管焊接边缘加热、传热的路径短，整个边缘一定范围内的金属易被均热；反过来，如果生产厚壁管，那就需要适当降低焊接电流的频率，以弱化集肤效应，使流过待焊管坯边缘的电流稍微深一点，将由表层单向传热至某一深度变为在某深度范围内直接发热，这实际上缩短了厚壁管坯边缘的传热路径。在图 5-28 中需要加热的区域内，显然，频率 f_2 在相同时间内的传热路径比频率 f_1 短许多，热传导效率显著提高，从而提高焊接效率。

5.4.2.2　电流的临近效应（proximate effect）

相邻两导体通以大小相等、方向相反的交流电时，电流就会在两导体相邻的内侧表面层流过，如图 5-29a 所示；当两导体通过大小相等、方向相同的交流电时，电流就会在两导体外侧表面层流过，如图 5-29b 所示。临近效应使导体内电流分布进一步不均匀，正是这种不均匀成就了高频焊接。

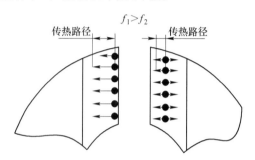

图 5-28　不同频率的集肤效应对传热路径的影响
——加热路径；● —热源

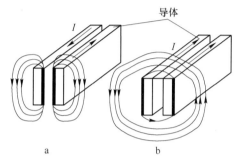

图 5-29　高频电流的临近效应示意图
a—异向电流；b—同向电流

A　影响临近效应的因素

临近效应强弱与以下三个因素有关：

（1）距离。两导体相邻距离越近，临近效应越强，特别当两导体之间的距离很近趋于 0 时，导体中的电流便几乎全部汇聚到相邻层面上，使相邻面上的电流急剧增大并由此导致相邻面发热。这个性质对制定高频焊管焊接工艺有重要意义，如图 5-26 所示的待焊管坯焊接 V 形口，其上面回路流过的就是大小相等、方向相反的高频电流，随着待焊管坯的前进，V 形口两边缘就像图 5-29a 所示的两个不断接近的平板汇流条，越接近 V 形口的顶点，两边缘间的距离越近，因而产生的临近效应越强烈，边缘温度也越高，直至高达金属熔点，并在随后的挤压力作用下实现焊接。因此，临近效应要求焊管工艺必须重视 V 形口之开口即开口角的大小，它事关焊接热量的高低、焊接速度的快慢以及焊接质量的优劣。

（2）比值。临近效应强弱与导体尺寸厚度 t 的一半和电流渗透深度 Δ 之比关系密切，即比值 λ 越大，临近效应越强烈；反之，比值 λ 越小，则临近效应越弱。式（5-22）是薄壁管需要选择更高频率电流的理论依据：

$$\lambda = \frac{t}{2\Delta} \tag{5-22}$$

（3）频率。频率越高，基于集肤效应基础上的临近效应越强。

B　临近效应对高频直缝焊管生产的意义

临近效应的意义表现在利用临近效应可控制高频电流流动路径、位置与范围的特性，指导焊管生产，制定焊接工艺。要针对不同规格焊管选择相应的频率和开口角，如生产大直径厚壁管，综合考虑集肤效应的影响后，就要适当降低电流频率；通过减小开口角来缩短待焊管坯两边缘的临近距离和电流流经路径，达到缩短加热时间、提高焊接效率的目的，这是一方面。另一方面，由于感应圈的高频电流与待焊管坯上感应电流都是高频电流，它们之间也存在临近效应，如对称放置，则待焊管坯上的电流均匀分布；若不对称放置，则待焊管坯上的电流将呈现不均匀分布。受此启发，应将感应圈与待焊管坯间的间隙按上小下大方式安装，以便待焊管坯边缘聚集更多电流。同时，为了强化临近效应，还应该在工艺允许的范围内，尽量减小感应圈内径与待焊管坯外径之间的间隙。

5.4.2.3　环流效应

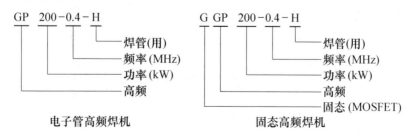

环流效应是指当交流电通过导体绕制的环形线圈时，最大电流出现在线圈导体的内侧，如图 5-30 所示；而且，频率越高越显著。它确保了集肤电流在管筒四周环状流动，同时，受临近效应影响，感应圈与管筒间的间隙越小，趋肤电流越大，这便是不宜将感应圈内径做大的缘故。

5.4.2.4　尖角效应

当感应圈上通过高频电流时，在感应圈与管筒间隙总体相等时，其间若某个部位存在尖凸角如感应圈上的碰伤刮伤，则　图 5-30　交流电的环流效应
伤痕处的尖角电流密度会骤然增大，并发生打火放电的现象。尖角效应对焊接工艺有害，应尽力避免。

5.4.2.5　临近效应与集肤效应强化与弱化的原则

高频电流的临近效应与集肤效应是一对孪生兄弟，它们同时对待焊管坯发生作用，要根据焊管生产实际，对它们的作用区别对待。原则是，针对主要矛盾，适当取舍（强化与弱化），各有侧重。如焊接薄壁管时，就需要在强化集肤效应的同时，适当弱化临近效应，即适当加大开口角，以防焊接过程中发生"过烧"，可以毫不夸张地说，防"过烧"就是焊接薄壁管的主要矛盾；当焊接厚壁管时，就需要适当弱化集肤效应而相应强化临近效应，通过减小开口角增强焊接热量，因为焊接厚壁管的主要矛盾是焊不透，易形成焊缝"夹生饭"。

5.4.3　高频焊机功率的选择

5.4.3.1　高频焊机标识

高频焊机标识如下：

```
   GP 200-0.4-H                  G GP 200-0.4-H
          └─ 焊管(用)                    └─ 焊管(用)
        └─ 频率(MHz)                   └─ 频率(MHz)
      └─ 功率(kW)                   └─ 功率(kW)
   └─ 高频                        └─ 高频
                               └─ 固态(MOSFET)

   电子管高频焊机                  固态高频焊机
```

5.4.3.2　高频焊机功率简介

国产高频焊管机组用电子管高频从 60kW 起步，100kW 后按 100kW 倍增，至 400kW 后按 200kW 递增；固态高频则从 50kW 起步，至 300kW 以内都是按 50kW 倍增，300kW

后基本按 100kW 倍增。

5.4.3.3   选择高频焊机功率的原则

（1）定径机组原则：又称经验选择原则，就是根据焊管机组所能生产最大成品圆管规格（$\phi \times t$）、结合实际应用经验来选择高频功率。究竟选择多大功率的高频焊机较为合适，目前尚无严格规定，但是，左邻右舍和行业约定俗成的做法还是有参考价值的，是行业使用经验的结晶，具有极高的可信度。表 5-8 是业内焊管机组与高频焊机功率配置的基本情况。

表 5-8   焊管机组与高频功率配置参考表

机组基本参数			高频焊机基本参数				运行基本情况和参数				
机组型号	最大外径/mm	最大壁厚/mm	标称功率/kW	标称频率/kHz	电子管	固态	接触焊	感应焊	参考焊速/m·min⁻¹	挤压力/MPa	开口角/(°)
≤ϕ16	19	1.0	60	400	√	—	—	√	80	0.15~0.2	3~4
ϕ32	38	1.5	100	400	√	—	—	√	80	0.2~0.3	3~5
	38	1.5	100	450	—	√	—	√	90	0.2~0.3	
ϕ50	60	2.0	150	450	√	—	—	√	85	0.2~0.3	3~5
		2.0	200	400	√	—	—	√	80	0.2~0.3	
		3.0	200	400	√	—	—	√	65	0.2~0.3	
		3.0	200	450	—	√	—	√	65	0.2~0.3	
ϕ76	89	3.5	200	400	√	—	√	—	55	0.2~0.4	3~6
ϕ89	108	4.5	300	450	—	√	—	√	50		
ϕ114	135	5.5	350	400	—	√	—	√	50		
ϕ219	250	6.0	400	400	—	√	—	√	40		
ϕ273	300	6.0	500	300	—	√	—	√	40		
ϕ325	400	8.0	600	300	—	√	—	√	35	0.3~0.4	3~6
ϕ406	450	10.0	800	250	—	√	—	√	30		
ϕ508	560	12.0	1000	250	—	√	—	√	25		
ϕ610	660	18.0	1200	250	—	√	—	√	20		
ϕ710	730	25.4	1200	250	—	√	—	√	15		

（2）满足需求的原则：从企业产品定位和企业需求出发，配置相应的高频功率，如生产钢管、铜管、铝管或不锈钢管，以及打算长期生产某种厚度的管子与想达到的焊接速度等，然后根据这些需要参考式（5-23）选择高频功率；或者，由已知功率，推算某厚度时的焊接速度：

$$\begin{cases} P = k_1 k_2 tbv \\ v = \dfrac{P}{k_1 k_2 tb} \end{cases} \quad (5\text{-}23)$$

式中 P——高频焊机功率，kW；

k_1——管坯材质系数，钢管料取 0.8~1.0，不锈钢料取 1.0~1.2，铝管材取 0.5~0.7，铜管材取 1.4~1.6；

k_2——焊管尺寸系数，取值见表 5-9；

t——管壁厚度，mm；

b——待焊管坯边缘加热宽度，取 $0.8 \sim 1$mm；

v——预想的焊接速度，m/min。

表5-9 管材尺寸系数 k_2 的选取

外径尺寸/mm	k_2	
	感应焊	接触焊
≤32	1.00	
33~60	1.11	
61~89	1.20	
90~114	1.25	1
115~140	1.43	
141~165	1.67	
166~219	1.90	
>220	2.10	

（3）热效率原则：就是在一定机型和焊接速度下，从待焊管坯边缘被加热起至焊接温度止，根据焊管坯所吸收的热量以及高频焊机电源对焊管做功的电效率和热效率来选择高频设备功率，参见式（5-24）：

$$P = \frac{0.022Gbvc\theta}{kD} \qquad (5-24)$$

式中　P——高频功率，kW；

　　G——米重，kg/m；

　　b——热影响区宽度，mm，见表5-10；

　　v——焊接速度，m/min；

　　c——焊管比热容，0.5J/（g·℃）；

　　θ——焊接温度，在 $1400 \sim 1430$℃ 之间选取；

　　k——电效率与热效率的综合效率，取50%；

　　D——焊管外径，mm。

表5-10 焊缝热影响区宽度 b 与机型对照表

机 组 型 号	b/mm	备　　注
≤φ50	4~6	在该型号机组范围内，管壁越薄，热影响区越窄，取值越小；反之取值越大
φ76~89	5~8	
φ114~219	7~12	
φ273~406	11~18	
φ457~610	16~24	

表5-11就是依据式（5-24）计算的某种型号 φ50 机组常规焊管规格的焊接功率，从计算结果分析，高频设备功率有两种选择：如果企业以生产壁厚 2.0mm 以下焊管为主，那么选择 150kW 的高频设备就基本能满足生产需求；如果企业以生产壁厚 2.0~3.75mm

焊管为主，则就应该选择 200kW 的高频设备。

表 5-11　φ50 机组焊接功率计算表

外径/mm	壁厚/mm	米重 /kg·m⁻¹	热影响区宽度 /mm	焊接速度① /m·min⁻¹	焊管比热容 /J·(g·℃)⁻¹	焊接温度 /℃	设备功率 /kW
19.1	0.7	0.32	4.5	90	0.5	1400	50
	2.5	1.02	5.5	86	0.5	1430	191
25.4	0.8	0.49	4.5	90	0.5	1400	58
	2.75	1.54	5.5	75	0.5	1430	189
38.1	0.8	0.74	4.5	90	0.5	1400	58
	3.2	2.75	5.5	65	0.5	1430	195
48	0.8	0.93	4.5	90	0.5	1400	58
	3.5	3.84	6	53	0.5	1430	192
60	1.0	1.45	4.5	90	0.5	1400	72
	3.75	5.20	6	50	0.5	1430	196

①机组最高线速度为 90m/min。

5.5　去内外毛刺装置

去内外毛刺装置包括去外毛刺刀架与刀具、去内毛刺刀杆与刀头、毛刺卷取装置或断屑辊、托辊、压光辊等。高频直缝焊管生产，除订货要求外，一般不去除内毛刺。

5.5.1　外毛刺去除装置

（1）去除外毛刺刀架：去除外毛刺刀架如图 5-31 所示，每道各装一把刀具，一把用于粗刨，一把用于精刨；同时，其中的一把刀还有另一功能，即当一把刀磨损或"崩刃"需要更换刀具时，能够做到不停机换刀，保证生产连续不间断地进行。去除外毛刺用刀被固定在刀架上，可随刀架一起做上下、左右移动。

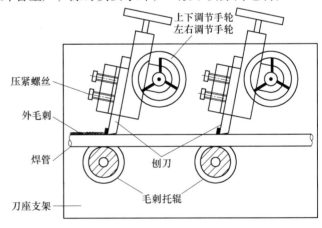

图 5-31　去除外毛刺装置

（2）去外毛刺刀：由刀牌和刀头焊合而成，刀牌多用 45 号钢锻打成相应的长条状，要求强度高、耐冲击、不变形，要尽可能地厚实；刀头选用 YG、YT、YW 类硬质合金。

5.5.2　毛刺卷取机

毛刺卷取机由具有低转速、大扭矩、响应快、过载能力强、力矩波动小、堵转转矩高、能与负载保持平衡的力矩电机和毛刺收集卷筒组成。毛刺收集卷筒可胀缩，方便成卷的毛刺退出。

5.5.3 毛刺托辊

毛刺托辊全称为去外毛刺托辊，主要作用是强化焊管在挤压辊与定径辊之间的纵向强度，以托住焊管，保证焊管在被去外毛刺时仍能保持平直而不下凹，确保外毛刺去除深浅一致、焊缝外表宽窄一致。

现在，许多生产小直径薄壁管的工厂，常用耐磨木条取代毛刺托辊，如图 5-32 所示，从使用效果看，其稳定性能比托辊好，也几乎不存在刮伤管面的问题。

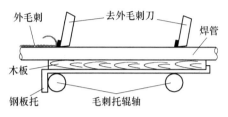

图 5-32　木板式"托辊"装置

5.5.4 毛刺压光辊

经过去除外毛刺后的焊缝表面，会或多或少存在刮刀痕、平面感、轻微凸起未去净等缺陷。这些缺陷经过冷却后很难被随后的定径辊压光滑，可是，由于毛刺压光辊紧靠挤压辊，经过去外毛刺到达压光辊时，焊缝部位的温度仍高达 $600 \sim 800℃$，依然处于红热状态，压光辊很容易将去除毛刺时产生的一些缺陷压光滑。压光辊都是成对布置的被动辊，上辊起压光作用，下辊起支承作用。

5.5.5 去内毛刺装置

焊管内毛刺是指管坯在被挤压焊接过程中，金属相互结晶形成焊缝时，其中有部分金属被挤出焊缝，被挤出到焊管外壁并与焊缝黏在一起的是焊管外毛刺，被挤到焊管内壁并与焊管内壁黏在一起的就是焊管内毛刺。对大多数高频直缝焊管来说，内毛刺不影响使用，去除与不去除关系都不大；而对一些管种而言，焊管内毛刺则构成缺陷，必须去除。

5.5.5.1 去内毛刺的技术路径

高频直缝焊管去除内毛刺的方式有在线去除与离线去除两类。离线去内毛刺包括拉削法、铣削法和磨削法等方法，但均属于二次加工的范畴，不是本书讨论的范畴。

在线去除内毛刺是高频直缝焊管生产中的难点之一，但同时也是生产高品质、高附加值"无缝化"直缝焊管必须经历的工艺过程，如石油、天然气、化工、水煤浆、高精密、高强度结构用油缸气缸管、内衬塑料的钢塑复合管等，均要求去除内毛刺。而且，在线去除内毛刺相比离线去除效率更高、成本更低，使用者更乐意接受。

5.5.5.2 在线去除内毛刺

在线去除内毛刺的方法较多，有辊压法、高速锻压法、浮动内塞法和刨削法等。严格意义上讲，前两种方法不能叫去内毛刺，因为内毛刺并没有与管内壁分离，只是改变了存在形态而已，后两种才是真正意义上的内毛刺被去除。

实践中，辊压法、锻压法和浮动内塞法这三种去除内毛刺的方法，皆因各自存在这样那样的致命缺陷而很少应用。真正被焊管行业接受并实际应用较多的是刨削式去除内毛刺法。

A　液压式刨除内毛刺装置

液压式刨除内毛刺装置由一套带有液压升降、靠模、支撑机构、阻抗器和连杆以及安装在精成型机架处用于小幅度周向调节的机构等组成，其核心部位的环形刀、液压升降刀杆和芯棒如图 5-33 所示。

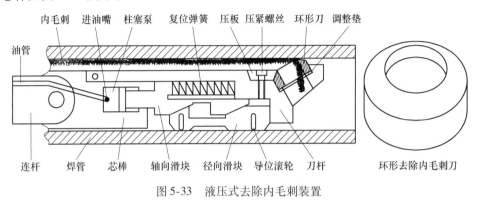

图 5-33　液压式去除内毛刺装置

（1）连杆液压式去除内毛刺装置的工作原理是：芯棒一端与连杆相连，油管依附在连杆上直至从精成型段引出管筒外与液压系统连接；将环形刀高度基本调好后，随着焊管开始焊接并预计红热内毛刺到达圆弧刀位置时，进油嘴进入注油状态并推动柱塞右移，右移的柱塞带动轴向滑块在径向斜滑块面上一边渐渐抬升，同时把刀杆向上托起，一边使导位滚轮与管底触碰，结果使环形刀与红热内毛刺接触，形成径向切入力，此时，前进的焊管为环形刀去除内毛刺提供了刨削力。内毛刺去得深与浅，取决于给油量多少，给油多则毛刺去得深，反之去得浅；特别是当不需要去内毛刺如过接头、过未焊合管时，就撤掉供油，一旦撤掉供油后，轴向滑块便在复位弹簧作用下左移，环形刀失去径向力并在重力作用下离开内毛刺继而完成退刀。

该装置的液压原理如图 5-34 所示，往柱塞泵的压力由溢流阀调节设定，并通过压力表显示，所调压力要能满足环形刀具有恰当的径向切入力。控制线路既与高频焊接联动，同时又可独立操作。

（2）优缺点：连杆液压式去除内毛刺装置优点突出，功能齐备，表现在：1）去除内毛刺高度随机可调可控；2）巧妙、及时的退刀机构设计，避免了打刀、崩刃等常见切削缺陷；3）硬质合金环形刀具使用寿命长，只需转动一个焊缝位就可实现"换刀"，因此一把环形刀能使用若干次；4）规格系列齐，使用范围宽

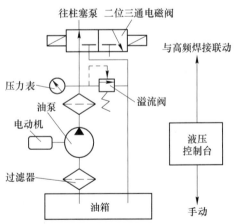

图 5-34　连杆式去除内毛刺装置液压原理

泛，可去除 $\phi14 \sim 660mm$ 直缝焊管的内毛刺。缺点是价格比较高，购置一套小型焊管机用连杆液压式去除内毛刺装置，国产要 5 万 ~6 万元，进口要 20 万元左右。一条 $\phi50mm$ 生产线备齐所有刀具，少则二三十万，多则上百万，是一笔不小的投资。而连杆机械式去除内毛刺装置的性价比较高。

B　机械式去除内毛刺装置

机械式去除内毛刺装置由刀具机构、连杆机构和固定机构组成。

（1）刀具机构：由环形刀、刀杆限位轮、施力杆轮和施力弹簧等部件构成，如图5-35所示。连杆机械式去除内毛刺的工作原理是，首先将环形刀刀刃最高点调节到比刀刃定位轮最高点略高0.1~0.2mm（主要看槽宽），放入出挤压辊后的管腔内；然后调整调节螺钉并凭经验按压弹簧，感觉弹簧的弹力大小和环形刀刃与管壁的间隙在1mm左右；或者在外面调节，压紧施力轮，使施力轮至环形刀间的最大水平距离比出挤压辊后焊管内径小1mm左右即可进入工作状态。该装置的优点是结构简单适用、投入成本低，一把刀具可以去除多种规格焊管，用户大多愿意接受，尤其适用于小型焊管机组；缺点是内毛刺高度完全由弹簧的弹力大小决定，无法随机调节，而且没有退刀机构，容易"打刀"。

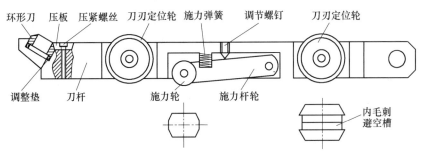

图5-35　机械式去除内毛刺装置

（2）连杆机构：几乎所有的连杆机构都由连接钩、阻抗器和固定螺栓构成。将与刀具机构连接部分设计成钩状，方便刀具机构的调节、安放和取出。阻抗器的安装有两种形式：一是使用环状磁棒，直接将环状磁棒套入连接杆上；二是将实心磁棒绑缚在连接杆四周，主要看哪种磁棒更适合所生产的管种。

（3）固定机构：分两种，一种是一块固定在精成型机架上的钢板，下部与连杆机构连接；另一种是带有使刀杆小幅度周向调节的部件和上下静态调节功能（大型）。

C　固定刀头式去除内毛刺装置

固定刀头式去除内毛刺装置也是由刀杆、连接杆和固定板三部分构成，其特别之处在于环形刀不可调，一把刀具只能去除一种焊管的内毛刺，如图5-36所示。

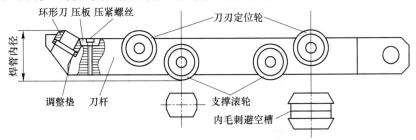

图5-36　固定刀头式去除内毛刺装置

从去除内毛刺刀的工况看，无论采用哪种去除内毛刺的方式，都必须重视刀具冷却问题，它不仅影响刀头使用寿命，而且一定压力的水流会冲走管内壁的焊接飞溅钢珠，这对稳定地去除内毛刺的质量至关重要。

5.6　焊缝在线热处理

5.6.1　焊缝热处理的必要性与种类

由于高频直缝焊管的焊缝是在快速加热和快速冷却情况下完成的，温度急剧变化必然产生较多焊接应力以及导致焊缝组织发生变化、焊缝性能与母材性能存在较大差异、焊缝塑性降低。这些，对一般用途的水煤气输送用管、家具管、一般结构管等不会构成实质性影响，却会对高强度焊管的使用产生不利影响。为了改善高强度高频直缝焊管焊缝及其热影响区的组织性能，根据金属材料热处理原理，必须对焊缝区域进行热处理，以消除焊缝区域与母材的组织差异、细化焊缝区域的晶粒、均匀组织、减少内应力。

焊管热处理方法有离线与在线之分，在线热处理效率高、成本低，能满足绝大部分高品质焊管的使用要求。在线又分为焊缝局部热处理与焊管整体热处理。整体热处理成本较高、需求较少、应用不广。相应地，焊缝局部热处理管的需求大、成本低、应用广，故作重点介绍。焊缝在线热处理常用中频感应加热器对在线焊管焊缝及热影响区进行退火、正火、淬火 + 高温回火。

5.6.2　焊缝在线中频热处理的工作原理

将 380V、50Hz 的工频电流经整流、逆变成 500 ~ 3000Hz 的中频电源，通过直线加热器在焊缝周围一定宽度 b 和管壁厚度 t 内感应出中频涡流，利用中频电流（涡流）的集肤效应和电能向焦耳热能的转换及热传导，使焊缝区域（$b \times t$）被加热到 600℃ 以上（退火）至 980℃ 以下（正火），消除焊缝和热影响区的残余应力，改善焊缝和热影响区金属组织结构，达到与母材基本一致的组织结构、韧性、强度等性能。

5.6.3　焊缝在线中频热处理设备

焊缝在线中频热处理设备由中频电源发生器（KGPS）、输出系统（OS）［直线加热器（LRH）、匹配中频变压器（PR）、中频补偿电容器（RFM）］、控制系统（CS）［操作台（JTA）、测温仪（MAISA）］、内水循环装置（LS）及供气系统（YQ）等组成，详见图 5-37。

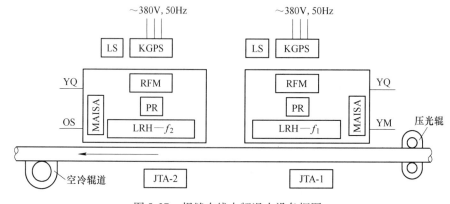

图 5-37　焊缝在线中频退火设备框图

5.6.3.1 中频电源发生器

由工频电源到中频电源的工作原理与由工频到高频的大同小异，可参见高频部分。不同的是一般大中型直缝焊管用的中频电源发生器都选择两套，频率各异，有利于制订热处理工艺。

A 中频加热电源功率的确定

确定中频电源功率，要结合焊管机组型号、可生产焊管规格、生产率、电效率、热效率等，根据每小时可加热热影响区域内局部焊管的重量决定，确定步骤如下：

（1）加热管坯热影响区单位重量：

$$W = \frac{Gb}{\pi D} \tag{5-25}$$

式中　W——管坯热影响区单位重量，kg/m；

　　　G——焊管米重，kg/m；

　　　b——热影响区宽度（加热宽度），mm，通常为1in（25.4mm）；

　　　D——焊管外径，mm。

（2）每小时加热热影响区域管坯重量：

$$W_h = 60Wv \tag{5-26}$$

式中　W_h——单位小时加热热影响区域管坯重量，kg/h；

　　　v——焊管机组速度，m/min。

（3）需要的加热量：

$$Q = 1000W_h c\theta \tag{5-27}$$

式中　Q——需要的加热量，J/h；

　　　c——钢材比热容，0.5J/(g·℃)；

　　　θ——温升，℃。

（4）有功功率或所需功率：

$$P = \frac{4.18Q}{3600} \times 10^{-3} \tag{5-28}$$

知道有功功率后，综合考虑电效率和热效率，就能确定需要订购的中频电源功率了。

（5）设备标称功率：

$$P_B = \frac{P}{k} \tag{5-29}$$

式中　P_B——设备订购功率，kW；

　　　P——有功功率，kW；

　　　k——综合效率，通常取50%。

最后，依据式（5-25）~式（5-29）和设计任务书，大中型焊管热影响区宽度取1in（25.4mm）、温度由37.8℃升至982.2℃、综合效率取50%，计算出相应规格焊管需要的在线中频感应加热功率，对应加热器标准型号，选择单机或组合模式的加热器，如1200kW或者"600kW/台+600kW/台"。对功率超过800kW的，建议选择组合模式，虽然投资稍多一点，但对今后的节能和工艺选择都更有利。

B 中频加热电源频率的选择

根据电流集肤效应原理，加热导体内的感应电流分布绝大部分都集中在集肤深度以上，集肤深度以下则几乎没有电流。这样，依据电流的热效应，说明集肤深度以上部分属于直接被加热，以下部分靠热传导升温。因此，当导体（管材）确定之后，电阻率和磁导率便是定值。人们需要在线加热厚度为 t 的焊缝，效率最高、最经济的方法就是选择恰当频率，使之直接加热。而中频电流的集肤深度与高频电流相似，既与导体的电阻率 ρ、相对磁导率 μ_r、绝对磁导率 μ_0 相关，也与电流频率 f 关系密切，它们的关系是：

$$\delta = \sqrt{\frac{\rho}{\pi \mu_r \mu_0 f}} \times 10^3 \qquad (5\text{-}30)$$

根据钢材特性，当温度在 760℃ 以下（居里点）时，管材的电阻率取 $1.02 \times 10^{-6} \Omega \cdot m$；在磁场强度 $H \approx 3 \times 10^5$ 时，$\mu_r \approx 7$。当温度升到居里点以上（950℃）时，$\rho = 1.101 \times 10^{-6} \Omega \cdot m$，$\mu_r = 1$；也就是说，管材温度升至居里点以上时，钢质管材就由铁磁性物质变为非铁磁性物质，而非铁磁性物质的相对磁导率由 7 变为 1，与之对应的集肤深度则骤然增大 $\sqrt{7}$ 倍，表 5-12 就是依式（5-30）计算的、管材在相同频率和不同状况下，居里点温度上下的集肤深度。这个结果启迪人们，可以选用不同频率的加热器对焊缝区域进行分段加热，充分利用不同频率电流集肤深度不同的特点，提高加热速度与加热效率。

表 5-12　频率与集肤深度计算表

居里点以下（760℃）集肤深度					居里点以上（950℃）集肤深度				
电阻率 $/\Omega \cdot m$	相对磁导率 μ_r	绝对磁导率 μ_0	频率 f/Hz	集肤深度 δ/mm	电阻率 $/\Omega \cdot m$	相对磁导率 μ_r	绝对磁导率 μ_0	频率 f/Hz	集肤深度 δ/mm
1.02×10^{-6}	7	$4\pi \times 10^{-7}$	500	8.60	1.10×10^{-6}	1.0	$4\pi \times 10^{-7}$	500	22.75
1.02×10^{-6}	7	$4\pi \times 10^{-7}$	1000	6.08	1.10×10^{-6}	1.0	$4\pi \times 10^{-7}$	1000	16.08
1.02×10^{-6}	7	$4\pi \times 10^{-7}$	1500	4.96	1.10×10^{-6}	1.0	$4\pi \times 10^{-7}$	1500	13.12
1.02×10^{-6}	7	$4\pi \times 10^{-7}$	2000	4.30	1.10×10^{-6}	1.0	$4\pi \times 10^{-7}$	2000	11.38
1.02×10^{-6}	7	$4\pi \times 10^{-7}$	2500	3.84	1.10×10^{-6}	1.0	$4\pi \times 10^{-7}$	2500	10.16
1.02×10^{-6}	7	$4\pi \times 10^{-7}$	3000	3.51	1.10×10^{-6}	1.0	$4\pi \times 10^{-7}$	3000	9.29

采用两种不同频率加热时，通常将较高频率的加热器放在靠近压光辊的位置，目的是使焊缝区域迅速被加热到居里点温度 760℃ 左右；而将较低频率的加热器放在后面，使焊缝区域在全厚范围内被直接加热至居里点温度以上或者是需要达到的加热温度。不过，实际热处理时要针对焊管材质、规格品种、用户需求等编制相应的热处理工艺。如退火较薄的焊管，就可以将频率选得高一点且只用一个加热器进行加热。

中频热处理后的焊缝区域，必须经过一定时间和长度的空冷，即让其在空气中自然冷却到 350℃ 以下（碳当量越高，此温度要越低），才可加冷却液进行强制冷却。如果在较高温度就实施强制冷却，那么焊缝区域便会形成新的内应力，这一点是在线中频热处理工艺中要特别注意的。

5.6.3.2　输出系统

（1）直线加热器：作用相当于高频感应焊接中的感应圈，使直线加热器所及范围内的焊缝及热影响区感应出中频电流，继而将电能转换成热能。

（2）加热器移动机构：具有三维移动功能，确保加热器对准焊缝区域，确保加热器适应焊管大小规格的变化，确保加热器与焊缝面始终保持 10～20mm 的间隙，以及当管面发生故障时加热器能迅速提升的机构。

5.6.3.3 控制系统

控制系统功能主要包括中频电源的启动、起振、复位、功率调节、温度设定与温度调节、加热器位置调节、保护以及红外测温反馈等。这些信息最终都借助人机界面系统予以显示,同时又可进行人机对话,及时修正运行参数。需要指出,在线中频热处理设备要求红外测量精度在 500 ~ 1400℃ 范围内误差不大于 ± 0.3%,否则,控制形同虚设并因之影响热处理过的焊缝品质。

5.6.3.4 水冷却系统

在线中频热处理设备为闭路内循环,水冷却系统主要对中频电源发生器、匹配变压器、直线加热器等进行冷却。要求使用软水,预防结垢、堵塞管路、烧坏电器元件。

5.6.4 焊缝在线热处理工艺

焊缝在线热处理工艺路径有退火、正火和淬火 + 回火三条。操作者只需根据管材要求和订单要求,从人机界面中选择相应工艺即可。

(1) 退火 (A):焊缝在线退火的作用是,降低包括焊缝和热影响区范围内的硬度,提高塑性,细化晶粒,消除残余应力。常采用的退火工艺为:将焊缝及热影响区域加热至 640 ~ 680℃,然后空冷至 350℃ 左右,再加喷淋水或沐浴冷却到接近室温。

(2) 正火 (N):正火的目的是消除焊缝区域粗大晶粒,细化、均匀焊缝组织,改善焊缝力学性能。工艺路线是:将焊缝区域加热到 A_{c_3} 线以上 30 ~ 50℃ 即 920 ~ 950℃ 后,空冷到 350℃,再用冷却液进行强制冷却。

(3) 淬火 + 回火 (Q + T):作用是降低焊缝区域硬度,提高塑性、韧性、减少内应力,能够获得良好的综合力学性能。热处理工艺是:将焊缝区域加热到正火温度后,喷水淬火,再加热至回火温度 (540 ~ 650℃),空冷至 350℃ 后开始加水强制冷却。

后两种热处理工艺多用于高钢级油气管;目前我国宝钢、日本新日铁、美国 LONG-STAR 公司等企业大多采用后两种工艺。

5.6.5 空冷长度

焊缝经中频感应加热后,空冷速度不宜过快,不然会影响焊缝区域的组织结构和性能。从热处理角度看,较长的保温时间有利于合金元素均匀化和焊缝组织均匀化,焊缝区域塑性、韧性等综合力学性能也较好。但是,受工艺布局和用地经济性制约,不可能将空冷段留得很长,这就需要对影响空冷效果的因素进行分析,在二者之间寻找平衡点,既能保证热处理后的焊缝具有良好的综合力学性能,又能比较经济地使用场地。目前,大中型焊管机组的空冷长度多选择在 50 ~ 60m 之间,从生产实践看,基本能够满足焊管正常生产和对焊缝进行在线热处理的需要。

另一种确定空冷长度 L 的方法是,根据热处理类型、焊接速度和空冷速度等不同,按下式确定空冷长度

$$L = v \times \frac{\Delta T}{60 v_c} \tag{5-31}$$

式中　　L——焊缝热处理后需要的空冷长度，m；

　　　　v——机组焊接速度，m/min；

　　ΔT——焊缝热处理受热温度与终冷温度之差，℃；

　　　v_c——冷却速度，℃/s。

5.7　焊管冷却

5.7.1　焊管充分冷却的重要性

在高频焊接过程中，有的还要进行焊缝在线热处理，其间焊管吸收了大量热量，并且有90%左右集中在焊缝区域。也就是说，热量在焊管横截面上的分布极不均匀，较窄的焊缝区域聚集了绝大部分热量，而绝大部分管体上仅分布极少热量。如果不对管体进行强制冷却或者冷却不充分，让这种焊管进入定径区域，那么后果有三：一是调不直，或者即使调直了，离开机组后还会变弯；二是导致轧辊孔型面局部磨损严重；三是对有些高强度、高碳当量的管种焊缝组织性能产生不利影响。

焊管冷却分为高温冷却与低温冷却两个阶段：前者指焊缝部位温度从1450～1250℃下降到350℃左右，后者指从350℃冷却至室温。

5.7.2　高温冷却强度对焊管品质的影响

高温阶段的降温强度，对以Q195、Q215 、Q235、08Al、SPCC类管坯为原料的焊管而言，因它们的碳当量通常都不超过0.25，降温快慢对焊缝及其热影响区性能的影响不明显，如图5-38a所示。

但是，对碳当量较高的焊管则不然。一些低合金钢如X42～X100管线钢，冷却速度快与慢，会影响焊接热影响区（heat affect zone）的组织与性能。以X80管线钢焊管为例，冷却速度不同，焊缝热影响区的硬度与冲击性能差异较大，如图5-38b和图5-38c所示。在图5-38b中，冷却速度慢，热影响区的硬度只有170HV10左右；冷却速度快，热影响区的硬度高，当冷却速度为200℃/s时，X80管线钢HAZ的显微硬度值高达300多。而在图5-38c中，冷却速度在10～30℃/s区间时，焊缝抗冲击性能最好；当冷却速度大于30℃/s后，抗冲击性能便急剧下降，到100℃/s时，抗冲击性能很差，变得很脆。因此，对焊管的高温冷却问题，必须给予高度重视和深入研究。

5.7.3　焊管的低温冷却

通常认为，焊缝及热影响区的温度低于350℃后，冷却速度对焊管的影响集中体现在管子的物理性状上，以及影响定径轧辊孔型的寿命。因此焊管低温冷却的重点，一是尽可能使焊管在定径段冷却到室温，二是尽可能使定径轧辊孔型面得到充分冷却。

5.7.4　焊管最终冷却效果的评判标准

（1）出定径机后的焊管表面温度低于50℃，不戴手套可以握住管子进行相关检查。

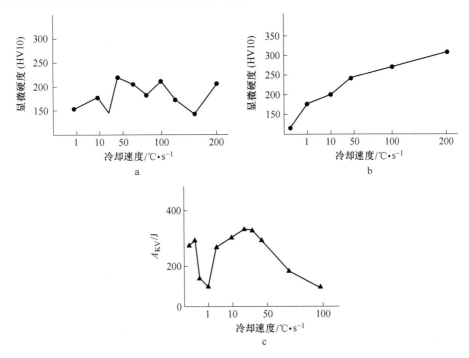

图 5-38 Q195、X80 管线钢冷却速度与 HAZ 显微硬度与 A_{KV} 值的关系

a—Q195 钢冷却速度与 HAZ 显微硬度的关系；b—X80 管线钢冷却速度与 HAZ 显微硬度的关系；

c—X80 管线钢冷却速度与 HAZ A_{KV} 值的关系

（2）在矫直头与飞锯机之间可见管面残留少许冷却液，说明冷却较充分。

（3）集管架上的管子直度没有变化。

第6章 高频直缝焊管定径机

高频直缝焊管定径机由定径机、矫直头、无损检测、在线表面防锈等部分构成。其中，定径机是核心，主要作用是将高频焊接后不规则圆管或异型焊管，通过特定孔型轧辊的轧制，使焊管达到标准允许的尺寸误差和形状误差范围内；并且重新分布或部分消除焊管内应力，使焊管达到一个基本直度，以利矫直。

6.1 焊管定径机的种类

焊管定径机又称为整形机，狭义地理解，前者侧重于圆管，后者侧重于异型管；广义地讲，前者的定径泛指确定尺寸，而后者的整形既包括整理圆形，也包括调整异型，习惯叫法不同，实质内涵一样，作用相同。定径机大致有龙门式、悬臂式、万能牌坊龙门式和组合式四种。前两种定径机与第4章所述对应成型机相同，故本节侧重介绍后两种。

6.1.1 万能牌坊式定径机

万能牌坊式定径机由万能牌坊、立辊架、分齿轮箱、电机和减速机等组成，一般 $\phi76$ 以上（含）机组都采用双拖动，即成型机与定径机各自使用独立的拖动电机和减速机。万能牌坊式定径机如图6-1所示，它的核心是万能牌坊。

6.1.1.1 万能牌坊结构

万能牌坊结构如图6-1中A向所示，由牌坊支架、平辊轴上下调节机构和侧立辊调节机构等组成，实质是将安装平辊的牌坊功能与安装立辊的立辊架功能组合在一起。与传统牌坊相比，万能牌坊多了一对侧立辊及其调节装置，这样，平辊牌坊的功能得到拓展：同一架次牌坊不仅有一对平辊可以作上下调整，而且有一对侧立辊可以对焊管实施双向或单侧调整，调整操作极为方便，从设备层面解放了调整工的手脚。

6.1.1.2 万能牌坊的优点

万能牌坊在减少孔型磨损和降低调整难度方面优点明显。

（1）降低调整难度。表现在两个方面：

1）降低圆管调整难度。传统牌坊及其轧辊孔型定径圆管时，经常碰到这样一种窘境，即焊管上下和左右方向尺寸已经接近最大值，而两个大约 ±35° 斜位方向的尺寸却接近负差，其间的任何一个调整动作都会影响另外几个面的尺寸，每每此时，调整工除了建议修整轧辊孔型，便一筹莫展。

可是，万能牌坊的结构决定了轧辊孔型能够从上下、左右四个方向独立地对焊管施加

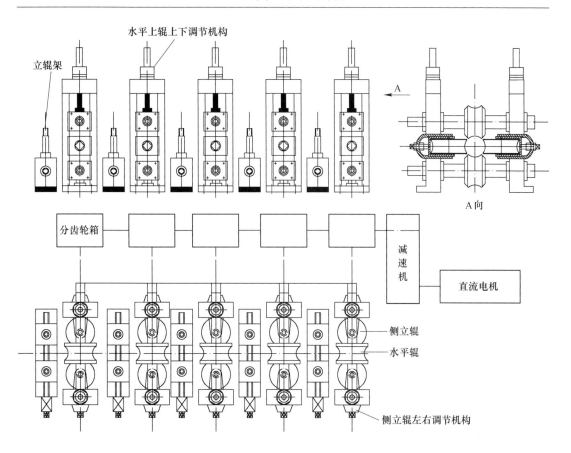

图 6-1　万能牌坊龙门式定径机

轧制力，这样，就能在保持一个方向尺寸不变的前提下，增大或减小另一个方向的尺寸，从而降低焊管调整难度。或者说，传统的调整受制于设备，轧辊孔型只能在以轧制中心为圆心的一个同心圆上变化；万能牌坊及其孔型可以在不同心恰同径的四个圆上对焊管施加定径轧制力，调整得心应手。

2）方便异型管整形。尤其对一些形状复杂、关联面较多的异型管，传统牌坊与轧辊孔型有时很难调整到尺寸又好、形状又好。譬如图 6-2a 所示的缺角管，当 A 面和 B 面尺寸已经达到公差要求而尺寸 C 却大于 D 时，调整工往往束手无策。若向左移动上辊减 C 增 D，但是，由于上辊孔型是一个整体（图 6-2b），牵一发而动全身，必定会引起尺寸 A 增 B 减，造成调好了 C、D 尺寸却破坏了 A、B 尺寸的尴尬。然而，万能牌坊下的轧辊，调整起来没有这么多羁绊，只需按尺寸要求将图 6-2c 所示的上平辊向左侧移动，就能轻而易举实现减 C 增 D 的工艺目标。

由此可见，万能牌坊使轧辊调整的自由度和灵活性都大为提高，在异型管调整方面优势更加突出。

（2）减少孔型磨损。根据磨损原理，轧辊孔型面与焊管面之间存在相对运动，孔型表层材料不断损失、转移，表现到轧辊上就是孔型磨损。孔型磨损跟载荷呈正比、跟孔型面硬度呈反比、跟孔型面与焊管面之间的相对运动速度（滑动距离）呈正比，速度差越大，磨损越严重，参见图 6-3 和式（6-1）：

$$Q = K \frac{WL}{H} \tag{6-1}$$

式中　Q——磨损量，$g/(cm^2 \times 100m)$；

　　　W——法向载荷，MPa；

　　　L——滑动距离，m；

　　　H——硬度（HB）；

　　　K——黏着磨损系数。

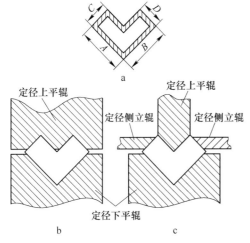

图 6-2　传统牌坊与万能牌坊整形缺角管的平辊配置

a—缺角管（$C = D$）；b—传统牌坊平辊配置；

c—万能牌坊平辊配置

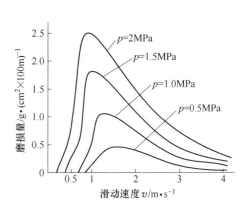

图 6-3　磨损、滑动速度、接触压力曲线

　　图 6-3 所示曲线表明，焊管滑动速度差正落在磨损逐渐加重的区间，在如图 4-21 所示传统牌坊的孔型中，设 v_B 为纯滚动直径部位的线速度，则其他各点的线速度分别是 v_A、v_C，显然 v_A、v_C 与 v_B 存在相对滑动速度即存在速度差，R 越大越深，v_A、v_C 处的速度差越大；其中 v_A 处的磨损不可避免，v_C 处的磨损则因万能牌坊用孔型而消失，万能牌坊用定径平辊孔型因之速度差变小，孔型磨损因此减小。

　　（3）减少轧辊投资。使用万能牌坊及其相对应的孔型后，彻底改变传统椭圆——→圆的定径工艺，能够确保每一道定径孔型所轧出的管子都是圆，走一条从大圆到小圆的定径工艺路线，这样就可以省去传统定径立辊，减少轧辊投入费用。

　　（4）减少定径余量。传统牌坊的定径过程是将焊管压成一个一个、长短半轴之差逐道趋近的椭圆，孔型对焊管施加的轧制力必然比压成圆的要大，这个过程中的减径量必然也大。换句话说，传统的定径是依靠减径来实现的，这就需要预留较多的定径余量；而万能牌坊式定径孔型是以整形为主，将前一道的不够圆整成比较圆，其间虽然也伴有减径，但减径量比前者小很多，因此需要预留的定径余量大为减少。另外，定径余量减小之后，整机的轧制阻力也随之减小，使实际消耗的拖动功率降低。

　　（5）定径机兼容。万能牌坊也可以当作传统牌坊使用，从而能够根据实际需要选用。

6.1.1.3　适用范围

　　万能牌坊的定径机适用于 ϕ76 以上机组，机组越大，使用优势越明显。以磨损为例，管外径大，意味着孔型切入深度深，万能牌坊的定径孔型深度只有传统的30%左右，最大线速度差因之大幅度降低约70%，即相当于公式（6-1）中的滑动距离L缩短了70%。管子越大，减少的绝对滑动距离就越显著，因而孔型磨损大幅减少。

当然，万能牌坊式定径机组也有缺陷，与二辊式牌坊相比，主要表现为牵引力稍显不足。

6.1.2 组合式定径机

组合式定径机是指两种以上的定径机构组合在一起，形成一台完整焊管定径机，如传统的平立辊交替机构与土耳其头组合、万能牌坊与土耳其头组合以及传统定径机与万能牌坊机构组合等。

（1）传统牌坊与万能牌坊组合式定径机：如图6-4所示，该组合式定径机兼备了传统定径机和万能牌坊定径机的优点，轧制力大，配辊灵活，调整方便。

（2）传统定径机与土耳其头组合的定径机：通常采用"3＋2"或"4＋1"组合模式，前者代表传统牌坊数，后者代表土耳其头道数。

由于安装在土耳其头上的轧辊既能作整体上下左右移动和360°旋

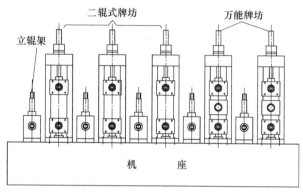

图6-4 传统牌坊与万能牌坊组合的定径机

转，如图6-5中箭头所示，又能作单个轧辊的上下或左右调节，使焊管调整尤其是调整异型管更为方便灵活；图中上下左右四支箭线与一个圆相连，既表示每一个轧辊能够独自移

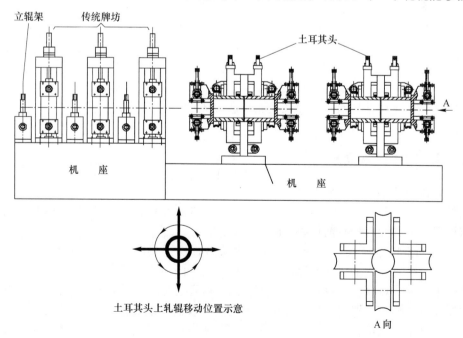

土耳其头上轧辊移动位置示意

A向

图6-5 传统牌坊与土耳其头组合的定径机组

动，又表示能够整体移动，而圆周上的四支箭线则表示孔型能够绕管旋转。该组合定径机在保留了传统定径机优点的同时，充分发挥了土耳其头在轧辊调整方面的灵活性，集传统定径机、万能牌坊式定径机及土耳其头的优点于一身，更实用。

（3）万能牌坊机构与土耳其头组合的定径机：图略，优点是调整更灵活，轧辊投入更少（省去立辊）。

6.2　矫直头

矫直头是高频直缝焊管机组的标配机构，位于定径机末尾，主要功能是实施焊管在线矫直。在焊管生产线没有配置专用矫直机（离线）的情况下，它承担着精调直功能，必须将焊管直度调整到小于 2‰的标准要求；当焊管生产线配置专用矫直机时，它仅起粗矫直作用。

6.2.1　矫直头种类

矫直头有二辊矫直、四辊矫直和八辊矫直之分，区分标志在于可以安装矫直辊的数量；它们的共同点是，都可以进行整体上下、左右移动和绕焊管偏转，同时每一只轧辊又能相对焊管作径向独立移动，操作调整方便。

（1）二辊矫直头：二辊矫直头机构及其功能与导向架类似，参见图 5-1。优点是构造简单，换辊用时短，调整方便直观，容易掌握，特别适合圆管矫直；缺点是无法对出定径机后异型管管形依然存在的小缺陷进行微量整形，如遇方管单面鼓凸，想通过二辊矫直头予以消除就比较困难。

（2）四辊矫直头：四辊矫直头如图 6-6 所示，特别适合矫直异型管，利用四只轧辊从不同方向对焊管进行矫直，也可以对异型管管形进行微调；缺点是调整稍显麻烦，而且需要顾虑的方面多于二辊矫直头，稍有不慎就容易压伤管面，建议圆管仍按二辊设计。

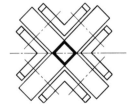

图 6-6　四辊矫直头

（3）八辊矫直头：又称土耳其头，结构与四辊矫直头相似，区别是双面四辊。土耳其头除了调直功能外，在变形异型管方面更有独特优势。优缺点与四辊矫直头类似，但是对操作工调整技能的要求更高。

6.2.2　矫直基本原理

6.2.2.1　矫直的前提条件

从焊管生产实践看，有时候运用矫直头怎么调都调不直，而有时候稍许调一下就调直了，这说明，顺利调直是有前提条件的。

（1）必须借助定径机。定径机实际上为矫直提供了两个（对二、四辊矫直头而言）固定支点，与矫直头这个活动支点相配合，形成两个同向施力点和一个相向施力点共同作用于管体上，完成矫直。无论是二辊矫直、四辊矫直还是八辊矫直都必须借助定径机来完成。如果是八辊矫直，那定径机只提供一个支点，八辊矫直头提供另两个支点。

必须借助定径机矫直的另一层含义是，定径机所提供的矫直力大小和方向（轧制力）必须稳定。这也是为什么一旦定径机有风吹草动，焊管直度必然闻风起舞的缘故。因此，在正常生产过程中，可以将焊管直度当成机组动态、管材变化和工艺参数突变的信息窗口，重视直度变化传递给人们的信息。

（2）定径机中焊管上的应力大小和方向分布必须基本稳定。这有两个方面的含义：一方面，在焊管纵向长度上，应力大小、方向和位置要基本一致，如图 6-7a 所示，至少不能在一支管（约 6m）上存在如图 6-7b 所示的波动，否则矫直头施力方向和施力大小将无所适从；另一方面，焊管

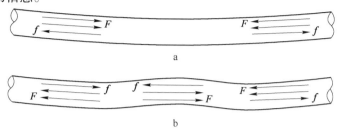

图 6-7　矫直前管上内应力分布示意
a—管上内应力（F、f）大小、方向、位置相对稳定；
b—管上内应力（F、f）大小、方向、位置变化不定

之所以能矫得直，是矫直头施加的矫直力大小和方向与定径机中焊管内应力达成一个短期动态平衡的结果，一旦这个平衡被打破，如管坯厚度突然变化、冷却液流量变化、焊接热量变化、轧辊轴承破损等，都会使本来很直的焊管立刻变弯，必须通过矫直头改变对焊管施力的大小和方向，重新找回平衡，焊管才能恢复直度。

（3）焊缝位置在定径机中要保持安定。根据焊接原理和焊接工艺，在焊缝两侧存在一个焊接热影响区。由于该区域在管子焊接过程中吸收了大量热能，致使热影响区在随焊管一同急速冷却过程中，必然积聚大量收缩应力（压应力），这个既有大小又有方向的应力迫使待定径焊管向焊缝一侧弯曲；如果焊缝转缝，那么，原本在力道和方向上都恰到好处的矫直力施加到不需要该力（可能不需要这么大，也可能不是这个施力方向）的点，这样就打破之前的应力平衡，焊管由直变弯；在矫直头没有找到（人工干预）新的平衡点之前，焊管就一直处于弯曲状态。焊缝位置如果总是不稳定，那么就需要矫直头不断地寻找新的平衡点，焊管就在弯与直之间不断变化。所以，要想焊管直度好，必须先把焊缝位置"固定"好。

需要指出的是，图 6-7 中的力都是矢量，其中的大小或者方向任何一个发生变化，都会打破原先的平衡，导致焊管弯曲。

（4）焊管在矫直头处的温度应低于 50℃。若出矫直头后焊管温度较高，特别是焊接热影响区域的温度较高，将会出现这么一种状况：在线焊管笔直，离线后焊管温度降至室温时变弯。因此，矫直时必须考虑到温度对应力平衡、对焊管直度的影响。

6.2.2.2　焊管矫直的基本原理

（1）焊管矫直的基本原理是弯曲原理的逆定理和矫枉必须过正原理。以四辊矫直头为例，末两道定径辊与四辊矫直头构成一个力系，三个施力点至少有一个不在同一直线上，将定径机末两道定径辊之施力点看成两个位置固定的支点，通过改变矫直辊位置达到改变两个固定支点的施力效果，实现矫直目的。

在矫直原理示意图 6-8 中，若焊管（虚线）出定径机后侧弯，要想改变这种状态，基本途径有三条：

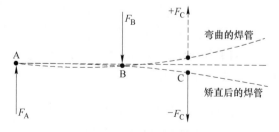

图 6-8　焊管在线矫直原理图
A—次末道定径辊；B—末道定径辊；C—矫直头
F_A，F_B，F_C—矫直力

　　1）重新调整定径轧辊，通过改变诸如 A、B 两点的位置，改变定径机中焊管的纵向应力状况，达到修正弯曲的目的。该方法应该作为最后的调整手段。

　　2）固定 B、C 两点力的大小和方向不变，将次末道定径辊（通常是立辊）A 向弯曲的反方向横移，该方法仅适用于侧弯。

　　3）固定 F_A、F_B 两道定径辊的施力（此时可以看作是矫直力）大小和方向不变，减小 $+F_C$，即将矫直头向下横移，对焊管施加一个反向矫直力，达成调直目标。通过改变矫直头位置的方法进行矫直，即使焊管出现向 1:30 或 10:30 等任意方向弯曲的情况，也能凭借矫直头的上下和左右整体快速移动装置进行直角坐标式移动，将焊管矫直，详见焊管机组在线矫直头的直角坐标—时钟法矫直原理图 6-9。

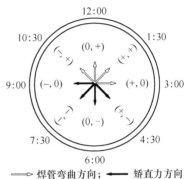

图 6-9　直角坐标—时钟法矫直原理图

　　在图 6-9 中，将出矫直头的管头弯曲方向分成 8 个时区，每个时区都有各自的代表符号；空、实箭线所指方向分别表示焊管出矫直头时管头弯曲方向与矫直头的施力方向，时区符号等同于直角坐标系中的 X 横轴和 Z 竖轴的移动方向，"＋"表示矫直头需要向 12:00 或者向 3:00 方向调节，"－"表示矫直头需要向 6:00 或者向 9:00 方向调节。如出矫直头时管头向 10:30 的方向翘，那就应该将矫直头朝 4:30 方向调节。具体操作时，在将矫直辊向 3:00 方向调整的同时，将矫直辊向 6:00 方向调整。

　　（2）焊管弯曲方向的判据。圆管必须以焊缝为参照，结合焊缝在焊管机组中的即时位置进行相应调整，避免南辕北辙，越调越弯；异型管则选择焊缝所在面作参照进行调整，这样调整不会犯方向性错误。

　　（3）直度循环。焊管矫直绝非一劳永逸，在焊管生产过程中，受管坯材料、操作经验、焊接工艺、设备状况、轧辊变动及冷却液波动等可见与不可见因素影响，其中任何一个微小变化，都可能引起焊管直度发生改变，必须进行及时调整。毫不夸张地说，在一个焊管生产周期内，矫直头是焊管机组上动作频率最高的机构之一；整个生产过程中，焊管直度就是在"弯曲→矫直→再弯曲→再矫直"这样一个过程中不断循环，直至该生产周期结束，如图 6-10 所示，生产量为

$$\sum S = \sum V_直 t_直 + \sum V_弯 t_弯 + \sum V_矫 t_矫 (\text{m})。$$

不同调直周期

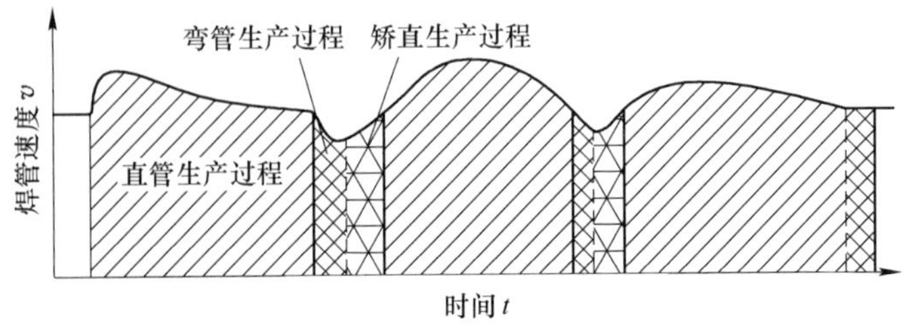

图 6-10　生产过程焊管直度"周期性"变化示意

的区别在于：如果管坯厚度、宽度、硬度以及机组运行稳定，操作工驾驭生产工艺的能力强，设备性能优异，那么，焊管直度维持时间 $t_直$ 较长；否则就会频繁弯曲、频繁矫直，而且矫直越频繁，管的总体直度就越差。

6.3　焊管无损检测

　　之所以把焊管无损检测放在这一章，是因为这里讲的无损检测指在线检测，而无损检测的重点又是焊缝，焊缝在定径机出口处的位置相对最稳定，将探测头安装在定径机出口处，有利于探测头对焊缝进行跟踪探测，避免不必要的附加成本。

　　无损检测是建立在物理学、材料学、电子学、计算机信息技术等学科基础上的一门应用工程技术。自从无损检测在焊接钢管中应用以来，既为焊接钢管质量控制、可靠性评价提供了简捷、有效的检测手段，又在一定程度上替代了水压试验，有的更可做到在线100%全检，是生产高品质焊管不可或缺的检查手段。所谓无损检测是指在不破坏试件（焊管）的前提下，以物理或化学方法为手段，借助现代技术和设备器材，对试件内部及表面的结构、性质、状态进行检查和测试的方法；是无损探伤、无损检测与无损评价的总称。无损检测的方法很多，从原理上讲包括渗透（penetrant testing，简称 PT）、磁粉（magnetic testing，简称 MT）、涡流（eddy current testing，简称 ET ）、射线（radiography testing，简称 RT）、超声（ultraonic testing，简称 UT）、微波、激光、目视（visual and optical testing，简称 VT）、泄漏（leak testing，简称 LT）等几大类，受应用条件、应用成本限制，比较适合焊管在线动态检测的是涡流探伤与超声波探伤。

6.3.1　超声波检测

6.3.1.1　超声波检测原理

　　声波、次声波与超声波都是机械波，有声速、频率、波长、声压、声强等参数，碰到界面都会发生反射、折射、衍射、散射。声波是指人耳能够听到的声音，它的频率在20～20000Hz，超过或低于该频率范围的声音人们无法听到，于是将频率超过20000Hz 的声波称为超声波。工业探伤常用的超声波频率范围是0.5～20MHz，而金属探伤最常用的频率是1～10MHz。因此，超声波检测是利用超声波在弹性介质中传播，在界面产生反射、折射等特性来探测介质内部或表面缺陷的方法。

　　由此可见，超声波探伤焊管的原理是，利用超声波在焊管中传播的一些物理特性来发现管材内部的不连续性（焊缝和母材缺陷），首先通过激励超声发射换能器即通常说的探头产生高频超声波（1～10MHz）并使其进入被测焊管，然后再通过超声接收探头将工件中经过被检测焊管以及缺陷所反射、折射、衍射、散射的入射波转换成接收信号；缺陷与无缺陷管材介质相比，会产生不同的信号特征，接着通过计算机对接收到的信号进行分析，从而获得有关缺陷的特性信息。如图 6-11 所示，当管坯无

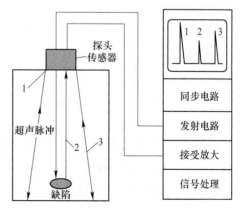

图6-11　脉冲超声检测原理

缺陷时，只有始发脉冲波 1 和底面反射波 3，两者之间没有缺陷回波 2；当有缺陷回波时，

则波底高度下降，参见图 6-11 中显示屏上的波形 2。特别地，当管坯中缺陷大于声束截面时，全部声能被缺陷所反射，屏上只有始波 1 和缺陷回波 2，而不会出现底波 3。

6.3.1.2　超声波检测的优缺点

（1）对面积型缺陷的检出率较高，如裂纹、折叠、夹层、未焊透、未融合等；而体积型缺陷的检出率较低，如气孔、夹杂。

（2）适宜检测厚度较厚的工件。

（3）对缺陷在厚度方向上定位较准；但是无法得到缺陷直观图，较难定性。

（4）检验成本低，速度快，检测仪器体积小，方便生产现场使用。

6.3.1.3　超声波探伤的等级

超声波探伤可以分为 A、B、C 三等：

A——检验的完整程度最低，难度系数最小，适用于普通钢管的检测；

B——检验的完整程度一般，难度系数较大，适用于压力容器用管的检验；

C——检验的完整程度最高，难度系数最大，适用于核容器及高温高压管道的检测。

需要指出的是，通常探伤资料应至少保存 7 年以上，以备随时核查。

6.3.2　涡流检测

涡流检测是目前最适合高频直缝焊管在线检测的方式，经过近 40 年的应用、实践与改进，现已较为成熟。

6.3.2.1　涡流检测原理

涡流检测就是运用电磁感应原理，将高频电流通入探头激励线圈，当探头接近金属表面时，线圈周围的交变磁场在被检测焊管表面产生感应电流，感应电流的流向以线圈为同心圆流动，形似漩涡，故称之为涡流，以涡流作为检测缺陷的方法称涡流检测。由于涡流产生的磁场使检测线圈的阻抗发生变化，当焊管有缺陷时，就会引起检测线圈阻抗发生波动，由此，通过测定、分析检测线圈阻抗的变化，判断焊管存在的缺陷，参见图 6-12。

在涡流检测中，通常将涡流检测线圈作为构成平衡电桥的一个桥臂，通过调节平衡电桥的可变电阻实现桥式电路平衡，如图 6-13 所示。当检测阻抗发生变化（线圈中被检测管坯出现缺陷）时，桥路失去平衡，输出电压不再为零，而是一个非常微弱的电压信号 U，见式（6-2）：

$$U = \frac{Z_1 \Delta Z_3}{(Z_1 + Z_2)(Z_3 + Z_4)} E \tag{6-2}$$

式中　U——因缺陷而产生的电压，V；

　Z_1，Z_4——固定桥臂阻抗，Ω；

　　Z_2——平衡阻抗，Ω；

　　Z_3——检测线圈阻抗，Ω；

　ΔZ_3——检测线圈阻抗的变化，Ω。

在图 6-13 所示的电路中，通过测量 U 就能间接得到 ΔZ_3，进而分析出焊管中缺陷的类型。

6.3.2.2　焊管在线涡流检测设备构成

焊管在线涡流检测装置由振荡器、探头（检测线圈及其配件）、信号输出电路、放大

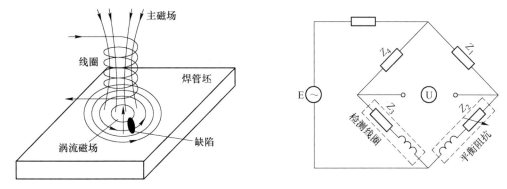

图 6-12 涡流检测原理　　　　　图 6-13 检测线圈为电桥桥臂平衡电路

器、信号处理器、显示器、电源、防撞装置等部分组成，如图 6-14 所示。

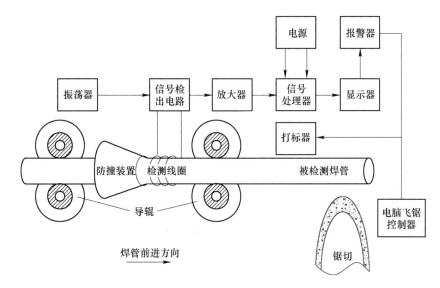

图 6-14 焊管在线涡流检测装置

（1）振荡器的作用是产生各种频率及幅度的振荡电流，提供给激励线圈，以便线圈产生交变磁场并在工件中感生出涡流。振荡器大多采用起振容易、调频方便稳定、大幅度正弦波的 LC 振荡电路。

（2）信号检测电路：焊管用涡流探伤基本都采用灵敏度很高的差分式（different）或自比差分式检测线圈，当通过激励线圈的焊管存在缺陷时，线圈电压就会发生微小变化，这样通过信号检测电路（图 6-16）检出缺陷信号。同时，将探头线圈阻抗变化信息表达在二维平面上，构成阻抗平面图，既可观察幅值变化，又能观察相位变化，借此判断缺陷性质（缝隙、夹杂、折叠、缓变伤、未焊透、开口、裂纹、沙眼、气孔、焊瘤等）、大小与位置。

（3）放大器：焊管生产环境恶劣，水气、高温、粉尘、高频干扰、焊管抖动、焊缝偏转和速度变化等无一不在扰动仪器检测，影响检查结果；有时甚至淹没较小的缺陷信号。这就需要将检测线圈电压变化量输入放大器放大，以便辨识和处理。对放大器的要求是：宽的动态范围和低的畸变。

（4）信号处理器：消除无关信号的干扰，经信号处理器消除各种干扰信号后，最后把有用的、反映焊管缺陷的信号输入显示器，显示检测结果。

（5）显示器：显示检测到的各种焊管缺陷信号阻抗平面图，包括记录仪、电压表、示波器、计算机等，以便将探头检测到的阻抗在阻抗平面上用二维分量图形显示出来。

（6）报警器：焊管在线涡流检测报警多采取阻抗平面图显示报警域的设计模式，即在一定扇形区域（40°~160°）内，设置一系列同心圆弧面，使处于不同位置的同等缺陷都具有同一报警阈值，进而确定统一判废标准。当报警器接到缺陷信号后，一方面发出报警信号，另一方面同时给打标器和电脑飞锯发出指令，打标器即刻喷涂快干标记漆，电脑飞锯则在恰当的时候将缺陷管切除。当然，这里既要重新编写电脑飞锯程序，又要将二者联动。

（7）检测线圈：俗称探头，按应用分为穿过式、内通式和放置式三种，如图 6-15所示。检测线圈按感应方式分为自感式与互感式两种；按比较方式分为绝对式线圈与差动式线圈。而适合焊管在线检测的通过式线圈如图 6-16 所示。

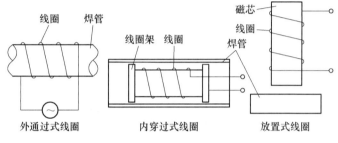

图 6-15　检测线圈的种类

（8）防撞装置：呈现入口大、出口小的喇叭状，安装在检测线圈前面，保护检测线圈。焊管规格变换后，防撞喇叭口也必须更换。

（9）前后导辊：保证焊管平稳运行，减少振动噪声，减小焊管运行过程中因径向抖动（如锯切的刹那间）而造成幅值很大的涡流信号，即提离效应，降低缺陷信号的信噪比。

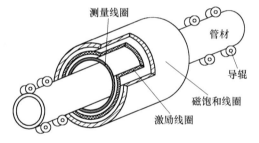

图 6-16　焊管在线涡流检测通过式线圈

6.3.2.3　焊管在线涡流检测装置的调整

调整包括导辊间隙、电脑飞锯、频率、增益、相位及磁饱和电流等方面。

（1）磁饱和电流：合适的磁饱和电流能够确保焊管在通过检测线圈时恰好被磁化，过饱和会降低探伤灵敏度，欠饱和则无法有效抑制铁磁材料表面变化和焊管抖动所产生的干扰信号。要根据生产现场环境、管径、壁厚等，通过实际反复试验确定不同焊管规格的临界磁饱和电流。

（2）频率：焊管探伤灵敏度的重要参数，适用于高频焊管探伤的表征频率为：

$$f_g = \frac{506606}{\mu_r t \rho D} \tag{6-3}$$

式中　f_g——表征频率，Hz；

　　　μ_r——相对磁导率，无量纲；

　　　ρ——电导率，S/m；

　　t——焊管壁厚，m；

　　D——焊管外径，m。

　　根据电流集肤效应原理和式（6-3），频率越高，集肤效应越明显，对于一定深度的缺陷检验灵敏度便降低，甚至检测不到；频率过低，则有可能穿透管壁，探到内焊筋并因此容易引起误报；同时，频率过低还会使伤波信号与干扰之间的相位差变小，既难探伤，又难设定报警区域。图6-17为同一试样管在不同频率时的波形，当频率为 7kHz 时（图6-17a），伤波信号与焊管抖动干扰信号间的相位差约40°，较难设置报警

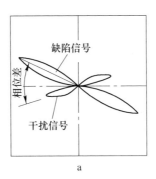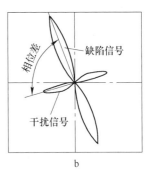

图6-17　相同试样缺陷不同频率的波形与干扰波形相位差示意图

检测频率：a—7kHz；b—8.5kHz

区域；当频率为 8.5kHz 时（图6-17b），伤波信号与焊管抖动干扰信号间的相位差是80°~85°，二者的波形已经被较好地分离，辨识容易，报警区域范围较宽，不会发生误报。

　　（3）相位：相位的设置要以既方便报警区域设置，又能区分干扰信号为基本原则。将缺陷信号置于信噪比最大时的相位，或者选择能够区分并检测清晰度种类和位置的相位角，如将干扰信号设置在0°，将焊管外壁缺陷信号设置在5°~40°相位内，而将焊管内壁缺陷信号设置在40°~160°之间。

　　（4）增益：指探伤仪的回波幅度调节量（灵敏度），增益的确定对探伤仪灵敏度影响较大，要在满足探伤灵敏度的前提下，增益越小越好，过大的增益会导致探伤仪不稳定，甚至误报。

　　（5）检测线圈位置：要确保检测线圈与被检测焊管同心，否则会影响检测精度。

　　（6）导辊间隙、导辊数量与导辊孔型：直接关系到运行中焊管抖动信号的强弱，间隙大，抖动信号强，对检测结果影响大。在不影响焊管尺寸公差的情况下，导辊间隙越小，越能很好地抑制焊管抖动信号的幅度。

6.3.2.4　焊管在线涡流检测装置的特点

　　（1）检测线圈与焊管不必紧密接触，只需焊管从线圈中通过即可，能够对高速运行的焊管进行检测。

　　（2）探测结果以电信号给出，容易实现报警与打标高度自动化。

　　（3）要求标准缺陷样管与在线探查的焊管材质、外径、壁厚、生产工艺和表面状态都要相同。如需要探查的焊管是接触焊热轧管，那么就不能用感应焊或冷轧管作为缺陷样管进行比对。

　　（4）能够针对不同管壁厚度选择相应的检测频率，以提高检测灵敏度；对表面和近表面缺陷的检测灵敏度较高。

　　（5）可以与电脑飞锯实现互联互动与自动切除缺陷焊管。

6.3.2.5　焊管在线涡流检测典型缺陷信号的分析

　　在分析前先要说一下标准样管缺陷波形的问题，因为在实际检测与调试中，标准样管

缺陷波的相位与许多自然缺陷波的相位比较，还是存在较大差别的，如果仅以标准样管缺陷波相位作为设置依据，就有可能造成误检或漏检。因此，每一个企业都要针对自己的产品，在平时的检测中注意收集各种具有典型自然缺陷的样管，建立必要的档案库，当仪器校验时，先用标准样管校验，然后再与自然缺陷的样管进行比对，这样可以提高检测自信度与可靠性。下面介绍几种具有代表性的自然缺陷波形。

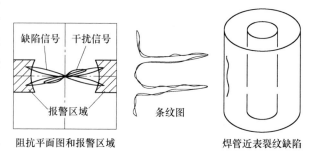

图 6-18　焊管近外表缺陷信号与显示报警区域示意图

（1）焊管近外表缺陷波形。焊管近外表缺陷在阻抗平面图 6-18 上显示为"瘦长双 8 字卧式波形"，相位在 0°~40°之间。在图中，缺陷越接近焊管表面则相位越趋向于 0°，越往厚度内越接近 40°方向，这一波形和相位虽然与焊管抖动干扰信号相似，可是由于近外表缺陷靠近检测线圈，涡流密度大，灵敏度高，缺陷信号幅度大，所以不会与焊管抖动信号相混淆。

这样，对于焊管近外表面缺陷报警区域的设置，可以零点为中心，在相位 -30°~-40°和150°~220°之间设置一个内圈半径略大于焊管抖动信号幅度的报警区域，如此一来，既能检测到焊管近外表缺陷如表面裂纹、表面凹坑的信号幅度并准确报警，剔除不合格管，又能将焊管抖动信号从缺陷信号中分离出来，不发生误报。

（2）焊管近内表缺陷波形。如图 6-19 所示，缺陷波形信号相位在 40°~150° 方向之间，所以应该在 40°~150°相位范围内设置一个内圈半径与图 6-19 相似的扇形半径区域，这样就能把焊管壁厚范围内不同位置但同等量的缺陷信号都纳入各自报警区域。基于涡流检测中的集肤效应，同等量的缺陷信号，越靠近焊管内壁，信号幅度越小，这是判断缺陷位置的理论依据之一。

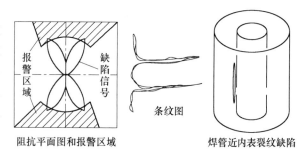

图 6-19　焊管近内表缺陷信号与显示报警区域示意图

（3）焊管穿透性缺陷波形。穿透性缺陷在阻抗平面图上显示的波形相位大约在 40°方向，为一个斜 8 字，参见图 6-20。这样就可在该相位方向一定区域范围内设置一个扇形报警区，一旦存在针孔、沙眼、烧穿等穿透性缺陷的焊管通过检测线圈时，显

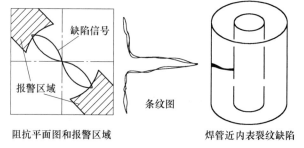

图 6-20　焊管穿透性缺陷信号与显示报警区域示意图

示缺陷的波形就会在报警区内出现并发出报警信号。

（4）焊管轴向微裂纹缺陷波形。由于自比式检测线圈对轴向微裂纹检测灵敏度相对较低，因此，建议在自比式检测线圈后面加装一个对轴向缺陷更为敏感的绝对式检测线圈，

用以检测焊管坯内的轴向微裂纹。绝对式检测线圈检测到的焊管轴向微裂纹缺陷波形阻抗平面图为"手柄"状（图略），相位在85°左右，因此，可将报警区域设置在90°方向上的窗口内，当存在轴向微裂纹的焊管通过绝对式检测线圈时，缺陷波形就会出现在该窗口内，同时报警，以便剔除存在轴向微裂纹的焊管。

通过以上介绍可见，每种无损检测方法均有其优缺点和使用条件。应尽量采用多种无损检测方法，以便相互弥补，从而获得更多、更准的信息，使焊管产品质量更加自信。

6.4　焊管短期防锈

在钢铁产品中，焊管表面积与重量之比属于最大之列，与空气、水及有害气体接触面较大，防锈紧迫性突出。目前大致采用两类防腐方法，即永久性防腐和暂时性防腐。焊管永久性防腐是一个很大的命题，包括改变金属组织结构或在金属表面进行涂、镀、敷等涵盖十分广泛的方法来阻止或减缓金属腐蚀。本节只针对焊管暂时防腐，即确保焊管自生产出来到成功销售出去这段期间（7 天 ~ 3 个月）不发生锈蚀，同时还要兼顾成本与效益。而要做好焊管短期防锈，首先必须了解焊管锈蚀的成因。

6.4.1　焊管锈蚀机理

6.4.1.1　与空气接触氧化

焊管生产出来后，会与空气、各种有害气体、水以及生产焊管用的冷却液等接触，并与这些物体中的氧气和水等发生一系列电化学反应，在此反应过程中，焊管表层金属 Fe 首先失去电子成为铁的氧化物或氢氧化物，即铁锈；随着时间的推移，锈蚀会由表及里，范围逐渐扩大，深度逐渐加深，程度日趋严重。在图 6-21 中，刚开始

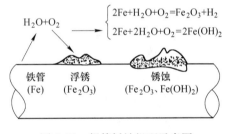

图 6-21　焊管锈蚀机理示意图

生锈时，管面只有少量浮锈、锈迹，表面并未达到腐蚀程度，当锈粉去除后，焊管表面质量亦无大碍，也不会影响对焊管表面进行处理。可是，如果对锈粉阶段的生锈处理不及时，就会发生锈蚀，也就是当锈被去除后，焊管表面会形成一定深度的凹坑、麻点、麻面，影响焊管表面质量或者增加不必要的处理费用；当锈蚀达到一定深度后，甚至影响安全性能。如果在焊管厂周围附近存在较高浓度的腐蚀性气体 CO、CO_2、H_2S、SO_2 等，这些气体与空气中的水结合后生成酸性物质并凝结在焊管面上，继而与铁发生化学反应（腐蚀），那么焊管的锈蚀速度将异常的快。

6.4.1.2　冷却液酸化腐蚀

焊管用冷却液有的用水，有的是用具有一定防锈功能的乳化液、防锈剂等，使用后会或多或少混杂油脂、氧化铁皮、尘埃等污垢，由于焊管冷却液的温度长期保持在 20 ~ 40℃，该温度较适宜厌氧菌生存繁殖，导致冷却液酸化，pH < 7；酸化后的冷却液若在焊管表面得不到及时有效清除，就会在整扎焊管间残留，这种酸化的冷却液很容易使管与管

间的接触面腐蚀，而且，这种腐蚀从整扎焊管的外表很难看出来，可是一旦松开包装后，里面的管子往往锈得面目全非，如图 6-22 所示。这类严重锈蚀，对需要镀镍、镀铬、喷粉、电泳的中高档家具用管来说，是不可接受的；尤其要防止光亮管以及光亮管中有平面的异型管，因为光亮管表面的氧化膜保护层没有黑铁管和热轧管的厚，更容易被腐蚀；而当异型管平面与平面间残留酸化冷却液后，残留的冷却液便很难流出与挥发，管面腐蚀程度越发严重，甚至造成批量报废。

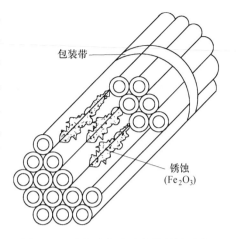

图 6-22　残留冷却液致焊管锈蚀示意

　　因此，预防焊管锈蚀，必须从隔绝空气中的氧、水气与焊管接触以及改善冷却液的酸碱度两个方面入手。

6.4.2　焊管短期防锈的原理

　　根据锈蚀发生机理，焊管短期防锈的基本原理是，利用一定介质将焊管与空气中的氧、水气隔开，以及将残留在管面上的冷却液置换出来，并在焊管表面形成一层膜，膜阻隔焊管与空气接触，防止焊管被腐蚀。

　　焊管短期防锈常用的阻隔介质有两种，一是油性防锈油，二是水基防锈剂，无论是水基或者说是油性，它们都含有一定量的缓蚀剂（防锈剂的主要成分），缓蚀剂是具有极性基团和较长碳氢链的有机化合物，分子极性比水分子极性强，与金属的亲和力则比水大，从而能把吸附在焊管表面的水置换出去；同时，极性基团依靠库仑力和化学键作用，能定向吸附在油-金属界面形成保护膜，抗拒氧、水等腐蚀性物质向金属入侵，从而对焊管起到防锈作用，参见图 6-23。

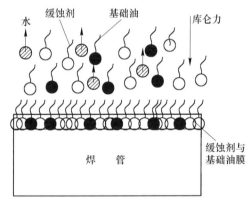

图 6-23　缓蚀剂防腐蚀原理

6.4.3　焊管短期防锈用材料

6.4.3.1　防锈油

（1）防锈油主要成分与作用见表 6-1。

表 6-1　防锈油的主要成分与作用

成　　分	作　　用
缓蚀剂（防锈剂）	（1）水膜置换性，将吸附在焊管表面的水膜置换掉，减缓焊管锈蚀速度； （2）溶剂化，将极性物质如水、酸根等吸附封存于以胶束状态存在的防锈剂中，使它们不与金属接触； （3）定向吸附在金属与油的界面，形成保护膜

成　　分	作　　用
基础油	（1）载体，使防锈剂在油中分散均匀； （2）油效应，使油分子深入到定向吸附的防锈剂分子之间，在吸附少的地方进行物理吸附，使吸附膜致密； （3）调节防锈油的黏度与膜厚
成膜剂	增强防锈油膜的机械强度，防止防锈剂从表面流失
其他添加剂	对一些极性较强的缓蚀剂，添加助溶剂，以增加缓蚀剂的油容性

（2）焊管用防锈油产品标准分类：防锈油的种类繁多，焊管常用的有溶剂稀释型防锈油、润滑型防锈油、气相防锈油等。

6.4.3.2　水基防锈剂

水基防锈剂是在溶液中加入一定量的防锈剂，用它涂抹焊管时，可在短时间内在焊管表面形成一层保护膜，从而阻止或延缓焊管表面金属的电化学反应，达到防锈目的。水基防锈剂的构成及其作用见表6-2。

表6-2　水基防锈剂的构成及其作用

成　　分	作　　用
钝化剂	与焊管表面发生电化学钝化反应，生成耐腐蚀的钝化膜，阻挡焊管表面与空气、水接触
缓蚀剂	（1）水膜置换性，将吸附在焊管表面的水膜置换掉，阻滞焊管表面与氧气、水等发生电化学反应，减缓焊管锈蚀速度； （2）定向吸附在焊管表面与水的界面，形成保护膜
成膜剂	（1）在焊管表面形成一层超薄膜，防止防锈剂从焊管表面流失； （2）让防锈剂在焊管表面有牢固附着，使水溶性防锈剂具有良好的涂敷工艺性
气相缓蚀剂	在焊管表面的有限空间内形成具有一定蒸汽压的防锈剂气氛，并吸附在焊管表面，防止焊管生锈
其他助剂	改善水剂性质、表面活性和促进钝化反应
水	$pH \approx 7$

6.4.4　焊管用防锈油（剂）的选用原则

（1）区域性原则。应该根据不同地区的气候条件选择防锈油的品种，如北方干燥、低温、相对湿度低，适宜选用黏度低一点的防锈油；而南方潮湿、温润、相对湿度高，宜选用黏度较高的防锈油。沿海与内陆对使用防锈油也应有所区别。

（2）季节性原则。要根据季节变化，实时更换防锈油，不能一成不变。比如盛夏季节，湿度大、气温高、易挥发，就要选择黏度高一点的防锈油；而冬季干燥、气温低、难挥发，则可选择黏度低的防锈油，也便于清除。

（3）时间性原则。根据防锈时间长短要求选择防锈油，极短时间如10日以内，可选择水基防锈剂；如需长期存放（指短期中的长），则不建议使用水基防锈剂。

（4）环境性原则。指管厂周边有无腐蚀性气体源，如酸洗、电镀、氯气、SO_2、CO_2，就要使用黏稠一点的防锈油以强化防护。

（5）经济性原则。就目前防锈油行业的技术状况看，对焊管进行防锈，不存在任何技术难题，关键是焊管厂的使用成本。以金属家具管（ϕ76mm 以下小管、薄管居多）为例，按 15 天左右的外表面防锈时间要求，每吨焊管防锈油费用需 10 ~ 15 元，是一笔不小的开支。

（6）清洗性原则。在确保防锈效果的前提下，防锈油要尽可能地用得稀一点，便于后道工序清洗。

6.4.5　焊管防锈油（剂）的施加方式

（1）冷却液法：就是将防锈乳化油或水基防锈剂按一定比例与焊管用冷却水混合，使防锈与焊管生产冷却过程同步进行。优点是成本低，焊管内外表面都有一定的防锈效果；缺点是防锈效果差，防锈时间短。

建议防锈冷却液的 pH 值保持在 7.5 ~ 8.5 之间，同时在停机期间必须保持冷却液处于循环状态，防止厌氧菌繁殖导致冷却液酸化。比较好的方法是在冷却液出水池中安装一个 1in（25.4mm）左右大小（30m³ 的冷却池）的管道泵，确保在焊管机组正常使用时冷却液处于外循环状态，停止使用时则处于内循环状态，不给厌氧菌合适的生存环境。

（2）在线涂抹法：在焊管机组出口处对焊管进行在线涂抹，在线涂抹的优点是，涂抹较均匀，涂抹量可控、方便、成本低；主要缺点是管内无法涂抹。

（3）离线浸泡法：指将整扎焊管放入装满防锈油（剂）的槽内浸泡 2 ~ 3min 完成焊管内外涂油（剂）。离线浸泡法的优点是焊管内外面的防锈油（剂）都很充裕，防锈时间较长，没有防锈死点，防锈效果好；缺点是油耗高、成本高、场地易被污染。

（4）离线喷洒法：这实际上是对（1）和（2）两种方法的补充。当焊管超过预定的防锈期仍然没有出货或天气湿度较高时，就应该及时对该批焊管喷洒防锈油。可以用喷雾器，也可以使用喷枪。优点是可以起到拾遗补缺的作用，方便灵活；缺点是导致周围环境充斥着油雾。

第7章 焊管在线切断

焊管在线切断设备是焊管生产线上的重要配套设备之一，在焊管生产史上，大致出现了5种具有代表性的切断设备，分别是冲切、滚切、刀切、感应切和锯切设备。

7.1 在线切断设备的特点与基本构造

7.1.1 焊管在线切断设备的基本特点

无论哪种焊管在线切断设备，它们都有三个共同特点：

（1）与被切焊管同步。即在设备允许范围内，切断必须与焊管时刻保持基本同步。

（2）任意长度切断。动态最短连续切断长度受机组速度制约，静态切断长度不受限制。

（3）时间控制。必须在规定时间内完成动作，即从起步开始到完成切断、到返回，再到准备进行下一次切断，都必须在既定管速与既定管长所确定的时间内完成。一个锯切周期所用时间必须满足式（7-1）：

$$t = \frac{L}{v} + t' \tag{7-1}$$

式中　t——一个锯切周期用时，s；

　　　L——焊管定尺长度，m；

　　　V——焊管运行速度，m/s；

　　　t'——复位后的等待时间，$t' > 0.5$s。

不然的话，切断设备将无法在下一个规定的长度范围内对运动中的焊管进行切断。该特点的本质要求是，切断设备必须满足焊管生产线速度的要求，而不能制约，式（7-1）的意义正在于此。

在某种意义上讲，几十年来人们对切断设备所进行的改进，都是围绕这三个特点进行的，工艺目标是切断效率更高、精度更高、断面质量更好。

7.1.2 焊管在线切断设备的基本构造

五类焊管在线切断设备，尽管切断原理各异，但是它们的基本构成类似（摆头锯除外），都由床身、行走小车、驱动机构、切断机构、夹紧机构和控制系统6个部分组成，参见图7-1，基本动作顺序如图7-2所示。

7.1.2.1 床身

床身为箱式钢构焊接件，床身上布置有两条导轨，供行走小车在其上往复行走。要求床身具有足够刚性，确保小车运行时不产生颤动以及导轨具有足够耐磨性。

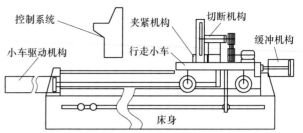

图 7-1　焊管在线切断设备基本构成

7.1.2.2　行走小车

行走小车由四轮小车与车载切断机构组成。一方面，小车在驱动机构驱动下沿床身上的轨道作往复直线运动；另一方面，带动车载切断机构对运动着的焊管进行切断。行走小车运行精度，直接决定焊管定尺精度。迄今为止，人们用于焊管切断设备改进的人力、财力和时间，约 80% 都用在怎样更准确、更平稳地驱动行走小车，从而获得长度更精准的焊管和效率更高的切断。

7.1.2.3　驱动机构

焊管定尺长度和定尺精度主要由驱动机构决定，分气动、液压和齿轮齿条三种。

（1）气动驱动机构：由运行长气缸、助推（缓冲）短气缸、储气包和电磁阀、调压阀等组成，作用是驱动运行小车前进与回复。其中，助推短气缸在小车需要向前运行时，它帮助运行小车获得一个起步加速度，此时称之为助推气缸；当小车后退到距零位 250 ~ 300mm 时，它给运行小车一个后退阻力，以减慢运行小车在复位最后阶段的运行速度，使运行小车最终平稳复位，故又称缓冲气缸。工作原理如图 7-3 所示。

（2）液压驱动机构：与气压驱动机构原理大同小异，不过液压驱动小车比气动小车运行要平稳些，相比较所切焊管长度也比气压的要准确一些。

（3）齿轮齿条驱动机构：齿条一端与运行小车连接，另一端与齿轮相配，齿轮由变速箱与直流电机或交流变频电机驱动，如图 7-4 所示。通过给定电机转速实

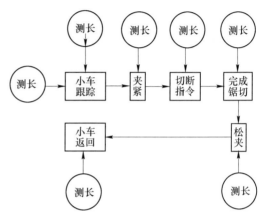

图 7-2　焊管切断设备逻辑顺序

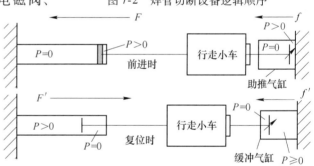

图 7-3　小车运行气缸工作原理示意图
F—小车前进动力；f—助推前进力；F'—复位动力；f'—缓冲减速力

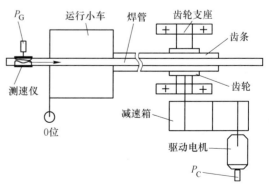

图 7-4　齿轮齿条小车工作原理示意图

现运行小车的加速运行、同步运行、返回运行。而这一切指令均来自测速辊所检测到的焊管脉冲数，并将脉冲传输给运行小车的驱动机构，形成运行小车脉冲数；然后，经计算机运算后发出指令，并按预先设定的程序驱动小车完成一系列运行、跟踪、锯切和返回动作。

在三种驱动方式中，齿轮齿条驱动运行最平稳、定尺精度最高，也是目前各类焊管切断设备中运用最广泛、最成功的驱动方式。

7.1.2.4 切断机构

根据切断焊管的方式不同，切断机构有曲轴式冲切机构、液压冲切机构、液压刀切机构、液压滚切机构、气（液）压锯切机构、感应加热拉断机构等，见图7-5~图7-10。其中，冲切、刀切和感应拉断在焊管业内几乎绝迹；生命力最强的当数滚切和锯切，滚切仅适用于切断圆管，锯切适用范围不受限制。

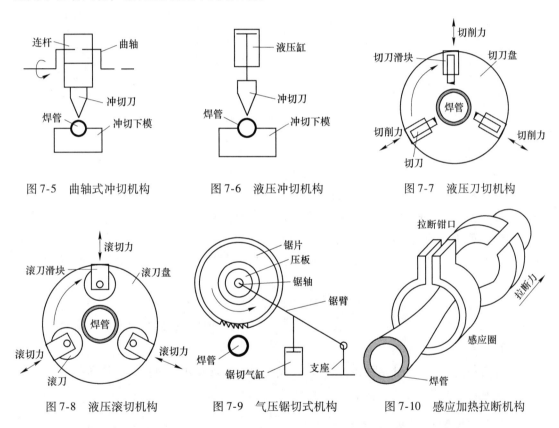

图7-5 曲轴式冲切机构　　图7-6 液压冲切机构　　图7-7 液压刀切机构

图7-8 液压滚切机构　　图7-9 气压锯切式机构　　图7-10 感应加热拉断机构

7.1.2.5 夹紧机构

夹紧机构的作用是在小车运动中夹住运动中的焊管，强制运行小车与焊管同步，确保切断刀具与焊管在切断时不发生纵向位移和横向位移。这样，一可以提高切断精度，二可以改善所切焊管的端面质量、避免斜切，三可以减小切断刀具与管端面的摩擦、延长刀具使用寿命，四在切断时起支点作用。夹紧机构有单向夹紧、双向夹紧、双侧夹紧和通过套四种基本形式。

（1）单向夹紧机构：由固定卡瓦座、活动卡瓦座、卡瓦和气（液）缸组成，如图7-11所示，卡瓦座上的 R 作为该切断设备的设计参数固定不变，用户必须根据这个参数和焊管外径（2r）配备相应的卡瓦；安装在固定块上的卡瓦厚度 H 必须按式（7-2）设计：

$$H = R - r \qquad (7\text{-}2)$$

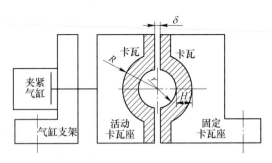

图 7-11　单向夹紧机构

这样才能保证夹住的焊管不偏离轧制中线。更换焊管规格时只需更换相应卡瓦。切断水煤气输送用管的卡瓦一般用 HT25-47 铸铁或 ZCuSn10P1 锡青铜制成；对表面要求较高的焊管，还可以用 ABS 等工程塑料，以防止划伤焊管表面。

（2）双向夹紧机构：由左卡瓦座、右卡瓦座、卡瓦、齿轮齿条和夹紧缸等组成。当夹紧缸向右施力时，带动左卡瓦座和左卡瓦向右移动，同时左卡瓦座带动下齿条也向右移动，如图 7-12 中实箭线所示，并驱动齿轮逆时针转动，这样逆时针转动的齿轮带

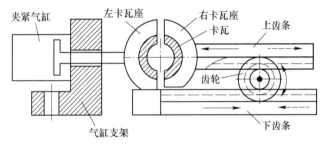

图 7-12　双向夹紧机构

动上齿条和右卡瓦座及右卡瓦一起向左移动；松夹则完全相反，实现双向夹紧与松夹。

在夹紧行程相同的条件下，双向夹紧机构比单向夹紧机构用时约短 50%，从这个意义上讲，双向夹紧对控制焊管长度精度更有利，夹紧力更大。

（3）双侧夹紧机构：就是在切断刀具前后各安装一个夹紧机构，优点是夹持效果更好，夹紧力更大，能够最大限度地改善焊管切断面的质量，使断面残留毛刺变薄、易去除。

（4）通过套结构：所谓通过套其实是不设夹紧机构，就是一个通套，焊管从中无障碍通过，套仅起切断支点作用。通过套结构适用于摆头锯和计算机控制长度的飞锯机。

7.1.2.6　控制系统

焊管切断控制系统以长度控制为标志，代表形式有触发式、机械式、微机控制和数字控制（DSP）等类型。

7.1.3　长度控制模式介绍

7.1.3.1　触发式控制长度

（1）行走式飞锯机触发控长。就是在飞锯机前方 L 处设计一个活动信号挡板，如图 7-13 所示，挡板一端安装有触发开关，挡板处没有管子顶开时，开关处于常开状态；当焊管顶开信号板后，开关闭合，给切断设备发出初始动作信号，然后切断设备按自身设定程序工作，包括摆头锯和行走小车由气（液）压驱动的切断设备，都是采用这种长度控制模式。其长度控制原理是：假定焊管机组在一定状态下的速度 v 恒定，而切断设备从接到信号到完成切断所用时间 t 又是定值（人为设定），这样，焊管在这段时间内走过的长度，

与小车从起步到追踪到焊管速度在同样时间内所走过的长度应该相等；同时，信号板与零位处的切断设备之间的距离 L 也是定值，由此得到某一精度前提下的等长度焊管。焊管长度 L' 由式（7-3）确定：

$$L' = L + (tv_管 - t\bar{v}_车) \qquad (7\text{-}3)$$

依靠这种模型控制的长度精度较差，因为虽然时间 t 是定值，但是在这段时间内受运行小车气（液）压压力波动、焊管触碰信号板位置不同（图 7-13 中 A、B、C 三点均可触发信号，但长度 $L_1 \neq L_2 \neq L_3$）、焊管直度等影响，使得实际通过的焊管长度不确定，因而精度较低，通常焊接速度在 ±1m/min 范围内波动时，误差可以控制在 0 ~ 30mm 之间。

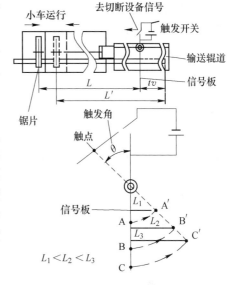

图 7-13 触发式长度控制原理示意图

（2）摆头式飞锯机触发控长。摆头锯由锯切小车、锯片、锯切头、锯切电机、转动板、锯切气缸、立轴、复位弹簧等部分组成，参见图 7-14。其工作原理是：当管头触碰到信号挡板后，信号挡板发出锯切信号，锯切气缸 7 推动锯切小车 12 实施锯切，在这个过程中，锯片 6 一边切断焊管，一边被来自机组方向的管头推开，并带动转动板 2 绕立轴 11 顺时针摆动；在切断焊管后，锯切小车带着锯片随即返回，当锯片最前端退到管子后面时，转动板 2 连同锯片 6 在拉簧 9 作用下绕立轴 11 逆时针回复至定位缓冲块 10，等待下一个信号。

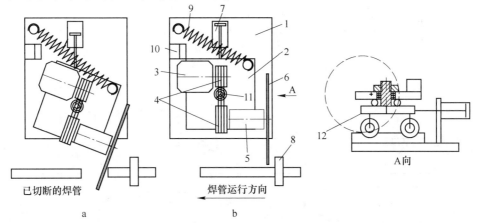

图 7-14 摆头锯工作原理示意图

a—锯切状态；b—待命状态

1—底板；2—转动板；3—锯切电机；4—皮带轮；5—锯切头；6—锯片；7—锯切气缸；8—支承套；
9—复位拉簧；10—定位缓冲块；11—立轴；12—小车

摆头锯的运动轨迹比较特别，如图 7-15 所示。摆头锯对锯切质量影响最大的莫过于切断后的焊管断面与管子母线不垂直，即斜头，不美观。图 7-15 启示我们，要消除摆头锯的切斜，获得比较垂直的焊管端面，根本办法是改变进刀路径，也就是把锯切小车导轨由垂直于焊管母线设计成与焊管母线倾斜 θ 角，使 $\theta = 5° ~ 7°$。锯切路径改进后，锯片以反向斜切的方式进锯，经焊管速度合成后，反而会使锯切断面垂直。或者，减薄图7-14中的定位缓冲块10，目的与效果同上，而且，还可以根据管径和机组速度调节 θ 角，更灵活。不过，摆头锯不适宜锯切外径超过 φ50mm、壁厚超过 2.0mm 的焊管。

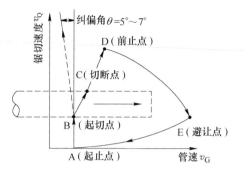

图7-15 摆头锯锯切点的运动轨迹

比较而言，虽然摆头锯触发控长原理与行走锯类似，但是它接到信号后不需要追踪、跟踪和夹紧，而是直接实施切断，用时短，干扰因素相对较少，故对长度影响较小，比行走锯要准确一些。

7.1.3.2 机械定尺控制长度

机械定尺飞锯分为顶板式与翻转式两种，构造参见图7-16 和图7-17。

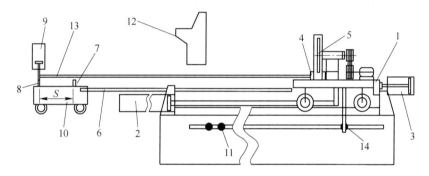

图7-16 顶板式机械定尺飞锯

1—行走小车；2—运行气缸；3—缓冲气缸；4—夹紧装置；5—锯切装置；6—连接杆；
7—行走发讯开关；8—夹紧锯切发讯开关；9—定尺顶板气缸；10—定尺小车；
11—返回发讯开关；12—控制柜；13—焊管；14—零位开关

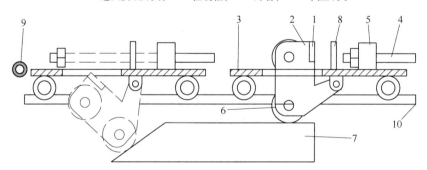

图7-17 翻转式机械定尺飞锯

1—定尺挡板；2—翻转架；3—定尺小车；4—连接钢管；5—滑座；6—托辊；7—定尺轨道；
8—发讯开关；9—输送滚道；10—小车导轨

由于机械定尺装置必须与管头发生一定的碰撞才能确保定尺长度，这就要求焊管具有相当的强度，因此，机械定尺飞锯不适用于小直径管和薄壁管。而且，对机组速度也有较大制约，一般不主张焊接速度超过 40m/min，在这个速度范围内，定尺精度可达 ±5mm 左右，现已基本淘汰。

7.1.3.3 微机控制定尺长度

A 微机控制定尺飞锯机的基本构成

整个飞锯系统由微型计算机、调速器、行走切断、光电编码器、测速轮及继电控制器件等组成，参见图 7-18。它已经具备了 DSP（Digital Signal Processor——数字信号处理器）控制定尺飞锯机的雏形。

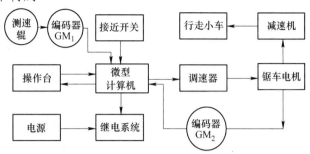

图 7-18 微机控制定尺飞锯机设备框图

（1）操作台：设有自动、手动、模拟三种运行模式和长度设定、实时锯切、计数显示等一系列按钮与窗口，满足焊管生产线上对正品管、次品管、开口管的锯切需要。在手动状态下，可以进行夹紧、落锯、抬锯、松夹、单根锯切、前进、后退等动作。模拟可以用来验证、检查、判断机电系统运行状态。

（2）计算机：是微机控制定尺飞锯机的控制主体，软件系统一般选择 4K 字节和十几个子程序（20 世纪 90 年代），分别用来记数来自测速辊的焊管脉冲、记数来自行走小车的脉冲、计算通过锯口的焊管长度、确定焊管速度和启动时间、确定同步跟踪调整、确认焊管长度并发出夹紧和锯切信号、读取管长设定信号、返回信号和零位停车信号等。

（3）调速器：是决定同步跟踪与定尺精度的重要环节，微机定尺飞锯机主要采用两种调速器，一种是 SNO 型，时间常数为 3.3ms；另一种是全控双环（如欧陆）型，时间常数为 20～50ms。由于 SNO 型调速器的时间常数小，所以对焊管波动速度反应快，速度跟踪精度高；而全控双环的反应虽然相对迟缓，但由于性价比高，故应用更广泛。

（4）切断行走：包括行走小车、夹紧机构、锯切机构、直流电机和齿轮齿条等，主要功能是完成来自微机→调速→继电系统的命令。

（5）光电编码器：作为位移传感器是焊管位移信号和行走小车位移信号反馈的输入通道，它输入的脉冲信号，通过简单逻辑电路处理就能转换为数字量，向微机提供位置和速度反馈。微机定尺飞锯机一般都用两个编码器，一个用于测量焊管位移（GM_1），另一个检测运行小车位移（GM_2）。

1）GM_1 编码器：是将焊管的直线运动转换成测速辊的圆周运动，测量焊管位移常用 A、B 两相分别输出 2000 脉冲/转的编码器，而软件是按照脉冲当量 0.1mm 计算，即每一个脉冲表示焊管移动 0.1mm，且脉冲处理电路又将 A、B 两相脉冲经过 RC 电路及施密特反相器滤波后四倍频，也就是 4×2000 个脉冲对应测速辊周长，这时脉冲当量不是 0.1mm，所以要对脉冲数乘以一个相应的系数，即焊管脉冲系数：

$$K_G = \frac{D\pi}{0.1 \times nP_G} \tag{7-4}$$

式中　K_G——焊管脉冲系数；

　　　D——测速辊直径，mm；

　　　P_G——测管编码器脉冲数，焊管常用 2000 脉冲/转；

　　　n——脉冲倍频数，$n = 4$。

这样，通过计数器输入到计算机的脉冲当量才是 0.1mm。

焊管脉冲是确定管速和检测管长的关键参数，其准确程度直接影响锯切精度。必须确保光电编码器完好、转动灵活，使每一圈所生成的脉冲一致，不丢转；必须确保测速辊与焊管接触良好、压力适中、不丢转，为此要使测速辊表面既要有一定硬度，又要有一定粗糙度，不打滑；必须确保编码器与测速辊连接良好，预防在连接处滑动丢转。

2）GM_2 编码器：测量运行小车的编码器同轴安装在直流电机上，参数为每转 A、B 两相各输出 1000 个脉冲，经 RC 电路和施密特反相器滤波后 4 倍频，变为 4×1000 个脉冲对应齿轮分度圆周长，锯车的脉冲当量仍为 0.1mm；直流电机带动减速箱、齿轮齿条及运行小车前进与返回，在已知齿轮齿数 Z 和模数 m、减速箱速比 i、小车脉冲编码器每转脉冲数 P_C 和脉冲倍频数 n（$n = 4$）的情况下，小车脉冲系数 K_C 由式（7-5）决定：

$$K_C = \frac{Zm\pi}{0.1nP_Ci} \tag{7-5}$$

而在 Z、m、i、n、P_C（焊管常用 1000 脉冲/转）都不知道的情况下，小车脉冲系数 K_C' 可通过式（7-6）获得：

$$K_C' = K\frac{l}{L} \tag{7-6}$$

式中，K 为假设的当前 K_C，一般选与 K_C 大致相当的一个数；l 是在系统复位、测长显示为零的情况下，手动控制运行小车实际向后移动的长度；L 为切断显示的长度。在计算出 K_C' 后，即将 K_C' 当作 K_C 使用，效用相同。

小车脉冲是检测运行小车速度和行走距离的关键参数，齿轮齿条配合精度和连接部位精度都对脉冲检测准确性有较大影响。

B　微机控制定尺飞锯机的基本原理

根据编码器采集到的数据，经微机运算处理后，向行走小车发出启动、加速追踪信息，待同步并锁定长度时即刻发出夹紧、落锯、抬锯、松夹、返回等指令，完成一个工作周期。

整个系统控制模型是根据物体运动的速度、距离和加速度之间的关系而建立的运动方程：

$$S = \frac{v_t^2 - v_0^2}{2a} \tag{7-7}$$

式中，S 为距离；v_t 为小车末速度；v_0 为小车初速度；a 为加速度。在飞锯工作过程中，运行小车由静止启动并加速到与焊管同步，因此这里的 v_0 为零，式（7-7）演变成：

$$S = \frac{v_t^2}{2a} \tag{7-8}$$

微机定尺飞锯机小车运动轨迹就是以式（7-8）为基本模型设计的。

C　微机控制定尺飞锯机的精度

飞锯机采用这个控制模型的前提是，将焊管运动视作速度为 v_t 的匀速运动。但实际生产线上的焊管速度每时每刻都在变化，当运行小车以式（7-8）为控制模型和依据得出调速驱动信号后，小车以启动瞬间的焊管速度为追踪末速度，以恒定加速度向焊管追去，当小车速度达到预定末速度时，就达到定尺条件；如果其间焊管速度发生变化，就要求运行中的小车速度作出相应变化，而这已经超出系统能力范围。

微机采用的 CPU 运算速度太慢（20 世纪 90 年代前后），CPU 是 Z80A，时钟频率只有

4MHz，状态周期250ns，运算指令范围有限，实现诸如变速这些复杂模型，势必运算程序庞大，软件花费大，导致设备昂贵，企业消费不起；若以2ms的软件运行周期而言，当焊管速度 $v_t = 90\text{m/min}$ 时，则 $v_s = 1.5\text{mm/ms}$，那么仅2ms的运行周期焊管长度就相差3mm，误差惊人。尽管如此，微机控制定尺飞锯无论在控制思想、控制方法以及长度精度上都比之前的任何控制方式要先进和精准，当然也无法与后来的DSP控制相提并论。

微机控制定尺飞锯机处于飞锯机发展的承上启下阶段，存世时间并不长，现已匿迹。不过，其许多控制理念并未过时，为用DSP控制锯切长度奠定了理论基础。

7.1.3.4　DSP控制定尺长度

DSP（Digital Signal Processor——数字信号处理器）控制定尺飞锯机，是将数字信号处理器与飞锯机相结合，用数学方法对通过编码器采集到的焊管运行信号和运行小车信号进行运算处理，并且把运算结果及时反馈给直流电机驱动器（或变频器、伺服），驱动飞锯运行小车等完成对在线运行焊管的追踪、同步、长度比较、夹紧、锯切等动作，实现精确定尺。

A　DSP控制定尺飞锯机的构成

DSP控制定尺飞锯机由DSP、直流驱动器（或变频器或伺服）、直流（交流或伺服）电机、齿轮齿、减速箱、光电编码器、人机界面触摸屏、继电系统、行走切断系统等组成，参见图7-19。

B　DSP高精度控制定尺飞锯机的原理

与微机、PLC等控制定尺长度的飞锯相比，DSP控制的定尺精度更高。

一方面，从信号采集周期看，采用DSP技术对飞锯机的运行进行控制，使得它能更高速（1ms）地采集外部信

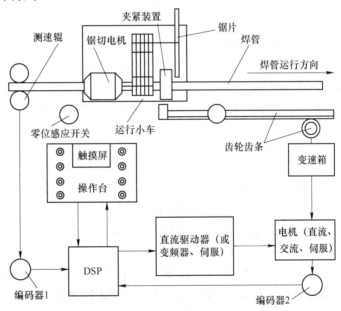

图7-19　DSP定尺控制系统与飞锯机构成示意图

息。仍以焊管速度 $v_t = 90\text{m/min}$ 为例，则 $v_s = 1.5\text{mm/ms}$，那么，在2ms的时间内（ $t <$ 2ms）速度发生变化，信号采集周期为2ms的控制系统什么都不能干，任由3mm的误差存在；而在信号采集周期为1ms的控制系统中，却有一次纠偏机会，焊管长度理论最大误差仅为1.5mm。这样，DSP控制系统能在每1ms内采集、计算焊管和小车的速度与位置，计算出调速给定信号，小车根据信号适时调整自身位置和速度，使之在每1ms内都与焊管同步，进而达到高的定尺精度。在这个意义上讲，对采集周期2ms的系统而言，采集周期为1ms的系统实现了对变速运动的控制。

　　另一方面，从控制模型看，由于焊管速度事实上不是平滑的直线，而是围绕理想速度线上下波动且不规则的曲线，在名义速度相同、用时相同的情况下，图 7-20a 所示面积与图 7-20b 的面积并不相等。在图 7-20a 中，阴影部分的矩形面积就是在时间 T 内、以速度 v 所移动距离 S：

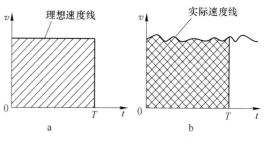

图 7-20　速度与距离示意图

$$S = vT \qquad (7-9)$$

而要知道图 7-20b 网状部分的面积，只能通过积分获得：

$$S_J = \int_0^T (v_{J1} - v_{J2})\,\mathrm{d}t \qquad (7-10)$$

式中　S_J——变速运动移动的距离；

　　　v_{J1}——前一时刻的即时速度，m/ms；

　　　v_{J2}——后一时刻的即时速度，m/ms；

　　　$\mathrm{d}t$——时间积分微元，ms；

　　　T——时间，ms。

　　式（7-10）说明，与 2ms 相比，使用 DSP 控制系统时，将大于等于 1ms 时间跨度以外的速度变化不再视为恒速处理，实现了对不恒速运行焊管每 1ms 位移与速度的检测，长度控制更为精准。

　　与式（7-10）相对应，DSP 控制系统的加速度也不再恒定，而是速度对时间的导数，参见式（7-11）：

$$a_J = v'_J = \frac{\mathrm{d}v_J}{\mathrm{d}t} \qquad (7-11)$$

式中　a_J——即时加速度，m/ms^2；

　　　v_J——即时速度，m/ms；

　　　v'_J——速度对时间的导数，m/ms^2；

　　　$\mathrm{d}t$——时间积分微元，ms。

　　式（7-11）表明，在飞锯机每一个运行周期内，运行小车绝不仅仅只在四个加减速度下行走（见图 7-21），而是经历了若干个加减速度。

　　那么，式（7-10）和式（7-11）就共同构成了 DSP 控制系统的控制模型。而且，这一控制模型不会过时。可以预料，随着 DSP 的进化，在不久的明天，必定会出现比 DSP 运算速度更快、信号采集周期更短、用户使用成本更低的控制器件，但对控制模型而言，变化的只是时间积分微元更小而已，模型不会变。

　　C　DSP 控制定尺飞锯机行走小车运行轨迹

　　在图 7-21 中，A→B 区域所围面积数为小车返回后待命这段时间内焊管移动的距离，B→I 区域所围面积数为小车正向运行期间焊管移动的距离，I→M 区域所围面积数则是小车反向运行复位期间焊管移动的距离，三者之和便是飞锯一个工作周期内焊管累计移动的长度，即设置的焊管定尺长度，也是控制模型式（7-11）的几何意义所在。

　　图 7-21 中，各段速度线在不同时间节点上分别表达不同的内涵，除 A 点外，其余节

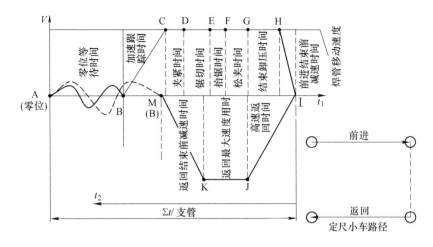

图 7-21 DSP 定尺飞锯小车运行的速度、时间与焊管长度示意图

t_1—小车正向运行时间；t_2—小车返回运行时间

点都赋有双重含义，这里仅对几个重要节点和区域加以说明：

（1）A—B 段：A 点是飞锯一个工作周期的时间起点，B 点既是飞锯小车运行的地域起点，也是一个工作周期的地域终点。

（2）B—C 段：加速追踪段，当接到出发指令后，小车必须在时间 $T_{B\sim C}$ 内加速追赶焊管速度，并在 C 点追踪到焊管速度；同时，在该段内，小车一边被加速至与焊管速度同步，一边时刻检测锯片与焊管头之间的长度是否与定尺长度一致；若一致，则在 C 点进入同步状态并下达夹紧指令；若不一致，则 DSP 发送脉冲进行小车加减速控制，调整相对位置与定尺等长，而且是 1ms 计算比较一次。

（3）C—G（H）段：同步作业段，经长度和速度确认后，C 点开始夹紧，小车从该点开始至 G 点都与焊管速度同步，并顺序完成落锯、抬锯、松夹和启动减速（G 点），做减速准备。因此，G 点是小车与焊管同步的终点，同时也是正向减速的起点。至于 H 点，如果飞锯系统没有使用液压，则图 7-21 中的 H 点与 G 点重合。

（4）G（H）—I 段：正向减速段，小车从 G（H）点开始正向制动、减速，并且在时间 $T_{G(H)\sim I}$ 内，小车以负加速度从焊管速度降至 I 点的 0 速；I 点则既是小车正向前进的 0 速点和终点，又是小车返回的起点。

（5）I—J 段：反向加速段，小车以 I 为起点、以反向加速度加速返回，并在 J 点达到返程的最高速，甚至快于焊管速度。

（6）J—K 段：反向高速匀速运行段，以 J 处的最高速度快速往回走至 K 点；在整个小车运行过程中，这段速度最快。

（7）K—M 段：反向减速段，返程小车从 K 点开始刹车减速，作回归零位的准备，以实现小车在 M 点平稳回到零位。所以，点 M 是前一个循环的终点，同时也是另一个循环的起点。也就是说，小车到达 M 点时，前一循环清零，控制程序在时间上回到 A 点，小车在空间上回到 B 点，等待下一个循环指令。

D DSP 控制定尺飞锯机行走小车运行轨迹与焊管移动距离的关系

从飞锯小车运行轨迹看，其运行过程是以焊管移动状态为前提的，或者说是焊管移动状态的必然结果，二者的关系可用式（7-12）描述：

$$L_{A \sim M} = \begin{cases} v_t T_{A \sim B} (T = A \sim B) \\ \dfrac{v_t^2}{2a_{B \sim C}} (T = B \sim C, a_{B \sim C} > 0) \\ v_t T_{C \sim G(H)} [T = C \sim G(H)] \\ \dfrac{v_0^2}{2a_{G \sim I}} (T = G \sim I, v_0 = v_t, a_{G \sim I} < 0) \\ \dfrac{v_{tt}^2}{2a_{I \sim J}} (T = I \sim J, a_{I \sim J} > 0) \\ v_{tt} T_{J \sim K} (T = J \sim K) \\ \dfrac{v_{0t}^2}{2a_{K \sim M}} (T = K \sim M, v_{0t} = v_{tt}, a_{K \sim M} < 0) \end{cases} \tag{7-12}$$

式（7-12）用数学语言描述了焊管移动长度与定尺小车运行状态之间的关系，对焊管在定尺过程中的几个关键长度可作如下解读：

（1）焊管实际长度 L_S。在数值上等于式（7-13）所示各个函数值之和，即

$$L_S = \sum (L_{A \sim B} + L_{B \sim C} + \cdots + L_{K \sim M}) \tag{7-13}$$

它与设置长度 L 的关系为：

$$\Delta L = L_S - L \leqslant \pm 3 \text{mm} \tag{7-14}$$

（2）锯切时锯片离开零位 B 的长度 L_1 为：

$$L_1 = v_t T_{A \sim B} + \frac{v_t^2}{2a_{B \sim C}} + v_t T_{C \sim D} \tag{7-15}$$

（3）焊管头距零位 B 的长度 L_2 为：

$$L_2 = \sum (L_{A \sim B} + L_{B \sim C} + \cdots + L_{K \sim M}) + L \tag{7-16}$$

（4）残长长度 L_C 为：

$$L_C = L - (L_2 - L_1) \tag{7-17}$$

所谓残长系指通过 DSP 设置的长度与实际切下的焊管长度之差值，计算残长的意义在于更好地了解与控制定尺精度，及时分析与纠偏定尺精度。从理论上讲，残长趋于零定尺精度最好，残长长度是检验飞锯机定尺控制系统优劣最重要的参数之一，是判断飞锯机精度的重要指标，也是衡量飞锯机与控制系统配合度的重要依据。

E　介绍一款 DSP 控制定尺飞锯机的主要控制参数

控制系统见图 7-22，现分别从触摸屏主页面、参数内含、长度设置、参数修改等方面进行说明。

（1）触摸屏主页面。当控制系统上电后约 3s，触摸屏主页面显示内容包括：当前锯切长度、设定长度、焊接速度、系统状态（手动—自动）、已锯切支数以及长度设置、参数设置与中英文互换等，其中，已锯切支数可以进行清零、加减支数的修改；通过确认键确认系统状态，通过复位键对系统复位清零。

（2）菜单内含。通过人机界面的触摸屏，可以对人机界面中菜单页面上所列的 16 个参数进行修改。各个参数的名称、内含、值域参见表 7-1。

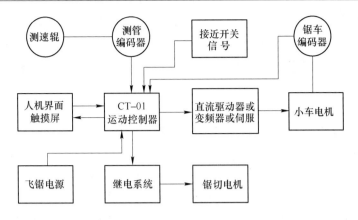

图 7-22　XX 系列飞锯控制系统框图

表 7-1　XX 系列飞锯机人机界面控制参数一览表

参数代号	参数名称	参数单位	值域范围	参 数 说 明
参数 1	零位稳定度	—	00.000 ~ 99.000	设定值为 5.0。过大或过小电机都会在零位振荡不稳
参数 2	跟踪稳定度	—	00.000 ~ 99.000	设定值为 10.0。过大小车跟踪振荡；过小则跟踪精度不好
参数 3	脉冲系数	—	0.00000 ~ 0.09999	参见式（7-8）
参数 4	脉冲系数	—	0.00000 ~ 0.09999	参见式（7-9）
参数 5	第一加速度	m/s^2	0.000 ~ 9.999	小车跟踪起步时的加速度。现场调试根据飞锯机型号确定
参数 6	第一减速度	m/s^2	0.000 ~ 9.999	小车跟踪结束时的减速度。现场调试根据飞锯机型号确定
参数 7	第二加速度	m/s^2	0.000 ~ 9.999	小车返回起步时的加速度。现场调试根据飞锯机型号确定
参数 8	第二减速度	m/s^2	0.000 ~ 9.999	小车返回结束时的减速度。现场调试根据飞锯机型号确定
参数 9	同步调整时间	ms	0 ~ 9999	锯车与管同步到输出夹紧信号的时间
参数 10	夹紧时间	ms	0 ~ 9999	输出夹紧信号后到输出落锯信号的时间
参数 11	抬锯时间	ms	0 ~ 9999	输出抬锯信号后到输出松夹信号的时间。若使用抬锯接近开关时设为 9999
参数 12	松夹时间	ms	0 ~ 9999	输出松夹信号后松夹结束的时间。使用松夹接近开关时设为 9999。此时间结束后，锯车开始返回
参数 13	切管时间	ms	0 ~ 9999	输出落锯信号后到输出抬锯信号的时间，并查询切断接近开关信号，若查到切断信号，则输出抬锯信号；经此时间，若锯切不能完成，则强制抬锯，保护锯片
参数 14	反馈时间	ms	0.5 ~ 1.5	设定值为 1.0。调整运动控制器输出到电机驱动装置的反馈电压值
参数 15	模拟速度	m/min	0 ~ 120	调试时模拟焊管速度，连续可调
参数 16	返回速度	m/min	0 ~ 120	小车返回时的最大车速

操作人员在运用表7-1中的参数进行飞锯状态调整时，可结合图7-21及本节C之(1)～(7)，根据生产现场实际情况进行调整。而且，建议在进行控制参数调整前，首先检查飞锯机的机械配合部位有无松动、磨损、转动障碍等，同时应记录下参数的原始值，以便复原。

(3) 参数修改。具体步骤包括：

第一步，在主触摸屏页面上点击"参数设置"，进入参数设置页面，点击"输入密码"并弹跳出数字键盘；

第二步，输入密码，点击"ENT"，待数字键盘消失后，按"参数菜单"键，进入"参数菜单"页面，然后点击需要修改的参数代号，如参数3；

第三步，在进入参数3的修改页面中，按"修改"键后弹出数字键盘，根据锯切小车脉冲系数键入相应数据；

第四步，若参数3的脉冲系数为0.01，则将系数乘以10^5后的积——1000输入键盘，依次点击"ENT"→"确认"→"返回"→"确认"，最后回到系统主页面，完成修改。

需要指出的是，定尺小车只是运载工具而已，在它上面配置锯片切断它就是飞锯机，配置滚刀它就是滚切机。

7.2　滚压切管机

滚压切管机简称滚切机，具有切口无毛刺、切断无铁屑、工作噪声小等优点，并可因之减少后续管端处理成本，成为大中直径焊管在线切断设备中的首选设备之一；但是，也有向小型化发展的趋势。

7.2.1　滚切机原理与结构

滚切机由滚切机头、夹紧装置、行走小车、床身、液压系统及其控制系统、操作台等部分构成，机头如图7-23所示。

滚切机头的动作原理是：在定尺小车完成同步追踪并接到夹紧命令后，油缸8接到进刀指令活塞向左运行，推动拨叉7另一端向右运动，使锥形滑块4向右移动；在锥形滑块锥度作用下，与圆锥面接触的进刀杠杆5的一端被抬升，而另一端则下压，使

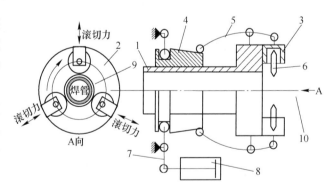

图7-23　滚切机头工作原理

1—主轴；2—平面刀盘；3—滚刀滑块；4—锥形滑块；
5—进刀杠杆；6—滚切刀；7—进刀拨叉；8—进、退刀油缸；
9—主轴套；10—焊管

装有碟形滚切刀6、呈120°均布的三个滚刀滑块3同时向平面刀盘2的中心处径向移动——进刀。由于平面刀盘始终绕主轴套旋转，这样，当滚切刀移动到与被切焊管外圆接触后，滚切刀一边在平面刀盘带动下绕被切焊管公转，一边在进给力作用下逐渐将管切断。

7.2.2 ϕ76 焊管机组用滚切机工艺参数及性能简介

与 ϕ76 焊管机组配套的滚切机主要技术性能和工艺参数见表 7-2。

表 7-2 ϕ76 焊管机组用滚切机工艺参数及性能

项目名称	参数	项目名称	参数
主轴套通径	ϕ89mm	锯车有效行程	5000mm
滚切管径	ϕ20~80mm	滚切行程	12mm
焊管壁厚	1~4.5mm	滑块可调节行程	8mm
滚切次数	3~7 次/min	机头旋转电机功率	7.5kW
锯车正向速度	0~60 m/min	机头旋转电机转速	1500r/min
锯车返回速度	最大 70r/min	进刀油缸直径	ϕ85mm
主轴转速	135~540r/min	运行油缸直径	ϕ85mm
滚切刀数量	3	夹紧油缸直径	ϕ65mm
刀片工作部位厚度	5mm		

在滚切设备确定之后，滚切刀就成为体现滚切机性能优劣的重要标志。

7.2.3 滚切刀

7.2.3.1 滚切刀几何尺寸

滚切机通常都配置两种锲角的滚切刀，用于滚切厚、薄壁管。比较图 7-24 所示的两把刀，薄壁管用刀的锲角和刀具刃口宽度都比切厚壁管的要小，易切入、阻力小。这是因为薄壁管抗压强度低，如果刃部较宽、锲角较大势必增大切割阻力，导致管口收缩严重，影响切口质量。

此外，必须确保每一副刀（三把）的外径公差小于 0.05mm，尤其对于修复重用的刀具，更要注意这一点；修复时除了外径不按图纸要求，其余精度与形位公差都必须按图纸要求。实际使用时更不能将外径不等的滚刀混搭使用。

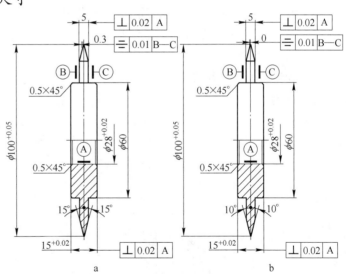

图 7-24 ϕ76 机组用滚切刀几何尺寸参数
a—切厚壁管；b—切薄壁管

7.2.3.2 滚切刀工况分析

实验数据表明，在刀具一定的情况下，滚切力与滚刀进给速度、切入深度等关系密切。

（1）滚切力与切入深度的关系。滚切力随切入深度先增大，达到最大值后便急剧下降至零，如图 7-25 所示。滚切力达到最大值后急剧下降的原因是，当管材被切到接近内壁时，剩余金属不足以抵抗指向圆心的径向滚切力 F_1 作用，就会突然溃退，F_1 随之骤降。

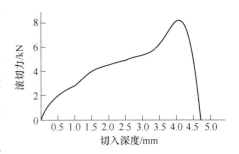

图 7-25　切入深度与滚切力关系

（2）滚切力与进刀速度的关系。进刀速度是指滚切刀径向瞬时速度与刀盘转速的比值，即

$$S = \frac{l}{tn} \tag{7-18}$$

式中　S——进刀速度，mm/r；

　　　　l——进刀行程，与滚切力关系密切，mm；

　　　　n——刀盘转速，r/s；

　　　　t——切完管壁厚度的时间，s。

研究表明，在刀具切入初期约 $l = 1mm$ 时，进刀速度对滚切力的影响较小，不同进刀速度的滚切力曲线大抵重合，如图 7-26 所示；随着切入深度增加，进刀速度对滚切力的影响逐渐增大，进刀速度越快，滚切力增幅越大。而且，进刀速度在 0.5 ~ 1mm/r 范围内的滚切力相差不明显，这一点对焊管生产的指导意义在于：将进刀速度控制在 $S \leqslant 1mm/r$，在主轴转速为 135r/min 的情况下，切断管壁厚度为 4.5mm 的焊管，只需 2s 时间，一般不会影响生产效率，而且不需要过大的滚切力，对滚切刀免遭大应力破坏、延长滚切刀使用寿命、维护滚切机正常运转等都具有重要作用。

（3）最大滚切力与可切深度。先看一个实例，某工厂用图 7-24a 所示滚切刀滚切材质为 Q235、规格为 $\phi 76mm \times 4.5mm$ 焊管作试验，当给予的滚切力小于 3kN 时，刀刃只能在管面上留有印痕，几乎切不进去，达到 3kN 后，才在管面上留有约 0.2mm 深的槽；要想继续切下去，只有加大滚切力，但是，当滚切力加大到 4kN 时，对应到约 1.35mm 深后就再次切不进去了，经反复实验，得到图 7-27 所示最大滚切力与可切深度的对应值。

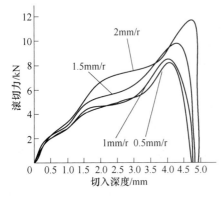

图 7-26　进刀速度与切入深度对滚切力的影响曲线

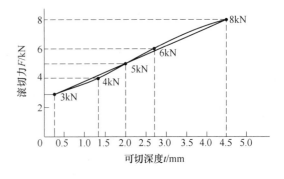

图 7-27　$S = 1mm/r$ 时最大滚切力与最大可切深度的对应值

在图 7-27 中，最大滚切力 F 与可切深度 t 呈较强直线相关关系，该直线可用式（7-19）的直线方程表示：

$$F = at + b \tag{7-19}$$

式中 a，b——待定系数。

这样，根据图 7-27 中的对应数值，运用最小二乘法，就得到具有一般意义上的、对焊管生产具有指导意义的最大滚切力 F 与可切深度 t 的函数关系式。

由最小二乘法有：

$$\begin{cases} \left(\sum\limits_{i=1}^{5} t_i^2 \right)a + \left(\sum\limits_{i=1}^{5} t_i \right)b = \sum\limits_{i=1}^{5} t_i F_i \\ \left(\sum\limits_{i=1}^{5} t_i \right)a + 5b = \sum\limits_{i=1}^{5} F_i \end{cases} \tag{7-20}$$

解式（7-20），得：

$$\begin{cases} a = 1.19 \\ b = 2.63 \end{cases}$$

将 a、b 值代入式（7-21），有：

$$F = 1.19t + 2.63 \tag{7-21}$$

式（7-21）仅针对 Q235 材质，不具普适性。但是，通过强度替换，易得式（7-22）：

$$\begin{cases} F = (1.19t + 2.63)\dfrac{\sigma_s}{235} \\ 0 < t \leqslant \dfrac{b}{2\tan\theta} \end{cases} \tag{7-22}$$

式中，F 是与 σ_s 相对应的滚切力；σ_s 为管材抗拉强度；b 是滚切刀工作部位厚度；θ 是滚切刀锲角之半；t 为焊管壁厚。但是，当管壁厚度未达到式（7-22）的限制条件时，t 按实际管壁厚度取值，当管壁厚度 $t > \dfrac{B}{2\tan\theta}$ 后，t 取等号；因为当滚切深度超过滚切刀锲角深度后，超过部分对滚切力的影响甚微，可以忽略不计。

7.2.3.3 滚切刀材料与热处理

从滚切刀工况看，要求用于制造滚切刀的材料必须具有高强度、高韧性、高硬度和耐磨性，而且淬透性和热稳定性要好，目前比较公认的牌号是 Cr12MoV 或 SKD11。其实这两种材料化学成分十分接近，1000℃油淬火 + 200℃低温回火热处理后，硬度可达到 HRC58 ~ 63，抗压强度可达 3000MPa，综合力学性能优异，比较适合用于制作滚切刀。

在实际热处理时，要在硬度与韧性之间寻求平衡，不可一味追求高硬度而忽视刀具的抗冲击性能。站在适用的角度，硬度稍低一点，可能只会少切几根管，而如果韧性差则会导致刀具刃口"掉肉"，甚至破损报废。表 7-3 是某企业对近年来破损滚切刀硬度所进行的检测与统计，结果显示，硬度越高，破损程度越严重，报废率越高。因大块"掉肉"和大范围破裂报废的刀片比率为 64.81%，而这部分的硬度都在 HRC61 以上。后来，该企业将滚切刀的硬度控制在 HRC56 ~ 59 之间，"掉肉"报废和大范围破裂报废的情况极少发生，换刀次数反而显著减少。

表 7-3　滚切刀破损情况及硬度统计结果

缺陷类型	数　量	HRC	权数/%	备　注
轻微崩刃	53	≤59	13.42	可修复
刃口小块"掉肉"	86	≥59~61	21.77	可修复
刃口大块"掉肉"	117	≥61~63	29.62	报废
大范围破裂	139	≥63~65	35.19	报废
合　计	395		100	

7.3　热切飞锯机

热切飞锯机因其能高速、高效地对快速运行的各种圆管、异型管实施锯切，且设备构造简单、运行维护成本低而在焊管行业广泛应用。在焊管切断设备中，99%以上都是热切飞锯机，即使是使用滚切机的焊管生产线，也还必须配置锯切机构，形成双切断机构，切圆管时用滚切机，切异型管时用飞锯机。

7.3.1　飞锯机锯切机构与锯切原理

不管飞锯机采用卧式锯切、立式锯切、砍切、甚至摆式锯切，大致都是由锯臂、锯头、锯切电机、皮带轮、锯切气（油）缸、锯片、压板等组成，如图 7-28 所示。区别在于锯切路径各不相同，参见图 7-29。

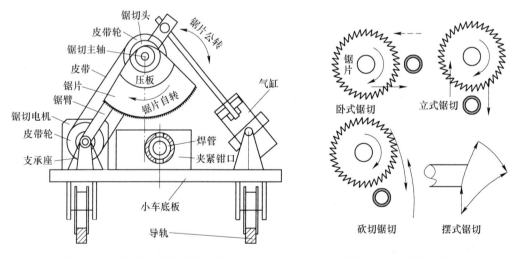

图 7-28　砍切式飞锯机锯切机构　　　　图 7-29　四种常见锯切方式

其中，最具代表性的当属砍切式飞锯机，锯切原理是：在飞锯机锯切机构接到锯切命令时，主要通过锯片在 0.020~0.3s（厚度小于 3mm 的中小直径圆管）瞬间、以 1450~4000r/min 的转速、齿尖以 60~100m/s 的线速度高速自转，同时，高速自转的锯片又借助锯背和气缸绕锯台上支承座支点做往复公转，从而完成对焊管的进给锯切和复位。其中，锯片自转主要提供切断管子所需要的锯切力，气缸往复运动则提供锯切进给力及复位；在这个过程中，锯齿与被切焊管之间发生剧烈摩擦，产生高达 650~900℃ 的温度，故相对于冷切锯只有 100~200℃ 而言，又称这种锯为热切锯（以下无特别指出都是指热切锯）。

7.3.2 飞锯机主要技术参数

在我国，尚无统一的飞锯机国家标准，飞锯机的相关配置，都是设备制造企业一凭经验、二相互借鉴、三根据客户的使用要求进行的，表 7-4 所列飞锯机技术参数及主要技术性能仅供参考。

表 7-4 $\phi32 \sim 273\,mm$ 飞锯机的主要技术性能与参数

飞锯型号	切断圆管直径 /mm	小车行程 /mm	锯切次数 /min·次$^{-1}$	焊管速度 /m·min^{-1}	锯切电机功率 /kW	行走电机功率 /kW	锯片直径 /mm	锯片厚度 /mm	锯切转速 /r·min^{-1}	锯片材料	控制方式
32	50	2500	1~20	0~120	4~5.5	7.5	350~400	3~4	4000		
50	65	2500	1~15	0~90	7.5~11	11	450~500	3.5~4	3200		
76	89	2800	1~13	0~80	22~37	15	550~600	3.5~5	2890		
114	140	2800	1~13	0~80	37~45	15	650~750	4~5	2890	65Mn	DSP
165	200	3300	1~10	0~60	45~55	22	800~950	4~6	1800		
219	250	3300	1~8	0~50	55~75	27	1000~1100	5~6	1800		
273	300	4000	1~6	0~40	90	37	1100~1200	5~6	1450		

从生产实际情况看，现在飞锯机的各项力学性能和控制性能已经基本满足了焊管生产对切断设备的要求。日常生产中，真正影响飞锯机正常使用的是锯片性能。

7.3.3 锯片

7.3.3.1 锯片线速度

理论上讲，锯片线速度快，对锯切有利，但是，过快的线速度可能会超过锯片材料强度极限要求，带来安全隐患。锯片常用 65Mn 弹簧钢制作，以满足切断时对锯片高强度、高刚性和抗冲击性能的需要。其强度极限为 $\sigma_b = 735 \sim 834\,MPa$，考虑到在实际使用中，锯片与管之间会发生剧烈冲击，出于安全考虑，必须使锯片在规定的许用应力范围内工作，取材料强度极限的 20% 作许用应力 $[\sigma]$。这样，代入相关数值后，得锯片的最高线速度 $v_{max} = 135 \sim 145\,m/s$。通常，锯片直径小于 1m 时，约定俗成的线速度为 80~100m/s；锯片直径超过 1m 时，线速度一般限制在 100~110m/s 之间。锯片允许最高线速度按下式计算：

$$v_{max} = \sqrt{\frac{[\sigma]g}{\gamma}} \tag{7-23}$$

式中　　v_{max}——锯片允许最高线速度，m/s；

$[\sigma] = 0.2\sigma_b$——锯片以线速度 v_{max} 运转时产生的应力，MPa；

g——重力加速度，m/s^2；

γ——锯片材料密度，取 7.8g/cm^3。

7.3.3.2 锯片直径与厚度

确定锯片直径，首先必须满足锯切最大直径焊管的需要；其次，必须留足合理的安装

直径，以便安装固定锯片的压板。具体可参照式（7-24）进行选择：

$$D = (3 \sim 4)D_T + 300 \tag{7-24}$$

式中　D——锯片直径，mm；

　　　D_T——焊管机组公称规格，mm，D_T 越大，系数取值越小。

锯片厚度 H 是一个两难的选择：选得厚，锯片强度高，不易爆锯片，但需要的锯切功率大，锯切不轻快，断口毛刺也大。要根据企业产品结构进行选择，没有严格的规定依据，可结合式（7-24）参照式（7-25）选购：

$$H = \frac{D}{200} + k \tag{7-25}$$

式中，k 是产品系数，$k = 1$、1.5、2，如果产品以薄壁管为主则取 1，如果以厚壁管为主则建议取 1.5 或 2。通常，$D < 500$mm 时，H 以 0.5mm 为一个数量级进行产品区分；$D \geqslant$ 500mm 后则以 1mm 作为一个数量级，锯片厚度是整数。

7.3.3.3　齿型

飞锯机用锯片齿型大体可分为三角齿、圆弧齿和狼牙齿。

三角形锯齿的锯片在焊管生产中应用最为广泛，它有 45°和 60°型锯齿之分，如图 7-30 所示，45°型锯齿和 60°型锯齿在切断时各有优劣。表现在以下几个方面：

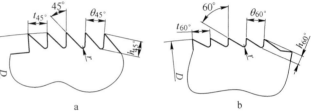

图 7-30　45°（a）和 60°（b）三角形锯齿锯片

θ—锯齿间隔角；h—齿高；D—锯片径；

$t_{45°}$，$t_{60°}$—对应锯片的周节

（1）从锯齿强度看，图 7-30b 的锲角大于图 7-30a，所以，锯片 b 的锯齿强度高于锯片 a；但是，锯片 a 比锯片 b 锯切更轻快。

（2）从顺利出屑角度看，锯片 a 要优于锯片 b，因为根据三角函数边与角的关系，它们的齿高是 $h_{45°} > h_{60°}$，这样，齿高低的锯片在锯切时锯齿槽极易被锯屑堵塞，增大锯切阻力，减少锯切支数，增多换锯片次数。因此，一般认为 45°型锯齿的锯片比 60°型锯齿的锯片更适合锯切厚壁管。

（3）从可重磨次数看，随着重磨次数的增多（假定每次重磨量相同），当齿高降低到一定程度后，就会导致锯切出屑严重不畅，影响锯切。显然，由于 $h_{45°} > h_{60°}$，所以，在 60°齿锯片已经不能再使用时，45°齿锯片仍然可以继续使用。

（4）与狼牙齿、圆弧齿比（见图 7-31），三角齿齿型修复重磨最方便，而且，前者出屑不畅齿槽易堵塞、锯切阻力大、重磨次数少、管口变形严重，在焊管行业极少使用。

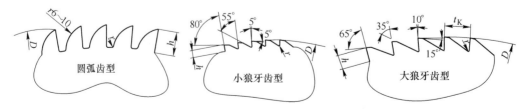

图 7-31　狼牙齿与圆弧齿型锯片

7.3.3.4 热切锯锯片的基本要求

锯片在工作过程中要经受冲击力、锯切力、摩擦力、离心力作用以及高温、振动的影响，这就对锯片的工艺性能提出较高要求。

（1）锯片标记方法。如下所示：

（2）材质要求。适合制作热切锯锯片的材料主要有 65Mn 和 45Mn2V 两种，前者为传统热切锯锯片用钢。

（3）表面要求。根据 YB/T 5223—2005 标准，锯片表面不允许有结疤、烧伤、毛刺和深度大于 0.3mm 且长度大于外径 12% 的划痕，表面粗糙度应优于 R_a6.3μm，齿前面、后面、槽面的粗糙度应优于 R_a3.2μm，不允许有深度大于 0.3mm 的平整痕迹。

（4）裂纹。新锯片不允许存在裂纹，旧锯片不允许存在横向裂纹以及在 1/4 圆内出现长度大于外径 3% 的裂纹 3 处以上、1/2 圆内出现长度大于外径 4% 的裂纹 5 处以上、圆内出现长度大于外径 4% 的裂纹 7 处以上，或者出现 1 条长度大于外径 5% 的长裂纹。

（5）锯齿要求。齿尖硬度必须大于 HRC45 但不能高于 HRC56，齿尖硬度差小于HRC3；不允许缺齿、大小不一，齿尖磨损量不得多于齿高的 1/3，否则必须重磨；旧锯片连续糊齿 4 个以上或连续断齿 3 个以上就必须停止使用。选择齿距要适中，根据外径大小和锯切厚薄管以 7～11mm 为宜。

（6）跳动。径向跳动不得超过 0.2mm，端面跳动不得大于 1mm（D800mm 以下），否则整个锯机会因此产生激烈抖动。

（7）重磨。要使用专门的磨齿机进行刃磨，进刀量不得大于 0.5mm/r，不能将齿尖磨得发黑（退火），绝不允许手工打磨。

（8）锯片耐用度。指锯片从开始锯切到重磨为止的实际锯切面积，或者叫一次使用寿命，具体要求参见表 7-5。

表 7-5 锯片耐用度要求

外径（D）/mm	线速度/m·s^{-1}	进锯速度/mm·s^{-1}	锯切材料	锯片耐用度/m²
<800	70～100	400～500		4
800～1000	70～100	300～400		5
1200～1500	80～110	200～350	普碳钢和低合金钢	8
1800～2000	90～120	200～300		10
2100～2200	110～120	160～300		11

7.3.4 锯切力

锯切力由主锯切力 F_Z 和锯切抗力 F_Y 构成，如图 7-32 所示。在实际应用中，常以主锯切力 F_Z 来代表总锯切力，原因是主锯切力约消耗锯切功率的 95% 以上。主锯切力与剪切强度、锯片厚度和进给量关系密切，由式（7-26）确定：

$$\begin{cases} F_Z = PLf \\ L = (H + T) \times 2 \\ f = \dfrac{60v_q}{nZ} \end{cases} \quad (7\text{-}26)$$

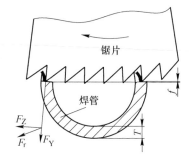

图 7-32 锯切受力分析

F_Z—主锯切力; F_Y—锯切抗力;

F_r—锯切力; f—每齿进给量

式中 F_Z——主锯切力, kg;

    L——焊管直径部位单边锯口的周长, mm;

    H——锯片厚度, mm;

    T——焊管壁厚, mm;

    f——每齿进给量, mm/齿;

    P——剪切强度, kg;

    v_q——进锯速度, 450~500mm/s;

    n——锯片转速, r/s;

    Z——锯片齿数。

进一步分析式（7-26）发现，选定某一规格锯片后，其实一台飞锯机的单位齿锯切量 f 是"恒定"的，与焊管规格无关，只与进锯速度 v_q、锯片转速 n 及锯片齿数 Z 有关。这一发现的意义在于：由于单位齿的锯切量与进刀速度成正比、与锯片转速和锯片齿数成反比，在锯切功率已定的情况下，当锯切又大又厚的焊管感到吃力时，可选择齿数更多的锯片，或者放慢进锯速度以减少单位齿的锯切量，从而降低设备负荷；还可以选择较薄一点的锯片，也能降低设备负荷，达到顺利切断的目的。

7.4 双锯切飞锯机

如果按式（7-24）配置锯片锯切大直径焊管，那么锯片直径需要以管径 3~4 倍的量增大，噪声将因之剧增，且锯切行程长、锯切阻力大增，消耗功率多。而采用双锯片锯切则能克服这些缺点。双锯片锯切可分为仿形飞锯机和推进式双锯切飞锯机。

7.4.1 推进式双锯切飞锯机

在飞锯机运行小车台面上和相对于焊管同一径向平面内，设置两套锯切装置，同时从焊管两侧推进锯片，对焊管实施锯切。由于该飞锯机同时从焊管两侧进行锯切，故只需要较小锯片与较短锯切行程。

7.4.1.1 推进式双锯切飞锯机的构成

与单锯切飞锯机相比，双锯切飞锯机的最大不同在于：锯切机构由两套分别安装有锯片、锯切电机等的移动架及其推进缸组成，如图 7-33 所示。

7.4.1.2 推进式双锯切飞锯机的工作原理

如图 7-33 所示，当定尺小车 9 接到启动指令

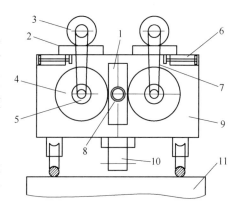

图 7-33 双锯切机构示意图

1—夹紧机构; 2—滑轨; 3—锯切机; 4—锯片;

5—压板; 6—液压缸; 7—皮带; 8—焊管;

9—定尺小车; 10—齿条; 11—床身

并追踪到焊管速度和设定的焊管长度后，夹紧机构 1 随即夹住焊管 8，两个液压缸 6 同时从焊管两侧推动锯切机 3 和锯片 4 沿着滑轨 2 双向进锯，当两锯片分别锯切到如图 7-34a 所示的区域时，焊管仍有一部分未被切断（图 7-34a 中黑色区域），但是，此刻其中一个锯切装置必须开始返回，另一锯切装置则继续进锯，直至将焊管完全切断，见图 7-34b，左侧锯片已经切过对称中线，表示焊管已经切断。在推进式双锯切飞锯机实施锯切的整个时段内，两套锯切头的工作时序如图 7-35 所示。

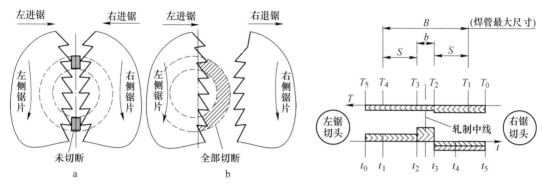

图 7-34　双锯切飞锯机锯切过程示意图　　　　　图 7-35　双锯切时序、时长与锯切头运行位置
　　a—双进锯切；b—左进右退　　　　　　　　　　　b—未切宽度；S—已切宽度

可对图 7-35 作如下解读，双锯切飞锯机真正的锯切分为三个时段：

第一时段为对向进锯段。左右锯切头各自用时为 $\overrightarrow{t_0t_2} = \overleftarrow{T_0T_2}$，其中，$\overrightarrow{t_0t_1} = \overleftarrow{T_0T_1}$ 为各自同时的空行程用时，实际用于锯切的时长是 $\overrightarrow{t_1t_2} = \overleftarrow{T_1T_2}$。也就是说，当左右锯切头同时分别抵达时点 t_2 和 T_2 时，焊管径向仍有宽度为 $b = B - 2S$ 的部分等待进一步锯切。

第二时段为同向进/退段。左右锯切头各自同时用时为 $\overrightarrow{t_2t_3} = \overrightarrow{t_3t_4}$，其中，时长 $\overrightarrow{t_2t_3}$ 为左锯切头继续锯切焊管 b 段所需时间，$\overrightarrow{t_3t_4}$ 是右锯切头退锯时间。在这一时段内，虽然它们的运行方向相同，但是任务内涵截然相反。

第三时段是相向而退段。当左锯切头运行到时点 t_3 处，意味着 b 段的锯切已经完成，必须立即以快于右锯切头返回速度还要快的速度返回，虽然各自返回的路径不同、路程不同，但是用时却可以相同，即 $\overleftarrow{T_5T_2} = \overrightarrow{t_4t_5}$。

至此，左、右锯切头各自返回各自的零位，各自总用时是：$\overleftarrow{T_5T_2} + \overrightarrow{T_5T_2} = \overrightarrow{t_3t_5} + \overleftarrow{t_3t_5}$；等号左边代表左侧锯切头，右侧代表右侧锯切头，其上的箭线则表示锯切头在该时段的路径。

7.4.1.3　推进式双锯切飞锯机的优缺点

相比单锯切飞锯机，双锯切飞锯机在锯切同样焊管时使用的锯片直径约小40%，锯片切入浅，噪声和消耗功率因之大为降低，而且冲击振动小。缺点是结构庞大，切断面易错位呈阶梯，增加随后端面平头、倒角难度，同时会增加金属损耗。相对于仿形飞锯机而言，推进式双锯切飞锯机并不完美。

7.4.2　仿形飞锯机

仿形飞锯机已有多年应用历史，技术也已经成熟，供应商主要有美国 ABBEY 公司、德国 SMS Meer 公司、奥地利 Linsinger 公司和芬兰 Plantool 公司。国内在引进、消化和吸收的基础上，已经迈出了国产化的步伐。

7.4.2.1 仿形飞锯机的工作原理

仿形飞锯机得益于计算机与数控技术的发展和应用，使交流伺服系统能够根据 HMI（触摸屏）人机界面输入储存于计算机内的产品形状、尺寸参数，通过 CPU 进行运算，精确控制定位单元，伺服系统就能按照设定的产品形状和尺寸参数进行仿形锯切，参见图7-36。

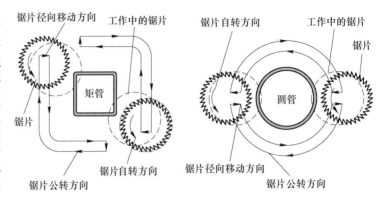

图7-36 仿形飞锯机工作原理

所谓仿形飞锯机是指在焊管外围同时均布 2～4 张能够自主旋转的锯片，每张锯片首先各自沿水平或竖直方向快速径向移动接近焊管，在锯穿管壁 5～10mm 后（见图7-36中虚线所示的锯片及其位置），仿焊管轮廓、沿焊管管壁快速将焊管切断，这里的仿形指模仿焊管形状。由此可见，仿形飞锯机与其他飞锯机的最大区别在于，锯切机构上的锯片不仅各自高速旋转锯切焊管，而且锯切路径即所谓锯片公转方向就是焊管截面形状。

仿形锯的最大优势在于：（1）切口质量好，无毛刺；（2）工作效率高，每片锯片只需锯切约1/2管周长；（3）噪声小，锯片侧面摩擦阻力小，不论管径多大，都只需要 $\phi300～400$mm 直径的锯片；（4）消耗功率小，一般 508 机组、610 机组，仅需配置 60kW ×2 的锯切电机，而同等型号其他飞锯机却至少需要配置 250kW 的锯切电机；（5）能锯切高钢级、大壁厚如 X80 ×25.4mm、N80 ×25.4mm 厚的石油天然气管，因为仿形锯使用的是硬质合金镶齿锯片。

7.4.2.2 仿形飞锯机的种类

仿形飞锯机根据锯切头运动合成的方式不同，分为极坐标式和直角坐标式两种。

（1）直角坐标式仿形飞锯机。飞锯机的锯切机构主要由锯片、传动装置和 X 轴、Y 轴两方向的进给装置组成。其中 X 轴、Z 轴方向的进给装置分别由直线导轨、滚珠丝杠、机架及其伺服传动系统等构成，见图7-37。锯片传动装置连接在 X 向导轨上，X 向导轨则连接于 Z 向导轨上，每条导轨由一台伺服电机驱动，各台

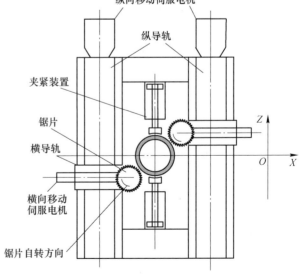

图7-37 直角坐标式仿形锯锯切装置

伺服电机由数控系统集中控制。导轨上的锯片，通过纵横两个方向的运动，合成出与所要锯切焊管横截面外廓相同的轨迹。

（2）极坐标式仿形飞锯机。锯切机构的主体由一个中间可供该机型最大焊管（含异型）通过的孔圆盘和安装在盘上的 2～4 条径向直线导轨构成，如图 7-38 所示。每条导轨上安装一组锯片机驱动装置，圆盘由一个伺服电机驱动，能够带动上面的 2～4 片锯片绕管公转，实现焊管 1/2～1/4 周长的锯切；而每条导轨则由一台伺服电机控制，可使锯片径向移动，完成焊管的切透运动、切透定位及仿形合成运动。

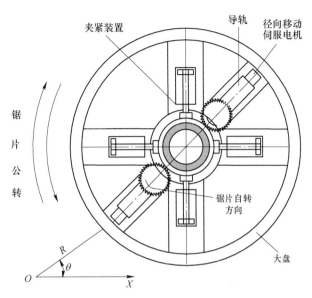

图 7-38　极坐标式仿形锯锯切装置

7.4.2.3　仿形锯锯切的控制原理

（1）控制系统工作原理：仿形飞锯机控制系统的工作原理是，当控制器通电后，操作人员首先将定尺长度、焊管规格、焊管形状等加工信息通过 HMI 人机界面输入到控制计算机中，计算机对加工信息进行处理，通过运动控制器向执行元件发出控制指令，启动变频器、伺服电机等执行机构，带动各轴运动，实现各轴按预定的运动轨迹运行，并进行实时位置反馈与控制。仿形飞锯机的电控系统由 HMI 人机界面、DSP 运动控制器、PLC、交流伺服驱动系统、编码器、限位开关等组成，见图 7-39。

（2）仿形飞锯机锯切机构的控制模型：仿形飞锯机锯切机构采用三轴极坐标控制方式，如图 7-40 所示，一个控制回转轴，两个分别控制进给与回复轴，并按式（7-27）所给控制模型，实现任意形状的轨迹控制。

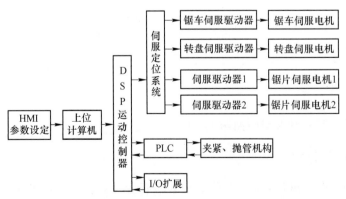

图 7-39　仿形锯锯切控制系统工作原理

图 7-40　仿形锯伺服系统控制模型

$$\begin{cases} R_1 = \dfrac{x}{\cos\theta} = \dfrac{y}{\sin\theta} \\[2mm] R_2 = \dfrac{x}{\cos(\theta+\Delta\theta)} = \dfrac{y}{\sin(\theta+\Delta\theta)} \\[2mm] \Delta R = R_1 - R_2 \end{cases} \qquad (7\text{-}27)$$

7.4.2.4 仿形飞锯机用锯片

（1）仿形飞锯机用锯片的工作环境。由于仿形飞锯机大多配置在大中型直缝焊管生产线上，需要在极短时间内完成对高钢级如 X70、X80，大壁厚和大尺寸如 $\leqslant \phi 28\mathrm{in}$（711.2mm）或 500mm × 500mm 的方、矩、圆等管的锯切，要求锯片能够承受 400 ~ 500m/min 的超高切削速度和 40 ~ 100mm/s 的大进给速度，以及经常的冲击、碰撞、不均匀冷却等工况。这就对锯片材质和制造工艺提出较高要求。

国外仿形锯片制作较好的有德国 Lennarty 公司、奥地利 LLINSINGER 公司、美国 AB-BEY 公司及日本天龙公司等，主要产品规格为 $\phi 300 \sim 400\mathrm{mm}$，价格在 2500 ~ 3000 元人民币/片。国产仿形锯片的制作也进步喜人，代表工厂有唐山冶金锯片有限公司等。

（2）仿形飞锯机用锯片的结构特点。仿形飞锯机锯片由基体材料镶焊硬质合金刀头为锯齿构成。

1）仿形锯片基体材料：因仿形锯片工作条件苛刻，要求锯片基体材料必须具有高强度、高韧性、高热稳定性，多选择 80CrV2 和 8CrNi 钢板作为锯片基体材料，这两种钢板经热处理后硬度可控制在 40 ~ 45HRC，然后进行镶齿。

2）合金镶齿：应选择耐冲击、冷硬性、红硬性俱佳的硬质合金作为仿形飞锯机用锯片镶齿的材质，如 M30-P40，该硬质合金具有超细晶粒组织和高强韧性，而且焊接性能好，易与基体材料匹配，焊缝抗剪强度可达 180MPa 以上。

3）齿形选择：仿形飞锯机用锯片常用齿型有平顶平齿和尖顶平齿两种，如图 7-41所示。锯切高强度管材可选择较易切入的尖顶平齿齿型锯片。

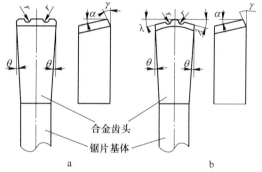

图 7-41　仿形飞锯机用锯片常用齿型
a—平顶平齿；b—尖顶平齿
α—齿后角；γ—齿前角；θ—径向隙角；
λ—刃倾角；r—分力槽半径

7.5　改善锯切质量的措施

焊管锯切质量主要体现在长度精度和切口断面两个方面。

7.5.1　长度误差机理与改善措施

无论采用何种切断方式，当切断长度设定后，实际切管长度都存在超长、不足尺和长短不齐三种误差。由于切断设备所采用的切断方式和控制方式不同，所以原因各不相同，这里仅就目前应用最广泛的 DSP 控制定尺飞锯机为例加以分析。

7.5.1.1 超长

（1）焊管超长的机理是：焊管所移动的长度比通过测速轮经编码器转换的长度要长，基本上都与测速轮有关：1）测速轮压力偏小，导致丢转；2）测速轮运转不灵活，阻力大，造成测速轮打滑丢转；3）测速轮光洁度过高，易打滑；4）管面油多，导致测速轮打滑。

（2）可采取的措施：一是增大测速轮接触压力；二是确保测速轮和编码器转动灵活，要有若干圈自由转动惯性；三是降低测速轮接触表面的光洁度，以增大摩擦力。

7.5.1.2 不足尺

（1）焊管不足尺的原因：根本原因恰好与焊管超长相反，是测速轮转过的长度比管移动的长度还要长，具体原因：1）机组轧制力调整不当，致使管坯运行不稳定，存在打滑，而测速轮具有转动惯量，当管坯打滑速度减慢的瞬间，测速轮依然以原转速转动，编码器依然计数；2）测速轮接触压力偏小，当管坯打滑时测速轮在转动惯性下依旧带动编码器继续计数。

（2）可采取的处置方法：重新分配机组轧制力，适当加大平辊压力，同时减小立辊压力，确保管坯运行平稳，以尽可能消除测速轮的转动惯性。同时可以适当增大测速轮的接触压力。

7.5.1.3 长短不齐

（1）原因分析：一要从焊管机组精度、测速轮与编码器连接可靠性、运行小车与驱动机构的连接可靠性等方面找原因，如齿轮齿条配合间隙大，导致运行小车复位时的实际0位和启动0位概不确定，使DSP计数失去基准；二要从高频干扰方面找原因。

（2）解决的办法：1）检查设备接地状况，防止老化，确保高频设备接地和飞锯机接地良好；2）检查飞锯机驱动部分的连接状态，确保牢固可靠；3）检查并排除焊管机组机械故障。

7.5.2 断口缺陷形貌与改善措施

7.5.2.1 管口缺陷

管口缺陷主要有瘪头、斜头、擦头、管口堵塞等，参见图7-42。

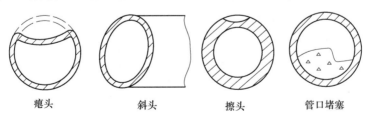

瘪头　　　　斜头　　　　擦头　　　　管口堵塞

图7-42 锯切管口断面缺陷

（1）瘪头缺陷：多发生于薄壁管上，根本原因是管壁薄，抵抗锯片冲击的能力弱。具体原因有以下几点：1）锯片使用时间过久，锯齿磨损严重；2）锯片厚度选择不当，过厚；3）锯切气缸压力过大。

（2）斜头主要原因：1）飞锯与焊管不同步；2）锯切主轴存在轴向窜动；3）锯片摆

动幅度大；4）锯切小车运行不稳。

（3）擦头原因：1）抬锯参数设计失当；2）松夹参数设计过早；3）锯切主轴存在轴向窜动。

（4）管口堵塞原因：1）不同步；2）锯片摆动大；3）锯背存在轴向窜动。

7.5.2.2　消除管口缺陷的措施

（1）针对瘪头的措施：1）选择较薄的锯片，减小锯切阻力；2）勤换锯片；3）适当调低锯切气缸压力以降低进锯速度；4）改用齿数较多的锯片。

（2）针对擦头的措施：1）调整锯机精度；2）调整相关锯切参数如表 7-1 中的参数 11、12 和 13。

（3）针对斜头的措施：1）调整飞锯机运行参数，如表 7-1 中的参数 5、6、9；2）检查飞锯机主轴精度和驱动机构的机械配合精度；3）检查锯片的平整度。

（4）解决管口堵塞的措施：处理斜头的措施加勤换锯片。

焊管端面锯切质量的改善，会为随后的焊管离线精整如平头、倒角等创造有利条件。

第8章　输送辊道及其他离线设备

焊管被切断是焊管生产工艺中承前启后的标志，意味着不再受制于焊管机组并开启另一段新旅程。这之后，根据焊管类别，或经平头、矫直、水压试验等直至成品入库，或直接打包称重入库，而输送辊道是任何焊管生产线都必须配置的辅助设备。

8.1　输送辊道

焊管生产离不开输送辊道，人们借助输送辊道将焊管送达指定工位。

8.1.1　焊管生产用输送辊道的种类

无论什么样的输送焊管用辊道，大致都由输送辊、链轮（或皮带轮）、链条（皮带）、动力、支架、翻转机构等组成，代表形式有"L"形、"V"形和"Y"形三种。

（1）"L"形辊道：如图8-1所示，仅适合与小型焊管机组配套，用于飞锯机切断后的焊管短距离输送。优点是结构简单、实用、价格低廉、出管方便；但是，不适用于其他精整工序间的焊管输送，焊管易跑偏、易冲出辊道，大而厚的焊管滑出辊道过程中表面易被划伤。

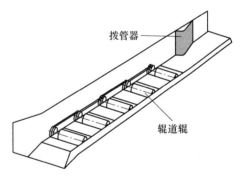

图8-1　"L"形输送辊道

"L"形输送辊道卸管原理是：当焊管切断后，便在高速转动的辊道辊作用下快速冲向拨管器，管头碰撞静态拨管器斜面并滑过，拨管器因此给予管头一个向外的反作用力，将管前段推出辊道，同时管尾向辊道墙壁方向甩，并也获得一个向外的反向推力，继而整支管在前冲惯性和向外推力作用下滑出输送辊道。操作者可根据管子长短、厚薄、硬软以及滑出辊道的状态调整拨管器位置；但是，拨管器与处于零位的飞锯锯片之间最短距离必须大于定尺管长度的1.3倍，以便获得足够的前冲惯性。恰当的拨管器位置，还对焊管离开输送辊道后在集管架上自动对齐较为有利。

（2）"V"形辊道：如图8-2所示，不仅适用于飞锯机切断后的短距离焊管输送，还可用于工序间的焊管输送及长距离输送。当焊管触碰到发讯翻板后，发讯翻板便给拨叉一个电信号，拨叉将焊管翻转出辊道。优点是输送稳定可靠，缺点是"V"形辊底部易磨损。

（3）"Y"形辊道：如图8-3所示，由左右两根大梁、左右两排滚筒、翻转气（油）缸、抛管装置等组成。主要优点是，当焊管机组速度较快、而焊管包装又费时费事时，该辊道能够及时地将主生产线上源源不断的焊管分配到另一侧进行码垛、包装，不影响机组

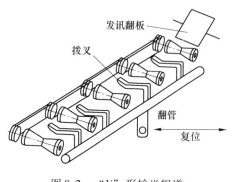

图 8-2　"V"形输送辊道

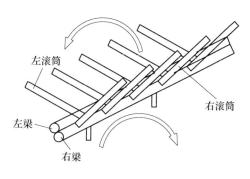

图 8-3　"Y"形输送辊道

正常生产。

"Y"形辊道的工作原理是：若需要将焊管送向右侧包装台，则电控系统在这段时间内让左侧大梁处于静止状态，当焊管被抛向"Y"形辊道内，左侧滚筒既起滚筒作用，同时又发挥挡板作用；在焊管触碰到翻转信号后，控制右侧梁翻转的气缸动作，带动右侧梁上的滚筒顺时针翻转，辊道内的焊管在重力（圆管）或推管气缸作用下滑向右集料架；卸完管后，右侧梁及其上的滚筒同时复位，准备下一次卸管。同理，若需向左侧送管，只要拨动换向开关使右侧大梁处于静止，而左侧大梁和其上的滚筒在接到翻转信号后作逆时针翻转、卸管。

由于"Y"形辊道一般不带动力，被动滚动，所以滚筒寿命长，焊管表面也不易被刮花；既不阻碍焊管机组高速生产，又能够有效缓解打包装工序的压力。但是，不适宜细小管和薄壁管，因细小管比较难抛，薄壁管容易在被抛的过程中发生变形；对焊管随机矫直直度要求较高。

8.1.2　辊道传动系统

小型焊管机组用辊道大多采用交流调速电机集体传动，道次之间用皮带、皮带轮传动，或者用链轮、链条传动。集体传动同步好、控制简单、投入少；但是，前两道辊磨损严重，生产实践中，为了减小第一道辊的磨损，通常将第一道辊改为被动滚动。

大中型以上机组基本采取各个道次独立传动形式，好处是能够根据焊管在辊道中不同位置设定相应的辊道速度，从而可以明显减小前几道输送辊的磨损。

8.1.3　辊道用辊的材质

辊道用辊的材质是一个两难的选择，首先要考虑尽可能耐磨，其次要考虑选用摩擦系数较高的材料。因为焊管在辊道上的输送，是依靠焊管与辊道间的摩擦力，这样，一方面，人们希望管与辊之间存在较大摩擦力，管子才会被输送得快，由于钢与钢的静摩擦系数为 0.15（无润滑），如选择铸铁（钢与铸铁的摩擦系数为 0.3）作辊子就比钢质辊子的输送效果要好；另一方面，尽可能减少输送辊磨损也是人们追求的目标，相对而言，铸铁辊比钢质辊更容易磨损，于是，焊管生产线的输送辊道多选择摩擦系数介于铸铁和钢之间的铸钢件，如 35 号、45 号铸钢（ZG270-500、ZG）等既具有钢的韧性、强度和硬度，又具备铸铁的摩擦系数，而且材料利用率比钢质的更高。

8.2 矫直机

8.2.1 矫直机的作用

矫直机是生产输送用管、结构用管等中、厚壁焊管生产线不可缺少的精整设备之一。出焊管机组的管子，虽然经过随机矫直辊的矫直，但是，仍然有许多焊管达不到2‰的直度要求，这就需要借助矫直机对这些焊管进行矫直，以达到直度要求，这是其一。

其二是，焊管连续生产过程中，受管坯厚度、宽度、硬度等突发因素作用，以及冷却液的突变、焊管机组运转部位轴承隐性损坏等影响，势必破坏在这之前建立起来的、使焊管保持直度之力的平衡，焊管直度会或多或少地发生变化，而查找原因与重新矫直既需要时间且又总是滞后，其间必定产生一些直度不达标的焊管，需要进行矫直处理。

第三，即使出焊管机组的管子很直，但因有些管材需要进行局部热处理如焊缝中频退火，有的管材需要进行整体热处理如中低压、高压锅炉管等，这些经过热处理后的焊管，直度几乎都达不到要求，必须借助矫直机进行矫直。

第四，有些出焊管机组的管子虽然尺寸公差达标，直度也达标，但椭圆度却很差。而根据矫直原理，矫直辊孔型在矫直焊管的过程中，对存在较大椭圆度的焊管能够起到一定的纠偏作用。

另外，经过矫直的管子，对随后的平头倒角、水压试验及包装打标等工序的顺利进行都较为有利。

8.2.2 矫直机的种类

（1）按矫直辊中心线之间的位置区分：

1）平行辊式。是指上下矫直辊中心线之间相互平行配置的矫直机，焊管在平行矫直辊之间只经受上下反复弯曲变形，更适合矫直那些方向性明显的异型管。平行辊式又可分为单只上辊独立调整式、上辊整体同步调整式和上辊整体不同步调整式三种，如图8-4所示。

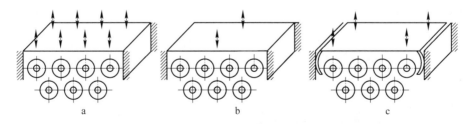

图 8-4 平行辊式矫直机

a—单只上辊独立调整式；b—上辊整体同步调整式；c—上辊整体不同步调整式

2）斜辊式。斜辊式矫直机是指矫直辊轴线互相交叉配置的矫直机。斜辊式可以分为图8-5所示的斜辊立式和斜辊卧式矫直机两类，其中根据各自矫直辊数量及布辊方式不同又分为五辊、六辊、七辊式等。斜辊式矫直机只能矫直圆管。

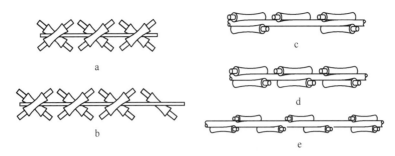

图 8-5　斜辊立式、卧式矫直机布辊方式

斜辊立式：a—2 + 2 + 2；b—2 + 2 + 2 + 1$_{左}$；

斜辊卧式：c—2 + 1$_{上}$ + 2；d—2 + 2 + 2；e—1 + 1 + 1 + 1 + 1 + 2

（2）按矫直工作方式区分：分为断续式矫直机和连续式矫直机两类。前述图 8-4 和图 8-5 所示矫直机都属于连续式矫直机，连续式矫直机的矫直效果和工作效率都是断续式矫直机无法比拟的。通常，断续式矫直机仅针对焊管局部异常弯曲时的粗矫直，结构、原理等与压力机类似。这种矫直机一般只有大中型机组才配置，可矫直圆管、方管等异型管。

8.2.3　矫直机基本结构和技术参数

（1）矫直机结构。不管是哪种矫直机，基本构成都相似，由电机、减速机、矫直辊支承架、矫直辊施力与角度调整机构、矫直辊及导套等组成，如图 8-6 所示。

（2）ϕ76 矫直机和 ϕ114 矫直机主要技术参数见表 8-1。

图 8-6　六辊矫直机示意图

表 8-1　ϕ76 矫直机和 ϕ114 矫直机主要技术参数

序号	参　数　名　称		ϕ76 矫直机参数	ϕ114 矫直机参数
1	焊管信息	材质	普碳钢、优质钢、低合金钢	
		D_{max}	20 ~ 76mm	50 ~ 114mm
		t_{max}	4.5mm	5.5mm
		L_{min}	1.5m	2.5m
2	矫直要求：弯曲度 e		≤1.5‰	
3	矫直辊喉径与长度		ϕ220mm × 300mm	ϕ260mm × 350mm
4	中心距		500mm	700mm
5	矫直辊数		3 对	
6	主动辊数		2 对	
7	辊子轴线对矫直轴线角度 θ		25° ~ 34°	26° ~ 34°
8	矫直速度		0.3 ~ 1.6m/s	0.3 ~ 1.4m/s
9	主电机功率和转速		$Z_4$30kW，300 ~ 680r/s	$Z_4$55kW，328 ~ 750r/s
10	矫直辊升降幅度		100mm	150mm
11	孔型半径 R		(3 ~ 4)D_{max}	

8.2.4 矫直原理

焊管矫直的基本理论是，为了使弯曲状态的焊管矫直后达到一定精度要求，就必须使焊管产生一个相应的反向弹塑性变形。而焊管在经过上下几对斜辊矫直时，一边周向旋转、一边纵向前进，在这个过程中恰恰要承受两个方面的变形：一方面，处在一对矫直辊之间的管材，弯曲段的极限长度为辊身长度，焊管在矫直辊中经受多次弹塑性反复弯曲，使焊管的原始弯曲度得到改善，在纵向达到平直；另一方面，焊管在矫直辊孔型面作用下，横断面的椭圆度得到部分改善，参见图 8-7。图中，焊管任一断面的弯矩 M 为：

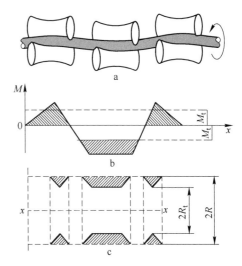

图 8-7 矫直机中管的弯矩和塑性变形区分布
a—焊管矫直状态；b—弯矩分布；c—塑性变形区分布
$2R_t$—纯弹性变形区；$2R_t \sim 2R$—弹塑性变形区

$$\begin{cases} M = \dfrac{\pi}{4}R^3(1-\lambda^4)\sigma_s \left\{ \left[\left(\dfrac{5}{6} - \dfrac{\mu^2}{3} \right) \sqrt{1-\mu^2} + \dfrac{\arcsin\mu}{2\mu} - \right. \right. \\ \qquad \left. \left. \left(\dfrac{5\lambda^2}{6} - \dfrac{\mu^2}{3} \right) \sqrt{\lambda^2-\mu^2} + \dfrac{\arcsin\dfrac{\mu}{\lambda}}{2\mu}\lambda^4 \right] \dfrac{4}{\pi(1-\lambda^4)} \right\} \\ \lambda = \dfrac{r}{R}, \ \mu = \dfrac{R_t}{R} \end{cases} \tag{8-1}$$

式中，M 为焊管在变形区内任一断面的弯矩，N·mm；σ_s 为焊管材料屈服极限，MPa；λ 为被矫直焊管内、外半径（r、R）的比值；μ 为弹区比，在数值上等于焊管弹性极限 M_t 时的半径 R_t 与被矫直焊管外半径 R 之比，其中：

$$M_t = \frac{\pi}{4R^3}(1-\lambda^4)\sigma_s \tag{8-2}$$

8.2.5 几个重要的矫直工艺参数

（1）矫直辊和焊管轴线交错角 θ 与管径的关系。由微分几何曲面簇的包络理论可知，如果被矫直焊管直径和矫直辊安装角与实际计算的参数完全一致，那么，矫直辊与被矫直焊管之间应该呈线接触状态，并且，焊管面与矫直辊孔型面必定形成共轭关系，如图 8-8 所示。

而一旦两共轭曲面为线接触时，沿接触线便有相同的法曲率和绕曲率，即诱导法曲率和诱导绕曲率皆为 0。但是，由于实际被矫直焊管的直径不可避免地会有误差以及用一套矫直辊

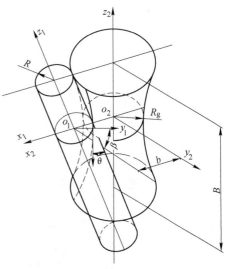

图 8-8 矫直焊管与矫直辊的共轭关系

矫直外径接近的焊管，这种情况下，矫直辊与被矫直焊管之间只能是点接触。可是理论推导式（8-3）表明，通过改变矫直辊轴线与焊管轴线的交错角 θ，同样能够实现管面与辊面线接触，即

$$\begin{cases} \theta = \dfrac{1}{2}\arccos\left[\cos2\beta + \dfrac{2(R - R_s)}{b(\cot^2\beta + 1)}\right] \\ b = R + R_g \end{cases} \tag{8-3}$$

式中　θ——矫直辊轴线与焊管轴线的交错角，（°）；

　　　β——理论安装角，通常取 30°；

　　　R——理论计算的焊管半径，mm；

　　　R_s——实际焊管半径，mm；

　　　b——焊管与矫直辊的中心距，mm；

　　　R_g——矫直辊喉部半径，mm。

总的来说，在同一矫直机上，θ 角随被矫直焊管直径的增大而逐渐增大，参见表 8-2。但是，在实际操作中，常常是以焊管面与矫直辊面共轭长度做参照，共轭部分越长，矫直效果越好，必须确保共轭长度大于等于辊身长度的 3/4。

表 8-2　交错角 θ 调整表

焊管直径/mm	50	76	89	102	114
θ	27°	28°55′	30°40′	31°21′	33°

（2）矫直用样管。为了保证被矫直焊管的直度和圆度，矫直用样管必须达到四个方面的要求：

1）矫直样管外径误差要小于 ±0.05mm，椭圆度要小于 ±0.03mm。

2）矫直用样管的直度要好，弯曲度不大于 1‰。

3）矫直用样管要选择刚性好、强度高、不易变形的材料；样管不可平放，更不允许斜放，因为细长轴类样管长时间斜放会影响直度。

4）矫直用样管的长度应不短于三道矫直辊中心连线长度，一般 ϕ76 矫直机用样管长度应大于 1.5m，ϕ114 矫直机用样管长度应大于 2.5m。

（3）矫直辊调节量。当矫直辊的通过空间调整好以后，一般不宜轻易改变，矫直需要的调节量通过中间辊的上移或下压实现，但调节量应控制在 4～6mm 以内，不然的话，管面极易被矫直辊压出螺旋印迹，影响焊管外观，甚至影响焊管表面质量。调整规律是：焊管硬度高、管径大、壁厚厚、弯曲严重，则调节量应偏大；反之，调节量要偏小。

特别地，如果矫直机是按图 8-5d 所示方式配辊，那么，无论是采取上弯式矫直还是下弯式矫直，都必须确保移动过程中该对矫直辊的通过空间最小尺寸不能小于管径。

（4）矫直速度。厚管、大管及不太弯的管，矫直速度可以快一点；薄壁管、小管、弯曲度大的管，矫直速度必须慢一点，因为若是速度过快，高速旋转的管头、管尾在离心力作用下会越甩越弯，甚至将原本不怎么弯的管子甩得很弯。实际操作过程中，如果发现甩尾严重，必须立即降低矫直速度或者暂停矫直。

通常，为了控制管头管尾甩动幅度和着眼于安全考虑，都会在矫直机前后 3～4m 的输送辊道上，专门设计安装可拆卸的"n"形防护罩或防护圈。

8.3 平头机

平头机包括平头机主机、待平台架、步进机构、传输台架、V形导送支架、传输辊道等。

8.3.1 平头机主机构造

平头机主机由动力头、刀盘、进刀机构、夹紧机构、电控系统和床身等组成，参见图8-9。

（1）动力头：既能高质量地旋转，提供平头倒角所需要的切削力，又能平稳地实施进刀与退刀，且刚性好、强度高。一般动力头都会配备3~5组不同速比的齿轮，以供操作者在平切不同管径时选用。

（2）刀盘：安装在动力头主轴头部，刀盘上配置三个刀座，互成120°，每个刀座上安装一把专用功能的刀具，三把刀的作用如图8-10所示。刀具材料有两类，一类是锋钢刀，俗称"白钢刀"，另一类是硬质合金刀。

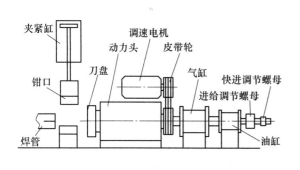

图8-9 平头机主机构成示意图

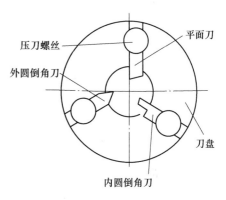

图8-10 平头机刀盘与刀具

（3）夹紧机构：安装在床身上，分上下两部分，下夹钳固定不动，上夹钳由气缸或液压缸控制夹钳的夹紧与松夹。

（4）进退刀机构：由与动力头相连接的气缸和油缸组成，气缸主要负责进刀时的快速空行程与进给力以及快速返回；油缸则提供进刀的阻尼力，目的是确保切削过程柔性进刀。

进刀速度应根据焊管材质、焊管规格、刀头型号、设备功率、刀盘转速以及夹紧力等进行适当控制。如果焊管材质较软、硬质合金刀头、管径小、转速快、平头电机功率相对较大，那么，进刀速度可以适当快一点；反之，进刀速度就要慢一点。控制方法一是单独调节进刀气缸压力，二是单独调节阻尼油缸压力，三是协调调节气缸与油缸压力。

进刀量必须根据生产现场需要随时调整，调节方法是调节图8-9中进给螺母的位置。需要提醒的是，每次位置调节好后，都要将该螺母锁紧。

（5）电控系统：平头机的电控作用包括两部分，一是控制平头机自身动作运行；二是控制与平头机关联的步进机构、传输台架、V形导送支架、传输辊道等的运行，以便与平头机实现自动操作。

8.3.2　平头机的功能

平头机是生产水煤气管、电线套管、镀锌管、石油管等焊管生产线上的必备设备，有四个功能：（1）修整端面，确保焊管端面光整无毛刺；（2）保证焊管端面不垂直度不超过 1.5°，确保水压试验时的密封性能；（3）锐角倒钝，既有利于保护、延长水压试验密封圈，同时也是基于如电线套管防止穿线时刮伤电线；（4）控制长度精度，当焊管长度超过标准允许的极限长度一定量（一般指几个毫米）时，可以通过多平掉一点予以调节。

8.3.3　平头机主要技术性能

这里仅介绍 $\phi76$ 和 $\phi114$ 两种型号平头机的主要技术性能，见表 8-3。

表 8-3　$\phi76$、$\phi114$ 平头机主要技术性能

序号	性能名称		$\phi76$	$\phi114$
1	焊管材质		普碳钢、优质钢、低合金钢	
2	焊管规格	外径	15 ~ 80mm	33 ~ 114mm
3		长度	4 ~ 8m	4 ~ 8m
4		壁厚	1.5 ~ 4.5mm	2 ~ 6mm
5	平头速度		4 ~ 12 支/min	4 ~ 10 支/min
6	平头电机		4kW（变频调速）	11kW（变频调速）
7	刀盘配刀		3 把	3 把
8	夹紧气缸		$\phi160mm \times 80mm$	$\phi250mm \times 110mm$
9	进刀气缸		$\phi100mm \times 60mm$	$\phi150mm \times 60mm$
10	进刀阻尼油缸		$\phi80mm \times 25mm$	$\phi90mm \times 50mm$
11	步进传动电机		7.5kW，240 ~ 1200r/min	11kW，240 ~ 1200r/min
12	辊道电机		4kW	5kW
13	气路压力		0.44 ~ 0.6MPa	0.44 ~ 0.6MPa
14	配置平头机数		2	2

8.3.4　平头用步进输送台架

步进输送台架由传动电机、行星齿轮减速机、主传动链轮、从动链轮、V 形导送总成和传送辊道等组成。若定义焊管轧制线为纵向，则步进传输的作用就是实现焊管横向移动，V 形导送总成则是在这个横向移动的间隙，按平头节拍将待平焊管从横向移动的步进台架中抬升并输送到平头机处，然后把平头倒角好的焊管再送回步进台架中。传输台架和步进机构如图 8-11 所示。

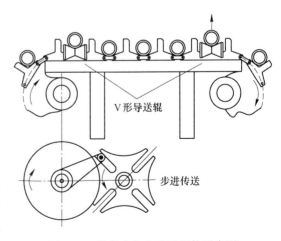

V 形导送辊

步进传送

图 8-11　传输台架和步进机构示意图

8.4　水压试验机

水压试验是检验输送用焊管质量不可替代的手段，即使是通过无损探伤的焊管，也还需要经过水压试验抽检，尤其是承载中高压的焊管更是如此。水压试验机由水压试验机主机、步进运管机、冲洗测长装置、焊管通径装置、对中装置、空水装置、液压（油、水）系统、气动系统和电控系统等组成。除主机外，其余称为辅助系统。

8.4.1　水压试验机主机

水压试验机有单头和多头之分，多头一次可以试验2根以上；多头实际上是单头的组合。水压试验机主机包括充水端堵头、排气端堵头、移动小车、框架梁等部分，如图8-12所示。

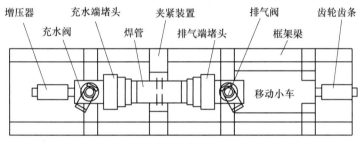

图 8-12　水压试验机主机构成示意图

（1）充水端堵头：由充水阀、增压缸、堵头和堵头移动机构组成，为了满足焊管前端能够顺利进入充水端堵头的密封圈，充水端堵头可以在一个小范围内轴向移动，试压结束后自动回缩复位。

（2）排气端堵头：由堵头、气阀及堵头驱动装置等组成，安装在移动小车上，通过液压装置驱动齿轮、齿条机构进行轴向往复运动，以适应不同长度焊管的需要。

（3）移动小车：安装在钢架梁上，移动位置根据测长数据能够自动移动，也可以在操作台手动操作。小车由车体、液压驱动装置、行走装置和锁紧装置构成。主要功能是实现排气端堵头的移动。

（4）框架梁：充水端堵头、排气端堵头、移动小车等均安装在框架梁上，主要用来承受试压时产生的轴向力，因此，要求钢架梁必须具有足够的刚性和强度。在钢架梁上设有多个调节孔位，作用是满足不同焊管长度变化时锁紧需要。

8.4.2　辅助系统

（1）步进机：将焊管从待试台架运送到水压试验机处，步进机会按照试压节拍运行。步进机结构与上节平头机用的相似。

（2）冲洗测长装置：主要功用是冲洗焊管内的氧化铁皮、铁屑、焊接瘤。在冲洗过程中，焊管可以旋转，从而确保内壁能够全部被冲洗干净，同时焊管管端被对齐和测长。

（3）对中升起装置：作用是确保焊管中心与两端堵头中心重合，以及夹紧装置对焊管进行夹紧，保证试压时对安全的需要。管越小越细，试压过程中焊管越易失稳，因而夹紧作用越明显。

（4）焊管通径装置：是用来检测焊管内径椭圆度与直线度的设备，有机械和气动两种通径装置。对不符合椭圆度和直度要求的焊管，装置会及时向主控系统发出报警信号，以便操作人员及时处置。一般小型水压试验机组不配置通径装置。

（5）液压控制系统：分两部分，一是油压系统，主油压系统采用油泵直接传动的开关控制模式；二是水压系统，包括蓄水池、分配阀、增压器、乳化液回收过滤等。

（6）电控系统：水压试验机是集水、气、电、液压、机械为一体的系统，整个系统要经过上料、对齐、冲洗、旋转、对中、夹紧、堵头密封等工步，直至将焊管送入下一工序，而且，一个循环只能在数十秒内完成，因此，控制系统必须稳定可靠。目前，大中型水压试验机的自动化程度都较高，大多采用可编程控制器（PLC）对水压试验全过程进行程序控制，实现水压试验机高效、精准、可靠运行。控制系统包括可编程控制器和电器控制两部分，详见图 8-13。PLC 控制系统软件由操作逻辑程序、保护程序、继电器逻辑程序、计时器逻辑程序等组成。

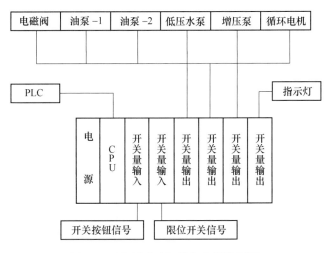

图 8-13　水压试验机设备电器控制图

（7）空水装置：试完压的焊管被送到空水装置处，焊管一端被抬升，以便水能够快速流出，有的试压机组为了适应快的生产要求，在管子抬升流水的同时，还用高压气体将滞留在焊管内的水迅速吹出，加速排空。

8.4.3　水压试验机的工作原理

（1）水压试验工艺。从水压试验机的设备构成看，整个试压过程工步较多，其工艺流程如图 8-14 所示。

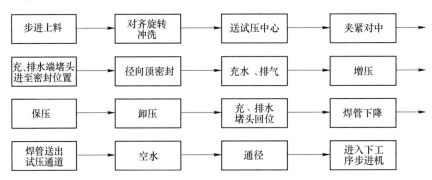

图 8-14　焊管水压试验工艺流程

（2）试压压力要求。焊管水压试验压力值参照式（8-4），同时必须至少稳压 5s 以上。

$$P = \frac{1.2t\sigma_{s(下限)}}{D} \qquad (8\text{-}4)$$

（3）水压试验增压原理。当焊管进入试压中心后，充、排气堵头分别从管两头套住焊管，预密封增压器增压，焊管两端的密封圈封堵管端周围，充水阀和排气阀打开，乳化液被泵入管腔内，同时通过排气阀排出管内的空气，在水充满后，充水阀和排气阀同时关闭，增压器向焊管内增压；当管内压力达到预设值后，需稳压5s以上方可卸压。

这里，增压器作为水压试验的压力源，在水压试验中起关键作用。增压器有两个腔，大的为油腔，小的为试压介质——乳化液腔，两个腔的两个活塞由一根活塞杆相连，形成油缸与乳化液缸联动，如图8-15所示。当压力油进入左侧油腔时，推动油缸活塞向右运行，在活塞杆作用下，左右两个乳化液缸的活塞同时向右同步移动，在这个过程中，油缸右腔排出液压油、右侧空气腔

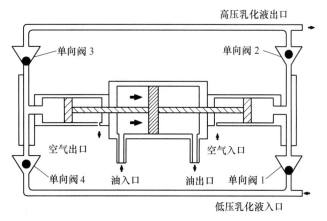

图 8-15　水压试验增压（增压器）原理

吸入空气并迫使右侧乳化液缸内的乳化液产生大于乳化液入口处的压力，这样，在单向阀1和单向阀3被关闭的同时单向阀2被高压乳化液打开，高压乳化液被压入充水阀并进入被试压管腔内；与此同时，油腔左侧的空气腔排出空气、乳化液缸内因活塞右移而形成负压（单向阀3已关闭），所以，单向阀4在缸内负压和低压乳化液共同作用下被打开，低压乳化液充入左侧的乳化液缸内，等待下一个工作周期——出油口变为进油口、进油口变为出油口，油缸活塞左移。增压器的压力原理如式（8-5）所示：

$$P_{乳} = \frac{P_{油}S_{油}}{S_{乳}} \qquad (8\text{-}5)$$

由于油缸活塞面积 $S_{油}$ 数倍于乳化液缸活塞面积 $S_{乳}$，所以出增压器的乳化液压力 $P_{乳}$ 也必然数倍于进油压力 $P_{油}$，从而实现对被试焊管管腔内打压→增压→试压的目的。

8.5 焊管包装

焊管包装，对保护焊管表面质量、装卸、运输、储存和堆放等都起着重要的作用。

8.5.1 焊管包装的种类

焊管捆扎包装大致有一般包装、矩形包装、框架包装和六角包装四种形式。

（1）一般包装：指焊管在一捆中无序放置，捆的端面形状似圆非圆。优点是简单适用、操作容易、省时省事；集管架制作方便、成本低廉。缺点是包装捆看似很紧其实不然，经几次吊装后包装捆就显得较松，这是因为捆扎时焊管处于杂乱无序状态，所占空间较大，而吊装过程则能将顺其中的部分焊管，腾出了空间所致；另外，捆内支数信息也不

能一目了然。

一般包装适用于小管和对焊管支数不敏感的管种。与这种包装对应的集管架呈 U 形和倒八字形，如图 8-16 所示。

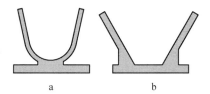

图 8-16　一般捆扎用集管架
a—U 形集管架；b—倒八字形集管架

（2）矩形包装：指焊管包装捆端面形状呈方矩形，优点是包装密实稳定、装卸堆放方便、支数准确、有利于仓储管理，焊管表面也能得到很好的保护；缺点是费时费力。这种包装形式适用于方矩管等异型管，其集管架可制作成图 8-17 所示的形状，一边固定，一边可调节，以满足不同规格焊管包装的要求。

（3）框架包装：指将焊管放置于专用包装框内，吊装和运输时连同框一起发送，卸货时也连框一起直至使用完毕，退回框架。框架式包装能够有效避免焊管在吊装、运输、卸货、仓储过程中的碰撞、吊具摩擦以及包装带、包装扣等对焊管表面的损伤，适用于对焊管表面质量要求极高的方管、圆管和其他异型管的包装。这种包装框制作成本比较高，故多用于物联联系紧密、频繁的企业之间货物周转之用，以便框架回收利用。

（4）六角包装：包装捆端面如图 8-18 所示，是圆管包装中应用最为广泛的一种形式，优点比较明显，外形整齐美观，堆放承重面积大，计数精准，便于管理。根据数列原理，设六角包装最外层支数为 n，则六角包装每捆总支数 N 为：

$$N = 3n^2 - 3n + 1 , n \geqslant 2 \tag{8-6}$$

表 8-4 就是根据式（8-6）计算的六角包装每捆最外层常用支数时的总支数。

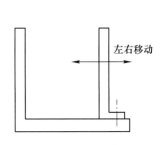

图 8-17　矩形包装架

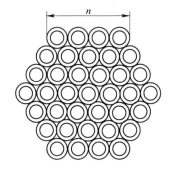

图 8-18　六角包装的焊管

表 8-4　六角包装常用最外层支数 $n = 2 \sim 21$ 与总支数 N 对应表

n	2	3	4	5	6	7	8	9	10	11
N	7	19	37	61	91	127	169	217	271	331
n	12	13	14	15	16	17	18	19	20	21
N	397	469	547	631	721	817	919	1027	1141	1261

每捆支数的选择要根据允许的总重量而定，同时应参照相关标准规定，也可根据合同约定。水煤气管和镀锌管等一般在 2000 ~ 5000kg/捆。

六角包装成型器如图 8-19 所示。在图中，A、B、C 杆可以根据管径大小和最外层焊管支数沿箭线所指方向和角度进行调节，而调节的依据是 b 值。b 值由焊管外径 D、最外

层焊管支数 n 和该焊管的上偏差 Δ 决定，见式（8-7）：

$$b = D\left(n - \frac{3 - \sqrt{3}}{3}\right) + n\Delta \qquad (8\text{-}7)$$

8.5.2 包装用钢带长度

（1）六角包装带长度 L_6：由六角捆外围周长和打扣重叠量两部分构成，见式（8-8）：

$$L_6 = D(6n + \pi - 6) + S \qquad (8\text{-}8)$$

式中，S 为打扣重叠量，一般取 $150 \sim 200\,\mathrm{mm}$。

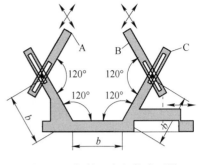

图 8-19 焊管六角包装成型器
（↔杆移动方向）

（2）矩形包装钢带长度 L_4：见式（8-9）：

$$L_4 = 2(n_1 A + n_2 B) + S \qquad (8\text{-}9)$$

式中，n_1、n_2 分别为捆高与捆宽方向的支数；A、B 分别为矩形管的宽与高；S 同上。

8.5.3 打包机

打包机广泛应用于钢铁生产领域线材、管材、板材、型材的包装，利用压缩空气做动力源，驱动气马达带动收紧轮旋转，收紧钢带并用咬扣机咬扣钢带。打包机由拉紧机和咬扣机两部分组合运用，有组合式和分离式两种，企业可依据自身情况选用。

8.5.4 焊管包装要求

（1）输送用管的包装。根据《钢管验收、包装、标志及质量证明书的一般规定》（GB/T 2102—2008），成捆钢（焊）管一端必须放置整齐，短尺管应单独包装；每捆钢管应用钢带或钢丝捆扎牢固，长度不大于 7m 的扎 3 道，7 ~ 10m 的扎 4 道，其中第 1 道离齐端的距离不大于 1m。

（2）金属家具用管的包装。除必须遵守输送用管的包装要求外，还必须：在包装带位置处、包装带下方垫放宽度为 300mm 左右的防刮伤胶皮或纸皮，胶皮位置要基本一致；每捆管的两端要用胶皮捆扎，预防捆与捆之间焊管表面被管头刮伤；同时应剪掉重叠部分的包装带，不得图省事而折弯；若是薄壁管，则包装钢带不宜抽得过紧，包装扣也不宜过宽。必要的情况下，供需双方还应该就包装问题达成共识，以满足需方要求。

至此，在系统了解并熟悉了焊管用料和焊管生产设备这些基础性知识后，就可以走进焊管生产工艺的殿堂了。

第9章　圆管成型工艺

圆管成型，是焊管生产的核心，决定焊管生产的成败。内涵十分丰富，包括管坯在成型阶段的纵向变形、横向变形、断面变形，以及厚壁管成型、薄壁管成型、成型调整操作、常见成型缺陷分析和成型换辊操作等方面。

9.1　焊管成型研究方法概述

纵观高频直缝焊管的历史，无数人在焊管成型理论方面进行探讨与研究，找寻焊管成型的真谛。代表人物首推前苏联学者 Г. А. 斯米尔诺夫·阿拉耶夫和 Г. Я. 古恩等人。这些人的研究成果从各个侧面描述了管坯变形，现分别简要介绍其中几种具有代表性的方法。

9.1.1　能量法

具有代表性的方法有全能量法和增量型能量法。

9.1.1.1　全能量法

全能量法是指建立含有若干待定系数的全能或全功率范函，然后对该能量或范函取极小值来确定这些参数，进而确定物体变形的方法。最早将该方法应用到物体变形分析的是 Г. Я. 古恩，它于 1962 年提出，不过当时是针对角材的连续弯曲。而确定应用到板材成型变形状态方面，当属 Г. А. 斯米尔诺夫·阿拉耶夫和 Г. Я. 古恩。

他们认为，用管坯变形前后同一质点相应拉格朗日坐标系和欧拉坐标系的联立方程，可以确定物体最终变形张量主分量，这些方程包括一个或几个描述变形后物体几何形状的未知函数，并可借助第一类二次型曲面，求解变形后管坯上两质点间的距离和主变形。同时，计算出变形强度并将其与应力强度联立，确定强度忽略重力时的单位变形功；然后求解单位变形功在管坯体积上的三重积分，找出内力的全部功；最后利用拉格朗日中值定理，设外力功恒定，就可确定管坯变形后几何形状的未知函数，进而得到内力功的极小值。

在初始坐标系 X、Y、Z 中，宽度为 $2b$ 的管坯中性面方程可表述成：

$$\begin{cases} X = x(u,v) \\ Y = y(u,v) \\ Z = z(u,v) \end{cases} \tag{9-1}$$

式中，u、v 都是常数，均为描述成型管坯曲面在空间直角坐标系中的参数。这样，中性面上每个点便与成型过程中不变的两个数 (X, Y) 相对应，并将变形区的中性面计入欧拉坐标系 (x, y, z)，引入两个第一类二次型曲面之差，也就是与成型区中性面相应的 ds

和与管坯中性面相应的 dS 之差：

$$ds^2 - dS^2 = dx^2 + dy^2 - dX^2 - dY^2 \tag{9-2}$$

这样，变形张量的分量是两个第一类二次型曲面函数之差的相对应系数，即

$$ds^2 - dS^2 = 2\varepsilon_{ij}dx_i dX_j \tag{9-3}$$

同时，式（9-3）等价于式（9-4）：

$$ds^2 - dS^2 = 2\varepsilon_{xx}dX^2 + 4\varepsilon_{xy}dXdY - 2\varepsilon_{yy}dY^2 \tag{9-4}$$

在式（9-4）中，ε_{xx}、ε_{xy}、ε_{yy} 为各变形张量的分量，由式（9-5）确定：

$$\begin{cases} \varepsilon_{xx} = \dfrac{1}{2}\left\{ (A^2 + B^2 + 1)\left(\dfrac{\partial \varphi}{\partial X}\right)^2 - 1 + \left(\dfrac{\partial \psi}{\partial X}\right)^2 + 2\dfrac{\partial \varphi}{\partial X}\dfrac{\partial \psi}{\partial X}\left[A\sin\dfrac{L}{R(x)} + B\cos\dfrac{L}{R(x)}\right] \right\} \\[3mm] \varepsilon_{xy} = \dfrac{1}{2}\left\{ (A^2 + B^2 + 1)\left(\dfrac{\partial \varphi}{\partial Y}\right)^2 - 1 + \left(\dfrac{\partial \psi}{\partial Y}\right)^2 + 2\dfrac{\partial \varphi}{\partial Y}\dfrac{\partial \psi}{\partial Y}\left[A\sin\dfrac{L}{R(x)} + B\cos\dfrac{L}{R(x)}\right] \right\} \\[3mm] \varepsilon_{yy} = \dfrac{1}{2}\left\{ (A^2 + B^2 + 1)\dfrac{\partial \varphi}{\partial X}\dfrac{\partial \varphi}{\partial Y} + \left[A\sin\dfrac{L}{R(x)} + B\cos\dfrac{L}{R(x)}\right]\left(\dfrac{\partial \varphi}{\partial X}\dfrac{\partial \psi}{\partial Y} + \dfrac{\partial \varphi}{\partial Y}\dfrac{\partial \psi}{\partial X}\right) + \dfrac{\partial \psi}{\partial X}\dfrac{\partial \psi}{\partial Y} \right\} \end{cases} \tag{9-5}$$

其中：

$$A = f'(x) + R'(x)\left[1 - \cos\frac{L}{R(x)}\right] - L\frac{R'(x)}{R(x)}\sin\frac{L}{R(x)}$$

$$B = R'(x)\sin\frac{L}{R(x)} - L\frac{R'(x)}{R(x)}\cos\frac{L}{R(x)}$$

式中　$f'(x)$ ——欧拉坐标系 (x, y, z) 中，在 y 轴上坐标原点到横断面最低点之距离的一阶导数；

　　　　$R'(x)$ ——欧拉坐标系 (x, y, z) 中，半径为 $R(x)$ 的圆弧上某一点对应长度为 L 的一阶导数，并设 $x =$ 常数，$x = \varphi(X, Y)$，$L = \psi(X, Y)$；

　　　　φ, ψ ——管坯各点的拉格朗日坐标函数。

若对成型区采用以下边界条件：成型区最左边的横断面（管坯对焊边缘）和成型区最右边的断面均不受力，参见图9-1，则由于成型力垂直于成型区表面，且成型区几何形状不变，因此在可能发生的位移中，成型区中性面上的最小内力功为：

$$J = \iint\limits_{S}\left[\int_{\varepsilon_{ij}=0}^{\varepsilon_{ij}}\sigma_{ij}d\varepsilon_{ij}\right]dXdY, \quad i = j = 1, 2 \tag{9-6}$$

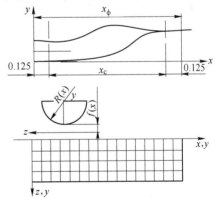

图 9-1　欧拉坐标系中的成型区
x_ϕ—成型区长度；x_c—弯曲区长度

则式（9-6）就是成型管坯中性面变形状态函数，式中的应力张量分量 σ_{ij} 由式（9-7）计算：

$$\sigma_{ij} - \sigma\delta_{ij} = \frac{2\sigma_u}{3\varepsilon_u}(\varepsilon_{ij} - \varepsilon\delta_{ij}), \quad \sigma = 3K\varepsilon \tag{9-7}$$

式中　σ_u ——应力强度，$\sigma_u = \phi(\varepsilon_u)$，$\varepsilon_u$ 为变形强度；

　　　　σ ——应力张量的第一不变量；

　　　　ε ——变形张量的第一不变量；

　　　　K ——体积弹性模量。

这样，由于函数 $f(x)$ 和 $R(x)$ 是人为给定的，所以在辊式成型情况下，可以通过实验数据给出函数 $f(x)$ 和 $R(x)$，还可以复核局部变形区对成型过程的影响。

同理，只需对式（9-6）的函数进行三重积分，即可得到成型管坯厚度变形场函数的表达式：

$$J = \iiint_V \left[\int_{\varepsilon_{ij}=0}^{\varepsilon_{ij}} \sigma_{ij} \mathrm{d}\varepsilon_{ij} \right] \mathrm{d}X \mathrm{d}Y \mathrm{d}H, \; i = j = 1,2,3 \tag{9-8}$$

Г. А. 斯米尔诺夫·阿拉耶夫和 Г. Я. 古恩的这种分析方法属于全能量法，但没有考虑管坯变形历史的影响。而木内学等人开发的数学模型则更直观、简明、实用。

9.1.1.2　增量型能量法

木内学等人首先采用平断面假设，假设相邻两个断面可以整体地沿纵向伸缩，以使断面上纵向合力为零，则相邻两机架间变形管坯的构形可借助于形状函数 $S(X)$ 描述：

$$S(X) = \sin \frac{\pi}{2} \left(\frac{L}{X} \right)^n \tag{9-9}$$

式中　L——相邻机架间距；

　　　n——待定幂指数。

$S(X)$ 描述了管坯上一点 P 由 i 号轧辊孔型上的点 $P_1(X_1, Y_1, Z_1)$ 向 $i+1$ 号轧辊孔型上的点 $P_2(X_2, Y_2, Z_2)$ 流动时的空间轨迹：

$$\begin{cases} X = X_1 \\ Y = Y_1 + (Y_2 - Y_1)S(X) \\ Z = Z_1 + (Z_2 - Z_1)S^*(X) \end{cases} \tag{9-10}$$

式中　$S^*(X)$——依赖于形状函数 $S(X)$ 的非独立形状函数。

然后将成型前的管坯沿长度方向分割成具有初始长度 ΔL_0 的宽度带状单元，沿带状要素的宽度方向再分成若干等份，并且假设中性层与中央层一致，τ_{xy}、γ_{xy} 沿厚度方向均布及 $\gamma_{xy} = \tau_{xy} = \tau_{zy} = 0$。这样，使用增量法可得到每个要素的应力和变形功表达式，从而获得整段管坯的总变形功之数学模型：

$$W = \frac{1}{\Delta T} \sum_k \sum_j \sum_m \left\{ \Delta V_{k-1,j,m} \left[(\mathrm{d}W^\mathrm{p})_{k,j,m} + (\mathrm{d}W^\mathrm{e})_{k,j,m} \right] \right\} \tag{9-11}$$

式中　　　m——厚度方向的分层；

　$(\mathrm{d}W^\mathrm{p})_{k,j,m}$——塑性变形功增量；

　$(\mathrm{d}W^\mathrm{e})_{k,j,m}$——弹性变形功增量。

通过对 W 求极小化确定 m，这时的应力应变就是所求的解，由此时节点坐标给出的变形曲面即为最佳变形曲面，并认为该曲面是真实变形曲面。这一模型属于增量型能量法，能反映变形的历史，更能反映塑性变形的本质，也适合于计算机辅助设计。

9.1.2　CAD 法

随着科学技术的进步，计算机辅助设计得到了广泛应用，也为焊管成型研究提供了有效方法，像奥纳·艾特·沃提出用三次多项式表示的边缘变形高度；日本的 Hiroshi Ona 通过收集几个公司的轧辊图和数据，并研究了管截面形状因子和轧辊孔型之间的关系，开发了交互的计算机图形系统，基于轧辊弯曲角调整的假设，即水平面上每一截面边缘的轨迹可用三次曲线表示：

$$\begin{cases} Y = AX^3 + BX^2 + CX + D \\ X = 0, X = N, \dfrac{\mathrm{d}y}{\mathrm{d}x} = 0 \\ X = N, Y = H(1 - \cos\theta_0) \end{cases} \tag{9-12}$$

其中，任意阶段 i，轧辊的弯曲角 θ_i 由方程式（9-13）给出：

$$\cos\theta_i = 1 + (1 - \cos\theta_0)\left(\frac{2i^3}{N} - \frac{3i^2}{N}\right) \tag{9-13}$$

引入浮动因子 R 后，就能实现轧辊设计者与计算机进行人机对话：

$$\cos\theta_i = 1 + (1 - \cos\theta_0)\left[\frac{2i^{3(1+R)}}{N} - \frac{3i^{2(1+R)}}{N}\right] \tag{9-14}$$

通过式（9-14），形成一个简单通道截面并将其用于管截面。

9.1.3　有限元法

关于有限元法，目前是百花齐放，如我国学者蔡松庆等尝试用板壳弹塑性有限元法分析直缝焊管成型过程，将成型区中的管坯看作是由一块平板在横向同时逐渐弯曲的结果并进行模拟。美国 Roll-Kraft 公司的 Robert. J. Harstain 和英国 Aston 大学的 Milner 等，凭借商用大变形有限元软件对焊管成型进行分析并将其应用于模具设计。

还有用弹塑性大变形有限元理论进行模拟，基本原理是，将管坯成型过程抽象成一个力学过程：刚性轧辊以恒定的转速旋转，坯料以一恒定的初速度向辊缝运动，直至进入辊缝后，靠摩擦力带动坯料运动，完成弯曲过程。而凭借有限元仿真，可以将管坯的大位移大转动大应变条件下的弹塑性变形的描述与计算、管坯与轧辊接触面间摩擦的描述及摩擦力计算以及刚性轧辊的几何描述与转动计算等问题，转化成用计算机计算求解含有很多线性与非线性的微积分方程和代数方程等的耦合方程组的问题。利用大型结构有限元分析软件来求解这些方程的过程，就是管坯成型的有限元数值模拟过程，并通过不断的模拟逐步接近真实。

9.1.4　距离法

所谓距离法是指，根据焊管成型过程中的特殊点如平立辊位置，确定穿过其间的成型管坯边缘各点三维坐标，计算各点间（$0, 1, \cdots, i = N$）的直线距离并求和；然后根据所采用的变形方法和几何关系推导出变形管坯的曲率半径，并以管坯边缘各点距离之和 $l_{\min}$：

$$\begin{aligned} l_{\min} &= \sum_{i=0}^{i=N} \left[\sqrt{(x_1 - x_0)^2 + (y_1 - y_0)^2 + (z_1 - z_0)^2} + \cdots + \right. \\ &\quad \left. \sqrt{(x_N - x_{N-1})^2 + (y_N - y_{N-1})^2 + (z_N - z_{N-1})^2}\right] \\ &= \sqrt{(x_N - x_0)^2 + (y_N - y_0)^2 + (z_N - z_0)^2} \end{aligned} \tag{9-15}$$

最短为目标函数对曲率半径进行反复优化，由此归纳出的变形规律更能满足焊管生产工艺的需要。此方法的优点在于，以管坯变形最具代表性的边缘为研究对象，突出重点，用最简单的方法解决最复杂的问题，效果显见，应用性极强。

这些方法，构成研究焊管成型的基本方法。然而，不管采用何种方法，由于直缝焊管成型过程理论上属于弹塑性大变形和接触非线性多重非线性耦合问题，影响因素众多，异常复杂，导致这些方法都不能真实、完美地反映焊管变形过程，都与生产实践存在或多或少的差异，有待进一步探索。其中，影响最大的莫过于成型轧制线。

9.2　焊管机组轧制线

　　焊管机组轧制线是焊管机上所有轧辊包括矫平辊、成型平立辊、导向辊、挤压辊、去毛刺托辊、压光辊、定径平立辊、随机矫直辊等轧辊的校调基准线，也是与其配套的相关设备如开卷机、螺旋活套、飞锯机、输送辊道等安装调校的基准线，是轧制底线和轧制中线的总称，在所有焊管生产工艺参数中具有举足轻重的作用。

9.2.1　轧制线的作用

　　其实，焊管机组上并不存在这样一条实物线，它只在换辊时才被人们用细钢丝表示出来，但它恰恰是焊管生产线的"生命线"，表现在以下几个方面：

　　（1）从焊管机组侧面看，它叫作轧制底线，是所有下平辊孔型喉径（又称底径）和所有立辊孔型完整弧线最外缘点的安装基准，要求全部平辊孔型喉径点和全部立辊完整孔型最外缘点的连线必须与轧制底线重合。从图 9-2 中可以看出，立辊完整孔型弧线的最低点与实物孔型弧线最低点的位置只要存在辊缝就各不相同，二者高度相差 Δh_i 参见式（9-16）：

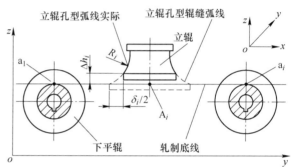

图 9-2　焊管机组轧制底线

a_1，…，a_i—$1 \sim i$ 道下平辊孔型底径点；

A_i—i 道立辊完整孔型最外缘点

$$\Delta h_i = R_i - \sqrt{R_i^2 - \left(\frac{\delta_i}{2}\right)^2} \tag{9-16}$$

两个位置不可混为一谈，在调整立辊高度时，心中要装着 A_i 点。

　　轧制底线具有唯一性与多样性特点。唯一性是针对每一次具体换辊及其生产周期，它是唯一的校调基准；多样性则是指轧制底线具有水平、上山、下山、直线与曲线等不同型制。轧制底线不同，对成型管坯边缘纵向延伸量的多少与性质会产生重要影响。

　　（2）从焊管机组上面看，它叫轧制中线，是所有轧辊孔型及前后配套设备的对称线，其对焊管生产运行的重要性可见一斑。

　　当采用水平轧制底线时，轧制中线的投影与之重合。可见，轧制底线与轧制中线的关系是，轧制底线可以当成轧制中线使用，这也是在日常换辊操作中，只拉轧制底线而可以不拉轧制中线的缘故。

　　（3）焊管生产中的许多故障和焊管缺陷如成型管坯跑偏、扭转、压伤，甚至轧辊局部磨损严重等都与轧制线调整不当有直接或间接的关系。

　　（4）轧制线也是与焊管机组配套的开卷机、螺旋活套（储料笼）、管坯头尾对焊机、矫平机、飞锯机、输送辊道等设备和辅机的安装基准，如让平头机、矫直机的安装标高与焊管机组水平轧制底线标高有一个合理落差，就能实现焊管（圆）在这些工序间自然滚落，减少工序间不必要的翻滚。

（5）对轧制底线标高不可调的焊管机组而言，它还是设计下平辊底径与立辊环厚度的重要依据。

9.2.2 轧制底线的分类

轧制底线是轧制线的核心。焊管机组的轧制底线由成型轧制底线、焊接轧制底线和定径轧制底线组成。其中，成型轧制底线的作用最突出，内涵最丰富。

9.2.2.1 成型轧制底线

根据成型轧制底线在直角坐标中的位置不同，可分为水平成型底线、上山成型底线、下山成型底线、边缘水平成型底线和双半径成型底线等，如图9-3所示。不同成型底线对成型管坯的纵向延伸、尤其是边缘延伸产生重要影响。由成型轧制底线和变形规律决定的管坯边缘纵向延伸对焊管成型的影响具有二重性：首先，它为焊管连续成型提供了前提条件，即假如没有弹塑性延伸，管坯就会在成型过程中被撕裂；其次，如果弹塑性延伸过量，就容易导致成型过程不稳定，形成边缘皱折缺陷。下面分别介绍这些成型轧制底线。

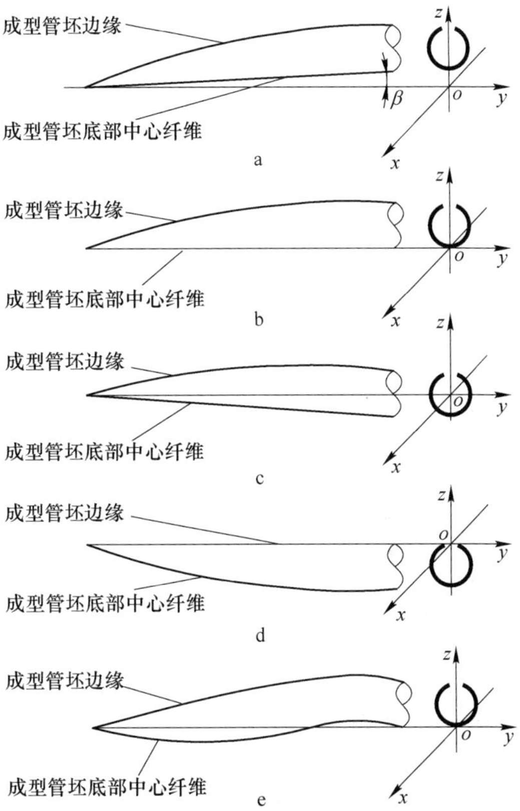

A 水平成型轧制底线

水平成型轧制底线是指成型管坯底部纵向纤维线与水平线平行的成型轧制底线。在所有成型底线中，水平轧制底线最早被广泛应用，尤其在小直径焊管机组上应用最多。水平成型底线管坯底部纵向纤维的表达式为：

$$\begin{cases} Z = kY + b \\ k = \tan\beta, \ \beta = 0 \\ b = 常数（轧制底线标高） \end{cases} \qquad (9\text{-}17)$$

图9-3 焊管成型底线种类

a—$\beta > 0$，上山成型底线；b—$\beta = 0$，水平成型底线；
c—$\beta < 0$，下山成型底线；d—$\beta \ll 0$，边缘水平成型底线；
e—$\beta < 0$、$\beta > 0$，双半径成型底线

式中 Z——平行于 y 轴的成型管坯底部中心纤维；

Y——成型区域长度；

k——直线方程的斜率；

β——管坯底部纵向纤维与 y 轴的夹角，在图9-3b中，$\beta = 0$。

单单从几何角度比较图9-3a～c，容易看出，在水平成型底线条件下，成型管坯边缘长度短于上山成型底线时管坯边缘的长度，但大于下山的和边缘水平的，这说明水平成型

底线的管坯边缘在成型过程中所产生并积累的延伸介于上山与下山及边缘水平之间，参见图 9-4。

也有采用电阻应变片来测量不同成型底线的成型管坯边缘纵向延伸变形，图 9-5 就是通过应变片获得的水平成型底线和下山成型底线各道次边缘延伸及积累延伸的状况，测试结果表明，下山成型法的管坯边缘延伸小于水平成型法的边缘延伸。

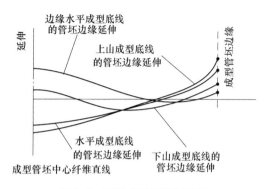

图 9-4　不同成型底线与管坯
边缘延伸的比较

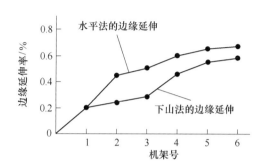

图 9-5　电阻片实测水平与下山成型
底线边缘延伸状况

B　上山成型轧制底线

（1）上山法的特征。在焊管成型时，由成型管坯底部纵向纤维构成的直线从成型开始至成型结束逐渐向上，其运动轨迹由式（9-18）确定：

$$\begin{cases} Z = kY + b \\ k = \tan\beta, \ \beta > 0 \\ b = 常数（轧制底线起点的标高） \end{cases} \quad (9\text{-}18)$$

与水平成型法相比，上山成型底线实际上是水平底线一端被抬升 β 角度和 B 端被抬升 H 高后的产物。在上山成型法中，易证 Rt △ABC∽Rt △CED，见图 9-6，这样上山法比水平法的管坯边缘长度绝对延伸了 DE 长：

$$DE = \phi_i \tan\beta \quad (9\text{-}19)$$

正是因为成型管坯纵向边缘新增的这个绝对延伸量，使得上山成型底线在一些成型论著中屡遭诟病，在诸多成型底线中也"臭名昭著"。

然而，生产实践证明，上山法对薄壁管成型、对解决管坯边缘的成型鼓包作用明

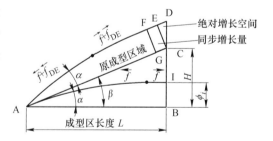

图 9-6　水平与上山成型底线边缘
延伸及拉应力的比较

α—边缘升角；$\vec{f}$—水平法的边缘拉应力；
$\vec{f}_{DE}$—上山法增大的边缘拉应力；
β—上山角；H—总上山量；ϕ_i—末道成型孔型直径

显，效果显著；在调试工心中，上山成型底线非但不臭，而且很吃香。这就促使我们必须回过头来审视理论，由表及里，揭示现象的本质。

（2）上山法的刍议。传统成型理论认为，根据一定材料在弹性极限内应力与应变成正比的虎克定律，只要成型管坯边缘的纵向延伸 δ

$$\delta \leqslant \frac{\sigma}{E} = 0.1\% \tag{9-20}$$

式中　σ——应力，MPa，低碳钢取 $\sigma = 200\text{MPa}$；

　　　　E——弹性模量，MPa，低碳钢取 $E = 200\text{GPa}$。

即管坯边缘升角 $\alpha = \arctan\delta \leqslant 1° \sim 1°25'$，管坯成型就不会失稳。同时派生出一个影响深远的结论：从第一架成型平辊中心至末道成型平辊中心的距离 L 等于该机组生产最大产品外径的 50 倍左右，也就是：

$$L = \frac{D_{max}}{\tan\alpha} = (40 \sim 57)D_{max} \tag{9-21}$$

在这个观点影响下，同等条件，由于上山法的边缘纵向延伸量比水平法的要多出 $\phi_i\tan\beta$ mm，这样，在该机组可生产规格范围内成型大直径薄壁管时，延伸率必然会大于 0.1%，所以就会产生成型鼓包（成型鼓包成因复杂，将在后面专题讨论）。

然而，事实上在采用上山成型底线成型时，管坯边缘非但不易出现成型鼓包，或者即使产生了成型鼓包，反而可以通过进一步加大上山量得以消除。显然，该观点既无法解释这个事实，也与图 9-5 实测的、水平法和下山法成型管坯边缘延伸率均数倍于 0.1% 的结果相悖。

（3）上山法的优越性。根据事物之间因果必然存在联系的哲学观点，不妨让我们从成型管坯边缘纵向变形时的受力角度加以诠释。应力测试数据显示，采用上山成型底线与水平成型底线时，上山成型的管坯边缘拉应力在整个成型区间内非但没有减小，反而从 $\vec{f}$ 增大至 $\vec{f} + \vec{f}_{DE}$，即使在进入闭口孔型段以后也是如此；这是因为上山成型时，边缘轨迹长度 AFED 比水平法边缘轨迹 AFE 长出 DE（见图 9-6），DE 段既为接纳、消化前面产生的部分纵向延伸提供了宝贵区域，同时也为成型管坯边缘提供了源源不断的纵向拉应力，参见图 9-7。该拉应力确保了管坯边缘不会失稳，不产

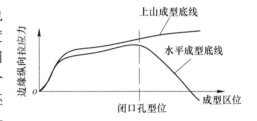

图 9-7　不同成型底线的管坯边缘拉应力

生鼓包。而反观水平成型底线的管坯一旦进入闭口孔型段后，边缘拉应力呈现急剧减小、甚至卸载消失，如图 9-7 所示；严重时变为压应力，管坯边缘因之失稳。

需要指出的是，其实导致管坯边缘失稳的因素很多，成型底线仅仅是其中的一个方面。

（4）上山量的调整。当总的上山量 H 确定之后，轧辊的调节方式有两种：一是在第一道成型下辊与末道成型下辊底径之间用细钢丝拉紧拉直，然后按钢丝线在各道轧辊处的高度调整平立辊；二是精确计算每一道轧辊的上山量 H_i，参见式（9-22）：

$$H_i = \frac{i-1}{N-1} \times H \tag{9-22}$$

式中　H_i——第 i 道次的上山量，mm；

　　　　H——总上山量，$H = \left(\frac{1}{6} \sim \frac{1}{2}\right)D$；

　　　　i——成型辊的道次；

N——平、立辊总变形道次。

在式（9-22）中，总上山量主要由焊管外径 D、壁厚与径壁比等确定，薄壁管取值应偏大；反之，取值可小一些。

C　下山成型轧制底线

（1）下山成型底线的特征。由成型管坯底部纵向纤维构成的直线从成型开始至成型结束，其运动轨迹是一条逐渐向下倾斜的直线。下山成型底线的表达式为：

$$\begin{cases} Z = kY + b \\ k = \tan\beta, \ \beta < 0 \\ b = 常数（轧制底线起点的标高） \end{cases} \tag{9-23}$$

通过几何方法不难证明，采用下山成型底线时管坯边缘纵向延伸较少，边缘张力也小，这样，在成型薄壁管时，边缘就存在极大的失张风险和产生鼓包的可能性。同时，不管采用何种成型底线和成型方法，都无法避免管坯在横向变形时会产生纵向塑性延伸，这种延伸必然会叠加管坯边缘纵向失张的风险，原先的小张力会因之转化成压应力，形成实实在在的成型鼓包。

（2）下山量的调节。总下山量 $H_下$ 应根据成型辊孔型、焊管外径、壁厚及径壁比、成型区域长度等综合权衡，通常取对应焊管外径的 $1/4 \sim 1/3$。当总下山量确定之后，道次下山量可参照式（9-22），将上山量掉过来看成下山量即可。

需要指出的是，边缘水平成型轧制底线其实是下山法中总下山量等于管径的特例，实践中极少应用。

D　双半径成型底线

双半径成型底线系指从第一道水平辊开始至挤压辊中心连线为止的区域内，所有下辊（含导向下辊）底径和所有立辊（含挤压辊）完全孔型弧线最外缘各点连成的由一个波峰和一个波谷组成的曲线，如图9-8所示。它从机组侧面看，是一条形似一个周期的正弦曲线；从机组上面看，其投影是一条直线且与轧制中线重合。

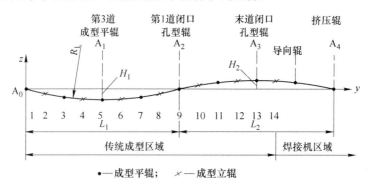

图9-8　双半径成型底线

（1）双半径成型底线的特征。与前几种成型底线比较，双半径成型底线具有以下特征：

1）成型底线多拐点。在图9-8中，双半径成型底线共有三个拐点，分别是 A_1、A_2、A_3。这样布辊的根本目的在于：能够顺应管坯在成型过程中对边缘延伸的内在要求——开口孔型段少延伸，闭口孔型段继续延伸，使归圆后的管坯边缘直至焊接前在纵向都保持恰当的纵向拉应变与拉应力，纵向拉应力保证了管坯边缘不失稳。

2）成型底线呈规律性曲线。所有开口孔型辊和第 1 道闭口孔型辊按 R_1 确定的下凹弧线 $\overset{\frown}{A_0A_2}$ 布辊，第 1 道闭口孔型辊后的所有成型辊、导向辊、挤压辊则布置在由 R_2 确定的上凸弧线 $\overset{\frown}{A_2A_4}$ 上。R_1 和 R_2 分别由式（9-24）和式（9-25）定义：

$$R_1 = \frac{H_1}{2} + \frac{L_1^2}{8H_1} \tag{9-24}$$

式中　R_1——下凹弧线 $\overset{\frown}{A_0A_2}$ 的曲率半径，mm；

　　　L_1——第 1 道成型平辊至第 1 道闭口孔型辊的距离，R_1 弧的弦长，mm；

　　　H_1——R_1 弧的弓弦高，mm。

$$R_2 = \frac{H_2}{2} + \frac{L_2^2}{8H_2} \tag{9-25}$$

式中　R_2——上凸弧线 $\overset{\frown}{A_2A_4}$ 的曲率半径，mm；

　　　L_2——第 1 道闭口型辊至挤压辊中心连线的距离，R_2 弧的弦长，mm；

　　　H_2——R_2 弧弓形高，mm。

在式（9-24）和式（9-25）中，L_1 和 L_2 对某机组而言为定值，故决定 R_1、R_2 大小和弧线 $\overset{\frown}{A_0A_2}$、$\overset{\frown}{A_2A_4}$ 长的分别是弓弦高 H_1 和 H_2。而 H_1 和 H_2 可根据下山成型法中的式（9-24），令 $i = 3 \sim 5$ 进行取值。取值大，由 R_1、R_2 确定的弧线就长，反之就短，一般当壁径比 $t/D > 2\%$ 时，建议取小值；当壁径比 $t/D \leqslant 2\%$ 时，则建议取大值。

3）成型底线相对延伸和绝对延伸。所谓相对延伸是指弦长（以水平成型底线为参照）一定，弧长必定大于弦长而相对增长的部分；绝对延伸则指将成型区域从传统的末道闭口孔型 A_3 处向前延伸至挤压辊部位。这一扩大的成型区域概念是基于管坯横向变形的变化速率而提出的，虽然"向前延伸的部分"管坯横向变化不如开口孔型段明显，但其变化速率并不亚于 A_2A_3 段。

4）融合多种成型底线。$A_0 \sim A_1$ 段和 $A_3 \sim A_4$ 段与下山成型底线类似并具有相似功效，而 $A_1 \sim A_2$ 和 $A_2 \sim A_3$ 段则与上山成型底线相似，且功效接近。这样的组合成型底线，首先摒弃了单纯下山成型底线和上山成型底线各自在相应成型段的一系列缺陷，同时，最大限度地发挥了它们在不同成型区域的优势，并通过组合扩大各自的优势，从而较好地实现了工艺目标。

（2）双半径成型底线的表达式及长度。从双半径成型底线的特征分析以及图 9-8 可知，其曲线可用式（9-26）所示的分段函数来描述：

$$Z = \begin{cases} \sqrt{R_1^2 - \left(Y - \dfrac{L_1}{2}\right)^2} + R_1 - H_1, A_0 \leqslant Y \leqslant A_2 \\ \sqrt{R_2^2 - \left(Y - \dfrac{L_2}{2}\right)^2} - R_2 + H_2, A_2 \leqslant Y \leqslant A_4 \end{cases} \tag{9-26}$$

（3）双半径成型底线的特殊作用。双半径成型底线不仅能有效抑制成型鼓包的形成，更能通过 H_1、H_2 的给定值来控制边缘延伸，使边缘延伸具备受控性，实现从工艺上保证成型过程不产生成型鼓包，具体作用表现在以下三个方面：

1）为把边缘延伸控制在工艺允许范围内创造了前提条件。管坯边缘有绝对延伸与相对延伸之别，绝对延伸是指成型管坯边缘轨迹长度 l 与成型底线长度 L 二者的差值，而相对延伸是指成型管坯边缘轨迹长度 l 与成型底线长度 L 之间的比值，即

$$\delta = \frac{\sum l - \sum L}{\sum L} \tag{9-27}$$

式中　δ——边缘相对延伸比值；

　　$\sum l$——各段成型管坯边缘的长度，mm；

　　$\sum L$——各段成型底线的长度，mm。

从获得稳定而高质量成型管坯的视角出发，人们更应该关注 δ 值，并努力降低 δ 值。式（9-27）给人们三个方面的启迪：

第一，尽量减小各段成型管坯边缘长度 $\sum l$。双半径成型底线下凹曲线的前半部与下山成型底线异曲同工——能减少成型管坯边缘延伸。

第二，尽量增加成型管坯底部长度 $\sum L$。双半径成型底线实现了在成型区域不变的前提下，管坯底部被增长了 $\Delta L = L - l$，并且在 A_0A_2 段显得尤为明显。另外，即使 A_0A_2 段已发生塑性延伸（事实上发生塑性延伸不可避免，只是量多少而已），那么当管坯运动到 A_2A_4 段时，因存在上凸的 R_2 弧长 $\overparen{A_2A_4}$，可使 $\overparen{A_2A_4}$ 弧长等于原管坯边缘长度与边缘塑性延伸长度之和。如图 9-9 所示，当 $R_2 \gg D$ 时，$L_{\overparen{A_2A_4}} \approx l_{\overparen{A_2A_4}}$，而绝对不会出现 $L_{\overparen{A_2A_4}} < l_{\overparen{A_2A_4}}$ 的状况。因为一旦出现 $l_{\overparen{A_2A_4}} > L_{\overparen{A_2A_4}}$ 这种状况，就意味着成型管坯边缘出现鼓包的几率大增；若是薄壁管或管壁较薄的成型管坯，则几乎 100% 地会产生成型鼓包。

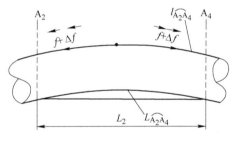

图 9-9　A_2A_4 段成型管坯状况

第三，要在减小边缘延伸的同时增加管坯底部延伸。从管坯按双半径成型底线的成型过程看，上述两个过程是同时发生、同时实现的。

2）为有效控制边缘延伸提供了实现条件。双半径成型底线可根据壁径比 t/D、过往成型经验和预先估计的边缘延伸量，通过增减 H_1、H_2 达到增长或缩短管坯边缘的目的。

3）为从工艺上消除成型鼓包提供了有力保证。边缘在成型全过程中自始至终保持足够拉力和回复力是抑制成型鼓包的基本保证，这里的"足够"是指这样一种力：它从成型一开始就存在，并且仅使边缘发生弹性延伸。但是，这种愿望仅仅是一种理想状态，在实际边缘纵向延伸中，有一部分属于塑性延伸，而且不可避免。而双半径成型底线一方面通过 R_1 的变化，能在增加 A_0A_2 段底部拉力的同时控制、减小边缘拉力，使之尽可能地少产生塑性延伸，确保边缘张力"足够"；另一方面，当管坯运行到 A_2 之后，由于上凸曲线的存在，强制归圆后的管坯向边缘一侧外凸，使边缘张力得到增强。在图 9-9 中，$\Delta \overleftarrow{f}$ 和

$\Delta \vec{f}$ 就是因为采用双半径成型底线所增加的张应力，正是这对张应力的出现，有效防止了成型管坯边缘在过 A_2 点后容易失去纵向张力的现象发生，管坯边缘就能被增强了的张力稳稳"拉直"。

9.2.2.2 焊接轧制底线

焊接轧制底线有广义和狭义之分。

（1）广义指从末道成型辊起至第一道定径辊止，其间的导向辊、挤压辊、毛刺托辊、压光辊、冷却水套等，都必须以它为基准进行调整。传统焊接轧制底线为水平轧制底线，随着焊管理论不断发展，生产工艺不断改进，相继出现了上山与水平组合的轧制底线、曲线（如图 9-8 中的 $A_3 A_4$ 段）与水平线的轧制底线等。

一般情况下，成型管坯经焊接后基本定型，不会因为轧制底线形式的改变而对焊管产生大的消极影响或积极影响，所以，挤压辊往后习惯上都采用水平轧制底线模式。

（2）狭义焊接轧制底线仅指导向辊至挤压辊段。用大成型的视角看，该段才是整个成型过程的末梢，前面成型的成果与缺陷都会在这里尽显无遗。特别是一些成型缺陷，通过狭义焊接轧制底线形式的变化（上山或上凸弧底线），还是能够起到较大的补救作用。

因此，狭义焊接轧制底线应根据成型管坯的实际状况，并配合传统成型区间的成型底线作适当改变。在这个意义上讲，焊接轧制底线具有从属性质，实际生产过程中要灵活机动，切忌一成不变。

9.2.2.3 定径轧制底线

定径轧制底线以平直居多。其实，从有利于削减残留在焊管中的纵向内应力和降低矫直难度出发，还是应该考虑采用上凸或"水平＋上凸"定径轧制底线，参见图 9-10。前两种容易理解，后一种"水平＋上凸"定径轧制底线是指，定径前几道与末道辊孔型均采用水平轧制线，而让倒数第 2 道向上凸起。选择"水平＋上凸"定径轧制底线对焊管矫直极为有利。

在焊接过程中，焊管横截面受热极不均匀，焊缝位置所在的上半部与下半部温差巨大，如图 9-11a 所示，这样，经随后的急速冷却作用，进入定径辊的焊管上半部内积聚的纵向压应力必然大大地大于下部，形成明显的应力不均匀分布，参见图 9-11b。根据金属变形原理，要使这种焊管变直，就需要在弯曲的反方向施加一个相应的矫直力，"水平＋上凸"定径轧制底线恰好可以提供向上的矫直力，基本定向弯曲的焊管经过定向矫直力作用后，管上部被拉伸，管下部被压缩，这样，原先上部的压应力和下部的拉应力都被不同

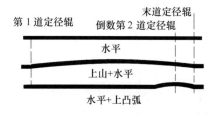

图 9-10　定径轧制底线的种类

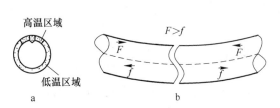

图 9-11　挤压辊至定径前管身温度与应力分布
a—温度分布；b—纵向应力分布
F—压应力；f—拉应力

程度地削减，焊管内应力分布实现大体均等、平衡，出定径机的焊管达到基本直度，而随机矫直辊仅仅起微调作用。操作实践证明，如果焊管在定径机中受力不恰当，单纯依靠矫直头进行矫直是一件很费力的事。

选择微上凸或"水平＋上凸"定径轧制底线的出发点和工艺目标都一样，区别在于：前者的上凸量是在所有道次定径辊间进行分配，由于是微量且还要分配到各个道次上，这在具体操作把握上有一定难度；而后者只需要将上凸量体现在一道定径辊上，操作更方便、简洁、灵活。

此外，如果采用的是下山成型底线，那么，成型管坯中底部的延伸会略多于中上部，由此焊管就存在上翘趋势或现实，运用上凸定径轧制底线的必要性越发显现。

9.2.3　选择轧制底线的原则

选择何种轧制底线，要根据焊管规格、机组状况、管坯材质以及焊管机组正常生产速度等因素而定，一般遵循以下四条基本原则：

（1）壁径比原则。实质是强调成型管坯的刚度问题，以 $\phi25mm \times 0.5mm$ 和 $\phi50mm \times 1.0mm$ 同种强度的成型管坯为例，虽然 t/D 均是 2% ，但是，它们的长细比 λ 相差较大，即成型机架区间长度 l 与变形管坯截面的回转半径 i 之比值：

$$\lambda = \frac{l}{i} \tag{9-28}$$

λ 越小，表示成型管坯在该成型区间刚度越大，成型管坯抗失稳的能力亦大；反之，刚度越小，成型管坯越易失稳。显然，后者的 i 比前者大得多。也就是说，如果选择相同的轧制底线，那么，前者更易失稳，后者则相对稳定。

（2）机组原则。有些焊管机组的下轴标高是不可调的，故通常只能按水平轧制底线布辊。

（3）管坯材质原则。要求根据管坯强度高低、硬软等选择轧制底线。当生产高强度焊管时，定径段提倡选用上凸或"水平＋上凸"轧制底线，这样矫直就会少走弯路、顺利许多。

（4）速度原则。正常生产时，焊接速度较快的机组，定径轧制底线上凸要比速度慢的机组大一点，反之要小一点。因为速度慢的机组，焊管冷却时间和在定径机中受到矫直力作用的时间都相对速度快的机组要长，应力平衡更充分，焊管直度会更好。

因此，轧制底线选择得恰当与否，对焊管坯的横向变形、断面变形和纵向变形都会产生巨大影响。

9.3　成型管坯纵向变形

平直管坯经焊管机组轧制到成品焊管产出，焊管坯不可避免地要发生纵向变形，而且，纵向变形具有自然性、必然性以及与轧制底线有着千丝万缕的关系。

9.3.1　焊管坯纵向变形的必然性

焊管坯纵向变形的必然性系指平直管坯在变为焊管的过程中，其纵向纤维要发生一系列弹塑性拉伸与压缩变化。

（1）纵向延伸是焊管成型的前提。管坯从平直状态成型为待焊开口管筒，其边缘一点的运动轨迹投影到 yoz 面上如图 9-12a 所示，图中，线段 AB 既是 △ABC 的斜边，又是 $\widehat{l_1}$ 的弦，根据勾股定理和弦与弧长的关系有，$\overline{AB} > \sum L_1$，但 $\overline{AB} < \widehat{l_1}$ 和 $\widehat{l_1} > \sum L_1$，假如管坯没有弹塑性延伸，那么，管坯必定会沿管坯边缘撕裂，直至底部，见图 9-12b，同时也就不可能有后来的待焊管筒。

（2）纵向回复是获得优质待焊管坯的保证。一般情况下，根据管坯横向变形的规律，当成型管坯 P_i 点运动到第一道闭口孔型 B 处逐渐归圆后，P_i 点的高度逐渐降低，而此时在边缘最高点 B 处又没有什么东西提着，这样，前面积累在管坯边缘内、导致管坯边缘发生弹塑性延伸的张力就会在过 B 点后逐渐减小，甚至消失并以压应力的形态出现。所以，成型管坯纵向边缘在过 B 点后必须发生回复应变，以吸收先前的延伸，否则，纵向边缘将出现图 9-12c 所示的"多余管坯"——成型鼓包，这是焊管成型工艺所不希望发生的。

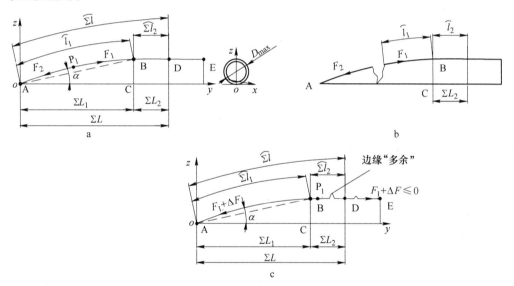

图 9-12　成型管坯边缘延伸及受力状况

9.3.2　成型管坯纵向变形的自然性

自然性是指在既定成型区域内、在水平成型底线条件下成型管坯边缘所发生的纵向延伸。

（1）弹性极限内的自然延伸。在成型区域内，成型的管种越小，管坯宽度越窄，成型管坯边缘升角 α 也越小，则边缘长度 $\sum \widehat{l}$ 越短，并且认为其间所发生的延伸都是弹性延伸，如图 9-12a 所示，而且在成型结束后，管坯边缘长度自然回复到与成型管坯底部一样长，这样就不存在管坯边缘多余的问题。另外，成型区域的边缘在只受弹性拉力 F_1 作用的同时，又受弹性回复力 F_2 作用，且 F_1 和 F_2 是作用力与反作用力的关系，它们大小相等、方向相反，处于平衡状态；管坯边缘则在这对平衡力作用下具有足够刚性，刚性保证了仅仅发生弹性延伸的成型管坯纵向边缘不会失稳，边缘无皱折。只有当管径增大到一定程度时，边缘延伸的性质才会发生变化。

（2）超弹性极限的自然延伸。仍是在图 9-12 的条件下，成型焊管的外径越大，管坯宽度越宽，成型管坯边缘升角 α 也越大，则边缘长度 $\sum \overset{\frown}{l}$ 越长，进而导致边缘实际延伸率大于 0.1% 的弹性延伸极限值。尽可能减少这部分的延伸，正是焊管工作者数十年来努力的目标之一。

9.3.3　成型管坯纵向变形必然性的解析

这里的必然性是指，焊管工艺需要的纵向延伸和不可避免的纵向延伸，主要体现在成型管坯横截面中底部和边缘两个部位。

9.3.3.1　运行张力决定的纵向延伸

在管坯从平直状态被轧制成开口圆管筒过程中，需要经过 6~8 道平辊和大约同样多道立辊的轧制，如图 9-13 所示，平辊提供管坯得以连续轧制时的驱动力和横向变形的部分轧制力，立辊对管坯横向变形被动地产生部分轧制力。在驱动平辊中，粗成型段平辊对管坯进行实腹轧制，精成型段平辊对管坯进行空腹轧制，参见图 9-13A—A、B—B 和 C—C。从正常施力效果看，实腹轧制远好于空腹轧制，然而，它们又同时作用于同一管坯，这就造成事实上的发力大小不一致，并由此在成型管坯纵向形成张力或阻力。如果是张力，那么管坯就会发生适量纵向延伸，这是焊管成型工艺所需要的；如果是阻力，管坯纵向会因之压缩，严重的就可能发生"堆钢"，这对焊管成型特别是薄壁管成型极为有害，这是一方面。另一方面，即使同为实腹轧制，也会存在由于变形半径不同、变形角度不同、管坯与孔型接触长度不同等，如图 9-13A—A 与 B—B 所示，使得不同实腹轧制辊输出的合成速度大小和位置都不尽相同，导致这部分轧辊孔型对管坯的施力有异，进而使成型管坯产生不同的纵向变形，如图 9-13B—B 所示中底部延伸大于边部。

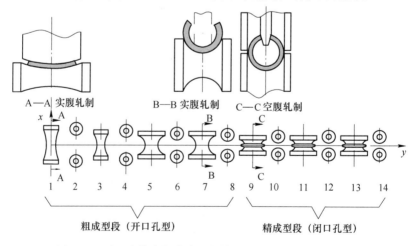

图 9-13　平立交替布辊式直缝焊管成型机组及空、实腹轧制

奇数号—成型平辊；偶数号—成型立辊

但是，不论成型管坯在各道轧辊中的受力如何，根据工艺要求，至少要保证成型管坯在第一道成型平辊与末道成型平辊之间存在一定张力，必须使驱动力与阻力的合力满足式（9-29）的要求，即

$$F_Z = \sum F_K + \sum F_B - \left(\sum f_K + \sum f_B + \sum f_L\right) > 0 \qquad (9\text{-}29)$$

式中　F_Z——成型区域总张力；

$\sum F_K$——全部开口孔型平辊对管坯的驱动力；

$\sum F_B$——全部闭口孔型平辊对管坯的驱动力；

$\sum f_K$——全部开口孔型平辊对管坯的阻力；

$\sum f_B$——全部闭口孔型平辊对管坯的阻力；

$\sum f_L$——全部成型立辊孔型对管坯的阻力。

进一步解析成型过程，至少说明以下四点：

（1）管坯纵向拉伸与压缩因区间不同而异。由于成型立辊在管坯变形过程中，对管坯施加的是纯阻力，这样，管坯在平辊→立辊区间，不管平辊驱动力大于还是小于立辊阻力，体现在管坯纵向上面就存在被压缩的趋势；这就从理论上解释了为什么大多数成型鼓包经常发生在平辊→立辊区间的现象。而在立辊→平辊区间，同样不管立辊阻力大于还是小于平辊驱动力，体现在管坯纵向上面就表现为被拉伸的趋势。

（2）平辊提供的并不都是驱动力。每一个平辊孔型面不同位置处的线速度都不同，但是，每一个平辊孔型却都存在着这样一点，该点的线速度（滚动直径处的线速度）与管坯横断面上各点的速度一致。据此，可以把每个平辊孔型面分成三个区，在图 9-14 所示的前滑区，孔型面线速度大于管坯速度并相对于管坯前滑，为驱动管坯向前运动提供摩擦力；在后滑区，孔型面线速度小于管坯速度，孔型相对于管坯后滑，给管坯施加向后的摩擦阻力。在正确操作的前提下，前滑区产生的摩擦力大于后滑区的摩擦阻力，即

$$\left(\sum F_{前滑,上} + \sum F_{前滑,下}\right) > \left(\sum f_{后滑,上} + \sum f_{后滑,下}\right)$$

从而保证管坯顺利成型。

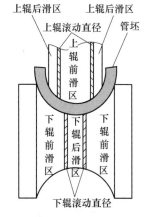

图 9-14　轧辊孔型面前、后滑区及滚动速度示意图

（3）由于 $\sum F_K > \sum F_B$，且 $\sum F_K$ 在后推、$\sum F_B$ 在前拉，为了确保管坯在成型过程中不发生"堆钢"，就必须让成型平辊前一道的线速度比后一道稍快，同时让闭口孔型平辊的线速度在正常增加值的基础上再增加一个 Δv，通过多做功的方式来弥补拉力。

（4）成型区域总合力 $\sum F$ 必须大于零。管坯在成型区域内纵向受到拉伸或存在拉伸趋势，而且必须使成型管坯在纵向受到恰当拉伸，这是成型得以顺利进行的基本前提。管坯越薄，刚性越差，一旦发生哪怕是轻微的"堆钢"，都会导致成型管坯失稳、成型失败。所以，在成型薄壁管时，更应该通过驱动辊直径的设计、横向变形的设计、生产工艺的设计和生产现场的操作调整等方面，确保管坯成型过程满足这一基本前提。

9.3.3.2　成型平辊横向变形引发的纵向延伸

在轧辊孔型迫使管坯横向变形时，管坯必然要抵抗这种变形，在这种施压与抵抗的过程中，管坯一方面发生横向变形，从平直管坯逐步变形成开口管筒；另一方面迫使管坯产生纵向弹塑性变形。

（1）管坯在平辊孔型中的纵向变形。在图 9-15 中，管坯边缘 P_0 首先与下平辊孔型边缘接触，继而在 P_1 点被上下平辊压靠，管坯边缘一点在逐渐升高的同时还逐渐向中间移动，以最具代表性的第一道平辊为例，则 P_0 到 P_1 两点间管坯边缘长度 $l_{\overline{P_0P_1}}$ 为：

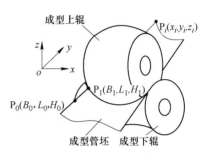

图 9-15　管坯在平辊中横向变形
引起的纵向延伸

$$l_{\overline{P_0P_1}} = \sqrt{(B_1 - B_0)^2 + (L_1 - L_0)^2 + (H_1 - H_0)^2} \tag{9-30}$$

由于管坯底部纤维度在该道变形过程中没有发生纵向延伸，故可以选择 $(L_1 - L_0)$ 段作参照，并与式（9-30）进行比较，参见式（9-31）。$\varepsilon_{P_0P_1}$ 和 $E_{P_0P_1}$ 大于 0 的结果说明，管坯横向变形的确引发成型管坯边缘产生了纵向延伸。

$$\begin{cases} E_{P_0P_1} = \sqrt{(B_1 - B_0)^2 + (L_1 - L_0)^2 + (H_1 - H_0)^2} - (L_1 - L_0) > 0 \\ \varepsilon_{P_0P_1} = \dfrac{\sqrt{(B_1 - B_0)^2 + (L_1 - L_0)^2 + (H_1 - H_0)^2} - (L_1 - L_0)}{L_1 - L_0} \times 100\% \end{cases} \tag{9-31}$$

（2）管坯纵向变形总量。根据式（9-31）的思路和方法，容易得到成型管坯边缘在整个变形区间内的长度 $l_{P_0P_i}$ 和延伸 $\varepsilon_{P_0P_i}$ 的计算式（9-32）：

$$\begin{cases} l_{P_0P_i} = \sum \sqrt{(B_i - B_{i-1})^2 + (L_i - L_{i-1})^2 + (H_i - H_{i-1})^2} - \sum (L_i - L_{i-1}) > 0 \\ \varepsilon_{P_0P_i} = \dfrac{\sum \sqrt{(B_i - B_{i-1})^2 + (L_i - L_{i-1})^2 + (H_i - H_{i-1})^2} - \sum (L_i - L_{i-1})}{\sum (L_i - L_{i-1})} \times 100\% \end{cases}$$

$$\tag{9-32}$$

这样就能从整体上掌控管坯边缘纵向延伸情况。而且，管坯边缘实际长度和延伸率要比式（9-32）稍多，因为横向变形后的管坯在各道次之间存在或多或少横向回弹，管坯边缘在道次间的微观表现实为弧线而非直线。

（3）代表性学者研究成型管坯纵向变形的成果。其中，日本学者加藤健三、马场和生田目等人分别从不同角度给出了成型管坯纵向延伸量的计算式。

1）加藤健三计算式：

$$\Delta l \propto \frac{h_i^2}{L_i} \tag{9-33}$$

式中　　Δl——第 i 道成型机架中的边缘延伸量；

h_i^2——第 i 道变形区高度；

L_i——第 i 道变形区长度。

2）马场计算式：

$$\Delta l = \frac{1}{2}\ln\left[(x - x_0)^2 + (y - y_0)^2 + (kz)^2\right] - \ln(kz) \tag{9-34}$$

式中　Δl——圆周变形孔型的边缘延伸量；

　　　x——轧辊中心处至边缘的水平距离；

　　　x_0——轧辊孔型中的管坯中心至一侧边缘的水平距离；

　　　y——轧辊中心至边缘的高度；

　　　y_0——轧辊孔型中管坯底部中点至管坯边缘的垂直距离；

　　　z——变形区长度；

　　　k——修正系数。

马场计算式认为，成型管坯边缘延伸量，根据不同焊管直径和不同下辊底径进行计算，管径越大，边缘延伸越大；下辊底径越大，边缘延伸越小；机架数越多，边缘延伸越小。

3）生田目计算式：

$$\begin{cases} \varepsilon_0 = \frac{1}{2}\left[\left(\frac{dz_c}{dy}\right)_{y=0}^2 + \left(\frac{dx_c}{dy}\right)_{y=0}^2\right] \\[2mm] \left(\frac{dz_c}{dy}\right)_{y=0} = \frac{a(c-a)}{4b\sqrt{\rho_1^2 - \left(\frac{a}{2}\right)}} \\[2mm] \left(\frac{dx_c}{dy}\right)_{y=0} = \frac{c-a}{2b} \end{cases} \tag{9-35}$$

式中　ε_0——纵向变形量；

　　　z_c——变形管坯在轧辊孔型中的边缘高度；

　　　x_c——变形管坯在轧辊孔型中的边缘与中心的水平距离；

　　　a——出轧辊后的管坯边缘开口宽度；

　　　b——管坯在孔型中开始变窄点与孔型轴向中线间的水平距离；

　　　c——进入孔型前的变形管坯边缘开口宽度。

其实，这些考量成型管坯纵向变形的方法或因出发点不同，或因视角不同，使得结果都与管坯边缘实际纵向长度有出入，距精确模拟还有很长一段路要走。然而，庆幸的是，这些出入误差一不会影响定性分析，二是越来越接近"事实真相"，同时也给孔型设计留足了想象空间。

（4）设计实例分析。表9-1分别记录了1~6in圆周变形和W变形第一道成型管坯的相关参数，结果显示，发生在第一道成型管坯边缘的延伸率都大大超出了0.1%的弹性延伸率，平均达到10.18%。有学者据此研究后更指出，因第一道成型管坯边缘陡然升高和向中间移动所产生的纵向弹塑性延伸占到总延伸的50%~70%（参见本书9.8节）。管坯这种横向变形与纵向延伸的关系，必须引起孔型设计师的高度重视，而且，依据式（9-31）、式（9-32），通过改进孔型横向变形参数 B_i 和 H_i，能够显著降低成型管坯边缘的纵向延伸。

表 9-1　1~6in 第一道成型管坯边缘延伸状况

公称尺寸/in	变形方式	下平辊底半径 r/mm	下平辊外径 R/mm	边缘变形半径 R_1/mm	横向宽度差 $B_1 - B_0$/mm	边缘变形高度 h_1/mm	y 轴投影距离 $L_1 - L_0$/mm	边缘长度 E/mm	延伸率 ε/%
1	圆周变形	70	84.53	83.5	2.93	14.53	47.38	49.64	4.48
	W 变形		81.16	17	5.08	11.16	41.07	42.86	4.36
2	圆周变形	75	104.85	159	6.26	29.85	73.27	79.36	8.32
	W 变形		98.05	32	11.11	23.05	63.16	68.15	7.89
3	圆周变形	80	121.99	222.5	8.91	41.99	92.10	101.61	10.33
	W 变形		112.28	45	15.51	32.28	78.78	86.54	9.85
4	圆周变形	90	143.53	285	10.23	53.53	110.81	123.49	11.44
	W 变形		132.22	57	20.68	42.22	96.86	107.67	11.16
5	圆周变形	90	155.45	350	13.63	65.45	126.75	143.30	13.06
	W 变形		141.52	70	25.15	51.52	109.21	123.34	12.94
6	圆周变形	90	168.41	412.5	16.46	78.41	142.34	163.34	14.75
	W 变形		146.46	83	26.35	56.46	115.54	131.27	13.61

注: 1in = 25.4mm。

9.3.3.3　成型立辊横向变形引发的纵向延伸

管坯受到成型立辊横向挤压和前后平辊孔型的约束（箭线），形成如图 9-16 所示的三段弧线，三段弧线与直线相比，都程度不等地发生了延伸，其中，$\overset{\frown}{AB}$ 和 $\overset{\frown}{CD}$ 因回弹引起，$\overset{\frown}{BC}$ 则是立辊实施横向变形的结果。

在管坯与立辊孔型接触的 $\overset{\frown}{BC}$ 区域，由于边缘是整个管坯最薄弱的部位，当管坯一边受到横向挤压力作用并形成阻碍管坯前进的阻力、一边被驱动力纵向拉拽时，导致管坯纵向变形首先在边缘发生，继而逐步向下，向管坯中底

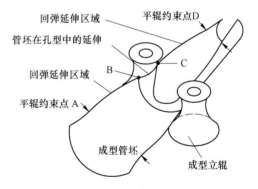

图 9-16　管坯在成型立辊中横向变形所引起的纵向延伸示意图

部拓展。显然，在图 9-16 中，$\overline{BC} < \overset{\frown}{BC}$，二者之差值就是立辊孔型引起的管坯边缘纵向延伸量。如果立辊施加的横向变形力仅限于控制回弹的范畴，那么，可以认为这个量属于弹性延伸；如果立辊施加的横向变形力超过控制回弹所需要的力，那么该延伸量中就有塑性延伸的成分，这是焊管现场操作时需要把控的，应该努力将其控制在弹性延伸范围内。另外，成型立辊的这种工作状态给孔型设计师一个有益启迪，即应尽可能将成型立辊直径设计得大一点，让 $\overset{\frown}{BC} \Rightarrow \overline{BC}$，以减少管坯边缘的纵向延伸。

9.3.4　管坯纵向变形与成型底线的关系

管坯纵向变形与成型底线关系密切，成型底线不同，管坯纵向变形各异，而且纵向变

形的位置与状态也各不相同。

（1）水平成型底线状态下的纵向变形。图 9-17 所示为通过应变片测绘的、水平成型底线时管坯的纵向变形。在管坯一半宽度上，距底部 2/3 以内的纵向纤维呈压缩状态，其余均呈现拉伸状态，且边缘拉伸最多。水平成型底线时，成型管坯的纵向变形表达式如式（9-36）所示：

$$\varepsilon = \ln \sqrt{1 + (R')^2 \left[1 - \cos(\alpha/R) \right]^2} \tag{9-36}$$

式中，R 为管坯中性面弯曲半径；R' 为沿成型区弯曲半径变化函数的导数；α 为管坯中性面弯曲变形角度。

（2）边缘水平（下山）成型底线状态下的纵向变形。与图 9-17 相比，图 9-18 中的边缘纵向延伸明显少许多，而底部纵向纤维则要长许多，其纵向变形的表达式如式（9-37）所示：

$$\varepsilon = \ln \sqrt{1 + (R')^2 \left\{ \left[1 - \cos\frac{\alpha}{R}\left(\cos\frac{b}{R} + \frac{b}{R}\right) \right]^2 + \left[\sin\frac{\alpha}{R}\left(\cos\frac{b}{R} + \frac{b}{R}\sin\frac{b}{R}\right) - \frac{\alpha}{R} \right]^2 \right\}} \tag{9-37}$$

式中，b 为管坯宽度之半，其余同上。

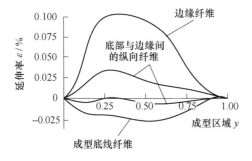

图 9-17　水平成型底线时管坯纵向变形状态

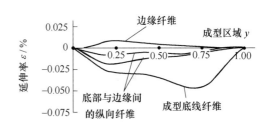

图 9-18　边缘水平成型底线时管坯纵向变形状态

（3）其他成型底线状态下的管坯纵向变形表达式：

1）成型管坯弯曲半径中心连线为直线的管坯纵向变形如式（9-38）所示：

$$\varepsilon = \ln \sqrt{1 + (R')^2} \tag{9-38}$$

2）变形管坯横断面重心连线为直线的管坯纵向变形如式（9-39）所示：

$$\varepsilon = \ln \sqrt{1 + (R')^2 \left\{ \left[\cos\frac{\alpha}{R} - \left(\frac{2R}{b}\sin\frac{b}{R} - \cos\frac{b}{R}\right) \right]^2 + \sin^2\frac{\alpha}{R}\left[1 - \left(\frac{2R}{b}\sin\frac{b}{R} - \cos\frac{b}{R}\right)^2 \right] \right\}} \tag{9-39}$$

9.3.5　研究成型管坯纵向变形的意义

（1）为选择合适的成型底线提供理论依据。

（2）为获得优质成型管坯奠定理论基础。

（3）为焊管现场操作调整提供理论指导。

（4）为合理设计轧辊孔型（横向变形）指明方向。

9.4　管坯成型的横向变形

管坯横向变形的实质是轧辊孔型。所谓轧辊孔型是指轧辊面上，按人们意志加工出的、具有一定形状可供管坯通过的空间。管坯一旦从中经过（轧制）后，便在管坯面上留下与孔型高度吻合的印迹、形状和尺寸，在管坯上克隆出孔型的形状和尺寸，正是人们追逐的目标。

9.4.1　高频直缝焊管孔型分类

横向变形侧重于管坯在空间直角坐标系 xoz 平面中的变化，是指管坯沿 y 轴方向、经由大到小的特定成型轧辊孔型轧制，断面形状从平直状态逐步弯曲变化成开口管筒的工艺过程。通俗地讲，就是利用特定孔型的轧辊对管坯进行轧制，迫使其横断面形状发生改变，于是，孔型就成为横向变形的核心。虽然孔型多种多样，详见图 9-19，但仍然可以按不同标志对其进行分类。

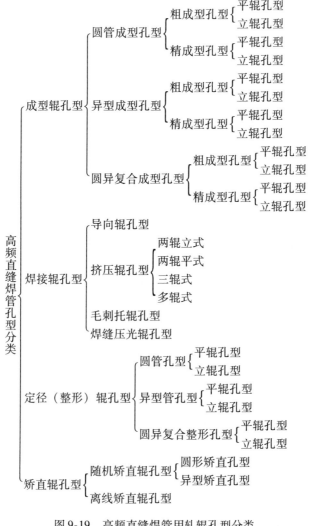

图 9-19　高频直缝焊管用轧辊孔型分类

9.4.1.1 按功能分类

孔型按功能分为成型孔型、焊接孔型、定径孔型和矫直辊孔型。

（1）成型孔型的作用。将平直管坯轧制成横断面具有一定形状的开口管筒，如果生产圆管，那么就成型为开口圆管筒；如果生产异型管，若按"先成圆后成异"工艺，则仍然成型为开口圆管筒；若按"直接成异"工艺，则成型为开口异型管筒。这里的异，泛指圆以外的形状。另外，带动力的平辊孔型还为管坯横向变形和纵向运行提供成型轧制力与驱动力。

成型圆管的基本孔型有六种，如图9-20所示。关于异圆复合成型孔型是指，将"先成圆后成异"工艺和"直接成异"工艺相结合，使孔型中既有成型圆管时的圆弧曲线，同时又有将要变形的异型管中的部分曲线，并且让这部分异型曲线也遵循圆管成型规律，如成型凹槽管的粗成型孔型，参见图9-21。

（2）焊接孔型的作用。焊接孔型包括导向辊、挤压辊、毛刺托辊、焊缝压光辊等孔型，作用是对已经成型的开口管筒利用高频电源实施焊接，并且确保焊缝牢固、表面光滑、周长上有可供后续定径整形用的余量。

圆管焊接用轧辊的基本孔型有四种，参见图9-22。在图9-20和图9-22中，虽然导向辊孔型与精成型平辊孔型类似，但是，导向辊没有驱动力且外廓尺寸较小。

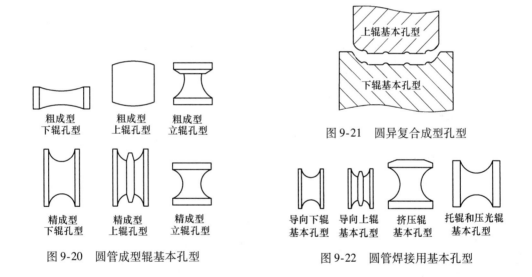

图9-21 圆异复合成型孔型

图9-20 圆管成型辊基本孔型

图9-22 圆管焊接用基本孔型

（3）定径（整形）孔型的作用。由于成型、焊接后管子几何尺寸和形状都难以达到标准规定的要求，必须利用定径孔型辊对待定径管进行轧制，使定径后焊管的尺寸公差符合标准要求。定径后的焊管横截面形状和各部位尺寸均必须至少符合国标要求，必要情况下还必须满足客户要求。

定径圆管用平辊的形状与精成型下平辊相似，立辊与精成型立辊相似；异型如矩形平辊孔型参见图9-23b。

（4）矫直辊的作用。通常，出定径辊后的焊管直度几乎都达不到要求，需要经过带有与焊管形状大致相同（在线矫直）孔型轧辊的矫直；而离线矫直圆管的孔型是一种深度浅、曲率半径大、在一定范围内通用的孔型，参见图9-23c。

9.4.1.2　按区域分类

每一套轧辊孔型，按区域分类都可以分为成型区域、焊接区域、定径（整形）区域和矫直区域的轧辊孔型。

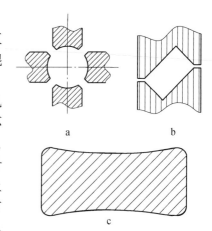

图 9-23　矫直辊基本孔型
a—四辊在线圆管矫直辊孔型；
b—两辊在线矩管矫直辊孔型；
c—离线矫直辊基本孔型

其中，成型区域又有粗成型段孔型与精成型段孔型之分。粗成型段孔型也称开口孔型，因孔型线段不构成密闭空间而得名；精成型段孔型俗称闭口孔型，因每一对闭口孔型辊的孔型曲线都是一个密闭（不计辊缝）的空间而得名。绝大多数情况下，闭口孔型上辊由两片孔型辊和导向环组成，通过平辊轴上的调节螺母完成紧定，故有的也称闭口孔型上辊为三合一辊。之所以将闭口孔型上辊设计成三合一结构，主要考虑到，由于导向环不得不与锋利的管坯边缘紧密接触，使得导向环的磨损快于孔型磨损，导向环需要经常更换；通常在一个孔型使用周期内，孔型修复次数与更换导向环次数之比为 $1:(4\sim8)$。

9.4.1.3　按在设备中放置方式分类

轧辊孔型可以分为平辊孔型、立辊孔型、矫直辊孔型、导向辊孔型和毛刺托（压光）辊孔型。平辊孔型定义为，轧辊内孔轴线与水平面平行且带有动力的这类轧辊称为平辊，附着其上的孔型称为平辊孔型；与此对应，内孔轴线与水平面垂直的这类轧辊称为立辊，附着其上的孔型称为立辊孔型。而在线矫直辊因矫直需要，有的既不垂直，也不平行。导向辊孔型和毛刺托（压光）辊孔型，虽然内孔轴线与水平面平行，但是它们不带动力。

尽管孔型分类方式较多，但是，每一个孔型都是根据人们的需要、遵循一定规律设计出来的，用以满足管坯横向变形的需要。

9.4.2　圆管横向变形方法

到目前为止，圆管横向变形的基本方式大致有七种，其余都是在这些基础上的组合或演变。本节侧重介绍这七种常用成型孔型及优劣比较，而将具体的孔型设计留在第 13 章专门介绍。

9.4.2.1　中心变形法

中心变形法又称中心弯曲法，是指弯曲变形首先从管坯中部开始，以约等于成品管半径的孔型轧辊对管坯进行轧制，弯曲半径 R 恒定，尔后沿轧制方向逐渐加大中间变形角 θ_i，直至 $2\theta_i \approx 340° \sim 350°$，形成待焊开口圆管筒，参见图 9-24 所示的变形花。它有四个方面的内涵：

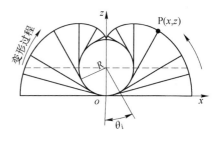

图 9-24　中心变形法变形花

（1）变形从管坯中部开始，渐渐扩展至管坯全宽。当中部变形时，管坯两侧依然处于平直状态，且平直段与变形段相切。

（2）变形过程中变化的只是成型角 θ_i，不变的是弯曲半径 R，一般令

$$R = \begin{cases} \dfrac{D_{b1}}{2} \text{ 或 } \dfrac{D_j}{2} & \text{（低碳软钢）} \\[3mm] \dfrac{D}{2} \text{ 或 } \dfrac{D}{2} - r & \text{（高强度、厚壁管坯）} \end{cases} \qquad (9\text{-}40)$$

式中　D——成品管直径；

　　　D_{b1}——第一道闭口孔型直径；

　　　D_j——挤压辊孔型直径；

　　　r——回弹量，取值范围在 $0.5 \sim 6\text{mm}$，管径越大越硬，取值越大；反之，取值要偏小。

这样，根据变形半径 R 和已知的管坯宽度 B，就有成型角 θ_i、已变形段长度、尚未变形段长度 B_1 之间的关系式：

$$B_1 = B - \frac{\pi R \theta_i}{90} \qquad (9\text{-}41)$$

在式（9-41）中，右边后半部为已弯曲变形的管坯宽度，当 $0 < \theta_i < 90°$ 和 $R = D/2$ 时，变形管坯两边各有至少大于 $B/4$ 宽度的管坯仍处于平直状态，随着 θ_i 角的增大，平直段逐渐减少；当 $\theta_i = 90°$ 时，未弯曲部位的两边管坯垂直立起，此时，管坯边缘一点的升高达到最大值；当 $90° < \theta_i < 180°$ 时，管坯进入闭口孔型辊并借助闭口孔型辊上的导向环开始对尚处于平直状态的边部 $B/4$ 管坯进行弯曲变形，直至 $\theta_i \approx 170° \sim 175°$，获得开口圆管筒。

（3）粗成型段与精成型段轧辊实际上各自承担了约 50% 的变形，分工明确，规律明显。

（4）中心变形法管坯边缘一点 P 在成型过程中的运动轨迹之投影是一条渐开线，其运动方程表达式为：

$$\begin{cases} x = R\left[\sin\theta_i + (\pi - \theta_i)\cos\theta_i\right] \\ z = R\left[1 - \cos\theta_i + (\pi - \theta_i)\sin\theta_i\right] \\ l = R\displaystyle\int_0^{\pi}(\pi - \theta_i)\,\mathrm{d}\theta = 4.94R \end{cases} \qquad (9\text{-}42)$$

式中　x, z——P 点坐标；

　　　R——成品管半径；

　　　l——成型管坯边缘一点运动轨迹的投影长度。

这种变形方式的优点是，成型机架数量少，立辊用得也少，设备紧凑；但是，最致命的缺点是，成型管坯边缘升起高度高，直接增大边缘纵向延伸，管坯边缘过精成型段后特别容易失稳，产生成型鼓包。

为了说明管坯边缘升起高度，对式（9-42）中的 z 求极值，得式（9-43）：

$$\left[\sin\theta_i - \cos\theta_i + (\pi - \theta_i)\cos\theta_i\right] = 0 \qquad (9\text{-}43)$$

解式（9-43）知，$\theta_i = 90°$ 时，函数 z 取极值，将 $\theta_i = 90°$ 代入式（9-42）中，得中心变形法成型管坯边缘最大升高（极值）为 $z = 2.571R$。

比较下面的几种变形法易知，中心变形法的边缘升高最高，故该变形法也最不可取，

现在已经基本被淘汰。

9.4.2.2　圆周变形法

圆周变形法又称单半径变形法、周长变形法，指弯曲变形在管坯全宽上进行，从变形开始至成型结束，孔型曲线由一个逐架变小的曲率半径 R_i 和逐架增大的变形角 θ_i 决定，参见图 9-25 所示的变形花。各个道次的变形半径 R_i、变形角度 θ_i 与管坯宽度 B 的关系由式（9-44）有：

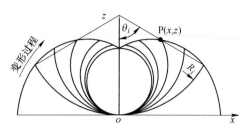

图 9-25　圆周变形法的变形花

$$B = \frac{\pi R_i \theta_i}{90} \tag{9-44}$$

根据式（9-44）和图 9-25 知，不管 R_i 如何变化，都可以将管坯变形过程设计如下：

（1）当 $0 < \theta_i \leqslant 90°$ 时，让管坯全宽与上下孔型曲线全接触。这一变形阶段的最小变形半径 $R_i \approx D$（成品管直径），R_i 在 $\infty \sim D$ 的区间内变化。

（2）当 $90° < \theta_i < 135°$ 时，$R_i < D$，考虑到顺利脱模，若仍然选择实轧孔型，那么平辊孔型只能改变管坯中部的形状，中部以外的管坯变形必须由立辊完成。当然，也可选择空腹轧制方式，利用闭口孔型进行全宽段轧制。

（3）当 $135° \leqslant \theta_i < 175°$ 时，管坯又进入被全宽轧制阶段，通过闭口孔型辊将管坯轧成开口宽度为 b（末道精成型辊导向环厚度）的管筒，完成管坯成型。

（4）在整个管坯成型过程中，管坯边缘一点 $P(x, z)$ 的运动轨迹投影是一条螺旋线，它的运动方程是：

$$\begin{cases} x = R_i \sin\theta_i \\ z = R_i(1 - \cos\theta_i) \\ l = \pi R_i \int_0^\pi \left(\frac{1}{\theta_i} \sqrt{1 + \frac{2}{\theta_i^2} - \frac{2\sin\theta_i}{\theta_i} - \frac{2\cos\theta_i}{\theta_i}} \right) d\theta = 4.44R \end{cases} \tag{9-45}$$

与式（9-42）比，圆周变形法管坯边缘 P 点的运动轨迹投影长度要比中心变形法的短，参见图 9-26；同时，比较中心变形法和圆周变形法的变形花，在管坯宽度和焊管规格相同的情况下，由于变形方式不同，使得圆周变形法边缘最大升高比中心变形法的低 Δ，这说明在同一成型区间内，圆周变形法所产生的边缘纵向延伸比中心变形法的少，圆周变形法的孔型优于中心变形法。

圆周变形法的优点集中体现在变形比较均匀，轧辊设计、加工简单，轧辊具有一定的共用性。虽然边部横向变形比中心变形法充分，但是与综合变形法、W 变形法、边缘变形法等相比，仍不算充分。

9.4.2.3　边缘变形法

与中心变形法完全相反，边缘变形法首先从管坯边部开始弯曲变形，弯曲半径 R 恒定并等于挤压辊孔型半径，然后逐架加大弯曲变形角度 θ_i 和管坯边部弯曲宽度，直至 $\theta_i \approx 170° \sim 175°$、平直管坯成型为开口管筒，边缘变形法的变形花如图 9-27 所示。

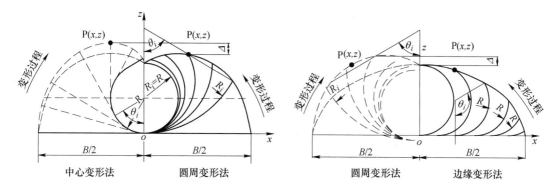

图 9-26 圆周变形与中心变形的比较　　图 9-27 边缘变形法与圆周变形法轨迹投影
　　　　　　　　　　　　　　　　　　　　　　和边缘最大升高的比较

边缘变形法的变形特点表现在以下四个方面：

（1）当 $0 < \theta_i \leqslant 90°$ 时，虽然管坯全宽在开口孔型中被实腹轧制，不过中部仍保持平直状态，且平直段随变形道次 i 和变形角 θ_i 逐架增大而渐渐变短。

（2）当 $90° < \theta_i < 135°$ 时，虽然管坯仍被平辊孔型实轧，但真正变形的只有 $90° \sim 135°$ 那么一段。整个实轧段的变形都是从前一道变形圆弧与平直段相切的切点开始往平直管坯中部扩展。

但是，为了确保变形管坯顺利进入下一道闭口孔型辊，应将该段末道平辊孔型按圆周变形法进行设计。管越大越厚，这种变通设计的必要性越显现。

（3）当 $135° \leqslant \theta_i < 175°$ 时，管坯被带有导向环的孔型轧辊和立辊共同轧制，导向环厚度随变形角的增大而减薄，直至成型为开口圆管筒。

（4）在采用边缘变形法成型管坯时，管坯边缘一点的运动轨迹之投影为一条摆线，运动方程如式（9-46）所示：

$$\begin{cases} x = R(\pi - \theta_i) + R\sin\theta_i \\ z = R(1 - \cos\theta_i) \\ l = R\int_0^\pi \sqrt{2(1 - \cos\theta_i)}\,\mathrm{d}\theta = 4R \end{cases} \qquad (9\text{-}46)$$

比较式（9-45）和式（9-46）及图9-27，边缘变形法无论在轨迹投影长度还是边缘升起高度方面，都比圆周变形法的小；尤其是边缘升起高度直接影响成型管坯边缘的纵向变形，进而影响成型质量稳定与否。对式（9-46）中的 z 求极值知，z 在 $\theta_i = 180°$ 时取得极值，极值为 $z_{max} = 2R$。一般情况下，由于 $R_i > R$，所以，边缘变形法的边缘升高小于圆周变形法。另外，边缘变形法使管坯边部变形更加充分，特别对成型高强度管坯、实现焊接口的平行对接极为有利；必要时可以在第一、二道孔型选择小于成品管尺寸的变形半径，以便用于抵消高强度管坯变形后所发生的回弹。

由此可见，站在减少成型管坯纵向边缘延伸的角度看，边缘变形法的孔型要优于圆周变形法。边缘变形法的优点是：管坯边缘升起高度小，边缘纵向延伸少，成型稳定，不易产生成型鼓包；而且通过部分成型辊的分片设计、加工与组合，可以实现孔型中间平直段的共用，减少轧辊投入费用和辊耗，这一点对大、中直径焊管用成型辊效果显著。而主要缺点则是，管坯进入下一道平辊孔型较为困难，成型下辊孔型边部易磨损并由此引发边缘附加纵向延伸。

9.4.2.4　综合变形法

综合变形法也称双半径变形法，其变形过程是，首先以相当于挤压辊孔型半径的弯曲半径 r 对管坯边部一定宽度进行轧制，将第一道成型管坯边部变形为弯曲半径是 r、弯曲角度是 α 的弯曲弧，而中部仍保持平直，即第一道平辊孔型为边缘变形法，并保持该弯曲弧在随后的变形中基本不变；尔后从第二道开始对剩下的平直段按圆周变形法进行变形，直至成型为开口圆管筒，变形花如图 9-28 所示。双半径变形法按以下步骤进行变形：

第一步，以弯曲半径 r 和弯曲角度 α 的孔型轧制管坯边缘，并保持未轧段管坯平直。

第二步，按圆周变形方法从 r 圆弧与平直段的切点起，对中部平直段用 2～3 道逐架缩小的弯曲变形半径 R_i 以及逐架增大的弯曲变形角 β_i 之轧辊孔型对管坯进行实轧，在这一过程中保持已经变形的边部弯曲弧形不变。

第三步，用 2～3 道、弯曲半径 R_i 逐架缩小的闭口孔型辊继续完成对管坯中部的轧制，直至变形出稳定的开口圆管筒。

双半径变形集边缘变形法和圆周变形法的优点于一身，既满足了边缘变形充分、变形均匀、成型过程稳定的要求，同时又使边缘纵向延伸相对较小。在双半径变形法与圆周变形法轨迹投影和边缘最大升高的比较图 9-28 中，双半径变形的管坯边缘一点的运动轨迹投影长度和边缘最大升高均小于圆周变形法，这从一个侧面说明双半径变形孔型比圆周变形孔型要好。

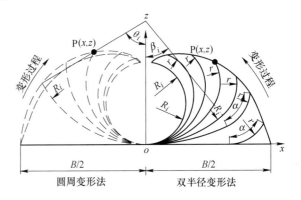

图 9-28　双半径变形与圆周变形轨迹投影和边缘最大升高的比较

另外，与边缘变形法比较，见图 9-29，双半径变形的管坯边缘运动轨迹投影长度和边缘升高均比边缘变形法的多；但是，双半径变形相对柔和，进入孔型顺畅，较少边缘附加延伸，这些使得管坯边缘的实际延伸并不会比边缘变形法的多，在生产实践中，双半径变形法是仅次于 W 变形法受欢迎的孔型。

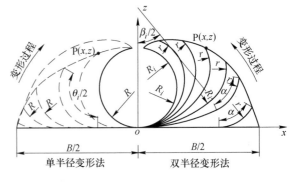

图 9-29　双半径变形与边缘变形轨迹投影边缘最大升高的比较

9.4.2.5　W 变形法

W 变形法实际上是从双半径变形法演变而来的，因其第一道变形平辊孔型的中间和两边都凸起，与 W 的形状相似而得名。在孔型方面，除第一道与双半径变形不同，其余各道孔型都相同。W 变形法的变形花如图 9-30 所示。

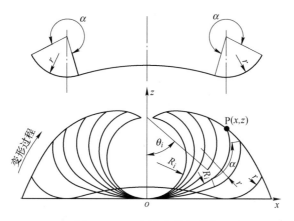

图9-30 W变形法的变形花

W变形法的特点集中体现在第一道的W孔型上，在以约等于挤压辊孔型半径 r 和弯曲角 α 的轧辊孔型对管坯边部进行正向弯曲的同时，用弯曲半径为 R_i 和弯曲角度为 θ_i 的孔型对管坯中部实施反向弯曲变形，目的是既使管坯边部得到充分变形，又不致因边缘突然抬升过高而产生过多的边缘纵向延伸，对获得稳定、优质的成型管坯，确保实现焊缝平行对接等优点明显。现以边部变形效果最好和延伸最少的边缘变形法为参照，加以比较说明。

首先，从管坯边缘升高引发管坯纵向变形方面看，在弯曲半径、弯曲角度、成型管坯、轧辊底径等相同的情况下，边缘变形法管坯边缘升高和型宽分别比W变形法多出 Δh 和 ΔB，图9-31中，根据P点坐标，有式（9-47）：

$$\begin{cases} \Delta h = h_{边} - h_{w} = r\left[\cos\left(\alpha - \dfrac{\theta_1}{2}\right) - \cos\alpha\right] > 0 \\ \Delta B = B_{边} - B_{w} = 2\left\{\left[r\sin\dfrac{\theta_1}{2} + r\sin\left(\alpha - \dfrac{\theta_1}{2}\right) + R_1\sin\dfrac{\theta_1}{2}\right] - \left[r(\pi - \alpha) + r\sin\alpha\right] > 0\right\} \end{cases} \quad (9\text{-}47)$$

式中　Δh ——第一道边缘变形与W变形孔型边缘的高度差；

　　　ΔB ——第一道边缘变形与W变形孔型的宽度差；

　　　α ——管坯边缘弯曲弧度；

　　　r ——管坯边缘弯曲半径；

　　　θ_1 ——管坯中部凸起弧度；

　　　R_1 ——管坯中部凸弧的弯曲半径。

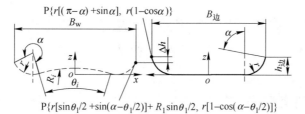

图9-31 第一道边缘变形与W变形孔型的对比

以及由式（9-32）和表9-1所示 W 变形第一道的边缘延伸率有 $l_{边缘变形法,0\to1} > l_{W变形法,0\to1}$ ，这对后续成型极为有利。

其次，变形管坯边部在 W 孔型中接受到的变形力比边缘变形法的大，管坯在 W 孔型中变形更充分。在图9-32 中，F 是轧制力，根据力的合成与分解，可将 F 分解为真正用于管坯成型的应力 f_1 和切应力 f_2；成型应力 f_1 与管坯弯曲弧的法线方向一致，是轧制力中迫使管坯发生横向变形的力，由上下轧辊的孔型共同完成；该力越大，管坯成型效果越好，反之越差。在 F 既定的情况下，根据式（9-48）~ 式（9-51）有，管坯边部在边缘变形法（上）下辊孔型和 W 变形法孔型（上）下辊孔型中，各自的成型力 f_{A1}、f_{a1} 和 f_{1A}、f_{1a} 随着 β 或 γ 的增大而减小，并且在各自的最边缘 A、a 点和 A_1、a_1 点处达到各自的最小

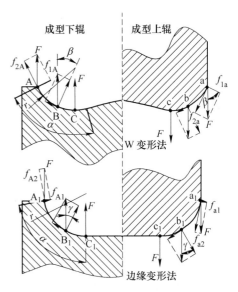

图9-32　成型管坯边缘在 W 孔型和单半径孔型第一道成型平辊中的受力分析

值。变形方式不同，使得虽然管坯边部的弯曲变形半径 r、弯曲区宽度（$\overset{\frown}{AC} = \overset{\frown}{A_1C_1}$）、轧制力 F 等都相同，但是，管坯受到的成型力却不同。在图9-33 和式（9-53）~ 式（9-56）中，最边缘 A、a 点的 β 小于 A_1、a_1 点的 γ，减函数 $F\cos\beta$ 必定大于 $F\cos\gamma$，这样，W 变形法管坯边缘 A 点受到的成型力 f_1 就比边缘变形法管坯边缘 A_1 的大。因此，W 变形法管坯边部的变形效果好于边缘变形法。

$$\begin{cases} F = f_{A1} + f_{A2} \\ f_{A1} = F\cos\beta \\ f_{A2} = F\sin\beta \end{cases} \tag{9-48}$$

$$\begin{cases} F = f_{1A} + f_{2A} \\ f_{1A} = F\cos\gamma \\ f_{2A} = F\sin\gamma \end{cases} \tag{9-49}$$

$$\begin{cases} F = f_{a1} + f_{a2} \\ f_{a1} = F\cos\beta \\ f_{a2} = F\sin\beta \end{cases} \tag{9-50}$$

$$\begin{cases} F = f_{1a} + f_{2a} \\ f_{1a} = F\cos\gamma \\ f_{2a} = F\sin\gamma \end{cases} \tag{9-51}$$

9.4.2.6　椭圆变形法

（1）椭圆变形法的特点。就是在成型的前 1 至 3 道按圆周变形法对管坯进行成型，然后用 3 ~ 4 道椭圆孔型把弯曲管坯进一步成型为椭圆型开口管筒，并且把这种椭圆形一直

延续到焊接为止，参见图 9-33 椭圆变形法
的变形花。椭圆变形法大致分四步骤进行：

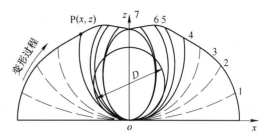

第一步，在变形角小于 180° 的变形段
内，管坯完全按照圆周变形法的方式变形。

第二步，用 1 个道次左右的开口孔型辊
对圆周弯曲变形的管坯中下部进行初始椭
圆化，使之有一个椭圆锥形。从这一道往
后，成型管坯开始椭圆化变形。

图 9-33 椭圆变形法的变形花
1~3—圆周变形孔型；4~7—椭圆变形孔型

第三步，用导向环厚度逐渐减薄的椭圆形闭口孔型对初具椭圆锥形的管坯进一步椭圆
化，得到这样一个椭圆开口管筒：开口宽度比用其他成型方法获得的成型管坯开口宽度要
适当宽一些，椭圆度在 $(1.25~1.35)D$ 范围内。

第四步，将导向辊、挤压辊等也设计成相应的椭圆孔型，使管坯弯曲区不是在传统闭
口孔型部分结束，而是在挤压辊孔型中、在焊接时结束。这对防止成型管坯、尤其是薄壁
成型管坯在焊接加热时管坯边缘失稳有利。

（2）椭圆变形法的优点。可以保持边缘纵向张力直至焊接段始终存在。如前所述的五
种变形方式，在管坯横断面弯曲变形到 270° 左右后继续弯曲变形时，原先存在于管坯边缘
的张应力将不可避免地要卸载，管坯边缘也会因张应力卸载而同时失稳。椭圆变形法则可
以避免管坯边缘纵向张力在焊接前都不卸载，如图 9-34 所示，使成型和焊接都稳定，这
更有利于薄壁管成型。

椭圆变形法不仅提供了一种变形薄
壁管的方法，其意义更在于揭示了关于
成型管坯边缘延伸的一种辩证思维：对
于管坯边缘延伸，既可以根据"堵"的
思想，努力减少延伸，进而确保管坯边
缘在成型区间不出现"多余"，不产生
成型鼓包；也可以依据"疏"的理念，
顺其自然，既然延伸无法避免，不如因
势利导，维持恰当的延伸，只要成型管

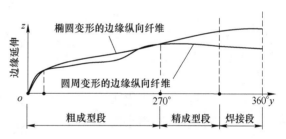

图 9-34 椭圆变形法与圆周变形法
管坯边缘纵向变形曲线

坯边缘纵向延伸能一直延续到焊接后，就没必要担心管坯边缘纵向失稳。这也从另一个角
度支持了上山成型底线可以在成型薄壁管方面发挥重要作用的结论。

9.4.2.7 边缘双半径变形

边缘双半径变形是针对高强度厚壁管变形难点，于近年新推出的变形方法。它的指导
思想是，依据回弹理论和变形管坯都会或多或少地发生回弹的客观存在，找到克服变形管
坯回弹的方法。

（1）边缘双半径孔型的内涵。所谓边缘双半径变形是指：在第一道成型平辊孔型中，
用大小不等的两个弯曲变形半径 R_1 和 R_2 同时对管坯边部约四分之一管坯实施轧制，并在
后续轧制过程中保持成型管坯边缘双曲率变形不变，直至成型为开口圆管筒。边缘双半径
变形与其他变形方式最本质的区别在于，成型管坯边缘由两段不同曲率半径的弧线组成，

如图 9-35 所示。图中，将管坯边部约四分之一管坯宽度分为最边缘 $\overset{\frown}{BC}$（$\overset{\frown}{AC}$）和次边缘 $\overset{\frown}{CD}$ 两部分。其中，次边缘弯曲变形半径 $R_1 = R$（成品管半径或挤压辊孔型半径），与 R_1 对应的弧度为 θ_1；最边缘弯曲变形半径 R_2 是整个边缘双半径孔型的重要参数，它决定成型后的管坯两边缘能否实现工艺要求的平行对接。根据所要成型管坯的规格和需要达成的工艺目标等确定相应的 R_2，但 R_2 必须小于 R_1，这也是边缘双半径孔型的设计初衷。R_2 由式（9-52）确定：

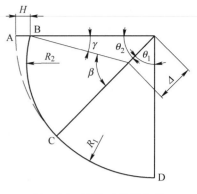

图 9-35　边缘双半径孔型

$$R_2 = R_1 - \Delta \qquad (9-52)$$

式中，Δ 是专门针对那些高强度难变形管和小直径厚壁管成型后，管坯边缘因回弹上翘而需要消除的上翘高度调节因子。

（2）变形盲区是设计边缘双半径变形孔型的动因。管坯从平直状态成型至待焊圆管筒时，待焊管坯对接面都存在不同程度的壁厚 V 形口，见图 9-36a，管壁越厚，管径越小，管材强度越高，壁厚 V 形口越明显，对焊缝强度的负面影响就越大。

从图 9-36b 可以看出，在待焊管坯两对接面之间存在上下两个开口距离不等的 Y 形，这让焊接工艺陷入两难：以焊接温度为例，根据高频电流的临近效应原理，若按开口距离大的外 Y 确定焊接温度，那么开口距离小的内 Y 处势必过烧，导致焊缝受正压力后出现内侧开裂；若按开口距离小的内 Y 给定焊接热量，则开口距离大的外 Y 处焊接温度必然偏低，形成焊缝"夹生饭"，焊缝受侧压力后易出现外侧开裂。而形成待焊管坯对焊面上下两个开口距离不一致的根本原因是，成型管坯边缘在变形

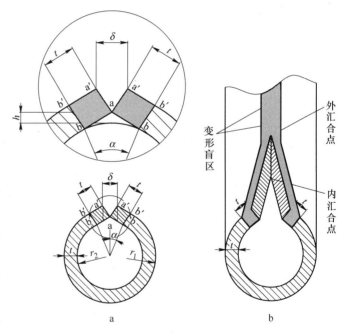

图 9-36　变形盲区与焊接 V 形口内外 Y 形示意图
a—焊接 V 形口；b—内外 Y 形

过程中存在不可避免的变形盲区，即在管坯边缘宽度尺寸相当于管坯厚度的部分无法发生弯曲变形，仍是直线。在图 9-36a 中，变形盲区直线段 ab 和 a'b' 分别在 b 和 b' 处与内外圆相切，这样，在管坯横截面上，两对焊面 aa' 便形成夹角 α，出现壁厚 V 形口。并且，管坯相对厚度和绝对厚度越厚，管坯强度越高，实际变形盲区宽度 T 和壁厚 V 形口及盲区开口 δ 就越宽，进而对焊缝强度的危害越大。

同时，大量实测数据发现，仅就变形方式而言，成型同种规格管坯、不同变形方式下

的实际变形盲区宽度 T 呈现式（9-53）所示的关系：

$$T_中 > T_圆 = T_椭 > T_综 = T_边 > T_W > T_{边双} \tag{9-53}$$

而实际变形盲区宽度 T 多在 $(2 \sim 5)t$ 之间波动，由此易得成型管坯上变形盲区的开口宽度：

$$\delta = 2t\sin\left(\arctan\frac{T}{r_2}\right) \tag{9-54}$$

式（9-54）的意义在于提醒孔型设计师注意，当待焊管坯 V 形口下部内圆两边距离为 0 时，V 形口上部仍存在 δ 宽度的缝口。以 $\phi16\text{mm} \times 2.5\text{mm}$ 焊管成型至待焊管坯为例，仅理论缝口宽度即多达 1.89mm（参见 9.7 节），这不仅影响焊接热量输入，也影响实际挤压力输入的真实性，进而影响焊缝强度。因此，应重视成型孔型的研究与改进，变形盲区虽然没法消除，但运用边缘双半径孔型消除壁厚 V 形口还是可行的，且是最经济的方法（最不经济的方法是刨边）。

（3）边缘双半径变形法"消除"变形盲区的原理。在图 9-35 中，将 $\overset{\frown}{AC}$ 弧最边缘一点 A 以 C 为支点移至 B 点，形成半径为 R_2、弧度为 β 的 $\overset{\frown}{BC}$，移动距离 AB，则相当于图 9-36 中的 h。这里，为了便于区别记作 H，对应地称 H 为壁厚 V 形口压下高度。

倘若能够让 V 形口压下高度 H 略大于 V 形口上翘高度 h，那么就会与设计思路相吻合。二者必须满足式（9-55）：

$$H - h = 0.01 \sim 0.1 \tag{9-55}$$

其中：

$$h = \begin{cases} \sqrt{r_2^2 + t^2} - r_2 & （理论计算）\\ \sqrt{r_2^2 + T^2} - r_2 & （实际应用） \end{cases} \tag{9-56}$$

而式（9-55）中的 H 为：

$$H = R_1 - R_2 \times \frac{\sin\beta}{\sin\theta_2} \tag{9-57}$$

若按式（9-57）来确定 H 值并体现在孔型上，就能解决因变形盲区而产生的一些成型和焊接隐患。

另外，通过研究发现，当小直径厚壁管壁厚 V 形口上翘高度为 h 时，首次试算取 $\Delta \approx 3h$，可使图 9-35 中的 H 比较接近图 9-36 中的 h，有时并不需要多次反复试算，即可满足式（9-55）。届时，图 9-36 中的 δ 和 h 不复存在，壁厚 V 形口消失，管坯边缘两对焊面平行对接，从而实现边缘双半径变形孔型的工艺目标。

（4）边缘双半径变形孔型的组合应用。将边缘双半径变形的思想运用到其他变形方法上，能够改良出一系列新的变形方式，如边缘双半径-综合变形法、边缘双半径-边缘变形法及边缘双半径-W 变形法等。

9.4.3 成型圆孔型的共同特征及意义

尽管成型待焊圆管筒的方式多种多样，形式不同，尺寸各异，但是，都可以将它们分成粗成型和精成型两类。我们通常所讲的某种变形方式，除椭圆变形法外，其余主要体现在粗成型段，甚至只体现在第一道成型平辊上。

9.4.3.1 粗成型平辊孔型的特征与意义

（1）变形角度。变形角度通常在 $0° \sim 270°$ 之间，这意味着大约 3/4 的变形在这一阶段完成，要合理分配变形道数。

（2）实腹轧制。在粗成型阶段，不论成型管坯厚薄、宽窄，平辊孔型对管坯都是进行实腹轧制；至于是全宽实腹轧制还是部分实腹轧制，则要看变形方式与变形角度。局部实腹轧制要防止管坯局部被过度轧薄，影响成品性能。

（3）下凹上凸。每一道开口成型平辊孔型都是一对下凹上凸孔型，上辊切入弯曲管坯腹腔内。这就要求在设计上辊宽度和直径时，需要注意防止与管坯边缘发生干涉。

（4）孔型不闭合。轧辊孔型是一个开放的空间，上下孔型曲线不闭合，孔型曲线呈同心圆的关系，这就使得共用部分粗成型孔型轧辊成为可能。

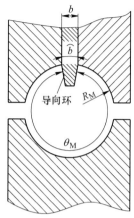

图 9-37　导向环厚度计算图

9.4.3.2　精成型平辊孔型的特征与意义

（1）变形角。精成型孔型的变形角一般在 270°～350° 之间，而末道精成型的变形角基本就在 340°～350°，这样，实际上给出了末道导向环厚度的两种计算式，参见图 9-37：

$$\hat{b} = B \times \left(\frac{360°}{\theta_M} - 1 \right) \quad 或 \quad \hat{b} = (0.029 \sim 0.059)B \, (\theta_M = 340° \sim 350°) \tag{9-58}$$

$$\bar{b} = 2R_M \sin \frac{360° - \theta_M}{2} \quad 或简化为 \quad \bar{b} = (0.17 \sim 0.35)R_M \, (\theta_M = 340° \sim 350°) \tag{9-59}$$

而 $\hat{b} \approx \bar{b}$，所以，式（9-58）与式（9-59）可任意选用。

（2）空腹轧制。不管有多少种变形方法，一旦管坯进入闭口孔型，成型管坯就在全宽上接受空腹轧制，要防止成型管坯因轧制力过大导致管坯周向过多缩短问题。

（3）不变的闭口孔型。所有变形方法的变化，大多显示在粗成型段，精成型段的孔型，除了椭圆变形法外，其余都十分相似，各种变形方式之间的关系参见表 9-2。

表 9-2　不同变形孔型之间的区别与联系 （7 平 7 立）

变 形 方 式		变形方式代号	粗成型段				精成型段			
			第 1 道		第 2～4 道		第 5 道		第 6～7 道	
			H	V	H	V	H	V	H	V
中心变形		Z	Z		Z		Z		Y	
圆周变形		Y	Y		Y		Y			
边缘变形		B	B		B			Y、T		
双半径变形		S	B		S			Y、T		
W 变形		W	W	B	S			Y、T		
椭圆变形		T		Y			T			
边缘双半径	边缘变形	B-B	B-B		B			Y、T		
	双半径变形	B-S	B-S		S			Y、T		
	W 变形	B-W	B-W					Y、T		

9.4.3.3 成型立辊孔型的特征与意义

（1）孔型尺寸方面。以圆管为例，立辊孔型半径约等于其前后平辊孔型半径之和的平均值。

（2）粗成型立辊辊缝大多较大。这对减轻辊重、降低辊耗、节省投资等都有意义。

（3）全部从变形管坯外围实施空腹轧制，所有的轧制力都会演变成阻碍管坯运行的阻力，这就要求调整工必须正确处理立辊变形量与管坯平稳运行的关系，以确保管坯平稳运行为原则，不能顾此失彼。

9.4.4 选择变形孔型的原则

按何种孔型方式变形管坯，不仅事关成型管坯的成型质量、焊接质量、表面质量及最终产品质量，还影响孔型使用寿命、焊管生产效率等一系列经济指标，而且这种影响是长期的、不可逆转的，因此，在选择孔型时要慎之又慎并遵守一些基本原则。

（1）成型机组原则：要求结合成型机组的规格、型号、布辊方式等选择孔型。

（2）产品原则：不同产品对成型后的开口圆管筒有不同特殊要求，像成型厚壁管、特厚壁管，首先要求管坯边缘变形充分，不出现 V 形对接，消除变形盲区对随后焊接的影响，为此应该选用边缘双半径孔型。反之，如果成型薄壁管，则首要任务是尽可能减少成型过程中管坯边缘的纵向延伸，预防出现成型鼓包，确保获得稳定的成型管坯，就要选用纵向延伸较小的边缘变形孔型或 W 孔型。

（3）管坯材质原则：是指依据要成型的主打材料选择与之相适应的孔型。如孔型将来的主打产品是高强度薄壁管，就既要考虑管坯横向变形是否充分问题，同时又要兼顾管坯纵向延伸变形问题，选择边缘双半径-W 变形的组合孔型比较适宜。

（4）共用性原则：这里既包括相同外径、不同壁厚焊管之间共用轧辊，也包括不同外径焊管之间的轧辊共用，如边缘变形平辊孔型中间的平直段，就可以实现不同成型孔型之间的共用。

9.5 圆管断面变形

圆管断面变形是指，因焊管坯成型、焊接和定径过程而导致管壁厚度发生的变化。从平直管坯到圆管，要经历三个工艺内容完全不同的阶段，每个阶段的断面变形特征各异。但是，三个阶段又是一个不可分割的有机整体，密不可分。

9.5.1 成型段管坯的横断面变形

研究成型段管坯的横断面变形，至少可以分为粗成型段横断面变形和精成型段横断面变形两部分。

9.5.1.1 粗成型段管坯的横断面变形

根据描述管坯边缘一点纵向运动轨迹的图9-38 所示，管坯边部的纵向延伸主要发生在粗成型

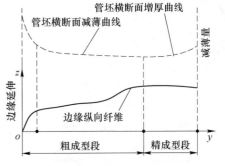

图 9-38 成型管坯边部纵向变形曲线与横断面减薄/增厚曲线关联图

段，而且知道边部相对管坯中央纤维绝对伸长了。那么，由金属塑性变形体积不变原理可知，用于伸长的管坯体积为：

$$V_c = \iint_D \frac{Bt\mathrm{d}t\mathrm{d}l}{2} = \frac{B}{2} \int_0^{\Delta l} \mathrm{d}l \int_0^{\Delta t} \mathrm{d}t \tag{9-60}$$

式中　V_c——粗成型段因长度增长而导致厚度减薄的体积；

　　　　B——管坯宽度；

　　　　$\mathrm{d}t$——厚度减薄的变化量；

　　　　$\mathrm{d}l$——长度增长的变化量；

　　　　Δt——壁厚最大减薄量；

　　　　Δl——长度增长量。

　　而与式（9-60）对应的粗成型段管坯的断面变形如图 9-39 所示。从图 9-39 可以看出，随着变形角 θ_i 的增大，管坯不断地沿成型区前进，边缘逐渐升高，壁厚减薄量增大，至粗成型结束，管坯壁厚最大减径量达到 Δt。

　　如果进一步细分会发现，其实这种减薄在整个成型区域内，既不是均匀地在道次间进行，也不是在某截面内均匀分布。总的来说，呈现 $\Delta t_i > \Delta t_{i+1}$ 和 $\Delta t_{边} > \Delta t_{中}$ 的特征，并与反映管坯边缘纵向延伸变形的图 9-38 相吻合，其中，成型管坯第一道边部减薄最多，中底部几乎没有变化；而后几道断面的减薄在道次间则显得相对均匀，没有明显峰值。

9.5.1.2　精成型段管坯的横断面变形

　　管坯进入精成型区域后，横断面的减薄随着成型管坯纵向延伸的停止、边缘升高越过峰值后的降低以及精成型辊孔型和导向环对管坯的径向压缩与周向缩短，使得管壁厚度在精成段得到不同程度增厚。该段壁厚的变化特点是，在前面减薄的基础上管壁有所增厚，如图 9-40 所示，至于最终管壁表现为大于还是小于原始厚度，既要看孔型设计的情况，更要看现场调试的情况，这种不确定性正是焊管工艺的奥妙所在。

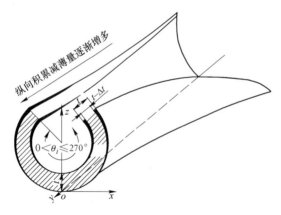

图 9-39　粗成型段管坯断面减薄规律示意图

■ Δt—壁厚减薄

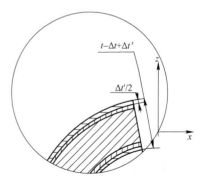

图 9-40　精成型管坯断面增厚示意图

▦ Δt—粗成型段减薄量；

▤ $\Delta t'$—精成型段增厚与回复量

9.5.1.3　影响管坯横断面变形的因素

影响管坯横断面变形的因素包括变形方式、成型底线、管坯性能、操作等。

（1）横向变形方式。即孔型，不同孔型系统，在同一成型区域的孔型高度、孔型宽度不尽相同，导致成型管坯边缘一点的运动轨迹不同，产生的边缘纵向延伸差异较大。

（2）成型底线对成型管坯横断面变形的影响。如前所述，成型底线不同，边缘延伸各异，由此形成的横断面变形必定不同。

（3）管坯力学性能对横断面变形的影响。管坯强度高、硬度高，塑性和伸长率必低，相对难变形，断面减薄或增厚程度就轻微；反之，变形大。

（4）操作对成型管坯横断面变形的影响。主要表现在辊缝控制、轧制力施加及孔型对称性调整等方面。

9.5.2　焊接段管坯的横断面变形

焊接段管坯的横断面变形突出表现在焊缝区域。焊缝是在高温和强大挤压力作用下完成的，高温导致热影响区的管材变软，部分熔化，而挤压力促使软化、熔化的材料堆积，形成焊缝、内外毛刺及增厚层。这就使得所有焊接钢管横断面在焊缝处的变形都有一个共同点，即在焊缝中心线两侧一定范围内，都存在或多或少的增厚变形，如图 9-41a、b 所示。这部分增厚变形，一般不影响焊管性能与实际使用。在焊缝外侧、未去除外毛刺之前也存在壁厚增厚层（图 9-41a 中竖直剖面线），只不过在刨削外毛刺时被去除了而已。

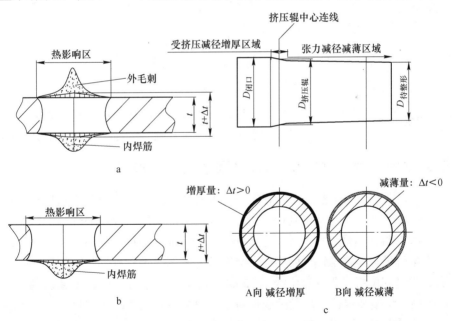

图 9-41　焊缝热影响区壁厚增厚与焊接段壁厚增量变化示意
a—外毛刺去除前的断面；b—外毛刺去除后的断面；c—焊接段壁厚增量变化

焊接段横断面除了热影响区部位的明显变化之外，还发生两个方面的变化：一是在挤压力作用下，挤压辊孔型迫使管坯周向缩短，断面略有增厚，详见图 9-41c A 向；二是在挤压阻力和定径轧制力拉拽下焊管被拉延伸长，断面减薄，参见图 9-41c B 向。而增厚与减薄并不在同一个时序上，增厚在前，减薄在后，至于最终表现为增厚还是减薄，则要看周向缩短量与拉拽伸长量。

9.5.3　定径圆管横断面变形解析

影响焊管在定径段横断面增厚或减薄的因素，在工艺层面首推定径余量，其次是定径平辊底径递增量。定径余量和定径平辊底径递增量对壁厚增量就像一对孪生兄弟，关系密切，相互作用，影响深远。

根据金属塑性变形体积不变原理，待定径圆管径向被减小与周向被缩短后，其减小和缩短的量有三种表现形态：一是转化为厚度；二是转化为长度；三是既有增长又有增厚，更多的时候是大部分转化为长度，少部分转化为厚度。设计定径平辊底径递增量的根本目的之一就是吸收这部分长度转化量，以确保焊管在定径机各道次之间具有足够的纵向张力，否则无法顺利轧出焊管。至于向哪个方面转移得多些或少些，则要看定径辊产生的周向压缩力 P 和纵向拉拽力 T 之大小，T 与 P 有三种配匹，从而形成三种不同的管壁厚度增量，作用机理如有限元分析图 9-42 所示。

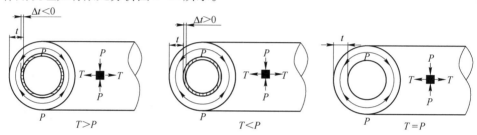

图 9-42　定径段管壁横断面增量有限元分析
P—周向轧制力；T—纵向张力；Δt—断面增量

其中，$T = P$ 是一种理想的定径工艺状态，实践中难以掌控；于是，人们就退而求其次，将 T 略大于 P 作为定径工艺追求的状态；而 $T < P$ 则是定径工艺需要避免的状况。

9.5.4　成型、焊接和定径三阶段断面变形的叠加

事实上，呈现在人们眼前的成品管断面厚度是成型段、焊接段和定径段横断面在各自阶段变形的叠加结果，不能孤立地看。如成型段两边部减薄以及焊缝部位局部增厚等现象在成品上就都有明显体现，图 9-43 是对 40 支 $\phi 60mm \times 2.0mm$ 家具管和 40 支 $\phi 48mm \times 3.5mm$ 脚手架管壁厚增量测量并绘制的壁厚分布曲线。图中焊缝边部折线距焊缝中线 8mm 左右，焊缝部位折线距焊缝中线 $1 \sim 2mm$。图上三条折线所反映的数据既反映了管坯横断面在成型、焊接和定径三阶段的变形特征，更是三阶段横断面变化的综合反映。

图中的壁厚实测值说明：第一，实际发生在定径段的壁厚增厚量比测量到的要大。第二，两幅图上的折线所反映的趋势与规律比具体数值意义更大。

9.5.5　研究焊管横断面增量的意义与预防措施

（1）研究焊管横断面增量的意义：引起人们重视。以往，人们对焊管壁厚增量问题研究不多，重视不够，总认为它对焊管品质影响不大。但是，对高精度高要求传动轴管，倘若壁厚不均，则将难以满足动平衡要求。另外，若按理论重量交货，如果增厚较多，则不利于企业赢利。

（2）预防管壁过度变化的措施：主要有开料方面、操作方面和孔型方面。

1）孔型方面。如精成型孔型设计偏小，成型管坯易减径，继而促使管壁增厚；反之，孔型设计偏大一点，管坯不容易减径，壁厚也不容易增厚。

2）开料方面。管坯偏宽，若成型余量和焊接余量都用的恰到好处，则宽出的部分势必要以定径余量之增量形态出现，并因之增大定径余量，进而引起管壁增厚。

3）操作方面。若挤压力偏大，则极易引起焊管周长缩短，以及随之而来的管壁增厚和焊缝部位增厚。

而且，在某种意义上讲，操作对壁厚的影响更大。仍然以料开宽了为

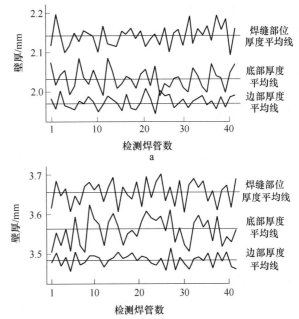

图9-43 焊管横断面壁厚不均匀分布示意图
a—ϕ60mm×2.0mm 家具管；b—ϕ48mm×3.5mm 脚手架管

例，宽出的部分既可以选择在成型、焊接或定径段独自消耗掉，也可以选择共同分担消耗掉，显然，独自消耗所引起的管壁增厚最多。而在独自消耗状态下，尤以焊接消耗所产生的管壁增厚最少，因为在红热状态下，金属特软，多余的宽度很容易以毛刺的形态被挤掉，对管壁增厚影响最小。

9.6 焊管成型调整

成型调整是焊管调整的基础；人们常说焊管调整是一门艺术，那么，成型调整就是艺术殿堂中的奇葩。有人穷尽一生终不得其要领，用充满玄机和水无常形来形容一点都不为过。集中体现在调整过程与结果因人而异、因机组而异、因孔型而异、因材料而异、甚至因环境而异。尽管如此，还是有一些带有共性的成型调整基本原则、基本操作方法和基本要求。

9.6.1 成型调整的基本原则

（1）横平竖直原则。这是成型调整的首要原则。横平有三个要求：
1）上下平辊轴要与水平面水平，不能一头高一头低；
2）要确保两轴之间平行，不能有倾斜；
3）不仅空载时要平行，更要有负载时能平行。
竖直主要要求立辊与焊管机组工作台面垂直，包括横向和纵向两个方向。横向事关管坯受力，纵向事关管坯稳定运行。
（2）按轧制线校正轧辊的原则。有两个方面的内涵：

1）必须按轧制底线校正成型下辊和立辊高度，这样才能够确保下辊孔型和立辊孔型与轧制底线的标高一致；

2）必须按轧制中线校对成型下辊和立辊孔型对称性，焊管生产中发生的许多问题、缺陷都与下辊不对中、立辊偏离轧制中线不无关系。

（3）平立辊分工明确的原则。成型平辊承担动力传输与主要的横向变形任务；立辊则主要负责控制管坯出平辊孔型后的回弹，同时负责引导成型管坯顺利地进入下一道平辊孔型。从成型理论发展趋势看，应逐步淡化成型立辊的成型功能，通过改进成型立辊孔型的设计，进一步强化成型立辊对成型管坯边缘的控制功能与导入功能。

另外，过度依赖立辊成型，必然会增大轧制阻力，进而可能导致成型管坯运行不稳、产生顿挫，并由此引发一系列不良后果。

（4）设备精度保障原则。这是确保成型调整顺利进行、成型调整成果持久的基本前提。可以肯定地说，一套"摇头摆尾"的焊管机组，不可能生产出高品质焊管。

（5）调整成果及时固化的原则。系指成型调整动作完成并经过试运转正常后，要对所调整部位作相应紧定处理，防止螺纹再次松动、位置再次变动，导致前功尽弃。

（6）无效复位原则。焊管生产中的成型调整，牵涉到孔型设计、管坯性能、几何尺寸、设备精度以及调试工的操作习惯、经验丰欠、人机互认等方方面面，千变万化，牵一发而动全身。尚有许多方面属于缄默技术范畴，至今仍无法定量操控与"规范作业"，是一种典型的经验多于理论的作业。因此，在成型调整过程中，试错法是最常用的调试方法。当一个调整措施实施后，如果没有得到预想的结果，或者得到相反的结果，那就说明措施不正确，必须将成型状态及时回复到原样。否则，会将小问题调成大问题，引起没有问题的位置发生问题。

（7）两害相权取其轻的原则。焊管调整，应尽可能做到精益求精，好中求好；但是，有时也很无奈，左右为难，权衡利弊，只能坏中求好。

（8）系统性原则。是指在调整成型时，要考虑可能对焊接部位、定径部位的影响；或者反过来，考量焊接段和定径段对成型的影响。如成型余量消耗过度，在焊接余量不变的前提下，势必导致定径余量偏小，继而增大定径调整难度。

由此可见，成型调整是一个复杂的系统工程，只有遵循这些最基本的调整原则，才会少走弯路。这些基本原则，不仅适用于成型调整，其中许多原则对焊接调整、定径调整都有指导作用。

9.6.2　成型调整的基本作业

基本的成型调整包括平辊调整、立辊调整、换辊调整和生产过程中的前瞻性调整等四个方面。

9.6.2.1　成型平辊调整

平辊调整可以归纳为调标高、上提下压和左移右挪三个方面。

（1）调标高：指的是依据轧制底线对下平辊高度进行调整。下平辊轧制底线的控制方法有三种：

1）螺纹调节法。依靠蜗轮蜗杆对下辊高度进行两边同步联动调整，使下辊孔型喉径点慢慢地接近预设的轧制底线。

2) 垫块法。在方滑块与牌坊支架底座之间增减相应厚度的垫块,实现下平辊高度的调节;它的最大优点在于稳定,一旦调定后便不会变化。

3) 平辊底径法。有些焊管机组的下轴高度不可调,控制轧制底线高度的措施只能借助下平辊底径,对于这类焊管机组,必须严格控制下平辊底径尺寸,尤其是返修下平辊时更应注意底径减小幅度的控制。

(2) 上提下压:主要调节上平辊。

1) 蜗轮蜗杆间接调节。通过转动牌坊上的手轮带动蜗轮蜗杆和调节螺母,使与升降螺杆连为一体的方滑块、平辊上轴及上平辊作升降调节,该方法的优点是同步升降性能好、省力。

2) 螺母螺杆直接调节。通过直接扳转机架牌坊上的调节螺母-螺套联动升降螺杆进行直接调节。缺点是容易造成上平辊两端不同步升降;优点是调节量比较直观,易于掌控。

3) 上辊上提下压的注意点。必须重视螺纹间隙对上平辊平行轧制的隐形影响。

(3) 左移右挪:通过拧动平辊轴上两端约束平辊移动的螺母,按先松后紧的顺序移动平辊轴上的平辊。该螺母有三个功能:一是左右移动平辊,实现平辊关于轧制中线的对称。二是紧定平辊,确保平辊关于轧制中线不发生位移;同时,紧定对于"三合一"成型闭口孔型上辊具有特别重要的意义,如果紧定不紧,"三合一"孔型就会被成型管坯撑开,这样一来,既影响成型质量,又会导致轧辊孔型"掉肉",如图9-44所示,进而报废。三是根据螺距计量平辊移动量。

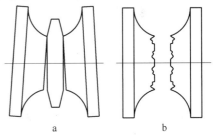

图9-44 闭口孔型上辊被撑开及"掉肉"
a—孔型被撑开;b—孔型"掉肉"

9.6.2.2 成型立辊调整

成型立辊调整包括高低调整和横向调整。

(1) 立辊高低调整。根据立辊架结构不同,调整立辊升降的方法有加减垫片法和螺母调节法两种。

1) 螺母调节法。立辊借助轴承直接装配在立辊轴上,见图9-45a,立辊高低调整依靠立辊轴上的上下螺母进行调节。优点是高低调整比较方便、灵活、精度高;缺点是稳定性差,尤其是轴承与轴配合较松时,螺母会跟随轴承内圈转动,导致跑模、立辊窜位。

2) 加减垫片法。立辊安装在一个下端固定、上端靠螺帽锁紧的套子上,套子与轴承配合在立辊轴上,如图9-45b所示。调整时,首先松开立辊套上的并帽,取出立辊,然后加减相应的垫片。该方法的优点是一旦调定后比较稳定,不易变化;缺点是不方便,尤其是大中型管,若要中途调整,需要断开管坯,比较麻烦。

(2) 立辊横向调整。立辊横向调整有整体收紧与放松、整体左右移动两种类型。

1) 立辊同收同放。由于双向调节丝杆1与立辊轴滑块12之间是采用左、右旋向螺纹配套的,所以只需要顺时针转动双向调节丝杆1,就能减小或增大两滑块之间的间距,并且通过立辊轴带动立辊对管坯施力,达到两只立辊同时收紧或同时放松的效果;如果能同时收紧或放松拉板调节螺杆11,则效果会更好。

2) 立辊整体单向移动。移动螺母3,其内孔与双向调节丝杆1为滑动配合,而外螺纹与机座端盖5上的内螺纹配合,当顺时针转动整体移动螺母3时,螺母3向左移动,与此

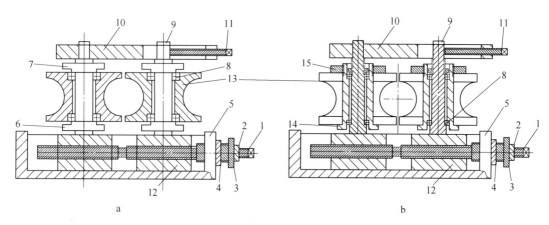

图 9-45　调整立辊高低的螺母调节立辊架与加垫片调节立辊架

a—螺母调节立辊高低的立辊架；b—加减垫片调整立辊高低的立辊架

1—双向调节丝杆；2—丝杆定位及防左窜动螺母；3—整体移动螺母；4—横向移动锁定螺母；

5—立辊架端盖；6，7—立辊上、下调节螺母；8—立辊轴承；9—立辊轴；10—拉板；11—拉板调节螺杆；

12—立辊轴滑块；13—立辊；14—立辊轴承套；15—立辊紧定螺母

同时，螺母 3 的左端顶住丝杆 1 并推动丝杆 1 向左移动，进而带动滑块、立辊轴和两只立辊同时向左运动；反之，则带动滑块、立辊轴和两只立辊同时向右移动。

9.6.3　换辊后的成型调整

9.6.3.1　成型底线调整

在成型底线确定之后，轧辊的底线调整分三步：

第一步，使用校线样板先校下辊对轧制中线的对称，然后校立辊对轧制中线的对称。关于校对立辊孔型的对称，首先要校对好两只立辊孔型之间的对称，然后才谈得上对轧制中线的对称。

第二步，分别校对下辊、立辊的轧制底线高度，使下辊喉径与轧制底线处于触碰与非触碰的临界点；成型立辊孔型的轧制底线点在其理论弧线的最低点。

第三步，由一人负责全面检查复核所有下辊和立辊的轧制中线和轧制底线。

9.6.3.2　成型上辊的调整

成型上辊调整的主要内容是，尽可能使上辊孔型与下辊孔型对称以及控制辊缝。不同的轧辊，调校步骤不同。

（1）确认平辊上轴轴向装配精度和水平度，这是调整成型上辊并保证上辊孔型与下辊孔型对称的先决条件，否则，所作的调整都是无用功。

（2）调整粗成型上辊。首先将上辊调整到目测认为对称的位置，并两边均等地压下至略小于管坯厚度（经验估计）；然后用直径大于管坯厚度的保险丝从孔型全宽上轧过，观察被轧保险丝的形状并测量厚度；用平辊并帽把上辊向保险丝厚的一侧移动，同时调整升降丝杆，反复几次，使被压保险丝的厚度小于管坯厚度 0.1mm 左右。

（3）精成型上辊的调整。第一步，将闭口孔型上辊移至目测外宽与下辊外宽基本一致，紧定两侧螺母；第二步，调整上辊与下辊辊缝至 0.5mm 处，用手指顺着孔型从辊缝

附近反复滑过，仔细感觉触碰：若右侧从上往下
滑过辊缝时有硌手感，而左侧从上往下滑过辊缝
时无硌手感，说明上辊偏右侧，见图9-46a中的箭
线；第三步，松开左侧螺母，收紧右侧螺母，重
复第二步，直至手感比较均等为止；反之，说明
上辊偏左，并作相应调整。

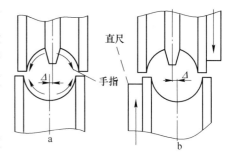

图9-46 精成型上辊偏位检查方法
a—上辊偏位手指检查法；
b—上辊偏位直尺检查法

如果对轧辊精度有足够自信度，那么在紧定
上辊之后，也可用直尺或断锯条靠住一侧上辊平
面从上往下移过辊缝，同时在另一侧从下往上移
过辊缝，见图9-46b，若有触碰感，则表示上辊偏
左侧；反之，表示上辊偏右侧，将上辊朝相反方向移动，直至没有明显触碰感为止。

最后将辊缝缝隙调到约等于理论辊缝，留待进料后再精调。

9.6.4 进料过程的调整

9.6.4.1 咬入调整

首先，将机组速度设定在5~8m/min安全速度内，空载点动试运行。然后提升起矫平
辊，将管坯从中穿过；同时，通过对中装置使平直管坯对中；对厚度小于3mm的管坯，
可直接将管坯头顶在1平辊之间，点动后咬入；对厚壁管咬入，应均等地提升起第1道上
平辊并记住提升圈数，使管坯头部略超过1平辊孔型中心线，尔后再均等下压相应圈数，
完成咬入。

9.6.4.2 成型1平管坯的调整

第1道成型管坯的变形，对整个管坯成型具有举足轻重的作用，对随后的焊接、去外
毛刺、尺寸精整等都有不同程度的影响，必须给予足够重视。当点动机组使变形后的管坯
头前进至1平与1立之间后，在动手调整前先仔细观察变形管坯形态，作出初步判断，尔
后形成调整方案的腹稿。

（1）观察变形管坯形态。包括形状、外貌和变形程度等方面：

1）形状要规整对称；

2）管坯外貌无局部过轧痕迹与表面压伤缺陷；

3）管坯边缘变形充分，弧形圆润，过渡圆滑。

（2）查看辊缝间隙。将光源从管坯出料方向下面向进料方向照射，查看有无光线漏过
来，并进行针对性轧压。

（3）观察管坯边缘高度。通过反向调整矫平辊前的对中立辊，调节管坯在孔型中的对
中。需要指出的是，出平辊后的管坯边缘高度不对等，并非全是不对中所致。

9.6.4.3 成型2（含1立）~4道管坯的调整

（1）成型第1道立辊的调整。作用不在于成型，应侧重于管坯方向的控制。轧辊孔型
施力不宜大，仅需维持轧辊能够转动的力即可；且管越薄，施加的力要越小。当成型管坯
头部已经出了1立、尚未进入2平时，要停下观察成型管坯与第2道平辊孔型的对中，并
进行相应调整。

（2）第 2 ~ 3 道的调整。第 2 道、第 3 道的轧制与第 1 道相同，也是孔型对管坯全宽进行实轧，是管坯横向变形最明显的阶段。调整方法和注意事项大致与第 1 道相同。

（3）第 4 ~ 5 道平辊的调整。第 4 ~ 5 道平辊孔型对管虽然也是实轧，但却仅仅对管坯中底部进行局部实轧，孔型与管坯的接触面只剩下 20% ~ 30%，接触部位极易被轧薄。因此，除成型工艺特殊需要的情况外，多数时候要注意防止成型管坯局部被不自觉地轧薄。

同时，要特别注意成型管坯与上辊孔型对称，防止管坯边缘与上辊发生干涉。

（4）立辊组的调整。有些成型机组，在粗成型段与精成型段之间设有立辊组，立辊组有两道、三道和四道辊式，如图 9-47 所示。立辊组在成型效果方面不仅完全可以替代第 4 或第 5 道成型平辊的功能，而且在变形薄壁管时其控制、稳定管坯边缘的作用更显著。对立辊组的调整，有三个重点：

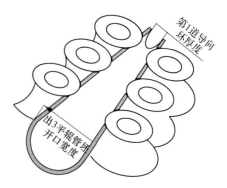

1）管坯变形程度要明显。可以按照变形管坯边缘的梯形法则调整立辊组，将立辊组布置在"等腰梯形"管坯两腰上，实现管坯在立辊组中均匀变形。

图 9-47　立辊组调整的梯形法则示意图

2）控制成型"鼓包"。为了抑制"鼓包"发生，可充分利用立辊孔型上部直接管控管坯边缘，通过管坯边缘横向受力带动管坯其他部位变形。

3）变形管坯宽度控制。关键是调整好出立辊组管坯的宽度，适当收窄一点，甚至成为"♡"形都不怕，从而确保管坯顺利进入闭口孔型平辊。

9.6.4.4　闭口孔型段的调整

闭口孔型段轧辊和管坯的调整要围绕控制管坯边缘、控制管坯回弹、控制管坯余量和控制管坯形状这四个"控制"进行。

（1）控制管坯形状。成型管坯在未进入闭口孔型前，因采用的成型方式不同致使形状差异很大，只有经闭口孔型辊轧制后，成型管坯形状才能统一为基本圆筒形，而一个基本圆筒形的管坯，正是人们努力的方向和阶段性目标。应按以下步骤逐道校调闭口孔型辊：

第一步，确认进入闭口孔型前的管坯没有压痕、划伤，管形基本规整。

第二步，以理论辊缝为依据，用较大的压下量压住闭口孔型内的管坯，然后点动机组，约转辊的 1/3 周。

第三步，按图 9-48 中箭线所示方向徒手沿管坯外表面任意一侧，先从上往下滑过辊缝，然后顺着原路从下往上滑过辊缝，如此重复 1 ~ 2 次，并对手感进行判断：若从上往下滑过辊缝时无硌手感觉，且从下往上滑到接近辊缝附近时有硌手感觉；同时在成型管坯的另一侧重复上述动作，若从上往下滑到辊缝处时有硌手感觉，从下往上滑过辊缝时无硌手感觉，则说明上辊偏左侧。

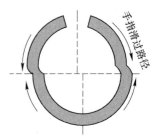

图 9-48　闭口孔型上辊偏左轧出的成型管坯

第四步，提升上辊约两倍辊缝，松开上辊右侧紧定螺母，至于松开多少，主要凭经验判断，并紧定上辊左侧螺母。

第五步，重新压下闭口孔型上辊至原位，并重复第二、第三和第四步，直至无论从哪个方向滑过成型管坯表面均圆滑无硌手感为止，说明孔型已经校正，管坯也被校正为基本圆筒形，从而全面完成了成型轧辊校调与管坯成型。

（2）控制管坯回弹。对一些刚性较高的厚壁管，以及高强度、高硬度管，控制其变形后的回弹，以利于随后顺利焊接，就成为变形这类管需要着重解决的问题。控制回弹的途径有三条：1）适当增大第1、2两道平辊的轧制力；2）适当加大闭口孔型平辊的压下量；3）适当收紧闭口孔型立辊。

（3）控制管坯余量。就圆变方矩管来说，在开料宽度已定的情况下，如果要求生产r角较大的方矩管，那么，可以加大闭口孔型上辊的压下量，通过闭口孔型辊多消耗一些余量，即除了将本分的成型余量消耗掉之外，还可以多消耗一些整形余量（假定焊接余量不变），圆变方矩之圆周长便相对短了，变方矩时往管角部位跑的料就少，r角就比较圆（r较大）；反之，压下轻一点，相应地r角就比较尖。

（4）控制管坯边缘。主要指预防成型管坯边缘产生"鼓包"和管坯边缘在随后的焊接中能够实现平行对接；而且，这也是焊管成型的终极目标。显然，如果出现了成型鼓包、焊缝错位、V形对接、Λ形对接、搭焊等缺陷，都与管坯边缘在开口孔型和闭口孔型中的受力变形、对称性调整等存在直接和间接关系。

"四控"在试生产时应各有侧重，要根据焊管生产现场的实际情况，抓住主要问题和主要矛盾实施调整。如高强度厚壁管成型，首要解决的应该是对管坯实施有效的变形，维持已经变形的成果，防止回弹，实现焊缝平行对接；薄壁管成型，首要解决的问题变成如何有效管控管坯边缘，防止边缘失稳，防止出现成型鼓包；成型高档家具管，保持其表面绝对不被划伤、不产生压伤压痕就是成型需要特别注意的问题。哪怕这些问题同时存在，如成型高强度、高档次、薄壁家具管，也要有针对性地优先解决什么问题，延缓调整什么问题，分清轻重缓急。

9.6.5 成型段的联调

轧辊孔型和管坯被逐道调整好后，并不能因此说成型就调好了；只能讲调好各道孔型和管坯是获得一个好成型的前提条件，但不是充分必要条件。焊管调整，要有整体观念、全局观念和系统观念，要将局部调整与整体调整有机融合。

（1）变形量在道次间的协调。通过观察管坯边缘在前后道次间的开口大小、自然程度等，对个别轧辊进行微调，使变形管坯看上去自然流畅，没有突变点。

（2）底线规整有致。通过个别轧辊的微调，使成型平、立辊实际高度与成型底线一致，没有明显的忽高忽低。

（3）管坯表面质量关怀。特别是变形管坯中底部和内侧的轻微压伤、压痕、暗线等，都应该通过整体协调调整予以解决，实在消除不了的也要尽可能地减轻。

（4）成型机组负载的平衡。观察研判平辊压下量和立辊收缩量，可通过倒车法观察管坯上的痕迹并结合操作经验进行判断与微调，消除个别道次管坯上的明显勒痕；还要结合电流表看成型机的负载。另外，要留意立辊的变形量，真正做到让平辊主变形，防止立辊"喧宾夺主"，确保成型各段之间的张力符合式（9-61）的要求：

$$f_{1\sim2} < f_{2\sim3} < f_{3\sim4} < f_{4\sim5} < f_{5\sim6} < f_{6\sim7} < f_{焊接段} < f_{定径段} \tag{9-61}$$

式（9-61）是确保成型管坯平稳运行的基本保证。

这些调整方法、措施不仅适用于成型调整，其中许多对焊接和定径轧辊与管坯的校调也适用，具有普适性。

9.6.6 变形管坯的基本标准

平直管坯经过十几道特定孔型轧辊轧制后，变形成为开口圆管筒。该管筒变形程度、质量状况对随后的高频焊接、定径精整和成品质量都有深远影响。因此，必须对已经完成变形的待焊管筒之优劣进行评价，基本标准有八个方面。

（1）几何形状呈现基本对称圆筒形。手感圆滑，变形充分，对称规整。

（2）几何尺寸基本达到设计要求。圆管筒各处"直径"差异小。

（3）边缘两边基本等高。

（4）开口管筒不扭转，管坯运行稳定无晃动、无顿挫。

（5）边缘无波浪与鼓包，是衡量薄壁管成型最重要的标准。

（6）横断面变形均匀。1）确保壁厚减薄与增厚不大于壁厚偏差的1/2；2）确保横断面无突变痕迹，因为管材突变部位的塑性变差，在后续弯管、胀口时极易从突变部位开始破坏。

（7）回弹小。过大的回弹，说明成型管坯变形不充分、内应力大，焊接后可能自动炸开、弯曲开裂、胀管开裂等。

（8）表面无明显压伤、划伤、压痕、辊印、错位等痕迹。刚刚调好的成型机组对水煤气管而言允许存在轻微的表面缺陷；对高精度家具管来说则不允许存在。

9.7 厚壁管成型

在焊管行业内，一般将壁厚与焊管外径之比在 $12\% \leqslant t/D \leqslant 18\%$ 的焊管称为厚壁管。针对厚壁管的成型难点，提出边缘双半径成型孔型等解决方案。

9.7.1 厚壁管变形的工艺难点

高频直缝厚壁焊管成型的工艺难点有三个：一是弯曲回弹大，二是实际变形盲区宽，三是内外周长差大。

9.7.1.1 弯曲回弹大

管坯从平直状态经轧辊轧弯成圆筒形过程中，管坯要发生弹性变形和塑性变形，同时不可避免地要发生回弹，关键在于量的多寡。厚壁管变形抗力大，回弹多，导致管坯变形不充分。

受管坯力学性能、壁径比（t/D）、孔型参数、设备性能、操作误差等影响，回弹规律

大不相同，由此较难对回弹量进行准确预测与
给定准确的回弹补偿。目前，通行的回弹量表
征方法大致有两种。

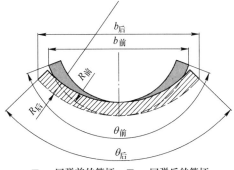

（1）实际测量表征。通过实测变形管坯边
缘同一点回弹前后的弦长差 Δb 以及弯曲部位
回弹前后的半径差 ΔR 这两个指标来表征，参
见图 9-49 和式（9-62），实际测量表征值比较
直观，一目了然，应用最广。

$$\begin{cases} \Delta b = b_前 - b_后 \\ \Delta R = R_后 - R_前 \end{cases} \qquad (9-62)$$

■—回弹前的管坯；▨—回弹后的管坯

图 9-49　变形管坯回弹量表征示意图

（2）函数表征。根据弯曲中性层理论和金
属弹塑性变形理论，可以推导出变形管坯回弹前后变形半径之间的关系，参见式（9-63）：

$$\begin{cases} R_前 = \dfrac{\sqrt[3]{A}}{m}\sin\dfrac{\theta}{3} \\[2mm] A = \sqrt{1 + \dfrac{1}{mR_后} + \dfrac{1}{3m^2R_后^2} + \dfrac{1}{27m^3R_后^3}} \\[2mm] \theta = \arccos\sqrt{1 + \dfrac{1}{mR_后} + \dfrac{1}{3m^2R_后^2} + \dfrac{1}{27m^3R_后^3}} \\[2mm] m = \dfrac{\sigma_s}{Et} \end{cases} \qquad (9-63)$$

式中　　σ_s——管坯屈服强度；

E——金属材料弹性模量；

t——管坯厚度；

θ——回弹角度，等于 $\theta_前 - \theta_后$；

$R_前$——管坯边缘一点回弹前的半径；

$R_后$——管坯边缘一点回弹后的半径。

式（9-63）的理论意义是，通过回弹后的管坯变形半径、管坯屈服强度、管坯厚度、
回弹角和金属模量，能够直接计算出所需要的孔型弯曲变形半径 $R_前$，从而消除回弹对成
型管坯的负面影响。

9.7.1.2　变形盲区宽度

变形盲区，俗称变形死区，是指在管坯变形过程中，无论怎
样变形，在管坯边缘、宽度相当于管坯厚度的区域都无法变形。
实际上，与理论变形盲区相邻的部分区段也属于变形盲区范畴，
参见图 9-36。变形盲区的存在，有其必然性。

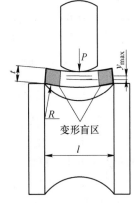

（1）存在变形盲区的必然性。管坯边缘抗弯与变形，可借鉴
弯曲刚度理论进行分析研究。当厚度为 t 的管坯，在成型轧制力
P 作用下需要弯曲变形长度为 l 的管坯时，管坯截面中心点必然
会产生垂直位移 y，即管坯发生弯曲变形，并由此推导出管坯弯
曲变形半径，在图 9-50 中，管坯中点最大弯曲位移为：

图 9-50　管坯弯曲刚性

$$y_{max} = \frac{Pl^3}{48EI} \tag{9-64}$$

式中　y_{max}——管坯最大弯曲位移，cm；

　　　　P——成型轧制力，N；

　　　　E——管坯材料弹性模量，低碳软钢为 $2 \times 10^7 N/cm^2$；

　　　　I——截面惯性矩，cm^4；

　　　　l——距离，cm。

反过来，在式（9-64）中，若令 $l = t$，且要使厚度为 t 的管坯产生 $y_{max} = 0.001cm$ 的弯曲变形，则需要的成型力为：

$$P = \frac{48EIy_{max}}{l^3} = 8 \times 10^7 \times t \times y_{max}(N) \tag{9-65}$$

式中，立方体的惯性矩 $I = \frac{t^4}{12}$，当成型 $\phi60mm \times 6mm$ 的厚壁管时，计算结果表明，欲在宽度为厚度的区域（0.6cm）上，仅发生 0.001cm 的弯曲变形，就需要 48kN 的成型力，这对焊管成型设备来说是无法提供的；况且，根据焊管成型工艺，越接近管坯边缘，作用到管坯上的实际成型力越小，从而导致实际变形盲区更宽。

另外，从实际形变效果看，要在 0.6cm 长度上，实现 0.001cm 的弯曲变形，其弯曲半径 R 约等于 30cm，0.6cm 的弧长在半径为 30cm 的弧线上与直线无异。

（2）变形盲区的比较。不管是厚壁管还是薄壁管，都存在变形盲区；只是厚壁管变形盲区所占管坯宽度的比率更大。以 $\phi60mm \times 3mm$ 和 $\phi60mm \times 6mm$ 焊管为例，它们的盲区宽比 $2t/B$（%）分别为 3.24% 和 6.89%，后者是前者的 2 倍。由此根据式（9-54）计算得管壁外侧沟槽宽度分别为 0.64mm（管筒内径 $r_2 = 27.87mm$）和 2.79mm（管筒内径 $r_2 = 25.08mm$），后者为前者的 4.36 倍，厚壁管上如此宽的沟槽对焊缝强度的影响显而易见。

9.7.1.3　内外周长差大

仍以 $\phi60mm \times 6mm$ 厚壁管为例，其内外周长差是 37.68mm，而 $\phi60mm \times 3mm$ 标准壁厚管的内外周长差仅为 18.84mm。周长差大的管子，意味着成型管坯中积累的周向内应力多，在内层压缩、外层拉伸的过程中需要消耗大量变形功，以及因之增大的变形抗力对机组拖动功率和机组刚性都有特殊要求。当焊接后，管子中性层内侧积累的大量压应力每时每刻都试图撑开焊缝；与此同时，中性层外侧积累的大量拉应力则时刻都在拉拽焊缝，试图挣脱焊缝的束缚；而且，这两种应力对焊缝的破坏作用效果又都是一致的，具有叠加效应。厚壁焊管中积累的这些应力，对焊缝形成的应力腐蚀破坏严重，潜在隐患巨大，需要焊管成型工艺加以解决。

9.7.2　厚壁管成型调整要领

（1）要特别重视第一道平辊的变形。包括压下量与对称两个方面。尤其是压下量要偏大，力求压死，因为从孔型设计的角度看，像 W 变形、边缘变形、双半径变形等对管坯边缘进行实轧，仅此一道施力效果最好，"过了这个村，就没有这个店"。

（2）必须使用立辊拉板。这是由立辊轴结构特点和厚壁管变形特点共同决定的，需要借助立辊轴拉板来强化管坯变形。

（3）闭口孔型平辊压下量应偏大，以不妨碍焊接和定径为原则。

（4）严格控制闭口孔型导向环的角度，使之略大于由管坯两边缘厚度方向形成的角度，这样不会破坏管坯边缘形状。

（5）注意表面质量控制。厚壁管回弹大，进入孔型较困难，易产生压伤、压痕与辊印，要注意这些缺陷的处理与调整。

9.7.3 厚壁管成型难点的解决方案

厚壁管成型难点的解决方案包括专用成型机组解决方案、粗成型孔型解决方案、精成型孔型解决方案和综合解决方案等。

9.7.3.1 专用成型机组解决方案

大中型焊管机组或专用厚壁管机组，大多配置刨边机或者洗边机，在平直管坯进入第一道成型平辊之前，预先将图9-51所示的△ABC区域刨洗掉，实现焊缝平行对接。该方案在焊管行业应用已经较为成熟，缺点是投入大，尤其对于小型焊管机组而言，相对投入更大。

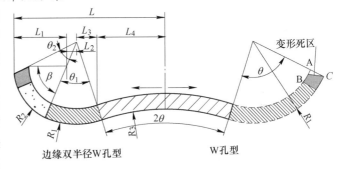

图9-51 边缘双半径 W 孔型与 W 孔型

9.7.3.2 粗成型孔型解决方案

应用边缘双半径 W 孔型解决厚壁管成型难点的基本思路是，尊重厚壁管变形盲区宽、回弹大和内外周长差大的变形特点，对数倍于变形盲区范围内的管坯实施过量变形。也就是说，假如不存在变形盲区和回弹，成型后的管筒将呈现 Λ 形对接状态；当变形管坯边部存在变形盲区和回弹后，恰好达到平行对接状态。如此一来，虽然无法消除变形盲区，但可以消除图9-36a 所示的边缘 V 形对接，实现焊缝平行对接的工艺目标。图9-51 左边的孔型正是根据这个思路设计的 $\phi16\text{mm} \times 2.5\text{mm}$ 厚壁管边缘双半径 W 孔型，参数见表9-3。而右边的 W 孔型，若不进行刨边处理，则根据式（9-54），对接管坯边缘外侧将形成 1.89mm 的沟槽。

表9-3 $\phi16\text{mm} \times 2.5\text{mm}$ 边缘双半径变形的 W 孔型参数

孔型各部位名称	计算公式	参数	备注
孔型曲线长度	$L = 2\pi r$	54.20mm	r—闭口待焊管半径
次边缘弯曲变形半径	$R_1 = r = r' + 0.6t$	8.63mm	r'—闭口待焊管中性层半径
次边缘对应变形角度	$\theta_1 = \theta_2$	45°	
V 形口压下调节因子	$\Delta = 0.5 \sim 4$ 或 $\Delta = 3h$	1.5mm	参见9.4.2.7节
最边缘歪曲变形半径	$R_2 = R_1 - \Delta$	7.13mm	
最边缘对应变形角度	$\beta = \arcsin(\Delta\cos\theta_2 / R_2) + \theta_2$	53.55°	
中部弯曲变形半径	$R_3 = 6R_1$	51.78mm	给定
中部变形角度之半	$\theta_3 = [R_1(180° - \theta_1) - R_2\beta] / R_3$	15.13°	
β 角圆弧投影长度	$L_1 = R_2\sin(\beta + 45° - \theta_3)$	7.08mm	
Δ 的投影长度	$L_2 = \Delta\sin(\theta_1 - \theta_3)$	0.75mm	参见本章
中心距	$2(L_3 + L_4) = 2(R_1 + R_3)\sin\theta_3$	31.54mm	
孔型宽度	$L = 2(L_1 + L_2 + L_3 + L_4)$	47.2mm	

边缘双半径 W 孔型能够在变形盲区依然存在的情况下，消除厚壁管变形盲区 V 形口及其回弹对焊接的影响，实现焊缝平行对接，从变形工艺方面保证了厚壁管成型质量。

9.7.3.3 精成型孔型解决方案

在圆的精成型闭口孔型条件下，既要加大管坯边缘的变形量，又要兼顾不过度地减径，很难。但是，采用平椭圆精成型闭口孔型，却能达成这一工艺目标。平椭圆闭口孔型的成型思想是："平椭圆 + 回弹量 = 圆"，让厚壁管坯在平椭圆闭口孔型中得到充分变形。同时有利于管坯顺利进入孔型，降低操作难度。

（1）平椭圆闭口孔型的内涵。平椭圆闭口孔型是指，闭口孔型辊的孔型曲线是一个长轴在水平方向上、短轴在竖直方向上且长短轴相差不太大的椭圆。它的内涵有两点：

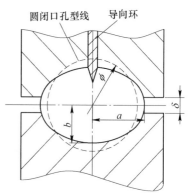

图 9-52 平椭圆闭口孔型辊

1）微观椭圆宏观圆。由于该椭圆的椭圆度不大，故可以粗略地把这个椭圆看成一个直径为 ϕ 的圆，如图 9-52 中虚线所示，而这个虚线圆便是圆形闭口孔型辊的孔型轮廓，它们统一于式（9-66）之中：

$$\begin{cases} a - b = \Delta \\ a + b = \phi \\ \dfrac{B + b_f}{\pi} = \phi \end{cases} \qquad (9\text{-}66)$$

式中，Δ 为椭圆孔型长短半轴之差，$\Delta = 2 \sim 4mm$，壁径比越大取值越大；b_f 是导向环厚度与弧长的修正值；B 为管坯宽度。式（9-66）既道出了平椭圆孔型与圆形闭口孔型之间的内在联系，同时也对平椭圆闭口孔型的关键尺寸作出规定，是设计平椭圆闭口孔型的重要依据。

2）孔型弧长相等。从焊管生产实际出发，平椭圆闭口孔型辊的孔型弧长必须等于圆形闭口孔型弧长，这也是设计平椭圆闭口孔型辊应遵守的一条基本原则。

（2）平椭圆闭口孔型的作用。平椭圆闭口孔型除了具备闭口孔型的一切功能外，其突出作用表现在能强制高强度厚壁管边部变形。

1）强制管坯边部充分变形。比较图 9-52 中虚、实线孔型容易看出，当厚壁管坯运行至平椭圆孔型中时，最先受力变形的是管坯边缘及底部，管坯边缘外侧到其底部的距离必然比圆形闭口孔型时的距离短 S，横向则长 S：

$$\begin{cases} S = \phi - 2b \\ S = 2a - \phi \end{cases} \qquad (9\text{-}67)$$

联解式（9-66）、式（9-67），得 $S = \Delta > 0$。结果证明两点：第一，管坯在平椭圆孔型中首先受力变形的是管坯边缘，边缘受到的变形力最直接，效果最显著；第二，由于平椭圆孔型宽度在水平方向上比圆孔型大，之间存在"Δmm 的空隙"，因而无须担忧管坯被大量减径。

2）变形管坯离开轧辊孔型约束后都会发生回弹，厚壁管的回弹更大。回弹使管坯变形程度达不到人们的预期，因而控制并"消除"回弹一直是制管人追求的目标。由式（9-66）

知，平椭圆管坯上下方向的尺寸比圆形闭口孔型直径小，于是可以凭借二者差值来抵消管坯离开平椭圆孔型后的回弹。这样，与圆孔型回弹后的管坯相比，就可以视平椭圆管坯的回弹为零。

3）提高轧辊共用性。通过减小图9-52中辊缝间隙 δ，不仅可以使平椭圆孔型进一步扁平；同时也可以通过增大辊缝使平椭圆孔型变成一个近似圆孔型，即闭口孔型轮廓能在一个长轴为 $2a$、短轴为 $(2b - \delta)$ 的椭圆和"直径"为 $2a$ 的圆之间变化。那么，平椭圆闭口孔型辊能够成型的管坯宽度范围是：

$$(2b - \delta)\pi - b_f \leq B \leq 2a\pi - b_f \tag{9-68}$$

由此可见，这种随辊缝间隙变化多端的平椭圆孔型实现了轧辊在一定范围内的共用。

（3）平椭圆闭口孔型的设计原则：

1）周长相等原则。要求二者误差不超过1mm。

2）长短轴相差不大的原则。这是为了确保管坯离开平椭圆闭口孔型加上回弹后能成为基本圆筒形，式（9-66）是该原则的具体体现。

3）长、短半轴之和等于对应圆闭口孔型直径的原则。

那么，图9-53（$B = 62$mm，导向环厚度为6mm，$\Delta = 4$mm）就是根据这些原则、按"四心法"椭圆设计的厚壁管用平椭圆闭口孔型。

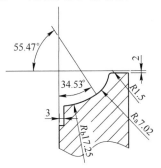

图 9-53　$\phi21.3$mm $\times 2.75$mm
第1道平椭圆闭口孔型上辊

9.7.3.4 综合解决方案

将粗成型段的边缘双半径 W 孔与精成型段的平椭圆闭口孔型综合应用在一套厚壁管孔型中，充分发挥各自在各个成型阶段的优点，共同解决厚壁管成型盲区与回弹的成型难点，效果会更好。同时，厚壁管内外周长差大的危害因之减轻。

与厚壁管成型难点形成鲜明区别的是，薄壁管成型的难点在于：管坯成型过程中边缘产生过多的纵向延伸，易产生成型鼓包。

9.8　薄壁管成型

薄壁管，理论上指壁径比小于等于2%的一类焊管；实践中，也将壁厚小于0.6mm的焊管叫作绝对薄壁管。薄壁管成型的难点在于：管坯刚性低，边部易失稳，导致成型失败。

9.8.1　成型失稳的表现形态

如前所述，薄壁管成型失稳主要有两种表现形态，一种是波浪，一种是鼓包，参见图9-54。在某种意义上讲，薄壁管成型的过程，就是抑制鼓包形成的过程。

不过，一般情况下即使是薄壁管也不一定会出现鼓包。以调整操作为例，同样的薄壁管，在同一台焊管机组上，使用同一套成型轧辊和相同的管坯，不同的操作人员，有时调整结果大相径庭。这至少说明两点，一是焊管调试操作在抑制鼓包方面具有惟妙惟肖的作用，应给予高度重视；二是鼓包产生的原因较多，但是形成机理并不复杂。

9.8.2　鼓包形成机理

（1）边缘塑性延伸过多。根据焊管成型理论，平直管坯在成型为待焊开口管筒的过程中，边缘上一点随管坯前进而逐渐升高，同时向轧制中心面靠拢。该点的运动轨迹在理论上存在一个最小值 l_{min}，l_{min} 在成型的某一区域内只能比管坯底部暂时长 Δl，Δl 随着成型的结束而回复到与管坯底部相匹配的长度（传统说法是零）。可是，由轧辊孔型构成的成型底线和轧制中线事实上不可能是绝对直线，以及管坯回弹、轧辊孔型、操作调整等因素的影响，导致 P 点的实际运动轨迹如图 9-54 所示，由若干段弧线 $\widehat{l_i}$ 构成，用线积分表示为：

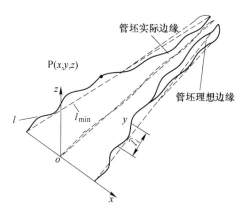

图 9-54　成型管坯理想与实际轧制底线、
中线、边缘轨迹线的差异

$$\int_{\widehat{l}} l(x,y,z)\,\mathrm{d}s = \sum_{i=1}^{N} \widehat{l_i} \tag{9-69}$$

显然，$\sum\limits_{i=1}^{N} \widehat{l_i} > l_{min}$，而且，如果 l_{min} 是弹性极限所允许的极限长度，那么，$\sum\limits_{i=1}^{N} \widehat{l_i}$ 中就没有塑性延伸成分。事实上，焊管成型过程中管坯边缘的塑性延伸不可避免，属于客观存在，关于这一点，仅从表 9-1 所示第一道的变形及其边缘延伸率便得到充分证明。

（2）成型后期管坯边缘张力骤减。从图 9-12a 所示管坯边缘上 P 点的运动轨迹在 yoz 坐标平面上的投影可以看出，P 点在运动过程中其 z 坐标从 0 逐渐升高，在 B 处达到最大值；B 处之后，其值又逐渐降低。可是，管坯边缘在 B 处没有支撑点，这样，B 点就成为管坯纵向应力的拐点，即在纵向从 $y_0 \to y_B$ 时，z 坐标值从 z_0 升高到 z_{max}，该段管坯边缘受拉力作用；过 B 点后，随着 z 值的降低，管坯边缘内原来积累的纵向拉力转变成沿管坯纵向边缘的回复力。那么，管坯纵向边缘的状态便由拉力和回复力的性质决定：当之前的拉力在弹性极限内时，则回复力是之前拉力的转化形式，并与拉力构成一对成型所必须的平衡力，边缘亦被这一对平衡力作用，使得边缘不会轻易晃动和跳动，即不会出现波浪或鼓包；当之前的拉力超过管坯纵向延伸所需要的拉力或因其他工艺原因、操作原因、材料原因等导致拉力超过弹性极限时，边缘就会发生塑性变形，而且，过 B 点后若没有新的纵向拉力加入作用，回复力的性质实质上已经转变为纵向压应力，管坯边缘就会在纵向压应力作用下失稳，边缘发生波浪，甚至形成鼓包。

由此可见，鼓包形成机理是：管坯在成型过程中，边缘受多种因素影响而发生弹塑性延伸，并且边缘在没有足够纵向拉力时就会产生鼓包；纵向塑性延伸与失去纵向拉应力是鼓包生成的内因和外因，二者缺一不可。如果发生了塑性延伸，但是，边缘存在足够大的纵向拉应力，是不会产生鼓包的；同理，如果边缘没有产生纵向塑性延伸，即使没有足够大的拉应力，也不会形成鼓包。这种认识，是焊管成型理论发展的重要成果，也是各种先进成型设备、先进成型工艺和先进成型调整方法的理论依据。

9.8.3 成型鼓包的特征

9.8.3.1 成型波浪与成型鼓包的关系

波浪属于鼓包的一种，它们既有区别，又有联系。首先，波浪的波长比鼓包长得多，小直径焊管的成型鼓包波长一般不超过20mm，而波浪的波长通常是鼓包波长的若干倍，如图9-55所示。其次，波浪通常比较柔和，没有明显凸起；而鼓包要么没有，要有就是边缘突变，突然隆起；波浪的峰值比鼓包的小，鼓包的峰值少则几毫米，多则十几毫米，甚至更高。最后，从危害性看，波浪通常表现为边缘小幅度晃动，有时不明显，属于解决了更好，暂时没解决亦无大碍的软缺陷；而每一个鼓包，哪怕是小鼓包都会造成焊缝搭焊、漏焊，不容忽视，必须解决。

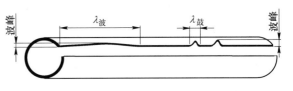

图9-55 波浪与鼓包的区别

当然，波浪与鼓包关系密切，存在着前后逻辑关系。总是先有波浪，后有鼓包；波浪是发生鼓包的前兆，孕育着鼓包；可是，波浪不一定都会形成鼓包，鼓包是波浪发展到一定程度的必然产物。反过来，只要出现鼓包，则一定存在波浪。波浪与鼓包的这种"血缘"关系告诉人们：预防和消除鼓包，应该从预防、消除波浪入手。同时，一旦发现成型管坯边缘有波浪，就要及早采取措施，不要等到鼓包出现后才调整。

9.8.3.2 鼓包的特征

（1）形貌特征。成型鼓包的一个共同特征是，鼓包总是向外凸，参见图9-55。鼓包之所以只向外凸、不向内凹，是由成型管坯横向变形弯曲拱的方向与横向弯曲变形后的回弹趋势共同决定的。

（2）发生段特征。绝大多数鼓包都发生在精成型段，这与成型管坯进入精成型段后，其边缘纵向延伸大幅度减少，甚至转为压缩有关；或者说，管坯在粗成型段产生并积累的大量边缘纵向延伸，导致精成型段无法全部吸收，进而在精成型段的强制等长过程中"多余"出来。由此可见，虽然鼓包表现在精成型段，但根本原因却在粗成型段。

鼓包的这些特征，为消除、抑制鼓包指明了方向：首先要着眼于粗成型段，从孔型、材料和调整入手，尽可能让管坯边缘少延伸。其次，应想方设法加强精成型段（建议从变形角大于180°起）管坯边缘外侧的控制力。这也是每每谈到薄壁管成型与鼓包预防，总是强调要加大闭口孔型上辊压下量的原因之一。因为闭口孔型上辊导向环附近的孔型，是从管坯边缘外侧对管坯边缘施加最直接的轧制力，正是这个力，起到部分消除和抑制鼓包的作用。

9.8.4 薄壁管成型的调整

薄壁管成型调整，不能仅仅局限于成型机，要有整体观和全局观，这里提出一个广义成型调整的概念。就是成型调整不仅是对成型机部分的调整，它还牵涉到焊接机、定径机、储料笼（螺旋活套）、材料等，这些都与薄壁管成型质量息息相关，如优质薄壁管坯，就是获得优质薄壁成型管坯的前提。就像一个顶级的厨师，基于顶级的食材才有可能做出顶级的美味佳肴一样，二者缺一不可。

9.8.4.1　薄壁管坯料

（1）板形。由于冷轧、纵剪、捆扎、吊装、运输等原因，管坯易形成镰刀弯、S 弯、塔形卷、荷叶边等缺陷，这类管坯展开后自身两边就不等长，这些局部长出的部分一般很难通过成型予以消除与吸收。生产实践中因材料引发的调整乌龙事件不少：调整工虽经一番努力处理鼓包，终不见成效，回过头来看，发现原来是材料作怪，更换材料后，一切问题迎刃而解。

（2）性能。针对薄壁管用料，在焊管质量允许范围内，适当增加管坯的强度、硬度，能提高薄壁管坯边缘抵抗纵向塑性延伸变形与纵向失稳的抗力，从而起到预防鼓包的作用。

（3）厚度公差。管坯厚度越厚，纵向延伸变形的难度就越大，抵抗横向失稳的能力就越强，越有利于薄壁管成型，如壁厚在 0.6mm 以下的薄壁管，壁厚厚 0.05mm 与薄 0.05mm，调整难度截然不同。

9.8.4.2　操作调整

薄壁管成型及孔型调整，受现有孔型、机组和材料等制约，使得调整方法与调整手段限制多多，就像"戴镣铐跳舞"，在镣铐束缚下要想舞跳得好，唯有舞技精湛，处处小心谨慎。

（1）储料过程调整。必须确保送料辊上下辊要平行，防止管坯边部被递送辊单边压延成两边不等长；储料笼内的料要适中，防止管坯边部被拉伸变形，形成不良板形。

（2）矫平辊调整。薄壁管坯极易形成横向皱折，且较难通过矫平辊彻底消除。这种皱折管坯进入成型机后，就相当于边缘存在或明或暗的小鼓包，到成型后期，这些小鼓包、隐性鼓包就容易发展成为显性大鼓包。因此应适当加大矫平辊压下量，确保进入成型机的薄管坯基本无皱折。

（3）强化成型辊对轧制底线和轧制中线位置的控制，避免出现上下和左右的偏离。

（4）纵向张力控制。薄壁成型管坯的纵向张力控制，体现在两个方面：一是由轧辊底径递增量形成的纵向张力，要确保第 $i+1$ 道的张力略大于第 i 道；二是整机调整要实现定径拉着成型跑，确保薄壁管坯在成型段有足够的纵向张力。

（5）加大闭口孔型上辊压下量。至少起三个作用：1）增大成型管坯纵向张应力；2）增强管坯边部圆度，从而增强管坯边部刚性，抑制鼓包形成；3）加大孔型对管坯边缘的径向控制力，预防鼓包。同时，可适当降低闭口孔型立辊，以提高立辊孔型上部对管坯边缘的控制能力。

（6）选择恰当的成型底线。比较适合薄壁管成型的轧制底线有上山成型底线、下山-上凸圆弧复合成型底线以及双半径成型底线，详见 9.2.2.1D。

不过，消除鼓包最根本、最直接、同时也是最有效的措施，当数符合薄壁管变形规律内在要求的孔型。

9.8.5　薄壁管用 W 成型孔型的研究

9.8.5.1　现有 W 孔型的主要缺陷

实践证明，成型外径相同的厚壁管和薄壁管，它们各自的内在要求完全不同。所以，虽然同为 W 孔型且管径相同，但是并不宜采用同一设计原则与参数。即使是用经典参数设计的 W 孔型轧辊，在成型薄壁管时同样问题多多，同样面临成型鼓包的烦恼。研究显示，用传统参数设计的 W 孔型，仅此一道所产生的边缘纵向延伸就占整个成型延伸量的 50%～70%；更为严峻的是，根据金属材料的变形性质，这其中 99.9% 都是塑性延伸。因此，有必要对影响成型管坯边缘纵向延伸的 W 孔型作深入探讨，以便优化出适合薄壁管成型的 W 孔型设计参数。

9.8.5.2　W 孔型的优化设计

W 孔型的优化设计可以从 W 孔型开口宽度和孔型高度（为了更直接地反映管坯边缘纵向延伸状况，本节以 W 形管坯开口宽度和管坯高度表示）、轧辊底径和有效直径以及有效直径上的切入点等方面入手。

（1）管坯开口宽度和边缘高度。管坯开口宽度和边缘高度是影响成型管坯边缘长度及其延伸的主要因素。

1）W 形变形管坯边缘长度。如前式（9-31）可知，在空间直角坐标系中，孔型宽度 B_1 和变形区长度 L_1 越大，管坯边缘 H_1 升高越小，则管坯边缘纵向延伸越少。而表 9-1 所示圆周变形与 W 变形，后者横向变形量明显大于前者，但是，由 W 孔型确定的成型管坯边缘在 P_0 至 P_1 区间内，边缘向中收窄与升起高度反而小，这对降低薄壁成型管坯边缘的延伸量和延伸率意义重大。

2）W 形管坯开口宽度 $2B_1$。需要指出，W 孔型开口宽度与 W 形管坯开口宽度是有差别的，只有当轧辊有效直径和工作直径二者相等时才相同。在图 9-56 中，W 形管坯开口宽度 $2B_1$ 由式（9-70）确定：

$$2B_1 = 2\left[r\sin(\alpha - \theta) + (r + R)\sin\theta\right] \tag{9-70}$$

式中，r 和 α 分别为 W 孔型边部弯曲变形半径与弯曲角度，通常 $r = R_1$（成品管半径），α

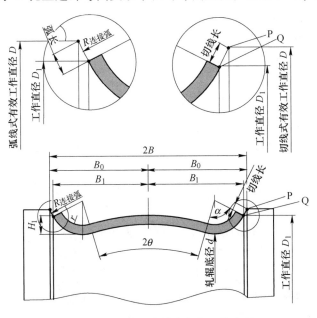

图 9-56　W 孔型有效直径与工作直径

取 80° ~ 90°；R 和 θ 分别为 W 孔型中间凸起弧段的变形半径与角度之半，通常 $R = 6R_t$，θ 取 13° ~ 14°。

然而，当成品管壁径比 $\dfrac{t}{D_t} \leq 2\%$，属于薄壁管时，根据式（9-31），若要 E 和 ε 都较小，建议按式（9-71）给出的一组参数进行设计：

$$\begin{cases} r = (1.05 \sim 1.30)R_t，越小，取值越大 \\ \alpha = 50° \sim 75°，越小，取值越小 \\ R = (6.1 \sim 7.5)R_t，结合 \theta 取值，较小时，取值宜偏大 \\ \theta = 14° \sim 17.5° \end{cases} \tag{9-71}$$

那么，运用式（9-31）比较式（9-70）和式（9-71）中两组参数的设计结果有，式（9-71）条件下的边缘延伸量和延伸率都小于式（9-70）的结果。不过，由于开口宽度和孔型高度是一对相互影响的参数，所以在选择开口宽度的参数时，还必须结合孔型高度，只有这样才能使 E 和 ε 相对更小，同时又不会过多加重后续变形的负担。

3）W 形管坯边缘高度 H_1。在 W 孔型中，管坯边缘高度 H_1 由式（9-72）定义：

$$H_1 = r[1 - \cos(\alpha - \theta)] \tag{9-72}$$

考虑到余弦函数在 0 ~ 90°区间是减函数以及薄壁管成型对孔型高度的内在要求，为了使 E 和 ε 相对较小，α 应取较小值，θ 应偏大选取。也就是说，在设计薄壁管用 W 孔型时，α 取值必须小于经典参数，这有利于降低管坯边缘高度，进而减少边缘延伸。

4）B_1 和 H_1 的理想值域。根据薄壁管成型的要求，在满足总变形要求的前提下，B_1 和 H_1 理想值域由式（9-73）界定：

$$\begin{cases} 2B_1 = kB \\ H = \lambda R_t \end{cases} \tag{9-73}$$

式中　B——平直管坯宽度；

k——薄壁成型管坯开口宽度控制系数，$k = 0.96 \sim 0.98$；

λ——薄壁成型管坯高度控制系数，$\lambda = 0.35 \sim 0.50$。

在式（9-73）中，焊管外径越大、壁厚越薄，则成型管坯开口宽度控制系数 k 取较大值，管坯边缘高度控制系数 λ 取较小值。这样，管坯边缘纵向延伸量 E 和延伸率 ε 都趋于较小，对薄壁管成型较为有利。

另根据式（9-31）易知，影响 E 和 ε 的还有 $(L_1 - L_0)$，而这与 W 孔型辊上的有效直径密切相关。

（2）W 孔型辊的有效直径与底径。轧辊有效直径 D 是指在工作孔型以外、xoz 平面上、开口宽度大于等于平直钢带宽度（对其他道次平辊而言是指前一道立辊孔型的宽度）处的直径，如图 9-56 所示，D 的存在及大小直接影响成型管坯边缘纵向延伸。

1）设计有效直径的必要性。第一，有效直径等于工作直径现状的负面影响表现在：管坯边部纵向进入阻力大并因之产生附加纵向延伸。依变形原理，根据式（9-70）或式（9-71）设计出的孔型开口宽度总是小于管坯宽度，当管坯被咬入孔型时，最先与轧辊孔型边缘触碰的管坯边缘一点的受力状况如图 9-57 所示，管坯边缘受到上辊压力 $F_压$、下辊支撑力 $F_支$、成型牵引力 $F_牵$ 和与前进方向相反的进入阻力 $F_阻$ 共同作用，管坯边部发生以下变化：一方面，管坯边部背面与孔型边缘形成点接触摩擦，并横向划过管坯边部，进而划伤管坯表面；另一方面，在宽管坯被拽入窄孔型的过程中，边部在 $F_压$、$F_支$ 和 $F_牵$ 共同作用下形成一个与 $F_牵$ 作用方向相反的阻力 $F_阻$，这个阻力随着横向划过宽度的变化而变化，划过宽度越宽，$F_阻$ 越大；反之，越小。这样，管坯边缘就在这两个方向相反的力作用下被拉

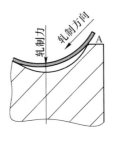
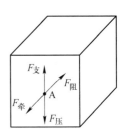

图 9-57 与孔型边缘接触时管坯受力分析

长，纵向产生附加边缘延伸。第二，有效直径的作用。在 W 孔型上设计出有效直径，就相当于在 W 工作孔型之外增加一个过渡孔型，使整个孔型的开口宽度至少等于管坯宽度，管坯最边缘便在这个过渡孔型面上划过，从而消除了管坯背面边部横向划过的力，边部变形变得更加柔和，不仅改善了表面品质，更重要的是因之消除了管坯边部横向划过的力，使管坯边部进入工作孔型的阻力 $F_阻$ 变小，继而减少了管坯边部的纵向延伸。同时，加设有效直径之后，实际上加大了 L_0 与 L_1 之间的距离，使式（9-31）中的延伸量 E 和延伸率 ε 均变小，而这些正是薄壁管成型所期盼的。

2）有效直径 D 和轧辊底径 d 与边缘纵向延伸的关系。在工作孔型确定（B_1 和 H_1）之后，决定管坯边缘纵向延伸量的重要因素就是轧辊有效直径和轧辊底径之大小。当平直管坯水平进入 W 孔型后，管坯边缘与轧辊孔型便形成如图 9-58 所示的三角关系：在 Rt $\triangle ACP_0$ 和 Rt $\triangle P_1CP_0$ 中，管坯边缘 P_0 至 P_1 投影到 yoz 平面上的长度 l' 为：

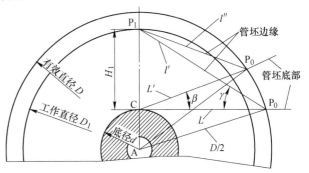

图 9-58 D、d 和 β 与管坯边缘延伸量和延伸率的关系

$$l' = \sqrt{\left(\frac{D}{2}\right)^2 - \left(\frac{d}{2}\right)^2 + H_1^2} \tag{9-74}$$

式（9-74）必须借助与式（9-31）相似的式（9-75）方能说明管坯边缘纵向延伸状况。

$$\begin{cases} \Delta l' = \sqrt{\left(\frac{D}{2}\right)^2 - \left(\frac{d}{2}\right)^2 + H_1^2} - \sqrt{\left(\frac{D}{2}\right)^2 - \left(\frac{d}{2}\right)^2} \\ \varepsilon' = \dfrac{\sqrt{\left(\frac{D}{2}\right)^2 - \left(\frac{d}{2}\right)^2 + H_1^2} - \sqrt{\left(\frac{D}{2}\right)^2 - \left(\frac{d}{2}\right)^2}}{\sqrt{\left(\frac{D}{2}\right)^2 - \left(\frac{d}{2}\right)^2}} \times 100\% \end{cases} \tag{9-75}$$

式中　$\Delta l'$ ——管坯边缘 P_0 至 P_1 段投影到 yoz 平面上的延伸量；

　　　ε' ——管坯边缘 P_0 至 P_1 段投影到 yoz 平面上的延伸率。

在式（9-75）和图 9-58 中，当 H_1 确定之后，D 和 d 有多种组合，这里只叙述有利于薄壁管成型的几种情况。

第一，D 增大，d 不变，边缘升角 γ（$0 < \gamma < 90°$）变小，则，在 Rt $\triangle P_1CP_0$ 中，关于

γ 的正切函数值也随之减小，管坯边缘的延伸量和延伸率均变小。

第二，d 增大，D 相应增大，则在 Rt$\triangle$P$_1$CP$_0$ 中，γ 变小，相应地 $\Delta l'$ 和 ε' 减小。

第三，同时增大 D 和 d，可双重减小边缘升角并大幅降低 $\Delta l'$ 和 ε'，效果将更好。

式（9-75）明确无误地告诉孔型设计师，在机组条件允许的情况下，增大有效直径和轧辊底径应当按上述 1)、2) 所述思路进行设计。这样，不仅可以显著减小 W 形管坯边缘的纵向延伸，而且会由此减少整个成型段的延伸量 $\sum E$ 和延伸率 $\sum \varepsilon$（详见表9-4），有利于薄壁管成型。

3）有效直径的设计。有效直径有两种形式：

第一种是切线式，以工作直径最边缘一点 Q 为切点作切线 Qq，然后在切线上找到一点 q，使点 q 与 W 孔型中线的距离等于 B_0，并根据式（9-76）计算出有效直径 $D_{切}$，参见图 9-56 中右侧孔型。

$$D_{切} = 2\left[\frac{d}{2} + H_1 + (B_0 - B_1)\tan(\alpha - \theta) \right] \tag{9-76}$$

第二种是弧线式。以 Q 为切点，连接切点与 r 弧圆心并延长后与 W 孔型中线相交于 O，则以 O 为圆心、OQ 为半径、Q 为切点，作圆弧与圆弧的内连接并在 $\overset{\frown}{Qq}$ 上找到一点 q，使其与 W 孔型中线的距离为 B_0，参见图 9-56 左侧孔型。那么，弧线式有效直径 $D_{弧}$ 为：

$$D_{弧} = 2\left[\frac{d}{2} + H_1 + \frac{B_1}{\tan(\alpha - \theta)} - \sqrt{\frac{B_2^2}{\sin^2(\alpha - \theta)} - B_0^2} \right] \tag{9-77}$$

比较式（9-76）、式（9-77）和图 9-56 中左右两侧，不仅 $D_{弧} > D_{切}$，而且其下凹圆弧也会产生一定的预弯效果，帮助管坯边部圆滑地过渡到 W 工作孔型中，减少工作孔型的磨损。因此，在机组条件许可的情况下，应优先选择圆弧式有效直径。

这里强调一点，不论是切线式还是圆弧式有效直径，为了确保管坯即使出现左右偏摆也还在过渡孔型中，孔型设计时都必须让孔型中点至 q 的距离大于管坯宽度 4~6mm。

（3）有效直径上的切入角。是焊管成型方面的新概念，关系成型管坯以何姿态进入轧辊孔型以及影响管坯边缘纵向延伸。

1）切入角的概念。根据几何原理，在图 9-58 中 D、d 和 H_1 均不变的前提下，移动有效直径上的 P$_0$ 点，即改变平直管坯进入 W 孔型辊的角度，就会影响成型管坯边缘纵向延伸量。所以，切入角是指平直管坯相对水平成型底线以一定角度与有效直径上一点（P$_0$′）触碰，连接 CP$_0$′，那么 CP$_0$′ 与水平线之间的夹角就是管坯切入角，如图中的 β 所示。同时，将切入线在水平线之上的定义为正切入角，即 $\beta > 0$；在水平线之下的定义为负切入角，即 $\beta < 0$；与水平线重合的则称之为水平切入角，也就是 $\beta = 0$。

需要指出的是，其实切入角的真正顶点并不在 C 点，而是在距离 C 点几毫米至十几毫米处（视 γ 大小、W 孔型上辊外径、底径、管坯厚度等不同而定），将其定在 C 点只是为了论证问题方便，且又不影响问题的性质。

2）切入角 β 的讨论。当切入点从 P$_0$ 变化到 P$_0$′ 时，切入角 β 也从 0 变化到 $\beta > 0$，代表管坯底部的直线 L 变为 L'；相应地，管坯边缘投影线 l' 变为 l''。在这个过程中，L 和 l' 随着 β 增大不断变短，当 β 达到一定值时，L 变为 L'，l' 变为 l''，管坯底部长度 L' 将十分接近管坯边缘长度 l'' 或 $L' = l''$，此时，管坯边缘的延伸量和延伸率都很小，对薄壁管成型有益。L' 和 l'' 由式（9-78）定义：

$$\begin{cases} L' = \dfrac{d\cos(90° + \beta) + \sqrt{d^2\cos^2(90° + \beta) + D^2 - d^2}}{2} \\ l'' = \sqrt{H_1^2 + (L')^2 - 2H_1L'\cos(90° - \beta)} \end{cases} \quad (9\text{-}78)$$

式（9-78）从一个侧面反映了切入角大于 0 后，管坯边缘和管坯底部变短的情况，同时又是关于 β 几种状况的通式。当 $\beta = 0$ 时，它与式（9-74）的内涵一致，即管坯水平进入轧辊孔型；当 $\beta < 0$ 时，管坯边缘延伸状况刚好与 $\beta > 0$ 的相反，这是焊管成型必须避免的。

3）切入角 β 的取值。如前所述，从有利于管坯成型的角度出发，β 的最小值为 0，而最大值应该这样确定：在有效直径 D 上移动 P_0' 至如图 9-58 所示的等腰 $\triangle P_1 P_0' C$ 且 P_0' 为等腰三角形顶点，此时，$L' = l''$，则 β 取值如式（9-79）所示：

$$0 < \beta \leqslant \arctan\frac{H_1}{\sqrt{D^2 - (H_1 + d)^2}} \quad (9\text{-}79)$$

这样，既能最大限度地减小管坯边缘延伸，又不会造成 L' 大于 l''。如果 L' 大于 l''，那么成型管坯边缘将因之失去必要的纵向张应力，管坯边缘会失稳，产生鼓包。

4）切入点坐标。当切入角 $0 < \beta \leqslant \arctan\dfrac{H_1}{\sqrt{D^2 - (H_1 + d)^2}}$ 时，切入点为 P_0'，其坐标为 $P_0'(B_0 = B/2, L_0 = 0, H_0 = L', \sin\beta)$。在切入点坐标确定之后，就可以利用式（9-31）计算出 W 形管坯边缘的延伸量和延伸率，并与 $\beta = 0$ 时的情形进行比较，达到减少边缘延伸之目的。

9.8.5.3　应用举例

（1）实例数据。现以 ϕ95mm × 1.2mm 薄壁焊管为例，分别用常规设计、优化设计和改进设计等五种方案，设计 ϕ76 机组用 W 孔型轧辊。设计的基础数据为：带宽 $B = 300$mm，轧辊底径 $d = 150$mm，第一道平辊至导向辊的中心距为 4160mm。设计、优化、比较的结果列于表 9-4。

表 9-4　ϕ95mm × 1.2mm 薄壁管用五种 W 孔型辊设计方案效果比较

方案序号	W 型管坯实况		孔型主要参数				工作直径	有效直径	切入点坐标 $P_0(P_0')$			工作直径边缘坐标（P_1）			W 形管坯边缘		全部成型管坯边缘	
			r /mm	α /(°)	R /mm	θ /(°)	D_2 /mm	D /mm	B_0 /mm	L_0 /mm	H_0 /mm	B_1 /mm	L_1 /mm	H_1 /mm	延伸量 Δ /mm	延伸率 δ /%	延伸量 $\sum\Delta$ /mm	延伸率 $\sum\delta$ /%
I	常规设计		47.5	88.64	313.5	28	219.84	219.84	150	0	0	125.75	80.34	34.92	10.55	13.128	15.64	0.369
II	优化设计		57	65	342	28.62	191.78	191.78	150	0	0	142.72	59.75	20.89	3.96	6.628	9.48	0.224
III	改进设计	$\beta = 0$ $d = 150$	57	65	342	28.62	191.78	210.82	150	0	0	142.72	74.07	20.89	3.23	4.361	8.75①	0.207②
IV		$\beta = 0$ $d = 160$	57	65	342	28.62	201.78	220.82	150	0	0	142.72	76.09	20.89	3.15	4.140	8.67	0.206
V		$\beta = 9°$ $d = 160$	57	65	342	28.62	201.78	220.82	150	0	10.11	142.72	63.80	20.89	1.31	2.053	6.83	0.162

① III 中的 $\sum\Delta = $（II 中的 $\sum\Delta - $ II 中的 Δ）+ III 中的 Δ，其余类推；

② III 中的 $\sum\delta\% = \dfrac{\text{III 中的} \sum\Delta}{4160 + \text{II 中的} L_1} \times 100\%$，其余类推。

（2）数据解读。表9-4分别从孔型主要参数、轧辊有效直径、切入角、底径变化等视角，反映 W 形管坯边缘的纵向延伸和由此带来整个成型段管坯边缘纵向延伸量及延伸率的增减。

1）W 孔型主要参数在常规设计基础上被优化后，不仅使 W 孔型管坯边缘纵向延伸量和延伸率分别从 10.55mm 和 13.128 % 一下子减少到 3.96mm 和 6.628%，而且带动整个成型管坯边缘延伸量和延伸率从 15.64mm 和 0.369% 下降到 9.48mm 和 0.224%，如此大幅减少边缘延伸，为薄壁管顺利成型打了基础。更为可贵的是，优化设计（方案 Ⅱ）与常规设计（方案 Ⅰ）相比，仅一道 W 孔型边缘延伸量就大幅减少 6.59mm （10.55 - 3.96），同时并没有引发后续成型过程中边缘延伸的大幅增加，只以小幅增加 0.43mm［(9.48 - 3.96) - (15.64 - 10.55)］的代价换来了 6.59mm 的减少，并最终使整个成型段的边缘延伸缩短了 6.16mm［(6.59 - 0.43) 或 (15.34 - 9.48)］。缩短量占优化前边缘总延伸量的 39.39%$\left(\dfrac{6.16}{15.64}\times100\%\right)$，由此说明优化 W 孔型主要设计参数的重要作用。

2）优化后的孔型因为增设了有效直径，使 W 形变形管坯和整个成型管坯边缘的纵向延伸量和延伸率均明显变小，参见表9-4 中方案 Ⅲ，有利于成型不出现鼓包。

3）在孔型有效直径的基础上，当轧辊底径 d 从 150mm 增加到 160mm 后，管坯边缘延伸量和延伸率也发生不同程度减少，详见表中方案 Ⅳ。这些变化，对薄壁管成型极为有利。

4）在孔型有效直径和轧辊底径增大后，仅仅改变了平直管坯在有效直径上的切入角，让 $\beta=0$ 变化到 $\beta=9°$，就使 W 形变形管坯和整个成型管坯边缘纵向延伸分别同步减少 1.84mm。相应地，W 形管坯边缘的延伸率从 4.140% 猛降到 2.053%，降幅超过 50%；整个成型管坯边缘纵向延伸率也从 0.206% 下降到 0.162%，降幅也达到 21.36%，参见方案 Ⅴ。而方案 Ⅴ相对方案 Ⅰ来说，整个成型管坯边缘纵向延伸率更是大幅下降了 56.10%。这些延伸的减少，从根本上改善了成型管坯边缘纵向延伸的质态，使其中塑性延伸成分从最初的 0.269% （从 0.369% 的总延伸率中减去 0.1% 的弹性延伸率）大幅降低到 0.062%，对稳定薄壁管成型过程、提高薄壁管成型质量、抑制成型鼓包作用显著。

成型管坯边缘纵向延伸量的多与少，是衡量一套薄壁管成型孔型优劣的最重要标志，而仅一道 W 孔型辊所产生的边缘纵向延伸在总延伸中占据重要分量。通过优化 W 孔型主要参数、控制 W 形管坯开口宽度和边缘高度，能够大幅减少包括 W 孔形管坯在内的整个成型管坯边缘的纵向延伸量和延伸率，是薄壁管顺利成型的根本保证；凭借设置有效直径，能改善管坯边缘变形时的受力状况，减小管坯边部纵向拉应力，进而减少边缘纵向延伸；而增大底径和选择正切入角让管坯从高于轧制底线的方向斜着进入 W 孔型等方法都能有效减少边缘纵向延伸。

综上所述，这些减少管坯边缘纵向延伸的措施，既适用于 W 孔型，也适用于其他成型孔型；既可以单独运用，也可以综合运用，且综合运用对薄壁管成型更有利。然而，要想稳定地变形出薄壁管，以及变形壁径比更小的薄壁管，仅靠一道 W 孔型是不够的，更无法彻底消除鼓包对成型的影响，还必须有其他孔型辊的配合，如偏心成型立辊对控制薄壁管坯边缘就特别有效。

9.8.6　薄壁管用偏心成型立辊孔型

成型立辊除具有克服管坯回弹、参与两平辊间辅助变形、限制管坯边缘在轧辊孔型中游动并起导向作用外，其诸多潜在作用、特别是在薄壁管成型方面得天独厚的作用正被逐步挖掘出来，如利用立辊组成型薄壁管、用排辊成型机组成型薄壁管，其中的排辊，本质上就是立辊。因此，从抑制薄壁管成型鼓包的意义上讲，立辊调试要比平辊更为重要，要求更高、作用更大。但是，目前设计的成型立辊孔型普遍存在诸多弊端，使得成型立辊的一系列功能未能充分发挥。

9.8.6.1　现有成型立辊孔型的弊端

现有成型立辊，归结起来不外乎单半径孔型和双半径孔型两类。无论是单半径或是双半径立辊孔型，都存在较多弊端，仅以单半径成型立辊为例加以说明。

（1）孔型与管坯呈两点接触。从众多成型立辊孔型失效情况看，磨损主要集中在如图 9-59 所示的上下两区域，其他区域的磨损较轻，有的根本未接触到，甚至呈现锈蚀状态。这种管坯与孔

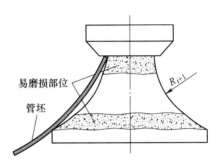

图 9-59　传统成型立辊易磨损部位

型面上的点接触，使得本该平均分摊到整个孔型面上的成型力转而集中在两点，管坯中底部极易被孔型轧伤，而正因为担心管坯被轧伤，故不敢收拢立辊，这样反过来加剧管坯变形不充分。

（2）畸形调整立辊。图 9-59 所示管坯与孔型不能全接触其实是一个表象，本质原因是目前的成型孔型与管坯变形规律及实际操作之间，存在着一个尴尬的矛盾：一方面，按现行变形规律，轧辊孔型半径沿轧制方向是一个道次比一个道次小，而管坯的变形半径即使不计回弹，也比其即将要进入的孔型大。要确保管坯顺利地进入下一道平辊孔型，就必须对立辊实施畸形调整，使出立辊后的变形管坯最大宽度基本等于下一道平辊孔型宽度，但是受立辊孔型上止口和下边缘制约，如此不按设计要求调整辊缝，不仅会加重管坯与立辊孔型下边缘的摩擦，加速孔型磨损，而且管坯也会发生程度不等的畸变，中底部易出现"撅嘴"。另一方面，小的立辊孔型在上下两点制约下也难以"亲密无间地拥抱"管坯，孔型对管坯上部管控能力不足，对薄壁管变形不利，管坯无法达到预期的横向变形效果。

因此，需要一种新的立辊孔型取代传统立辊孔型，既能确保管坯按原有变形规律充分变形，又能保证管坯变形不发生畸变。受立辊畸形调整后果的启迪，偏心成型立辊孔型就具备这些功能。

9.8.6.2　偏心成型立辊

（1）偏心成型立辊孔型的特点。所谓偏心成型立辊，是指在不改变原成型立辊孔型半径 R 和变形角 θ 的大小、不改变原成型立辊孔型上止口位置 A 和基本外形的前提下，仅通过改变孔型圆心位置来改变孔型弧线位置的成型立辊，如图 9-60 所示，虚线为原立辊孔型。与原成型立辊孔型相比，偏心成型立辊孔型有以下四个特征：

1）孔型更"直立"。两种同规格、同道次、同变形半径与变形角的立辊，以轧制底线和三维坐标中 xoz 平面为参照，偏心成型立辊孔型的弧线更"直立"。在没有改变立辊上部辊缝与弧长的前提下，孔型下部便远离轧制底线与轧制中线，下辊缝间隙增大，这就为孔型有效地管控薄壁管管坯边缘与管坯充分变形预留了足够空间。

2）不改变孔型半径。之所以要保持孔型半径 R 的大小不变，是因为要与平辊孔型变形规律保持一致，不增加孔型设计工作量；同时要保证管坯横向变形的连续性。

3）不改变孔型变形角。在弧长（管坯）一定时，若半径 R 不变，则变形角 θ 为常数，即，$\theta = 57.3B/(\pi R)$。

4）不改变孔型上止口位置。立辊孔型上止口位置关乎管坯边缘的运动轨迹，位置 A 是由变形规律决定的，既然孔型变形规律没有变，那么孔型上止口位置 A 也不应轻易改变。

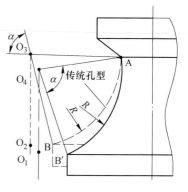

图 9-60　偏心成型立辊

因此，偏心成型立辊孔型的实质是，以传统成型立辊孔型 A 为支点，将原孔型旋转一定角度（图 9-60 中 $\angle O_3AO_4$）而得到的。通过这一旋转，极大地提升了成型立辊孔型控制薄壁管边缘变形与稳定薄壁管成型等方面的能力。

（2）偏心成型立辊的作用。在强化管坯边缘的控制、确保管坯充分变形、控制管坯回弹、方便调整等方面作用独特。

1）强化对薄壁成型管坯边缘的控制。在图 9-60 中，虚线为传统成型立辊孔型，我们也可以将该虚线孔型当成刚刚进入、但未完全进入偏心成型立辊孔型的成型管坯，其管坯边缘首先受力并横向受控，随着管坯不断进入，管坯受力范围逐步从最边缘扩展至管坯上部，并通过管坯的传递扩展到整个管坯发生横向变形。在这个过程中，管坯边缘始终处于受力的最前沿，无论是横向还是径向，都是最直接与最先的受力点，这对防止薄壁成型管坯边缘失稳、产生成型鼓包提供了有力保证。因为鼓包具有向外鼓的特征，而偏心成型立辊孔型 A 点恰好能在不受孔型其他部位制约的情况下，最大限度、最直接地从管坯边缘外面对管坯边缘施力，从而抑制鼓包发生。

2）增大管坯变形量。只要将图 9-60 所示偏心成型立辊孔型的下边缘在传统成型立辊下边缘 B 的位置向上微调 Δ，使偏心成型立辊孔型弧线之底径 O_1 点略低于轧制底线 O_2，此时，孔型上止口位置比传统立辊孔型上止口高 Δ。这样，就可以在传统立辊位置基础上继续收缩两立辊间的距离，进而迫使管坯自上而下充分变形，同时不必担心管坯底部产生"撅嘴"。

在偏心成型立辊辊缝收缩的过程中，管坯边缘首先被孔型上止口 A 向 oz 轴推挤，继而变形力借助管坯从边缘向中底部传递，管坯则以其底部为支点逐渐向 oz 轴靠拢变形。待到管坯中底部接近偏心立辊下边缘 B′ 后，管坯两边缘间的距离已大大小于传统成型立辊正常使用条件下的距离。而管坯两边缘距离的缩短，便意味着回弹与弯曲半径的减小，可用式（9-80）表示：

$$S = \sqrt{2}R_i\sqrt{1 - \cos\frac{57.3B}{R_i}} \tag{9-80}$$

式中　S——弦长；

　　　R_i——弯曲半径；

　　　B——弧长（管坯宽度）。

上式的实际意义在于：当管坯宽度一定时，若弦长变短，那么管坯的弯曲半径必然减小。也就是说，偏心成型立辊对管坯变形的作用较大，并能够成型出弯曲半径比孔型半径更小的管坯。这里的更小，指的是变形管坯的横向宽度变窄，横向变形较充分。

3）有利于控制管坯回弹。在相同变形半径下，偏心成型立辊孔型下边缘远离轧制底线，这样就可以将立辊孔型半径设计得比传统立辊的小些。与原回弹的管坯相比，出偏心立辊的管坯就相当于没有回弹，从而实现"消除"管坯回弹的目的。

4）调整方便。焊管调试过程中，经常碰到这样的难题：按管坯成型现状，需要收缩立辊间隙，但却不能收，因为一旦收缩后，传统成型立辊孔型下边缘便顶到管坯中底部并轧伤管坯。可是，偏心成型立辊孔型弧线下缘远离管坯中底部，调试时就能根据变形管坯实际需要，实施得心应手的调整，且无须像过去那样担忧管坯中底部被轧伤。

另外，偏心成型立辊在减轻成型辊孔型磨损、尤其是减轻成型平辊孔型磨损方面，也具有独特作用。

其实，从偏心成型立辊的内涵和作用看，它不仅适用于薄壁管成型，同样适用于厚壁管成型。

（3）偏心成型立辊孔型偏心的确定。分三步：

1）偏心成型立辊的种类。偏心位置根据变形角 θ 的大小而定，它分为左下偏心和右下偏心两种。建立直角坐标系 xoz，则在图 9-61 中，左下偏心位于 z 轴左侧、x 轴下方，简称左偏心；右下偏心位于 z 轴右侧、x 轴下方，简称右偏心。当管坯变形角度 $\theta < 180°$ 时，取左偏心；当管坯变形角度 $\theta > 180°$ 时，取右偏心。

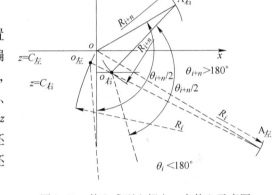

图 9-61 偏心成型立辊左、右偏心示意图

2）偏心位置的确定。偏心，乃偏心成型立辊孔型曲线之圆心。可按三个步骤确定：第一步，以坐标原点 o 为圆心，以弯曲半径 R 为半径画弧并与变形角 θ 的一边相交，交点即为孔型上止口位 A 点；第二步，以 A 点为圆心，以相同的弯曲半径 R 为半径，向坐标原点的左（右）下方画弧线；第三步，作直线方程 $z = -C$（$C > 0$）并与第二步的弧线相交，其交点就是左偏心。同理，可得右偏心。

3）偏心距 C 的确定。从确定偏心位置的步骤看，当弯曲半径 R 和 A 点以及 C 值确定之后，偏心位置也就确定了。而 R 和 A 点自有其规律性，不宜轻易变动，所以 C 值就成为偏心距的特征值，建议偏心距按表 9-5 选取。

表 9-5 偏心成型立辊偏心距 C 的取值

机　型	偏心距 C/mm	
	$C_{左}$	$C_{右}$
≤50	1.0~3.0	2.5~1.0
76~114	3.2~4.8	3.5~1.5
≥165	5.0~6.0	5.0~2.0

9.8.7　薄壁管成型用 W-C-O 孔型

9.8.7.1　W-C-O 组合孔型的内涵

目前的 W 形成型法，严格地讲应该称为 W-O（圆周变形法）组合变形，即第一道成型为 W 孔型，主要完成管坯边部的变形，并在随后的变形中保持基本不变；从第二道开始用圆周变形法对管坯中部进行变形，直至成为基本圆筒形。可是，深入研究表明，从减少边缘延伸的角度看，W-C-O 组合孔型才是最佳组合。

所谓 W-C-O 组合孔型，W 指 W 孔型，且仅指第一道平辊；C 是形象化地表示边缘变形法孔型，而且是不包括第一道的粗成型段边缘变形法孔型；O 系指精成型段的圆周变形法孔型，变形花如图 9-62 所示。该孔型系统充分吸收了三种孔型在变形薄壁管时的优点，能明显减少成型管坯边缘的纵向延伸。

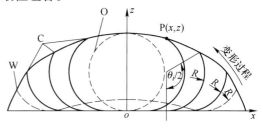

图 9-62　W-C-O 组合变形法变形花

9.8.7.2　W-C-O 组合孔型的优点

W 孔型最突出的优点是，在变形量相同的前提下，管坯边缘升高最小，纵向延伸最少；而边缘变形法在现有变形方法中，其边缘一点的成型轨迹投影长度最短，圆周变形孔型对薄壁成型管坯归圆，实现焊缝平行对接效果最好。把三种优点明显的孔型组合后，能使成型管坯边缘的纵向延伸更少，更有利于薄壁管成型和随后的焊接。

9.8.7.3　W-C-O 组合孔型的设计比较

根据 W-C-O 组合孔型的内涵，成型管坯从第二道成型平辊孔型开始直至粗成型结束，都是边缘变形法的孔型。因此，只需要对 0→1 平辊和 1→2 平辊间管坯边缘纵向延伸状况进行比较。根据解析几何原理，计算图 9-63 中边缘一点 P 的轨迹坐标，计算结果分别列于表 9-6 和表 9-7 中。表 9-6 为 $\phi76\text{mm} \times 1.0\text{mm}$ 成型管坯在边缘变形法第一、二道平辊孔型中的参数，表 9-7 是 $\phi76\text{mm} \times 1.0\text{mm}$ 成型管坯在 W-C-O 组合变形法第一、二道平辊孔型中的参数。表中数据源为：管坯规格 $240\text{mm} \times 1.0\text{mm}$，其余参见图 9-63。

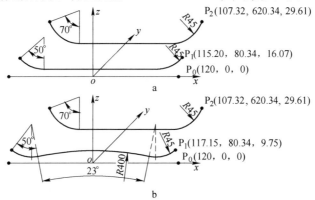

图 9-63　W-C-O 组合变形第一、二道成型管坯基本参数

a—边缘变形；b—W-C-O 组合变形

表9-6 ϕ76mm×1.0mm 成型管坯在边缘变形法第一、二道平辊孔型中的参数

| 平辊序号 | 管坯边缘轨迹坐标/mm | | | 坐标点绝对变化量/mm | | | 边缘长度/mm | 延伸量/mm | 延伸率/% |
	x 管坯开口	y 管坯底长	z 管坯高度	$\lvert x_{i+1}-x_i \rvert$	$y_{i+1}-y_i$	$z_{i+1}-z_i$	$(i+1)\sim i$	$(i+1)-i$	
0	120	0	0	—	—	—	—	—	—
1	115.20	80.34	16.07	4.80	80.34	16.07	82.07	1.73	2.15
2	107.32	640.34	29.61	7.88	560	13.54	560.22	0.22	0.04
合计	—	640.34	—	—	—	—	642.29	1.95	0.30

表9-7 ϕ76mm×1.0mm 成型管坯在 W-C-O 组合变形法第一、二道平辊孔型中的参数

| 平辊序号 | 管坯边缘轨迹坐标/mm | | | 坐标点绝对变化量/mm | | | 边缘长度/mm | 延伸量/mm | 延伸率/% |
	x 管坯开口	y 管坯底长	z 管坯高度	$\lvert x_{i+1}-x_i \rvert$	$y_{i+1}-y_i$	$z_{i+1}-z_i$	$(i+1)\sim i$	$(i+1)-i$	
0	120	0	0	—	—	—	—	—	—
1	117.75	80.34	9.75	2.25	80.34	9.75	80.96	0.62	0.77
2	107.32	640.34	29.61	10.43	560	19.86	560.45	0.45	0.08
合计	—	640.34	—	—	—	—	641.41	1.07	0.17

解读表9-6 和表9-7 中的边缘延伸值表明，采用 W-C-O 组合变形法设计的孔型，使第一、二道成型管坯边缘纵向长度比边缘变形法减少了 $1.95 - 1.07 = 0.88$mm，该两道的延伸率因之从 0.3% 下降到 0.17%，降幅达到 45.13%。同时应该注意到，纵向边缘减少的 0.88mm 都是净塑性延伸量，它对稳定薄壁管成型、避免出现成型鼓包有重要意义。

9.8.8 薄壁管成型机组

在生产实践中，比较适用、效果较好的薄壁管成型机组有两类，小直径焊管当数带立辊组的薄壁管成型机组，大中直径焊管首推排辊成型机组。详细内容参见第 4 章。

9.9 常见成型缺陷分析

常见成型缺陷主要有：成型鼓包、底部皱折、管型不对称、管面折线、管面伤痕、管筒尺寸过大或过小等。关于成型鼓包，已在上节专题探讨过，故这里从底部皱折开始，并且除非特别指明，一般均假设孔型设计没有问题。

9.9.1 管面皱折

（1）皱折类型：皱折多发生于薄壁管、特薄壁管以及绝对薄壁管上。表现形式主要是管面存在木纹状凹凸和鱼鳞状波纹，位置以焊管底部居多，少数发生在管侧面。

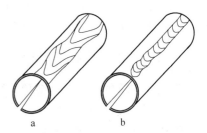

图9-64 管坯皱折形态示意图
a—管坯底部木纹皱折；
b—管坯底部鱼鳞波纹

木纹状凹凸，大多存在于成型管坯中底部，一个套着一个，可以清楚地看到，而且能触摸到，见图 9-64a。鱼鳞状波纹没有显现凹凸感，需要对着光线才

能看到，轻微的需要隔着一层布才能感觉到，如图 9-64b 所示。

（2）形成机理：

1）皱折一般孕育在粗成型段，表现在精成型段、焊接段、甚至定径段。因为成型管坯进入精成型段后的区间包括焊接段和定径段，在轧辊孔型作用下，纵向应力会在整个横断面内进行重新分布，管坯纵向纤维在这个过程中被强制等长。如果粗成型段、特别是变形角大于 180° 的粗成型平辊，对管坯中底部实施了过度轧制，导致管坯中底部纵向纤维产生较多塑性延伸，这些过多延伸出的纵向纤维在随后强制等长过程中无法全部压缩回去，但又必须等长，于是就以"委曲求全"的形式实现了宏观"等长"，微观凹凸，如图 9-65 所示。管坯一旦发生冷轧轧薄，被

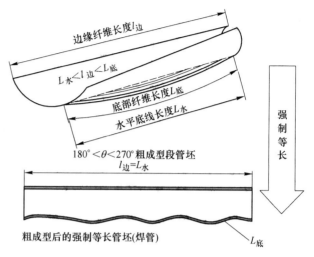

图 9-65　焊管底部皱折形成机理

轧薄部位的管坯硬度增高，塑性变差，纵向纤维回复更困难，更容易形成皱折。

2）由于粗成型下平辊存在后滑区，若辊面偏软，则孔型面对管坯轧制过程中，隐性不同步势必导致较软辊面的金属发生流动、堆砌，在下平辊辊面形成不易察觉的波纹，如图 9-66 所示。该波纹"复印"到管面上就形成图 9-64b 所示的轻微鱼鳞状波纹。若定径平辊孔型面硬度偏软，那么这种鱼鳞状波纹也会在定径段产生。

（3）危害：在某种意义上讲，明显看得见、摸得着的皱折，数量不会多，容易被发现剔除就可以了；而鱼鳞状波纹具有较强的隐蔽性，往往都是用户首先发现问题，信息反馈回工厂才知道。存在波纹的薄壁家具管，虽然经过酸洗或喷粉、电泳、抛光电镀，但对产品作对光检查时，皱纹部位总是呈现波光粼粼的不平直，用户难以接受。因此，生产中高档金属家具管时，必须将管面波纹作为必须检查的项目。

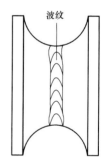

图 9-66　下辊孔型面上的波纹

（4）预防措施：要特别注意对管面波纹缺陷的检查，注意粗成型后两道辊轧制力的施加，注意检查平辊轴平行与轧制力平行施加，对已经产生波纹的轧辊应立即进行深度抛光处理。

9.9.2　开口管筒不对称

管筒不对称的表现形式多种多样，常见有管坯边缘弯曲弧不对称、边缘不等高和关于圆不对称三类。

9.9.2.1　边缘弯曲弧不对称

（1）成因与影响：

1）对 W 变形孔型、边缘变形孔型以及双半径变形孔型，多数原因是成型第一道平辊操作不当，管筒上曲率半径大的一侧压下不足，或上辊偏向了曲率半径小的一边。

2）对圆周变形孔型，问题可能出在闭口孔型段某道上辊轴不平行，致使辊缝大的一侧管坯变形不充分。

3）闭口孔型上辊偏位，孔型施加到管坯两边缘的力不一样大，导致两边变形程度不同。

4）进料偏中，管坯总是偏向曲率半径大的一侧。

（2）边缘弯曲弧不对称的危害。主要表现在妨碍焊缝平行对接，易形成高低口、焊缝错位、搭焊、焊缝难对中等，进而降低焊缝强度、影响外毛刺去除及焊缝表面质量。

（3）调整措施。简单地讲，就是纠偏。纠正孔型压下的不对称、纠正进料的不对称、纠正压下力的不平衡。

9.9.2.2 管坯边缘不等高

（1）成因与危害。一是末道闭口孔型上辊压下量不足，管坯边缘与导向环之间有间隙，同时该道之前的立辊又偏离轧制中线；二是末道闭口孔型上下平辊轴不水平。

（2）调整措施。按工艺要求重新调整闭口孔型辊并找正精成型立辊。

9.9.2.3 管筒对圆不对称

成型管筒呈现平椭圆状或立椭圆状。它们的共同特征是：管形自身对称，只是相对于圆不对称。

（1）形成管坯呈平椭圆的基本成因是，闭口孔型平辊边缘磨损严重，压下越多，横椭圆越明显。需要指出的是，壁厚较厚的管筒，呈现一点平椭圆，不算缺陷，甚至还是成型所追求的目标，这对实现厚壁管焊缝平行对接是利好；可是，对薄壁管而言，则绝对是必须处理的缺陷。从生产实践看，过平的对接边缘，将增加去除外毛刺的难度。

调整处理措施主要有三条：

1）适当抬升闭口孔型上辊，不要压得太紧。

2）适当收紧闭口孔型前立辊以减小进入闭口孔型辊的管坯宽度。

3）修复孔型，这是焊管现场调整的最后手段，也是迫不得已的手段。

（2）形成立椭圆管筒的成因，主要在于管筒"9点钟"方向和"3点钟"方向在粗成型辊中变形不足，形成该部位管坯的曲率半径较大，进入闭口孔型辊后就会形成立椭圆管筒。另外，带立辊组的成型机也易形成立椭圆管筒。

其实，立椭圆管筒对薄壁管成型、焊接的影响倒不太明显，只是由于其在竖直方向的尺寸相对于挤压辊孔型开口尺寸过大，管坯进入挤压辊孔型时，易被挤压辊孔型上下边缘咬伤。

调整处理的方法是，强化粗成型第三～五道平辊的轧制，同时适当加大闭口孔型辊的压下量。对薄壁管来说，可以不作为缺陷对待，或只要处理到挤压辊孔型不"咬管"即可，或干脆适当打开挤压辊孔型的开口。对厚壁管而言，则要尽量处理至圆-平椭圆状。

通过对平椭圆状与立椭圆状管坯的成因分析及其处理过程看，焊管成型的一些"缺陷"是相对的，同一种管筒形状，对一些管种来说是必须处理的缺陷，对另一些管种而言却是工艺追求的目标。而且，在焊管原因分析与对策措施中，多采用"可能"、"也许"、"可以"、"大致"等一些不确定性词汇，这些既表示焊管缺陷成因的复杂性、不唯一性，更表示焊管调整的多样性与灵活性。焊管调整的灵活性是焊管调整的灵魂。"一因多果"

与"一果多因"的哲学命题在焊管调整中无处不在。

9.9.3　管面折线

管面折线系指在成型管坯表面、圆周方向存在的细浅凹痕，粗深一点的则称为"竹节"，如图 9-67 所示。"竹节"属于明显缺陷，必须作为次品管从成品中剔除，而折线要视情况来定。它们多发生于薄壁管和绝对薄壁管上；折线，有的看得见但摸不到，有的既看得见也摸得到，有轻微手感。一般经喷粉或电泳等后处理即可盖住。共同的特征为环绕管坯。

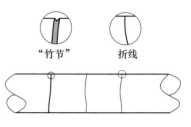

图 9-67　管身折线与"竹节"

根本原因是管坯较软，存在皱折。可以采取以下措施进行调整：

（1）放弃储料，让机组拽着管坯走，然后停机接带，效率虽然低一点，但质量有保证。

（2）强化平辊分段轧制，消除折线。即首先用 W 孔型辊和第二道粗成型辊以较大的轧制力轧制成型管坯边部，达到边部没有折线手感；然后适当加大第三～五道粗成型平辊轧制力，以消除管坯中底部的折线。

（3）要特别注意上平辊两边用力均衡，适当加大轧制力。

（4）用薄布包住成品管，用手握住做螺旋式移动，确认折线消除效果；然后有针对性地再添加一定轧制力，避免盲目出手。焊管调整最忌讳盲目。

9.9.4　管面伤痕

管面伤痕是焊管常见缺陷，表现形式多种多样，如压痕、划伤和压伤等。

（1）压伤：是指轧辊孔型对管坯表面的破坏，压伤种类繁多，但是产生的原因不外乎以下几个方面：1）某一对立辊孔型底线调校得高于轧制底线；2）立辊收的过紧；3）立辊轴存在仰角；4）新孔型有可能是孔型边缘倒角偏小或倒角角度不符合要求；5）高强度管坯回弹大，变形阻力大，孔型边缘易将管坯"咬伤"；6）平辊前的立辊对管坯横向施力不足，致使较宽的管坯进入了固定宽度的平辊孔型，管坯被孔型"剪伤"；7）平辊偏低，导致管坯被立辊孔型下边缘压伤；8）立辊偏离轧制中线，致管坯在平辊中压伤。

消除压伤的关键在于原因查找，然后采取"兵来将挡，水来土掩"的措施即可。

（2）压痕暗线：压痕与暗线其实都是前述压伤的产物，形成机理也大致相同，只是表现更加隐蔽，不仔细看看不出问题，手感也不明显，但是它们对焊管表面质量的影响又都实实在在。

压痕通常表现为一条宽 5～10mm 的反光带，对光看尤为明显，无论是喷粉、电镀，只要对着光检查，总能看出压痕处光的折射率与其他部位不同，是生产高档金属家具管的大忌。

暗线的本质是前面发生的线形伤痕没有被及时发现，并被随后的轧辊轧"平"了。粗略看，也看不出毛病；但是仔细检查，用砂纸擦，用指甲沿管面周向划，还是可以看到或感觉到暗线的存在。暗线比压痕更隐蔽，更难发现，因而危害更大。往往在喷粉或电镀后，暗线所在位置易起泡，是中高档家具管绝对不允许存在的缺陷。

（3）划伤：主要指不运动或相对运动速度差大的轧辊对运行中的管坯产生的破坏，特点是与速度差有关。如立辊轴承破损，致使立辊转动受阻而划伤管面；孔型上滚动直径位置的线速度与其他部位线速度不同，速度差较大的位置与运动着的成型管坯相比，之间存在一定的相对运动，并且在摩擦力达到一定程度后就会划伤管面。前者的划伤特征是，管面上存在纵向较直的划线；后者的特征是，管面上存在一个连一个像"指甲印"的不规则圆弧，如图9-68所示。"指甲印"多发生在成型管坯两边缘、底部和中部两侧，管坯边缘和底部对应于成型立辊孔型速度差最大的位置，中部则对应于成型平辊孔型速度差最大的位置。

图9-68 管面"指甲印"划伤

去除"指甲印"的总思路是，从孔型设计的角度看，在不影响总体变形效果的前提下，对孔型进行大胆去除。事实上，当我们进行孔型分析时会发现，孔型上有些部分其实是累赘，去除这部分累赘后，不仅对成型无害，而且可以永绝划伤的后患。当然，也可以采取扩大孔型开口的措施。从调整的角度看，措施是一降二收放三校中：一降指若出立辊管坯下面有压痕则降低该立辊；二收放指若出平辊管坯两侧有压痕则收紧该道平辊之前的立辊或适当放松该平辊；三校中是说，如果出平辊后管坯单侧有压痕则应校正该道平辊前的立辊轧制中线。

9.9.5 管筒尺寸缺陷

管筒尺寸缺陷主要指出末道闭口孔型辊后的开口管筒尺寸偏大或偏小。而偏大或偏小的开口管筒对随后的焊接、定径都会产生一定影响。

过大，一会导致焊接余量增大，将大部分原本用于焊接的高温熔融金属挤出焊缝，反倒是低温熔融金属形成焊缝，焊缝强度不高；二会加重挤压辊孔型负担，加速磨损，导致挤压辊易烧损、崩裂；三会导致管坯上下部位易被挤压辊孔型边缘咬伤，影响焊管表面质量；四会妨碍定径尺寸的调整。过小，焊接余量变少，不仅影响焊缝强度，甚至影响定径尺寸精度与直度。

管筒尺寸偏大或偏小的成因：（1）闭口孔型平辊压下过少或过多；（2）管坯硬软影响开口管筒大小，在轧制力相同的前提下，较软的管坯易被压小，较硬的管坯很难被压小，这也是通常硬料开料宽度都比较窄的重要原因；（3）开料宽度、厚度公差变化大。

因此，必须根据工艺要求和管坯硬度、宽度等，适当调整闭口孔型平辊压下量和立辊收缩量，以便控制待焊管筒尺寸。

9.10 换辊

9.10.1 换辊的重要性

所谓换辊，是指由于某种需要而全部或部分地更换生产焊管所使用的轧辊，并且能够实现正常生产。换辊是焊管生产中极其重要的一环，是一个生产周期的起点，它关系到该生产周期内的生产效率、产能、消耗和品质等方方面面。生产实践证明，焊管生产过程中发生的许多问题，追根寻源，都能找到换辊不当的身影。

因此，对于每一次换辊，哪怕换一只辊，都要引起操作人员高度重视，来不得半点马虎。以生产过程中需要换一只定径立辊为例，由于原立辊孔型已经发生了磨损，与即将更换的未磨损孔型比较，旧孔型磨损大，开口宽，更换后极易引起管面压痕、公差变动、直度变化，对此，操作者必须心知肚明，提前采取相应对策措施，少走弯路。

9.10.2　换辊类型

（1）按换辊数量分：有全套换辊、半套换辊与个别换辊，它们各自的工作内容和工艺目标不同。

1）全套换辊一般是指，将焊管机组上包括成型机、焊接机、定径机和矫直头、飞锯机夹紧卡块、平头机夹紧卡块等在内的所有轧辊及其附件全部更换，并对这些轧辊和附件按照一定工艺规程进行操作与调整，使之能够顺利地进入下一个生产周期。

2）半套换辊。在执行先成圆后变异工艺时，同一成型圆轧辊既可以与圆定径轧辊配套，生产圆管；也可以与若干种异型轧辊配置，生产多种异型管，或者再从异型管换回圆管。其中的每一次变化，都必须通过换辊来实现，如图 9-69 所示。因此，半套换辊通常指对定径精整部分的轧辊进行更换。这里的半，不是指数量而是功能。

3）个别换辊。焊管生产过程中，受工艺 、环境、材质、孔型、操作等因素影响，有些轧辊孔型因磨损、缺损、掉肉而提前失效，需要对这些个别轧辊进行及时更换，以维持焊管生产正常进行。在

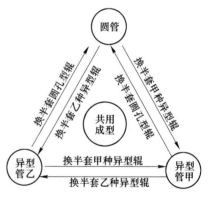

图 9-69　圆-异管形转换路径

焊管生产中，个别换辊最频繁的当属挤压辊，其次是导向环。当然，也包括因控制公差需要而更换一两道定径辊。

无论哪种换辊，或换哪只辊，换辊前都必须认真准备，换辊后必须精心调试、仔细观察和客观评价换辊成果，才能确保正常生产。

（2）主动换辊与被动换辊：主动换辊是指，根据生产计划安排，在一个大批量的生产周期内，生产量已接近或超过轧辊孔型磨损周期所能生产的吨位，以继续生产将会影响产品质量，必须按照计划更换相同规格的轧辊，以继续生产同一规格、同一批次的焊管。与此对应，被动换辊是指轧辊远未达到孔型磨损周期的生产量，在订单的逼迫下，不得不进行的换辊。

二者最主要的区别有两点：一是主动与被动的区别；二是对所换下轧辊的处置，前者必须根据图纸要求或样板对整套轧辊孔型进行修复，后者只要对个别轧辊进行修复，甚至不需要修复。

9.10.3　换辊方式

常见换辊方式主要有 6 种，它们的作业内容和优缺点列于表 9-8。其实，究竟采取何

种方式换辊，并不是生产者说了算，而是由机组形式决定。机型决定换辊方式，换辊方式决定用时长短，决定换辊工艺。

表9-8 常见换辊方式的作业内容及优缺点

换辊方式	优点	缺点	备注
上出式逐件换辊	投资少	耗时长，操作频繁	适合大中型机组
上出式整件换辊	耗时少，操作简单	投入多，专人换辊	适合大中型机组
侧出式逐件换辊	投资省，备件少	耗时较长	适合大中小型机组
侧出式整件换辊	耗时省，工作量少	投资大，专人换辊	适合大中小型机组
悬臂式逐件换辊	耗时省，投资少	精度低	适合小型机组
双机座整体换辊	用时最少	投资最大，专人换辊	适合中小型机组，占地大

9.10.4 换辊工艺流程

尽管焊管机组形式千差万别，换辊方式也各有千秋，但换辊流程却可归结为图9-70所示的基本程序。进一步细分发现，在换辊九步流程中，不同换辊方式后六步的作业内容基本相同，区别主要在前三步。以前期准备为例，侧出式逐件换辊的前期准备内容为：（1）提前查看生产指令单，了解需要换什么辊，产品对孔型有何特别要求；（2）查看轧辊孔型状况，修正不符合要求的孔型；（3）领出轧辊至生产现场。而双机座整体换辊前期准备的实质是，将原先的在线换辊前移至离线换辊，仅留焊接机按传统方式换辊；替换方式与本书3.1节所述双机座纵剪机组类似；是一种全新的焊管生产理念，可以极大地节省在线换辊时间，有效地提高焊管生产线的作业率和产量。

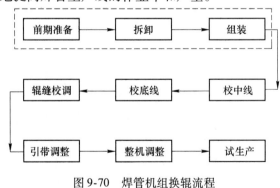

图9-70 焊管机组换辊流程

9.10.5 换辊后的调试

换辊后的机组调试，参见本章9.6节。

第 10 章　异型管成型工艺

高频直缝焊接异型管成型方法包括"直接成异"、"先成圆后变异"和"先成异圆后变异"三种。三种不同的工艺路径，各具特色，既有区别，又有联系。

10.1　异型管成型工艺概述

（1）焊管机组生产异型管，有三条工艺路径可供选择。

"先成异后焊接"工艺：简称"直接成异"工艺，是指平直管坯经过一系列带有特殊孔型的平辊和立辊连续弯曲轧制，变为断面形状除圆形以外的开口异型管筒，随后经焊接、整形为异型管。工艺路径分为三个阶段，参见图 10-1。

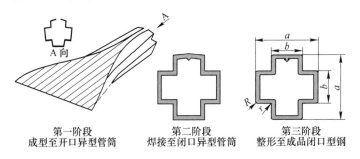

第一阶段　　　　　　　第二阶段　　　　　　　第三阶段
成型至开口异型管筒　焊接至闭口异型管筒　整形至成品闭口型钢

图 10-1　高频直缝焊管直接成异工艺路径

（2）"先成圆后变异"工艺：系指先将平直管坯在成型机中成型为开口圆管筒并焊接为闭口圆管，然后在定径机中利用异型轧辊孔型把圆管整形为异型管。先成圆后变异的工艺路径如图 10-2 所示。

第一步　　　　　　第二步　　　　　　第三步
成型至开口圆管筒　焊接至闭口圆管　整形至成品异型管

图 10-2　先成圆后变异工艺路径

（3）"先成异圆后变异"工艺：是一种全新的异型管生产方式，即通过成型机先将平直管坯成型为异型的开口圆管筒，然后焊接成异型闭口圆管，再经定径机的异型轧辊孔型把异型圆管整形为异型管，其工艺路径如图 10-3 所示。这里前后两个"异"，各有不同的内涵。前一个"异"定义成型与焊接，成型过程和焊接过程大体依据成型焊接圆管工艺进行，所获得的"在制品"总体上看是一个开口圆管筒；但是在局部圆弧处，呈现的可能是小 V 形凹槽、U 形凹槽、平底凹槽，或小 Λ 凸筋、R 形凸筋以及 Π 形凸筋等，如图 10-4 所示。后一个"异"则是定义定径整形过程，将前者得到的"在制品"——异型闭口圆管连续不间断地变形精整为带槽或筋的方管、矩管、三角管、椭圆管等传统意义上的异型管，见图 10-5。

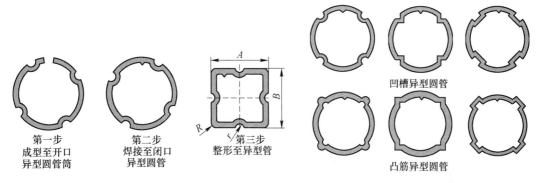

图 10-3　先成异圆后成异型管工艺路径　　　　图 10-4　先成型的异型圆管

图 10-5　异型圆管整形出的异型管

显然，三条工艺路径各不相同，各有特点，但却殊途同归。看似大相径庭，实则存在千丝万缕的联系。

（4）三种工艺的同异与优缺点：

1）出发点、中点和归宿相同。出发点都是平直管坯在成型机组中成型为开口管筒，中点都是经高频焊接成闭口管筒，归宿都是在定径机组中被异型孔型轧辊轧制为异型管。同时，三种工艺共用相同的设备，区别在于成型工具、焊接对象和定径轧辊名同而实不同。

2）工艺内涵不同。

①成型阶段：三种工艺使用的冷轧辊形状和在制品差异大。工艺（1）的在制品已经基本具备了成品样式雏形，并且从这个雏形可以准确推断出成品管外形。工艺（2）成型结束后的在制品是一个开口圆管筒，正是这样一个圆管筒，为随后千变万化的定径留下无限想象空间，可以变化成方矩管、椭圆管、榄核管、D 形管等。工艺（3）成型结束后的在制品是一个开口异型圆管筒，可以在这些管上轧出圆槽、方槽、V 形槽以及"镶上"圆筋、方筋、Λ 形筋等槽类异型管。

②焊接阶段：三种工艺焊接对象完全不同。工艺（1）为焊接异型管，工艺（2）为焊接圆管，而工艺（3）则是焊接异圆管。它们各自的工艺要求差别较大。

③定径阶段：工艺（1）的内容是将不规则异型管精整为规整异型管，工艺（2）的任务是将圆管变形为异型管，而工艺（3）是将异圆管定径为异类异型管。

3）优缺点。

①工艺（1）的优点：一是能够生产出具有复杂断面和棱角比较清晰的异型管，尤其是凹凸交汇处交际线交代得比较清楚，异型管感官好；二是设备能耗低，通常成型段只需要对角部进行轧制，定径段也以整形为主；管材力学性能相较坯料变化不大，不像圆变异那样，先从直面变为曲面，再从曲面变回直面，反复折腾，力学性能相较原料差异较大；三是大中规格的异型方矩管轧辊有 50% 左右可以共用。缺点是：除方矩异型管外，一套轧辊模具、一种规格管坯只能生产一种特定的异型管，投入大、成本高、换辊周期长、效率低，只能适应大批量生产，从而极大地限制了直接成异工艺的应用。

②工艺（2）的优点是：一套成型模具、一种规格管坯，可以与若干套异型定径模具配套，生产多种异型管，如共用一套 φ38 成型模具和 119mm×1.2mm 的管坯，与相应的定径模具配套，至少能够生产如表 10-1 所示的多种异型管，投入少、换辊快，大规模生产与小批量生产皆可，品种亦可灵活多变。缺点是：无法生产出如图 10-3 和图 10-5 所示的具有细小凹槽、细小凸筋等复杂断面的异型管。

表 10-1　φ38 成型辊和 119mm×1.2mm 管坯可生产的异型管　　　　　　（mm）

成型模具规格	焊管坯规格	可生产异型管品种	
φ38	119×1.2	30×30×1.2 方管 20×40×1.2 矩管 25×35×1.2 矩管 10×50×1.2 矩管 12×48×1.2 矩管 45×28×1.2 椭圆管	27.5×40×1.2 面包管 38×35.5×1.2D 形管 26×46×1.2 钝榄核管 19.5×50×1.2 平椭圆管 ⋮

③工艺（3）吸取了工艺（1）和工艺（2）的所有优点，同时又克服它们的缺点；只需极少量模具投入，利用部分原有成型辊和异型定径辊以及添加少量异型成型辊，就可生产出凹槽或凸筋（需另配定径辊）的异型管以及其他一些复杂断面的异型管。这些轮廓线条清晰的凹槽和凸筋，在该工艺发明前几乎不可能凭借高频直缝焊管工艺生产出来，是一种全新、快捷、优质、低成本地生产异型管的新工艺。

尽管三种工艺差别较大，但是三种工艺中的成型段，无论成型出的是开口异型管筒，还是开口圆管筒，或者是开口异圆管筒，如果把这些在制品看作成品，那么它们就都有一个共同的名字——开口冷弯型钢。因此可以说，冷弯型钢是生产高频直缝异型焊接钢管的基础。

10.2　开口冷弯型钢成型工艺

10.2.1　冷弯型钢机组与高频直缝焊管机组的关系

冷弯型钢分为开口冷弯型钢和闭口冷弯型钢两大类。通常，成型冷弯开口型钢有其专用设备，它与焊管成型机组既有联系又有区别。

（1）结构相似，架次差异。都是由平辊机架和立辊机架组成，且构造、功能和操作方法基本相同。但是，冷弯成型机组的变形架次比焊管机组多得多。这些相似与差异，决定了可以用焊管机组成型横截面形状相对简单、翼缘升高不大的开口冷弯型钢。

（2）配置焊机。传统冷弯开口型钢机组不配置焊接设备，产品是冷弯开口型钢；现在，为了适应市场对钢铁型材类产品的多元化需求，许多冷弯型钢机组也配置了高频焊接设备。而高频焊接机则是焊管机组的标配，这一点曾经是二者的主要区别，其产品被称为闭口型钢，焊管行业习惯称为异型管。

10.2.2 冷弯成型机理

在辊式成型冷弯型钢过程中，成型坯料要经受横向弯曲变形、纵向拉伸和压缩变形。当成型坯料进入孔型时，前端边缘首先与成型下辊接触并被稍微抬起，在成型坯料中产生小的弹性应力，当成型管坯继续前进并与上辊接触后，翼缘开始弯曲（以 C 形槽为例）变形且在成型平辊轴轴线之前形成变形区，进而逐渐接近该架成型辊孔型形状。在翼缘变形的同时，弯曲部位业已形成，此部位的金属依次连续弹性变形和弹塑性变形；随着翼缘总弯曲角不断增大，弯曲半径减小，弯曲部位切向应力增大；同时，成型管坯通过成型辊，在成型辊轴平面之前形成的变形区长度不断加大，直至成型管坯不受孔型约束，结束变形。

在整个变形过程中，成型管坯上交织着弹性应力与应变的加载与卸载、塑性应力与应变的增大与减小，而且辊与管坯的接触边界条件异常复杂。以至于到目前为止，虽然研究者众多，也取得一些成果，逐渐清晰了部分简单断面冷弯型钢的成型机理，但是，仍然缺少能够精确分析、定量描述、真实反映这个过程的方法。在现有的分析方法中，大多数理论都与焊管变形的分析方法雷同。

10.2.3 冷弯型钢的变形

10.2.3.1 变形前的几个基础问题

（1）变形道次的确定。平直坯料变形为冷弯异型开口管筒是一个渐变的过程，在变形过程中，边缘会不断升高，若道次少，则每一道次的坯料边缘绝对升高就多，极有可能导致边缘延伸过多、成型扭曲并失稳，参见图 10-6；反之，如果成型道次过多，不仅增加成型轧辊投入，也会增加调整时间，影响效率。

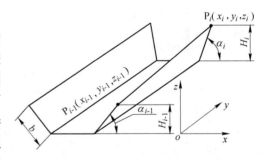

图 10-6 冷弯型钢变形过程示意图

确定变形道次，首先取决于异型的奇异形状和坯料材质性能如强度、硬度；其次与坯料宽度、厚度、机架间距等有关。变形道次的实质是控制成型角的变化与分配，使每一道次的边缘升角 $\alpha \leqslant 1.25°$，确保边缘纵向延伸率不超过 0.1%。这样，根据型钢弯曲高度、机架间距与边缘升角的关系，易得总变形道次为：

$$N = \frac{H}{L}\cot\alpha \tag{10-1}$$

式中　N——总变形道次；

　　　α——成型边缘升角的极限，$\alpha = 1.25°$；

　　　H——弯曲高度；

　　　L——机架间距。

（2）成型角的分配。由成型机的力能、成型道次、机架间距、总变形量等因素决定。按余弦法分配各道次成型角，如图 10-7 和式（10-2）所示：

$$\theta_i = \frac{\theta}{2}\left(1 - \cos\frac{180i}{N}\right) \tag{10-2}$$

式中　θ_i——第 i 道次的成型角；

　　　θ——总成型角；

　　　i——成型道次；

　　　N——总成型道次。

当然，对于一些翼缘不高、变形角度不大的型钢，也可按简单平均法分配成型角。

（3）角部弯曲半径与最小弯曲半径。一般情况下，冷弯型钢角部弯曲半径都具有小曲率半径

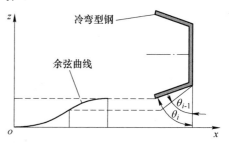

图 10-7　弯曲角余弦法分配示意图

的特点，即弯曲部位的中性层半径不在几何中心，而是偏向圆心方向。也就是弯曲因子 k 小于 0.5，与 k 对应的角部中性层曲率半径 ρ 为：

$$\begin{cases} \rho = r + kt \\ R_{\min} \geqslant \dfrac{t}{2}\left(\dfrac{1}{\delta} - 1\right) + (1 - \eta)t \end{cases} \tag{10-3}$$

式中　r——弯曲角内半径；

　　　t——坯料厚度；

　　　k——弯曲因子，取值见表 10-2；

　　　δ——管坯延伸率；

　　$R_{\min}$——弯曲角外层最小半径；

　　　η——壁厚减薄系数。

表 10-2　弯曲因子 k 值（特李舍斯基经验系数）表

r/t	0.10	0.20	0.30	0.40	0.45	0.50	0.60	0.70
k	0.23	0.29	0.32	0.35	0.36	0.37	0.38	0.39
r/t	0.80	1.00	1.20	1.30	1.50	2.00	3.00	4.00
k	0.40	0.41	0.42	0.43	0.44	0.45	0.47	0.50

然而，生产实践证明，有的 $R_{\min}$ 可以小于 $1.5t$，接近 t 都不开裂。进一步研究发现，其实影响最小弯曲半径的因素除延伸率外，还与下列因素有关：

1）弯曲半径相同时，锐角比直角、钝角开裂风险高，锐角外层的应力更集中、更大、减薄明显。

2）成角次数少比成角次数多的开裂风险高，成角次数多，应变集中度小，壁厚减薄量少，有利于减小圆角半径。

3）料坯表面粗糙，相当于表面存在原始微裂纹，弯曲时容易产生裂纹，圆角半径不宜小。

4）成品圆角表面允许存在轻微"橘皮"，圆角半径可小些。

5）弯曲方向不宜发生在与坯料轧制方向垂直的横向纤维上，但实际弯曲工况恰恰发

生在横向纤维上。要获得小弯曲圆角，必须选择纤维方向性因退火而不明显的冷轧退火管坯。

（4）角部弯曲段弧长 C_j。由最终弯曲角度 θ 的大小和中性层曲率半径 ρ 确定，参见式（10-4）：

$$C_j = \begin{cases} \rho\theta & （\theta \text{ 单位为 rad}） \\ \dfrac{\pi\theta\rho}{180°} & （\theta \text{ 单位为 °}） \end{cases} \tag{10-4}$$

特别地，当弯曲角内径 $r=0$、弯曲角分别为90°和180°（折叠）时，其对应的弧长分别是 $t/3$ 和 $2t/3$，这对计算折叠型钢弯曲部位的弧长很重要。

（5）开口型钢坯料宽度的确定。准确确定冷弯型钢坯料宽度是保证冷弯型钢断面尺寸精度、减少成型缺陷的基本前提。任何开口型钢，不论其横截面多么复杂或简单，分解后不外乎由直线 b 与弧线 c 两种线段构成，因此，开口型钢展开宽度 B_k 的计算通式为：

$$B_k = \sum_{n=1}^{N=n} b_n + \sum_{m=1}^{M=m} c_m \tag{10-5}$$

10.2.3.2 冷弯型钢弯曲变形方法与形式

（1）冷弯型钢弯曲变形方法。在冷弯型钢成型过程中，通常认为型钢横截面上各直线段都是随弯曲弧的变化而在 xoz 坐标平面内位移，因此，如何使坯料变形为所需要的弯曲段就成为成型冷弯型钢的关键。冷弯型钢常见的弯曲方法有5种：

1）弯曲圆心固定法。固定弯曲半径的中心和弯曲半径不变，弯曲成型过程中逐架增大弯曲角和相应的弯曲弧长，变形花如图10-8a所示。该方法与圆管成型中的中心变形法相似，适用于弯曲半径和弧长较大的型钢成型。

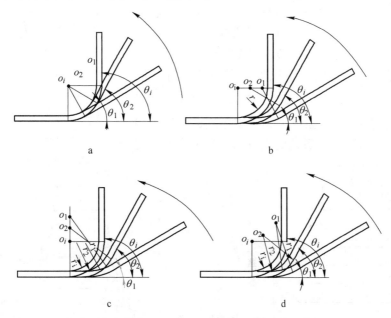

图10-8 冷弯型钢弯曲变形方法

a—弯曲圆心固定法；b—弯曲圆心内移法；c—弯曲圆心下移法；

d—弯曲圆心直角坐标系移动法

2）弯曲圆心内移法。弯曲变形半径和弯曲半径的竖直中心高度不变，弯曲成型过程中逐架将弯曲圆心内移和逐架增大弯曲角，实现弯曲弧长的增宽，变形花参见图 10-8b。弯曲圆心内移法的使用没有限制，但需要注意解决回弹问题。

3）弯曲圆心下移法。该方法弧长不变，随弯曲角逐架增大而弯曲半径逐架减小，圆心在一条竖直线上移动，变形花如图 10-8c 所示。它与圆管成型中的圆周变形法相同，适用于宽薄板类如波纹板的成型以及非对称型钢的变形。

4）弯曲圆心直角坐标系移动法。弯曲圆弧时，弯曲角增大，弯曲半径减小，弯曲弧长增长，变形花如图 10-8d 所示。此法适宜成型宽薄壁型钢。

5）弯曲圆心移动与半径变化成函数关系法。随弯曲弧长的增加，弯曲半径按指数关系减小，变形花与 10-8d 相似。该法应用面较窄，实际应用不多。

（2）冷弯型钢的弯曲形式。不管横断面多么复杂的型钢，不外乎由 90°弯角、任意弯角和折叠弯构成，如图 10-9 所示。

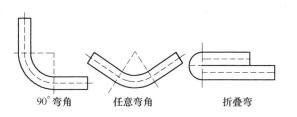

图 10-9　冷弯型钢折弯的三种形式

10.2.3.3　孔型系统

孔型系统所要解决的问题是坯料横断面的变形顺序。常用的孔型系统有 4 种基本类型：

（1）同时型。指在坯料横断面上同时成型，如冷弯槽钢，见变形图 10-10。

（2）顺序型。指先成型边缘部位，后成型中心部位，或相反，如图 10-11 所示的 C 形槽钢，就必须先成型两边部 a 段，待 a 段完成成型后再成型 b 段。

（3）组合型。先分别在各个部位顺序成型，尔后同时在各部位成型，或相反。如图 10-12 所示的 "⌐" 钢，就可以先将 a 段、b 段成型到一定角度，然后成型 a 段至接近成品角度，最后同时对 a 段、b 段成型，控制尺寸精度和形位公差。

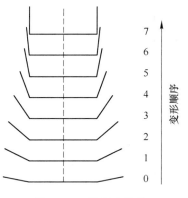

图 10-10　槽钢变形花

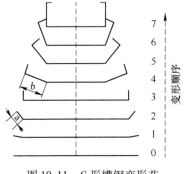

图 10-11　C 形槽钢变形花

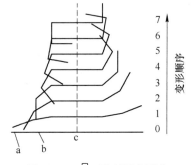

图 10-12　⌐ 形型钢变形花

（4）专用型。即为保证所产型钢断面的一些高质量指标与要求而采用的专门系统，如宽幅薄壁波纹冷弯型钢，不仅轧辊专用，有的甚至连成型设备都是专用。

10.2.3.4 成型方位与确立原则

（1）型钢成型方位。通俗一点讲是指变形型钢在成型机中的姿态。成型方位研究的重点首先是如何放置孔型最有利于坯料稳定变形，获得稳定的型钢；其次是操作调整、精度检测方便，有利于进行质量控制。

常用的成型方位有立位、卧位和斜位三种。习惯上将"长"大于"高"且长的方向与水平面平行放置的型钢孔型称为卧位，又叫平出孔型；将"长"的方向与水平面垂直放置的孔型称为立位，简称立出孔型；相应地，把"长"与水平面成一定夹角放置的孔型称为斜位，也叫斜出孔型。同一型钢，不同成型方位对型钢成型、操作调整、尺寸控制、孔型磨损、生产效率以及表面质量等影响都很大。要在充分分析利弊的基础上，依据一定原则慎重决定。

（2）确立成型方位的原则。有6个基本原则：

1）型钢基本中心线两边的弯曲次数尽可能相等，成型力力求平衡，边缘延伸尽量一致。

2）型钢基准线尽可能与基本中心线垂直，与平辊轴平行，确保型钢基准段不变形、不变位。

3）型钢基准段尽可能选在断面最深处，以利于稳定轧制。

4）型钢开口尽可能向上放置，便于动态观察与品质控制。

5）便于型钢在线冲压加工与切口形变小。

6）便于轧制冷却液流出，当与1）~5）冲突时，服从1）~5）条。

10.2.3.5 释角轧制

所谓释角是指轧辊孔型面与被轧坯料分离的角度，如图10-13a所示。实行释角轧制有三个目的：一是减小机组轧制负载，使轧制更加轻快，在轧制又大又厚的型钢时效果特别显著；二是有利于轻松地进行角部压棱与轧出厚壁小圆角，参见图10-13b、c；三是有利于减轻轧辊孔型面的磨损，延长轧辊使用寿命。

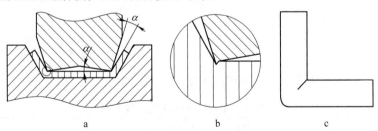

图10-13 释角、压棱与小圆角
a—释角 α；b—压棱；c—厚壁小圆角

10.3 直接成型异型管工艺

如9.1节所述，直接成异工艺由三个连续的工序完成，其中，冷弯成型至开口异型待焊管筒是该工艺的核心，角部弯曲是该工艺的关键，而前提是要准确地计算出展开长度。

10.3.1　展开宽度

公式（10-5）定性地给出开口异型管坯展开宽度的计算方法，没有做深入探讨。事实上，不同弯曲半径和弯曲角度对弯曲弧线长度以及展开长度的影响很大，这种影响会妨碍异型管的尺寸。因为型钢的直边没有拱，不能承受过大的横断面压缩载荷，否则会失稳，故管坯周向缩短的余量很小，这是其一；其二是，一旦角形成后，宽度上多余或者缺少的料很难在段与段之间重新分配，这就对直接成异的管坯展开宽度提出了更高的要求。

（1）管坯冷弯变形分析。在辊轧成型过程中，管坯刚刚开始被轧压的初始阶段，孔型施加的弯曲力矩不大，内应力小于管坯的屈服极限 σ_s，只能引起角部发生弹性变形和弹性弯曲，见图 10-14a。当继续弯曲时，弯曲力矩增大，导致内应力超过屈服极限，角部变形区内的变形便由弹性弯曲过渡到弹塑性弯曲，如图 10-14b 所示。继续弯曲时，角部变形区就进入纯塑性弯曲阶段。从图中可见，角部弯曲断面层上的应力由外层拉应力逐渐过渡到内层压应力，中间必然有一层金属的切向应力为零，称为应力中性层，其曲率半径用 ρ_z' 表示；同时，应变的分布也由外层拉应变过渡到内层的压应变，其间也必有一层金属的应变为零，称为应变中性层，即弯曲变形时，长度不变化，等于未变形前的长度，曲率半径为 ρ_z。这是计算管坯弯曲部位展开尺寸的基本依据。由于应力中性层与应变中性层重合，所以：

$$\rho_z' = \rho_z = r + \lambda t \tag{10-6}$$

式（10-6）与式（10-4）的意义相同，但是中性层系数 λ 要按表 10-3 取值。

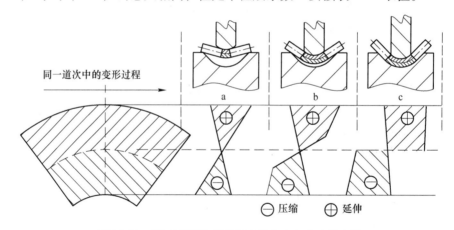

图 10-14　开口型钢角部弯曲过程应力与应变示意图

表 10-3　中性层系数 λ 的经验取值

r/t	0.1	0.2	0.3	0.4	0.5	0.6	0.7	0.8	1.0	1.2
λ	0.21	0.22	0.23	0.24	0.25	0.26	0.28	0.3	0.32	0.33
r/t	1.3	1.5	2.0	2.5	3.0	5	6	7	≥8	
λ	0.34	0.36	0.38	0.39	0.4	0.44	0.46	0.48	0.5	

（2）冷弯型钢展开宽度的补偿值法。就是将冷弯型钢展开宽度 B 用通式（10-7）来表示：

$$B = a + b + V \tag{10-7}$$

式中，a、b 为型钢的基本尺寸，如图 10-15 所示；V 是弥补基本尺寸与弯曲弧长之间因弯曲变形角度、管坯厚度及弯曲内角不同而进行补偿的值，它既可以是正值，也可以是负值。补偿值 V 根据弯曲变形角度 θ 的四种典型情况而有所差别。

1）$0 < \theta \leqslant 90°$，$r \neq 0$。其弯曲变形样式和展开长度见图 10-15a，补偿值 V 见式（10-8）：

$$\begin{cases} V = \dfrac{\pi(180° - \theta)}{180°}\left(r + \dfrac{tk}{2}\right) - 2(r + t)\,, \ 0 < \theta \leqslant 90° \\[2mm] k = 0.63 + \dfrac{1}{2}\lg\left(\dfrac{r}{t}\right),\ \dfrac{r}{t} \leqslant 5 \\[2mm] k = 1,\dfrac{r}{t} > 5 \end{cases} \quad (10\text{-}8)$$

2）$90° < \theta \leqslant 165°$，$r \neq 0$。其弯曲变形样式和展开长度见图 10-15b，补偿值 V 见式（10-9）：

$$V = \frac{\pi(180° - \theta)}{180°}\left(r + \frac{tk}{2}\right) - 2(r + t)$$
$$\tan\frac{180° - \theta}{2},\ 90° < \theta \leqslant 165°$$

$$(10\text{-}9)$$

3）$165° < \theta \leqslant 180°$，$r \neq 0$。其弯曲变形样式和展开长度见图 10-16，补偿值 V 见式（10-10）：

$$165° < \theta \leqslant 180°,V = 0$$

$$(10\text{-}10)$$

4）$\theta = 0$，$r = 0$。即为折叠状，其弯曲变形样式和展开长度见图 10-17，补偿值 V 见式（10-11）：

$$V = -kt,\ \theta = 0 \quad (10\text{-}11)$$

式中　k——折叠系数，一般取 $0.43 \sim 0.45$。

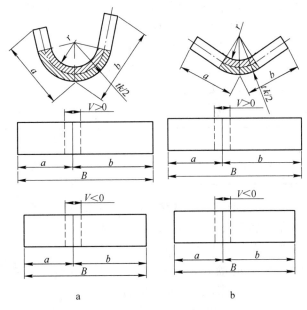

图 10-15　弯曲变形样式和展开长度

a—$0 < \theta \leqslant 90°$；b—$90° < \theta \leqslant 165°$

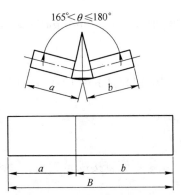

图 10-16　变形角 $165° < \theta \leqslant 180°$、
$r \neq 0$ 时弯曲变形样式和展开长度

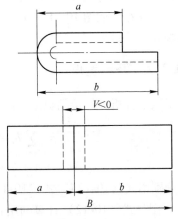

图 10-17　变形角 $\theta = 0$、$r = 0$（折叠）时
弯曲变形样式和展开长度

这些补偿值的计算方法，为确定型钢展开宽度奠定了基础。如果是开口型钢，就可以直接用式（10-7）计算出开料宽度。但是，作为闭口型钢，还必须考虑相关"余量"。

（3）成型余量。与成型圆管坯不同，成型异型管坯一般不设成型余量，原因有三个：

1）促使型钢横向变形的力只是从垂直方向（平辊）和水平方向（立辊）对管坯内外表面施力，管坯周向不受力，除角部变形外，其余不存在周向长度变化问题。

2）一旦型钢的角成型后，各段长度均已确定，即使有余量，也无法在各段之间像圆管那样周向自然调节，余量势必集中在型钢的某段，从而影响精度。

3）型钢在冷轧出角过程中，角部断面会或多或少地减薄并因之增加宽度，这样，应当给予成型管坯适当的负成型余量 $\Delta_1 B$，其取值范围为 $-1.5 \sim 0\mathrm{mm}$。角少 $\Delta_1 B$ 取值小，边部角先变形或同时变形取值也要小。

（4）焊接余量。焊接异型闭口型钢需要的焊接余量可参考圆管焊接余量，但比圆管用的焊接余量要稍微少一点，因为焊接异型管时有的面受不到周向挤压作用，所用焊接挤压力通常也比焊接圆管的要小，取值参见表 10-4。

表 10-4　闭口型钢用焊接余量

t/mm	$\leqslant 0.9$	$1.0 \sim 2.3$	$2.4 \sim 3.5$	$3.6 \sim 4.8$	$4.9 \sim 5.9$	$\geqslant 6$
$\Delta_2 B$	t	$\dfrac{5}{6}t$	$\dfrac{2}{3}t$	$\dfrac{3}{5}t$	$\dfrac{1}{2}t$	$\dfrac{2}{5}t$

（5）定径余量。焊接后的闭口型钢在定径孔型中一般只整形、不减径；即使有减，充其量也属于公差调节的范畴。这是因为，在闭口型钢的角轧出之后，角与角之间的线段长短便无法调节；如果有余量，则该余量通常集中在待焊面。以直接成方管为例，由于 $A' > A$，那么 A' 面在孔型上压力和侧压力作用下，虽然实现了强制等宽，但是其多余出的宽度只能以下凹形态存在，如图 10-18 所示，从而影响异型管管形。

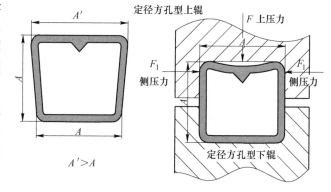

图 10-18　直接成方工艺中多余的后果

10.3.2　开料宽度

基于以上分析，焊接闭口型钢的开料宽度可用式（10-12）或式（10-13）计算：

$$B = \sum_{n=1}^{N=n} b_n + \sum_{m=1}^{M=m} c_m + \Delta_1 B + \Delta_2 B \tag{10-12}$$

$$B = a + b + V + \Delta_1 B + \Delta_2 B \tag{10-13}$$

现分别用式（10-12）、式（10-13）计算 $40 \times 80 \times 4$ 矩形管直接成异工艺的用料宽度。

（1）用公式（10-12）计算的用料宽度：

根据表 10-2，取 $k = 0.3$、$\Delta_1 B = 0$、$\Delta_2 B = 2.4\mathrm{mm}$，得开料宽度 $B = 233.82\mathrm{mm}$，圆整为 234.0 mm。

（2）用公式（10-13）计算的用料宽度：

根据式（10-8），得 $V = -7.49\text{mm}$，仍取 $\Delta_1 B = 0$、$\Delta_2 B = 2.4\text{mm}$，得开料宽度 $B = 234.9\text{mm}$，圆整为 235.0mm。

比较式（10-12）和式（10-13）的计算结果，两者相差1mm，不会对最终成品尺寸产生决定性影响。

必须指出的是，由于异型闭口型钢的成型规律异常复杂，至今仍存在一些有待探索的领域，以及理论假设与实际操作之间存在差距，导致理论开料宽度与实际用料宽度经常不一致，因此，建议在批量生产前，先开少量的料进行试轧，再根据试轧结果对开料宽度进行修正。

10.3.3　冷弯型钢的变形原则

虽然现在冷弯型钢的规格、品种十分丰富，但是不用讳言，人们对冷弯型钢变形规律的认识与理论研究却远远落后于生产实践，许多问题还只能作定性描述，可是仍然有一些基本规律和原则可循。

（1）最小延伸原则。包括边缘纵向延伸和横向变形延伸最短两方面。这是冷弯成型的首要原则，它关系到冷弯成型的成败。

1）型钢成型的纵向延伸。在坯料成型过程中，冷弯型钢与圆管成型类似，边缘纵向延伸同样不可避免，而且，过多的纵向延伸势必影响成型稳定性，产生浪边。选择恰当的变形道次、变形角度、孔型系统和成型方位，可以有效降低成型时的边缘纵向延伸。以冷弯等边 90° 角钢为例，平出易导致一侧边缘升高与单边延伸，即使不出现过度延伸，也会给尺寸精度、对称性调整及后续矫直带来不利影响。如果孔型按45°斜出，可以将集中在一侧的延伸分摊到两边，从而有效降低边缘升高近30%，并相应减少边缘延伸；而且还使型钢对称受力，这对尺寸控制、直度控制、跑偏控制等都极为有利。

倘若是不等边角钢，孔型就不宜按45°出，要兼顾角钢长短边对纵向延伸的不同影响，孔型摆放参见图10-19。为了使不等边角钢两边缘的纵向运动轨迹长度相等，不等边角钢孔型末道方位角 θ 必须满足式（10-14）的要求：

$$\frac{A}{B} = \sqrt{\frac{1 - \sin\theta}{1 - \cos\theta}} \tag{10-14}$$

2）型钢成型的横向延伸。最小延伸原则还体现在型钢横向变形过程中的轧制道次和轧制顺序。恰当的轧制道次与轧制顺序，能够避免成型管坯产生过大的横向延伸和横向积累延伸，有利于型钢外形和尺寸精度的控制。如成型图10-20所示的空腹十字管，若按图10-20a所示的同时孔型系统轧制，在同时轧出角1至6的过程中，6个点同时被约束，必然导致2—3、3—4、4—5段发生拉拽，进而产生横向延伸；1—2段和5—6段因各自接近一个自由端，所产生的横向延伸要比2—3、3—4、4—5段少得多，这些横向延伸最终都会反映到型钢成品尺寸上。与圆管成型不同的是，

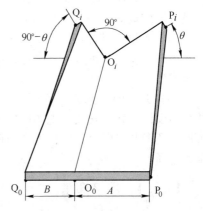

图10-19　90°不等边冷弯型钢
方位要求与变形基准

这些延伸在后续工序中一般很难再压回去。而若按图 10-20b 所示的顺序孔型系统轧制，在相同轧制道次下，轧制角 3、4 时，因它们都靠近各自的自由端，故除 3—4 之间有少量拉拽外，其余各段都属于自由端，不存在拉拽延伸；而在轧制角 2、5 和 1、6 时，因各自靠近自由端，故仅发生极少拉拽延伸，这样，角与角之间以及积累的横向延伸很少，对成品精度的影响较小。

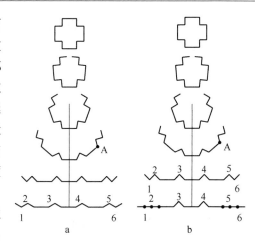

图 10-20　空腹十字管不同孔型系统的比较
a—同时型孔型系统；b—顺序型孔型系统

（2）设计基准一致性原则。一旦成型方位确定之后，所有孔型的设计基准都必须唯一，中间不能改变，否则将导致型钢扭曲、局部畸形、应力分布不均、难以矫直。该原则为设置孔型参数指明了方向，同时对成型机平辊轴水平状况和立辊轴垂直状况提出了远比圆管成型高得多的要求。

（3）避免空轧原则。空轧是相对实轧而言的，指轧辊孔型只能从坯料的外面进行轧制。先成圆后变异工艺中的变异过程就是空轧，空轧的主要弊端有二：一是使部分原本不需要参与轧制的坯料参与了轧制，消耗大量能量；二是曲率半径越小，坯料厚度越厚，则轧制精度越差，如冷弯型钢角部，若由空轧获得，则其角部 R 值必然比实轧的大许多，棱角线条也不及实轧的清晰。

因此，在型钢轧制中，要争取尽可能多的实轧道次或尽可能大的实轧角；必要的时候可以进行适当反变形，以增大实轧角度。

（4）恰当选择变形道次原则。生产实践证明，不是成型道次越多越好，要根据型钢断面复杂程度和坯料刚性而定。断面较复杂、翼缘较高、大壁厚型钢等，为了稳定成型、减轻设备道次负荷，必须选择尽可能多的道次。

（5）预防干涉原则。在设计孔型时，要充分考虑到实际变形时管坯可能存在的不对称、横向窜动，要留有充分余地，防止变形管坯边缘与轧辊孔型侧面、辊环等相互干涉，影响成型。

（6）开口向上原则。除非特殊需要，通常情况下从孔型设计、轧辊安装、现场操作等方面看，都应该尽可能将型钢开口向上；而且生产闭口型钢时开口向上是不二选择。

10.3.4　焊接仰角

焊接仰角是指为了确保异型管坯（焊接面是直面）焊接面在挤压辊孔型横向挤压力和上压力作用下不发生类似于图 10-18 所示的下凹，将变形管坯两焊接面各自少变形的角度 α，如图 10-21 所示。

10.3.4.1　焊接仰角的作用

异型管筒焊接仰角有三大作用：

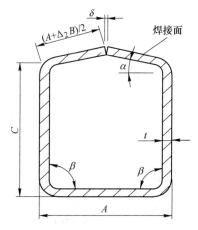

图 10-21　影响仰角 α 的因素

（1）保证焊缝强度。有了焊接仰角后，不用担心因增大挤压力而导致焊接面向下溃，挤压力完全可以根据焊接工艺要求进行施加。

（2）从工艺层面消除了焊接面下凹的可能性。

（3）有利于去除外毛刺。要把高于焊接平面上的外毛刺一次性刨削得与该平面一样平，有两个难点：若用平刀刃刨削，则要么刨得过深，进而影响平面其他部位；要么刨得过浅，影响焊缝表面质量。有了焊接仰角后，两焊接平面在对焊处形成一个尖角，堆积在尖角外的外毛刺又形成一个最高点，去除外毛刺的刀刃可以根据需要决定去除外毛刺的深与浅，同时不会对其他部位产生不利影响。

10.3.4.2 影响焊接仰角的因素

影响焊接仰角的因素有焊接面长短、管坯厚度和焊接余量等。

（1）焊接余量。焊接余量大小，直接决定焊接仰角。焊接仰角 α 由式（10-15）定义：

$$\alpha = \arccos \frac{A}{A + \Delta_2 B} \tag{10-15}$$

式中，A 为定值，所以控制仰角的实质是控制焊接余量；反过来，选择了焊接余量，实际上也就决定了仰角大小。

（2）管坯厚度。管坯厚度和焊接仰角决定了厚度 V 形口 δ 的宽窄，参见图 10-22 和式（10-16）：

$$\delta = 2t\sin\alpha \tag{10-16}$$

而焊接 V 形口的宽窄直接影响焊接强度和焊接效率。因此，在用直接成异工艺生产厚壁异型闭口型钢时，要兼顾焊接仰角、壁厚以及焊接余量之间相互影响与制约的关系，在不妨碍焊缝强度的前提下，为了能够更好地去除外毛刺，可适当增大焊接仰角。

另外，从生产实际需要看，应该给予薄壁管更大的焊接仰角，这有利于去除外毛刺。

（3）焊接平面长短。焊接平面长，焊接仰角要大一些，仰角才明显，有利于去除外毛刺；反之，要小一些。

（4）减 β 增 α。当 $A/2$ 边较大时，$\Delta_2 B/2$ 相较 $A/2$ 很小，以至于仰角 α 不明显；此时可通过挤压辊孔型设计，适当减小方矩型钢下角 β，同时相应增大仰角，这是焊接闭口型钢常用的方法。

10.4 先成圆后变异型管工艺

"先成圆后变异"工艺中的成圆工艺已在前一章讲过，这里着重介绍圆变异工艺。

10.4.1 圆变异的基本原理

圆变异的基本原理是，在圆变异之圆曲率半径的基础上，通过曲率半径逐道次增大或减小的异型轧辊轧制，使圆管逐渐逼近为形状各异的异型管，变形花如图 10-22 所示。

透过各种变形花不难发现，圆变异的实质是不断变化的曲率半径，且朝着逐步逼近成品管上曲率半径的方向变化。如圆变平椭圆管，其曲率变化规律是：初始圆上对应弧线的曲率半径（R_0）按规律逐渐增大至曲率半径为无穷大（R_i）的平面；与此同时，初始圆上另一段对应弧线的曲率半径（$r_0 = R_0$）依一定规律逐步缩小到与成品平椭圆上的曲率半径（r_i）一致，如图 10-23 所示。

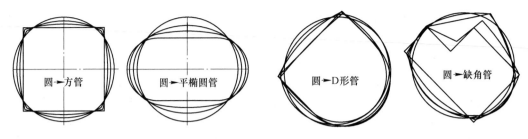

图 10-22　圆变异变形花示意图

10.4.2　圆变异的基本变形

尽管圆管可以变化出若干异型管，但是分析发现，任何圆变异都离不开弧线变直线和弧线变弧线这两种基本变形；也就是说，不论多复杂的异型管，都是借助两种基本变形演绎而成的。如圆变方之平面是由弧线变成的直线，r 角则是由弧线变弧线而成。因此，熟悉这两种基本变形方法并结合不同异型管的特点灵活运用，是打开圆变异工艺之门的密钥。

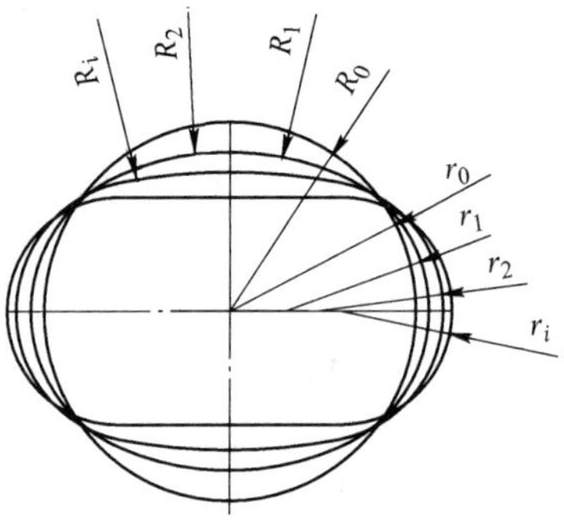

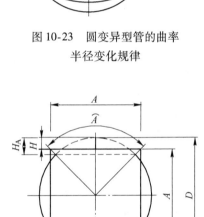

图 10-23　圆变异型管的曲率
半径变化规律

10.4.2.1　弧线变直线

弧线变直线的实质是曲率半径从有限大变为无限大，关键是变形量的确定与分配。

（1）绝对减径法。是指将变形前的圆直径与成品方管边长之差作为总变形量的方法，如图 10-24 和式（10-17）所示。变形过程中，随着变形道次增加，总变形量 H 不断减小，变形曲率半径不断增大，并由此确定变形管体的高度与宽度，直至达到成品尺寸。如果是圆变矩形管、缺角管等，那么就有两个或两个以上的总变形量。

$$H = \frac{D - A}{2} \qquad (10\text{-}17)$$

（2）弓形高法。是指在圆变方之对应初始圆 R

图 10-24　圆变方总变形量示意图

上，截取相当于某边长的弧长，然后根据弧长所对应圆心角及圆半径计算弓形高，并以该弓形高作为对应边长的总变形量，参见式（10-18）：

$$H_A = R\left(1 - \cos\frac{90A}{\pi R}\right) \qquad (10\text{-}18)$$

与绝对减径法相比，弓形高法更真实地反映了初始圆弧线的变化，变形量也比绝对减径法的大些。在图 10-24 中，$H_A > H$ 从另一个侧面说明，弓形高法的变形比绝对减径法的变形更充分，变形效果更好。

（3）对角线法。主要针对圆变方矩管，基本原理是，任意一个圆内，都可以内接一个与成品矩形管相似的矩形 abcd，在圆变矩过程中，两两相邻弧线交点内也有一个内接矩形。那么当矩形的对角线 ac 从圆直径 ac（初始圆内接矩形的对角线）开始按一定比例增长时，根据勾股定理知，与之对应的两条直角边也必然同比例增长，由这两条直角边决定的相关弧线的半径不断变大；当对角线增大至成品管对角线 AC 时，弧线曲率半径无限大，曲线与直角边重合，完成曲线变成直线，参见图10-25。

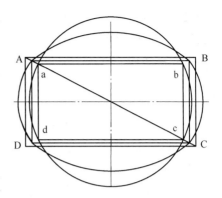

图10-25 圆变方矩管的对角线法变形示意图

若总变形量仍然用 H 表示，则有：

$$H = \overline{AC} - \overline{ac} = \sqrt{(AB)^2 + (BC)^2} - D \quad (10\text{-}19)$$

（4）系数法。受圆变方孔型之圆与方之间的尺寸存在着固定函数关系和替代关系启迪，将圆变方孔型各道次、各部位曲线变直线的函数表达式都以一个对应固定的系数 $\mu_i(\lambda_i)$ 或一个关于 $\mu_i(\lambda_i)$ 的表达式与方管边长 a 相运算的形式来表示，即：

$$\begin{cases} a_i(a) = \lambda_i a \\ R_i(a) = \mu_i a, i = 1, 2, \cdots, N \end{cases} \quad (10\text{-}20)$$

式中　　$a_i(a)$——圆变方孔型第 i 道次内接正方形边长的函数；

$R_i(a)$——圆变方孔型第 i 道次变形半径的函数；

λ_i——关于函数 a_i 的各道次孔型设计系数；

μ_i——关于函数 R_i 的各道次孔型设计系数；

i——变形道次；

N——总变形道数。

当系数 λ_i 从小于1逐道变化到1、μ_i 变化到无穷大时，弧线完成由曲线变为直线。该法主要适用于方管以及宽高比为2:1的矩形管。

（5）角度法。在初始圆上截取异型管某段长度对应弧长 C，以该弧长对应的圆心角 β_0 为总变形量的方法称为角度法。其基本依据如式（10-21）所示：

$$\beta_i = \frac{180C}{\pi R_i} \quad (10\text{-}21)$$

式中，C 是弧长，在特定条件下为定值。圆心角 β_i 与变形半径 R_i 成反比，当 β_i 从初始值逐渐变为0时，变形半径 R_i 变成无穷大，从而完成圆弧到直线的演变。

10.4.2.2　曲线变曲线

（1）增、减径法。圆变异过程中，从初始圆曲率半径变化至成品上某一段半径圆弧，可以初始圆半径为起点，按一定规律增大或减小变形半径，使之逐渐与成品圆弧曲率一致，如图10-26所示。总增、减径量为：

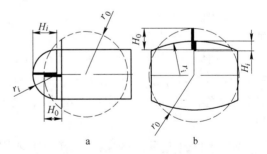

图10-26 曲线变曲线变形量示意图

a—$r_i < r_0$，$H_i > H_0$，圆变梭子管；

b—$r_i > r_0$，$H_i < H_0$，圆变腰鼓管

$$r = \begin{cases} r_0 - r_i \ 初始圆半径大于成品上圆弧半径 \\ r_i - r_0 \ 初始圆半径小于成品上圆弧半径 \end{cases} \quad (10\text{-}22)$$

（2）弓形高变化法。由于弓形高与圆弧半径、弧长、弦长等存在内在规律，因此，在弧长长度一定的情况下，通过改变相应的弓形高，达到改变圆弧半径的目的。获得总减径的方法如式（10-23）所示，参见图 10-26。

$$H = \begin{cases} H_i - H_0 & \text{初始圆半径大于成品上圆弧半径} \\ H_0 - H_i & \text{初始圆半径小于成品上圆弧半径} \end{cases} \tag{10-23}$$

（3）角度法。原理与上面 10.4.2.1 小节中的（5）相同。

10.4.2.3　圆变异的角部变形

圆变异型管角部变形有自然变形、强制变形和组合变形三种模式。

（1）r 角自然变形模式，是指在孔型设计和加工时，r 角尺寸与几何形状在轧辊孔型上都不体现出来，而是通过与之关联的两个面变形时将管坯自然弯曲成角。一个完整的圆变方孔型只由四条 R_i 弧线（最后一道 $R_i = \infty$）首尾相连，孔型弧线与弧线采用相接形式而非相切形式，孔型交角处是尖角，这样，变形管坯实际上没有完全充满孔型，在尖角处存在空隙，如图 10-27a 中空隙所示，这也是自然变形模式孔型的一大特点。正是这个空隙，为控制 r 角大小变化留出了空间；当然，也为 4 个 r 角不均等留下隐患。

r 角自然变形模式的优点显著，只要操作调整得当，无须担忧 r 角不相等的问题。通过开料宽度和压下量的调节，一套异型孔型轧辊，可以生产出多种公称尺寸相同但 r 角不同的异型管，适应不同客户的需求；同时孔型设计简单快捷，计算量少，设计效率高，轧辊投入少。缺点是对操作调试人员的技术素质要求较高，对开料宽度也有一定要求。

（2）r 角强制变形模式。指在孔型设计、孔型加工时，就按圆周变形法或中心变形法的方法，将 r 角体现在孔型上，一个完整的圆变方孔型由 4 条 R_i 弧线和 4 条 r 角弧线（最后一道是 4 条 r 角弧线和 4 条直线）两两相切围成，如图 10-27b 所示。实际变形中，希望管坯能够充满全部孔型（事实上至少前几道做不到），强迫管坯角部达到孔型要求。

r 角强制变形模式的优点是，4 个 r 角不均等程度比自然变形法要小，调整难度低。缺点是一套模具只能生产一种 r 角尺寸的异型管，

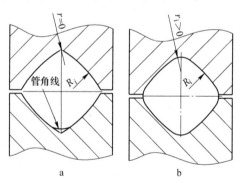

图 10-27　r 角变形孔型模式

a—r 角自然变形孔型；b—r 角强制变形孔型

若要生产小于孔型设计的 r 角焊管，就必须重新设计模具，投入多、生产周期长，不能适应变化多端的市场和客户需求。实践中，除非客户对 r 角有特别要求，一般不建议采用这种孔型。

（3）组合 r 孔型。顾名思义，就是在其中一套孔型辊的基础上，再配置 1 ~ 2 道（末道起）另一种孔型的轧辊，这样，花较少的投入，就能克服各自在变形 r 角方面的不足，使用时根据需要组合搭配。如 4 平 3 立辊系可采用 3 平 2 立 +1 平 1 立组合模式，5 平 4 立辊系则可采用 4 平 3 立 +1 平 1 立组合模式。

10.4.3　确定变形道次的原则

从焊管设备的配置看，小型机组普遍采用 5 平 5 立配置模式，大中型以上机组一般采

用 6 平 6 立配辊模式。变形道次选择恰当与否，关系到变形效果、轧辊投入、设备负荷、操作调整等方方面面。

（1）道次数减 1 原则。要求变异道次的安排，必须在设备限定的道次范围内减去 1 个道次，如 5 平 5 立模式，变异道次常规按 9 道配辊，第一道按圆孔型设计。

（2）断面复杂程度原则。像小型方矩管、蛋形管、子弹头管等简单断面的异型管，如果宽高比不大，有 5~7 个道次的变异孔型就足够了；若是带内凹的异型管，就需要多安排几个道次参与变形，如图 10-22 中的缺角管，多几个变形道次，有利于安排凹槽处内角和平面的变形，如定径机组为 5 平 5 立，那就按 10 道变异孔型设计；必要时还可借助矫直用土耳其头辅助变形。但是，也不是变形道次越多越好，同样是缺角管，安排过多的道次变形凹槽的角，则凹陷角部会因受力小反而不利于内 r 角成型。另外，从投入计，在满足变形需要的前提下，应该尽量用少轧辊。

（3）异型管规格原则。首先，圆变异型管的规格越大，绝对减径量就越大，需要完成的变形任务就越重，必须多一些变形道次分摊变形量。以圆变方管为例，单边绝对减径量 $\Delta \propto A$，见式（10-24）：

$$\Delta = \frac{2A}{\pi} - \frac{A}{2} = 0.137A \tag{10-24}$$

在绝对减径量大而变形道次已定的情况下，意味着每一道的变形量增大；过大变形量的实质是变形速度快、孔型变形半径大；大的孔型圆弧与半径为 R 的管面接触，会减小孔型与管面瞬间的接触面积，导致管面局部受力大增，严重的会导致管面弓形失稳凹陷。在图 10-28 中，B 点的实际接触弧长比 A 短许多，管坯 B 处相当于"点接触"，A 种状况为面接触，根据压力与面积成反比的关系，虽然轧制力相同，但

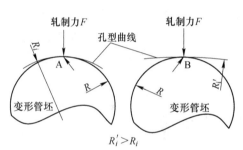

图 10-28 圆变异孔型变形量大小与变形管坯接触面积的比较

B 处受到的压力远大于 A 处，这就是变形过快、B 处圆弧管面容易下凹的原因之一。

其次，厚壁管变异需要消耗较多的变形功率，为了减轻轧辊孔型和机组负荷，必须适当增加一些变形道次以分摊轧辊、辊轴、轴承等的负荷，同时也有利于减轻孔型磨损。

（4）管坯材质原则。Q195 与 Q235 两种材质管坯，为了使 Q235 的异型管变形更充分，孔型受力与孔型磨损与 Q195 相当，就应该适当增加 1~2 个变形道次。实践中，对方矩管等常规管型，可采用多配少用的方式，当生产较软材质的异型管时可少用中间的 1~2 道。

（5）生产方式原则。如果模具使用频率不高，每次生产量又不大，那么从投入成本、换辊效率、调试时间与生产时间之比等方面考虑，应尽可能地用少道次。反之，如果模具对应的生产量大，生产周期长，则建议适当增加变形道次，减轻每一道次孔型的磨损，以延长轧辊使用寿命。

（6）宽高比原则。当宽高比 $i \le 2$ 时，安排 5~7 个变形道次即可；$2 < i \le 3$ 时，应安排 7~9 个变形道次；$i > 3$ 时，必须用尽变形道次。

（7）壁厚精度原则。对管壁增厚有严格要求的，应多安排 1~3 个道次；反之，可少用 1~3 个道次。

10.4.4　分配变形量

10.4.4.1　变形量分配的要求

变形量分配主要解决的问题是，用什么方法将圆管与异型管在形状、尺寸方面的总差异，即需要变形的量，以何种方式体现到各道轧辊孔型上，实现"优质、顺利、轻快"地从圆管变为异型管。

（1）优质：分配变形量时，首要考虑的是变形效果，使异型管的感官形状、尺寸精度、表面光泽等尽可能符合设计要求，满足用户需求。异型管的感官形状是异型管的灵魂，希望焊管从业人员对此能有深切感悟，并将这一理念贯穿于孔型设计、轧辊加工与现场调试全过程。

（2）顺利：系指变形量的分配，要有利于变形管坯进出孔型。

（3）轻快：圆变异过程的轻快，一体现在设备负荷上，恰当地分配变形量，可以显著降低定径机组的负载，这一点对于变形高强度厚壁异型管特别有意义；二体现在轧辊孔型磨损上，如果轧辊孔型道次间严重不均匀磨损，那么，从变形量分配的角度看很难说合理；三体现在直度上，一个能够体现变形规律客观要求的变形量分配方案，其轧出的异型管直度好，不扭转，易矫直。

10.4.4.2　变形量的分配方法

（1）算术平均法。是对需要变形的总量，根据参与变形的道次数 N 进行简单平均，将总变形量 H 平均分配给各道孔型，即：

$$\overline{H} = \frac{H}{N} \tag{10-25}$$

那么，第 i 道次的变形参数 H_i 为：

$$H_i = (N - i)\overline{H} \tag{10-26}$$

式中，不同的变形线段对 H_i 而言有特定含义，并随选择的变形量而变。算术平均法的优点是变形比较均匀，缺点是没有考虑加工硬化对变形功的影响。

需要指出，以上两式中的 N 可以是平辊数，也可以是平立辊总数。当 N 为平辊数时，后一道立辊孔型变形量与前一道平辊孔型变形量相同。

（2）等比数列法。令等比为 q，则在总变形道次数 N 一定的情况下，第 i 道次变形量的等比数列参见式（10-27）：

$$H_i = q^i H \tag{10-27}$$

表 10-5 列出了三种常见布辊方式下的比值，其中 i 为平辊序号，以平辊变形为主，立辊为控制回弹，不参与变形量分配。

表 10-5　常见布辊方式的等比值 q^i

整形辊布辊方式	等比（q）	q^i				
		$i = 1$	$i = 2$	$i = 3$	$i = 4$	$i = 5$
3 平 2 立	0.5437	0.5437	0.2956	0.1607	—	—
4 平 3 立	0.5188	0.5188	0.2692	0.1396	0.0724	—
5 平 4 立	0.5086	0.5086	0.2587	0.1316	0.0669	0.0340

10.4.5 圆变异型的延伸（压缩）系数

10.4.5.1 孔型延伸（压缩）系数的刍议

延伸系数是根据冷轧变形时体积不变的金属秒流量原理而来，即在同一时间内，流过冷轧辊前后的金属体积不变，这一原理可用式（10-28）表示：

$$t_1 b_1 l_1 v_1 = t_2 b_2 l_2 v_2 \tag{10-28}$$

式中，t_1、t_2 表示冷轧前后管坯的厚度，且 $t_1 > t_2$；b_1、b_2 为冷轧前后板坯的宽度，轧前轧后变化不大，通常认为 $b_1 = b_2$；l_1、l_2 是冷轧前后板坯的长度，由于厚度变薄，形成 $l_1 < l_2$ 并将 $l_2 : l_1$ 称作延伸系数（率）；v_1、v_2 是冷轧前后板坯的运行速度，且通过 $v_2 > v_1$ 吸收 $l_2 - l_1$ 的差值，确保冷轧顺利进行，否则，要么发生堆钢事故，要么出现断带故障。可见，冷轧用延伸系数所要解决的是速度问题。

然而，圆变异中的所谓延伸系数，其实是指由管坯横向变形引发的管坯周向缩短量，并认为在周向缩短过程中厚度不变化而全部转化成长度增长量，这里主要关心的是圆变异过程中轧辊孔型包容问题。

因此，不能用冷轧带钢的思维定义焊管变形，将延伸系数的概念运用到焊管圆变异孔型之包容上，似有不妥。至于焊管横向变形引起的纵向增量，因其数值甚微，仍然应该交由速度即轧辊底径递增量进行界定。所以，在焊管圆变异工艺中，"延伸系数"更准确的叫法应该是孔型压缩系数简称压下系数，这样更名副其实，也与它所起的作用及设计初衷一致。

10.4.5.2 圆变异的压下系数

（1）压下系数的计算。受材料、工艺、设备、操作、孔型放置、焊管规格等因素影响，且其中许多影响因素都是非线性的、又交织在一起，准确定量很难。目前，焊管行业比较认可的圆变异之总压下系数 λ 可按下式计算：

$$\lambda = 1 + \frac{\Delta D}{D} = 1.02 \sim 1.04 \tag{10-29}$$

管小、管厚、较软取较大值；反之，取值可小些。

（2）压下系数的分配。在圆变异时，从形状差异看，往往第一、第二道改变最大，从而导致这部分的周向压缩量相较随后的道次要大些。于是，就应该给予第一、二道孔型长度相应多一点的裕量。而满足这一要求的分配方法可以按式（10-30）的思路进行分配：

$$\sum_{i=1}^{N} \left(\frac{1}{2^i} + \frac{1}{C} \right) = \left(\frac{1}{2} + \frac{1}{C} \right) + \left(\frac{1}{4} + \frac{1}{C} \right) + \left(\frac{1}{8} + \frac{1}{C} \right) + \cdots = 1 \tag{10-30}$$

式中，C 为常数，参见表10-6。若仍然以平辊为主变形配置，则各道次的压下系数 λ_i 和压缩量 ΔD_i 为：

$$\begin{cases} \lambda_i = \left(\dfrac{1}{2^i} + \dfrac{1}{C} \right) \\ \Delta D_i = \lambda_i \Delta D \end{cases} \tag{10-31}$$

表10-6所列常用压下系数的配置方案，仅供参考。

表 10-6　常用压下系数配置表

整形辊布辊方式	N	λ_i				
		$i = 1$	$i = 2$	$i = 3$	$i = 4$	$i = 5$
3 平 2 立	3	$\dfrac{1}{2} + \dfrac{1}{24}$	$\dfrac{1}{4} + \dfrac{1}{24}$	$\dfrac{1}{8} + \dfrac{1}{24}$	—	—
4 平 3 立	4	$\dfrac{1}{2} + \dfrac{1}{64}$	$\dfrac{1}{4} + \dfrac{1}{64}$	$\dfrac{1}{8} + \dfrac{1}{64}$	$\dfrac{1}{16} + \dfrac{1}{64}$	—
5 平 4 立	5	$\dfrac{1}{2} + \dfrac{1}{160}$	$\dfrac{1}{4} + \dfrac{1}{160}$	$\dfrac{1}{8} + \dfrac{1}{160}$	$\dfrac{1}{16} + \dfrac{1}{160}$	$\dfrac{1}{32} + \dfrac{1}{160}$

关于道次压下系数的分配，以及是否有必要具体分配到每一道孔型上，是值得商榷的。理论和实践证明，可以不用具体分配到每一道孔型上，也就是说，可以直接用公称尺寸作为设计孔型弧长的依据。

10.4.5.3　道次压下系数设计异型轧辊孔型的初衷与非必要性

（1）预设道次压下系数的原因与初衷。一方面，在传统圆变异工艺中，异型轧辊孔型长度都比成品尺寸长一点，即赋予每一道异型孔型一个压下系数，用以容纳管坯变形时所发生的周向收缩量，并据此作为设计各道各段孔型弧长或边长的依据。这个理论有两个假设：一是金属管坯无回弹，即出轧辊孔型后的管坯几何形状和尺寸与孔型完全一致；二是孔型工况与理论设定完全相同。但是，实际上管坯不仅存在回弹，而且回弹量还随管坯性能、设备精度及现场操作等不同而变化；实际工况也与理想状态相去甚远，使得圆变异管坯的实际变化值常常背离由道次压下系数所代表的量，导致道次压下系数形同虚设。另一方面，设计初衷与实际效果存在较大差距。以压下系数作为设计孔型弧长的依据，其初衷是，试图通过精确计算、精确设计以提高异型管精度。然而，从实际工况看，用道次压下系数法设计的孔型所生产的异型管精度未必就高；而直接以成品管公称尺寸设计的孔型所产异型管，其精度并没有降低。这是因为，以中小直径圆管为例，由道次压下系数决定的各段孔型收缩量，通常只有几微米至十几微米，而在圆变异过程中，影响成品异型管精度的因素又太多，如材料、工艺、操作等，只要这些因素中的任意一个没有达到理论设计要求，采用压下系数设计异型管孔型就显得没有必要。

（2）道次压下系数设计孔型的非必要性。具体体现在以下几个方面：

1）道次压下系数表征量细微。以 25mm × 25mm × 1mm 方管（$r = 1.5t$）为例，其展开宽度为 $C_1 = 97.42$mm；当总压下系数取 $\lambda = 1.025$ 时，易得变异前圆管的展开宽度 $C_0 = 99.86$mm。由 C_0、C_1 之差可知，总压下系数所代表的整形余量为 2.440mm。如果按 4 平 3 立布置孔型，则每段孔型弧线所代表的压下系数表征量仅为 0.101mm，与每一段弧线长度相比，仅占 4‰左右，微不足道。

2）管坯规格对道次压下系数的影响。单就厚度而言，实际厚度存在三种形态：一是实际厚度等于公称厚度；二是实际厚度大于公称厚度；三是实际厚度小于公称厚度。设实际厚度与管材厚度的差值为 δ，那么根据焊管用料宽度计算式有：

$$B = \left[(D - t)\pi + (\Delta_1 B + \Delta_2 B) \right] + \Delta_3 B + \delta\pi \tag{10-32}$$

在式（10-32）中，为便于讨论，这里令（$\Delta_1 B + \Delta_2 B$）为常量，则有：

第一，当 $\delta > 0$ 时，有 $\delta\pi > 0$。说明管坯厚度为正偏差时，生产同规格焊管所需管坯宽度应比理论带宽窄$\delta\pi$，否则，宽出的部分$\delta\pi$必然转换成整形余量，从而使实际整形余量大于压下系数表征量。

第二，当$\delta=0$时，有$\delta\pi=0$。说明是理想管坯厚度。

第三，当$\delta<0$时，有$\delta\pi<0$。说明当管坯厚度偏差为负时，生产同规格焊管所需带宽应比理论带宽宽$\delta\pi$，否则，窄少的部分$\delta\pi$必然需要原定的整形余量来补充，从而使实际整形余量小于压下系数所代表的量。

以上关于δ的三种取值及结果说明；厚度变化值与宽度变化值是可以相互转换的，并同时影响整形余量，最终影响人们所设定的道次压下系数。

3）管坯硬度的影响。以冷轧半硬和冷轧半软管坯生产25mm方管为例，生产实践证明，前者用料宽度98.5mm即可，后者102mm也行。虽然二者相差3.5mm并大于总压下系数表征量1.06mm，但所生产方管的几何形状和尺寸却几乎相同。这是因为硬管坯的周向压缩和纵向延伸都很小，需要的整形余量理所当然就小；同理，软管坯的周向压缩和纵向延伸都很大，需要的整形余量就多。可见，预先设置的道次压下系数并非圆变异的充分必要条件。

4）孔型实际工况与设定工艺相左。这里指主变形辊和辅助变形辊的实际变形量与压下系数设定的变形量总是难以完全一致。因为根据变形工艺的需要，为了保证出平辊后的异型管坯能够顺利进入立辊，往往将出平辊的异型管坯之上下尺寸调至小于左右尺寸，如图10-29a所示；同理，将出立辊的异型管坯之左右尺寸压成小于上下尺寸，如图10-29b所示。这样，管坯实际周向收缩量与设定的道次压下量自然不相等，从而说明设置道次压下系数的意义不大。

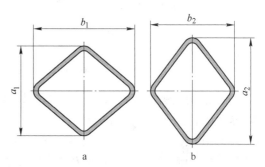

图10-29　出平、立辊的异型管坯实际形状
a—出平辊，$b_1>a_1$；b—出立辊，$b_2<a_2$

5）精度因素。根据DIN2395矩形和方形焊接空心型钢的标准，25mm方管的极限偏差是±0.25mm，公差带为0.50mm。依照此标准，成品管的边长在24.75～25.25mm都合格，可是，根据上面的计算，各道次每段孔型曲线上分摊到的、由压下系数所决定的量仅0.101mm，约占20%。由此可见，仅标准允许的极限偏差一项就足以表明采用压下系数没有必要。

另外，还有操作因素、辊缝控制因素以及孔型错位等都从不同侧面说明，设置道次压下系数仅仅是理论上的一厢情愿，并无实效。倒不如直接用公称尺寸作为设计依据来得实用、方便、简洁。

10.4.6　公称尺寸法设计异型轧辊孔型

既然道次压下系数的理论不完善，定量不准确，每段弧线的表征量相对材料、工艺、操作和公差尺寸等可以忽略不计，作用不明显，设计计算又繁杂，不如改用公称尺寸作为设计圆变异孔型的依据，既适用，设计程序又简单方便。

10.4.6.1　公称尺寸法设计异型轧辊孔型的内涵

异型轧辊孔型的公称尺寸设计法就是，在给定焊管总整形余量即总压下系数的前提下，各道轧辊孔型曲线直接以成品异型管各部位的公称尺寸为基本数据，以变形量为变量，曲线与曲线之间直接连接，不设系数，不设计角部 r 弧线。公称尺寸法设计异型轧辊孔型的内涵有以下几点：

（1）公称尺寸长度等于孔型弧线长度。也就是说，除需要预留辊缝外，孔型上的每一段弧线长度，都与成品管相应部位的尺寸一一对应相等，不存在系数关系，如图 10-30 所示，成品管上各线段与孔型上各线段对应等长。

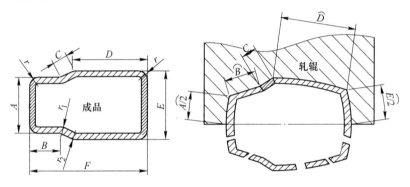

图 10-30　公称尺寸法设计的不等边矩形管孔型

（2）总整形余量或者叫总压下系数只体现在变形管坯上，并通过一定的定径平辊底径递增量反映，与孔型尺寸无关。

（3）孔型弧线与弧线之间直接连接，不存在 r 角弧线，（参见图 10-27a），将 R 角留给生产过程进行控制。当然，如果对 R 角有特殊要求，那将 R 弧线看成一般弧线进行设计即可。

（4）由于没有设计压下系数，所以孔型总弧线长度比传统孔型的总弧线长度要稍短，因此，除了末道平、立辊孔型，其余道次的辊缝值都要偏小设计。

10.4.6.2　异型轧辊孔型公称尺寸法设计的优点

异型轧辊孔型公称尺寸法的设计有三个优点：

（1）简化设计程序，提高设计效率。

（2）分工明确，各负其责。孔型设计师负责按孔型变形规律设计孔型，将属于生产操作过程中的一些不确定、难定量、经验类因素，交由生产者去具体问题具体处理，这样更符合焊管生产规律，更贴近焊管生产实际。

（3）孔型线条简化，加工更方便。

10.4.7　圆变异孔型放置方位

孔型放置得合理与否，对生产效率、操作难易、孔型磨损、轧辊加工、单位辊耗等方面都具有重要影响。

10.4.7.1　圆变异孔型放置形式

孔型放置形式分为箱式和斜出两大类。

（1）箱式孔型。是一种形象化叫法，如图 10-31 所示。箱式孔型可以分为箱式平出孔型和箱式立出孔型，区分方法与型钢类似。平出孔型平辊通常为主变形，立出孔型一般立辊承担主变形。立辊主变形变形阻力大而拖拽动力相对不足，易打滑，平辊孔型外缘容易堆积磨损瘤，压花管面，除了焊缝位置特别需要，一般不选用。

（2）斜出孔型。一般是指孔型的一条对角线或对称线与水平面成一夹角的孔型。斜出孔型又分为斜平出孔型、斜立出孔型、45°斜出孔型和任意角斜出孔型四种。斜出孔型有利于角部成型，变形出小圆角。

1）斜平出孔型。指像矩形管类的孔型，它的一条对角线与水平面的夹角为0°。轧辊特征是，平辊两边的辊环一样大，立辊辊环有大小头，如图10-32所示。该孔型的优点是主动辊两辊环之间没有速度差，同时缩小了平辊孔型的速度差，有利于减少孔型磨损；缺点是立辊单向受力大，而立辊轴及轴承相对于平辊的又偏小，导致立辊轴承易损。

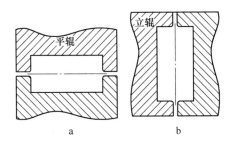

图 10-31　异型轧辊箱式孔型

a—箱式平出孔型；b—箱式立出孔型

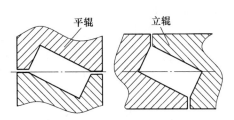

图 10-32　斜平出孔型

2）斜立出孔型。指矩形管的一条对角线与水平面垂直的孔型。轧辊孔型的特征是，立辊无大小头而平辊有大小头，如图10-33所示。斜立出平辊孔型的线速度差大，孔型外缘易摩擦变花，建议慎用。

3）45°斜出孔型。指孔型中至少有一个相对较长的面或是一条对称线与水平面成45°。该轧辊孔型的特征是，平立辊都有大小头，这实际上是第一、第二种的折中，兼具上述两种孔型的优点，参见图10-34。此种孔型在实际生产中应用最多。

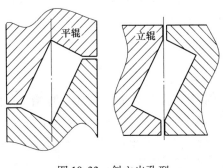

图 10-33　斜立出孔型

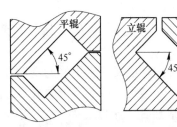
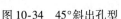

图 10-34　45°斜出孔型

4）任意角斜出孔型。除上面三种角度以外的斜出孔型，特征是孔型上相对较长面既不与水平面垂直或不平行，也不成45°，角度介于平出与45°斜出之间，平立辊均有大小头。孔型主要用于宽高比大于3的异型管。这类孔型需要兼顾孔型速度差、变形力、机组打滑、孔型磨损等因素，并在这些因素中寻找最有利的方面，同时最大限度地避免不利方面。

　　孔型放置方位的重要性在孔型设计中位居首位,是衡量孔型设计优劣的重要标准,对焊管生产影响深远。在孔型设计前必须认真分析管型,了解客户需求如 R 角大小、焊缝位置等,研判各种利弊,并且遵循一定的放置原则。

10.4.7.2　圆变异孔型放置原则

　　(1) 有利于顺利咬入焊管的原则。是异型孔型放置的首要原则,即变形管坯进入孔型的阻力小,孔型开口要大。

　　(2) 有利于焊管顺利脱模的原则。是孔型设计的基本原则,系指变形焊管能无障碍、不受干扰地离开模具孔型。比较箱式孔型与斜出孔型,半个箱式孔型围成了一个 U 字形区间,其孔型开放程度不如斜出孔型那样呈 V 形敞开,这也是箱式孔型磨损大于斜出孔型的重要原因之一。

　　(3) 有利于减少单位辊耗的原则。据某焊管厂 5 年的统计数据显示,同样生产 30mm × 60mm × 3mm 的矩形管,箱式孔型与斜出孔型的单位辊耗比为 2.16:1。因此,在没有其他限制条件情况下,应尽可能选用斜出孔型。

　　(4) 有利于控制焊缝位置的原则。怎样放置孔型,有时并不会完全按设计者的意愿。如图 10-26a 所示梭子管的焊缝要求在管尾或管头 R 中间位置,那么,就只能选择立出孔型或 45°斜出孔型。因此,在这个意义上说,孔型摆放位置具有一定的客观必然性。

　　(5) 有利于稳定产品质量的原则。以异型管角部变形为例,通常情况下,箱式孔型所成的角,在同等受力情况下比斜出的要大,而且,斜出异型管的棱角更清晰、外形感官更好。

　　(6) 有利于提高生产效率的原则。孔型放置方式不同,使得孔型面上各点的线速度差异较大,容易导致孔型与管子发生相对运动、打滑、直至孔型上附着金属瘤。生产实践中,为了预防这些不测,最常用且最行之有效的措施之一便是降低焊管机组运行速度,但是,这是以牺牲效率为代价的,不可取。

　　(7) 有利于孔型加工修复的原则。从加工角度看,箱式孔型比斜出孔型多一个加工面,相对难加工。从修复角度看,比较箱式孔型与斜出孔型,前者孔型两侧一旦磨损,恢复孔型精度的修复量比斜出的大许多;有的如箱式末道轧辊孔型便无修复的可能(指一体孔型),只能报废。这些,都是孔型设计师必须考虑的问题。

10.5　先成异圆后变异型管工艺

　　焊管行业迫切需要一种更好的变形方法生产如图 10-5 所示管面有 V 槽、R 槽、U 槽、Ⅱ 槽的异形管,或图 10-35 所示的缺角管。而先成异圆后变异工艺是基于这一需要、新近研发的集先成圆后变异与直接成异工艺之优点于一身、变形凹槽凸筋类(以下仅表述凹槽)异型管的先进变形方法。

10.5.1　现行工艺方法的启迪

　　既然现行的一些变形方法在变形槽类异管型方面各有所长,倘若能将直接成异工艺中轧槽的实轧孔型移植到先成圆后变异工艺之成圆孔型上,使轧槽与成圆同步进行,并按先成圆后变异工艺流程操作,那么,当凹槽基本成型后,只要成"槽圆"过程和"槽圆"变异过程中的变形量及公差控制得当，就能确保最终的槽型管型、焊缝强度和生产效率达到设计目标，图 10-35 所示变形花的演变过程就是这一思路的表现形式。图 10-35b 中，实线部分代表被采用的孔型，虚线部分代表被舍弃的孔型；同样在图 10-35a 中，虚、实线代表的含义与图 10-35b 相同；而由图10-35a、b 中的实线所构成的孔型，就是先成异圆再变异工艺的变形花，参见图 10-35c，该变形花完整形象地描述了先成异圆后变异的工艺流程和内涵。

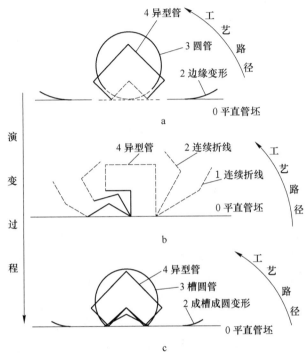

图 10-35 新旧工艺变形花

a—先成圆后变异工艺变形花；b—直接成异工艺变形花；c—先成异圆再变异工艺变形花

10.5.2 先成异圆再变异工艺

10.5.2.1 先成异圆再变异工艺的内涵

以"先成圆后变异"工艺为载体，将"直接成异"工艺中的实轧凹槽孔型与先成圆后变异工艺中的成圆孔型作适当取舍、合二为一，让直接成异工艺中轧槽部分的孔型附着到第一道（通常较小的槽只需要一道即可）成圆孔型上，使管坯在成圆的同时轧出槽的基本尺寸和形状，然后焊接成槽圆管，并利用现有或新开的异型轧辊，把有槽圆管变形为各种槽类异型管。其主要工艺路径如图 10-36 所示。

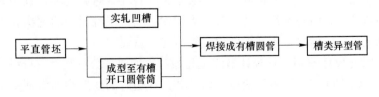

图 10-36 先成异圆后变异工艺流程

10.5.2.2　先成异圆再变异工艺的特征

比较图 10-35 中的三朵变形花和三条工艺路径不难看出，先成槽圆再变异工艺最显著特征是：一轧定终身。主要体现在对凹槽的轧制上，表现在三个方面：

（1）只有最初的孔型与轧槽有直接关系，一般只用一道孔型一边轧槽一边进行成圆变形，其余孔型均与轧槽无直接关系，而最终成品上槽的宽窄、深浅、盲孔型部位 R 角之大小等都由最初轧槽孔型决定，其他道次的孔型仅仅对槽底宽产生轻微影响；如果对槽底开口宽度预先控制得当，就不会影响成品精度与形状。

（2）充分利用上下辊凹凸部位可以相互切入的孔型，对管坯实施实轧，能够从一开始就将槽和角的位置与尺寸精准定位，并且不会在后续成圆变异过程中发生大的改变。

（3）轧槽与成圆变异有机结合，一旦槽成型后，便与继续成圆变异的管坯并行不悖、相伴一身。

由此可见，先成异圆再变异工艺关注点其实是关于槽的轧制，因为槽之形状是评价槽类管优劣最重要的标志，也是整个变形过程的关键所在。故此，以下论及的孔型设计原则亦主要针对轧槽而言。

10.5.2.3　凹槽孔型设计原则

（1）同步轧制原则。是先成异圆再变异工艺关于孔型设计的首要原则，就是将用于轧槽的孔型附着在第一道传统成圆孔型上，当孔型对平直管坯进行成圆变形时，槽的轧制也在同步进行。也就是说，一旦平直管坯开始成圆变形，那么，在变形管坯相应部位就必然留有槽的痕迹，二者同时发生。这有利于凹槽在管坯和成品管上精确定位，因为只要成圆孔型上的凹槽依据一定尺寸被"固化"后，根据映射原理，当成品管基本尺寸到位后，成品管上的凹槽形状、凹槽位置和凹槽尺寸实际上就已经被"定格"了，不会发生大的改变。而且，管面上槽越多，同时轧制的重要性就越显现。

（2）一次轧制原则。一方面要求对槽的轧制成型尽量只采用一个道次完成，哪怕要成型的槽可能比较深、比较长，也必须将主要部位如盲角、槽深等一次轧成。特别对于多而浅小的槽，则必须一次轧槽成型，否则，在后续变形中很难对多槽槽型进行控制。另一方面，根据成槽原理，孔型上的槽底宽度总是后一道比前一道窄，这样，后一道较窄的轧槽孔型很难恰好与前一道次留在管坯上的较宽轧槽痕迹完全重合，不但会破坏已经成槽的形状，还会轧伤槽表面，甚至管坯在轧痕部位被撕裂。这些工艺事实也要求凹槽尽可能一次完成，或一次完成凹槽主体。

（3）避空设计原则。系指在对应于管坯上亦已成槽的凸起部位，对后续实轧开口成圆孔型，无论是上辊或者是下辊都必须为管坯上的凸筋或凹槽不受阻碍地顺畅通过留出足够空间。避空槽型可以与成品管槽型相似，亦可采用 Ⅱ 形。避空设计的必要性在于，避免后道孔型对已经轧出的槽发生错槽轧制。事实上，受管坯 S 弯、轧槽过程中管坯被横向延伸、成型设备对管坯横向稳定控制能力等诸多因素影响，很难保证后道次孔型不发生错槽轧制。这一原则对管面槽数多于两槽的槽类管型尤显重要。

（4）公称尺寸设计原则。在设计槽部位孔型时，均要按公称尺寸进行设计，各线段均不设工艺余量。因为凹于管腹内的槽深、盲角等，在随后的变形中通常都受不到大的轧制力作用，这些部位的尺寸一旦确定下来之后便几乎不发生变化。

（5）顺利脱模原则。该原则主要针对多槽且必须有槽落在成圆管坯边部弯曲弧上的情况，此时必须综合权衡管坯边部弯曲变形半径、变形角与中部底宽，以确保成槽后的管坯能够顺利离开孔型。这是槽类轧辊孔型设计中必须注意的问题。

10.5.3　先成异圆后变异工艺的独特作用

在该工艺没有发明前，要想生产如图 10-5 所示、截面形状似方似花、管身平凹有致、线条清晰的 R 形凹槽方管，且管面上 4 个 R 形凹槽对称、8 条清晰的线条却非易事。因为"先成圆后变异"和"直接成异"工艺在生产这类细小凹槽异型管时，会遇到两个棘手的问题。

从圆变异过程中轧辊孔型与管外壁接触的情况看，它是一种空腹变形。若要在管面变形出如图 10-5 所示的 R 形凹槽，通常只能采用如图 10-37 所示的轧辊孔型对圆管实施空腹冷轧，以迫使圆管变异。这样，在孔型 R 状凸筋圆弧触碰到圆弧管面并形成凹槽的过程中，受管面整体性和钢材抗压强度、屈服强度共同作用，在凹点两侧一定范围内的管面势必随 R 状凸筋逐渐切入而下凹，并不可避免地形成开口宽度明显大于设计宽度的 V 形槽，且 V 形槽两侧的线与管平面线均

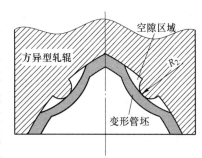

图 10-37　圆变方变槽时管坯变形示意

为圆弧相切，槽两侧看不到清晰明显的连接线痕迹。在空腹变形方式下，管坯无法反向充满图 10-36 中的空隙区域，无法变形出图 10-5 所示的既浅而窄又清晰可见的 R 形凹槽。

而若采用直接成方工艺，它虽然可以在直接成方的过程中轧出比较理想的 R 形凹槽，但是，由于该管形有一个 R 凹槽是在焊缝位置上，这就给直接成方的孔型设计增添了难度；如果通过偏心设计解决这一难题的话，那么将产生另一个更棘手的问题——焊接稳定性差和焊缝强度低。

因此，先成异圆后变异工艺此时就可以充分发挥其在轧槽、变方和焊接方面的独特作用，解决这些难题，生产出只有铝合金管挤压成型工艺方可达到的管形效果。

10.5.4　先成异圆再变异工艺的优点

先成异圆再变异工艺，是现有变形槽类管生产工艺及其产品均无法与之相提并论的，它在管形槽形、焊缝强度、焊接速度、模具共用、生产成本等方面优点显著。

（1）管形槽形规整。用该工艺方法所生产的槽类异型管整体视觉效果好，棱角分明、线条清晰、槽形规整，是先成圆后变异工艺无法达到的。

（2）焊缝强度高、焊接速度快。该工艺除了成槽方法类似直接成异工艺之外，其余流程都视同先成圆后变异之工艺。在焊缝强度、焊接速度、生产效率等方面是直接成异工艺所望尘莫及的。

（3）模具共用率高。与先成圆后成异工艺相比，先成槽圆再变异工艺有的品种模具共用可达 90% 左右（已有异型辊），更是直接成异工艺无法比拟的，从而使槽类管的开发成本和生产成本大为节省，产品更具竞争力。

总之，先成槽圆再变异工艺方法，既克服了先成圆后变异工艺和直接成异工艺在成型

槽类管方面的不足，同时又将各自优点有机结合、融为一体、优势互补，为优质高效低耗地生产槽类异形管开辟了一条新途径，使槽管品质、生产效率、生产成本得到极大改善。

10.6　异型管断面变形

异型管的断面变形，因变形为异型管的形状和横向变形方式不同而具有较大差异。

10.6.1　"直接变异"条件下的断面变形

在直接变异条件下，管坯断面变形主要表现在折弯的角部；而且一般认为，当 $r/t \geqslant 5$ 即折弯部位内半径与管坯厚度之比大于 5 时，折弯部位的厚度不发生变化；当 $r/t < 5$ 时，折弯部位变薄，而异型管角部通常 $r/t < 5$。

10.6.1.1　折弯减薄的成因

（1）内在成因。异型管直接成异中的弯曲过程（这里主要指角部，下同），符合宽板弯曲的要求，也就是板的宽度远远大于板厚，故弯曲时沿宽度方向（对焊管而言是纵向）基本上不变形，通常作为平面问题处理。

弯曲变形过程中，随着弯曲变形程度的增大，管坯内外表面的曲率半径 r 和 R 会减小，弯曲部位的厚度 t（$t = R - r$）也随之发生变化。但是，曲率半径 r 和 R 的减小并不同步，总是外半径比内半径减小得更多，即 $|\mathrm{d}R| > |\mathrm{d}r|$，所以，随着弯曲变形程度的增大，弯曲部位的厚度会不断变薄，其变薄过程可用式（10-33）表示：

$$\mathrm{d}t = \mathrm{d}R - \mathrm{d}r < 0 \tag{10-33}$$

也就是说，从金属塑性变形的本质上讲，塑性延伸比塑性压缩所需要的能量更少，弯曲时外层延伸比内层压缩更容易，外层 R 减小的速度快于内层 r，导致角部减薄。

（2）工艺因素。在管坯被强制弯曲过程中，管坯在上下辊轧制力作用下，形成三点受力。在图 10-38 中，上辊施加的压下力 F 迫使管坯朝下辊 R 部位跑，而下辊施加的支承力 f 则试图阻止管坯往孔型内的 R 处移动，并在下辊 A、B 两点产生阻止管坯向孔型内移动的摩擦阻力 f_μ。A、B间的开口越小，摩擦阻力越大；特别地，当管坯外面触碰到下辊 R 部位的切点 a、b 时，支承力之间的距离达到最小值，摩擦阻力则达到最大值。随着变形的进行，阻止管坯进入 R 部位的摩擦阻力急剧增大，并超过管坯发生拉应变（塑性）所需要的拉应力，最终导致 a、b 间的弯曲管坯发生横向塑性延伸，角部减薄。

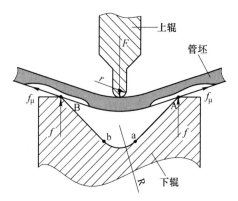

图 10-38　弯曲变形管坯受力延伸示意图
F—压下力；f—支承力；f_μ—摩擦阻力

（3）操作因素。如辊缝过小，导致角部被直接轧薄。减薄量多寡，与管坯厚度、轧制力、外（内）R 值、入口宽窄、变形角度、管材材质、表面光洁、摩擦系数等关系密切。

关于这部分的减薄，由于影响因素较多，目前尚无精确的定量表达式。但是，这并不妨碍实际应用，大多凭经验，这也是本章 10.3 节为什么特意交代直接成异的管坯开料宽度必须经过试轧后才能确定的重要原因。

10.6.1.2 管坯折弯减薄变形的特征

设管坯在弯曲变形过程中恒保持圆弧状，且切向横截面恒保持平面，则经过某一微小时间 Δ 间隔后，如图 10-39 所示，内圆半径由 r 变为 $r + dr$，外圆半径由 R 变为 $R + dR$，相应地，厚度由 t 变为 $t + dt$，其中，dr、dR 和 dt 均小于 0，而弯曲中心角 α 变为 $\alpha + d\alpha$（$d\alpha > 0$），那么，管坯折弯减薄变形具有以下三个特征：

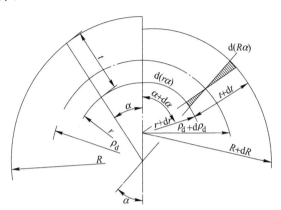

图 10-39 管坯折弯变形过程中内外半径及厚度变化示意图

（1）塑性弯曲变形时体积不变。对于平面变形的管坯来说，体积不变也可用侧面积 A 不变来表示，即

$$A = \pi(R^2 - r^2)\frac{\alpha}{2\pi} = 常值 \tag{10-34}$$

于是有 $dA = 0$，或者

$$\frac{d\alpha}{\alpha} = \frac{2(rdr - RdR)}{R^2 - r^2} \tag{10-35}$$

（2）弯曲变形服从平面假设说。所谓平面假设是指沿切线方向的横截面恒保持平面，这样，弯曲后外表层切向长度（$R\alpha$）将伸长 $d(R\alpha)$，同时，内表面切向长度（$r\alpha$）将缩短 $d(r\alpha)$，而且伸长量 $d(R\alpha)$ 和缩短量 $d(r\alpha)$ 与内、外表面到应变量中性层的法向距离成比例，如式（10-36）所示：

$$\frac{d(R\alpha)}{d(r\alpha)} = \frac{R - \rho_d}{r - \rho_d} \tag{10-36}$$

式（10-36）可以改写为式（10-37）：

$$\frac{dR + R\left(\dfrac{d\alpha}{\alpha}\right)}{dr + r\left(\dfrac{d\alpha}{\alpha}\right)} = \frac{R - \rho_d}{r - \rho_d} \tag{10-37}$$

（3）中性层处切向应变增量为 0。管坯角部发生塑性弯曲变形时，在应变增量中性层即 $\rho = \rho_d$ 处，有 $d\varepsilon_\theta = 0$，且

$$d\varepsilon_\theta = \frac{d(\rho\alpha)}{\rho\alpha} = \frac{d\rho_d}{\rho_d} + \frac{d\alpha}{\alpha} = 0 \tag{10-38}$$

继而有式（10-39）：

$$\frac{d\alpha}{\alpha} = -\frac{d\rho_d}{\rho_d} \tag{10-39}$$

那么，式（10-35）、式（10-37）和式（10-39）就是反映管坯角部塑性弯曲变形三个

重要特征的表达式，由此不难求解弯曲部位的减薄量。

10.6.1.3　减薄系数与中性层内移系数的计算

根据弯曲变形体积不变和服从平面假设这两个特征，联立式（10-35）、式（10-37），并整理得：

$$
\begin{cases}
\dfrac{\mathrm{d}R}{\mathrm{d}r} = \dfrac{(R^2 + r^2)(R - \rho_{\mathrm{d}}) + 2Rr(\rho_{\mathrm{d}} - r)}{(R^2 + r^2)(\rho_{\mathrm{d}} - r) + 2Rr(R - \rho_{\mathrm{d}})} \\[3mm]
\rho_{\mathrm{d}} = \sqrt{\dfrac{(R^2 + r^2)\,\mathrm{d}r - 2Rr\mathrm{d}r}{(R - r)(\mathrm{d}R + \mathrm{d}r)}}
\end{cases}
\tag{10-40}
$$

那么，根据式（10-40），可以判断管坯弯曲部位厚度的变化情况：

当 $\left|\dfrac{\mathrm{d}R}{\mathrm{d}r}\right| > 1$ 时，角部减薄；当 $\left|\dfrac{\mathrm{d}R}{\mathrm{d}r}\right| < 1$ 时，角部增厚；当 $\left|\dfrac{\mathrm{d}R}{\mathrm{d}r}\right| = 1$ 时，角部厚度不变化。

同时，将 $t = R - r$，$\mathrm{d}t = \mathrm{d}R - \mathrm{d}r$ 代入式（10-40），得式（10-41）：

$$
\frac{(R^2 + Rr) - (r^2 + Rr)\left(\dfrac{\mathrm{d}R}{\mathrm{d}r}\right)}{\sqrt{Rr(R - r)\left(1 + \dfrac{\mathrm{d}R}{\mathrm{d}r}\right)}} = \sqrt{\frac{r\dfrac{\mathrm{d}R}{\mathrm{d}r} - R}{r - R\dfrac{\mathrm{d}R}{\mathrm{d}r}}}
\tag{10-41}
$$

在式（10-41）中，已知内外半径 r 和 R，用逐次逼近法可求得 $\dfrac{\mathrm{d}R}{\mathrm{d}r}$，最后根据式（10-41）分别求得减薄系数和中性层内移系数：

$$
\begin{cases}
\eta_i = \dfrac{R_i - r_i}{t_0} \\[3mm]
K_i = \dfrac{\eta_i^2}{2} - \dfrac{r_i}{t_0}(1 - \eta_i), i = 1, 2, \cdots
\end{cases}
\tag{10-42}
$$

进而可知管坯在折弯变形过程中任一时刻的 t、η、K 值以及随内外表面半径 R 和 r 变化的规律。

下面介绍一个相对简单的计算减薄量的计算式，只介绍结论，不介绍推导过程，见式（10-43）：

$$
\begin{cases}
\dfrac{\mathrm{d}R}{\mathrm{d}r} = \dfrac{\left[\dfrac{1}{2}(R - r) + e\right]^2}{2R}\ln\left(\dfrac{R_{i-1}}{R_i}\right) \\[3mm]
e = \dfrac{t}{2} - K_i t
\end{cases}
\tag{10-43}
$$

式中，R_i 为各道次的变形半径；R 为成品外表面半径；e 为中性层内移量；其余符号意义同上。

表 10-7 是采用直接成异工艺生产 170mm × 85mm × 4mm 矩形管下部某一个弯曲角、每一道次的减薄量和总减薄量的结果。

表 10-7 170mm×85mm×4mm 矩形管角的减薄量

数值 参数 道次	内圆半径 r/mm	外圆半径 R/mm	内移量 e/mm	$\ln\left(\dfrac{R_{i-1}}{R_i}\right)$	减薄量 /mm	减薄后厚度 t_i/mm
1	41.70	45.70	0.04	—	0.02	3.98
2	18.30	22.28	0.06	0.80	0.07	3.91
3	11.30	15.21	0.09	0.48	0.07	3.84
4	7.20	11.04	0.10	0.45	0.08	3.76
5	6.90	10.66	0.11	0.04	0.01	3.75
6	5.30	9.05	0.13	0.26	0.05	3.70
7	4.20	7.90	0.15	0.23	0.05	3.65
8	4.00	7.65	0.15	0.04	0.01	3.64
合计	—	—	0.15	—	0.36	—

10.6.1.4 研究直接成异断面变形的意义

研究直接成异工艺条件下异型管断面变形,对确定开料宽度、确保管材强度以及提高孔型精度等都具有重要意义。

(1) 指导开料宽度。根据体积不变原理,弯曲部位减薄量必然要转换成宽度增量与长度增量,而根据冷轧实际工况,转换为长度的增量极其细微,可以忽略不计,因此,易得宽度增量 Δb:

$$\Delta b = \frac{\Delta t b_0}{t_0 - \Delta t} \tag{10-44}$$

式中 t_0, b_0——分别为弯曲部位轧前的厚度与宽度;

Δt——弯角部位减薄量。

从表 10-7 中的数据看,成品管角的中性层最大内移量 $e = 0.15$mm,由此得一个角的中性层弧长是 9.18mm,即在式 (10-44) 中,已知 $t_0 = 4$mm,$\Delta t = 0.36$mm,$b_0 = 9.18$mm,将这些数据代入得 $\Delta b = 0.91$mm。也就是说,在采用直接成异工艺变形 170mm×85mm×4mm 矩形管时,因一个角减薄而使管坯宽度增宽了 0.91mm,它相当于 4mm 厚的管坯宽度达 0.82mm;4 个角总计增宽约 3.3mm。因此,若单纯从这一角度讲,计算开料宽度时就应该相应减去 3.3mm。当然,实际情况远比单纯计算复杂得多,其定性意义远远大于定量意义。

(2) 指导用料厚度。受直接成异工艺左右,成型、焊接后的异型管在整形阶段径向受力和周向受力都很小,已经变薄的管坯横断面很难再增厚。角部变薄后,必然或多或少地影响管材强度、刚度。尤其当客户对此有严苛要求时,选用材料厚度就必须考虑减薄因素,至少要选择厚度为正偏差的管坯。

(3) 指导孔型设计。根据弯曲变形减薄的事实,相应道次成型孔型的内半径 r 应该按式 (10-45) 进行设计:

$$r = R - t_i \tag{10-45}$$

否则,外半径 R 将难以达到设计要求。

最后强调一点，直接成异工艺条件下的角是以实轧为主轧出来的，而先成圆后变异的角是空腹挤压出的，二者工况截然不同。

10.6.2　先成圆后变异工况的断面变形

10.6.2.1　圆变异壁厚增厚现象

这里的断面变形，仅指圆变异过程，即定径整形阶段导致管坯横断面厚度发生的变化。与直接成异工艺时横断面折弯部位变薄变形完全不同，大量检测数据证明，先成圆后变异管壁变形呈现增厚趋势，不同圆变异的管壁增厚具有普遍性和差异性特征，如图 10-40 中阴影区域所示为增厚部分。但是，增厚量和增厚比例却因异型管规格、变异孔型、变异道次、所用材质、实际操作等不同而存在较大差别，参见表 10-8 和表 10-9。

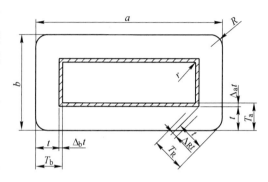

图 10-40　$a \times b \times t$ 矩形管增厚示意图

表 10-8　矩形管壁厚增量实测平均值

| 编号 | 焊管规格 /mm × mm × mm | 原始壁厚 t/mm | 边部增量 | | | 角部增量 | | | 出管角度 θ/(°) | 变形道次 N | 孔型样式 |
			T_a/mm	Δt/mm	$\frac{\Delta t}{t} \times 100$ /%	T_R /mm	ΔR /mm	$\Delta R/t \times 100$ /%			
1	$20 \times 40 \times 0.80$	0.72	0.75	0.03	4.17	0.76	0.04	5.56	45	9	斜出
2	$20 \times 40 \times 2.0$	1.95	2.05	0.10	5.13	2.13	0.18	9.23	45	9	斜出
3	$25 \times 50 \times 2.00$	2.02	2.11	0.09	4.46	2.17	0.15	7.43	40	9	斜出
4	$25 \times 50 \times 1.15$	1.13	1.16	0.03	2.65	1.20	0.07	6.19	40	9	斜出
5	$30 \times 60 \times 2.00$	1.99	2.06	0.07	3.52	2.18	0.19	9.55	45	7	斜出
6	$30 \times 80 \times 2.00$	2.03	2.14	0.11	5.42	2.23	0.20	9.85	0	9	箱式
7	$30 \times 110 \times 2.50$	2.52	2.66	0.14	5.56	2.76	0.24	9.52	0	9	箱式
平　均　值		1.77	1.85	0.08	4.52	1.92	0.15	8.47	—	—	

表 10-9　方形管壁厚增量实测平均值与变形道次 N 的关系

| 编号 | 焊管规格 /mm × mm × mm | 原始壁厚 t/mm | 边部增量（$N=5$） | | | 角部增量（$N=5$） | | | 边部增量（$N=9$） | | | 角部增量（$N=9$） | | | 出管角度 θ/(°) |
			T_a /mm	Δt /mm	$\Delta t/t \times 100$/%	T_R /mm	ΔR /mm	$\Delta R/t \times 100$/%	T_a /mm	Δt /mm	$\Delta t/t \times 100$/%	T_R /mm	ΔR /mm	$\Delta R/t \times 100$/%	
1	$18 \times 18 \times 1.00$	0.99	1.04	0.05	5.05	1.07	0.08	8.08	1.02	0.03	3.03	1.06	0.07	7.07	45
2	$18 \times 18 \times 1.70$	1.71	1.82	0.11	6.43	1.87	0.16	9.36	1.78	0.07	4.09	1.84	0.13	7.60	45
3	$20 \times 20 \times 1.20$	1.15	1.19	0.04	3.48	1.23	0.08	6.96	1.18	0.03	2.61	1.21	0.06	5.22	40
4	$20 \times 20 \times 2.00$	1.96	2.06	0.10	5.10	2.11	0.15	7.65	2.04	0.08	4.08	2.08	0.12	6.12	40
5	$38 \times 38 \times 1.15$	1.13	1.16	0.03	2.65	1.19	0.06	5.31	1.15	0.02	1.77	1.17	0.04	3.54	45
6	$60 \times 60 \times 1.2$	1.18	1.22	0.04	3.39	1.25	0.07	5.93	1.20	0.02	1.69	1.22	0.04	3.39	
平均值		1.35	1.42	0.07	5.19	1.45	0.10	7.41	1.40	0.04	2.96	1.43	0.08	5.93	

表 10-8 和表 10-9 是某企业对一个月内所生产方矩管管壁厚度的跟踪测量统计，表中数据经过分类平均处理。通过观察分析表中统计数据发现，圆变方矩管的管壁不但普遍增厚了，而且呈现出一些带有倾向性的规律与特征。

10.6.2.2 方矩管管壁增厚的特征

具体表现在以下 6 个方面：

（1）R 角部增量大于边部增量。在表 10-8 中，$\Delta R : \Delta t = 1.875$，而在表 10-9 中，$\Delta R : \Delta t$ 分别是 1.43（$N = 5$）倍与 2.0（$N = 9$）倍。

（2）箱式孔型产生的增量大于斜出孔型。比较表 10-8 中的箱式孔型和斜出孔型，前者边部增量和角部增量分别是后者的 1.95 倍和 1.75 倍。这也再次提示我们，实践中除非必须，否则在孔型设计时应慎用箱式孔型。

（3）相对壁厚与壁厚增量呈正相关关系。这里的相对壁厚指的是壁厚与异型管周长之比，比值大，则相对壁厚厚。在表 10-8 中，编号 2 号、3 号管子的相对壁厚大于编号 1 号、4 号的管种，与之对应的增量也大于编号 1 号、4 号的管种；此特征在表 10-9 中同样有所反映，说明二者确实存在正相关关系。

（4）变形道次与壁厚增量存在负相关。在表 10-9 中，5 个变形道次的边部增量和角部增量分别是 9 个变形道次的 1.75 倍和 1.25 倍。这就要求在孔型设计时，既要考虑道次与成本的关系，更要注意道次与焊管品质的关系，不可顾此失彼。

（5）增厚量的不确定性。在表 10-8 和表 10-9 基本数据采集的过程中还发现，即使是同种管坯、在同一台焊管机组上生产同一种规格的异型管，由于生产批次不同（中间换辊），它们的平均壁厚增量都存在 0.01 ~ 0.03mm 的波动。这充分说明管壁增厚与现场操作调整关系密切以及增厚量的不确定性。

（6）壁厚增厚的不均匀性。在数据采集过程中还反映，断面增厚除角部多于边部外，在方矩管任一边，其断面变形同样具有不均匀性，表现为中间增厚少、两边增厚多的现象，如图 10-41 所示，且越靠边增厚越厚。

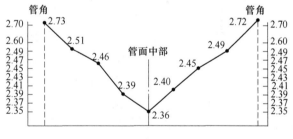

图 10-41　32mm × 32mm × 2.35mm 方管壁厚不均匀示意图

10.6.2.3 管壁增厚的成因

（1）管壁增厚的材料来源。依据焊管生产工艺和金属塑性变形体积不变原理，管壁增厚的材料只能来源于成型余量、焊接余量和整形余量，表现形式为管坯周长缩短。根据整形原理，当外周长较长的圆管进入周长比自己小、曲率半径比自己大、线速度一道比一道快的方矩管孔型后，管坯发生三个方面的变化，如图 10-42 所示。

1）截面形状由圆逐渐趋于方（矩），管面曲率半径随成型道次的增加而数倍地增大，直至无穷，成为方矩管。

2）变形管坯在轧辊纵向张力 P 作用下发生纵向延伸，由于管坯纵向延伸只会造成管壁减薄而不会使管壁增厚，这说明在管坯由圆变方矩的过程中，管壁发生的厚度增量比实际测量到的还要多，只是综合反映为 Δt。

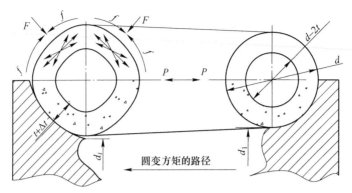

图 10-42　圆变方横向变形、纵向延伸、周向缩短及断面增厚示意图

F—径向变形力；P—纵向张力；f—f—周向缩短力及缩短方向；

$d_i > \cdots > d_1$—整形平辊底径；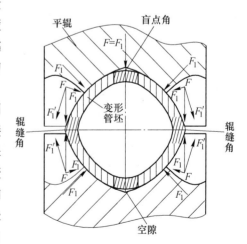—金属流动方向

3) 管坯在径向变形力 F 作用下产生周向压缩力，当该力大于坯料自身的变形抗力与抗压强度时，管坯周长被压短，见图中的 f—f 箭线所示；同时，在周向长度被压短的过程中必然会发生金属流动，其中一部分流向管坯断面并拓展到内外壁，见图中的星形箭线；只不过受轧辊孔型制约，外壁增厚的事实被掩盖且最终以内壁增厚表现出来而已，这是形成壁厚增量最根本的原因。

(2) 双金属流动导致角部成倍增厚。

1) 双金属流动的主导作用。在图 10-42 中，星形箭线有多重含义。首先表示管坯周向压缩力。它的大小由径向变形力 F 决定。单道次 F 越大，如轧制道次较少，那么单道次产生的周向压缩力就大，壁厚增厚就多；反之，所产生的壁厚增量就少。其次，表示金属流动方向。总是从对应于孔型弧线中部开始向该段弧线两端流动，这与图 10-41 所反映的规律一致。最后，也表示壁厚增量在管壁上的分布规律，箭尾较少，越往箭头增厚量越多。这样，在圆变异过程中，R 角部位处于两段周向收缩的拐点处，它同时受两个对向周向压缩力挤压，同时接纳来自两个不同方向的金属流，两股金属流汇聚的结果就是，R 角部的壁厚增量幅度比其他部位大得多。并且，R 角越小，角部变形需要的挤压力就越大，从而引起的金属流动和壁厚增量就越大。

2) R 角部位不受径向变形力作用。在采用公称尺寸法设计的孔型中，管角部位受不到直接来自轧辊孔型施加的径向变形力作用，即使是采用其他方法设计的异型轧辊孔型，管角部位在变形的前几道，同样受不到直接来自轧辊孔型施加的径向变形力作用。这是因为，孔型上 R 角处的曲率半径总是永远小于即将进入孔型的管坯曲率半径，这样，在变形管坯角部与孔型交角处之间必然存在一个空隙，如图 10-43 所示，异型管坯角部内、外面均没有受到孔型直接制约。而根

图 10-43　斜出孔型中辊缝角与

盲点角的受力状况

F—轧制力；F_1—正压力；F_1'—摩擦力

据最小阻力原理，由周向压缩力产生的金属流必然首先向不受制约的、阻力最小的管角处流动，导致管角处大量增厚，图中管坯上阴影密集的区域表示增厚幅度大。

即使采用带 R 角的设计孔型，那也只是倒数一两个道次的孔型对管角有小小制约。然而，从解析轧制变形时序上看，发生在管角的变形依然是大曲率半径的管坯进入小曲率半径的孔型，图中孔型角部的空隙区域依然存在，在这个过程中，最小阻力原理在此依然发挥作用，并不会妨碍变形金属向管角流动；只是当管坯通过轧辊孔型中心线时，孔型上的 R 角才会对管坯角部有所制约。可是，这种制约是发生在金属流动已经基本完成之后，对管角内的金属流动没有实质性影响。

3）管坯角部隐形增厚量。根据相对弯曲半径 r/t（r 为 R 角的内半径）与弯曲减薄之间的关系，当方矩管角部最终的 $r/t \leq 5$ 后，实际测量到的 R 角部增量并不是增量的全部，还有一部分已经用于填补弯角处的减薄厚度 t_1 了。

（3）变形道次与管壁增厚的关系。总变形道次 N 的选择，本质上是选择道次变形量。以圆变方为例，分别采用 3 平 2 立和 5 平 4 立布辊模式整形圆变方管时，通过式（10-25）知，它们的整形孔型平均道次变形量之比为 1.8。设圆变方总的径向变形力为恒定，那么 3 平 2 立孔型辊平均每一道施加到管坯上的径向变形力也是 5 平 4 立的 1.8 倍。这样，无论从道次变形力或道次变形量的角度看，3 平 2 立孔型所导致的管坯周向收缩和径向增厚都大于 5 平 4 立的孔型；这一结论在表 10-9 中亦得到证实：5 道次变形比 9 道次变形的边部壁厚增量高出约 50%，角部壁厚增量高出约 25%。

（4）孔型放置形式对管壁增量的影响。孔型放置的代表模式如前所述，分为斜出孔型和箱式孔型两类。不同的孔型放置模式，管坯受力不同，由此引起的管壁增量各异。

1）箱式孔型管壁增厚最多。这是由箱式孔型成角机理和弯曲变形方式决定的，弯曲变形方式主要有：折弯、压弯、滚弯和推弯等几种。根据弯曲变形原理，只有推挤弯曲变形才会对未直接参与变形段的壁厚产生影响。推挤弯曲变形的原理是，以不直接参与弯曲变形段的材料为介质，将待弯曲变形段的材料向特定的圆弧孔型里面推挤，当推挤力大于材料抗弯强度和抗压强度后，待变形段材料逐渐弯曲成预先设定的圆弧，在这一过程中，一方面，被推挤金属的另一端在弯曲孔型阻力作用下，不仅迫使需要变形的区域发生明显弯曲变形，同时引起该区域金属不断向阻力最小端面（管壁）流动，发生增厚塑性变形，厚度从 t 变化为 $t + \Delta t$，参见图 10-44；另一方面，在坯料被推挤过程中，尚未进入弯曲变形模具的坯料，在强大推挤力作用下长度被压短，厚度变厚。

其实，在箱式孔型中的焊管角部变形与推挤变形异曲同工。在图 10-45 中，管坯上四个圆 R 角均在箱式孔型的盲点（空隙）处，其成角机理是：焊管在正压力 F_1 和侧压力 F_2 的反作用力 $-F_1$ 和 $-F_2$ 共同推挤作用下，借助非弯角变形部分 AB 段将管坯待弯曲变形段 C'D'往既定的弯曲孔型盲点 CD 段里面推填、挤压，挤压力越大，推填的料越多，管角曲率半径就越接近孔型上的 R 角，管角就尖；与此同时，非弯曲变形段 AB 则在上述助推过程中被压短，厚度被"墩粗"。

2）斜出孔型管壁增厚量较少。不论斜出孔型出管角度如何变化，它们都有一对角（方矩管）交替在轧辊辊缝中和孔型盲点处，见图 10-43。不妨称辊缝处的角为辊缝角，称盲点处的角为盲点角。管坯在斜出孔型中的成角机理与箱式孔型不尽相同。

当变形焊管进入斜置方矩管变形孔型后，在轧制力作用下，管坯一边往孔型盲点处填

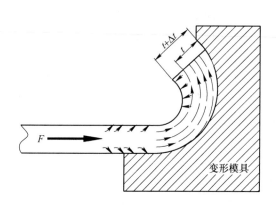

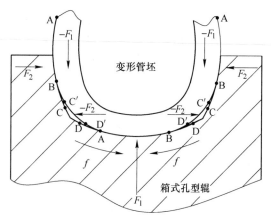

图 10-44　推挤变形原理与坯料增厚过程示意图　　　　图 10-45　箱式孔型与管壁增厚的关系

　　F—推挤力；——一金属流动路径　　　　　　　　　　F_1—正压力；$-F_1$—正压力的反作用力；

　　　　　　　　　　　　　　　　　　　　　　　　　　F_2—侧压力；$-F_2$—侧压力的反作用力

充，一边往辊缝处运动，由于管坯在辊缝处被来自孔型的正压力 F_1 直接压弯成辊缝角，管坯只存在轻微的被推挤；而在盲点角处，正压力无法直接作用到管角上，与推填挤压、间接成角的盲点角相比，盲点角的角部变形阻力远大于辊缝角的变形阻力，管坯便往成角阻力较小的辊缝空隙处跑。于是，方矩管坯在平辊孔型中易被直接轧出两个横向辊缝角；同理，在立辊孔型中易被轧出两个竖直方向的辊缝角。这样，斜出孔型施加到管坯上的变形力比箱式的小许多；相应地，斜出变形方矩管受到的周向压缩力也小，由此管坯产生的周向缩短和横截面增厚便少。

　　（5）非同时接触至单边壁厚分布不均。圆变方矩工艺是将焊管上的圆弧各段曲率半径不断增大、直至无穷的过程，在此过程中，都是曲率半径较大的孔型迎接曲率半径较小的焊管圆弧，这样，孔型全段圆弧与管坯全段圆弧之间便呈现出图 10-46 所示的非同时接触。焊管 A 点最先触碰孔型并受到变形力 F 作用，焊管弧长开始缩短，壁厚开始增厚。可是，在孔型 A 处正压力约束下，焊管 A 处增厚阻力大，而此时 A 到 B 段和 A 到 C 段却尚

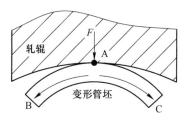

图 10-46　孔型与管坯
非同时接触示意图

未与孔型接触，长度缩短导致这两段自由增厚；随后，触点开始由 A 点逐渐向 B 和 C 扩展，直到全接触。这样，在任意一边，越往边角处，管坯壁厚获得的增厚机会、增厚空间和增厚积累就越多（图中箭头表示增厚逐渐增多及增厚方向），最终形成图 10-41 所示的增厚量在方矩管边长上的不均匀分布现象。

　　（6）管坯性能与管壁增厚的关联。这里讲的性能主要指管坯的抗压强度、屈服强度、硬度等方面。管坯强度高、硬度高，则塑性差，受压后周向收缩小，管坯增厚的内应阻力大，难增厚；反之，管坯增厚的内阻力小，易增厚，增量大。这也是在生产硬料或半硬料异型管时，实际开料宽度往往选择偏窄的重要原因。反映管坯强度的还有一个相对厚度问题。

（7）操作对壁厚增量的影响。焊管生产过程中的操作调整，是焊管制造中最玄妙的环节，到目前为止，仍有许多还只能依靠现场调试工的经验。基于人为操作的原因，使得每一次换辊后的调试状态不可完全复制，这也是迄今为止，尚无定量描述圆变异型管管壁增厚数学模型的主要原因。

然而，圆变异型管管壁增厚的事实，仍不失对焊管生产的指导意义。圆变异型管管壁增厚最直接的结果是焊管内腔变小、米重增加，对后续使用、确定管坯厚度及生产经营都会产生一定影响，研究它并加以控制就显得十分重要。

第 11 章　高频直缝焊管焊接工艺

在某种意义上讲，人们为高频直缝焊管所做的一切努力，就是为了得到一条高质量的焊缝，否则，所有努力都是白费工夫。在众多影响焊接质量的因素中，除前面讲到的管坯成型外，就数焊接速度、焊接热量、焊接压力、焊接开口角、焊缝对接状态、挤压辊孔型、导向辊孔型和去除焊缝毛刺等八大因素。

11.1　高频直缝焊接工艺的特征

高频直缝焊接工艺有以下 6 个显著特征：

（1）加热时间短升温快。高频焊接时，管坯边缘从室温被迅速加热至 1250 ~ 1450℃的焊接温度所需时间，与焊管直径和壁厚存在相关关系。单以管径论，管径大，挤压辊直径便大，加热用感应圈距离挤压辊中心连线便远，高频电流 V 形回路长，快速升温区间增长，达到焊接温度所需要的时间就长，如图 11-1 所示。在高频功率足够大的情况下，当焊接速度在 15 ~ 100m/min 时，常用型号机组所用加热时间参见表 11-1。

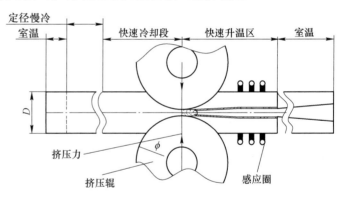

图 11-1　高频焊接工艺的温度特征

表 11-1　机组型号与感应加热用时的参考值

机　型	快速升温区长度 /mm	焊接速度/m·min⁻¹				
		15	20	60	80	100
		加热用时（室温→1450℃）/ms				
114	220	990	660	220	—	—
76	180	—	540	180	135	—
50	160	—	480	160	120	96
32	130	—	390	130	97	78

从表中反映的加热时间看，都在毫秒级，用时极短；也就是说，从室温加热到焊接温度，最长不超过 1s，最短仅 78ms，机组越小，需时越短。相应地，机组大，升温速度慢；机组小，升温快。如 32 机组生产 φ25mm×0.7mm 的焊管，最大升温速度可达 20℃/ms 左

右，详见表 11-2。表 11-1 和表 11-2 中的加热用时与升温速度特点，从一个侧面诠释了为什么机组大焊接速度就慢的原因。

表 11-2　机组型号与感应加热升温速度的参考值

机　型	快速升温区长度/mm	焊接速度/m·min⁻¹				
		15	20	60	80	100
		加热速度（30→1450℃）/℃·ms⁻¹				
114	220	1.43	2.15	5.45	—	—
76	180	—	2.63	7.89	10.52	—
50	160	—	2.96	8.88	11.83	14.79
32	120	—	3.94	11.83	15.78	19.72

另外，接触焊方式的触点可以更接近焊接汇合点，加热传输距离更短，使得加热用时比感应焊缩短 1/3～1/2，加热升温速度提高 30%～50%。而且机组越大，这种优势越明显。因此，大中型以上焊管机组可以选择接触焊，这样，机组速度可因之提高 30% 左右，甚至更多。

（2）加热区域窄分布不均匀。高频直缝焊管加热区域宽窄与加热电源频率关系密切。由于高频电流的频率通常都在 250～450kHz 之间，这样，根据高频电流的集肤效应原理和式（5-24）知，管坯边缘被加热区域宽度 b 在 0.8～1mm 之间。因此，在焊接过程中，管壁边缘被直接加热的金属量约占全部管坯宽度 B 的百分比为：

$$J_i = \frac{2b}{B} \times 100\% \tag{11-1}$$

式中，J_i 为融合比，即为达到焊接加热温度的金属与母材之比。式（11-1）说明，由于 b 不因焊管规格变动而发生大的变化，所以焊接大管比焊接小管的单位能耗低，用电量少。

而且，同一横截面的温度分布极不均匀，内外表面比中心层高，在图 11-2 中，1～6 所围区域就是 b 所界定的直接加热区域。在直接加热区和母材之间，还存在一个过渡区间，该区间的温度梯度大，温度低于焊接温度，并由焊接温度决定，受焊接温度影响，故称为"热影响区"。热影响区的金属组织，既不同于焊缝，又不同于母材。

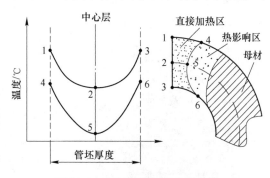

图 11-2　管坯边缘热量分布曲线

（3）无焊材自我熔接。高频焊接不需要任何焊材、焊剂及保护气体，不存在焊材与母材的匹配问题，而是裸露在空气中自我焊接。该特点要求，在确保焊缝质量的前提下，应尽可能提高焊接速度以获得高强度焊缝。因为焊接速度快，焊接面被氧化并形成的脱碳层薄，焊缝强度高。高频直缝焊管焊缝低倍组织形貌证实，在焊缝中间存在一条宽为 0.05～0.15mm 的脱碳层，如图 11-3 所示。对脱碳层化学成分（参见表 11-3）进行分析发现，碳、锰等强化焊缝强度的元素含量比金属母材低许多，同时增多了一些氧化物，脱碳层因此而得名。

表 11-3　Q195 脱碳层与母材主要化学成分的对比

组织名称	化学成分（质量分数）/%			
	C	Mn	Si	氧化物
母材	0.06	0.38	0.22	—
脱碳层	0.007	0.09	0.06	Fe_2O_3、MnS、SiO_2、…

脱碳层影响焊缝强度，可以从焊缝正压和侧压开裂的案例分析得以证实，断口绝大部分都是从脱碳层位置开始起裂。在现有工艺条件下，人们无法彻底消除脱碳层，但是，通过改进焊接工艺可以减薄脱碳层。

（4）高速动态焊接。到目前为止，高频焊接有案可稽的焊接速度是 200m/min，焊管在高速移动状态下进行焊接，对焊管机组稳定性、高频焊接电源稳定性、材料尺寸精度与性能稳定性、挤压力稳定性、管坯运行稳定性、轧辊精度等都提出较高要求；任何一个因素的微小变化，都会产生比较严重的质量问题。因为在某一焊接速度下，焊接电流在这段时间内是定值，并且认为此时的焊接热量与焊接速度恰好匹配，既不会发生过烧，也不会发生冷焊。一旦速度发生波动，那么焊缝不是过烧就是冷焊。

（5）加热与挤压焊接同步完成。高频焊接，是在 1250 ~ 1450℃高温和 20 ~ 40MPa 高压下同步进行的，二者缺一不可。不仅如此，还要求焊接温度与焊接挤压力相匹配。

（6）强制冷却。除高强度石油管、结构管外，绝大多数管材的碳当量都在 0.2 左右，焊后急剧冷却一般不会产生明显的淬硬倾向，对焊缝性能影响不大。当焊缝温度从 1250 ~ 1450℃降至 30 ~ 50℃时，32 ~ 50 机组最大冷却强度高达 110 ~ 120℃/s，76 ~ 114 机组的冷却强度也达到 60 ~ 90℃/s，这就要求操作者必须重视焊管的冷却，不能因之影响焊接效率。

焊管冷却的另一个特点是，焊缝冷却强度极不均衡，焊缝上一点的冷却曲线如图 11-4 所示，冷却强度最大的一段在强制水冷段。严格讲，这种不均衡冷却对焊缝及其热影响区会或多或少产生一定的负面影响。

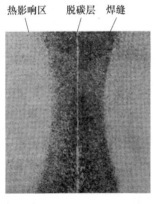

图 11-3　焊缝、脱碳层与
热影响区

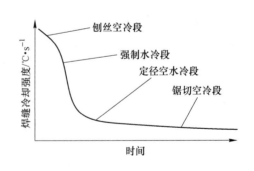

图 11-4　焊缝冷却曲线

11.2　焊接热影响区与焊缝应力分析

在分析焊接热影响区之前，首先引入焊接热循环的概念，它是分析焊接热影响区的前提。

11.2.1 焊接热循环

11.2.1.1 焊接热循环的内涵与意义

焊接热循环是指，在高频焊接电流产生的热源作用下，管坯边缘某一点的温度随时间而变化的过程。高频直缝焊管上有代表性的几点之焊接热循环曲线如图11-5所示。焊接热循环反映了焊接热源对焊缝及附近金属的热作用，从而引起不同的组织与性能变化；同时，也为寻找最佳焊接工艺、用工艺手段改善焊缝组织及预测焊缝应力等提供途径。

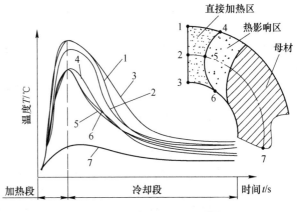

图 11-5　焊管焊缝热循环曲线

11.2.1.2 影响焊接热循环的因素

（1）焊接工艺与线能量。在其他条件一定和表征输入焊接热量大小不变的前提下，焊接速度快，加热时间短，加热宽度窄，冷却快；焊接速度慢时则相反。这些反映焊接工艺的因素，可借助单位长度焊缝内输入的焊接热量——线能量进行定量描述：

$$q = \frac{IU}{v} \qquad\qquad (11\text{-}2)$$

式中　q——线能量，J/mm；

　　　I——焊接电流，A；

　　　U——焊接电压，V；

　　　v——焊接速度，mm/s。

线能量能够综合反映焊接电流、焊接电压、焊接速度、挤压力、焊管品种、运行质态等方面对焊缝的作用效果，如果能够精确测定不同焊管品种的线能量指标值，对焊管生产的指导意义怎么高估都不为过。线能量增大时，热影响区增宽，加热时间变长和管坯边缘氧化区域增宽，同时降温强度增大，这些都对焊缝质量有害；同理，焊接线能量减小时，加热范围和热影响区变窄，加热时间缩短，同样影响焊缝质量。

（2）焊管规格。高频焊接电流的一个重要特征是集肤效应并借助管坯作回路，当待焊管筒又大又厚时，较长的回路和较长的传热路径都要消耗能量，并引起管体其他部位发热，这些虽然是必须，但是基于焊缝焊接没有实际意义，并导致线能量增大，影响热循环。

（3）感应圈与磁棒。感应圈与焊管耦合得紧，即感应圈与焊管间的间隙小、匝数匹配，管坯边缘感应出的集肤效应和临近效应就强烈，管坯边缘接收到的高频电流多，从而提高线能量的有功功率。而磁棒的作用是将尽可能多的感应电流汇聚到待焊管坯两边缘，提高焊接能量的效率。这样，仅需要看似较低的、但却是有功的线能量就可以完成焊接。相反，如果感应圈较大、磁棒较小且磁导率较低，就会有较多焊接电流散失在管体中，汇聚到待焊边缘的电流少，导致表征线能量虽然大，实际用于焊接的能量并不多，从而影响管体的热循环。

（4）成型管坯的成型质量。高质量的成型管坯，能够确保待焊边缘平行对接，这样只需要较低的线能量就可以实现高质量的焊接。如果待焊边缘呈 V 形对接，内外两个开口角的尴尬将不得不使焊接热量就高弃低，焊管热循环曲线因此发生变化。

（5）开口角。开口角大，高频电流的临近效应弱，使图 11-5 上 1、2、3 点达到焊接温度的时间必然加长，同时，4、5、6 点处的温度与母材点 7 处的温度相应增高，加热区增宽，线能量增大；反之，开口角小，电流临近效应强，对焊边缘加热区窄，需要的线能量少，继而改变焊管热循环。

另外，焊接挤压力、管坯化学成分等，都对线能量的实际效果以及焊接热循环产生影响。

11.2.2　焊接热影响区

11.2.2.1　研究热影响区的意义

一条完整的高频焊缝，由熔合区和热影响区两区域构成，熔合区就是狭义的焊缝。焊接理论和实践都指出，焊接质量不仅仅取决于焊缝，同时还取决于焊接热影响区；有时热影响区存在的问题比焊缝还要多、还要复杂，这一点在焊接高强度合金钢管时特别明显，许多失效石油管的案例也证明，问题往往出在热影响区。所以，研究热影响区管坯的组织和性能变化，对焊缝强度、焊管品质有十分重要的意义。

11.2.2.2　低碳当量焊管热影响区的组织

焊接热影响区的组织形貌与钢材碳当量关系密切，高频直缝焊管的焊接热影响区属于低碳当量范畴，由粗晶粒区（过热区）、相变重结晶、不完全重结晶区、再结晶区及时效脆化区构成，参见图 11-6。

（1）过热区。温度在 1400～1100℃之间，越接近熔合区温度越高；表现为一些在固相线难熔质点如碳化物、氧化物等溶入奥氏体，奥氏体晶粒粗大。粗大的奥氏体在冷却过程中易形成过热魏氏体组织，导致韧性降低。

（2）相变重结晶区。温度在 1100～850℃之间，A_{c3} 线以上；受热时发生重结晶相变（P＋F 转变成 A，冷却时 A 转变成 P＋F），使晶粒得到细化；相当于低碳钢正火后的组织，具有较好的综合力学性能。

（3）不完全重结晶区。温度在 850～700℃之间，该区域只有部分金属发生重结晶相变；为原始的铁素体粗大晶粒和细晶粒区共存、混合，力学性能较差。

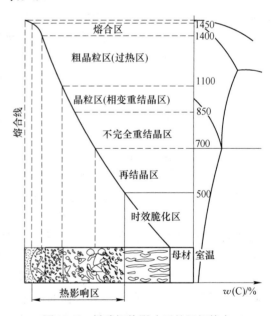

图 11-6　低碳钢热影响区的组织特点

（4）再结晶区。温度在 700～500℃之间，受热后金属内部结构不发生变化，只有晶粒外形产生变化；为等轴铁素体晶粒，强度、硬度低于母材，塑性和韧性有所提高，是焊缝的软化区。

（5）时效脆化区。温度在 500℃～室温之间，金属组织与母材接近；放置时间越长，组织和性能与母材越相近。

通过对焊接热循环和热影响区组织的剖析，不仅可以更好地完善焊接工艺，而且对了解焊管上焊接应力的形成与分布有帮助。

11.2.3　焊接应力分析

焊管应力按产生区域不同，可分为成型应力、焊接应力和定径应力，它们相互影响；其中，焊接应力对焊管性能的影响最显著。

11.2.3.1　焊接应力形成机制

高频焊接的一个显著特点是，焊接能量高度集中在一个细窄狭长的区域内。焊接过程中，待焊管坯边缘、焊缝、热影响区和母材被不均匀加热，在11-7所示的管体受热与冷却温度分布曲线图中，加热时段焊缝及其附近升温最快，温度最高，热影响区以外的管体升温较慢、较低；而在冷却时段，同样是焊缝与热影响区降温强度最大，但与升温强度比起来要弱。由此造成焊缝部位与管体其他部位热胀冷缩程度不同，焊管势必要产生与各部位温度相应的应变。可是，由于焊

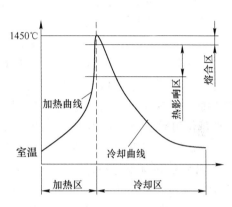

图 11-7　焊接升温与冷却曲线

缝、热影响区与母材是一个整体，相互关联，相互制约，不能自由地伸长与缩短，伸长与缩短均部分受阻，形成内应力与应变，综合作用的结果是，焊缝部位纵向在冷却过程中发生急剧收缩，而中底部虽然也收缩，但收缩量相对焊缝部位小很多，致使焊管整体呈现沿焊缝向上弯曲。

11.2.3.2　焊接应力分类

焊管焊接应力按其产生原因可分为温度应力、相变应力和残余应力。

（1）温度应力。就高频直缝焊管而言，温度应力包括纵向温度应力与横向温度应力两类。

1）纵向温度应力。又称纵向热应力，与焊缝方向平行，是由管体焊接时受热不均和焊后冷却不均匀引起的，故焊管纵向热应力有两种表现形态，一是焊接热应力，二是冷却热应力。

①焊接热应力产生的过程。待焊管坯边缘被加热后，在高频电流临近效应作用下，焊接电流（热量）高度集中到待焊管筒很窄的两边缘，待焊边缘及热影响区的温度迅速升高，实现焊接，焊缝部位也因受热而胀长了 ΔL；与此同时，其他部位升温较慢且低；这种胀长受到温度变化没有这么大的其他部位阻碍，不能自由地伸展。因此，焊缝部位就受到纵向压缩，产生压应力 F；同时其他部位因阻碍伸长而产生拉应力 f，图11-8所示是焊接端受到约束的情形。如果焊接后

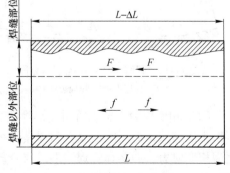

图 11-8　纵向焊接热应力的形成过程
F—压应力；f—拉应力

没有约束，则刚出挤压辊的管端在热涨应力作用下会迫使焊管呈现如图 11-9 所示的下弯状态，当冷却后它会回复原状。这种应力是在没有外力作用下发生并存在于管体金属内部的，且可以在管体中保持平衡，从而构成了一对相互平衡的内应力。它们大小相等，方向相反。比较图 11-8 与图 11-9 说明，在焊管生产过程中，焊缝部位受热产生的纵向增长量 ΔL 的确被压缩了。这恰好解释了冷却后的焊管为什么总是呈现上翘。

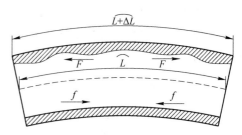

图 11-9　焊缝受热自由伸长示意图
F—热膨胀力；f—压应力

②冷却热应力产生的过程。根据焊管生产工艺，必须对焊接后的焊管进行快速冷却，焊缝部位温度因之急速降低，则焊缝部位因冷却欲收缩，而这种收缩同样要受到温度变化慢的其他部位阻碍以及轧辊约束，不能自由地缩短。因此，焊缝部位就受到拉伸，产生拉应力；同时其他部位因阻碍伸长而产生压应力，如图 11-10 所示。可是，倘若在焊管冷却过程中没有纵向约束，则在加热焊接阶段隐藏于焊缝部位的纵向压缩量 ΔL 在此就体现出来——焊管沿焊缝方向上翘，参见图 11-11。

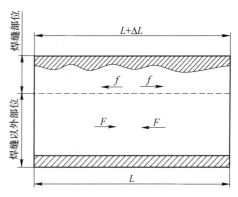

图 11-10　纵向冷却热应力的形成过程
F—压应力；f—拉应力

2）横向温度应力。在焊缝冷却过程中，还要受横向温度应力作用，其方向与焊缝垂直，当焊缝部位急速冷却时，必然欲横向收缩，可是，母材以及成型横向残余应力必然会阻止这种收缩，因而焊缝部位就受到横向拉应力作用，焊缝附近部位则受到横向压应力作用。作为例证，我们可以将焊管沿焊缝熔合线切开，则立刻可见切开部位的缝隙陡增，参见图 11-12。

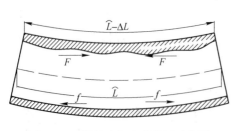

图 11-11　焊缝冷却自由缩短示意图
F—压应力；f—拉应力

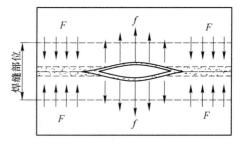

图 11-12　焊缝横向冷却热应力与变形
F—压应力；f—拉应力

（2）相变应力。金属管材受热焊接和冷却时，焊缝部位的金属会发生相变，体积会发生膨胀或缩减，而周围金属会阻碍其体积发生变化，这样在金属内部就产生了应力，并称之为相变应力。如在焊管焊缝形成与冷却过程中，焊缝部位至少会发生"固相→液相→固相"的变化，其间必然要产生相应的相变应力。

（3）残余应力。在焊管焊接过程和冷却过程中，其所产生的内应力超过管材屈服极限时，焊缝部位发生塑性变形；当焊管整体温度恢复到原始温度后，就产生新的内应力并残存于管体中，这个新的内应力就是残余应力；与残余应力相对应的是残余应变。如在冷却水套中的焊管，离开挤压辊和定径辊的束缚后，管体就会沿焊缝方向向上翘曲；而焊管沿焊缝方向向上翘曲的形态说明，焊缝部位存在较大的残余纵向压应力，焊缝背面存在较大的残余拉应力，并且，残余压应力大于残余拉应力。

实际上，残存于焊管横断面的横向拉应力对焊管危害更大，它直接威慑焊缝安全，特别当这种残余应力与管坯横向成型时所产生的残余应力叠加后，破坏性就更大。如正在服役的输油管道，焊缝（包括纵焊缝和环焊缝）及热影响区会在瞬间发生破裂事故。研究证实，这些破裂事故大多是一种远低于管材屈服强度的断裂，而且断裂具有突然性，难预防。

11.2.3.3 消除焊缝残余应力的措施

（1）矫直。通过矫直机的矫直，可以"打乱"焊管原有残余内应力带倾向性的分布，使残余拉应力和压应力在重新分布的过程中部分被相互抵消。当焊管旋转至图11-13中虚线所示上凸位置时，上凸段与施力点接触后必然被压成下凹，这样焊缝部位得到拉伸，原来富集在此的压应力 F 被矫直辊产生的新增拉应力 $+f$ 所削减；与此同时，焊缝背面被压缩，原来富集在此的拉应力 f 被矫直辊产生的压应力 $+F$ 所削减。这样，焊管中的纵向应力便朝着 $\overrightarrow{F} - \overleftarrow{(+f)} \approx \overrightarrow{f} - \overleftarrow{(+F)}$ 方向重新分布。

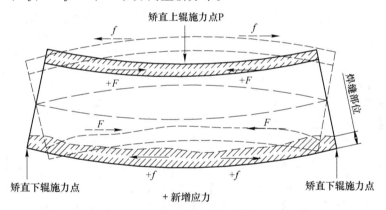

图11-13 管上凸处在矫直辊中的受力与纵向应力变化

另外，焊管在被矫直辊周向旋转的过程中，焊管横向内应力在矫直辊径向力作用下也得到重新分布的机会，同样是朝着减小的方向实现新的平衡。

（2）退火。包括焊缝局部退火与焊管整体退火两种，前者能够大幅度消除焊缝纵、横向应力，后者则能够完全消除焊管生产过程中残存于管体内的内应力，效果最好，但后者成本高。

（3）时效。将管在室温下放置一段时间，管中的内应力会慢慢实现自我平衡。如大中型机床床身、轧机机架等，都必须经过时效处理，目的就是消除这些构件的内应力。

（4）合理调校定径轧辊。既能增加焊缝横向压应力同时削减焊缝横向拉应力，又可实现焊管纵向应力的再平衡。

11.3 导向辊与开口角

导向辊是焊接段最重要的轧辊之一，许多影响焊缝质量的诸多因素如开口角等都与它有直接或间接的关系。

11.3.1　导向辊总成

　　导向辊总成如图 11-14 所示。工作原理是，导向环 2 套装（分体式）在导向上辊 1 的凸台上，凸台与另一半凹台导向辊配合（见图 11-15），由导向上轴 4、轴承 8 连接并被紧定帽 9 紧定，旋（直接套上开口滑块 11）上导向轴横向移动内螺纹滑块 5 后，将总成上的 5、11 卡装在导向架 3 中；当需要作轴向调节时，只需转动轴端的四方头 10；当需要下压（上提）时，拧紧或拧松导向架的调节丝杆 12 即可。

11.3.2　导向辊的结构形式

　　导向辊有立辊式和平辊式之分，立式导向辊样式与精成型末道立辊相似，孔型尺寸与水平导向辊相同。传统导向辊以平辊式居多，其中平辊式的上辊又有分体式（参见图 11-15）和整体式两种，分体式导向上辊由凸、凹台导向辊片和导向环组成，三者有的用螺栓连接，有的依靠导向轴上的紧定帽紧定。分体式的优点是导向环磨损后可以随时更换，缺点是左右辊片受大的径向力作用后存在被撑开的风险；整体式的优点是孔型不会走样，但致命缺陷是无法更换导向环，而导向环相对于辊而言磨损特别快，正常情况下，导向辊在一个孔型磨损周期内需更换 4～8 片导向环，所以一般不主张使用整体式的导向上辊。

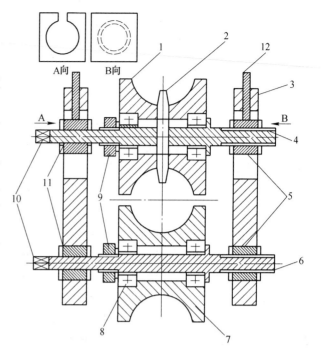

图 11-14　导向辊总成构造

1，7—导向上、下辊；2—导向环；3—导向架；4，6—导向上、下轴；5—内螺纹滑块；8—轴承；9—上下辊紧定帽；10—四方头；11—开口滑块；12—调节丝杆

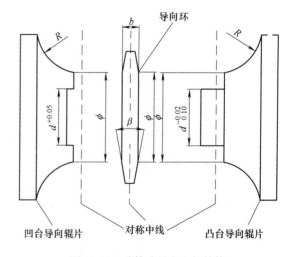

图 11-15　分体式导向上辊结构

11.3.3　导向辊孔型

　　导向辊孔型有单半径和双半径两种，后者又称平（立）椭圆（四心）孔型。双半径导向辊孔型的设计方法及其功能参见 9.7 节，故下面着重介绍单半径导向辊孔型。

11.3.3.1　单半径导向辊孔型半径 R 的确定

根据管坯宽度、导向环厚度与圆半径的关系，易得导向辊孔型 R：

$$\begin{cases} R = \dfrac{B - \Delta_1 B + kb}{2\pi} \\ k = 1.005 \sim 1.01 \end{cases} \tag{11-3}$$

式中　B——管坯宽度;

　　　b——导向环厚度;

　　　k——弦长与弧长的近似修正值, $b < 5$ 时取小值, $b > 5$ 时取大值;

　　$\Delta_1 B$——成型余量, 理论上讲, 进入导向辊的开口管筒已经没有成型余量了。

11.3.3.2　导向环主要尺寸的确定

(1) 导向环厚度 b。导向环厚度是决定开口角大小的主要因素, 常用机组导向环的厚度列于表 11-4。确定的主要依据是保证焊接开口角在 $2° \sim 6°$ 之间, 新导向环的厚度对应于 $6°$ 左右, 随着磨损的发生, 开口角逐渐变小; 当厚度磨损超过 $b/2$ 以后, 就应该考虑更换导向环。

表 11-4　常规机组导向环厚度的参考值

常用机组型号	导向环厚度 b/mm	常用机组型号	导向环厚度 b/mm
25	$2.5 \sim 3.5$	76	$5 \sim 7$
32	$3 \sim 5$	114	$6 \sim 8$
50	$4 \sim 6$	219	$7 \sim 9$

(2) 导向环斜面角度 β。与管坯宽度、成型余量、导向环厚度等有关, 由式 (11-4) 确定:

$$\beta = 2\arcsin \frac{b\pi}{B - \Delta B_1 + b} + (2° \sim 5°) \tag{11-4}$$

式中, β 为导向环角度, 其余同式 (11-3)。在式 (11-4) 中, 之所以要加 $2° \sim 5°$, 是因为要确保导向环首先与成型管筒外圆边缘接触, 这样才不会对管坯内圆边缘产生破坏。图 11-16a 为环与管坯边缘的理想接触状态, 此时环的斜面倒角恰好等于式 (11-4) 的前半部, 管坯厚度恰好与环斜面贴合。当不能达到理想接触状态时, 就退而求其次, 避空管坯内边缘, 确保导向环与成型管筒外圆边缘接触, 图 11-16 至少能够满足工艺要求, 即式 (11-4) 体现了工艺要求的工况, 不破坏管坯边缘几何形状。

如果 $\beta' < 2\arcsin \dfrac{b\pi}{B - \Delta B_1 + b}$, 那么导向环将最先触碰成型管筒内圆边缘, 并会挤溃管筒内圆边缘, 同时也会加速导向环磨损, 见图 11-16d。对绝对薄壁管来说, 导向环角度的影响可以忽略不计。

(3) 导向环倒角线止点直径 φ。根据图 11-16 所示的几何关系, 导向环倒角线止点直径 φ 与导向上辊孔型底径 ϕ 必须一样大。若 $\varphi > \phi$, 则环上的倒角线止点便会向管内移, 如图 11-16c 所示, 破坏管坯对接面的平整度, 形成"〈 〉"畸形对接, 影响焊缝强度。反之, 若 $\varphi < \phi$, 说明环上斜面角度 β 变小, 后果与 11-16d 相同。另外, 辊与环之间就会有空隙, 导致管坯外边缘附近被孔型底部压伤, 以及孔型底部易崩裂失效, 参见图 9-44。

(4) 导向环外圆直径 D。

$$D = \phi + (8 \sim 12)t\cos\frac{\beta}{2} \tag{11-5}$$

D 过小，环易轧到管坯边部，造成成型管坯边缘卷边；D 过大，穿磁棒困难，且也不经济。薄壁管取较大值，厚壁管取较小值。

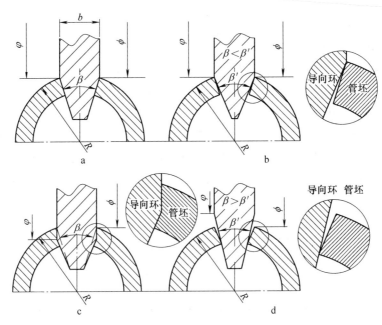

图 11-16　导向环 β 角及倒角线直径与管坯边缘接触的几种情况

a—理想接触状态，$\varphi = \phi$；b—设计的接触状态，$\varphi = \phi$；

c—倒角线直径大于孔型底径，$\varphi > \phi$；d—倒角线直径小于孔型底径，$\varphi < \phi$

11.3.4　开口角

11.3.4.1　开口角的内涵

开口角是指管坯两边缘在挤压辊挤压力和与导向环厚度有相关关系的弹复应力作用下，以挤压辊连心线的中点为极点、以待焊管坯两边缘为射线的一段有效长度所形成的角，如图 11-17 所示，其有三点内涵：

（1）开口角的形成过程比较复杂。与挤压辊、管坯边缘、导向环厚度、挤压辊和导向辊间的距离及管坯材质等密切相关，其中任何一个方面发生变化，都会影响开口角。

（2）开口角是一个动态变化的量。若单纯以导向环厚度为参数，则变动规律如图

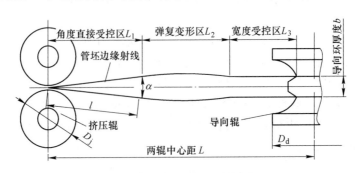

图 11-17　开口角 α 形成图

11-18 所示，随着导向环厚度从 b 磨损变薄为 $b/2$ 时（更换导向环），开口角逐渐变小；当更换新导向环后，开口角又陡然增大，因此开口角的变化具有暂变与突变的特点。

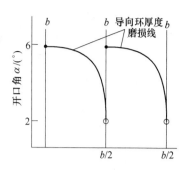

图 11-18　开口角与导向环
磨损的关联

（3）开口角的有效控制长度。从开口角的定义和图 11-17 可以看出，开口角形成区间只在由管坯边缘射线所决定的范围内，即以开口角直接受控长度为计算开口角的有效长度 L_1，而不应该以两辊中心距 L 为计算依据；或者说，只有当 $L_2 \rightarrow 0$ 时，才会有 $L_1 = L_3 = L$。只有这个时候，开口角和管坯边缘才受导向辊（导向环厚度）直接控制，L_1 与导向环厚度 b、开口角 α 呈式（11-6）所示的函数关系：

$$L_1 = \frac{b}{2\tan\dfrac{\alpha}{2}} \quad (2° \leqslant \alpha \leqslant 6°) \tag{11-6}$$

如果 $b = 6\text{mm}$，则 $57.24\text{mm} \leqslant L_1 \leqslant 171.81\text{mm}$，它表示开口角的直接受控区间只在 $57.24 \sim 171.81\text{mm}$ 之间变化，由此通过式（11-7）：

$$l = \sqrt{\left(\frac{b}{2}\right)^2 + L_1^2} \tag{11-7}$$

可得受控管坯边缘射线的最大长度 l 为 171.84mm，且 $l \approx L_1$ 的最大值。但是，这一数值通常都小于式（11-8）所确定挤压辊与导向辊两辊中心距以及感应圈、工装等工艺要求的距离：

$$L = \frac{D_j}{2} + D_d + L_g \tag{11-8}$$

式中，L_g 为感应圈宽度，其余参见图 11-17。比较而言，式（11-8）更实用，取值参见表 11-5。

表 11-5　开口角 $2° \leqslant \alpha \leqslant 6°$ 的 l、L_1 和常规机组的 L 值　　　　（mm）

导向环厚度 b	对应机组	$l_{min} \leqslant l \leqslant l_{max}$	$L_{1min} \leqslant L_1 \leqslant L_{1max}$	L
3	25	28.66 ~ 85.95	28.62 ~ 85.94	250
4	32	38.21 ~ 114.60	38.16 ~ 114.58	280
5	50	47.77 ~ 143.25	47.70 ~ 143.23	350
6	76	57.32 ~ 171.84	57.24 ~ 171.81	380
7	114	66.87 ~ 200.55	66.78 ~ 200.52	420
8	219	76.42 ~ 229.19	76.32 ~ 229.16	530

11.3.4.2　影响开口角的因素

开口角在众多焊接要素中是最为敏感的要素之一。开口角大小直接影响焊接热量、焊接速度和焊缝强度，牵涉面比较广，从图 11-17 可知，影响开口角的直接因素至少有 6 个。

（1）挤压辊孔型半径。根据焊管生产工艺，挤压辊孔型半径总是小于待焊开口圆管筒的半径 R，这样，不同挤压辊孔型（$R_1 \neq R_2$）对管坯边缘产生上压力的第一施力点不同，参见图 11-19，从而影响管坯边缘汇合点的位置与开口角。图中，挤压辊孔型半径越小，孔型施力点 B 就越提前对管坯施力，单边提前量 S 由 R、R_1 和 R_2 决定：

$$S = \sqrt{R^2 - R_2^2} - \sqrt{R^2 - R_1^2} \tag{11-9}$$

同时，由于挤压辊孔型 R_2 的施力点提前了 S 毫米，使得开口角从 α 变减小为 α'，那么根据式（11-6）有受 R_2 影响的开口角 α' 为：

$$\alpha' = 2\arctan\frac{\dfrac{b}{2}-S}{L_1} \qquad (11\text{-}10)$$

显然，$\alpha > \alpha'$，当开口角变小后，必然导致加热管坯边缘的实际顶点提前，易产生过烧、焊缝穿孔等缺陷。

式（11-10）告诉人们，同一种管，开口角会随着挤压辊孔型半径变小而骤减，导致管坯边缘实际汇

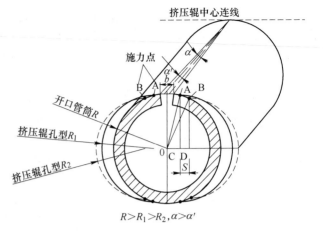

图 11-19　孔型半径对管坯施力点及开口角的影响

合点前移，即远离挤压辊中心连线，并对一系列焊接工艺参数如挤压力、输入热量、阻抗器位置、焊接速度等产生重要影响。以在 50 机组上生产 $\phi50\text{mm}$ 管为例，令 $R = 26.11\text{mm}$，$R_1 = 25.5\text{mm}$，$R_2 = 25.3\text{mm}$，$\alpha = 2° \sim 6°$，$b = 6\text{mm}$，计算得 $S = 0.84\text{mm}$，开口角因之减小为 $\alpha' = 1.73° \sim 5.19°$，减小了 13.5%。

（2）挤压辊外径。同种规格焊管、不同挤压辊外径，孔型对管坯的第一施力点不同。在图 11-19 中，外径大的挤压辊比外径小的挤压辊提前 A_1A_2（边缘）和 a_1a_2（底径）触碰到管坯，进而影响开口角和实际汇合点的位置。

（3）导向环厚度 b。根据式（11-6）知，导向环厚度 b 与开口角 α 的正切成正比，环越厚，开口角越大；反之，环越薄，开口角越小。

（4）管坯回弹。根据图 11-17，管坯强度高、硬度高，在弹复变形区内管坯边缘回弹大，管坯开口会超过辊环厚度，形成事实上的开口角比理论开口角大。

（5）管坯进入挤压辊的高度。由于开口管筒尺寸大于挤压辊孔型尺寸，当按水平轧制底线校调导向辊和挤压辊时，管坯边缘高于挤压辊孔型上边缘（$D_导 - D_挤$）mm，这导致挤压辊孔型上压力点提前压到管坯边缘，并因此减小开口角；高得越多，减小越明显。

特别地，可将此作为人为控制开口角的措施之一。若新换导向环后嫌开口角大，就适当整体提高导向辊；反之，当导向环严重磨损后嫌开口角小时，可适当整体降低导向辊。

（6）管坯壁厚。厚壁管加上变形盲区，极易形成大小相等但顶点（汇合点）位置不同的内、外开口角，如前图 9-36 所示，而根据高频电流的临近效应原理，管筒内开口角附近的温度必然高于外开口角处的温度，使焊管工艺无所适从。

（7）辊缝。包括导向辊和挤压辊辊缝都程度不等地影响开口角。

11.3.4.3　开口角的调整方法

调整开口角的方法大致有以下 4 种：

（1）辊缝调节法。通过增大或减小导向辊辊缝间隙控制开口角。

（2）补偿孔型磨损法。当孔型和导向环磨损后，适量压下导向上辊，可减小开口角。当更换新导向环后，开口角又会一下子重回最大。

（3）导向辊孔型调节法。就是为每种外径的焊管配置 $2 \sim 3$ 种不同厚度的导向环及不同孔型尺寸的导向辊，供焊管生产需要时选用。

（4）相对高度调节法。指以挤压辊中心为基准，整体适当调高或调低导向辊，达到减小或增大开口角的目的。

11.3.4.4　开口角的调整原则

在调整开口角时，应遵循以下4条基本原则：

（1）壁厚原则。指生产厚壁管时应尽可能调小开口角，生产薄壁管时应适当增大开口角。

（2）自然原则。就是随导向环和孔型自然磨损后，阶段性地适量压下导向辊，这样开口角便随之减小；待更换新导向环后，开口角应恢复到初始状态。

（3）微量变形原则。理论上讲，导向辊不承担变形任务；但是，从稳定开口角的实际需要出发，有必要让导向辊承担仅限于控制回弹的微量变形。

（4）效率原则。为了提高电能利用效率和生产效率，在工艺条件允许的情况下，必须尽可能将开口角调得比较小。

11.4　挤压辊孔型与上压力

挤压辊是焊管生产用辊中最重要的轧辊，是焊接三要素中挤压力的施力体，施力效果由孔型决定。孔型可分为单半径、双半径、椭圆、槽型和异型等种类。其中，单半径挤压辊孔型最具代表性。

11.4.1　单半径挤压辊孔型

单半径挤压辊孔型，顾名思义指孔型由单一半径构成。根据挤压装置不同，有单半径两辊式、三辊式和多辊式，而两辊式单半径挤压辊孔型在焊管行业应用最广、历史最长、使用经验最丰富。

11.4.1.1　两辊式挤压辊的工作原理

当成型圆管筒进入挤压辊孔型后，一方面管坯边缘被高频电流迅速加热至1250~1450℃，同时又受到强大挤压力 F 作用，促使处于熔融状态且被挤压到一起的管坯边缘相互结晶，形成焊缝、内毛刺与外毛刺；另一方面，管坯边缘在强大挤压力作用下，时刻存在往辊缝外跑的趋势，孔型上边缘因之形成对管坯边缘的上压力 f_1。所谓上压力是指，源自挤压力派生出的、位于挤压辊孔型上最边缘处、对管坯边缘形成的径向力，见图11-20。该力对实现管坯边缘平行对接与焊缝质量至

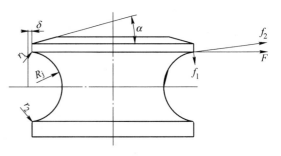

图 11-20　挤压力分解图
F—挤压力；f_1—上压力；f_2—侧压力；
α—焊花飞角；δ—辊缝；r_1—孔型上缘倒角；
r_2—孔型下缘倒角；R_j—挤压辊孔型半径

关重要。上压力 f_1 大，则对管坯边缘控制能力强，能有效抑制管坯边缘往辊缝外跑，确保焊缝平行对接；反之，上压力 f_1 小，控制能力则弱，管坯边缘易往辊缝处跑，形成尖桃形，进而影响焊缝强度。长期以来，挤压辊孔型上压力的作用并没有真正引起人们的足够重视，可以毫不夸张说，虽然上压力由挤压力派生，但是，就对焊接质量的影响而言，其

作用甚至超过挤压力本身。

11.4.1.2　挤压力与上压力的关系

我们在使用传统挤压辊施加挤压力时，经常遇到这么一种尴尬：明明知道焊缝外毛刺已经很大了，不能再增大挤压力，可是基于焊缝强度的原因，又不得不继续增大挤压力。然而，分解挤压力后发现，每每这种时候，增强焊缝强度所需要的其实并不是挤压力，而是上压力。或者说，传统挤压辊孔型的上压力严重欠缺，在挤压力 $F_{挤}$ 中只有极少数转变成上压力 $F_{上}$，参见式（11-11）：

$$F_{上} = \frac{\delta}{R_j} F_{挤} \tag{11-11}$$

以 $\phi 50mm \times 2mm$ 焊管为例，令 $R_j = 25.3mm$，单边辊缝间隙 δ 取 $1.2mm$，那么上压力只有挤压力的 4.74%。而且，因 δ 通常只在 $0.5 \sim 3mm$ 间取值，故管径越大，上压力越小。由此可见，要想增大上压力，只能另辟蹊径。

11.4.1.3　增强挤压辊孔型上压力的措施

增强传统两辊挤压辊孔型上压力的措施可以从以下 4 个方面入手：

（1）尽可能减小孔型上缘倒角 r_1。挤压辊孔型上压力对管坯边缘的施力点前移。当倒角从 r_1 减小到 r 后，圆弧切点从 A 移到 B，即孔型上压力的施力点从 A 点前移至 B 点，向管坯边缘移近了 $\overset{\frown}{AB}$ mm，如图 11-21 所示。一般地，当 r_1 减小 $1mm$ 时，可相应地约增加对管坯边缘弧长 $1mm$ 的管控；也就是在不减小辊缝的前提下，孔型距管坯边缘更近，管坯边缘的自由度因而更小。虽然增加的 $\overset{\frown}{AB}$ 长仅 $1mm$ 左右，可是，对单边只有

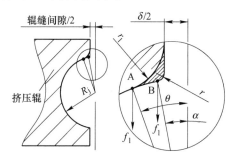

图 11-21　边缘倒角与 f_1 控制能力的关系

$2mm$ 不受控的管坯边缘来说，它使不受控区域缩减了 50%，从而能够有效地消除管坯边缘尖桃形，实现平行对接。$\overset{\frown}{AB}$ 弧长由式（11-12）决定：

$$\begin{cases} \overset{\frown}{AB} = \dfrac{\pi R_j (\theta - \alpha)}{180} \\[2mm] \theta = \arcsin \dfrac{\dfrac{\delta}{2} + r_1}{R_j + r_1} \\[2mm] \alpha = \arcsin \dfrac{\dfrac{\delta}{2} + r}{R_j + r} \\[2mm] r_1 > r \geqslant 0, r = 0.3 \sim 2, 在中小直径管范围内，管大取值大 \end{cases} \tag{11-12}$$

式中　$\overset{\frown}{AB}$——上压力控制范围增长量；

$\quad\quad\quad \delta$——挤压辊辊缝；

$\quad\quad\quad \alpha$——R_j 孔型和 r 倒角弧切点与孔型竖直对称线的夹角；

$\quad\quad\quad \theta$——R_j 孔型和 r_1 倒角弧切点与孔型竖直对称线的夹角。

（2）适当减小挤压辊辊缝 δ。减小辊缝直接使上压力施力点向管坯边缘移动，但是减

小量极其有限。

（3）正确调整挤压辊。挤压辊实际辊缝有上下相同、上大下小和上小下大三种状况，后一种辊缝状况有利于增强挤压辊孔型上压力。

（4）选择恰当的挤压辊孔型半径。孔型大，则上压力弱；反之，则上压力强。

11.4.1.4 确定挤压辊孔型半径 R 的依据

有理论确定方法和经验确定方法两种。

（1）理论确定法。在焊接完成后，理论上讲闭口管筒中的成型余量 $\Delta_1 B$ 和焊接余量 $\Delta_2 B$ 已经被全部消耗，只剩下定径余量，所以确定挤压辊孔型半径 R_j 的理论依据是式（11-13）：

$$R_j = \frac{B - \Delta_1 B - \Delta_2 B}{2\pi} \qquad (11-13)$$

（2）经验确定法。参见式（11-14）：

$$R_j = \frac{D_T}{2} + \Delta R \qquad (11-14)$$

式中　D_T——成品管直径；

　　　ΔR——定径余量，经验取值见表11-6。

表 11-6　设计挤压辊用定径余量经验值　（mm）

D_T	ΔR
$D_T \leq 40$	0.25 ~ 0.30
$40 < D_T \leq 114$	0.35 ~ 0.80
$D_T > 114$	0.85 ~ 1.10

11.4.2 双半径挤压辊孔型

双半径挤压辊孔型是指，挤压辊孔型是由不包括倒角圆弧在内的两个不同曲率半径构成的孔型，如图11-22所示。

11.4.2.1 双半径挤压辊孔型的主要功能

双半径挤压辊孔型与上述减小挤压辊孔型上边缘倒角、增大上压力具有异曲同工之效，目的也是增强挤压辊孔型的上压力。因此，双半径挤压辊孔型尤其适用于单半径成型管坯，以及高强度、高硬度、厚壁管的焊接。

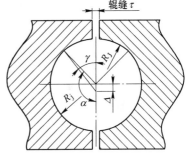

图 11-22　双半径挤压辊孔型
R_j—孔型下半径；R_J—孔型上半径；
α—下半径孔型弧度；Δ—偏心量；
γ—上半径孔型弧度

11.4.2.2 双半径孔型参数的确定

（1）确定 R_j。在图11-22中，R_j 值可按式（11-14）确定。

（2）确定 R_J。在设计双半径挤压辊孔型上半径 R_J 时，为了避免管缝对接出现尖桃形，以及又不致过于扁平，R_J 值按式（11-15）设计为宜：

$$R_J = R_j + \delta \quad (\delta = 2 \sim 5mm) \qquad (11-15)$$

式中，孔型扁平系数 δ 的选取，由管材强度、壁径比、绝对管径以及变形方式等决定。当管材强度较高、壁径比和管径都较大或者是圆周成型法变形时，孔型扁平系数应取较大值；反之，应取较小值。

（3）偏心值 Δ。通常取 $\Delta = 3 \sim 6mm$，取值方法同 δ。

在设计双半径挤压辊孔型时，要对孔型弧长进行验算，使之与单半径孔型的相等。

11.4.2.3 双半径挤压辊孔型的弊端

双半径挤压辊孔型的弊端主要有三点：（1）增大去除外毛刺的难度；（2）孔型上缘

受力大，易崩边；（3）不适用于薄壁管。正因如此，双半径孔型挤压辊实际应用并不多。

11.4.3　三半径（四心椭圆）挤压辊孔型

三半径挤压辊孔型分平椭圆孔型和立椭圆孔型，应用并不普遍，平椭圆孔型适用于高强度厚壁管，立椭圆孔型通常仅与采用椭圆成型法的成型管坯相配合，图 11-23 是运用四心法设计的立椭圆挤压辊孔型。设计椭圆挤压辊孔型，必须遵循下列原则：

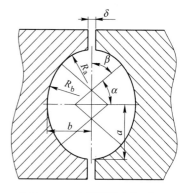

图 11-23　立椭圆挤压辊孔型

（1）周长相等原则。即椭圆挤压辊孔型周长必须与单半径挤压辊孔型周长相等，即：

$$\begin{cases} 2\pi R_\mathrm{j} = \dfrac{\pi(R_\mathrm{a}\beta + R_\mathrm{b}\alpha)}{45} \\[2mm] R_\mathrm{a} = \dfrac{\dfrac{a}{\cos\alpha} - a + b}{2\cos\alpha} \\[2mm] R_\mathrm{b} = \dfrac{a - R_\mathrm{a}}{\tan\alpha} + b \end{cases} \qquad (11\text{-}16)$$

式中，$a + b = 2R_\mathrm{j}$；且椭圆孔型长短轴半轴之差 Δ 参见表 11-7。

表 11-7　薄壁管用挤压辊孔型椭圆化系数 Δ

壁径比 $t/D \times 100/\%$	参考管径 ϕ/mm	孔型椭圆化系数 Δ/mm
2.5 ~ 2.0	≤30	1.5 ~ 3.0
1.9 ~ 1.5	31 ~ 50	3.1 ~ 4.5
1.4 ~ 1.0	51 ~ 114	4.6 ~ 6.0
<1.0	>114	6.1 ~ 7.5

（2）管壁绝对厚度原则。指立椭圆挤压辊孔型比较适用于薄壁管，以及采用椭圆变形法成型的薄壁管；厚壁管适宜采用平椭圆挤压辊孔型，并适宜与平椭圆精成型孔型配合使用。

11.4.4　槽型挤压辊孔型

槽型挤压辊孔型的主要特征是：辊缝与焊缝错位 90°，孔型上的槽对着焊缝，以便外毛刺能够顺利挤出。其孔型曲线可以是圆形，也可以是椭圆形，若是直接成异工艺的，还可以是异型。常见槽型挤压辊有两辊与三辊之分，参见图 11-24。图中的槽型三辊双半径挤压辊尤其适合焊接高强度厚壁管，可以起到平椭圆挤压辊孔型的作用。

11.4.4.1　槽型挤压辊孔型尺寸

（1）孔型半径。R_j 确定方法与单半径挤压辊孔型的确定方法相同，三辊双半径孔型 R_J 取值范围是 $R_\mathrm{j} < R_\mathrm{J} \leq 2R_\mathrm{j}$，管壁越厚，$R_\mathrm{J}$ 取值越大。

（2）槽宽 S 和槽深 h。确定的主要依据为管壁厚度，管壁厚，则槽的宽和深都要相对大一点，因为管壁厚，焊缝加热区会宽些，因之产生的毛刺量相对较多，具体取值参见表 11-8。

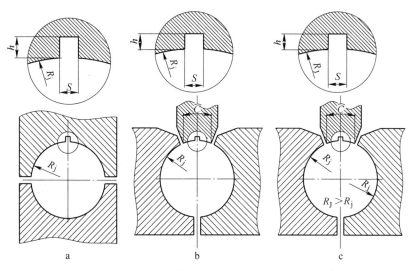

图 11-24 槽型挤压辊

a—卧式两辊挤压辊；b—三辊单半径挤压辊；c—三辊双半径挤压辊

表 11-8 挤压辊槽深和槽宽参数 （mm）

管壁厚度 t	槽 宽 S	槽 深 h
$t < 2.0$	$2.0 \sim 2.2$	$4.0 \sim 5.0$
$2.0 \leqslant t < 3.5$	$2.2 \sim 3.0$	$5.0 \sim 5.5$
$3.75 \leqslant t < 5.0$	$2.5 \sim 3.5$	$5.5 \sim 6.0$
$t \geqslant 5.0$	$3.5 \sim 4.0$	$6.0 \sim 7.0$

槽过宽，对管坯边缘控制能力弱；过窄，槽易烧损。槽过浅，不利于外毛刺顺利通过并造成堵塞；过深，难加工，且易形成应力集中，导致轧辊破坏。为了防止轧辊在孔型槽底产生裂纹，在进行槽底加工时应该留有过渡圆弧。

（3）三辊挤压上辊孔型弧长 $\overset{\frown}{C}$。通常，受安装位置的制约，三辊挤压机架的强度相对较薄弱，故不能让上辊承受总量过多的挤压力；也就是说，上辊所承受的挤压力总量可以不大，但是其所施加的单位挤压力不能降低。满足这种要求的技术措施是：让上辊孔型弧长不超过管坯周长的 15%。

11.4.4.2 槽型挤压辊孔型的优点

（1）使挤压力与上压力有机统一，如卧式两辊挤压辊在增加挤压力的同时，上压力也在同步直接增大，几乎不打折（参见 5.2 节），并从根本上改变了挤压辊孔型上压力的施加方式，强化了孔型对管坯边缘的有效控制。

（2）从根本上消除了许多焊接缺陷。几乎是尖角的槽外角和有限的槽宽，彻底堵住了管坯边缘试图外逃的去路，避免产生焊缝错位、搭焊、尖桃形等焊接缺陷。

（3）提高成材率。槽型挤压辊并不需要过大的挤压力，外毛刺因之减少 30%～50%。

11.5 焊接三要素与闭环自动控制

焊接热量、焊接速度与焊接压力并称焊接三要素，它们对焊缝质量、生产效率的影响有时独立显现，但更多的是相互影响。在现有技术条件下，完全可以将焊接热量、焊接速度和焊接压力融合在一个闭环系统中，相互协调地自主控制。

11.5.1　焊接热量

11.5.1.1　焊接热量的表征

根据金属学原理，在常规状态下欲实现低碳钢管坯的焊接，必须至少将管坯边缘加热到 1250℃ 左右的固相状态，再辅之一定的压力，这里的 1250℃ 的温度就是焊接热量。高频直缝焊管用焊接热量由一定功率、频率在 250 ~ 450kHz 的高频电流提供，并且以电流 I 和电压 U 的形式展现在人们眼前，以电流做功的形态来表示，即焊接热量可以用振荡器输入功率 W 来表示，如式（11-17）所示：

$$W = IU \tag{11-17}$$

该式是从输入热量的角度反映焊接热量，但是，它并不能真实反映管坯边缘的焊接温度；从接受热量的角度看，管坯边缘被加热后的焊接温度由式（11-18）定义：

$$T = \frac{I^2 R}{AF} \sqrt{\frac{L}{v}} \tag{11-18}$$

式中　I——焊接电流，A；

　　　R——管坯电阻，Ω；

　　　A——金属物理系数；

　　　F——焊接断面面积，mm^2；

　　　L——焊接区长度，mm；

　　　v——焊接速度，mm/s。

由此可见，真实的焊接热量，并不像式（11-17）所示的那样简单，实际情况更为复杂，除式（11-18）所示的因素外，还包括开口角、磁棒、对接面、感应圈（焊脚）、冷却液、操作等的影响，从而导致焊接状态、焊缝形貌存在较大差异。

11.5.1.2　焊缝的三种焊接形态

（1）固相焊接。指管坯边缘很窄区域被加热至 1250 ~ 1300℃ 的高温后，经过挤压辊输送的强大挤压力将管坯两边缘挤压在一起，形成共同结晶，实现焊接。固相焊接的特征是，虽然管坯边缘已经达到焊接温度，但是，开口角区域的管坯边缘受热区域窄，并仍然保持原有形态，如图 11-25a 所示。焊接过程中仅有少量金属被挤出，形成极小的内外毛刺，飞溅的火花细小，高度一般不超过 30mm。

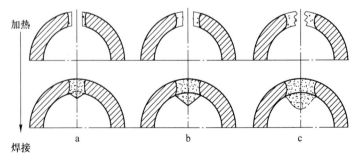

图 11-25　高频焊接的三种表现形态
a—固相焊接；b—固熔焊接；c—熔融焊接

（2）固熔焊接。反映到管坯边缘上的表现是，管坯边缘被加热到 1300 ~ 1400℃，开口角区域的管坯边缘物理形状不再棱角分明，尤其是接近角的顶点附近，两边缘的轮廓已经模糊，甚至交融；同时，受热区域比固相的增宽许多，参见图11-25b，只需较大挤压力就能完成焊接。在这个过程中，部分熔融金属被挤出，形成较大的内外毛刺，同时伴有较多较大火花四处飞溅。

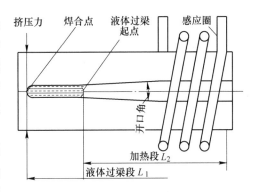

图 11-26 熔融焊接与液体过梁

（3）熔融焊接。管坯边缘被加热至1400℃以上，边缘受热范围急剧增宽，部分金属处于熔化状态，物理形状完全失去规整，如图11-25c和图11-26所示；在开口角前端两侧的熔融金属已经"流淌"在一起，形成液体过梁，高频电流在此高度集中，致使过梁处的熔融金属发生局部气化。在这种状态下，管坯两边缘仅需较小挤压力就能实现焊接；同时大量熔融金属易被挤出，在产生大量内外毛刺的同时，产生强烈的火花喷溅。

事实上，用图11-26中液体过梁长短也能很好地诠释三种焊接形态之间的关系：当液体过梁长度显示为 $L_1/2 \sim L_1/3$ 时，就是固熔焊接；当液体过梁长度缩减至 $L_1 \approx 0$ 时为固相焊接。在实际生产过程中，三种焊接形态常常交织在一起，但是，固熔焊接形态更受操作者青睐，应用也最为广泛。（1）、（3）两种形态的应用风险都很大，在诸多客观因素影响下，实际焊接温度较难严格恒定：在固相焊接状态，如果温度再偏低一点，就会焊不透、形成冷焊；而熔融焊接状态，若温度再偏高一点，势必形成过烧缺陷；反观固熔焊接，焊接温度偏高一点或偏低一点，都不会产生上述问题，容易满足工艺需要。特别地，如果客户要求小内毛刺的直用管，则宜选用固相焊接；如要求小内毛刺弯用管，则宜选择固熔焊接形态；当然，如果焊接高强度厚壁管，那么，采用熔融焊接就是不二的选择。

11.5.1.3 度量焊接热量的方法

度量焊接热量的基本方法有三种：

（1）红外线法。就是利用红外线测温仪测量管坯边缘的温度，并以数值形式反映出来。基本原理是：由于自然界一切温度高于绝对零度（–273.15℃）的物体在做分子热运动时，都在不停地向周围空间辐射包括红外波在内的电磁波，其辐射能量密度与物体本身的温度关系符合辐射定律，即

$$E = \sigma\varepsilon(T - T_0^4) \tag{11-19}$$

式中 E——辐射出射度，W/m^3；

σ——斯蒂芬-玻耳兹曼常数，5.67×10^{-8}W/(m^2·K^4)；

ε——辐射率；

T——被测物体温度，K；

T_0——被测物体周围温度，K。

依据这一原理制成的红外线测温仪，可在非接触状态下测量物体 –50 ~ 3000℃的温度。因此，利用红外线测温仪能精确检测被加热管坯边缘温度的特性，不仅有利于控制焊接温度，同时也为焊接温度的自动控制提供了物质基础。

（2）火花法。管坯边缘被加热过程中，在开口角顶点处形成 V 形回路，同时受高频

电流临近效应作用，管坯边缘越接近汇合点温度越高，图 11-27 为固熔焊接状态时管坯边缘的温度分布。在管坯边缘从常温被加热到焊接温度的过程中，体积急剧膨胀，内部产生具有一定压力的金属蒸气，当与外部挤压力叠加时，金属蒸气的压力就会大增，进而冲破已经融化金属液体的阻挡而向外喷射金属火花。这样，金属火花喷射状况就成为操作者了解实时焊接温度的重要判据。

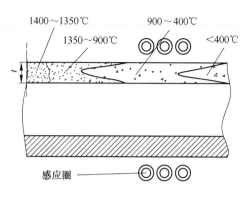

图 11-27　固熔焊接时管坯边缘温度分布

（3）内外毛刺法。若去除的外毛刺分叉，或者内毛刺中间有沟槽，说明焊接温度不足；若外毛刺呈大丘陵状，内毛刺呈不整齐的大"蚯蚓"状，说明焊接温度偏高；若外毛刺呈小丘陵状，内毛刺呈基本整齐线状，则表示焊接温度适宜。当然，这些都与挤压力密不可分。

11.5.2　挤压力

11.5.2.1　挤压力的构成

简单地讲，挤压辊上的作用力 F_J 由两部分构成：一是将开口管筒挤压至两边缘接触所需要的力 f_K，二是加热边缘焊接时管坯变形所需要的力 f_R，即

$$F_J = f_K + f_R \tag{11-20}$$

其中：
$$f_K = \frac{F_J}{4}, f_R = \frac{2.25\sigma_s tl}{\sqrt{3}}$$

将上式带入式（11-20）并化简得：

$$F_J = \sqrt{3}\sigma_s tl \tag{11-21}$$

式中，l 为管坯边缘汇合点到两挤压辊中心连线的距离；t 为管坯厚度；σ_s 为管坯屈服极限；F_J 的单位为 kN。

11.5.2.2　挤压力的作用

高频直缝焊接属于压力焊的一种，管坯两边缘被加热到焊接温度后，需要在一定外力作用下将两边缘压合在一起，挤出各自加热面上的氧化物并形成共同金属晶粒，实现焊接。这里的一定外力，就是焊管生产工艺中的挤压力，是焊管生产工艺中最重要的工艺参数。

挤压力并非越大越好，恰当的挤压力是获得优质焊缝的保证。图 11-28 是在优化 ϕ114mm × 4.5mm 高频直

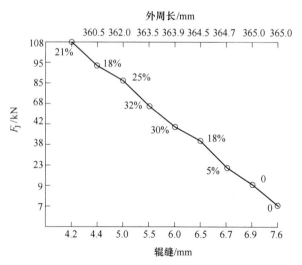

图 11-28　焊接 ϕ114mm × 4.5mm 焊管的挤压辊辊缝、
管坯外周长与挤压辊作用力及焊缝强度
（锥度扩管）之间的关系

缝焊管焊接工艺参数时，测定的挤压辊作用力与管坯宽度及焊缝强度的关系。优化过程和结果说明：当挤压力不足时，一方面，管坯边缘的氧化物难以全部挤出，残留在焊缝中形成非金属夹杂，破坏焊缝的连续性，锥度扩管后就会成为起裂源；另一方面，小挤压力使得焊缝中形成共同晶体的数量少、组织疏松不密实，受力后焊缝易开裂。反之，当挤压力过大时，会把管坯最边缘、原本用于结晶的高温金属绝大部分挤出焊缝，导致形成焊缝的高温金属晶体数量少，而真正形成焊缝结晶体的反倒是远离管坯边缘且温度不高（参见反映管坯边缘横向焊接温度的图 11-2）的金属，焊缝结合强度低。

11.5.2.3 挤压力与焊接形态的匹配

离开焊接温度讨论挤压力恰当与否没有任何意义，较大的挤压力与固熔焊接匹配比较恰当，与熔融焊接匹配则嫌大，与固相焊接匹配则嫌不足。与三种焊接形态相匹配的挤压力如表 11-9 所示。

表 11-9 与焊接形态匹配的挤压力和焊接速度

焊接形态	推荐焊接压力 /MPa	焊接速度 /m·min^{-1}	适 应 管 种
固相焊接	35~40	高	低压流体输送用管，一般用途结构管、直用管等
固熔焊接	25~35	中	低、中压流体输送用管，结构管，直用管，弯（压扁、扩口等）用管
熔融焊接	20~25	低	低、中、高压流体输送用管，结构管，直用管，弯（压扁、扩口、锥管等）用管，高强度厚壁管，石油用管

11.5.2.4 挤压力大小的判别方法

(1) 平均尺寸法。就是分别测量进、出挤压辊的管坯水平"直径"和竖直"直径"，然后将它们平均后与挤压辊孔型直径进行比较，前者略大于后者，则视为挤压力正常；若前者小于后者，则需要作相应的减力调整。

(2) 倒车观察法。就是将管从挤压辊中倒回 50~80mm，观察管坯上有无明显的减径"勒痕"：若"勒痕"明显，则说明挤压力偏大；若"勒痕"轻微，则表示挤压力比较恰当；若不见"勒痕"，则说明挤压力不足。

(3) 动态观察法。在焊管生产实践中，有着丰富经验积累的调整工能够通过观察外、内毛刺状况判断挤压力大小。

(4) 测力计。通常只能做参考。

(5) 破坏性试验。通过弯管、扩口、压扁等破坏性试验，检查焊缝强度，借以判断挤压力。试验法是所有判断方法中最可靠、最有说服力的方法，也是最权威的检验方法。

以上判断挤压力的方法各自都存在不足和应用局限，应该多种方法并举，综合评价。然而，即使挤压力和焊接温度都在工艺规定范围内，如果与焊接速度匹配不当，仍然得不到高品质的焊缝。

11.5.3 焊接速度

11.5.3.1 焊接速度与焊缝质量的关系

对焊接速度与焊缝质量的关系，要辩证地理解，不可偏废。主要体现在加热阶段与结晶阶段。

（1）加热阶段。在高频直缝焊管的工况下，管坯边缘从室温被加热到焊接温度，其间，管坯边缘没有任何保护，完全裸露在空气中，这就不可避免地与空气中的氧、氮等发生激烈反应，使焊缝中的氮、氧化物显著增加，据测定，焊缝中的氮含量因之提高 20～45 倍，氧含量因之提高 7～35 倍；同时，对焊缝有益的锰、碳等合金元素大量烧损和蒸发，致使焊缝力学性能降低，参见表 11-3。由此可见，在这个意义上讲，焊接速度越慢，焊缝质量越差。

不仅如此，被加热管坯边缘暴露在空气中的时间越长，即焊接速度慢，会引起较深层也产生非金属氧化物，这些深层次非金属氧化物在随后的挤压结晶过程中，难以被全部挤出焊缝，结晶后便以非金属夹杂的形式残留在焊缝中，形成一个明显的脆弱界面，从而破坏焊缝组织的连贯性，降低焊缝强度。而焊接速度快，氧化时间就短，所产生的非金属氧化物较少且仅限于表层，很容易在随后的焊接中被挤出焊缝，焊缝中也不会有过多非金属氧化物残留，焊缝强度高。

（2）结晶阶段。根据金属学原理，欲获得高强度的焊缝，就必须使焊缝组织的晶粒尽可能细化；而细化的基本途径是在短时间内形成足够多的晶核，使它们在尚未显著长大时相互接触便结束结晶过程。这就要求通过提高焊接速度，让焊缝迅速离开加热区，才能使焊缝在较大的过冷度下快速结晶；当过冷度增大时，生核率能够大大增加，成长率增加较少，从而达到细化焊缝晶粒的目的。

因此，无论从焊接过程的加热阶段看，还是从焊后的冷却看，都是在满足基本焊接条件的前提下，焊接速度越快，焊缝质量越好。

11.5.3.2 焊接速度与焊接热量的关系

在式（11-18）中，当焊管规格确定之后，管坯电阻 R、金属物理系数 A、焊接断面面积 F 和焊接区长度 L 都是定值，真正影响焊接温度 T 的其实是焊接速度 v 与焊接电流 I。于是可将式（11-18）变形为式（11-22）：

$$T = KI^2 \sqrt{\frac{1}{v}}, \quad K = \frac{R\sqrt{L}}{AF} \tag{11-22}$$

式（11-22）说明，在焊接电流 I 和其他因素恒定的条件下，焊接温度与焊接速度的倒数呈平方根关系；焊接速度的变化，实质是在既定焊接电流的情况下，改变焊管单位长度的焊接功率，从而影响焊接温度。这里仅对三种典型焊接形态的焊接温度与焊接速度匹配加以说明。

（1）v_1 与 T_1 配（v_1——熔融焊接的速度，T_1——熔融焊接温度）。焊接速度为 v_1 时，整个加热区被明显地划分成液体过梁区 L_1 和加热区 L_2，参见图 11-26。此时，加热区 L_2 的温度从室温被加热至 1400℃ 左右，而液体过梁区域的温度则高达 1400℃ 以上，即焊接温度 $T_1 = 1400～1450℃$。也就是说，在高频焊接功率既定的情况下，当焊接某种焊管需要高热量输入时，就只能以牺牲速度换取更多单位时间内的焊接能量。

（2）v_2 与 T_2 配（v_2——固熔焊接的速度，T_2——固熔焊接温度）。在高频功率既定的情况下，焊接速度从 v_1 加快到 v_2 时，加热焊接区内液体过梁长度明显缩短，而加热区 L_2 增长；相应地，加热区 L_2 的温度从室温被加热至 1350℃ 左右，液体过梁区域的温度则下降到 1350～1400℃，即焊接温度 $T_2 = 1350～1400℃$。

（3）v_3 与 T_3 配（v_3——固相焊接的速度，T_3——固相焊接温度）。在同等输入功率的前提下，若焊接速度从 v_2 加快到 v_3，则整个加热区内液体过梁消失、加热区 L_2 增长至 L；

此时，加热区 $L_2(L)$ 的温度从室温被加热至1250℃左右，并在加热区的顶点达到1300℃时完成焊接，即焊接温度 $T_3 = 1250 \sim 1300℃$。

这样，通过以上分析可得与式（11-22）相对应且能够直接反映焊接速度与焊接温度相互关系的表达式：

$$\begin{cases} v_1 < v_2 < v_3 \\ T_1 > T_2 > T_3 \end{cases} \tag{11-23}$$

与式（11-22）相比，式（11-23）对焊管生产的指导意义更大，它为焊管操作人员匹配焊接速度与焊接热量指明了方向，更为实现高频直缝焊接自动控制提供了模型。

11.5.3.3 速度–温度自动控制系统

毋庸讳言，依靠人工目视焊接温度和手动操作调节速度模式，受操作者个人经验、熟练程度、精神状态、疲劳程度等影响，很难始终如一地确保单位焊缝长度的焊接功率相等，使得实际焊接过程总是在上述三种焊接状态之间波动。因此，对一些严苛条件下使用的焊管如大中直径油气输送用管，为了确保焊接状态稳定、焊缝质量可靠，必须实现焊管生产过程的自动控制。采用何种控制模式，关系到控制精度与控制效果。

（1）人工操作的启迪。焊管生产过程中的管坯变化、轧辊变动、磁棒磁化、设备异动等最终都会通过焊接热量（如火花）反馈给操作者，操作者并据此进行调节。人工调节不外乎三种模式：

1）速度反馈型。即固定输入热量基本不变，然后根据运行需要，适当增减焊接速度。

2）温度反馈型。就是固定焊接速度基本不变，根据运行需要调节焊接热量。

3）速度–温度反馈型。通常在机组启动至正常生产阶段，都是采取速度与温度同步增加的操作模式。

与人工调节模式相对应，自动控制也可以采用速度反馈型、温度反馈型模式。

（2）焊接操作自动控制系统。系统基本指导思想是，以改变焊管运动速度来控制焊接温度，运用速度–温度闭环实现适时自动调节。该系统硬件部分由高频焊接系统、主机拖动系统、信号采集系统、计算机集成处理系统和成型焊接定径机组等系统构成，参见图11-29。

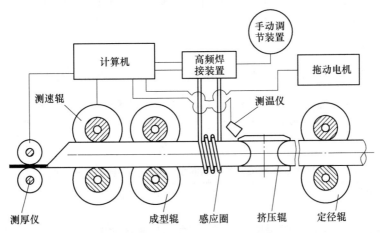

图 11-29 高频直缝焊管速度温度自动控制系统硬件构成

速度–温度闭环自动控制系统，是将外环焊接温度环、中环焊管速度环和内环焊管机组拖动电机电流环三环串接为一个闭环控制系统，其基本结构形式如图11-30所示。

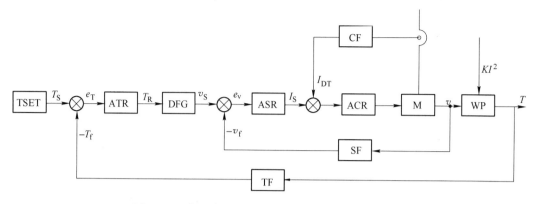

图 11-30　高频直缝焊管速度-温度闭环自动控制系统

TSET—温度设定器；ATR—温度调节器；DFG—倒数函数发生器；ASR—速度调节器；ACR—电机电流调节器；

M—拖动电机及驱动；WP—焊管机组；CF—电机电流反馈；TF—焊接温度反馈；SF—速度反馈；T_S—温度设定值；

e_T—温度偏差；e_v—速度偏差；T_R—温度调节值；v_S—速度设定值；I_S—电流设定值；

I_{DT}—电机电流反馈值；T_f—温度反馈值；v_f—速度反馈值

焊管速度-温度闭环自动控制系统的工作原理是：当焊接温度设定值 T_S 升高时，拖动电机由于惯性其速度 v 及速度反馈值 v_f 都没有来得及改变，焊接温度及其温度反馈值 T_f 也未发生变化，则温度偏差 e_T 增大，温度调节输出器 T_R 同时增大，经倒数函数发生器 DFG 处理后，拖动电机速度设定值 v_S 下降，速度闭环使电机速度下降，焊接温度随之升高，其反馈值 T_f 稳定后，T_f 和 T_S 平衡，v_f 与 v_S 平衡，I_{Df} 与 I_S 平衡。若由于某种扰动，使焊接温度和其反馈值 T_f 降低，如高频焊接电流 I 降低，那么温度偏差 e_T 增大，温度调节输出器 T_R 增大，倒数 DFG 处理后速度给定值 v_S 减小，则速度闭环迫使焊管速度降低，以维持焊管单位长度的焊接功率不致减小，这样，焊接温度及其反馈值回升，达到新的平衡。

在极端情况下，如焊接电流 I 突然消失，焊接温度及其反馈值 T_f 变为 0，速度-温度控制系统将使拖动电机速度给定值 v_S 降为最小值，若此最小值设置为 0，则电机自动停车。这一设定保护，最大限度地减少了开口管数量，避免不必要的浪费。

另外，只要在图 11-30 的基础上稍加改变，还可以设计成速度倒数型控制系统或温度倒数型控制系统。

11.5.4　焊接温度、挤压力、焊接速度与内外毛刺形态的关系

焊管内外毛刺的形状，与焊接温度、挤压力以及焊接速度之间存在一定的逻辑关系，参见表 11-10 和表 11-11，操作者可以透过内外毛刺形状这一现象，看到焊管机组运行状况的本质。

表 11-10　焊接工艺参数的匹配与横向内毛刺形态的关联

横向内毛刺形状	焊管原料	焊缝对接	焊接温度	挤压力	焊接速度
等腰	切边管坯	"I"平行	固相～固熔	偏大	适宜
双峰	圆边管坯	"X"对接	固相～固熔	较大	适宜

横向内毛刺形状	焊管原料	焊缝对接	焊接温度	挤压力	焊接速度
楔形 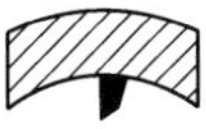	切边/圆边	"N"错位	固熔~熔融	适中	偏慢
蘑菇 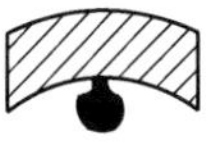	切边/圆边	"I"／"X"	熔融	较大	偏慢
百脚虫 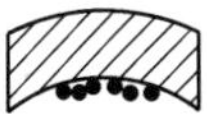	切边/圆边	"I"／"X"	熔融	小	慢

表 11-11　速度、温度、压力匹配状态与外毛刺形态的关联

外毛刺形状	速度温度压力匹配状态	调整措施
分叉状 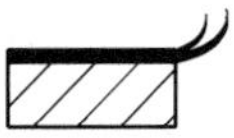	焊接热量过低，焊接速度过快，挤压力偏小	立即降速或增加焊接热量或增大挤压力，亦可并举
直线状 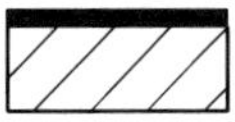	焊接热量偏低，焊接速度偏快，挤压力偏小	适量增加焊接热量或降速或增压
小丘陵状 	维持现行运行	正常生产＋注意观察
大丘陵状 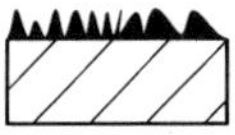	焊接热量过高，焊接速度过低，挤压力偏大	立即降低焊接热量或加速，亦可适当减小挤压力

11.5.5　衡量焊接质量的标准

焊接质量的评判标准就两个：一是满足使用要求的焊缝经破坏性试验不开裂；二是热影响区较窄，无大面积烧灼痕迹。

11.6　焊接段质量缺陷分析

焊缝是焊管品质最重要的标志，是焊管的生命。因此，分析、处理焊接段质量缺陷当围绕焊缝进行。焊缝主要缺陷包括焊缝开裂、裂纹、未焊透、过烧与穿孔、焊缝错位等。

11.6.1　焊缝开裂

焊缝开裂包括焊缝自然开裂（含应力腐蚀）和受力（附加外力）开裂两类。

11.6.1.1　焊缝自然开裂

（1）特征。焊缝自然开裂系指焊管离开挤压辊约束后，焊缝在冷却水槽、定径机、库房等处没有受到任何附加外力作用而发生的裂开。这类裂口形貌犬牙交错，呈现灰暗色金属光泽，如图 11-31 所示。最显著的特征是没有任何人为外力作用、"无缘无故"地开裂。

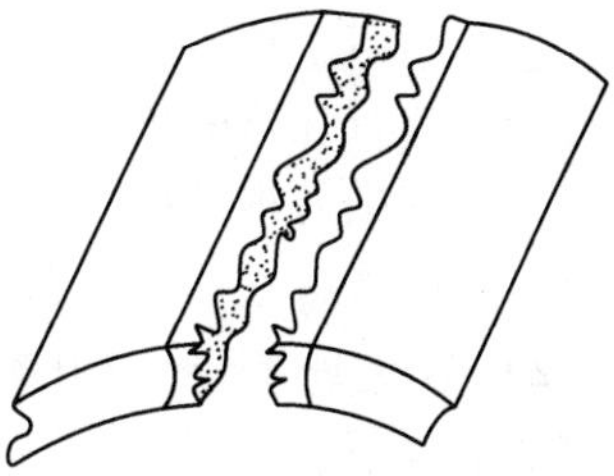

（2）产生的原因。导致焊缝自然开裂的原因较多，究

图 11-31　焊缝自然开裂形貌

其主要原因不外乎挤压力不足、焊接温度偏低或过高、管坯偏窄偏薄、毛刺去除过深、对焊面 V 形或 Λ 形对接以及高强度管坯导致的成型横向残余张应力过大等。

（3）预防焊缝自然开裂的措施。包括：1）严格原材料检查，剔除过硬的管坯；2）针对不同管坯，选择积极稳妥的焊接工艺，避免发生冷焊与过烧；3）强化成型调整，减小成型残余应力，实现焊缝平行对接。

11.6.1.2　焊缝受力开裂

（1）压扁焊缝开裂。包括正压扁和侧压扁开裂两种。压扁又有 $D/3$ 压扁和全压扁之分；根据我国相关标准，正压下 $D/3$ 后焊缝不开裂算合格；但是，从焊管实际使用需要看，大多要求全压扁不开裂。所谓全压扁即是 100% 压下至管内壁间隙为 0，全压扁不仅可以检查焊接质量，同时也能检查管坯塑性状态。

1）正压焊缝开裂：指焊缝位置与施力方向在同一直线上所进行的压扁并发生开裂。厚壁管正压内裂机理是，正压时焊管外圆焊缝被压缩，内圆焊缝受拉伸，焊缝内侧易被拉裂。具体原因主要有：管坯边缘变形过度，焊缝呈 "Λ" 形对接；挤压力偏小；焊接热量不足；管坯较硬，受力后焊缝易开裂。

消除厚壁管正压焊缝内裂的主要举措有：适当放松第一道成型平辊（指 W 孔型、边缘变形孔型和综合变形孔型）和闭口孔型辊，同时加大挤压力，提高焊接热量，以及剔除硬度过高的管坯。

2）侧压焊缝开裂：指压扁作用力的方向与焊缝呈 90° 施力时，焊缝出现完全开裂、部分开裂或裂纹。侧压焊缝开裂机理恰好与正压相反，侧压时焊缝外层处于拉伸状态，而且压下越多，焊缝位置的曲率半径越小，焊缝外层的拉应力越大，就越容易拉裂焊缝，发生侧压开裂。

调整措施主要有：加大挤压力与增加焊接热量；改善成型质量，努力实现焊缝平行对接。

（2）弯管焊缝开裂。弯管焊缝开裂分工艺型开裂和强度型开裂两类。

1）工艺型弯管焊缝开裂：指由于弯管工艺引起焊管纵向纤维发生不等量延伸或压缩，导致纵向纤维相互错位并在最薄弱的焊缝部位错开开裂。如将焊缝放在弯曲弧的外侧时，焊缝外侧受到的拉应力最大，焊缝及附近不同延伸率的纵向纤维会导致组织间的晶格发生位错，但是，焊缝组织所具备的抗拉能力一般都低于母材，于是在最薄弱的焊缝部位易发生纵向错开开裂和横向断裂。

同理，焊缝在弯曲弧内侧时，焊缝组织及其附近金属组织要发生纵向塑性压缩变形，由于它们的压缩塑性变形能力不同，而焊缝是最薄弱的部位，于是纵向纤维不同等的挤压、流动极易引起强度较低的焊缝发生错位开裂。

因此，对于预防焊缝工艺型开裂，除了优化焊缝性能外，另一方面就是建议用户尽可能将焊缝放置在弯曲中性层上，这样，在焊管弯曲过程中焊缝只经受少量拉伸与压缩作用，焊缝周围纤维的拉伸与压缩也有限。当然，如果焊缝强度高、性能优、材质软，那么无论将焊缝放置在什么位置进行弯曲，都不会发生焊缝开裂。

2）强度型弯管焊缝开裂：指在管坯化学成分、力学性能良好以及焊缝在中性层附近区域的前提下发生的弯管焊缝开裂。应该查找焊缝强度低的原因，提高焊缝强度。

（3）胀管、翻边、锥管、扩口等导致的焊缝开裂。要具体情况具体分析，在不超过管材横向延伸率的前提下，要从影响焊缝强度的因素方面查找原因，采取增强焊缝强度的措施。

11.6.2　焊缝裂纹

焊缝裂纹指在焊缝部位存在细小的发状裂纹。这些裂纹，绝大部分发生在焊缝浅表处；有的可以一眼看出，有的则需要仔细辨认，甚至放大才能发现。

产生裂纹的原因不外乎以下几个：（1）焊接温度偏高引起的回流夹渣。（2）管坯偏薄偏窄且挤压力偏低，部分氧化物未被挤出焊缝，冷却后形成非金属夹杂。（3）成型管坯边缘存在不贯穿的缺肉、边缘微裂纹等。（4）焊缝 V 形对接，浅表层融合组织疏松，冷收缩应力将疏松的组织拉裂。（5）管坯边缘化学成分偏析、氧化层厚，产生高熔点的非金属夹杂。

存在裂纹的焊管大多能通过水压试验，但是较难通过无损探伤、侧压扁试验。通常可以通过适当增大开口角、增大挤压力、提高焊接温度、改善边缘对接状态等措施予以消除。

11.6.3　焊缝错位

焊缝错位是指两对焊面不在同一平面上进行焊接所形成的焊缝。焊缝错位分倾向性焊缝错位、偶发性焊缝错位和周期性焊缝错位三类；但是，它们却有一个共同的缺陷特征，就是正常去除外毛刺后，焊缝的某一侧仍然残留外毛刺。焊缝错位，不仅造成焊缝表面不光滑，影响表面质量，更会减小焊接面积，降低焊缝强度。

焊缝错位的成因较多，大致有：（1）成型第一、二道平辊两边压下不对称；（2）挤压辊、闭口孔型辊或导向辊存在不对称、跳动、不同心等；（3）成型平辊轴承、立辊轴承、导向辊轴承、挤压辊轴承等破损但尚未发现；（4）管坯厚薄、宽窄公差较大，S 弯、镰刀弯等；（5）管坯运行不稳，左右摆动幅度大；（6）成型管坯存在隐形鼓包；（7）挤压辊、导向辊严重偏离轧制中线。

导致焊缝错位的原因错综复杂，有可能是单个原因所致，也有可能是其中几个原因共同作用的结果。具体查找时要本着先易后难的原则，从看得见摸得着的原因开始，逐个排除并采取对应的处理措施。

11.6.4　未焊透

焊缝未焊透（又称冷焊）的显著特征是，焊缝上有一条明显（严重未焊透）的或不明显（轻微未焊透）的沟槽或暗线，大多存在于厚壁管外壁上，有时也存在于内壁。未焊透的实质是，焊缝结晶行为只在管坯厚度方向部分区间完成，另外部分区间虽然也被加热，但是没有达到金属结晶的条件，参见图 11-32。

未焊透属于严重质量缺陷，外壁未焊透产生的原因大致有以下 6 个方面：（1）低温焊接；（2）挤

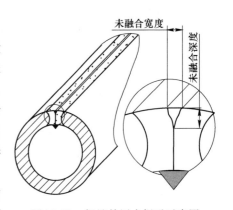

图 11-32　焊缝外层未焊透示意图

压力不足；（3）焊接速度过快；（4）磁棒退磁，焊接温度缓慢降低，操作者未及时察觉；（5）成型管坯边缘变形、挤压辊孔型上边缘严重磨损导致管坯边缘呈尖 V 形对接；（6）冷却液施加不当，直接浇到加热管坯边缘的 V 形回路上。

需要指出的是，焊缝位置的暗线常常被误判成去除外毛刺留下的刮线痕迹。识别方法一是用砂纸擦，擦掉表层后仍见黑线即是未焊透；二是做侧压扁试验。

排除外壁未焊透的措施是：（1）降低焊接速度，增加焊接热量，增加挤压力，可单独施行，也可同时并举；（2）强化管坯边缘成型，努力实现焊接边缘平行对接；（3）及时更换磨损严重的导向辊、挤压辊；（4）检查磁棒确保没有退磁；（5）避免冷却液直接浇洒到加热管坯边缘上。

11.6.5　过烧与穿孔

过烧是穿孔的前奏，穿孔是严重过烧的产物。过烧和穿孔的主要原因一是开口角过小导致液体过梁过长，烧化不稳；二是焊接速度较慢，焊接热量过高；三是焊接速度不稳定，管坯运行打滑，打滑的那一瞬间易发生过烧；四是薄壁管焊接温度过高，开口角过小。

预防过烧与穿孔的措施是：（1）适当增大开口角，降低焊接热量输入；（2）增大平辊轧制力同时减小立辊变型力，以消除机组打滑；（3）薄壁管应选择高速度、低热量、中低挤压力的焊接工艺。

第 12 章　焊管定径整形工艺

从焊管定径的基本功能与特点出发，对定径整形工艺过程中的调整原则、调整方法及一系列焊管缺陷等，用系统论的思想分析、说明并指导焊管调整和焊管生产；以全新的视角、丰富的实例，对传统定径圆孔型及圆变异之异型孔型提出改进方案，使焊管定径整形工艺更趋完善。

12.1　焊管定径的基本功能与特点

12.1.1　焊管定径工艺的基本功能

高频直缝焊管的定径是指，通过特定孔型轧辊对焊接后的焊管进行轧制，将尺寸和形状都不规整的圆或异型管调整至形状规整、尺寸符合标准要求的成品管。基本功能有四个方面。

12.1.1.1　确定焊管基本尺寸与形状

（1）◎→◎。即圆管到圆管的定径，通过对定径圆孔型轧辊的调整，将出挤压辊后不规整的待定径圆管调整为横断面形状和尺寸都合格的成品圆管，工艺过程如图 12-1 所示。

衡量圆管圆度不仅要看实际公差带的分布，还要看管子的椭圆度。一般规定椭圆度为极限偏差的 80%。实践中，有些焊管虽然没有超差，但超过椭圆度公差，或者公差带已经接近极限值，同样需要进行调整。

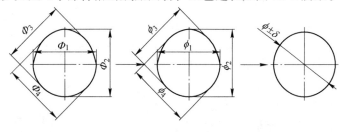

图 12-1　圆管定径工艺过程示意图

$$(\Phi_1 + \Phi_2 + \Phi_3 + \Phi_4)/4 \geqslant (\phi_1 + \phi_2 + \phi_3 + \phi_4)/4 \geqslant \phi \pm \delta$$

（2）◎→□。即由圆管变为异型管，通过对异型孔型轧辊进行调整，将出挤压辊后横断面为圆的焊管，调整为横断面形状各异、尺寸各异的异型管，如方管、矩管、椭圆管、D形管等，参见图 12-2。其实，无论多么复杂的异型管，调整

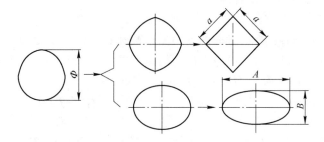

图 12-2　圆变异定径整形工艺示意图

过程不外乎围绕面、角、形及公差进行。

1）面：包括平面和弧面，要求纵看不能有波浪、勒痕、竹节，横看弧面必须圆滑无棱角，平面无凹凸。

2）角：一是指焊管面与面交汇处的尖角形状、大小及对称，二是指焊管面与面之间的夹角。以方矩管为例，无特别要求时一般规定外圆角 $r = 1.5t$，面与面夹角 $\beta = 90° \pm 1°$。

3）形：指圆变异型焊管的外貌，如方矩管，看上去必须形状规整、面平角尖、棱角清晰，不允许出现菱形、梯形、凹凸、弯曲扭转等。

4）公差：就方矩管而言，包括宽度、高度、角度、直度、对角线、r 角、平行度、焊缝位置、内焊筋高度以及管壁厚度等方面，都属于定径工艺需要控制的范畴。

（3）□→□。在直接成异工艺中，对出挤压辊后尺寸与形状都不符合标准要求的异型管，通过调整异型轧辊，使形状与尺寸公差均达到要求，如图12-3 所示。

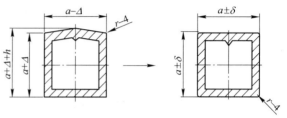

图 12-3　直接成异定径整形工艺过程示意图

12.1.1.2　削减应力

如上章所述，焊管经过成型、焊接和冷却后，成为待定径焊管。在此管体中，积累了大量纵向残余应力和横向残余应力，若不经过定径辊的整形轧制，削减管中部分残余应力，则可能仅仅因为应力导致的弯曲就会使焊管生产无法正常进行。而弯曲的焊管本身说明，管中存在具有倾向的纵向残余应力。

（1）纵向残余应力的削减机理。待定径焊管总是如图12-4 中虚线所示沿焊缝上翘，上翘的焊管被数道平直布置的平、立定径辊轧制时，焊管获得一个向上的轧制力作用，使得上翘的焊缝部位由下凹弧变为直线，继而被拉长，这样就增加了焊缝部位的拉应力，同时减小了焊缝部位的压应力，从而缩小了焊缝部位残余应力的矢量代数和，达到基本平衡；

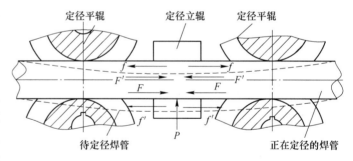

图 12-4　定径过程中焊管纵向应力的重新分布
F'—待定径焊管中的压应力；f'—待定径焊管中的拉应力；
F—定径焊管中增加的压应力；f—定径焊管中增加的拉应力；
P—向上的轧制力

与此同时，焊缝背面的下凹弧也被轧直、被压缩变短，并因之增加了焊缝背面的压应力，使该部位的残余拉应力得到削减。焊管纵向残余应力就在这一增一减中趋于基本平衡，参见图12-4 和应力矢量代数和式（12-1）：

$$\begin{cases} \boldsymbol{F}' + \boldsymbol{f} \Rightarrow 0 \\ \boldsymbol{f}' + \boldsymbol{F} \Rightarrow 0 \end{cases} \tag{12-1}$$

式中　$\boldsymbol{F}'$，$\boldsymbol{f}'$——分别为待定径焊管中的压应力和拉应力；

　　　$\boldsymbol{F}$，$\boldsymbol{f}$——分别为定径辊施加的压应力和拉应力。

这样，以焊缝部位和焊缝背面为代表的纵向残余应力都很小，出定径辊后的焊管便直了。同理，左右弯曲亦然。

（2）横向残余应力的削减机理。待定径焊管中存在大量横向残余拉应力，这些横向拉应力，既有焊接、冷却过程中造成的，也有成型过程中管坯横向变形残留的，并总体表现为拉应力；充满横向拉应力的待定径管被定径孔型辊施加的径向轧制力作用后，其周长微量缩短，管壁由此获得径向压应力，如图 12-5 所示，压应力抵消了待定径焊管中的大部分横向拉应力。而试图通过定径工艺完全消除焊管中的横向拉应力是徒劳的，定径后的焊管横断面内，会或多或少地残余有部分横向拉应力。

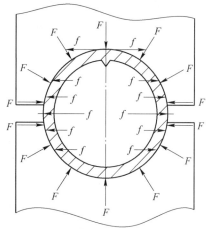

图 12-5　定径轧制力与待定径管内
横向拉应力示意图
f—待定径焊管内残余横向拉应力；
F—定径辊施加到管壁上的径向压应力

作为佐证，在生产高强度管如材质为 16Mn 或 Q345 焊管时，倘若焊接工艺稍有不当，则焊管在定径过程中或刚离开定径辊后焊缝就会自动爆裂；而像 Q195 类的焊管，只有当焊接工艺严重不妥时才会发生爆裂。更多的情况是，用残余横向拉应力较大的焊管作输送用管，管内压力与残余横向拉应力叠加，导致焊管有时在很低的压力下发生焊缝爆裂。

12.1.1.3　达到基本直度

在焊管生产实践中，对直度有两种理解。一是国标规定的直度，圆管不大于 2‰，异型管不大于 3‰；另一是使用性直度，指标要求由供需双方商定。前者适用于"大路货"焊管，用户不固定；后者适用于家具管、结构管等特定用户。无论是哪种直度，只有经过定径辊的轧制才能平衡管内应力，使焊管达到基本直度。

12.1.1.4　提高焊管表面质量

定径辊对焊管表面质量的促进作用主要表现在三个方面：

（1）促使焊缝圆滑。去除外毛刺后的焊缝面与焊管外圆总是相接而不是相切，相接就存在棱角；在管面焊缝部位总能看到和用手感觉到棱角，极不美观。只有经过数道次定径辊轧制后，才能消除焊缝面与管面棱角，实现圆滑。

（2）减轻表面压痕和划伤。从管坯成型到完成焊接，其间要经过二、三十只轧辊的轧制与高温焊接，任何一个环节都有可能在焊管表面留下伤痕与印迹。而经过定径辊轧制后，其中一些伤痕和印迹会变浅，变得没有手感。

（3）防止定径段自身产生伤痕。要求精心调整定径孔型对称性，正确施加轧制力，确保焊管表面无压痕、划伤等表面缺陷。

12.1.2　焊管定径工艺的特点

焊管定径工艺具有空腹轧制、微张力轧制、主动轧制与被动轧制、最大轧制力与最大线速度不在同一点、小孔型接纳大管子和微量减径轧制等 6 个特点。

（1）微量减径轧制。无论是圆到圆的定径轧制，还是圆变异、异到异的整形轧制，一般减径率都很小。外径为 $\phi15\sim200mm$ 范围的焊管，通常总减径量只占成品管外径 D 的 $1.2\%\sim0.65\%$，道次减径率及平均道次减径率参见表 12-1。这一特点对定径轧辊孔型设计、定径余量设置和实际操作都有指导意义，为制定定径工艺参数提供了依据。

表 12-1　常规焊管的道次减径率

道次减径率 $\eta_i/\%$　　外径 D/mm　　定径道次数 N	≤25	26 ~ 36	37 ~ 50	51 ~ 70	71 ~ 95	96 ~ 120	121 ~ 145	146 ~ 173	174 ~ 200	平均道次减径率 $\overline{\eta_i}/\%$
5（3平2立）	0.18	0.24 ~ 0.18	0.22 ~ 0.17	0.19 ~ 0.14	0.18 ~ 0.13	0.17 ~ 0.14	0.15 ~ 0.13	0.14 ~ 0.12	0.13 ~ 0.11	0.16
7（4平3立）	0.13	0.17 ~ 0.13	0.16 ~ 0.12	0.13 ~ 0.10	0.13 ~ 0.10	0.12 ~ 0.10	0.10 ~ 0.09	0.10 ~ 0.08	0.09 ~ 0.08	0.11
9（5平4立）	0.10	0.14 ~ 0.10	0.12 ~ 0.09	0.10 ~ 0.08	0.10 ~ 0.07	0.10 ~ 0.08	0.08 ~ 0.07	0.08 ~ 0.07	0.07 ~ 0.06	0.09

（2）空腹轧制。焊管定径属于空腹冷轧范畴，是运用定径辊对空腹焊管进行轧制，只需要施加较小的轧制力就能实现焊管外形与尺寸变化，其间焊管周向变短、断面增厚、纵向变长。这一特点要求，定径孔型施加的轧制力不能大，否则极易导致焊管横断面尺寸骤然减小，外形发生畸变，无法实现工艺目标。

（3）微张力轧制。焊管轧制全过程离不开纵向张力，定径段的纵向张力与成型段和焊接段关系密切。在焊管规格品种确定之后，影响定径张力的主要因素是定径平辊孔型的线速度和轧制力。由焊管定径工艺微量减径特点和空腹轧制特点决定，定径辊施加到焊管上的轧制力不可能大，由此产生的摩擦力无法与实腹轧制相提并论。该特点要求，定径平辊的线速度必须比成型平辊的略快，这样才能获取定径工艺所需要的更多摩擦力。

（4）主动轧制与被动轧制并存。定径平辊在轧制中除了减径变形之外，另一个重要功能是提供焊管运行的驱动力，而定径立辊施力则阻碍焊管运行。这一特点要求，在进行定径平、立辊调整时，不能仅关心尺寸调整，还必须兼顾平辊轧制力与立辊轧制力的调整，确保平辊轧制力 F 大于立辊轧制力 f，即 $\sum\limits_{i=1}^{i=N}F_i>\sum\limits_{i=1}^{i=N}f_i$，这是调整定径平、立辊时必须遵循的一条基本原则。

（5）定径平辊孔型最大轧制力与最大线速度相悖。以定径圆孔型为例，平辊孔型上的线速度分布如图 12-6a 所示，显然 v_A、v_C 分别是孔型上的最大线速度与最小线速度。可是，焊管运行速度却是 D 点的线速度，即所谓滚动速度，这样它们之间就存在速度差。而平辊孔型上轧制力的分布则是 $f_A=f_B$ 最小，f_C 最大，并随压下力 P 作用点的变化而不同，如图 12-6b 所示。轧制力的分布规律见式（12-2）：

$$\begin{cases} f_{C,D,A}=P\cos\theta_{(C,D,A)} \\ f_C>\cdots>f_D>\cdots>f_A \end{cases} \tag{12-2}$$

定径平辊孔型上这种轧制力分布特点和线速度分布特点决定了定径圆孔型具有以下磨损规律：孔型在 C 点，轧制力最大，线速度差较大，故磨损严重；同时，A 点孔型虽然受到的轧制力较小，但是该点的切应力和线速度差最大，故磨损也严重。该孔型磨损规律提示操作者，在正常生产过程中，要注意防止圆管上下和水平两个方向的尺寸超上差。

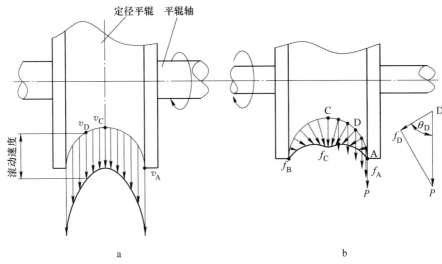

图 12-6　定径平辊孔型线速度分布（a）与轧制力分布（b）

v_A—外圆线速度；v_C—底径线速度；v_D—滚动速度；P—压下力；f—轧制力；θ—压下力作用角

（6）小孔型接纳大焊管。根据定径工艺与定径原理，进入下一道定径辊孔型之前的焊管几何尺寸总是大于该道孔型尺寸。实际操作中，为了避免焊管进入孔型时与孔型最大线速度点 A、B 发生摩擦，总是将与之对应的焊管部位尺寸调整成略小于孔型尺寸。这种理论设计圆孔型与实际将焊管调整为椭圆的矛盾，直接导致两个不利后果：一是增大前道孔型边缘与焊管的摩擦力，加速孔型边缘磨损；二是在焊管面上、对应于孔型边缘的部位易产生压伤。尽管这种磨损与压伤有时较轻微，但却是非必要的。这就启迪人们必须改进现有圆（包括一些异型管）孔型的设计思路，使理论更加贴近实际，从而消除孔型对焊管的不利影响以及对孔型自身的不利影响，延长轧辊孔型使用寿命。

焊管定径工艺的这些特点，是制定焊管定径工艺和确立调整原则的基础。

12.2　定径调整原则

定径，在焊管行业内，是一个被轻视的工序，认为可研究的东西不多，这是一个误区。恰恰相反，定径段的工艺内涵十分丰富，必须严格遵守一系列调整原则，才能确保成型段和焊接段的成果在此得以彰显。

12.2.1　尊重轧制线原则

要求所有定径平辊孔型、立辊孔型的校调，都必须以轧制底线和轧制中线为基准，焊管操作人员更要在心里敬畏轧制底线和轧制中线。实践证明，许多定径缺陷如直度不稳定、单侧压伤、跑偏、方矩管 r 角大小等，都与定径辊偏离轧制线有千丝万缕的关系。

12.2.2　张力协调原则

高频直缝焊管的作业特点是，在同一时间内，成型机、焊接机和定径机分别对同一柔性（基于金属材料的塑性）焊管坯实施工艺内涵与工艺目标完全不同的连续作业，为了确保管坯在成型段、焊接段和定径段既不发生"拉钢",又不发生"堆钢",根据轧制原理,就需要确保焊管坯在各段保持恰当张力。本节只针对定径机中以及成型机与焊接机之间、焊接机与定径机之间的张力协调进行探讨。

12.2.2.1　定径段张力的协调

要求焊管在各道定径平辊之间具有一定的张力,比较合适的定径张力 T 为:

$$T = \pi q D_i t \tag{12-3}$$

式中　q——单位张应力,MPa;

　　　D_i——第 i 道定径平辊中的焊管直径,mm;

　　　t——焊管壁厚,mm。

其中,单位张应力 q 根据焊管屈服极限 σ_s、壁径比 t/D 按表 12-2 选取。

表 12-2　焊管定径机单位张应力 q 值

壁径比 $(t/D) \times 100\%$	$\leqslant 1$	$1 \sim 2$	$2.1 \sim 5$	> 5
单位张应力 q/MPa	$(0.1 \sim 0.05)\sigma_s$	$(0.06 \sim 0.04)\sigma_s$	$(0.03 \sim 0.02)\sigma_s$	$(0.01 \sim 0.02)\sigma_s$

影响张力大小的因素除孔型线速度和轧制力外,还有定径余量、焊管外径、壁厚、变形程度(圆→圆、圆→异、异→异)、管坯种类(热带、冷带、冷硬、退火)、冷却液、孔型形状及表面粗糙度等。张力选择过小,焊管在定径辊中不能安定运行,焊缝左右偏摆,公差尺寸波动大,直度变化频繁,甚至造成"堆钢";张力选择过大,孔型易磨损,甚至拉断接头。

12.2.2.2　定径机与焊接机之间张力的协调

(1) 张力协调的依据。在焊接过程中,焊管经挤压辊挤压后周长变短,其中一部分转变为内外毛刺,有的会转化成厚度增量,另一部分转化成长度增量。如果转化的长度在这一段没有被吸收掉,那么不断积累的纵向增长量在后(成型)有推力、前(定径)有阻力作用下,势必导致焊管在定径与挤压辊之间拱起,生产无法继续进行,因此,需要定径段保持一定张力以消化、吸收长度增量。通常圆管定径工艺中不考虑管壁增厚,故设剔除内外毛刺后的周长缩短量全部转化成长度(这一假设对考虑纵向张应力有利无害),则长度增量 ΔL 为:

$$\Delta L = \frac{L(R + r)}{R' + r'} - L \tag{12-4}$$

式中　L——挤压辊中心到定径第一道平辊中心的长度,mm;

　　R, r——进入挤压辊前剔除毛刺消耗后的管筒内外圆半径(设开口为0),mm;

　　R', r'——待定径焊管的内外圆半径,mm。

在式(12-4)中,由于 R、r 分别大于 R'、r',所以长度增量 ΔL 必定存在。同时,该式为设计定径第一道平辊底径递增量提供了理论依据。

为了使式(12-4)应用起来更方便,根据 R 与成品管半径 $R_{成}$ 的关系,易得式(12-5):

$$\Delta L \geqslant \frac{L\left(2R_{成} + \dfrac{\Delta_2 B}{\pi} - t\right)}{2R_{成} - t} - L \tag{12-5}$$

式中,$\Delta_2 B$ 为焊接余量。那么,式(12-5)清晰地表述了成品焊管与待定经焊管外径在该段变化量之间的函数关系。以在 76 机组上生产 $\phi50\text{mm} \times 1.2\text{mm}$ 焊管为例，$L = 3500\text{mm}$，取 $\Delta_2B = 0.8\text{mm}$，计算得 $\Delta L = 18.29\text{mm}$。也就是说，该 76 机组上用定径第一道平辊的底径仅此一项至少应该比成型末道平辊底径大 $18.29/\pi = 5.82\text{mm}$，才能确保焊管在焊接机和定径机之间存在纵向张力。

（2）焊接段张力调节的方法。可根据焊管机组动力提供方式采取相应的调整措施。

1）单拖动 + 成型、定径速比相同的机组。

控制方法一：在轧辊设计时将张力因素考虑进去，使定径第一道平辊底径与成型末道平辊底径有一个合理差值。即根据式（12-5），为了确保该段张力足够大，必须使定径第一道平辊底径递增量 Δd 满足式（12-6）：

$$\begin{cases} \Delta d = \dfrac{\Delta_2 BL}{(2R_成 - t)\pi^2} + d_\text{T} \\ d_\text{T} = 0.5 \sim 1.5 \end{cases} \tag{12-6}$$

式中　d_T——张力调节因子，薄壁小直径管取较大值，厚壁大直径管取较小值。

控制方法二：适当加大定径平辊轧制力，同时适当减小定径立辊轧制力，这实际上增大了主动辊的摩擦力，形成对焊接段焊管的拉拽，从而加大焊接段焊管上的张力。

控制方法三：适当增加挤压力和导向辊压下，使其通过导向辊、挤压辊的阻力增大，就相当于把焊管往成型方向拉拽并因之增大焊接段的张力。

控制方法四：适当减轻成型平辊压力，同时可适当加大成型立辊的轧制力，与方法三原理一致。

2）单拖动 + 成型、定径速比不等的机组。对控制焊接段纵向张力而言，这种机组与1）没有本质区别。因为速比一定，则成型平辊底径和定径平辊底径其实是定值，相应地，成型段与焊接段的线速度也是定值，于是，控制该种机组焊接段张力的措施可借鉴1）。

3）双拖动机组。控制焊接段纵向张力的方法是，相对固定成型电机或定径电机转速不变，调节另一台电机转速，实现定径机或成型机转速的变化，焊接段的张力因此而改变。基本原理是，假设固定成型电机输出不变，那么，焊接段焊管上的张力由定径拖动电机力矩产生：

$$M = K_\text{M}\Phi I \tag{12-7}$$

式中　M——定径拖动电机力矩；

　　　K_M——定径拖动电机结构常数；

　　　Φ——定径拖动电机磁通；

　　　I——定径拖动电机电枢电流。

力矩 M 与定径机形成的张力 T 关系如下：

$$T = \frac{2\pi M n_\text{d}}{60vi} \tag{12-8}$$

式中　n_d——定径拖动电机转速，r/min；

　　　v——焊管速度，m/min；

　　　i——电机至轧辊的速比。

当焊管速度 v 一定时，增加或降低定径机转速，就能增大或减小焊接段管子上的张力。

12.2.2.3　整机张力调控

焊管机组整机张力协调是焊管机组得以顺利运行的前提与保证。调整整机张力的方法与原理如图 12-7 所示，要增减焊管上纵向张力时，可依据现场实际情况，按箭线所指方向实施全部或局部调整。正常生产过程中，一般只需要作局部微调；整机调整通常是在全套换辊或半套换辊后实施。

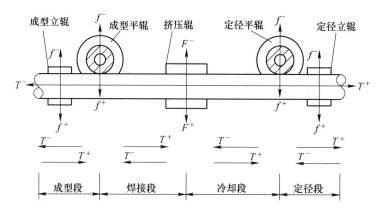

图 12-7　焊管机组张力调整图

f^+—轧制力增；f^-—轧制力减；F^+—挤压力增；F^-—挤压力减；T^+—张力增；T^-—张力减

12.2.2.4　衡量定径张力恰当的标准

（1）焊管在冷却水槽直线运行，没有左右晃动和波浪。

（2）焊缝位置在冷却段和定径机中基本固定，没有扭转，没有左右偏摆。

（3）定径平辊孔型边缘没有磨损瘤，若磨损瘤头的方向与孔型旋向一致，至少说明该道定径轧制力偏大；反之，说明偏小。

（4）随机在焊管冷却段至定径段间锯断焊管，根据锯切过程中有无"夹锯条"感判断纵向张力。

12.2.3　对称性调整原则

对称性原则对轧辊孔型调整提出两个必须的要求：一是要求定径平、立辊孔型必须与轧制中线对称；二是要求同一对定径辊孔型必须对称。这些是保证焊管表面质量、尺寸公差、形状规整的前提，也是焊管调整最基本的要求。

12.2.4　圆管的椭圆调整原则

椭圆调整原则是指为了确保焊管能够顺利进入下一道定径孔型，而将焊管特意调成横椭圆状（进立辊孔型）或竖椭圆状（进平辊孔型），将椭圆短轴尺寸按式（12-9）进行调整：

$$B_i = \phi_{i+1} - \Delta \tag{12-9}$$

式中　B_i——椭圆短轴尺寸；

　　　ϕ_{i+1}——将要进入的定径圆孔型尺寸；

　　　Δ——椭圆化参数，取值与管径密切相关，详见表 12-3。

表 12-3　定径圆管调整的椭圆化参数 Δ 值　　　　　　　　　　（mm）

焊管外径	≤25	26 ~ 50	51 ~ 76	77 ~ 114	>114
Δ	0.1 ~ 0.20	0.10 ~ 0.50	0.30 ~ 0.60	0.30 ~ 0.80	0.50 ~ 0.90

　　式（12-9）所表达的思想更具实用意义，也适用于圆变异型管的调整，只要将表示圆的尺寸改为宽度即可。

12.2.5　逐道分段调整原则

12.2.5.1　尺寸调整的依据

（1）工艺文件。一套完善的工艺文件应该给出每个道次焊管的工艺尺寸。

（2）现场测量。在不知道孔型尺寸的情况下，可通过现场测量计算。以焊缝位置作参照，测量出待定径圆管焊缝方向和与焊缝相隔 90°方向的实际尺寸，取平均数后减去该管公称尺寸，参见式（12-10）：

$$\phi_i = D + \frac{\dfrac{A_0 + B_0}{2} - D}{N}(N - i) \tag{12-10}$$

式中　ϕ_i——现场估算第 i 道焊管的调整尺寸；

　　　A_0——待定径焊管竖直（焊缝）方向的直径；

　　　B_0——待定径焊管水平方向的直径；

　　　D——公称直径；

　　　N——定径平、立总道数；

　　　i——平、立辊道次。

12.2.5.2　公差尺寸调整步骤

　　有了各道次基本尺寸后，可以分四步进行定径尺寸调整：

　　第一步，测量出第 i 道次焊管上下和水平两个方向的基本尺寸，通过多次收放轧辊，使之符合式（12-11）的要求：

$$\begin{cases} \dfrac{A_i + B_i}{2} = \phi_i \\ A_i \xrightarrow{\text{趋近}} \phi_i \\ B_i \xrightarrow{\text{趋近}} \phi_i \end{cases} \tag{12-11}$$

式中　A_i，B_i——出第 i 道定径"椭圆"形焊管长、短轴尺寸；

　　　ϕ_i——第 i 道定径圆孔型尺寸。

　　第二步，分别测量"椭圆"焊管以竖轴为对称轴 ±25° ~ ±35°位置的尺寸，并通过多次测量与多次移动定径辊，使两斜位尺寸尽可能接近。此时，方可以说孔型实现了真正意义上的微观对称；而之前没有负载的所谓孔型对称，充其量只能算作宏观对称，与焊管工艺要求的对称相去甚远。

　　需要指出的是，从大量定径圆管的调试测量数据看，"±25° ~ ±35°"位置的尺寸往往偏小。原因在于：根据管坯变形原理，越靠近管坯边部，轧制力越小，管坯变形效果差，成圆后在距热影响区 0°~35°范围内的实际曲率半径比成型辊孔型半径大，弧线较平，导致圈圆后该段圆弧亦较平，尺寸就小；而焊缝部位受挤压作用，易凸起，A_i 尺寸易偏大，故唯有这个部位尺寸总是偏小，俗称 X 位偏小。

第三步，将第 i 道轧辊圆周分成 3~4 份，每次只转动 1/(3~4) 周，让焊管仅移动一小段，然后重复第一、二步，以判断定径机此刻的精度状况以及轧辊孔型、轧辊与平立辊轴的配合精度、同心度、孔型面跳动等，直至出末道定径辊后的焊管尺寸符合公差要求。如果一周内的尺寸误差大，且呈现周期性，则说明孔型面可能存在周期性跳动；若不呈周期性，则应关注平、立辊轴承及其他部位的配合精度。

第四步，统观所有定径辊，结合离开定径辊以后焊管的表面、直度等作局部微调。

12.2.6　以焊缝为参照系的调整原则

由于待定径管各部位尺寸和横向应力分布，都有以焊缝为轴对称分布的特征，所以在调整定径辊前，首先要尽可能将焊缝控制到管子正上方（圆管），既有利于利用对称性特征控制焊管横断面尺寸和直度，也有利于调整过程中相关部位的尺寸记忆、直度辨识与缺陷追踪，避免调整操作发生方向性错误。

当然，大批量生产时，为了使孔型面均匀磨损，每生产一定量后可以将焊缝调得偏一点。注意，焊缝位置变动后必须立即关注尺寸公差与直度变动。仅就尺寸公差而言，由于圆孔型上各点对焊管施力效果不同（参见图 12-6b），当焊缝位置从 C 变动到 D 后，原先孔型 C 点对焊缝的施力恰到好处，当焊缝变动到孔型 D 点后的施力则可能嫌小。这给操作者一个有益提示：一旦发现焊缝位置发生变化，就要立刻检查尺寸公差和焊管直度，调整工对此要形成条件反射。

12.2.7　满足客户合理需求的调整原则

生产的目的是销售，客户的合理需求就是标准。当客户提出小底焊（内毛刺）、异型管指定焊缝位置、r 角要尖（或圆）等要求时，生产者都应该尽可能满足。

然而，不是客户提出的所有质量要求都必须满足、都能满足。客户所提的一些品质要求，大致可以分为两类：一类是从自身利益最大化出发，如抛光电镀管，为减少抛光工序或工作量，提出焊管表面不允许有轻微划伤、碰伤。此要求看似合理、不难，其实从焊管生产环节、包装环节、吊装环节、运输环节、卸货环节直至客户的使用环节看，无一不是铁碰铁、硬碰硬的环境，将这些环节的风险责任让焊管生产者独自承担显然不合理。另一类是用户对焊管生产特点与工艺不了解，套用机加工标准，如 $\phi 60mm \times 1.5mm$ 滚筒用管，因两端需要内配轴承而提出内孔公差 +0.01~-0.03mm 的要求。这个要求，明显超出焊管生产技术所能及的高度，就需要焊管技术人员从材料宽度公差、厚度公差、设备精度、轧辊精度与磨损、轧辊与机组配合精度、质量成本等方面，有理有据地与客户进行解释、沟通，求得理解，必要时要能为客户出谋划策。因此，对于客户的要求，这里提出一个合理需求要想方设法满足、无理需求要做客户高参的观点。

这些调整原则，针对的是圆管，但是不失一般性，同样适用于异型管调整。

12.3　异型管调整

圆变异型管的调整内涵要比圆管丰富得多，更具艺术性，包括 r 角、对角线、角度、面的凹凸与波浪、焊缝位置、管体扭转、直度调整及公差等方面。

12.3.1　r 角调整

方矩管四个 r 角大小一致，不仅关乎能否顺利实现某些管的内配要求，也关系到方矩管给人们的第一印象与美感。根据国标规定，如无特别要求，r 角按 $1.5t$（壁厚）进行调整。但是在实际生产和接单时，经常会出现四个 r 角不等的情况，也有客户要求 $r < 1.5t$ 或 $r > 1.5t$ 的，这就要求调整工能够根据工艺要求对 r 角实施有效控制。

12.3.1.1　$r < 1.5t$ 的调整

（1）$C\uparrow \rightarrow r\downarrow$。即加大带宽，减小 r 角，根据圆变方矩管的用料宽度计算式易得：

$$r = \frac{2(A+B)+\Delta}{8-2\pi} + \frac{t}{2} - \frac{C}{8-2\pi} \tag{12-12}$$

式中　r——方矩管外角；

　　　A——矩形管公称宽度；

　　　B——矩形管公称高度；

　　　Δ——圆变方矩管的成型余量、焊接余量和定径余量；

　　　C——圆变方矩管的用料宽度。

在式（12-12）中，对特定焊管而言，A、B、t 和 Δ 为定值，欲使 r 变小，最直接的方法就是增大 C。管坯宽度增宽后，增加量将使成方矩管之前的圆管变大，就会有更多的料往方矩管孔型交角处的空隙跑，跑的料越多，角越尖。

（2）$\Delta_1 B\downarrow$、$\Delta_2 B\downarrow$、$\Delta_3 B + (\tau_1 + \tau_2)\uparrow \rightarrow r\downarrow$。就是在开料宽度 C 和焊管规格 $A \times B \times t$ 不变的前提下，适当减小成型余量和焊接余量的消耗，这样就能将二者节省下来的量 $(\tau_1 + \tau_2)$ 转变成定径余量，并与原定径余量叠加，从而增大圆变方矩之圆直径。

（3）合理分配定径余量。从辊式变形的特点看，轧辊孔型角部是没有办法把数倍至数十倍于自己的半径圆弧一下子变小到 r。另外从轧角原理看，前几道方矩管孔型的角部相当一定范围内与变形管坯几乎碰不到（参见图 10-43），成角能力弱；如果强制要变形出较小的角，则势必加大变形力，但是，这样会消耗掉许多定径余量，以至于到后来的孔型可以直接轧角时反而没有多少料可供轧角。因此，要轧出较小的 r 角，前几道轧辊孔型的压下量应小些，留足部分定径余量供后续轧角变形用。

（4）$A\downarrow$、$B\downarrow$、$r\downarrow$。就是将方矩管尺寸控制在负公差，从式（12-12）可知，减小公称尺寸 A、B，也能使 r 变小。

12.3.1.2　$r > 1.5t$ 的调整

调整方法基本与 $r < 1.5t$ 的情况相反（略）。其实，从焊管生产实践看，控制异型管 r 角的难度并不在于单纯的大或者小，而是对称与否。

12.3.1.3　r 角对称性调整

r 角的对称性，既与调整关系密切，也与孔型设计密切相关。

（1）r 角孔型的三种不同设计方法。在设计方矩管孔型时，对 r 角有三种设计方法，如图 12-8 所示。

1）特定 r 角孔型。斜出特定 r 角孔型的特点是，每一只轧辊孔型由五段圆弧组成，即两段主变形弧和三段 r 圆弧相切连接而成，且逐渐将孔型设计成特定的 r 角（见图12-8a）。该孔型的唯一优点是 r 角精度较高，四个角容易对称相等，但这也是它的致命缺点——一套轧辊只能生产唯一一种外形（主要指 r 角）尺寸的方矩管；若需要生产公称尺寸相同而圆角尺寸为 r′，这里 r′ < r，就只能重新设计制造具有新圆角 r′ 尺寸的孔型轧辊。在精度与成本之间，经营者和使用者都只能做单项选择；实践

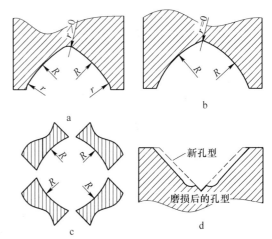

图 12-8 方矩管 r 角的三种设计方法
a—特定 r 角设计；b—r 角为 0 的设计；
c—r 角不存在的设计；d—r 角未磨损

中，除非客户对圆角尺寸提出特别要求，一般不作这样的设计。

2）尖角孔型。特点是孔型弧线与弧线相交，孔型中的 r→0（见图 12-8b）。这种孔型的优点是适应性强，同一孔型可以满足不同客户对不同圆角的要求，通过控制管坯宽度以及恰当的现场调整，完全可以确保方矩管四个角在一定精度范围内对称相等；当然，缺点是对调试工的要求相对较高。不过，若调整不当，即使是带特定 r 角的孔型，也可能生产出四个角不对称的方矩管。

3）无角孔型。特点是孔型线各不相交，r 角不存在，如万能牌坊变形方矩管用孔型（见图 12-8c）以及利用土耳其头方式参与变形的孔型，这类孔型实际是第二种的继承和发展。分析第二种方矩管孔型磨损痕迹发现，在两相交圆弧的交点附近，即盲角 r 附近，其实没有发生任何磨损，如图 12-8d 所示；换言之，孔型圆弧相不相交无所谓。以下有关 r 角的表述，若无特别说明，泛指第二类斜出孔型。

（2）方矩管 r 角不合格的基本形态与调整。有四种：

1）方矩管横向 r 角不达标的调整。如图 12-9a 所示，斜出方矩管 r_2 和 r_4 偏大。主要调

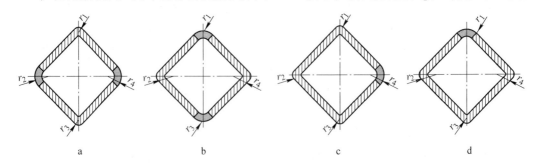

图 12-9 方矩 r 圆角对角不合格示意图
a—r_1、r_3 合格，r_2、$r_4 > r_1$、r_3；b—r_2、r_4 合格，r_1、$r_3 > r_2$、r_4；
c—r_1、r_2、r_3 合格，$r_4 > r_1$、r_2、r_3；d—r_2、r_3、r_4 合格，$r_1 > r_2$、r_3、r_4

整措施是，适当松开立辊，同时适当压下平辊（是否也压末道平辊要看公差情况），在公差已经到位时，可少许松开前几道立辊，保持末道平立辊基本不动。也可视具体情况单独压下经过平辊孔型后 r 角变化不大的某一两道平辊。若 r_2 和 r_4 偏小，则进行反向调整。

2）方矩管竖向 r 角不达标的调整。在图 12-9b 中，斜出方矩管 r_1、r_3 偏大，处置方法的指导思想是，以放松平辊收拢立辊为基本调整手段，借助立辊孔型边缘直接轧小辊缝角 r_1 和 r_3。放松平辊的目的一是增大管坯上下尺寸，便于立辊孔型边缘轧小 r_1、r_3；二是通过增大 r_2 和 r_4 实现相对减小 r_1、r_3；三是为立辊轧小 r_1、r_3 准备更多的料。

3）方矩管横向一侧 r 角不达标的调整。若 r_4 偏大（图 12-9c），在观察分析具体情况后，可尝试进行以下调整：

第一，适当压下 r_4 侧的平辊，直接轧小 r_4。

第二，也可将倒数第一、二道立辊向 r_4 方向移动少许，这个动作实际上强制 r_4 角往 r_4 侧平辊辊缝里面钻，从而加重该侧孔型边缘对 r_4 角的轧制力，减小 r_4。调整原理如图 12-10 所示，当立辊向 r_4 侧移动后，就相当于平辊孔型向 r_2 侧移动，同时焊管是一个刚性体，被推向右侧的焊管必然受到平辊左向推力 P 的作用，促使 r_4 角部在平辊孔型边缘 A 点受到大力轧制，这样，管角 r_4 就在推力 P 和轧制力 F 共同作用下被轧小。

需要指出的是，不用担心因右向移动立辊而导致 r_2 角在立辊孔型中变小；因为如前所述，盲角只有在较大轧制力下才会对 r 角产生影响，立辊少许移动所增加的轧制力，并不足以改变方矩管圆角 r_2 在盲角中的大小。

4）方矩管上（下）r 角不达标的调整。若 r_1 偏大（图 12-9d），在对定径辊现状进行充分观察分析的基础上，可进行以下操作调整：①适当收窄立辊上辊缝，以增大立辊孔型上边缘对方矩管 r_1 角的轧制力，从而减小 r_1；②适当降低倒数第二道立辊，这个动作实际上是为了增大立辊孔型上边缘对方矩管 r_1 角的轧制力，减小 r_1，其轧制原理与图 12-10 类似；③抬升上辊，若出第 i 道立辊的 r_1 偏大，则可适当抬升第 $i-1$ 道的平辊。

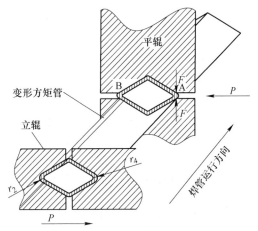

图 12-10 单向移动立辊轧小 r 角的原理

12.3.2 对角线调整

调整对角线相等的实质是调整方矩管正方，从理论上讲，方矩管两对角线相等，则方矩管正方。可是，对实物形态的方矩管来说则不尽然。

12.3.2.1 正确调整对角线的前提

正确调整对角线的前提是，理论对角线长度、真实的 r 角大小以及由孔型方位决定的测量位置三者缺一不可。

（1）理论对角线长度。根据方矩管几何尺寸，易得方矩管理论对角线长度 $C_{方}$、$C_{矩}$ 为：

$$\begin{cases} C_方 = \sqrt{2\left(A - 2r\right)^2} + 2r \\ C_矩 = \sqrt{\left(A - 2r\right)^2 + \left(B - 2r\right)^2} + 2r \end{cases} \qquad (12\text{-}13)$$

每次调整前必须计算出（或工艺参数给出）相应规格方矩管的理论对角线长度，做到心中有数，以便调整时作参考。

（2）确认 r 角大小基本一致。借助 R 规测量 r 角，根据式（12-13）可知，只有在 4 个 r 角大小基本相等情况下测量到的对角线，才能正确反映方矩管是否直角。

（3）测量位置准确。式（12-13）计算出的是对角线的最大值，若测量位置稍微偏一点，那么所测量的尺寸就不能真实地反映对角线长短，进而不能判断管形正方与否，如 40mm×80mm 矩形管 $r = 5$mm 时，正确的测量角度为 23.199° 而非 arctan(40/80) = 26.565°。矩形管对角线测量角度与管角 r 的关系由式（12-14）定义：

$$\beta = \arctan \frac{B - 2r}{A - 2r}, A \geqslant B \qquad (12\text{-}14)$$

基于以上分析说明，通过测量对角线来判断方矩管正方的方法，可信度不高，只能做参考。

12.3.2.2　方矩管对角线的调整

（1）上下对角线大于左右对角线。可做以下几个方面的调整：

1）适当放松末道立辊（其后还有一道平辊），此调整动作适用于生产过程中的微调。

2）适当压下末道平辊。这个调整措施首先要看 A、B 两面的尺寸允不允许，适宜用在 A、B 两个面尺寸均偏上差的情况。

通过以上调整动作可知，异型管调整要特别注意调整动作之间的关联性和负面影响、正面影响。就上述第 2）点而言，若 A、B 面尺寸偏大，则上平辊压下后，既可达成减小上下方向对角线的目的，又可顺便减小 A、B 面的尺寸，一举两得，这就是正面影响，可作为首选调整动作；反之，就只能作为候选调整措施。

（2）箱式孔型对角线不等。在图 10-25 中，若对角线 ac 大于 bd，则可以将上辊向 b 侧平移，或者同时将 ad（bc）侧立辊向下（上）移动。

12.3.3　管面凹凸调整

管面凹凸不平有三种基本形态，即凸面、凹面和凹凸面。

12.3.3.1　凸面

管面凸，使公差尺寸、管形正方等失去角度测量基准和尺寸调整基准，无法判断焊管真实状况。就这个意义上讲，消除管子凸面是控制方矩管基本尺寸的前提。方矩管凸面有单面凸、两面凸、三面凸和四面凸四种。不同凸面形成机理不同，调整方法各异。

（1）四面凸。产生四面凸的原因是：

1）开料宽度不够大，导致料不能充满孔型。方矩管开料宽度 C 由式（12-15）定义：

$$C = 2(A + B) + (\Delta - 1.72r) \qquad (12\text{-}15)$$

上式后半部为各类工艺余量和 r 角，在此项不变的情况下，C 小意味着方矩管边长要相应减小，若不减小，就只能依赖另两个面上的弓形高进行补偿，形成名义边长 A、B 足尺而实际边长 A'、B' 不足的状况，从而发挥不了平直孔型面压迫弧形管面并迫使弧形管面变直的作用，如图 12-11 所示。

2）进入定径段的管子不够大。也许开料够大，但由于成型余量、焊接余量被超额消耗，导致定径余量变小，结果与上述1）相似。

3）定径余量分配不当，前几道压得过多，致使绝大部分定径余量被前几道孔型"吃掉"，以致后续变型时无料可用。需要注意的是，这种情况容易引起误判，以为开料宽度不够，扰乱生产节奏。

4）管材偏硬，方矩管面在末道孔型中是平的，离开孔型强制后，管面便在回弹惯性作用下回弹成凸面。

5）管壁薄。生产公称尺寸相同但壁厚不同的方矩管，薄壁管更易出现凸面，这与薄壁管的中性层效应不明显有关系。

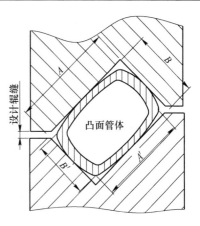

图 12-11　凸面方矩管在平面孔型中

6）孔型磨损严重。从孔型工作状态和受力情况看，圆变方矩孔型上最先与管接触的部位是各段孔型弧线的中点，参见图 12-11。也就是说，孔型中部受力最大，磨损必然多，故管面易凸起。

对四面凸的方矩管，必须针对具体原因，采取相应对策措施：

1）适当增大开料宽度，尤其在试产新的异型管时，必须本着宁宽不窄的原则确定试轧用料宽度。

2）留足定径余量。

3）合理分配定径余量，必须至少确保后三道孔型有足够的料可用。

4）末道变形辊应用反变形孔型。根据矫枉必须过正原理，对由硬料、薄料、宽边长等原因引起的凸面，可利用图 12-12 所示反变形孔型，对凸管面进行过量轧制，确保管面离开孔型制约后恰好回弹成平面。反变形量建议按式（12-16）设计：

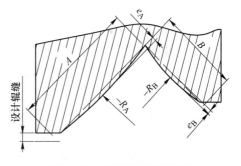

$$\begin{cases} e_{A} = k\dfrac{A' - A}{2} \\[2mm] - R_{A} = \dfrac{e_{A}}{2} + \dfrac{A^{2}}{8e_{A}} \end{cases} \quad (12\text{-}16)$$

图 12-12　方矩管反变形孔型

式中　e_{A}——关于 A 边孔型反变形量；

　　A——方矩管公称尺寸；

　　A'——包括凸度在内的方矩管实际宽度；

　　R_{A}——关于 A 边的孔型变形半径，"–"表示反变形；

　　k——反变形系数，$k = 0.8 \sim 1.5$，管坯硬、薄、宽取较大值；反之，取值要小。

5）双平面孔型。即将末道立辊和平辊孔型全部按平孔型设计，此法在变形厚壁方矩管时效果较为显著，应用较多。

6）负差法。对于已经开出的较窄料，式（12-15）给我们以启发，在标准允许或客户接受的前提下，可以按负公差调整方矩管，从而相当于增加了带宽。

7）孔型修复。发现孔型磨损变凹，可针对磨损严重的个别孔型进行修复；相对来说，末道孔型修复频率高一点，但修整量大多较小。

（2）三面凸。与四面凸的原因相似。

（3）两面凸。分两类六种，一类是邻边凸，如图 12-13 所示；另一类是对边凸，如图 12-14 所示。在作两面凸调整之前，首先要弄清三个问题。

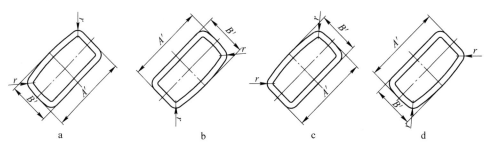

图 12-13　邻边凸起矩形管

a—左邻边凸；b—右邻边凸；c—上邻边凸；d—下邻边凸

1）关于"分料"的概念。所谓分料是指在圆变异工艺中，第一道圆变异孔型辊实际上对异型管各段用料起到初步分配的作用，一旦分料后，由于角的阻碍，各段料较难在随后的变形中进行再分配。由此可见，第一道圆变异孔型辊对整个变异过程具有一轧定终生的作用，异型管存在的诸多问题都与分料不当有关，必须严格按照工艺要求调整第一道异型辊孔型；而这一点，在调整实践中恰恰经常被忽视。

2）实际凸度。在处理异型管凸起缺陷前，要先了解凸度实际尺寸。以邻边凸起为例，方矩管实际凸度参照图 12-15 和式（12-17）确定：

$$\begin{cases} E_A = A' - a \\ E_B = B' - b \end{cases} \tag{12-17}$$

式中，E_A、E_B 分别是矩形管 A、B 单面的实际凸度；a、b 分别是长、短边切点到对面切点（图中黑色三角）的距离，它们不等同于公称尺寸，可能大于、等于或小于公称尺寸。

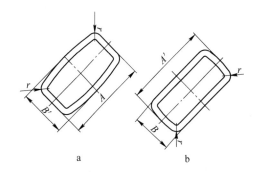

图 12-14　对边凸起矩形管

a—长对边凸；b—短对边凸

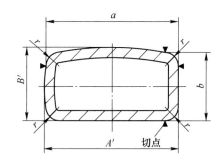

图 12-15　方矩管凸度的测定

3）凸面尺寸（A'、B'）与公称尺寸（A、B）的关系。根据排列原理，它们共有 24 种组合类型，类型不同，产生的原因各异，调整措施亦不同。若将 A、B 再细分为 A_1、A_2、B_1、B_2，则组合类型与调整方法将更多。所以，毫不夸张地说，异型管调整是一门高超的艺术。这里只列出具有代表性的邻边凸起的一些基本原因与调整措施，参见表 12-4。

表 12-4　管面凸起的主要成因和调整措施

凸面类别	凸面位置	原因分析	调整措施
相邻凸面	左邻边	①第一、二道平辊右边辊缝大于左边，形成左边分料分得少； ②末道立辊偏左（孔型与末道平辊孔型相同）； ③末道立辊偏右（孔型与末道平辊孔型不同）； ④A'、B'公差较大； ⑤A'公差较大，B'公差恰当； ⑥B'公差较大，A'公差恰当	①增大左边同时减小右边辊缝，使之基本相等； ②将立辊整体向右推，并观察效果，必要时可适当推过轧制中线； ③将立辊整体向左拉，并观察效果，必要时可适当推过轧制中线； ④适当收紧末道立辊，也可下压末道平辊； ⑤下压末道平辊，同时适当左移末道平辊； ⑥收末道立辊，同时微微下调左侧立辊
	右邻边	与左邻边反向相似	与左邻边动作相反
	上邻边	①第一、二道立辊上面收得过紧，下面较松，朝上的边获得较少分料； ②末道立辊偏下（孔型与末道平辊孔型相同）； ③末道立辊上面收得不到位； ④A'、B'公差偏大	①适当松开第一、二道立辊上部，同时稍微收紧下部，使各边所得到的管料与工艺要求相适应； ②适当抬升末道立辊（孔型与末道平辊孔型相同）； ③收紧末道立辊上部，同时可结合公差情况少许放松下部； ④结合公差下压末道平辊，也可与②一同动作
	下邻边	与上邻边反向相似	与上邻边动作相反
相对凸面	长边	①材料偏硬回弹及边较长而发生回弹； ②变形量大，孔型受力大，长边磨损多； ③立辊辊缝偏大，施加的变形力不足，且末道左立辊偏上； ④定径第一道异型平辊压下较多，减径过多，致长边分料不足	①运用反变形孔型； ②有选择地休整孔型； ③分别收紧立辊上下调节丝杆； ④适当升起定径第一道矩形平辊孔型，以增大长边的分料
	短边	第一道立辊压得过紧，短边分料不足	适当松开第一道立辊

　　从这些基本调整措施看，虽然各不相同，但是仔细分析仍然能够找出规律性。即所有的调整动作，归纳起来无非是利用孔型轧制力和由不同孔型位置所形成的力系相互作用；而且，在一定意义上讲，力系作用更大、运用更灵活、效果更明显。

　　（4）单面凸。方矩管单面凸起的现象在斜出孔型中不常见，实质是一种被掩盖了的两面凸。单面凸起多发生在用箱式孔型和四段圆弧不相交孔型生产的方矩管上。其形成机理有别于斜出孔型，如用四段不相交圆弧孔型生产的方矩管左侧面凸，那么可能的原因之一是，第一道上下辊左侧压得过多，导致分料时左边短了；不过，只要找准原因，四段不相交圆弧孔型辊调整起来比较方便灵活，不像斜出孔型和箱式孔型那样调整时有许多牵挂。

12.3.3.2　凹面调整

　　（1）凹面分类。与凸面管相似，方矩管凹面也分为四面凹、三面凹、两面凹和单面凹。因凹面位置不同，产生的原因与消除凹面的措施各不相同。

　　（2）凹面发生机理。不妨先做一个实验，取一段厚 2mm、长 80mm 的平直薄板垂直轻轻夹到平口钳内，并在板的中点 40mm 处加一个支点，使该支点恰好碰到板面，但作用力 f 为 0，如图 12-16 所示；然后逐渐加大压力 P，当 P 增大到某一时刻，钢板开始向没有支点的一侧弯曲。在这个实验中，

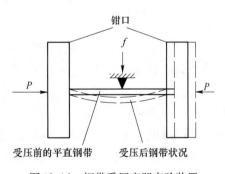

图 12-16　钢带受压变凹实验装置

钳口和支点以及逐渐变小的钳口间距相当于末道轧辊孔型，钢板便是变形方矩管；当钳口间距变小到一定程度后，钢板在支点作用下，也许刚开始会产生向支点方向弯曲的趋势，使 f 增大，但是，最终只可能朝着没有支点的一侧失稳弯曲，f 重新回归为 0。这个实验说明，当较长的方矩管边进入较小的末道平直孔型后，管坯外侧受到孔型轧制力制约，比孔型长出的那一段只能向空腹管腔内失稳，从而形成管面凹陷。可见，比孔型边长长得多的管坯边长超过孔型所能容纳的长度，是方矩管管面凹陷的根本原因。

（3）调整凹面的措施。由于凹面发生机理与形成凸面的主要原因刚好相反，因此，许多处理凹面的调整措施都要围绕缩短凹面边用料进行。这样，许多调节凸面管的措施，只要反过来即可用于消除管面凹陷。

12.3.3.3　凹凸（波浪）面的调整

方矩管凹凸面的调整难度远大于单纯凹面或凸面，因为在同一平面上既有凹也有凸。判断方矩管面凹凸的方法是，将直尺的一个棱边靠在管面上对着光线观看，如图 12-17 所示。

（1）方矩管凹凸面的成因。通过大量实物观察发现，绝大部分存在凹凸的方矩管面，都是由长、短不等的直线（或极大曲率半径的弧线）段与大小不等的凹弧线段构成，据此判断凹凸面的成因有以下几个方面：

1）压痕。如挤压力过大或挤压辊偏高，管坯必然往辊缝跑，形成上下"撅嘴"。"撅嘴"形成小凸弧，在"撅嘴"拐点附近则形成小凹弧，如图 12-18 所示。而在随后的空腹轧制过程中，在孔型将"撅嘴"轧平的同时，边缘小凹弧跟着"撅嘴"同步被压下，继而永远留在了方矩管管面上。

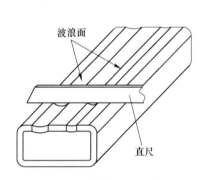

图 12-17　方矩管波浪面与检查方法

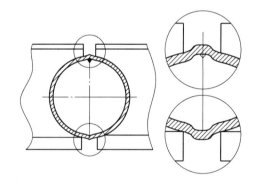

图 12-18　焊管被挤出的上下"撅嘴"

事实上，这样的"撅嘴"，在定径平立辊和成型平立辊中都有可能产生，区别在于程度不等。

2）"转角"。根据圆变异型管的基本理论，在第一道异型孔型将管坯分料后，即焊管上各个角的雏形已经形成、角与角相对空间位置已经固定（见图 12-19a），角部在后续变形中仅曲率半径发生变化，相互位置不能发生改变（各段微量减径除外）。可是当焊管变异过程不稳定时，之前管子上所变形出的角相对于后面孔型角的位置就会发生变动，由于四个角同时向一个方向变动，故俗称"转角"，如图 12-19b 所示。转角发生后，原先管子上的角部凸弧转到了孔型平面上，在凸弧被压"平"的过程中，受凸弧变形惯性力 f 作用，凸弧两则附近 b、c 点随凸弧 a 点同步下压，当凸弧在孔型轧制力直接作用下被基本轧平时，凸弧两侧 b、c 必然低于 a′形成下凹弧 b′、c′，并最终“落户”在原雏形角两侧，表现为波浪管面，如图 12-19c 所示。

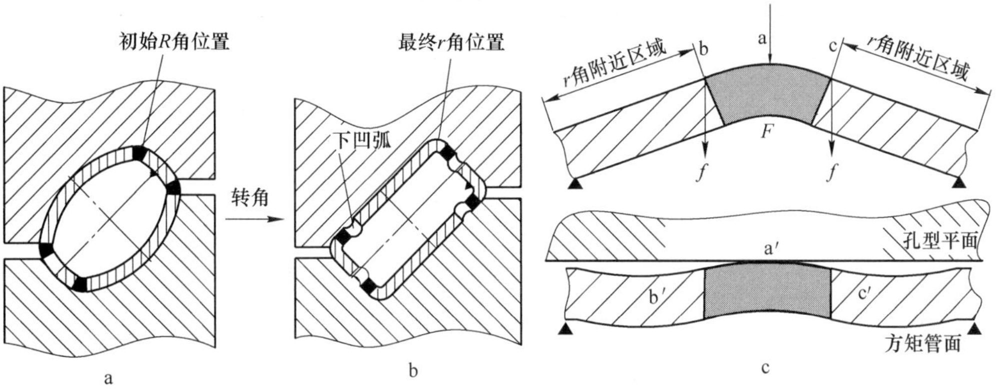

图 12-19 方矩管转角引起的管面凹弧示意图

a—第一道变形；b—末道变形；c—转角引发管面波浪机理

3）孔型错位。比如闭口孔型平辊错位，成型管坯就会在辊缝处被轧出凹痕，参见图 9-48，该压痕将会或多或少在成品方矩管平面上留有凹痕，凹痕与平面共存时就形成凹凸面。

4）孔型磨损。仅以闭口孔型平辊磨损比较严重为例，出闭口孔型辊的成型管坯会失圆，成为如图 12-20 所示的“菱形”管筒。当“菱形”管筒上的四个角（算上开口处）与孔型上的角不能互相映射时，结果就与“转角”类似，形成方矩管面凹凸不平。

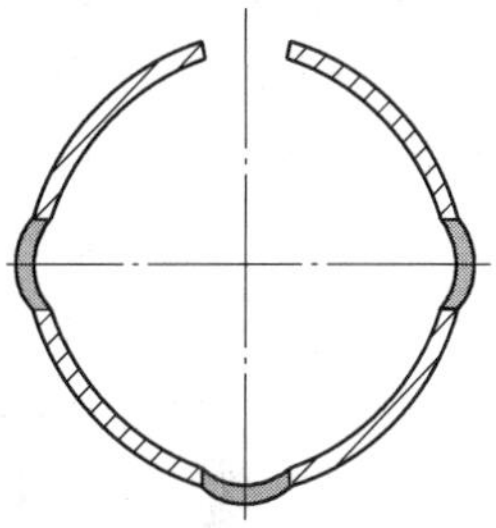

图 12-20 菱形管筒

5）壁厚。管壁薄，特别容易被压凹陷；对空腹管而言，一旦形成凹陷，便无法再回复到平整。所以，在焊管生产中，厚壁异型管管面不平整的问题不是那么突出。

6）待整形焊管大小。整形余量大，各段受到周向挤压多，从而加剧管面上既有凹弧的深度，使不明显凹弧变得明显。相反，整形余量较小，各凹弧能在孔型中“自由”伸展，至少不会加深凹弧。

（2）方矩管凹凸面的调整。要重点预防孔型错位、压痕、“噘嘴”和“转缝-转角”，精心调整包括成型、焊接和定径轧辊，确保孔型对称；协调整机纵向张力和横向轧制力，确保焊管稳定运行，避免出现“转缝”；适时修复磨损严重的轧辊孔型。

12.3.4 异型管基本尺寸公差的调整

斜出方矩管尺寸调整，不像箱式孔型、万能牌坊孔型等直观、直接，在调整某一面尺寸时，要同时兼顾另三个面的尺寸，正所谓牵一发动全身。

12.3.4.1 调整前的准备工作

首先要熟悉与本次产品调整有关的工艺数据、技术要求，观察上辊两侧辊缝、立辊上下辊缝，并与工艺规定的辊缝进行比较；然后将机组速度调至 5～8m/min，转动机组约半周，逐道观察、抚摸管身有无明显压痕、压伤、压线、勒痕，同时通过初步调整予以消除。

12.3.4.2 基本尺寸调整

（1）粗调基本尺寸。逐道测量每一道的 A_i 和 B_i，并与每一道工艺参数 a_i 和 b_i 进行比对，尔后采取相应的调整动作，使 $A_i \approx a_i$、$B_i \approx b_i$，详见表 12-5。

表 12-5　第 i 道平（立）辊实际尺寸组合与调整措施

实际尺寸组合	调整动作	第 i 道平辊焊管尺寸调整图
$A_i > a_i, B_i > b_i$	压下上辊	
$A_i > a_i, B_i < b_i$	左移上辊	
$A_i < a_i, B_i > b_i$	右移上辊	
$A_i < a_i, B_i < b_i$	抬升上辊	
$A_i = a_i, B_i = b_i$	不调整	
$A_i = a_i, B_i < b_i$	左移上辊 + 抬升上辊	
$A_i = a_i, B_i > b_i$	右移上辊 + 压下上辊	
$B_i = b_i, A_i < a$	右移上辊 + 抬升上辊	
$B_i = b_i, A_i > a_i$	左移上辊 + 压下上辊	

（2）精调基本尺寸。在对所有道次平、立辊进行一遍粗调整的基础上，对末道立辊和平辊进行精调整。以末道平辊为例，精调整分五步：

第一步，按图 12-21 所示方矩管精确测量其上所标注的各部位尺寸，并判断这些尺寸与标准、要求的差距。

第二步，分别按 12.3.1 节和 12.3.3 节关于 r 角和凹、凸面的调整方法先行调整，直至 $r_1 \approx r_2 \approx r_3 \approx r_4$ 及平面平整度均符合标准要求。

第三步，精调由公称尺寸 B 定义的 B 面尺寸。按图 12-21 所示的方法分别测量 B 面两端尺寸，若 $B_{N1} < B_{N2}$ 且 B_{N1} 更接近 B，则稍稍压下上辊左侧，同时微微（比压下量更少）抬升上辊右侧，并且稍微左移上辊。这是因为在压下上辊左侧孔型时，孔型右侧也会被相应压下，同时上辊孔型会产生右偏，其原理如图 12-22 所示，即当孔型左侧压下 H 后，整个上辊孔型实际上绕右侧支点（滑块）逆时针转动，右侧孔型相应被压下 h，以及整个上辊向右偏移了 Δ。

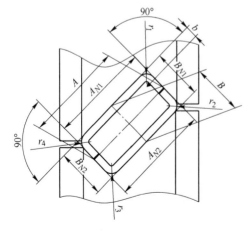

图 12-21　方矩管精调整尺寸图示

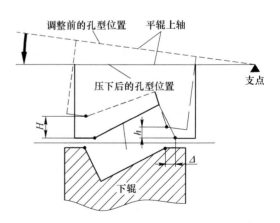

图 12-22　平辊孔型左侧下压对右侧的影响

不过，如果 B_{N1} 的尺寸也偏上差，那么右侧可以不抬升，是否需要作左移，要视具体情况而定；如果是左侧微量压下，右侧也可以不抬升、不左移。上辊被压下和抬升后，转动 1/4 ~ 1/3 周平辊，再次测量 B_{N2}、B_{N1} 尺寸，至 $B_{N1}{\rightarrow}B{\leftarrow}B_{N2}$。

当然，在 $B_{N1} < B_{N2}$ 且 B_{N2} 更接近 B 时，也可以通过末道立辊来完成对 B_{N1} 的调整，即通过适当放松立辊拉板螺丝，让出立辊的管子尺寸 $B_{(N-1)1}$ 得以增大，使末道平辊孔型相应部位受到对应于管子 $B_{(N-1)1}$ 部位的反作用力增加，导致该部位的孔型空间变大，进而实现调大 B_{N1} 之目的。

特别地，在出末道平辊的方矩管正方比较好的情况下，应用此法进行调整效果最好。

第四步，按照第三步的方法与思路调整 A 面尺寸，直至 $A_{N1}{\rightarrow}A{\leftarrow}A_{N2}$。

第五步，根据已经调出的方矩管，结合标准要求综合确认管形正方、面平角尖、公差达标等。

12.3.5 方矩管正方调整

12.3.5.1 方矩管正方的测量

调整正方的前提是正确测量与判断。检测正方的方法有三种：

（1）对角线法。使对角线相等，但是如前所述，受实际 r 角大小、测量位置等影响，使得其自信度并不高。

（2）角尺测量法。将角尺一个边贴着管面并在该管面上下移动，至另一边碰到管面上任意一点，检查漏光情况，如图 12-23 所示。可是，它也有一个前提，就是测量面必须平整，强调宁凹勿凸。

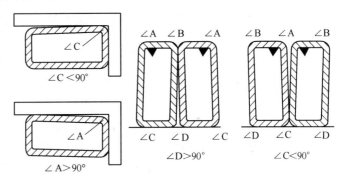

图 12-23 角尺测量与管-管检查方矩管正方原理示意图

（3）孪生检查法。当手头没有角尺时，可从同一支方矩管上截取两段管头，处理干净端面毛刺后，将它们相向或者相对（以焊缝为标志）放置在平台上，然后慢慢靠近，并根据相靠后的间隙位置判断管的正方，参见图 12-23。相靠后间隙在下，则下相邻角 $\angle D > 90°$；相靠后间隙在上，则下相邻角 $\angle C < 90°$。

12.3.5.2 方矩管不正方的调整

方矩管不正方的调整，要结合尺寸调整与管面调整。在尺寸和管面已经调好的情况下，如果不直角，可利用末道立辊进行矫正。

（1）若方矩管上下角度大于 90°，左右两个角小于 90°，则收调立辊，让出立辊的方矩管上下角略小于 90°，这样能减小成品管的上下角。

（2）若方矩管左右两个角大于 90°，而上下角小于 90°，就适当放松末道立辊，这样能增大出末道立辊孔型方矩管的上下角。

（3）对孔型严重不均衡磨损造成管面不平、不直角的，则建议修整轧辊孔型。

12.3.6　焊缝位置调整

从焊缝显微硬度与母材显微硬度的大量检测数据看，前者比后者高得多。正是基于此，通常不将焊缝放在正角位置，而是放置在距角边 $t \sim (t + 5\mathrm{mm})$ 内，以降低焊缝裂纹的风险。这就要求能够对焊缝位置实施有效控制。控制方法包括成型辊法、导向辊法和定径辊法三种。

12.3.6.1　成型辊法

控制原理如图 12-24 所示，通过成型实轧辊，对管坯某侧进行偏重一点的轧制，使该侧纵向纤维得到较多延伸，从而在随后的焊接、冷却及强制等长过程中，形成多于另一侧的纵向应变和纵向张应力，这样，焊缝就会被推向纵向应变延伸

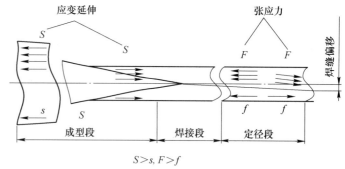

图 12-24　成型调整与焊缝偏移的关系

与应力小的一侧，箭线密的一侧表示纵向应变和应力大，进而实现控制焊缝位置的目的。用成型辊法控制焊缝位置，反应比较慢，且不易精准控制焊缝偏移量。

12.3.6.2　导向辊法

通过改变导向辊孔型与轧制中心线位置，实现对定径段焊缝位置的控制。分偏转法和偏移法两种。

（1）偏转法。以轧制中心线为基准，将导向辊向左或向右偏转一定角度，从而迫使孔型中的管坯向左或向右偏转。控制原理是，由于焊管是一个刚性体，当在导向辊处对管施加一个扭力后，该扭力便沿着管体向定径方向传递，迫使管体发生同向扭转，进而带动焊缝偏转。偏转量与偏转角、壁厚等密切相关，偏转角大偏转量大；壁厚厚，同等偏转角实现的偏转量大。偏转法的优点是控制灵敏度高，管越大壁越厚响应越积极，偏转量也易控制；缺点在于有时影响焊缝对接状态及外毛刺去除，并需要做相应调整。

（2）偏移法。偏移法控制定径焊缝位置的原理是，若将导向辊向轧制中线右侧偏移，则焊管在挤压辊中便受到一个向左的推力 f_1 作用，推力与管坯上的牵引力 f_2 合成后，形成一个向左前方的力 F，如图 12-25 所示。该力强迫包括焊缝在内的管体向左偏转。偏移法的优缺点与偏转法类似，但动作响应比偏转法灵敏；从调整实践看，用该法控制薄壁管焊缝位置效果最好。

12.3.6.3　定径辊法

一般在设计异型孔型辊时，通常都将定径第一道平辊（或立辊）的孔型设计成圆孔型，定径辊法就是人为将该道平辊（或立辊）孔型调整成人为错位，并利用错位孔型对焊管施加一对力偶，促使定径段的管体定向"旋转"，实现控制焊缝位置的目的。在图 12-26 中，上辊孔型被人为向左错位，孔型左侧"空着"，仅剩右侧与焊管右上部接触，焊管在孔型右侧作用力 $\overrightarrow{P'}$ 作用下产生顺时针旋转趋势；与此同时，下辊孔型右侧"空着"，仅剩左侧与焊管左下侧接触，焊管在孔型左侧作用力 $\overrightarrow{P}$ 作用下也产生顺时针旋转趋势。这样，焊管就在这一对力偶（$\overrightarrow{P}$、$\overrightarrow{P'}$）作用下发生顺时针扭转，焊缝因之向右偏转。反

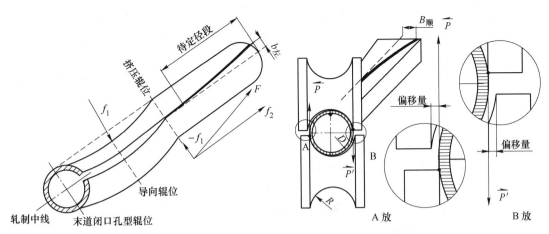

图 12-25　偏移导向辊控制焊缝位置的原理　　　　图 12-26　定径辊法控制焊缝位置原理

之，焊管发生逆时针扭转，焊缝就向左扭转。

根据力学原理，控制焊缝扭转位置的灵敏度即力偶矩 m 取决于焊管直径 D 和力偶 $\vec{P}$、$\vec{P}'$：

$$m = \pm \vec{P} \times \frac{D}{2} \tag{12-18}$$

式中，正负号表示力偶使焊缝扭转的方向。在式（12-18）中，当焊管直径 D 确定之后，决定焊缝扭转量大小就看力偶 $\vec{P}$、$\vec{P}'$，也就是孔型对焊管的施力情况和错位程度，上孔型偏中较少，压得较轻，力偶矩较小，焊缝扭转较少；反之，孔型偏中较多，压得较重，焊管扭转就大，继而达到控制焊缝位置的目的。定径辊错位法控制焊缝位置的优点是，由于焊缝偏转主要发生在定径段，故对焊接段的焊缝对接状况和去除外毛刺影响较小，但是对小直径薄壁管的灵敏度稍差（力偶矩较小），稍不留神就会压伤管面。

需要说明两点，一是轧辊偏移量一般只有零点几毫米至 1~2 个 mm（管越小取值越小），通常不会压伤管面；二是如果管面因之产生压痕压伤，则应弃用。这些控制焊缝位置的方法可以单独运用，也可以组合使用；不仅对异型管有意义，同样适用于圆管。

12.3.7　异型管弯曲的调整

从焊管生产实践看，异型管弯曲有广义和狭义之分，狭义弯曲指管体仅向一个方向弯，即管体曲而不扭。而广义弯曲包括曲而不扭（弯曲）、扭而不曲（扭转）和既扭又曲（扭曲）三类。其实，若以焊缝为标志，圆管同样存在广义弯曲所说的三种类型。

12.3.7.1　扭转异型管的调整

扭转即扭而不曲，系指与异型管棱边或母线垂直的焊管两断面，其中任意一个面按几何对称中心投影到另一面上后，对称中心重合且两个投影面之间存在夹角 α，如图 12-27 所示。α 称为异型管的扭转角，由式（12-19）定义：

$$\alpha = \arcsin \frac{H}{B} \tag{12-19}$$

实践中，扭转角没有实用价值，也不方便测量；反倒是摆动值 H 并通过 H 值判定管体扭转程度，H 值越小越好。异型管扭转的显著特征是，管的棱边为螺旋线；由于该螺旋线的导程通常若干倍于管长（6000mm），摆动值 H 也小于 B，故这条螺旋线看上去似直线。针对图 12-27 所示的管体扭转，在线调整方法是：将矫直头反向扭转约 β 角度，使 β 略大于 α。粗调时，动作幅度可大一点，经过多次调整后，动作幅度要逐渐变小；而且，每动作一次都需要检查一次，直至摆动管体时管子不再晃动即 $H \rightarrow 0$ 为止。长管在线实时检查可按图 12-27 所示将平台换成两个管头并找一平坦地段即可。

12.3.7.2　弯曲异型管的调整

（1）曲而不扭的调整。弯曲异型管的特征是，与棱边或母线垂直的两横断面的几何中心仅发生横向或者竖直偏移，参见图 12-28，偏移值 b 越大管越弯。一般标准允许弯曲度小于 3‰。就矩形管而言，弯曲有两种基本形态，一是大面弯曲小面平直，二是小面弯曲大面平直。若结合生产实际与孔型放置形式，还有上弯与下弯、左弯与右弯以及 1:30、3:30、7:30、10:30 等方向弯曲。

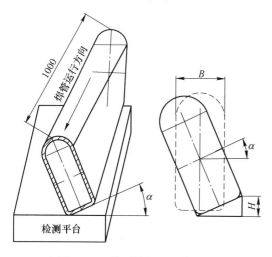

图 12-27　梳子管扭而不曲示意

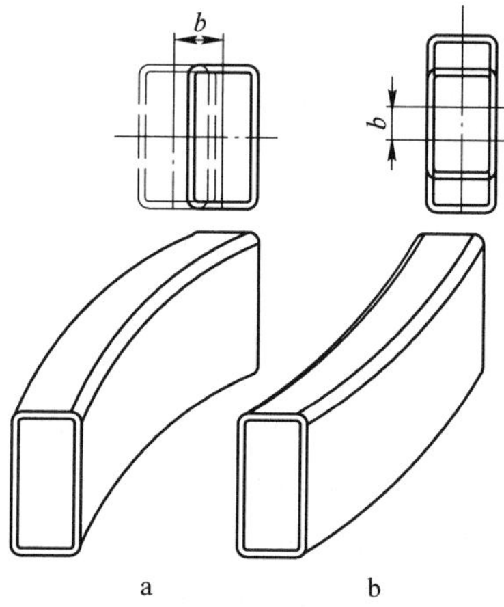

图 12-28　矩形管弯曲形态
a—大面弯曲；b—小面弯曲

现以 45°斜出方矩管为例，说明弯曲焊管的时钟矫直法。首先，调整工要在心中建立如图 12-29 所示的坐标系，由于矫直头不具备直接斜向调节功能，因此，在调整 45°斜出方矩管弯曲时，必须快速分别沿 x 轴和 z 轴两个方向移动矫直头，才能达到工艺目标。倘若大面如图所示向 10:30 分方向弯曲，那么，一方面要将矫直头向 x 轴正方向横移，另一方面要将矫直头向 y 轴负方向下调，从而合成出向 4:30 分方向移动。

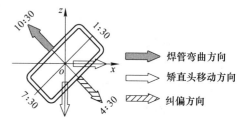

图 12-29　45°斜出矩形管的时钟矫直法

必须提醒操作人员注意，在调整小面弯曲时，同等弯曲度的情况下，纠偏调整幅度应该比大面的大，因为小面具有更大弯矩。

（2）弯曲度的检查。现场检测弯曲度的方法有两种：

1）平台检验。截取 1m 方矩管，处理干净端面毛刺，放到机组台面上，形成上凸弧，然后用塞尺塞缝隙，所塞进的最大值就是异型管（圆管也适用）的最大弯曲度。

2）孪生检查。是指随机取两支刚生产出的管子，以焊缝为标志，将它们相向或相对而置，然后测量二者之间的间隙，如图 12-30 所示，则该间隙的一半就是此管的弯曲度。

12.3.7.3 扭曲异型管的调整

扭曲指与母线垂直的两断面之投影面，它们的几何对称中心既不重合，而且两投影面存在夹角，说通俗一点就是异型管体既扭又弯，如图 12-31 所示。

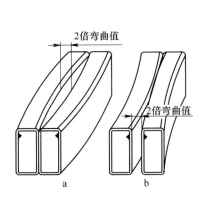

图 12-30 弯曲度的孪生检查法

a—相向；b—相对

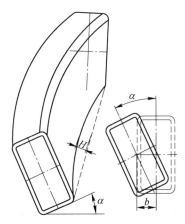

图 12-31 扭曲的矩形管

异型管扭曲的调整分三步进行：首先，根据 12.3.7.2 节所述初步消除焊管弯曲；然后根据 12.3.7.1 节所述初步消除焊管扭转；最后重复上述两步进行精心微调，直至平直。

然而，在批量生产的情况下，受多种客观因素影响，要想完全消除异型管的弯曲几乎不可能。这一事实警示人们，在异型管生产过程中，必须严格按照工艺规定的抽查频率检查焊管弯曲情况，以便早发现、早处理、杜绝批量弯曲缺陷。

对于异型管面上的压痕、压伤、压线等缺陷及其处理方法，有许多都与圆管相似，这里不再赘述。

12.4 定径孔型的改进

如前所述，现行焊管定径孔型的最大弊端是小孔型接纳大管形，导致孔型边缘磨损严重，同时易压伤管体。因此，这里尝试从方法论的角度谈论定径孔型改进，总的改进指导思想是：在确保定径焊管品质的前提下，以较大孔型开口迎接较小被定径管形，降低焊管表面被压伤的几率，减少孔型面磨损，延长轧辊使用寿命，方便现场操作调整。

12.4.1 改进的必要性

就圆变异工艺而言，虽然管种繁多、各有特点，但是对孔型的基本要求却大同小异，如要求变形均匀、变形阻力小、孔型磨损少、对管面损伤少等，可是，由现有圆变异孔型设计方法决定的孔型实际工况不容乐观。目前，"先成圆后变异"的方矩管孔型有两个共同点：一是若将它们的孔型曲线之交点用直线两两相连，则它们所围成的图形是正方形或者矩形，其孔型顶角均为直角，故可以称这种孔型设计方法为直角设计法；二是第 i 道孔型的对角线相等，第 i 道变形焊管的对角线也相等，而且大于第（$i+1$）道孔型的开口，使得焊管进入阻力大，孔型边缘易磨损，继而压花管子表面。

因此，有必要对现行直角设计法孔型进行改进，而方矩管孔型的钝角设计法却能在不影响变形效果的前提下，以"大孔型"吃进"小管子"，不仅进入阻力小、孔型磨损小、调整难度降低，而且所产出的管子棱角分明、表面品质更优异。

12.4.2　方矩管孔型的钝角设计法

12.4.2.1　设计思路

在实际操作中，人们为了避免焊管进入孔型时与孔型边缘发生摩擦，总是把即将要进入平辊的圆管挤压成立椭圆，而把要进入立辊的圆管挤压成横椭圆，而且使椭圆管高度（或宽度）的尺寸略小于即将进入的立辊（平辊）孔型边缘开口宽度，这样，在管坯进入定径孔型的过程中，就不会与孔型边缘接触，管与孔型上下都"空着"，直至过轧制中心面才全部充满孔型，这样减少了孔型边缘与焊管的非必要接触，既减轻孔型磨损，又消除了压伤焊管的隐患。但是，如此调整却增大了圆管被压成椭圆管过程中被本道孔型边缘压伤的风险。不过这倒是启迪我们：倘若能让圆变方的焊管以立菱形姿态进入卧菱形的平辊孔型，随后让卧菱形的焊管进入立菱形的立辊孔型，依此类推，逐渐缩小菱形对角线之差，直至为零，成为正方，如图 12-32 所示。这样，当管坯进入卧立交替的菱形孔型时，孔型边缘实际上"空着"，参见图 12-33。这种避空的孔型边缘几乎受不到管坯角部挤压，磨损必然减少，变形管坯角部自然就不会被压花。

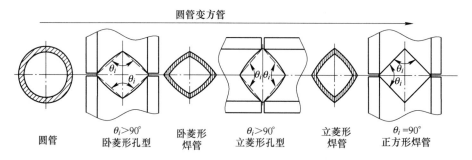

圆管变方管

圆管　　　$\theta_i>90°$　　　卧菱形　　　$\theta_i>90°$　　　立菱形　　　$\theta_i=90°$
　　　　　卧菱形孔型　　焊管　　　立菱形孔型　　焊管　　　正方形焊管

图 12-32　菱形孔型与菱形焊管坯变形过程示意图

另外，从图 12-32 和图 12-33 可以看出，无论是平辊孔型还是立辊孔形，其单只孔型的顶角均为钝角，故可称这种孔型为钝角孔型，与之对应的设计方法称为钝角设计法。

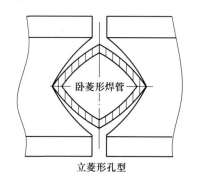

卧菱形焊管

立菱形孔型

图 12-33　卧菱形焊管在立菱形孔型
中变形状态示意图

12.4.2.2　钝角设计法

方矩管孔型的钝角设计法系指将方矩管轧辊孔型的顶角设计成按一定规律变化的钝角，同时孔型曲线的四根弦所围成的图形是菱形或平行四边形的设计方法，如图 12-34 所示。需要指出的是，钝角孔型末道的顶角是 90°的特殊钝角。

（1）与直角孔型的比较。钝角设计法的孔型具有顶角 θ_i 和开口 B_i 大、深度 H_i 浅以及边缘线速度 $D_i\pi$ 小等优点，详见图 12-34 中实线孔型。

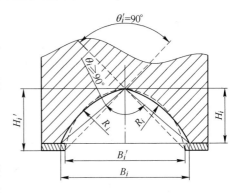

1）孔型顶角 $\theta_i \geq \theta_i'$。根据钝角设计法的概念有 $\theta_i \geq 90°$，即

$$\begin{cases} \theta_i > 90°, i = 1,2,3,\cdots,N-1 \\ \theta_i = 90°, i = N \end{cases} \quad (12\text{-}20)$$

式中，下标 i 表示变形辊的序号；N 则是末道变形辊的序号，也表示所有变形辊的道数。从式（12-20）可知三点：

图 12-34　钝角、直角设计法孔型对比

①钝角孔型的顶角 θ_i 是一个随变形道次 i 而变化的量，它直接影响孔型开口大小、深浅和边缘线速度的快慢，是钝角设计法最关键的参数。

②只有当钝角孔型辊变形到最后一道即 $i = N$ 时，孔型顶角 θ_i 才会成为特殊钝角——$\theta_N = 90°$，并与直角设计法的末道孔型完全一致；关于这一点，以下基本类似，不再另外交代。

③虽然 $\theta_N = \theta_N' = 90°$，但是二者内涵却不同：前者在钝角设计法中是变量，后者在直角设计法中是常量，这是两种不同设计方法最根本的区别。而且，第 N 道孔型接纳的是立菱形状焊管，仍然可以视该道为卧菱形孔型，这也与直角设计法有本质区别。

2）孔型开口 $B_i \geq B_i'$。如上所述，B_i 与 θ_i 关系密切，二者借助孔型内接菱形（仅以圆变方为例）边长 a_i 统一于式（12-21）之中：

$$B_i = 2a_i \sin \frac{\theta_i}{2}, \quad 45° \leqslant \frac{\theta_i}{2} < 90° \quad (12\text{-}21)$$

同理，直角孔型的 B_i' 和 θ_i' 则借助孔型内接正方形边长 a_i 统一于式（12-22）中：

$$B_i' = 2a_i \sin \frac{\theta_i'}{2}, \frac{\theta_i'}{2} = 45° \quad (12\text{-}22)$$

由于正弦函数在 $0 \sim 90°$ 范围内是增函数，所以比较式（12-21）、式（12-22）易得：

$$B_i - B_i' \begin{cases} > 0, i = 1,2,3,\cdots,N-1 \\ = 0, i = N \end{cases} \quad (12\text{-}23)$$

式（12-23）说明，在变形程度 a_i 相同的情况下，钝角孔型的开口必然大于直角孔型的开口，这样，孔型边缘受到来自管坯的挤压力小，磨损轻，这是其一；其二是，由于进入钝角孔型的焊管是经过"瘦身"的立菱形，那么，相对而言末道钝角孔型的开口仍然比直角孔型大。

3）孔型深度 $H_i \leqslant H_i'$。由图 12-34 和三角函数易推出钝角和直角孔型深度的计算式：

$$H_i = a_i \cos \frac{\theta_i}{2}, 45° \leqslant \frac{\theta_i}{2} < 90° \quad (12\text{-}24)$$

$$H_i' = a_i \cos \frac{\theta_i'}{2}, \frac{\theta_i'}{2} = 45° \quad (12\text{-}25)$$

比较式（12-24）、式（12-25）有 $H_i \leqslant H_i'$。该结果说明钝角孔型的深度比直角孔型浅，焊管切入孔型就浅，易脱模，孔型磨损小。

4）孔型边缘线速度 $D_i\pi \leqslant D_i'\pi$。在底径 d_i 相同的前提下，钝角孔型和直角孔型最边

缘一点的线速度分别用式（12-26）和式（12-27）表示：

$$D_i\pi = (d_i + H_i)\pi \tag{12-26}$$

$$D'_i\pi = (d_i + H'_i)\pi \tag{12-27}$$

显然，在式（12-26）、式（12-27）中，结合上面 3）的结论有 $D_i\pi \leqslant D'_i\pi$ 成立。这一结论表明：在轧辊底径 d_i 和角速度相同的条件下，钝角孔型边缘的线速度比直角孔型要小，孔型与管坯间相对运动减小，打滑也少。

其实，两种孔型设计方法的这些差别，主要源于孔型顶角由直角变成钝角。由此可见，如何选取孔型的公称钝角就显得尤为重要。

（2）影响选择公称钝角 θ 的主要因素。所谓公称钝角又叫初始钝角或者说是钝角设计法中第一道变形轧辊孔型的顶角 θ_1，它决定着各道变型轧辊孔型顶角 θ_i 的大小和孔型其他参数。

在中小直径圆管范围内，将公称钝角控制在 $\theta = 93° \sim 97°$ 比较适宜。若 θ 过大，则焊管角部会在较大幅度的反复平立交错变型中加剧硬化，易产生裂纹；但是，θ 也不宜过小，过小将失去其存在价值。具体选择时可考虑方管边长、壁径比、材料硬度和变形道次等四个因素。

1）方管边长 a。a 较大，θ 取较小值，不然的话，菱形孔型对角线之差及孔型开口都非常大，对变形不利；反之，a 较小，θ 应取较大值，否则作用不明显。

2）壁径比。当成方前圆管的壁径比 $t/D \leqslant 2\%$ 时，管子变形抗力较小，易变形，故 θ 取值可小些；当壁径比 $t/D > 2\%$ 时，管子变形抗力较大，回弹多，θ 可取值大些，以预留一部分来抵消回弹。

3）材料硬度 HV。当 HV $\leqslant 135$ 时，管坯相对较软，变形抗力小，θ 取值应小一些；当 HV > 135 时，管坯相对较硬，难变形，故 θ 应取较大值。

4）变形道次总数 N。变形道次较多，平均到每道孔型上的变形抗力较小，θ 取值可小一点；相反，变形道次较少时，平均到每道孔型上的变形量和变形抗力大，则 θ 取值宜大一点。

因此，选择恰当公称钝角对孔型变形效果至关重要，同样，遵循相关设计原则也是获得优良钝角孔型的基本保证。

（3）设计原则。方矩管钝角孔型的设计原则主要有均匀变化孔型顶角、以弓形高作变形量和以公称边长代替孔型曲线等三条。

1）均匀变化孔型顶角的原则。可按算术平均法来分配公称钝角 θ 在各道次中的孔型顶角 θ_i：

$$\begin{cases} \theta_i = 90° + (N - i)\Delta\theta, i = 1,2,3,\cdots,N \\ \Delta\theta = \dfrac{\theta - 90°}{N - 1} \end{cases} \tag{12-28}$$

式中，$\Delta\theta$ 是钝角孔型顶角的平均递减量，式（12-28）的几何意义是，当道次 $i = 1$，即圆变方初始变形时，θ_1 最大，菱形孔型最扁（第一道变形平辊孔型）或最尖（第一道立辊孔型），随着道次增加，θ_i 逐渐趋于 90°，菱形逐渐变为正方形；式（12-28）的实际意义是，出第一道平辊孔型的圆弧状菱形管坯较扁或者较尖（出第一道立辊），随着变形的继续，圆弧状的菱形管坯最终变成正方管，完成变形。

2）以弓形高作变形量的原则。在管坯由圆变方的过程中，存在若干个从大到小直至为零的弓形高，所以可选择弓形高作变形量，并按式（12-29）平均分配钝角孔型的变形量：

$$h_i = \frac{\varphi - a}{2N}(N - i) \tag{12-29}$$

式中　h_i——第 i 道孔型的弓形高；

　　　φ——圆变方之圆直径；

　　　其余符号意义同上。

这样，根据弓形高、弧长与弦长的几何关系易得孔型的主要参数 a_i 和 R_i：

$$\begin{cases} a_i = \dfrac{0.375l + \sqrt{(0.375)^2 + 3.75(0.5625l^2 - 4h_i^2)}}{1.875} \\[3mm] R_i = \dfrac{a_i^2 + 4h_i^2}{8h_i} \end{cases} \tag{12-30}$$

式中　a_i——孔型内接菱形边长；

　　　l——与 a_i 对应的孔型弧长，这里 $l = a$；

　　　R_i——第 i 道孔型变形半径；

　　　h_i——第 i 道孔型弓形高。

3）以公称边长代替孔型弧长的原则。如前所述，采用道次压下系数设计圆变异孔型的实际意义不大，完全可以用公称边长 a 作为设计孔型弧长 l 的依据，让每段孔型对应的曲线都与公称边长一样长，既不影响产品精度，又能简化设计程序。

12.4.2.3　设计举例

以 $\phi 50\text{mm} \times 1.5\text{mm}$ 冷轧圆管采用五平四立轧辊变形 $40\text{mm} \times 40\text{mm} \times 1.5\text{mm}$ 方管为例，介绍方矩管钝角孔型的设计方法。

（1）基本设计数据。1）圆变方之圆直径 $\phi = 50\text{mm}$；2）变形道次总数 $N = 9$；3）孔型弧长 $l = a = 40\text{mm}$。

（2）θ 和 θ_i 的确定。综合影响选择公称钝角的主要因素，结合本例令 $\theta = 94°$，则根据式（12-28）有：$\Delta\theta = 0.5°$，则 $\theta_1 = 94°$、$\theta_2 = 93.5°$、$\cdots$、$\theta_9 = 90°$，详见表 12-6。

表 12-6　40mm 方钝角设计法的孔型参数

参数 道次 \ 项目	顶角 $\theta_i/(°)$	弓型高 h_i/mm	内接菱边 a_i/mm	变形半径 R_i/mm	孔型开口 B_i/mm	孔型深 H_i/mm
1	94	4.44	38.66	44.29	56.55	26.37
2	93.5	3.88	38.98	50.89	56.78	26.71
3	93	3.33	39.25	59.49	56.94	27.02
4	92.5	2.77	39.48	71.72	57.04	27.30
5	92	2.22	39.67	89.72	57.07	27.56
6	91.5	1.66	39.81	120.17	57.03	27.78
7	91	1.11	39.92	180.02	56.95	27.98
8	90.5	0.55	39.98	363.55	56.79	28.15
9	90	0	40	—	56.57	28.28
Σ/N	—	—	—	—	56.86	27.46

（3）R_i 和 a_i 的计算。由式（12-29）和式（12-30）易得：

1）h_1、h_2、…、h_9；2）R_1、R_2、…、R_9；3）a_1、a_2、…、a_9。详细计算结果列于表 12-6 中。

（4）B_i 和 H_i 的计算。由式（12-21）得：B_1、B_2、…、B_3；由式（12-24）得：H_1、H_2、…、H_9。具体计算结果列于表 12-6 中。

（5）作图。依据表12-6 中的数据作图12-35。为了作图方便和易于与直角孔型进行比较，现将 40mm 方直角孔型的基本参数列于表 12-7。

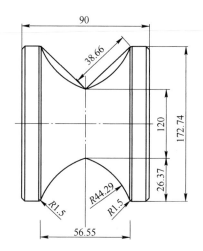

图 12-35　圆变 40mm 方钝角设计法第 1 道平辊孔型

表 12-7　40mm 方直角设计法的孔型参数

参数　　项目　道次	顶角 $\theta_i/(°)$	弓型高 h_i/mm	内接菱边 a_i/mm	变形半径 R_i/mm	孔型开口 B_i/mm	孔型深 H_i/mm
1	90	4.44	38.66	44.29	54.67	27.34
2	90	3.88	38.98	50.89	55.13	27.56
3	90	3.33	39.25	59.49	55.51	27.75
4	90	2.77	39.48	71.72	55.83	27.92
5	90	2.22	39.67	89.72	56.10	28.05
6	90	1.66	39.81	120.17	56.30	28.15
7	90	1.11	39.92	180.02	56.46	28.23
8	90	0.55	39.98	363.55	56.54	28.27
9	90	0	40	—	56.57	28.28
Σ/N	—	—	—	—	55.90	27.95

比较表 12-6 和表 12-7 中同类项目的数据不难看出方矩管钝角孔型的优点。

12.4.2.4　方矩管钝角设计法的优点

与直角设计法相比，钝角设计法孔型有以下几个显著优点：

（1）孔型磨损小，焊管表面质量好。从表 12-6 和表 12-7 中的 B_i（Σ/N）和 B_i'（Σ/N）看，在变形效果相同的前提下，孔型开口宽度比直角孔型平均增大 1.72%，由此每道孔型开口平均净增 0.96mm；也就是说，当孔型与管坯接触时，两种设计方法相比，钝角孔型两边缘平均各"空着"0.48mm。如果再算上菱形的"瘦身"，那么，孔型边缘与管坯角部的"空隙"就更大。这样，通过一个增宽和一个瘦身的变化，使得焊管进出孔型更容易，孔型磨损更小，轧辊使用寿命延长；同时，管子角部不会被孔型边缘压花，产品表面质量得到显著改善。

（2）钝角孔型自身固有的线速度差小。比较表 12-6 和表 12-7 中 H_i（Σ/H）和 H_i'

（Σ/N）所列数据，40mm方管钝角孔型深度比直角孔型平均浅1.78%。其意义在于：在未减小管坯纵向张力的情况下，孔型自身固有的线速度因之而减小，这从根本上缩小了孔型与管坯间的不同步，减轻了打滑程度，孔型寿命长。

（3）变形阻力小，拖动电机功率消耗少。钝角孔型相对直角孔型的开口大、深度浅、易进入、易脱模，这样，焊管进入时所产生的纯阻力大为减小，拖动电机功率消耗少，设备运行更加轻快。这一优点在平常生产时并不突出，只有当某一机组生产又大又厚方矩管时才凸显。

（4）调整难度降低。由于孔型边缘开口尺寸总是大于即将进入的管形尺寸，所以，操作者完全可以根据工艺需要调整轧辊，同时无须担忧轧辊孔型轧伤管面。

12.4.3 钝角设计法思想的拓展

钝角设计法的设计思路、设计原则和设计方法具有普适性，对椭圆管、榄核管、三角管、梭子管等异型管孔型的设计改进都有借鉴作用。其方法论意义远远胜过异型管孔型设计本身，如运用钝角设计法的思想对成型轧辊孔型进行柔性化处理，不仅能使管坯成型顺畅进行，更能极大地提升成型管坯表面质量。

当然，钝角设计法的设计理念同样适用于圆管定径。在设计定径圆管孔型时，将定径平辊孔型设计成横椭圆，并逐道缩小平辊椭圆孔型长短轴之差，直至末道平辊孔型椭圆长短轴之差为零，成为圆孔型，而让定径立辊孔型仍然按原有的圆孔型设计，如图12-36所示。

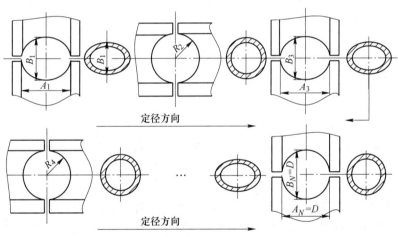

$B_1<2R_2<A_3$；$B_3<2R_4<\cdots<A_N=B_N=D$

图12-36 椭圆-圆孔型定径原理

12.5 定径段焊管常见质量缺陷分析

常见定径段焊管缺陷可分为尺寸公差缺陷、表面缺陷和直度缺陷三大类。

12.5.1 尺寸公差缺陷

焊管尺寸单纯超上差或下差的调整难度远不及尺寸波动难处理。焊管外尺寸波动大指在焊管纵向测量方向的外尺寸变化幅度大，接近或超出焊管允差范围，俗称"段差"。现象有周期性和随机性两种，以圆管为例，它们产生的原因及调整措施参见表 12-8。

表 12-8　焊管外尺寸波动大的成因和调整措施

测量位置	现象	原　　因	措　　施
焊缝上下	周期性	（1）平辊孔型与孔不同心； （2）平辊轴弯曲； （3）立辊端面跳动	（1）以内孔和基准面作为修复轧辊孔型矫正基准； （2）更换平辊轴； （3）查找端面跳动原因
	随机性	（1）平辊轴与轧辊孔配合间隙大； （2）平辊轴承磨损严重； （3）平辊轴辊位磨损大，轴失圆； （4）上下调节丝杆、丝杆套、牌坊间隙大； （5）焊管运行不稳定	（1）查找原因，换轴或换辊； （2）更换平辊轴； （3）维修机组，恢复精度； （4）适当调整、平衡平立辊的施力
水平方向	周期性	（1）立辊孔型与孔不同心； （2）平辊端面跳动	以内孔和基准面作为修复轧辊孔型矫正基准
	随机性	（1）立辊轴磨损大，轴承跑内圈； （2）轴承磨损严重，滚珠变形； （3）焊管运行不稳定； （4）平辊轴与滑块、滑块与牌坊配合间隙大	（1）更换立辊轴或轴承； （2）重新分配平立辊的轧制力； （3）恢复机组精度
X 位方向	周期性	（1）平辊或立辊或平立辊端面跳动； （2）悬臂机轴头弯曲	（1）以内孔和基准面作为修复轧辊孔型矫正基准； （2）更换平辊轴
	随机性	平辊轴与滑块、滑块与牌坊配合间隙大	进行设备维护，恢复精度

12.5.2　表面缺陷

定径段焊管的表面缺陷主要有凹坑、凸点、压痕、擦伤、氧化层压入等，产生的原因和解决方案与成型类似。这些缺陷，对一般通用管而言，允许对其进行清除，但清除深度不得低于公称壁厚负偏差，否则应该作判废处理。而对于中高档家具管、锅炉管、石油天然气用管等的表面质量要求，应满足双方协议规定的要求。

这里特别讲一下异型管中常见的轧角缺陷，如图 12-37 所示，分单面轧角和双面轧角。判断方法是，用手指在管面上横向划过至角弧处，若有隔手感，则表明存在轧角缺陷，多数情况下只是一两个角被轧伤。形成轧角的主要原因大致有五个：（1）轧辊错位，压伤管面；（2）辊缝过大，孔型线不够长；（3）整形余量偏大，管角被辊缝角压伤；（4）单道次轧压过大，孔型边缘将管面轧伤；（5）轧辊偏离轧制中心线，导致某角受到的轧制力过大，角被轧伤。对于轧角缺陷，首先要根据映射原理逆向排查，然后采取相应的纠偏措施。

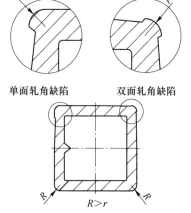

单面轧角缺陷　　　双面轧角缺陷

图 12-37　异型管轧角缺陷

12.5.3　直度缺陷

这里的直度缺陷系指在线矫直直度，包括弯、扭和扭曲三个方面。焊管生产过程中，直度经常发生变化。直度的本质是管体内各种应力平衡问题，影响应力平衡的突变因素主要是材料变化，包括宽度、厚度、硬度等。仅以硬度变化加以说明，矫直系统应力平衡后，表明系统认可了现有硬度，由该系统产出的焊管"自然而然"就直；可是，一旦硬度发生变化后，系统不认可新硬度，应力平衡被打破，焊管就变弯；如果不加以人工干预，那么管子就会永远弯下去，直至重新调整，建立一个新的应力平衡系统。这从一个侧面提醒操作人员，正常生产过程中，若焊管直度突然发生变化，就要联想到生产过程必定发生了状况。

同理，当设备精度、冷却系统、环境温度、操作调整等发生变动时，都将影响焊管机组与焊管之间既有的平衡，导致焊管弯曲。就环境温度变化而言，相信大多数调整工都有这种经历：头天生产得好好的机组，停了一夜之后原班人马再来开机，发觉产出的焊管全都弯了。这其实是温度这只无形的手在起作用，它涉及一个热平衡问题。焊管机组热平衡是说，机组经过一定时间运转后，设备机件、轴承、孔型、冷却液等的温度都上升到一定高度，由此各种应力与彼时焊管达成默契，处于平衡状态；而停机一夜后，机组机件、轴承、轧辊和冷却液等的温度都处于冷态，这种冷态很难一下子与热焊管达成应力平衡，于是焊管出现弯曲。

对于焊管缺陷及形成缺陷的原因，有的很明显，有的较隐蔽；有的表现在定径，可是根子却在成型，甚至上料工位。因此，对一些焊管缺陷的处置，不能简单地就事论事，要有全局观念，用系统观念指导焊管调整与缺陷原因查找，高屋建瓴。

12.6　用系统论指导焊管调整

焊管调整与缺陷分析、查找，说它简单，其实很复杂，有人穷尽一生仍不得其要领；说它复杂，其实也简单，只要能掌握开启焊管调整与缺陷分析神秘之门的密钥，就能事半功倍，而密钥就是系统论。

12.6.1　用系统论指导焊管调整的必然性

系统论，是研究系统一般规律和性质的理论。从系统论的角度看，焊管生产是一个由机械学、运动学、材料力学、电学及金属热处理等多门类学科知识的物化形态构成的互相联系、互相影响、互相作用且经常自行变动、又需要不断进行人工干预、调整、纠偏的复杂系统。要使这样一个系统协调、稳定、高速运转，单纯依靠头痛医头、脚痛医脚的思维模式无法适应焊管生产需要。

焊管生产实践也要求，对待一些缺陷，必须用系统的观念加以分析、原因查找，才能得出正确的结论，拿出行之有效的纠偏措施。如上所述焊管突然弯曲的原因便牵涉材料、设备、工艺、环境和操作等五大系统。

由此可见，对有些焊管缺陷，不能孤立地、片面地看，而应该将其放到一个大系统中进行考量。当焊管生产需要调整时，要把与焊管机组直接相关、间接相关的各组成系统联系在一起，从系统总体出发，研究系统内各子系统、各小系统、各元素的联系及其相互关系，而不是孤立地解决系统内部某个局部问题。

12.6.2　焊管生产系统的构成

焊管生产系统约由 12 个子系统构成，如图 12-38 所示。其中每个子系统又包含若干小系统，每个小系统又包含若干元素。这些子系统、小系统、元素之间既相互独立、又相互作用，只要任何一个小系统或元素发生变化，都会程度不同地影响焊管生产。如在施加挤压力时，就必须至少考虑四个方面：（1）原有负荷与新增负荷叠加，是否会导致动力系统过流；（2）挤压力过大，易将熔化的高温金属大部分挤出，反而降低焊缝强度；（3）焊接余量占用定径余量，致使焊管几何尺寸变小，或焊管在定径机中转缝；（4）增大成型管坯运行阻力，致管坯在成型机中不规则波动或管坯两边缘在挤压辊辊缝中左右偏摆不定，产生外毛刺除不净、焊缝错位、搭焊等缺陷。

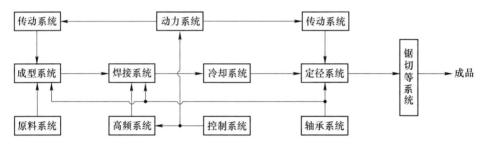

图 12-38　焊管生产系统构成

因此，在焊管调整中，必须充分考虑焊管生产系统的整体性、层次性、结构性和关联性，既要解决系统局部的问题，又不致对系统产生消极影响；必须将系统的观点作为焊管调整的指导思想，并贯穿到焊管调整的基本方法中去。

12.6.3　焊管调整的基本方法

这里讲的调整方法，是基于方法论的范畴，并不针对具体的操作调整。

12.6.3.1　经验法

经验法指调整工要借鉴以往排除类似故障的措施来处理本次故障的方法。它是所有调整方法的基础，对焊管生产系统的充分了解和丰富的实战经验，是运用该法的前提。同时，应注意避免犯教条主义错误，完全照搬照抄，因为每一次所要做的调整，都不可能是上一个问题的完全复制，即使在机组、轧辊、焊管规格完全相同的情况下也不可能有两次一模一样的状态，也必须区别对待。这就要求调整工在平时的工作中要特别注意积累。

12.6.3.2　因果法

尽管焊管生产不可能出现两次完全相同的状态，但是，焊管生产中各种现象和由现象引起的现象之间互相联系，当某一因素发生变化时，另外一些因素也会随之发生变化，这种现象就是因果关系。所谓因果法是指依据现象和引起现象的现象之间内在的必然联系及其规律分析缺陷，进行焊管调整的一种方法。因果法按出发点不同，可分为一果多因法和一因多果法。

（1）一果多因法。就是从一个具体缺陷或问题出发，在众多可能因素中找出造成本次结果的真正原因，它可借助图 12-39 来分析现象、排查原因，进而实施调整。分析查找原因时要从大到小、从粗到细，直到找到真正原因为止。

在图 12-39 中，仅对焊缝开裂这一结果在工艺方面的原因进行细分，就有 14 个之多；尽管这些原因并非同时出现，但是其中任何一个或几个原因都会导致焊缝开裂；而且，在这些众多原因中必有一个或几个为主要原因，调整时应首先从要因入手。

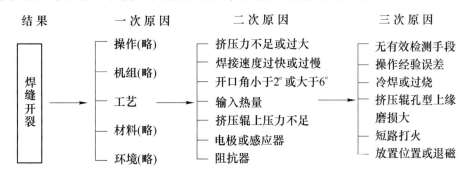

图 12-39　一果多因型系统展开图

（2）一因多果法。是从一个原因出发，分析可能产生的众多结果。分析时要善于从直接结果推导到间接结果，亦可借助一因多果图进行分析（图略）。

（3）因果相对存在法则。这个法则告诉焊管从业人员：1）作为调整工必须坚信，有因必有果，有果必有因，因果必有联系。2）有时因果渗透，互为因果。如平辊轴不水平，可导致平辊轴承损坏；反过来，平辊轴承损坏，平辊轴也不水平。3）因和果的区分不绝对，如焊缝周期性错位对焊缝强度低而言，它是因；但是对挤压辊周期性跳动来说，它又是果。

因此，运用因果法进行分析调整时，必须立足系统，反复实践、积累经验；必须做到：正常生产勤观察，发现问题细分析，判断不准慢动手，找到原因快处理。

12.6.3.3 "DNA"法

焊管生产离不开轧辊孔型，焊管会继承孔型上绝大部分的"DNA"，新孔型也好，磨损了的孔型也罢，哪怕是发生错位的孔型，都会在成品焊管上找到孔型"DNA"留下的基因——烙印与痕迹；沿着管坯上的烙印与痕迹，总能找到产生缺陷"DNA"的基因，这就是"DNA"法。同时，"DNA"法也是焊管缺陷查找、原因分析、纠偏调整必须遵循的基本原则、基本思路与基本方法。

12.6.3.4 尝试法

毋庸讳言，由于在焊管生产系统中存在许多不确定因素以及受人们认知能力局限，有时难以准确判断出与结果相对应的原因，而只能依据因果联系的紧密程度及相关关系作试探性调整，这就是尝试法。其实，在焊管调整中，尝试法是应用最频繁的方法之一。

在应用尝试法时，要注意以下两点：第一，若一个调整动作实施后没有响应结果，则必须立即恢复；第二，若一个调整动作实施后，效果与预想的目标相反，则必须作反向调节。

当然，应用系统论进行焊管调整对调试工素质提出较高要求，不仅要掌握一些管坯材料性能、焊管机组结构、高频焊接原理与金属力学方面的知识，还应该了解与之朝夕相处的轧辊孔型和工艺参数，知己知彼，以便更加灵活地调整轧辊，达到轧辊孔型设计目的。

第 13 章　轧辊孔型设计

本章系统阐述了孔型设计的基本原则、基本方法与基本要求，并且针对孔型设计具有数学计算、经验参与和缄默知识相互交织的特点，从理论和实践两方面分别介绍了传统圆孔型设计方法、厚薄壁管成型孔型设计要领与孔型优化、方管和平椭圆管孔型的系数设计法、梭子管斜置设计法、凹槽管孔型设计技巧以及不等边矩形管的 CAD 设计法，探讨了轧辊共用问题。同时，根据进入"互联网＋"的时代特征，论述了利用 CAD/CAM/CAE/Agent（计算机辅助设计/计算机辅助制造/计算机辅助工程/人工智能）等计算机硬件技术、软件技术和网络技术虚拟制造轧辊的必然性、内涵、体系结构与关键技术，以期提高轧辊孔型设计质量、降低设计制造成本、缩短设计制造时间。

13.1　轧辊孔型设计概述

轧辊孔型设计包括确定孔型设计原则、选择孔型系统、决定轧制道次与道次变形量、给定孔型尺寸等。所谓孔型系指人们在轧辊面上刻制出的、使通过其间的轧件具有与所刻制形状相对应形状和尺寸的空隙。焊管用孔型设计就是用数学语言和经验参数对焊管用轧辊上的空隙进行规范，标注相应尺寸和精度要求，达到顺利产出焊管的预期。虽然轧辊孔型千差万别，但是，在孔型设计时都必须遵守一些基本原则。

13.1.1　轧辊孔型设计的基本原则

（1）以柔克刚原则。刚者，管坯弹塑性变形也；柔是指所设计的孔型必须努力避免管坯与轧辊硬碰硬的碰撞。最明显如第一道下平辊，传统孔型实用宽度总是小于平直管坯宽度，管坯边部必然与孔型边缘发生硬摩擦，如图 13-1a 所示。这就要求设计孔型时，在不影响孔型

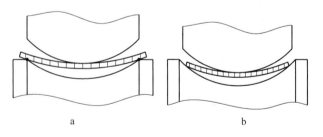

图 13-1　传统成型孔型（a）与柔性成型孔型（b）

主体功能的前提下，引入第 9 章所述的"有效孔型"概念，实现管坯柔性进入孔型，参见13-1b。这样，能够显著改善焊管表面质量，减少孔型磨损，延长轧辊使用寿命。

（2）顺利脱模原则。是指在孔型设计时，要充分考虑已经进入孔型的管坯能不受任何干扰地离开孔型。比较而言，斜出方矩管孔型无论在管坯进入还是脱模方面均比箱式孔型容易得多。

（3）以管坯为核心的原则。管坯宽度与厚度直接决定孔型包容长度、孔型各部位尺寸。以辊缝参数为例，当设计 25mm × 25mm × 2mm 和 25mm × 25mm × 0.8mm 的 45° 斜出方孔型辊缝时，若 $r_管 = 1.5t, r_辊 = 1mm$，统一按 $\delta = 1.5mm$ 设计单侧辊缝，管壁厚度与 r 角对方管孔型设计的影响如图 13-2 所示。由于辊缝 δ 和 $r_辊$ 相同，所以孔型长度 L 相同，可是，因管壁厚度不同形成

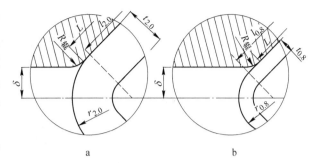

图 13-2 管壁厚度与 r 角对方管孔型设计的影响
a—2.0mm 壁厚管需要的孔型长度；
b—0.8mm 壁厚管需要的孔型长度

的方管圆角 $r_管$ 不同，导致需要孔型管控的管边长度差异较大，如式（13-1）所示：

$$\begin{cases} L = a - \sqrt{2}\delta - r_辊 \tan\dfrac{45}{2} \\ l_{2.0} = a - r_{2.0} \\ l_{0.8} = a - r_{0.8} \end{cases} \tag{13-1}$$

计算结果显示：$L - l_{2.0} = 0.47mm$，说明孔型长度比需要管控的管边长，孔型边缘不会压伤管面；而 $L - l_{0.8} = -1.34mm$，说明孔型长度比需要管控的管边短，孔型边缘必定会压伤管面，产生上一章所说的轧角缺陷。

进一步，若方矩管辊缝间隙 δ 按式（13-2）设计，则孔型长度就能完全管控管边：

$$\begin{cases} 0 < \delta \leqslant \dfrac{r_管 - 0.414 r_辊}{\sqrt{2}} \quad (45° \text{斜出}) \\ 0 < \delta \leqslant \sin\theta\left(r_管 - r_辊 \tan\dfrac{\theta}{2}\right) \quad (\text{任意角斜出}) \end{cases} \tag{13-2}$$

（4）均匀变形原则。均匀变形原则是轧辊孔型设计中最基本的原则之一。均匀变形的实质是变形量在各道次孔型中均匀分配，目的是让管坯在各机架中作功相等，设备负荷均分。均匀分配变形量的方法，广泛应用于焊管轧辊孔型的设计。

1）均匀变形原则体现在成型段，为前后道次变形角的变化量相等，即：

$$\theta_1 - \theta_2 = \theta_2 - \theta_3 = \cdots = \theta_i - \theta_{i+1} \tag{13-3}$$

式（13-3）至少在开口孔型段表现得比较明显。

2）均匀变形原则在圆管定径中，则表现为定径余量的平均分配，即各道次定径量相等：

$$\Delta D_1 = \Delta D_2 = \cdots = \Delta D_i \tag{13-4}$$

3）均匀变形原则在圆变异中，无论是弧线变直线，还是弧线变弧线，都可以用弓形高的变化量相等来表示变形量，即：

$$H_1 - H_2 = H_2 - H_3 = \cdots = H_i - H_{i+1} \tag{13-5}$$

（5）速比原则：在管坯逐道成型的过程中，管坯边缘不断升高，提供动力的成型上平辊切入深度不断加深，即上辊外径不断加大，而下辊底径（微量递增不计）却没有这种需求，为了满足焊管成型轧制时上下平辊必须保持轧制底径线速度一致的要求，在焊管机组

设计时已经将一些成型上下平辊（通常在粗成型段）轴按速比 i 设定，以确保在上辊底径大于下辊底径的情况下，依然能够实现上下平辊孔型底径的线速度相等，因为：

$$i = \frac{n_1}{n_2} = \frac{d_2}{d_1} \tag{13-6}$$

式中　　n_1，n_2——分别为下平辊轴、上平辊轴转速，当 $n_1 > n_2$ 时，$i > 1$，表示减速传动；

　　　　d_1，d_2——分别为下平辊底径、上平辊外径。

（6）底径递增原则。速比原则解决的是同道次上下平辊底径线速度相等的问题，而底径递增原则所要调节的是平辊道次之间的速度与纵向张力问题。在高频直缝焊管生产方式下，提供纵向张力最便捷、最经济的方法莫过于让平辊（主动辊）孔型底径获得一个增量，进而获得一个线速度增速，增速传递到管坯上就形成纵向张力。

平辊底径递增量牵涉面广，与管材的热胀冷缩、纵向弹塑性应变与应力和横向弹塑性应变与应力及其相互转化息息相关，内容丰富，故这里只给出具体计算方法，参见表13-1。

表 13-1　焊管机组各段平辊底径递增量和底径计算式汇总

机组区段	底径增量计算式	底径计算式
开口孔型段（k）	$\Delta d_k = \dfrac{\varepsilon_k l_k}{\pi(N_k - 1)}$	在基本底径上递增：$d_{ki} = d + (i - 1)\Delta d_k$
闭口孔型段（b）	$\Delta d_b = \dfrac{\Delta L_b + \varepsilon_b l_b}{\pi(N_b - 1)}$	在开口孔型末道下平辊底径上递增：$d_{bi} = [d + (i_k - 1)\Delta d_k] + n\Delta d_b$
焊接段（h，H）	$\Delta d_{d1} = \dfrac{\lambda T l_h}{\pi} + \dfrac{0.2\Delta_2 B l_H}{D_j \pi^2} + \dfrac{\varepsilon_H l_H}{\pi}$	用于定径第一道平辊；亦可参考式（12-11）
定径段（d）	$\Delta d_d = \dfrac{l_d \times \left(\dfrac{\Delta_3 B}{\Delta_3 b + 2D_N - 2t} + \varepsilon_d\right)}{(N_d - 1)\pi}$	在定径第1道平辊底径上递增：$d_{di} = d_{d1} + (N_d - 1)$

注：i 表示道次，N 表示道数，ε 是弹性延伸率，l 加下标代表所计算区域的长度，λ 为管坯线膨胀系数（$\lambda = 12 \times 10^{-6}/℃$），$T$ 表示焊接段管体上的平均温度，D_j 是挤压辊孔型直径，$\Delta_2 B$、$\Delta_3 B$ 和 t 同前。

（7）强度原则。这里指在进行孔型设计时，必须保证孔型最薄处的"肉"足够厚、辊环足够厚，要将孔型磨损量、修复量和 8～10mm 的轧辊热处理淬透深度这三个因素考虑进去。对于"肉"厚，不同机组、不同产品有不同考量，可按表13-2选取。

表 13-2　机型与轧辊最薄厚度、辊环厚度设计参考值　　　　　　（mm）

机阻型号	孔型单边最薄"肉"厚		辊环厚度	厚壁管
	平辊	立辊		
$\phi32$ 以下	20～25	14～18	8～12	+2～3
$\phi50$	22～30	14～18	10～15	+3～5
$\phi76$	25～30	20～25	12～20	+5～8
$\phi114$	25～35	20～25	15～25	+6～10

（8）平辊辊宽偶数原则。要求将平辊宽度值设计为偶数。因为有些机组的平辊轴并不具有利用螺纹调节平辊中心对称的功能，轧辊对中控制全靠垫片，而垫片厚度往往是整数配置，若辊厚是奇数，对中调整时就会出现小数，将增加调整难度。

（9）精度原则。完整的孔型设计，必须提出相应孔型尺寸精度与形位公差要求，否则焊管品质无法保证。

（10）便于加工、安装与修复原则。便于加工主要针对异型孔型上的一些凸台、凹槽等，孔型设计时应考虑到轧辊机加工进刀、退刀、磨削便利；安装则主要针对那些大宽度、大重量的"和尚头"轧辊，必须设计、预留用于吊装的工艺孔以及为降低孔与轴安装阻力的透空槽等；至于修复，则是轧辊孔型设计必须考虑的环节，要求每一只轧辊都必须标注校调基准面。

（11）例外原则。这是孔型设计具有"数学运算＋经验参与"特性的具体体现，也是孔型设计师个人风格的标志。一套孔型就是一件作品，对焊管生产、现场调试影响深远，要求孔型设计师既要遵守基本设计原则，又不要拘泥于传统思维、照搬硬套，必须根据机组形式、管形特点、客户需求、材料特性以及孔型设计师对焊管的领悟等灵活变动一些设计参数。例外原则是孔型设计的灵魂，驾驭例外原则的能力，是衡量孔型设计师功力的最重要标准。

13.1.2 选择孔型系统

选择孔型系统的目的是，确保设计出的孔型能够优质、高效、顺利地生产出合格焊管。孔型系统纷繁复杂，但是归纳起来不外乎成型、焊接、定径和矫直孔型系统，其中每个系统又自成体系，参见表13-3。

孔型设计师要根据设计任务和焊管机组结构特点，结合自身设计经验，从表13-3中挑选合适的孔型进行组合，构成一套完整的成型、焊接、定径与矫直孔型系统；然后依据各自孔型系统的规律设计孔型，最后根据全套轧辊的要求进行统筹与微调。事实上，除圆周变形法以外的任何一套孔型都属于组合孔型。

13.1.3 轧制道次

（1）成型与焊接轧制道次。成型段与焊接段的轧制道次通常由设备本身决定，设计师只需要认定轧制道次而不要随意删减轧制道次，并根据轧制道次分配变形量。

（2）定径轧制道次。定径轧制道次有"3平2立"、"4平3立"、"5平4立"、"6平5立"、"4平3立＋土耳其头"和"5平4立＋双土耳其头"等几种。孔型设计师可以根据机组配置和产品特点、生产经营模式等决定变形道次，如定径机组按"6平5立"计11个道次配置，但是，不一定非要按11个道次配置定径辊。

选择定径轧制道次的依据是：圆管、异型管、断面形状、壁厚、生产经营模式及机组拖动功率等，如为了适应多品种、小批量生产模式换辊频繁的特点，道次选择要少一点。

（3）在线矫直辊道次。最多是八辊两道次，最少是两辊一道次。矫直圆管和断面单一的异型管一个道次即可，矫直复杂异型管尽可能用两个道次，必要时可让一个道次矫直辊辅助整形。

13.1.4 分配道次变形量

分配道次变形量的实质是，以怎样的变形速度完成管坯横断面变形，将平直管坯变形为符合产品质量要求的圆管或异型管。主要包括成型道次变形量和定径道次变形量的分配两方面。

表 13-3　高频直缝焊管用孔型系统荟萃

成型孔型系统	焊接孔型系统	定径孔型系统	矫直孔型系统

成型孔型系统

- 圆孔型
  - 粗成型
    - 中心变形法孔型
    - 圆周变形法孔型
    - 边缘变形法孔型
    - 综合变形法孔型
    - W 变形法孔型
    - 边缘双半径-W 变形法孔型
    - 边缘双半径-边缘变形法孔型
    - 边缘双半径-综合变形法孔型
    - 立椭圆变形法孔型
    - 排挤成型法孔型
    - 柔性成型孔型
  - 精成型
    - 圆孔型 { 两辊 / 四辊 }
    - 横椭圆孔型
    - 立椭圆孔型
- 直接成异型孔型
- 圆异结合孔型
  - 粗成型
    - 圆周变形+异型孔型
    - 边缘变形+异型孔型
    - 综合变形+异型孔型
  - 精成型
    - 圆形+异型孔型
    - 椭圆+异型孔型

焊接孔型系统

- 导向辊孔型
  - 圆孔型
  - 圆形+异型孔型
  - 椭圆孔型
  - 椭圆+异型孔型
- 挤压辊孔型
  - 单半径挤压辊孔型 { 两辊 / 三辊 / 四辊 / 五辊 / 六辊 }
  - 双半径挤压辊孔型
  - 横椭圆槽型挤压辊孔型
  - 立椭圆槽型挤压辊孔型
  - 圆-槽型挤压辊孔型
  - 异圆挤压辊孔型 { 两辊 / 三辊 / 四辊 / 五辊 / 六辊 }
  - 异型挤压辊孔型
- 毛刺托辊孔型
- 毛刺压光辊孔型

定径孔型系统

- 圆形
  - 圆形孔型
  - 椭圆-圆孔型
- 异型
  - 圆变异直角孔型
  - 圆变异钝角孔型
  - 直接成异+异型孔型
  - 圆变异+异型孔型

矫直孔型系统

- 在线矫直辊孔型 { 两辊 / 四辊 }
- 离线矫直辊式孔型
  - 平行直线辊式孔型
  - 交叉弧线辊式孔型

13.1.4.1 成型变形量的分配

（1）粗成型辊变形量的分配。包括能量法和坐标法两种基本方法。

1）能量法。要求在确定各道次管坯横向变形时，必须至少使各道成型平辊孔型对成型管坯所做的功相等。单位长度的成型功可由式（13-7）获得：

$$W = \alpha \sigma_s t^2 \sum_i (\theta_i - \theta_i') \tag{13-7}$$

式中　α——系数，取值范围 0.5 ~ 1.0，依据平辊底径和板宽取值；

　　　σ_s——管坯屈服极限；

　　　t——管坯厚度；

　　　θ_i'——管坯出第 i 道孔型后的弯曲角，rad；

　　　θ_i——管坯进第 i 道孔型前的弯曲角，rad；

$\theta_i - \theta_i'$——弯曲角变化量，rad。

在式（13-7）中，一旦轧辊和管坯确定之后 $\alpha \sigma_s t^2$ 即为定值，因此要使各道成型平辊孔型对管坯做功相等，只需弯曲角的变化量相等。

2）坐标法。是指以任意一种设计方案为初始方案，以成型平辊机架和立辊机架位置为纵坐标（Y），以管坯横向变形方案为横坐标 X 与竖坐标 Z，然后分别计算出前后点之间的距离，并尝试改变 X 值与 Z 值后计算前后点之间的距离，将两段距离进行比较；经反复多次改变与比较，取其中距离较短的（X，Z）值为参数，根据管坯宽度与（X，Z）值之间内在的联系，计算出管坯横向变形半径。具体设计过程参见前述 9.8 节。该方法不仅适用于粗成型段，同样适用于精成型辊变形量的分配。

（2）精成型辊变形量的分配。除上面的坐标法外，还有角度法、导向环厚度法和三角形法，参见 13.2.2.4 节。

然而，人们寄予管坯变形的要求远非数学运算变形量这么简单，实际状况要复杂得多，这就要求孔型设计师不能唯理论，必须根据特定成型事实如厚薄壁管、硬软管坯等对各道次成型变形量进行调节。调节效果是检验孔型设计师实践经验丰欠与设计能力的标准。

13.1.4.2 定径变形量的分配

定径变形量的分配包括选择定径变形量和按等差法或等比法分配变形量两方面，见 13.2 节。

13.1.5 辊缝

13.1.5.1 辊缝的作用

辊缝，对焊管生产来说是不可或缺的重要工艺参数。表现在三个方面：

（1）消化焊管机组和轧辊各类精度公差的需要。轧辊加工精度包括孔型面跳动、孔与轴的配合、轴与轴承的配合等，都不可避免地存在程度不等的不同心或偏差，若没有辊缝则必发生顶辊，损伤机组。

（2）生产工艺调整的需要。其一，焊管生产是一个动态过程，轧辊孔型在工作中每时每刻都发生磨损，当孔型因磨损变深并影响焊管尺寸公差时，需要通过人为干预，缩小辊缝，消除这种影响。其二，确保一定厚度范围内的管坯都能顺利通过，使一套孔型能够生产如成型若干不同壁厚的焊管。其三，通过人为缩小立辊（平辊）辊缝，确保管坯顺利进入平辊（立辊）孔型，减轻孔型磨损，减少管坯划伤。

（3）生产公称尺寸相同而偏差不同的焊管需要。通过控制辊缝，能够生产出适应市场需求的正公差管、负公差管等。

13.1.5.2 辊缝的设定

除实轧成型孔型辊缝而外，其余通常不作严格规定。这里给出建议，仅供设计参考，见表 13-4。在设计异型辊辊缝时，既要考虑管壁厚度的影响，又要考虑孔型倒角对孔型有效长度的影响。

表 13-4 高频直缝焊管用轧辊辊缝设计参考值 (mm)

辊缝＼孔型 机组	成型平辊		成型立辊		导向辊	挤压辊	定径辊	
	开口孔型	闭口孔型	开口孔型	闭口孔型			圆孔型	斜出方矩管孔型
≤32	$t_{-0.10}^{-0.05}$	2～3	10～20	3～10	2～3	2～3	1.5～2.0	$0 < \delta \leq \dfrac{r_{管} - 0.414 r_{辊}}{\sqrt{2}}$ (45°)
50～76		3～4	20～30	6～20	3～4	3～4	2.0～3.0	
114～219		4～6	40～60	8～30	4～6	4～6	3.0～5.0	$0 < \delta \leq \sin\theta\left(r_{管} - r_{辊}\tan\dfrac{\theta}{2}\right)$ (任意角)
>273		6～8	60～80	10～40	6～8	6～8	5.0～8.0	

13.1.6 孔型边缘倒 r 角

孔型边缘倒 r 角有四个作用：（1）减少孔型应力集中，保证轧辊强度。（2）避免孔型与管坯间不必要的接触、摩擦。（3）防止轧伤管面，提高焊管表面质量。（4）降低调整难度。

孔型倒角因轧辊位置、焊管规格不同，差异较大，如粗成型下辊孔型倒角通常都很大，而定径轧辊孔型一般都较小。倒角要求：既确保避免孔型轧伤管面和影响孔型使用寿命，又要确保孔型对焊管有足够的包容长度。

13.1.7 制图

按机械制图要求绘制每一个孔型。

13.1.8 孔型设计的基本要求

衡量一套孔型优劣的标准有以下 5 个方面：

（1）确保所设计的孔型能够顺利调整出焊管。体现在：新辊投产，不需要做任何修改即可顺利调出焊管；旧辊换辊调试，也能顺利产出焊管。

（2）管坯横向变形充分，圆管断面圆润，异型管棱角分明。

（3）方便现场操作调整，如采用柔性设计会显著降低操作调整难度。

（4）确保所设计的轧辊费用较低。一只轧辊的费用，少则数百元，多则成千上万元，以圆变方矩为例，能用"4 平 3 立"的就不用"5 平 4 立"。

（5）提出加工工艺、重要部位的精度要求、标明基准面，便于安装和修复。

13.2 传统圆孔型设计

以 7 平 7 立、平立交替布辊为例，其中 1 ~ 5 道是开口孔型辊，6、7 两道为闭口孔型辊。

13.2.1 孔型设计基本流程

孔型设计的基本流程分为 10 步：

（1）管形分析。无论是圆管还是异型管，厚壁管或薄壁管，设计师都必须对将要设计的管形和客户要求进行分析，明确变形难点，寻找应对措施；在此基础上提出本次孔型设计的大致思路、设计原则与注意事项，并勾勒变形路径。

（2）计算管坯用料宽度。它是确定轧辊孔型弧长的依据，必须以中性层为计算依据；在采用圆变异工艺生产异型管时，用料宽度要在圆管用料的基础上，再增加一个整形余量，或者叫整形系数，通常是圆管直径的 1.01 ~ 1.05 倍。

（3）确定孔型系统。主要依据是壁径比 t/D，当变形壁径比小于 2% 或大于 5% 时，建议采用 W 孔型、边缘成型孔型、综合变形孔型；当 2% $< t/D <$ 5% 时，采用圆周变形孔型也是不错的选择；成型厚壁管，建议选用边缘双半径孔型。

（4）分配平辊各道次的变形量，计算出各道次的变形半径。

（5）确定立辊变形半径。根据平辊变形半径，应用中位数法计算成型立辊变形半径。

（6）优化孔型设计。薄壁管重点放在减小边缘延伸方面，厚壁管重点则放在管坯边缘横向变形的回弹与充分变形上，对部分粗成型下辊加设过渡孔型。

（7）计算平辊底径递增量。按底径递增量的计算式，算出各道平辊底径递增量。

（8）设计平、立辊辊环厚度及孔型边缘倒角和辊缝。这里强调一下立辊下辊环厚度的设计。通常情况下不宜经常变动，因为变动后将直接影响立辊的轧制标高和增大调整工作量。

（9）结合定径辊对个别尺寸进行微调处理，如孔型底径，以及对一些数值进行归整，如平辊厚度凑成偶数，底径精确到十位分，孔型面精确到百分位等。

（10）作图与标注公差，提出工艺要求；全图复核、审核。

下面分别对圆周变形法、W 变形法、边缘变形法、综合变形法的设计方法进行介绍。

13.2.2 圆周变形法孔型设计

13.2.2.1 开口孔型下平辊孔型参数

（1）开口孔型下平辊的变形半径。根据均匀变形法的要求，开口孔型辊的变形量必须在该成型区域内各变形架次之间均匀分配，参见式（13-7），这样就能使各架次变形角的变动量相等，即

$$\begin{cases} \dfrac{B}{iR_i} = \dfrac{B}{NR_j} \\ R_i = \dfrac{N}{i}R_j \end{cases} \tag{13-8}$$

式中　　B——管坯宽度；

　　　　R_i——第 i 道次下平辊孔型半径；

　　　　R_j——挤压辊孔型半径；

　　　　N——第 1 道成型平辊至第 1 道闭口孔型平辊的道数；

　　　　i——变形平辊的道次。

（2）开口孔型下平辊的变形角。根据式（13-8）和半径与圆周长的几何关系，易得与管坯变形半径 R_i 相对应的开口孔型段管坯变形角 θ_i 计算式：

$$\theta_i = \frac{57.3B}{R_i} \tag{13-9}$$

关于开口孔型变形角，要作几点说明：第一，这里的变形角系指管坯变形角，而非孔型变形角。当管坯变形角度小于等于 180°时，管坯变形角与下平辊孔型变形角一致；当管坯变形角度大于 180°时，根据变形工艺，下辊孔型的变形角不能大于与 R_i 相对应的 180°，参见图 13-3b 中第 4 道虚线孔型。但是，当变形至闭口孔型

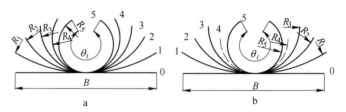

图 13-3　孔型变形花与管坯变形花的区别联系
a—管坯变形花；b—孔型变形花

后，二者又得到统一。第二，为了确保第 1、2 道孔型倒角后的实轧弧长依然比管坯长，以及预留成型管坯可能发生小幅横向偏摆，在设计第 1、2 道下平辊孔型变形角时，要在管坯宽度的基数上至少加 5～15mm；管大则取值大，管小取值小。

（3）开口孔型下平辊孔型深度 h_i。如式（13-10）所示：

$$h_i = R_i\left(1 - \cos\frac{\theta_i}{2}\right) \tag{13-10}$$

（4）开口孔型下平辊孔型宽度 b_i。见式（13-11）：

$$b_i = \begin{cases} 2R_i\sin\dfrac{\theta_i}{2}, & 0 < \theta_i \leqslant 180° \\ 2R_i, & 180° < \theta_i \leqslant 360° \end{cases} \tag{13-11}$$

（5）开口孔型下平辊外径。见式（13-12）：

$$\phi_i = \begin{cases} 2R_i\left(1 - \cos\dfrac{\theta_i}{2}\right) + d_i, & 0° < \theta_i'' \leqslant 180° \\ 2R_i + d_i, & 180° < \theta_i'' \leqslant 360° \end{cases} \tag{13-12}$$

式中　　d_i——第 i 道次成型平辊的底径。

（6）开口孔型下平辊厚度。如式（13-13）所示：

$$H_i = \begin{cases} 2R_i\sin\dfrac{\theta_i}{2} + 2(10～20), & 0 < \theta_i \leqslant 180° \\ 2R_i + 2(10～20), & 180° < \theta_i \leqslant 360° \end{cases} \tag{13-13}$$

以上式（13-8）~式（13-13）的参数内涵如图 13-4 所示。那么，表 13-5 就是依据式（13-8）~式（13-13）计算的、$\phi50\mathrm{mm} \times 1.0\mathrm{mm}$、$\phi76$ 机组用 5 道开口孔型下辊的设计参数。

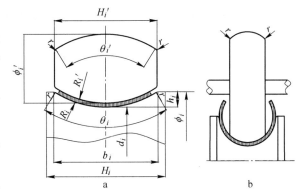

图 13-4　开口孔型成型平辊及相关参数

a—$0 < \theta_i \leqslant 180°$；b—$180° < \theta_i \leqslant 300°$

13.2.2.2　开口孔型上平辊孔型参数

（1）开口孔型上平辊的变形半径。根据图 13-4 及上下辊对管坯实轧的实际工况，易得开口孔型上平辊的变形半径 R'_i：

$$R'_i = R_i - t \tag{13-14}$$

表 13-5　$\phi50\mathrm{mm} \times 1\mathrm{mm}$ 开口孔型下辊圆周变形法的设计参数

变形道次 i	变形半径 R_i/mm	变形角度 θ_i/(°)	轧辊底径 d_i/mm	孔型深 h_i/mm	孔型宽 b_i/mm	轧辊外径 ϕ_i/mm	轧辊厚度 H_i/mm
1	151.80	59.64 + 3.78	150	22.66	159.58	159.32	184
2	75.90	119.28 + 7.55	15.3	41.93	135.75	234.26	160
3	50.60	178.92	150.6	50.12	101.20	250.84	126
4	37.95	180（238.56）	150.9	37.95	75.9	226.8	100
5	30.36	180（298.20）	151.2	30.36	60.72	211.92	86

注：$B = 158\mathrm{mm}$，$d = 150\mathrm{mm}$，$R_j = 25.3\mathrm{mm}$，$N = 6$，$L = 560\mathrm{mm}$。

（2）开口孔型上平辊变形角度 θ'_i。当管坯变形角度 $\theta'_i \leqslant 180°$ 时，开口孔型上平辊的变形角度与对应下平辊孔型角度一致。当管坯变形角度 $\theta'_i > 180°$ 时，成型上辊孔型必须借助较多辊肉部分进入成型管坯内腔才能进行实轧。从有利于顺利脱模的角度出发，开口孔型上平辊的变形角度必须小于 θ'_i，由式（13-15）确定：

$$\theta'_i = \begin{cases} \dfrac{57.3B}{R'_i}, & 0 < \theta_i \leqslant 180° \\[2ex] 2\arcsin \dfrac{(R'_i - 2t)\sin\left(180° - \dfrac{\theta_i}{2}\right)}{R'_i}, & 180° < \theta_i \leqslant 360° \end{cases} \tag{13-15}$$

式中　t——管坯厚度。

（3）开口孔型上平辊厚度 H'_i。根据式（13-15），开口孔型上平辊厚度 H'_i 由式（13-16）确定：

$$H'_i = \begin{cases} 2R'_i \sin\dfrac{\theta'_i}{2}, & 0 < \theta_i \leqslant 180° \\[2ex] 2(R'_i - 2t)\cos\left(\dfrac{\theta_i}{2} - 90°\right), & 180° < \theta_i \leqslant 360° \end{cases} \tag{13-16}$$

（4）开口孔型上平辊外直径 ϕ'_i。分上下轴等速比和不等速比两种，可归纳为式（13-17）：

$$\phi'_i = i_i d_i \tag{13-17}$$

式中，i_i 为上、下平辊轴速比。当上下平辊轴速比 $i_i = 1$ 时，极少数小规格如 $\phi 25\text{mm}$ 以下的焊管，可以通过适当增大全套平辊底径的方式解决上辊孔型与变形管坯可能发生干涉的问题。对绝大多数焊管而言，开口孔型上平辊最小外径 $\phi'_{i,\min}$ 必须满足式（13-18）的要求：

$$\phi'_{i,\min} \geq 2\left(R'_i - R'_i \cos \frac{\theta'_i}{2}\right) + \phi + 10 \tag{13-18}$$

否则，图 13-4b 中的上平辊轴可能与管坯边缘发生干涉。切记，在使用式（13-18）设计的上平辊时，必须拆开上辊传动轴的接手，让上辊被动转动。与表 13-5 中参数相对应的上辊设计实例数据列于表 13-6 中。

表 13-6　$\phi 50\text{mm} \times 1\text{mm}$ 开口孔型上辊圆周变形法的设计参数

变形道次 i	变形半径 R'_i/mm	变形角度 $\theta/(°)$	下辊底径 d_i/mm	速比 μ_i/mm	上辊外径 ϕ'_i/mm	轧辊厚度 H'_i/mm
1	150.80	60.04 + 3.80	150	1.66	249	160 (159.46)
2	74.90	120.87 + 7.65	150.3	1.66	249.50	136 (134.96)
3	49.60	180	150.6	2.1	316.26	98 (99.2)
4	36.95	111.17	150.9	2.1	316.89	60 (60.88)
5	29.36	57.18	151.2	2.5	378	28 (28.10)

注：$B = 158\text{mm}$，$d = 150\text{mm}$，$R_\text{j} = 25.3\text{mm}$，$N = 6$，$L = 560\text{mm}$。

13.2.2.3　开口孔型立辊参数

（1）开口孔型立辊变形半径 R''_i。有两种设计思路：

1）均匀变形。计算式为：

$$R''_i = \frac{2N}{2i + 1} R_\text{j} \tag{13-19}$$

2）平均变形。即取前后道次下平辊孔型半径的简单平均值。参见式（13-20）：

$$R''_i = \frac{(2i + 1)N}{2i(i + 1)} R_\text{j} \tag{13-20}$$

比较式（13-19）和式（13-20）的计算结果，后者稍稍大于前者。这提醒设计者，若采用平均设计法，则立辊辊缝也要设计得稍大一点。

（2）开口孔型立辊变形角 θ''_i。根据式（13-9）有：

$$\theta''_i = \frac{57.3 B}{R''_i} \tag{13-21}$$

（3）开口孔型立辊辊缝 δ_i。参见式（13-22）：

$$\delta_i = (0.3 \sim 0.8) R''_i \tag{13-22}$$

在式（13-22）中，i 越大系数取值越小。

（4）开口孔型其余尺寸。如图 13-5 及式（13-23）~式（13-26）所示。

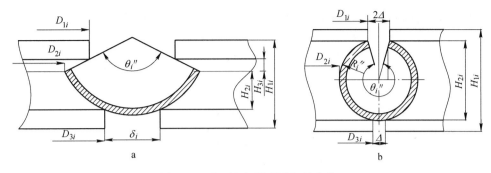

图 13-5　成型立辊孔型及相关参数

a—$0 < \theta_i'' \leqslant 180°$；b—$180° < \theta_i'' \leqslant 360°$

$$\begin{cases} D_{1i} = D_{2i} + \Delta \\ D_{2i} = d + (25 \sim 30) \\ D_{3i} = D_{2i} + R_i'' \sin\dfrac{\theta_i''}{2} - \dfrac{\Delta}{2}, 0 < \theta_i'' \leqslant 180° \end{cases} \quad (13\text{-}23)$$

$$\begin{cases} H_{1i} = H_{2i} + H_{3i} + 2(10 \sim 20) \\ H_{2i} = R_i''\left[\cos\left(\arcsin\dfrac{\delta_i}{2R_i''}\right) - \cos\dfrac{\theta_i''}{2}\right] \\ H_{3i} = \dfrac{D_{1i} - D_{2i}}{2\tan\dfrac{\theta_i''}{2}}, 0 < \theta_i'' \leqslant 180° \end{cases} \quad (13\text{-}24)$$

$$\begin{cases} D_{1i} = D_{2i} + R_i'' - \Delta \\ D_{2i} = d + (25 \sim 30) \\ D_{3i} = D_{2i} + R_i'' - \dfrac{\Delta}{2}, 180° < \theta_i'' \leqslant 360° \end{cases} \quad (13\text{-}25)$$

$$\begin{cases} H_{1i} = H_{2i} + 2(10 \sim 20) \\ H_{2i} = R_i''\left[1 + \cos\left(180 - \dfrac{\theta_i''}{2}\right)\right], 180° < \theta_i'' \leqslant 360° \end{cases} \quad (13\text{-}26)$$

式中，$\Delta = 4 \sim 8mm$，管大则取值大。

13.2.2.4　闭口孔型平辊设计参数

（1）闭口孔型导向环厚度与变形半径。导向环厚度的设定有 4 种方法，并由此引伸出 4 种孔型设计方法。

1）厚度法。如 $\phi76$ 机组，通常采用两道闭口孔型平辊，根据设计经验，两道闭口孔型平辊用导向环的厚度分别是：$b_{b1} = 8 \sim 20mm$；$b_{b2} = 5 \sim 6mm$。

这样，根据式（13-27）求出闭口孔型平辊的变形半径 R_{bi} 为：

$$R_{bi} = \frac{B + b_{bi} + c}{2\pi} \quad (13\text{-}27)$$

式中，c 为导向环厚度弦长与弧长以及宽度变动量的修正值，可在 $0.3 \sim 1.5$ 之间取值，管越大，取值越大；反之，取值就小。

2）角度法。即人为规定闭口孔型辊中管坯变形角度，然后以此作为孔型变形半径的依据，令第 1 道闭口孔型角度 $\theta_{b1} = 315° \sim 325°$，第 2 道闭口孔型角度 $\theta_{b2} = 330° \sim 340°$，则有：

$$\begin{cases} R_{bi} = \dfrac{57.3(B+c)}{\theta_{bi}} \\ b_{bi} = 2R_{bi}\sin\dfrac{\theta_{bi}}{2} \end{cases} \tag{13-28}$$

显然，在厚度法和角度法中，b_{bi}、θ_{bi} 的选择完全依赖设计经验，这就使得管坯变形存在较多变数；同时，选择 b_{bi} 的结果，在大多数情况下都与管坯边缘一点的运动规律及工艺要求不符。工艺要求闭口孔型段的管坯边缘，应尽可能与前后道次管坯的边缘至少在空间直角坐标系 xoy 平面上投影为直线。基于这一设计理念，现提出闭口孔型平辊设计参数的三角形法。

3）三角形法。是指以粗成型末道变形管坯开口宽度 b'_5 为三角形的底、两挤压辊中心连线之中点为顶点、以管坯边缘为两腰的等腰三角形中，分别以前后道平辊轴中心距为高，作与底边平行且与两腰相交的平行线，那么，这些相似三角形的底宽就是我们要求的闭口孔型导向环厚度，参见示意图 13-6。这样确定的导向环厚度与变形工艺要求相匹配，图中，导向环厚度 b_{bi} 为：

$$b_{bi} = b'_5 - 2iL\tan\left[\arctan\frac{b'_5}{2(2L+L'+L'')}\right] \tag{13-29}$$

然后再根据式（13-27）计算闭口孔型辊的变形半径。仍以 $\phi50\text{mm} \times 1.0\text{mm}$ 焊管为例，计算结果列于表 13-7 中。

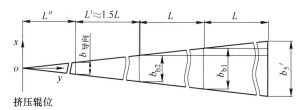

图 13-6　三角形法确定导向环厚度示意图

表 13-7　$\phi50\text{mm} \times 1.0\text{mm}$ 闭口孔型主要参数

变形道次 i	b_{bi} /mm	R_{bi} /mm	θ_{bi} /(°)
1	23.6（23.63）	29.03	313.44
2	16（16.09）	27.79	326.81
导向	5（4.96）	25.99	349.0

注：$L = 560\text{mm}$，$L' = 826\text{mm}$，$L'' = 368\text{mm}$，$b'_5 = 31.18\text{mm}$，$c_1 = 0.8\text{mm}$，$c_2 = 0.5\text{mm}$，$c_导 = 0.3\text{mm}$。

事实上，对于导向环厚度的确定，远不是数学运算这么简单，尤其是薄壁管孔型设计，导向环厚度对抑制薄壁管出现成型鼓包有重要作用，其厚度的确定要服从于降低管坯边缘延伸的需要，并由最终的优化结果决定，故有确定导向环厚度的第四种方法——优化法。

4）优化法。基本设计方法是，以上述三种中的任意一种为基数开始优化，当孔型被优化到管坯边缘延伸相对较小时，就以优化后的闭口孔型横坐标值为依据，确定导向环厚度。具体优化方法将在 13.4 节孔型设计与优化中一并叙述。

（2）闭口孔型辊其他参数。包括辊厚、底径、外径及倒角等方面。

1）辊厚 H_{bi}。由式（13-30）决定，但是，需要向偶数取整，同时必须确保上下辊厚一致：

$$H_{bi} = 2R_{bi} + 2(10 \sim 20) \tag{13-30}$$

2）底径 d_{bi}。参见式（13-31）：

$$d_{bi} = \begin{cases} d_{b1} = d_5 + \Delta d_k \\ d_{b2} = d_{b1} + \Delta d_b \end{cases} \tag{13-31}$$

3）外径 ϕ_{bi}。在式（13-32）中，δ 为辊缝，大管取大值，小管区小值；厚管取值较大，薄管取值较小。

$$\begin{cases} \phi_{bi} = d_{bi} + 2R_{bi} - \delta \\ \delta = 1.5 \sim 4.0 \end{cases} \tag{13-32}$$

4）孔型倒角 r。在 $\phi76$ 以下规格内，$r = 0.5 \sim 2.0\text{mm}$。管大取较大值，管小取较小值。

13.2.2.5 焊接段轧辊的设计参数

（1）导向辊孔型主要设计参数。通常，导向辊孔型除底径、外径、辊厚外，其余参数可与末道闭口孔型平辊相同。

（2）挤压辊孔型参数。参见第 11 章。

（3）毛刺托辊孔型参数。可以按照公称尺寸加 5mm 设计孔型；也可将 $\phi76$ 机组的管径分成 3~4 组，以每组最大值作毛刺托辊孔型，这样能够实现部分共用。若采用共用轧辊模式，孔型深度要设计得浅一点。

13.2.2.6 定径孔型辊的设计参数

圆管定径辊孔型设计的实质是如何分配定径余量，常用方法有等差法和等比法。

（1）等差法。该法的理论依据是，通常外径 $\phi15 \sim 200\text{mm}$ 范围的焊管总减径率只占成品管外径的 $0.65\% \sim 1.2\%$，平均减径不会对管面硬度、设备负荷、孔型磨损等产生明显的负面影响，而且减径量直观、计算方便。将余量仅分配到平辊的表达式如式（13-33）所示：

$$\begin{cases} R_{pi} = R + (n - i)\overline{\Delta R} \\ \overline{\Delta R} = \dfrac{\Delta R}{n} \\ \Delta R = R_j - R \\ R_{li} = R_{pi} \end{cases} \tag{13-33}$$

式中　R_{pi}——第 i 道定径平辊孔型半径；

　　　R_{li}——第 i 道定径立辊孔型半径；

　　　R——公称半径-负偏差/2；

　　　R_j——挤压辊孔型半径；

　　　ΔR——定径余量；

　　　$\overline{\Delta R}$——平均道次减径量；

　　　n——定径平辊道数；

　　　i——平辊或立辊道次。

（2）等比法。等比法的理论依据与等差法恰好相反，认为焊管在定径机中的定径过程属于冷轧范畴，焊管处于被冷轧状态，随着定径减径量的增加，管面逐渐硬化，如果平均分配定径余量，则后道次轧辊孔型、设备等的负荷均增大，有悖均等负荷的基本原则。定径余量等比法的分配由式（13-34）决定：

$$
\begin{cases}
R_{pi} = R + q^n \Delta R \\
\Delta R = R_j - R \\
R_{li} = R_{pi}
\end{cases}
\tag{13-34}
$$

式中，q 为根据定径平辊道数设定的比值，为方便应用，列出了焊管定径机组常用减径模式下的 q 值，见表 13-8。在应用式（13-34）时，当 $\sum_{i=1}^{n} q^n$ 大于 1 后，末道平辊孔型按公称半径减负偏差之半设计。

表 13-8　焊管定径机组常用减径模式下的 q 值

减径模式	n	q
3 平 2 立	3	0.55
4 平 3 立	4	0.52
5 平 4 立	5	0.51

表 13-9 分别列出了等比法和等差法、采用 5 平 4 立定径 $\phi 50\text{mm} \times 1.0\text{mm}$ 焊管各道定径平辊的主要参数。

表 13-9　$\phi 50\text{mm} \times 1.0\text{mm}$ 焊管各道定径平辊主要参数　　（mm）

余量分配方式	道次变形半径 R_{pi}					辊厚 H_{pi}	辊缝 δ	r 角
	1	2	3	4	5			
等差法	25.23	25.16	25.09	25.02	24.95	80	1.5	1.0
等比法	25.13	25.04	25	24.97	24.95			

比较表 13-9 中两种定径方案，从现场实际操作的角度看，由于等比法后两道的直径减径量只有 $0.06 \sim 0.04\text{mm}$，这无论从设备精度、轧辊精度还是操作把控方面，都提出了较高要求；相比较而言，等差法每一道次的直径减径量达 0.14mm，更有利于现场操作把控，调整难度比等比法要小。至于定径立辊，第 i 道定径立辊孔型可以与第（$i-1$）道的平辊孔型一样，也可以取第 i 道与第（$i+1$）道平辊孔型的均值。

13.2.3　综合变形法孔型设计

综合变形法实际上是圆周变形法与边缘变形法的组合。就是用 $1 \sim 2$ 道孔型在轧制管坯边缘的同时，也对管坯中部进行变形，之后在保持边部变形基本不变的情况下，逐渐减小中部变形半径，直至进入闭口孔型。现以 $\phi 38\text{mm} \times 1.5\text{mm}$ 焊管成型和图 13-7 所示布辊为例，说明综合变形法的孔型设计方法。

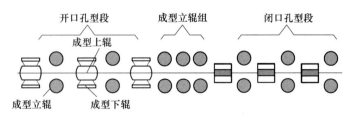

图 13-7　某型号 $\phi 50$ 机组成型机布辊图

13.2.3.1 开口孔型主要参数

设计计算基础数据包括带宽 $B = 118.5\text{mm}$、$t = 1.5\text{mm}$，边缘变形半径 $R = 19.3\text{mm}$，边部变形角 θ 的取值范围通常为 $60° \sim 80°$，这里取 $\theta = 65°$，成型机按"3 道粗成型 + 1 道立辊组 + 3 道精成型"模式布辊。各道次开口孔型变形半径与变形角度见表 13-10。

表 13-10　$\phi38\text{mm} \times 1.5\text{mm}$ 焊管开口成型孔型下辊主要参数

变型道次 i	边部变形半径 R/mm	边部变形角度 $\theta/(°)$	中部变形半径 $R_i^{①}/\text{mm}$	中部变形角度 $\beta_i^{②}/(°)$
1			193	22.18
2	19.3	65④	64.3	66.58
3			38.6	110.90
4③			27.6	155.10

① $R_i = \dfrac{N}{i - 0.4} R_j$；② $\beta_i = \dfrac{57.3 \left(B - 2\pi R \times \dfrac{2\theta}{360} \right)}{R_i}$；③ 立辊组中间一道；④ 第 1 道孔型为 75°，管坯变形为 65°。

13.2.3.2 开口孔型下辊的设计

（1）第 1 道成型下辊孔型。

1）孔型有效宽度：　　　　$B_{1,1} = B + 5.5 = 124\text{mm}$

2）孔型工作宽度：　　　　$B_{2,i} = 2\left[R\sin\left(\theta + \dfrac{\beta_i}{2} \right) + (R_i - R)\sin\dfrac{\beta_i}{2} \right]$　　　　(13-35)

则 $B_{2,1} = 105.33\text{mm}$。

3）孔型深度：

$$\begin{cases} H_1 = h_1 + R_i \left(1 - \cos\dfrac{\beta_i}{2} \right) + R\left[\cos\dfrac{\beta_i}{2} - \cos\left(\theta + \dfrac{\beta_i}{2} \right) \right] \\ h_1 = \sqrt{r^2 - \left[r\cos\left(90° - \dfrac{\beta_i}{2} - \theta \right) - \left(\dfrac{B_{1,1} - B_{2,1}}{2} \right)^2 \right]} - r\sin\left(90° - \dfrac{\beta_i}{2} - \theta \right) \end{cases}$$　　(13-36)

在式（13-36）中，令倒角 $r = R$，则 $h_1 = 15.24\text{mm}$，$H_1 = 36.47\text{mm}$。这样就能确保是管坯最边缘的一条棱与孔型面接触，从而避免了管坯面被孔型边缘划伤。公式后半部为管坯变形深度 h_2，详见图 13-8。

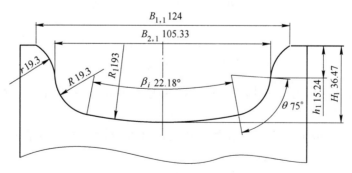

图 13-8　$\phi38\text{mm} \times 1.5\text{mm}$ 焊管综合变形法第 1 道下辊孔型

（2）第 2 道成型下辊孔型。设计第 2 道成型下辊孔型，其孔型开口宽度必须以第 1 道变形管坯宽度为参考，确保管坯进入时不被孔型边缘轧伤，为此可按下式确定：

1）孔型宽度 $B_{1,2}$：

$$\begin{cases} B_{1,2} = 2A = \lambda B_{2,1}',\ \lambda = 0.92 \sim 0.96 \\[2mm] R' = \dfrac{(A - a_1)^2 + R^2 - 2(A - a_1)R\sin\dfrac{\beta_i}{2}}{2\left[R - (A - a_1)\sin\dfrac{\beta_i}{2}\right]} \\[2mm] a_1 = (R_i - R)\sin\dfrac{\beta_i}{2} \end{cases} \tag{13-37}$$

式中，λ 为孔型宽度系数，壁径比越小，取值越大；反之取值要小。这里取 $\lambda = 0.94$，则 $B_{1,2} = 0.94 \times 105.33 = 99\text{mm}$，比出平辊的管坯宽度窄 6.33mm，既符合设计目标要求，也达到工艺目标要求，如图 13-9 所示。

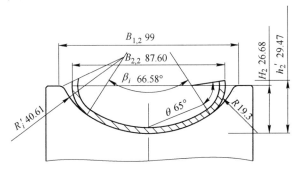

图 13-9　$\phi38\text{mm} \times 1.5\text{mm}$ 焊管综合变形法第 2 道下辊孔型

2）管坯开口宽度和变形管坯宽度：如式（13-38）所示：

$$\begin{cases} B_{2,i} = 2\left[(R_i - R)\sin\dfrac{\beta_i}{2} + R\cos\left(\theta + \dfrac{\beta_i}{2} - 90°\right)\right] \\[2mm] B_{2,i}' = 2\left[(R_i - R)\sin\dfrac{\beta_i}{2} + R\right],\ i = 2 \end{cases} \tag{13-38}$$

3）孔型深度：

$$H_i = R_i - (R_i - R)\cos\dfrac{\beta_i}{2},\ i = 2 \tag{13-39}$$

4）管坯变形深度：

$$h_{2,i} = H_i + R\sin\left(\theta + \dfrac{\beta_i}{2} - 90°\right),\ i = 2 \tag{13-40}$$

（3）第 3 道成型下辊。根据式（13-38）~式（13-40），易得第 3 道成型下辊孔型主要参数，如图 13-10 所示。

（4）第 4 道成型辊（立辊）孔型。孔型设计参数计算过程与第 2、3 道相同，如图 13-11 所示。

13.2.3.3　第 5~7 道闭口平辊孔型

第 5~7 道闭口平辊孔型设计参数见表 13-11。

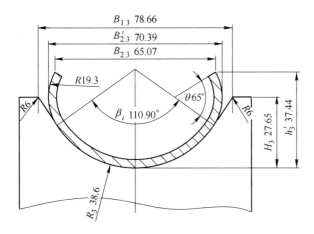

图 13-10 $\phi 38\text{mm} \times 1.5\text{mm}$ 焊管综合变形法第 3 道下辊孔型

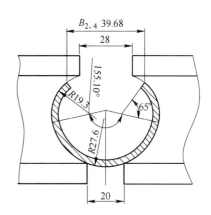

图 13-11 $\phi 38\text{mm} \times 1.5\text{mm}$ 焊管综合变形法第 4 道下辊（立辊）孔型

表 13-11 $\phi 38\text{mm} \times 1.5\text{mm}$ 闭口孔型平辊主要参数

变形道次 i	变形角度 $\beta_i /(°)$	变形半径 R_i /mm	环厚 b_i /mm
5	295.2	23.1	26
6	327.8	20.8	12
7	345.8	19.8	5

从综合变形法设计过程看，1~3 道下平辊过渡孔型具有个性化设计，目的是预防管坯被划伤，也是孔型设计例外原则的具体体现。综合变形法上辊孔型与立辊孔型设计略。

13.2.4 W 孔型设计

仍以 $\phi 38\text{mm} \times 1.5\text{mm}$ 焊管成型为例。

13.2.4.1 W 孔型下辊

（1）孔型边部变形参数：边部变形半径 $r_下 = R_j = 19.3\text{mm}$；边部变形角度 $\alpha_下 = 75°$。

（2）中部变形参数：中部变形半径 $R_下 = 3D = 114\text{mm}$；中部变形角度 $\theta_下 =$

$$\frac{57.3\left[(B + \Delta) - \dfrac{\pi r_下 \alpha_下}{90} \right]}{R_下} = 34.67°, \quad \Delta = 1\text{mm}。$$

（3）管坯开口：$B_{2下} = 2\left[r_下 \sin\left(\alpha_下 - \dfrac{\theta_下}{2} \right) + r_下 \sin\dfrac{\theta_下}{2} + R_下 \sin\dfrac{\theta_下}{2} \right] = 112.05\text{mm}$。

（4）孔型宽度：$B_{1下} = 2a_下 + B_{2下} = 124\text{mm}$，$a$ 是孔型宽度单边裕量，其取值必须确保孔型开口宽度至少等于平直管坯宽度，且连接点尽可能为切点。

（5）中心距：$b_1 = (r_下 + R_下) \sin\dfrac{\theta_下}{2} = 79.44\text{mm}$。

（6）孔型深度：$h = a\tan\left(\alpha_下 - \dfrac{\theta_下}{2} \right) = 9.44\text{mm}$。

13.2.4.2 W 孔型上辊

（1）W 孔型上辊的三种形态。与 W 孔型下辊配合的 W 孔型上辊有三种形式，如图

13-12 所示。在其问世之初，是以紧密型姿态出现的，现已基本淘汰；目前进化为避空型和组合型两种。避空型广泛应用于小直径焊管成型，稳定性能好；组合型则多用于大中型焊管成型，能在一定范围内满足不同壁厚焊管成型以及共用上辊隔套的需要。

（2）组合型 W 孔型上辊主要参数。

1）孔型边部变形参数：边部变形半径 $r_上 = R_下 - t = 17.8$ mm；边部组合辊角度 $\alpha_上 = 180°$。

2）中部变形参数：中部变形半径 $R_上 = \infty$，直线；隔套宽度：$b = b_1 - 2r_上 = 43.84$ mm。

3）上辊宽度：$B_上 = b + 2r_上 = 115.04$ mm。

W 变形方法与综合变形方法其实仅第 1 道存在差异，其余大同小异。

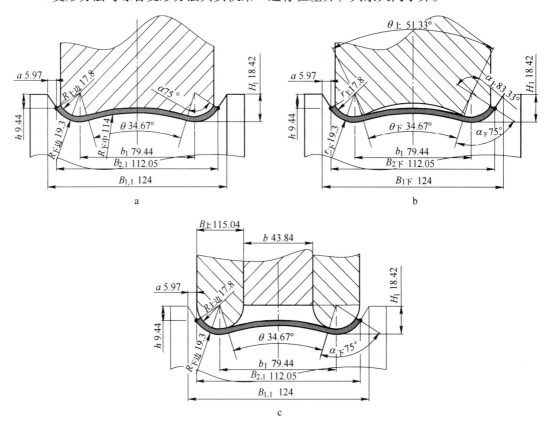

图 13-12　$\phi 38$ mm × 1.5 mm 焊管 W 成型第 1 道下与三种上辊孔型

a—紧密型；b—避空型；c—组合型

13.3　厚壁管孔型设计

厚壁管变形的工艺难点在于，较难实现管坯边缘平行对接，因此，所有关于厚壁管孔型设计的思路、方法及改进，都应围绕实现管坯边缘平行对接这一工艺目标展开。

13.3.1　设计厚壁成型孔型的要点

为了克服厚壁管坯成型时变形盲区导致管坯边缘对接处形成壁厚 V 形口的缺陷，在厚壁管成型孔型设计过程中，需要特别注意以下 5 个方面：

（1）选择边缘双半径孔型及其与之相对应的孔型系统，确保实现边缘平行对接。

（2）厚壁管、硬料管之类的成型，必须确保用两道孔型对管坯边部进行实轧，以使管坯边部充分变形。

（3）让轧辊边缘弯曲变形半径小于成品管半径，确保回弹后的变形半径接近成品管半径。

（4）厚壁管导向环的切入角要宁大勿小，按式（11-5）进行设计，确保不损伤管坯边缘。

（5）进行柔性化设计，避免管坯边部与轧辊孔型边缘硬碰硬接触。

13.3.2　厚壁管孔型设计方法

13.3.2.1　选择孔型模型

若成型 $\phi 16\text{mm} \times 2.5\text{mm}$ 这样的厚壁焊管，选择边缘双半径-W 孔型作为设计模型比较适宜。

13.3.2.2　边缘双半径-W 孔型第 1 道的设计流程

（1）确定管坯宽度 B。根据式（2-7）和表 2-9 ~ 表 2-11，有 $\Delta_1 B = 0.5t$、$\Delta_2 B = 0.67t$、$\Delta_3 B = 0.7t$，计算得 $B = 46\text{mm}$。

（2）单半径变形法中待焊管坯的 r_1、r_2、h 和 δ 的计算。

1）r_1 和 r_2。由于待焊管坯已完成成型，故待焊管坯的中性层长度 B' 应该从管坯宽度 B 中减去成型余量，即 $B' = B - \Delta_1 B = 44.75\text{mm}$。相应地，此刻中性层半径 r' 为 7.13mm。依据克列格推荐的中性层系数 λ（见表 13-12）取 $\lambda = 0.4$，计算得闭口待焊管坯内外圆半径 $r_2 = 6.13\text{mm}$，$r_1 = 8.63\text{mm}$，具体计算参见下式：

$$\begin{cases} r_2 = r' - \lambda t \\ r_1 = r_2 + t \end{cases} \tag{13-41}$$

表 13-12　中性层系数 λ

R_2/t	< 1.5	1.5 ~ 5.0	> 5.0
λ	0.33	0.4	0.5

2）h 和 δ。由式（9-54）和式（9-56）得壁厚 V 形口上翘高度 $h = 0.49\text{mm}$，而壁厚 V 形口开口宽度 δ 则可通过图 9-36 和式（13-42）得到：

$$\delta = 2t\sin\left(\arctan\frac{t}{r_2}\right) = 1.89\text{mm} \tag{13-42}$$

在图 9-36b 中，变形盲区内外层分别在 b 和 b′处与内外圆相切，所以式（13-42）的计算结果说明：在成型 $\phi 16\text{mm} \times 2.5\text{mm}$ 焊管至待焊圆管坯时，由变形盲区形成的壁厚 V 形口上部外圆开口距离 δ 多达 1.89mm，而此时壁厚 V 形口下部内圆两边距离为零。别小看这 1.89mm，高频电流邻近效应对焊接内外层温度的影响将因之变得十分明显，继而对焊缝强度构成威胁。

（3）边缘双半径孔型的 R_1、R_2、Δ 和 H。

1）R_1的确定。根据设计常识，令次边缘弯曲变形半径与挤压辊孔型半径相等，即 $R_1 = r_1 = 8.63\text{mm}$。

2）R_2 和 Δ 的计算。在本例中，取 $\Delta = 1.5\text{mm}$，则 $R_2 = R_1 - \Delta = 7.13\text{mm}$。关于 Δ 的取值，需要说明一点，如果试取的 Δ 在随后的验算中出现 $H < h$ 或 $H \gg h$ 的情况，那就必须根据图 9-37 的几何关系重新选取 Δ，直至 H 与 h 符合式（9-55）的要求。

3）H 的计算。由图 9-36 所示的几何关系得：$\gamma = \arcsin(\Delta\sin\theta_2/R_2) = 8.55°$，则 $\beta = \theta_2 + \gamma = 53.55°$，因此，$H = R_1 - (R_2\sin\beta/\sin\theta_2) = 0.52\text{mm}$。

（4）验证式（9-55）。易得 $H - h = 0.03\text{mm}$。它的几何意义是：边缘双半径孔型与边缘单半径变形孔型相比，以 W 孔型为例，如果仅是图上弯曲变形（几何图形不存在弯曲盲区），那么成圆后两边缘将向圆心内凹 0.52mm。它的实际意义是：实际变形后的待焊圆管坯，虽然变形盲区依然存在，但是在不计回弹的情况下，管坯两边缘会合后仅向圆心内凹 0.03mm，微不足道；图 9-36b 中的壁厚 V 形口 $\delta \to 0$，说明 Δ 的取值符合工艺目标要求，壁厚 V 形口消失，焊缝对接面平行，从孔型变形方面保证了焊缝强度。

（5）第 1 道边缘双半径-W 孔型图。

1）成型轧辊孔型长度的确定。对薄壁管而言，这不是问题，可以用中性层长度来代替。但是，对厚壁管尤其是小直径厚壁管来说，由于它们的内圆周长或中性层周长与外圆周长相差较大，这就涉及孔型对管坯的包容问题。

以待焊圆管外周长作为设计小直径厚壁管成型下辊和闭口孔型辊孔型长度比较合适，该长度下的孔型既能避免开口孔型下辊边缘对成型管坯边部的划伤，又能更准确地反映管坯进入闭口孔型后的外周长，避免被较小的闭口孔型辊压伤。

2）计算 $\phi 16\text{mm} \times 2.5\text{mm}$ 边缘双半径-W 孔型参数，详见表 9-3。

3）作 $\phi 16\text{mm} \times 2.5\text{mm}$ 高频直缝焊管边缘双半径-W 孔型图 13-13。

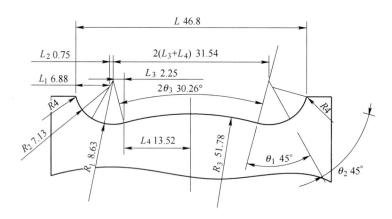

图 13-13　$\phi 16\text{mm} \times 2.5\text{mm}$ 焊管边缘双半径-W 变形第 1 道成型下辊

13.3.2.3　边缘双半径-W 孔型其他成型辊的设计

边缘双半径-W 孔型的其他成型辊孔型可以按圆周变形孔型设计，亦可按综合变形法设计，或者按"圆周变形＋横椭圆孔型"进行组合设计（略）。

高频直缝焊管在成型过程中存在不可避免的变形盲区，由此在管坯横截面上形成壁厚 V 形口，厚壁管的壁厚 V 形口尤其突显，对焊缝强度的负面影响尤其严重。运用边缘双半径- W 变形方法，能够在变形盲区依旧存在的情况下，依靠孔型这一最经济的方法消除壁厚 V 形口，实现焊接面平行对接，从变形工艺方面保证了厚壁管的焊缝强度。同时，能否实现焊接面平行对接也就成为衡量厚壁管孔型设计的重要标准。

13.4 薄壁管孔型设计与优化

与厚壁管孔型所要解决的难题不同，薄壁管成型的关键在于预防成型鼓包。实践证明，同样的孔型模型，不同的孔型参数，抑制成型鼓包的能力差异较大，现场调整难度差别亦较大，难就难在对成型鼓包进行处理。下面以 W 孔型系统为成型模型，在 $\phi76$ 机组上成型 $\phi95mm \times 1.2mm$ 薄壁焊管为例加以比较说明。成型机组布辊方式为 7 平 7 立、平立辊交替布置，用料规格为 300mm × 1.2mm。

13.4.1 第 1 道 W 孔型设计

(1) 边部弯曲变形半径 r：

$$r = kR_T \tag{13-43}$$

式中，R_T 为公称半径；k 为孔型边缘变形系数，当变形厚壁管或硬料管时，k 取值小于 1（$k = 0.90 \sim 0.98$），这一点在上面的厚壁管孔型设计中已经有所体现；常规管取 $k = 1$；薄壁管取值要大于 1（$k = 1.05 \sim 1.25$），以确保变形管坯边缘在闭口孔型中仍然能够受到恰当的轧制力轧制，这是抑制成型鼓包的一个重要方面。本算例 k 取 1.2，则 $r = 57mm$。

(2) 边部弯曲变形角度 α：边部弯曲变形角度 α 的取值范围是 $60° \sim 90°$，薄壁管成型必须预留足够的边缘区间供闭口孔型辊成型之用。本算例 α 取 $65°$。

(3) 中部变形半径 R 和角度 θ：与边部变形相适应，中部弯曲半径 $R = (6 \sim 7.5)R_T$，在 $t/D_t \leqslant 2\%$ 时，其取向与 (1) 相同；θ 的取值在 $26° \sim 34°$ 之间，当 $t/D_t \leqslant 2\%$ 时，比值越小，取值越大；反之，取值越小。本算例 $R = 342mm$，$\theta = 28.62°$。

(4) 管坯变形深度 h 和管坯开口宽度 B_2。管坯变形深度与宽度综合反映了管坯横向变形程度，并且影响管坯边缘纵向延伸；而管坯边缘纵向延伸的多寡，是衡量薄壁管孔型优劣的最重要指标。跟踪研究与现场调试显示，将变形管坯开口宽度 B_2 和高度 h 分别控制在 $B_2 = B(94\% \sim 98\%)$、$h = R$（$35\% \sim 45\%$）的范围内，能够在确保管坯横向变形的前提下，仅使管坯边缘发生较少纵向延伸。体现这一设计思想的数学计算如下：

$$h = r\left[1 - \cos\left(\alpha - \frac{\theta}{2}\right)\right] = 20.89mm$$

$$B_2 = 2\left[r\sin\left(\alpha - \frac{\theta}{2}\right) + r\sin\frac{\theta}{2} + R\sin\frac{\theta}{2}\right] = 285.44mm$$

(5) 孔型深度 H 和孔型宽度 B_1：

$$H = \frac{B_1 - B_2}{2}\tan\left(\alpha - \frac{\theta}{2}\right) + h = 32.83mm$$

$$B_1 = B + 5 = 305mm$$

(6) 中心距 b：$\qquad b = 2(r + R)\sin\frac{\theta}{2} = 197.24mm$

（7）孔型图。$\phi 95\mathrm{mm} \times 1.2\mathrm{mm}$ 薄壁焊管第 1 道 W 孔型下辊与变形管坯如图 13-14 所示。

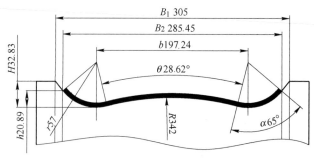

图 13-14　$\phi 95\mathrm{mm} \times 1.2\mathrm{mm}$ 焊管 W 成型第 1 道下辊孔型

13.4.2　第 2～7 道下平辊孔型设计

第 2～7 道下平辊孔型（含第 1 道）主要参数详见表 13-13。

表 13-13　$\phi 95\mathrm{mm} \times 1.2\mathrm{mm}$ 薄壁焊管第 1～7 道成型下辊主要参数

平辊道次	中部变形半径 R/mm	中部变形角度 $\theta/(°)$	边部变形半径 r/mm	边部变形角度 $\alpha/(°)$	管坯开口宽度 B_2/mm	管坯高度 H/mm	备　注
1	342.0	28.62	57	65	285.44	20.89	W 孔型
3	250.0	39.15	57	65	242.80	61.77	综合变形
5	125.0	78.30	57	65	196.40	86.19	综合变形
7	77.4	126.52	57	65	125.96	103.52	综合变形
9	58.3	294.98	—	—	57.00	107.46	圆周变形
11	53.8	319.66	—	—	30.00	104.30	圆周变形
13	51.6	330.28	—	—	18.00	101.47	圆周变形
15	50.7	339.20	—	—	12.00	100.57	导向辊（圆）

从上面一系列孔型设计过程看，孔型设计的重点在成型，而成型的难点在于薄壁管成型。那么，评价薄壁管成型孔型的方法就显得尤为重要。

13.4.3　薄壁管成型孔型的评价与优化

13.4.3.1　孔型评价系统的空白现状

薄壁焊管成型无须担心变形不充分，其首要解决的问题是：尽可能减少管坯边缘在成型过程中产生的纵向延伸，防止出现成型鼓包。但是，在现有诸多成型方法如单半径、双半径、边缘变形及 W 孔型中，很少有专门针对薄壁焊管成型孔型的具体设计方法，最多只说哪种孔型比较适合薄壁焊管成型；更少见关于同一种设计方法下选用什么参数设计出的孔型较有利于薄壁管成型，或者使管坯边缘延伸最少、不产生成型鼓包等指导性文章或建议，如表 13-13 和表 13-14 就是同一种孔型系统、同一种焊管的两种设计结果，孰优孰劣全凭感觉，没有标准，没有说服力，只有等待实践来检验。可是，往往等到实践检验失败时已铸成大错，不仅造成损失，而且也延误交货。

表 13-14 $\phi95\text{mm} \times 1.2\text{mm}$ 薄壁焊管常规设计成型管坯参数

平辊道次	中部变形半径 R/mm	中部变形角度 $\theta_i/(°)$	边部变形半径 r/mm	边部变形角度 $\alpha/(°)$	管坯开口宽度 B/mm	管坯高度 H/mm	备 注
1	285.0	28.00	47.5	88.64	251.50	34.92	W 孔型
3	142.5	61.59	47.5	88.64	206.34	74.00	综合变形
5	85.5	102.65	47.5	88.64	120.44	98.12	综合变形
7	61.1	143.88	47.5	88.64	57.24	101.62	综合变形
9	53.7	320.00	—	—	36.76	104.16	圆周变形
11	51.3	335.00	—	—	22.22	101.38	圆周变形
13	49.9	344.71	—	—	7.00	99.36	圆周变形
15	49.9	344.71	—	—	7.00	99.36	导向辊

之所以会出现上述现象，是因为到目前为止，焊管行业对同种规格焊管的不同设计方案，仍然没有一个科学完整的评价方法。为此，尝试利用解析法对所设计出的孔型数据及其运动轨迹进行分析、评价与优化孔型设计，并且至少在理论上可以先行验证、比较薄壁焊管成型孔型之优劣，指导薄壁管孔型设计。

13.4.3.2   优化的指导思想

利用解析几何方法从管坯成型过程的主视、俯视和空间三个视角来评判、优化所设计出的孔型。指导思想是，以变形管坯在各道孔型中的管坯高度和管坯开口宽度及平辊道次中心距为三维坐标点，并用直线连接各点成一条折线，以此折线代替管坯边缘运动轨迹线进行分析对比；通过调节各道次管坯变形量，使边缘纵向延伸不断减少，纵向张应力更加均衡。

评判优化薄壁管成型的目标函数是：管坯边缘一点的运动轨迹线最短，延伸最少，即图 13-15 中的 $l' - l = 0$，同时保持边缘纵向张应力性质不变；其中，运动轨迹线长度为关键目标函数，其余处于从属地位。

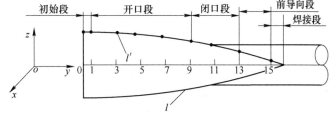

图 13-15   成型管坯边缘运动轨迹与坐标
l—理论最短运动轨迹长度；l'—运动轨迹折线长度

13.4.3.3   焊管成型孔型解析法

所谓成型孔型解析法，就是运用微积分思想和分段函数解析方法，在基本变形原则指导下，将所设计孔型转换成管坯边缘一点运动轨迹的坐标，用直线连接各点形成一条连贯的折线，并以此折线替代管坯边缘一点的轨迹线，运用解析几何方法对该折线进行分析、比较，进而评判孔型、优化孔型。

在图 13-15 中，l' 由式（13-44）确定：

$$l' = \sum_{y_0 \to y_{15}} d \sqrt{(x_{后} - x_{前})^2 + (y_{后} - y_{前})^2 + (z_{后} - z_{前})^2} \tag{13-44}$$

式中 l' ——变形管坯边缘一点运动轨迹折线长度；

$\quad\quad d$ ——表示长度的代号；

$y_0 \to y_{15}$——从初始段到导向辊轴中心线止；

$x_前, y_前, z_前$——前一点的三维坐标；

$x_后, y_后, z_后$——后一点的三维坐标。

成型孔型解析法包括图解分析、数理分析和优化设计三个部分。

A　图解分析

（1）图解的基础数据。仍以 $\phi76$ 直缝焊管机组生产 $\phi95\text{mm} \times 1.2\text{mm}$ 薄壁焊管为例，其基础数据包的内容为：管坯宽度 $B = 300\text{mm}$；厚度 $t = 1.2\text{mm}$；平辊底径 $d = 150\text{mm}$；前后道平辊中心距 $L = 560\text{mm}$；末道平辊轴与导向辊轴中心距 $L' = 800\text{mm}$。

那么，图 13-16 和图 13-17 就是在这些数据的基础上，结合表 13-13（优化设计）及表 13-14 中各道次变形管坯开口宽度和高度绘制出的管坯变形过程中边缘一点运动轨迹（折线）关于图 13-15 的主视图（yz）与俯视图（xy）。

（2）轨迹折线图解读。图 13-16 和图 13-17 是管坯边缘一点空间运动轨迹这一问题的两个方面，主视图 13-16 侧重从管坯边缘爬升的视角反映其运动状况及其延伸，俯视图 13-17 侧重从管坯边缘向中收窄的角度反映其运动状况及其延伸；各条折线斜率的大小分别表示管坯边缘在该段延伸量的多少，斜率大则延伸多，反之则延伸少。若以斜率为区分标志，可将折线分成三个部分，三个部分的情况说明边缘延伸极不均匀，而且图 13-16 和图 13-17 在这方面高度一致，具体呈现以下几个特点：

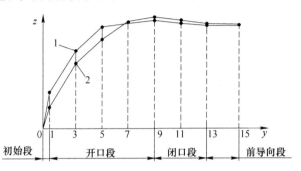

图 13-16　$\phi95\text{mm} \times 1.2\text{mm}$ 焊管成型管坯
边缘运动轨迹折线主视图
1—常规设计轨迹线；2—优化设计轨迹线

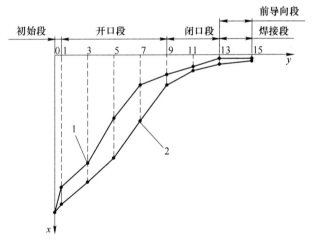

图 13-17　$\phi95\text{mm} \times 1.2\text{mm}$ 焊管成型管坯
边缘运动轨迹折线俯视图
1—常规设计轨迹线；2—优化设计轨迹线

1）初始变形段的折线斜率最大，说明管坯经过第一道 W 孔型时，在轧辊孔型作用下迫使管坯边缘陡然升高和向中收窄，管坯边缘在该段发生剧烈延伸。另外，比较图中初始段的折线斜率发现，折线 1 明显大于折线 2，表示管坯边缘在该段所产生的延伸，优化前的延伸多于优化后的延伸。由此启迪孔型设计师，可以通过适当减小第 1 道的变形，降低变形管坯边缘高度，减少该道次管坯边缘延伸以及使边缘延伸更趋均匀。

2）除 W 孔型外，开口孔型段的各条折线，其斜率相对平缓，明显小于初始段但又大于随后的闭口孔型段，且以点 5（第 3 道开口孔型）为界，前陡后平，说明该段道次间的管坯边缘延伸极不均匀，平均延伸率亦介于初始段和闭口孔型段之间。

3）闭口孔型至导向段的折线斜率绝对值都很小，但是在图 13-16 中表现为负，负值说明管坯边缘在该段该方向上不仅不发生延伸，而且在回复力作用下，管坯边缘在该段实际上还吸收、回复了前面所产生的部分延伸。这部分回复对薄壁管成型十分微妙，一旦超过弹性回复范围，就会形成鼓包。而在图 13-17 中，折线斜率为正，表示管坯边缘在这一方向上处于延伸状态。至于最终表现是延伸还是压缩，则要看它们的合成情况：若合成后的斜率为正，那么管坯边缘处于拉伸状态，边缘不会产生鼓包；若合成后的斜率为负，那么管坯边缘处于受压状态，发生鼓包的几率极高。这就为控制成型鼓包指出一个明确方向：在闭口孔型段，可以通过增大管坯边缘横向折线（x 轴方向）的正斜率，使管坯边缘的合成斜率也为正，确保管坯边缘处于拉伸状态，不会产生成型鼓包。于是，在图 13-17 中，经过优化后的闭口孔型段折线 2 的斜率明显大于折线 1 的斜率，合成斜率为正的几率远远高于优化前的设计方案，预防成型鼓包的能力大于优化前的设计方案。

B 数理分析

依据解析几何原理，容易计算出图 13-15 ~ 图 13-17 中各条折线的长度、绝对延伸量和相对延伸率，见表 13-15。表中解析结果从不同侧面印证了上面的图解分析。

表 13-15 ϕ95mm × 1.2mm 薄壁焊管常规设计成型孔型的边缘轨迹坐标、延伸量及延伸率

| 平辊序号 | 管坯边缘轨迹坐标/mm | | | 道次间边缘绝对延伸量/mm | | | 道次间边缘延伸率/% | | | 备注 |
	x 管坯开口	y 管坯底长	z 管坯高度	d_{xz} 主视	d_{xy} 俯视	d_{xyz} 空间	δ_{yz} 主视	δ_{xy} 俯视	Δ_{xyz} 空间	
0	300.00	0	0	—	—	—	—	—	—	
1	251.50	80.34	34.92	7.260	3.58	10.55	9.034	4.455	13.128	W 孔型
3	206.34	640.34	74.00	1.360	0.46	1.82	0.243	0.082	0.325	综合孔型
5	120.44	1200.34	98.12	0.520	1.64	2.16	0.093	0.293	0.386	综合孔型
7	57.24	1760.34	101.62	0.010	0.89	0.90	0.002	0.159	0.161	综合孔型
9	36.76	2320.34	104.16	0.010	0.09	0.10	0.002	0.016	0.018	单半径
11	22.22	2880.34	101.38	0.100	0.05	0.05	0.002	0.009	0.009	单半径
13	7.00	3440.34	99.36	0.004	0.05	0.06	0.001	0.009	0.011	单半径
15	7.00	4240.34	99.36	0	0	0	0	0	0	导向辊
合计	—	4240.34	—	Σ9.264	Σ6.76	Σ15.64	Σ0.218	Σ0.159	Σ0.369	

（1）解析式的几何意义。图 13-15 ~ 图 13-17 及表 13-15 中所对应的折线，都是来自式（13-44）~ 式（13-47）的计算结果。

1）折线上升的解析式：

$$\begin{cases} d_{yz} = \sqrt{(y_{后} - y_{前})^2 + (z_{后} - z_{前})^2} - (y_{后} - y_{前}) \\ \delta_{yz} = \dfrac{\sqrt{(y_{后} - y_{前})^2 + (z_{后} - z_{前})^2} - (y_{后} - y_{前})}{y_{后} - y_{前}} \times 100\% \end{cases} \quad (13\text{-}45)$$

式中　d_{yz}——管坯边缘一点前后道次在主视图上对纵坐标 y 的绝对延伸量，mm；

　　　　δ_{yz}——管坯边缘一点前后道次在主视图上对纵坐标 y 的相对延伸量，% 。

　　2）俯视向中收窄的解析式：

$$\begin{cases} d_{xy} = \sqrt{(y_{后} - y_{前})^2 + (x_{后} - x_{前})^2} - (y_{后} - y_{前}) \\ \delta_{xy} = \dfrac{\sqrt{(y_{后} - y_{前})^2 + (x_{后} - x_{前})^2} - (y_{后} - y_{前})}{y_{后} - y_{前}} \times 100\% \end{cases} \quad (13\text{-}46)$$

式中　d_{xy}——管坯边缘一点前后道次在俯视图上对纵坐标 y 的绝对延伸量，mm；

　　　　δ_{xy}——管坯边缘一点前后道次在俯视图上对纵坐标 y 的相对延伸量，% 。

　　3）空间运动轨迹（折线）的解析式：

$$\begin{cases} d_{xyz} = \sqrt{(x_{后} - x_{前})^2 + (y_{后} - y_{前})^2 + (z_{后} - z_{前})^2} - (y_{后} - y_{前}) \\ \delta_{xyz} = \dfrac{\sqrt{(x_{后} - x_{前})^2 + (y_{后} - y_{前})^2 + (z_{后} - z_{前})^2} - (y_{后} - y_{前})}{y_{后} - y_{前}} \times 100\% \end{cases} \quad (13\text{-}47)$$

式中　d_{xyz}——空间管坯边缘一点前后道次对纵坐标 y 的绝对延伸量，mm；

　　　　δ_{xyz}——空间管坯边缘一点前后道次对纵坐标 y 的相对延伸量，% 。

　　在式（13-45）~式（13-47）中，$y_3 \sim y_1 = y_5 \sim y_3 = \cdots = y_{13} \sim y_{11} = L$，$y_{15} \sim y_{13} = L'$；至于 $y_1 \sim y_0$，作为管坯变形的初始段，影响其长度的因素较多，参见第9章，这里仅给出结果：表13-15中 $y_1 \sim y_0 = 80.34$mm，表13-16中 $y_1 \sim y_0 = 59.75$mm。式（13-45）~式（13-47）的几何意义是：它们用数学语言从3个方面描述管坯边缘每一段及其整体运动轨迹的延伸状况，并为准确分段定量描述管坯边缘的延伸提供了可能；同时也为比较同种焊管的不同设计结果之优劣提供了方法。

　　（2）常规设计的解析结果分析。从解析数据看，它们与图13-16和图13-17所反映的特征完全吻合，因此，数据解读仍按前述的3段进行。

　　1）$y_0 \rightarrow y_1$ 的初始变形段，也就是从平直管坯开始接触到W孔型下辊至W孔型辊中心线止。第一，管坯边缘在短短的80.34mm范围内既被急速拉高34.92mm，同时又被迅速向中单边推移了24.25mm，这样导致边缘因升高而被延长了 $\sum\limits_{y_0 \rightarrow y_1} d_{yz} = 7.26$mm，因向中移动而被延长了 $\sum\limits_{y_0 \rightarrow y_1} d_{xy} = 3.58$mm，空间边缘被延长了 $\sum\limits_{y_0 \rightarrow y_1} d_{xyz} = 10.55$mm；相应地，边缘延伸率分别高达 $\delta_{yz} = 9.034\%$、$\delta_{xy} = 4.455\%$ 和 $\Delta_{xyz} = 13.128\%$。而根据一定材料在弹性限度内应力与应变呈正比的胡克定律知，管材类低碳软钢的弹性延伸极限仅为 $\varepsilon \leqslant 0.1\%$。也就是说，在这些延伸中，塑性延伸占绝对多数，而这正是薄壁管成型最忌讳的，必然会给后续成型埋下隐患。第二，因边缘陡然升高和向中所产生的弹塑性延伸又占了总延伸的67.46%，若剔除其中的弹性成分，则如此多的塑性延伸发生在一道孔型中，而且是薄壁管变形，显然值得商榷，也必然会给后续成型带来麻烦。由此可见，在孔型设计时应考虑将W孔型高度适当降低、孔型宽度适当加宽，以避免边缘过度延伸。

　　2）$y_1 \rightarrow y_9$ 的开口变形段，从W孔型辊中心线起至第一道闭口型中心线止，它们各自折线之和的绝对延伸量分别是 $\sum\limits_{y_1 \rightarrow y_9} d_{yz} = 1.90$mm、$\sum\limits_{y_1 \rightarrow y_9} d_{xy} = 3.08$mm 和 $\sum\limits_{y_1 \rightarrow y_9} d_{xyz} = 4.98$mm；相对延伸率分别为 $\delta_{yz} = 0.085\%$、$\delta_{xy} = 0.138\%$ 和 $\Delta_{xyz} = 0.222\%$。从 δ_{xy} 是 δ_{yz} 的1.62倍情况看，在该段，由管坯边缘向中移动所产生的纵向延伸大于由边缘升高所引起的延伸。因

此，在孔型设计时完全有必要适当减少管坯边缘向中移动的速度，从而平衡两个方向的延伸，直至减少绝对延伸量。

3）$y_9 \rightarrow y_{13}$ 的闭口孔型段，其绝对延伸量和相对延伸率都很小，综合绝对延伸只有 $\sum\limits_{y_9 \rightarrow y_{13}} d_{xyz} = 0.11\text{mm}$，综合延伸率不足弹性延伸率的 1/10。从应力与应变的角度看，管坯边缘几乎没有发生纵向延伸，说明管坯边缘由此存在的纵向张力也很小，而能够吸收塑性延伸量又有限，加之薄壁管自身刚性差等原因，管坯边缘易在此段失稳，形成鼓包。

4）$y_{13} \rightarrow y_{15}$ 的前导向段，孔型没变化，纵向边缘无延伸，但有少许回复，不过数量微乎其微，故管坯边缘在此段的纵向张力极小，易失稳。

5）总体看，在成型 $\phi 95\text{mm} \times 1.2\text{mm}$ 薄壁焊管时，共发生了 15.64mm 的弹塑性延伸，延伸率是 0.369%，明显超过了弹性应变的范围；如果剔除其中 0.1% 的弹性回复即总量的 27.10%，那么，塑性延伸了 11.40mm。但是，回过头看初始段就延伸了 10.55mm，若也去掉其中 0.08mm 的弹性成分，则仅第一道 W 孔型就产生了 10.47mm 的塑性延伸，占总塑性延伸的 91.84%，显然过大；再观闭口至导向段，过小的边缘应变证明边缘应力（张力）很小，甚至为负（压应力），管坯边缘就可能因张力太小而失稳，焊管管壁越薄、直径越大，失稳的可能性就越大，甚至导致成型失败。

可见，通过对成型孔型的解析，能对管坯边缘的延伸情况做到心中有数，进而对孔型设计进行优化。

13.4.3.4　薄壁焊管孔型优化设计的优点

在未优化的变形方案下，管坯边缘的延伸呈现初始阶段太多、中部不均衡、后部又太少的特征，导致延伸既不均衡、总量又大，不利于成型。调整优化的思路是，减少初始段的变形，调节开口段的变形，加大闭口孔型的变形量并延长闭口孔型至导向辊，使导向辊也参与少量变形。目的就是减少管坯边缘的纵向延伸，增大闭口段和前导向段管坯边缘的纵向张力，确保成型管坯边缘不失稳。表 13-13 和表 13-16 就是这一思路的具体体现，表中每一组数据都经过多次校核，比较管坯边缘轨迹的绝对延伸量和相对延伸率，力求达到最小。与优化前的方案比较，经优化后的方案具有四个优点。

表 13-16　$\phi 95\text{mm} \times 1.2\text{mm}$ 薄壁焊管优化设计成型孔型的边缘轨迹坐标、延伸量及延伸率

平辊序号	管坯边缘轨迹坐标/mm			道次间边缘绝对延伸量/mm			道次间边缘延伸率/%			备注
	x 管坯开口	y 管坯底长	z 管坯高度	d_{xz} 主视	d_{xy} 俯视	d_{xyz} 空间	δ_{yz} 主视	δ_{xy} 俯视	Δ_{xyz} 空间	
0	300.00	0	0	—	—	—	—	—	—	
1	285.44	59.75	20.89	3.55	0.44	3.960	5.941	0.736	6.628	W 孔型
3	242.80	619.75	61.77	1.44	0.41	1.850	0.232	0.066	0.299	综合孔型
5	196.40	1179.75	86.19	0.53	0.48	1.010	0.045	0.041	0.086	综合孔型
7	125.96	1739.75	103.52	0.27	1.11	1.370	0.016	0.064	0.079	综合孔型
9	57.00	2299.75	107.46	0.01	1.06	1.070	0.000	0.046	0.047	单半径
11	30.00	2859.75	104.30	0.01	0.16	0.170	0.000	0.006	0.006	单半径
13	18.00	3419.75	101.35	0.01	0.03	0.039	0.000	0.001	0.001	单半径
15	12.00	4219.75	100.57	0	0.01	0.010	0	0.000	0.000	导向辊
合计	—	—	—	Σ5.82	Σ3.70	Σ9.48	Σ0.138	Σ0.088	Σ0.225	

（1）边缘纵向延伸大幅减少。首先，比较图 13-16 中的折线 1 和折线 2 发现，斜率较大的前 5 条折线，线 2 几乎都位于线 1 的下方，而后 3 条折线的斜率较为接近；与此类似，图 13-17 中线 2 的所有折线全部处于线 1 的外侧。这说明：无论从何种角度看，优化后的孔型，管坯在变型过程中边缘产生的纵向弹塑性延伸比优化前的孔型要少。

其次，从表 13-14 和表 13-15 对应的延伸栏中 Σ 数据看，延伸量和延伸率均小于优化前。优化后的总延伸量 $\sum\limits_{y_0 \to y_{15}} d_{xyz}$ 从 15.64mm 降至 9.48mm，相当于优化前的 60.6%，由此净减少边缘延伸 6.16mm；总延伸率也从 0.369% 降低到 0.225%，若剔除 0.1% 的弹性延伸，则塑性延伸也从 72.90% 下降到优化后的 55.56%。这一组减少的数字说明，优化方案从孔型方面为薄壁焊管顺利成型创造了有利条件。

（2）变形量区域调节效果显著。最突出的莫过于初始段对 W 孔型参数的调节，使该区域的 $\sum\limits_{y_0 \to y_1} d_{xyz}$ 从 10.55mm 猛降至 3.96mm；相应地，$\sum\limits_{y_0 \to y_1} d_{yz}$ 和 $\sum\limits_{y_0 \to y_1} d_{xy}$ 也分别从 7.26mm 和 3.58mm 减少至 3.55mm 和 0.44mm。最可贵的是，这样的减少并没有过多增大后面的延伸量，如 $\sum\limits_{y_1 \to y_{15}} d_{xyz}$ 也仅仅从 5.09mm 略增至 5.52mm。换句话说，通过孔型变形量在区域间的调整与优化，仅以 0.43mm 的局部纵向延伸增加量，换得了全区域 6.16mm 的纵向减少量，效果可见一斑。

（3）道次间变形量的微调使管坯变形更稳定。主要体现在 $y_1 \to y_9$ 间各自的 d_{xyz} 经过优化后，它们之间的应变差值不足 1 倍，这意味着管坯边缘各段的纵向张应力比较接近，管坯成型过程更加稳定。而微调前它们各自的 d_{xyz} 最多达 18.2 倍，说明管坯边部道次间的张应力极不均衡，变形过程中边部易失稳。

（4）成型管坯边缘始终保持恰当张力。从薄壁焊管稳定成型的角度看，管坯边缘的纵向延伸包括塑性延伸并不可怕，可怕的是这种延伸在成型过程中某区间骤然减少或近乎消失，进而边缘张力随之消失、管坯边缘失稳。这也是优化方案中将 $\sum\limits_{y_9 \to y_{15}} d_{xyz}$ 从 0.11mm 调增至 0.22mm 以及将前导向段也纳入成型一并考虑的缘故。

13.4.3.5　薄壁焊管孔型设计的优化标准

薄壁焊管孔型设计的优化标准有 5 个方面：

（1）尽可能减小薄壁成型管坯边缘的延伸，使各条折线之和 $\sum\limits_{y_0 \to y_{15}} d_{xyz}$ 趋于最小。

（2）尽可能让段内折线之间的斜率 Δ_{xyz} 小而均匀，使应变和应力相对均匀，自始至终保持管坯边缘存在合适的张应力，尤其要确保闭口段和前导向段存在纵向张应力。

（3）在保证边缘充分变形的前提下，将 W 孔型的管坯高度控制在 $(40\% \sim 45\%)R_T$ 比较适宜；同时，也必须严格控制变形后的管坯开口宽度，防止顾此失彼，以控制在 $(94\% \sim 98\%)B$ 为宜。

（4）适当减少开口段管坯的变形量，并适当增大闭口孔型段管坯的开口宽度，以增大闭口孔型段管坯边缘的纵向张力，抑制成型鼓包的形成。

（5）将导向段一并纳入管坯边缘纵向延伸与控制范畴进行考虑，更符合焊管成型的实际状况，这相当于将焊管成型机组延长了（800mm），有利于减少成型鼓包。

由于解析法从 3 个角度逐道次定量反映管坯边缘的延伸，因而能够做到逐道次比较、逐道次调整优化孔型设计参数，有很强的针对性和实用性。成型孔型解析将管坯成型过程转变成简单的数学问题，用数学语言形象直观地描述成型过程中管坯边缘纵向延伸状况，目标函数明确——边缘纵向延伸最小。这样，就可以对同种钢管的不同设计方案进行比较、择优选用，减少成型失败风险。

事实上，上一节所述边缘双半径孔型的设计方法，其设计过程便是关于厚壁管孔型设计的优化方案，而优化的目标函数转变成 $(h - H) \to 0$，即成型管坯边缘上翘高度与压下高度趋于零时，说明厚壁成型管坯边缘实现了平行对接的工艺目标。

13.5 轧辊共用与成组技术

长期以来，实现尽可能多的轧辊共用一直是人们努力的方向，而成组技术无疑就是其中的一条路径。所谓成组技术（grouptechnology，GT），是指建立在相似性原理基础上，合理地组织生产技术准备和产品生产过程的一种方法，它起源于 20 世纪 50 年代的苏联，60 年代初传入我国。最初，它只被作为一种统一工艺过程的方法，称为成组工艺或成组加工，但随着生产技术的发展，其应用范围日益扩大，逐渐涉及企业产品生产的许多方面，如运用成组技术设计的轧辊孔型，可以做到一套轧辊成型、定径多种焊管，对提高企业生产效率和经济效益有重要意义。

13.5.1 成组技术在焊管生产中应用的必然性

焊管市场，尤其是金属家具管市场对焊管品种的需求越发多样化，迫使部分焊管生产企业向高效率、低消耗、多品种、小批量的生产模式发展。但这种要求与传统焊管生产工艺的特点相矛盾，按传统工艺生产不同外径焊管，必须用较长时间更换相应规格的全套轧辊，费时费工，增加成本。而运用成组技术设计的孔型，一套成型辊和定径辊可以生产一组尺寸相近的焊管，不仅能简化生产技术准备，缩短生产周期，而且还可以降低生产成本。从江苏泰州钢管厂、佛山市万乘实业有限公司以及江门市俭美实业有限公司等焊管生产企业的应用效果看，可以节省换辊时间 50% 左右，节省轧辊投入 30%~40%。

13.5.2 成组技术在成型区域应用的可行性

（1）理论依据之一。如前所述，带钢中心变形法是焊管成型方法之一，其成型过程是从平直管坯中心部分开始，以一恒定弯曲半径 R 弯曲成型，然后逐架加大中间变形角 θ，直至 $\theta = 180°$，此时，管坯只在中心部分宽度的 1/2 处成型，管坯边缘至宽度 1/4 处垂直立起，最后依靠几架闭口孔型辊完成剩下的变形，直至形成圆筒形，参见图 13-18。

图中，$\overset{\frown}{BD} = B/2$，$AB = CD = B/4$。若以极限的思维看，AB、CD 段的弯曲半径为无穷大。也就是说，通过闭口孔型辊的轧制，能够将无穷大的弯曲半径轧制到有限大的弯曲半径，更易将较大弯曲半径弯曲成较小的弯曲半径。

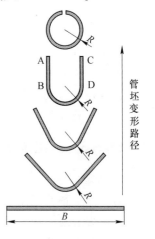

图 13-18 中心变形法的
成型过程

（2）理论依据之二。焊管成型区域长度 l 大多遵循 $l \geqslant 50D_{max}$ 的原则，因此在没有达到该机组规定的最大焊管规格 D_{max} 时，弯曲半径略大或略小都不会引起管坯边缘皱折；而通常在成型过程中出现的边缘皱折，究其原因绝大部分是调整不当所致，且经过现场精心调整后基本都能消除。

（3）开口孔型 R_i 统计分析的支持。表 13-17 是按圆周变形法计算的 $\phi15 \sim 19mm$ 一组开口孔型下平辊孔型半径 R_i。如果将表 13-17 作适当变换，则从表 13-18 可以看出，对应道次 R_i 的组中值恰好等于 $\phi17$ 焊管孔型的 R_i 值。

表 13-17   圆周变形法计算的 $\phi15 \sim 19mm$ 开口孔型下平辊孔型半径 R_i （mm）

R_T	R_i		
	$i = 2$	$i = 3$	$i = 4$
7.5	18.75	12.50	9.38
8.0	20.00	13.33	10.00
8.5	21.25	14.17	10.63
9.5	23.75	15.83	11.88

表 13-18 $\phi15 \sim 19mm$ 开口孔型对应道次组中值 $R_{i中}$ 与 $\phi17$ 的 R_i 值之关系   （mm）

i	R_i （$\phi15 \sim 19$）	组中值 $R_{i中}$	$R_{i中} - R_{i,最大或最小}$	R_i （$\phi17$）
2	18.75 ~ 23.75	21.25	2.50	21.25
3	12.50 ~ 15.83	14.17	1.70	14.17
4	9.38 ~ 11.88	10.63	1.25	10.63

由此可知，在每一组外径的焊管中，总能找到一种规格的焊管，其 R_i 值等于该组的组中值，而各组中值与对应 $R_{i,最大或最小}$ 的上限或下限之差的绝对值相差不大，并且随组距的减小而相应减小。所以，选择恰当组距对各种规格焊管进行分组，使开口孔型辊的孔型尺寸相近、形状相似，便可以满足应用成组技术的要求。

以上可行性分析说明三点：

第一，通过闭口孔型辊的轧制与调整，完全可以将弯曲半径趋于无穷大的管坯边缘变形到预定的 R 值。

第二，依据中心变形法的成型特征和圆周变形法的统计分析，运用成组技术完全可能用一套开口孔型辊变形外径相近的焊管。

第三，若在开口孔型辊中对管坯边缘给予一定的预弯变形，对闭口孔型成型更有利。

13.5.3   成组技术在定径孔型中的应用

（1）定径原理的启迪。焊接钢管出挤压辊后，断面形状及几何尺寸均不规则，必须通过几对平立交替的定径辊并配以一定的差速和张力，对待定径焊管进行微量滚、压、拉等加工，使焊管断面基本呈圆形，且外径符合公差要求。只要具备对焊管形成差速和张力以及能够对其进行滚、压、拉等条件，定径辊即可在一定规格范围内对焊管实施定径。这一基本原理与成组技术的应用特征相吻合。

（2）定径过程分析。实际操作时，焊管在平、立辊中的断面形状分别为横椭圆与竖椭圆，且横、竖交替，同时各个椭圆之长短轴随架次数增大逐步接近成品半径。运用成组技术，即用较大规格定径孔型辊对一组较小规格焊管定径时，定径过程也是使焊管断面由椭圆逐步趋于圆形，如图 13-19 所示。

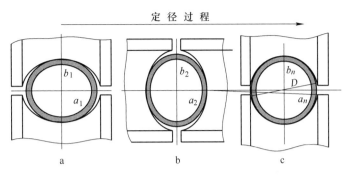

图 13-19　运用成组技术设计的孔型与焊管断面形状变化
a，c—平辊；b—立辊

图 13-19a 表示焊管在定径平辊孔型内，此时横椭圆横轴 a_1 大于竖轴 b_1；图 13-19b 是焊管在定径立辊孔型中的状态，此时竖椭圆不但 $a_2 < b_2$，而且 $a_2 < b_1$、$b_2 < a_1$；这样，经 n 道定径辊的滚、压、拉后，a_n 与 b_n 在几何意义上近似相等，在实用意义（公差范围）上则完全相等，等于 $D/2$。

（3）定径余量分析。小直径焊管定径余量一般占成品管外径的 0.6%~1.2%，经 7~9 对定径辊减径，再考虑允许公差，则每道减径量可以忽略不计。以 $\phi 165mm$、$\phi 159mm$ 两种焊管为例，定径余量约 2mm，而 $\phi 159mm$ 焊管标准规定的公差带却为 ±1.27mm，允许椭圆度也大，达 ±0.9mm。定径余量减去偏差后只剩 0.73mm，再将 0.73mm 平均到 7~9 道定径辊孔型上，每道减径量仅为 0.1~0.08mm。因此，完全可以应用成组技术原理，用一种规格的"椭圆-圆"定径孔型定径一组焊管。

13.5.4　横椭圆闭口孔型辊与成组技术的关系

如果将前述的椭圆形闭口孔型辊与相应的开口孔型辊和定径辊配合使用，就可以进一步扩大成组技术在焊管生产中的应用范围，以有限的轧辊孔型，生产更多规格的焊管。

这样，根据成组技术原理设计一套轧辊孔型（挤压辊用三辊），完全能够生产出一组尺寸相近的高频直缝焊管，从而解决轧辊共用问题。

13.6　异型管孔型设计

异型管种类繁多，不胜枚举，仅通过高频直缝焊管工艺生产的异型管就多达上千种。本节拟介绍几种典型异型管的孔型设计方法、设计原则，试图从方法论的角度抛砖引玉，达到举一反三之功效。

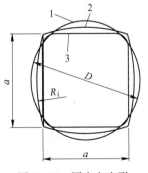

图 13-20　圆变方变形
1，2，3—变形顺序

13.6.1　圆变方孔型的系数设计法

焊管先成圆后成方工艺在中小型焊管机组上应用十分广泛，其变形花如图 13-20 所示，设计方法亦多种多样，但是都存在两个问题：一是需要人为设定一个变形参数，以推动整个设计得以进行，这样就会产生因个人知识多寡、经验丰欠等的设计风险；二是大多计算较为繁杂，计算量大，设计效率低。而圆变方孔型的系数设计法既不需要人为设定变形参数，又能简化设计程序、减少计算量、提高设计效率，并且对设计效果可预知。这是因为圆变方孔型的系数设计法之系数，不但可以经过专家系统认可，而且设计方法独特和设计思路新颖。

13.6.1.1　圆变方孔型系数设计法的思路

由图 13-20 和圆变方初始圆图 13-21 可知，在按公称尺寸设计孔型时，初始圆上的 $\hat{a}$ 在数值上等于方管边长 a（以下统一用 a 表示），则先成圆的圆直径 D 与方管边长 a 存在式（13-48）所示的函数关系：

$$D = \frac{4}{\pi} \times a \qquad (13\text{-}48)$$

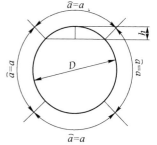

同时，圆变方的初始弓形高 h 与方管边长 a 也存在式（13-49）所示的函数关系：

$$h = \frac{2 - \sqrt{2}}{\pi} \times a \qquad (13\text{-}49)$$

图 13-21　圆变方之初始圆
D—圆变方初始圆直径；
h—初始弓形高；
a—圆变方之边长；
$\hat{a}$—等于边长的弧长

虽然式（13-48）、式（13-49）对图 13-21 而言表达的内容不同，可是它们都是以"系数×方管边长"的形式表现方管边长与圆的关系。这就启迪我们：有可能通过一定的数学变换，将各道孔型各部位曲线的函数表达式也变换成"系数与方管边长"相乘的形式，并且由式（13-48）、式（13-49）所决定的各道次设计系数应该对所有圆变方孔型都适用。或者说在总变形道数一定的情况下，所有圆变方孔型第 i 道次的设计系数都相同。倘若能实现这一构想，那设计圆变方孔型就简单方便快捷多了。

13.6.1.2　圆变方孔型系数设计法的内涵

根据设计思路，所谓圆变方孔型的系数设计法是指，将圆变方孔型各道次、各部位曲线的函数表达式都以一个对应固定的系数 $\mu_i(\lambda_i)$ 或一个关于 $\mu_i(\lambda_i)$ 的表达式与方管边长 a 相运算的形式来表示，即：

$$a_i(a) = \lambda_i a, \ R_i(a) = \mu_i a, \ i = 1, 2, \cdots, N \qquad (13\text{-}50)$$

式中　$a_i(a)$ ——圆变方孔型第 i 道次内接正方形边长的函数；

$R_i(a)$ ——圆变方孔型第 i 道次变形半径的函数；

λ_i ——关于函数 a_i 的各道次孔型设计系数；

μ_i ——关于函数 R_i 的各道次孔型设计系数；

i ——变形道次；

N ——总变形道数。

而且式（13-50）这组函数关系一旦确定之后，就对所有圆变方孔型都适用。它有两个方面的含义：

第一，在变形总道数 N 已定和按公称尺寸设计原则设计孔型的前提下，圆变方所有孔型的设计系数只有 N 对，即

$$\begin{cases} \mu_i = \mu_1, \mu_2, \cdots, \mu_N \\ \lambda_i = \lambda_1, \lambda_2, \cdots, \lambda_N \end{cases}$$

且每道孔型不论方管边长如何变化，也不管是箱式孔型还是斜出孔型，都只有唯——对设

计系数与之对应。

第二，在每一个圆变方孔型表达式中，只涉及两个参数，一个是被固化的设计系数 μ_i（或 λ_i），一个是方管边长 a。由此可见，在系数设计法中，真正的变量是方管边长 a。设计时，只需将自变量 a 值带入进行运算即可获得圆变方孔型参数。

当然，这些是以一定设计原则为前提的。

13.6.1.3 系数设计法的设计原则

（1）以弓形高为变形量的原则。在圆变方过程中，实质上是弓形高从初始值 h 变为 0 的过程。之所以选择弓形高为变形量，是因为采用平均递减弓形高来变形，管坯变形比较平稳，轧辊孔型面受力也比较平均。由式（13-49）易得弓形高的道次平均递减变形量 Δh：

$$\Delta h = \frac{2 - \sqrt{2}}{N\pi} \times a \qquad (13\text{-}51)$$

继而弓形高的道次变形量 h_i 为：

$$h_i = \frac{(2 - \sqrt{2})(N - i)}{N\pi} \times a \qquad (13\text{-}52)$$

式中，当变形道次 $i = N$ 时，$h_i = 0$，完成圆变方变形。

（2）以公称尺寸代替孔型弧长的原则。如前所述，直接用成品管公称尺寸作为设计孔型曲线弧长的依据，让每段孔型对应的曲线长都与公称尺寸一样，既不影响产品精度，又能简化设计程序，也有利于设计系数的推导。

13.6.1.4 系数设计法的推导

（1）孔型内接正方形边长 a_i 及关于 a_i 的设计系数 λ_i。由变形过程中孔型内接正方形边长 a_i 与成品管边长 a 及弓形高 h_i 的几何关系，有式（13-53）：

$$a_i = \frac{0.375a + \sqrt{(0.375a)^2 + 3.75\left\{0.5625a^2 - 4\left[\frac{(2 - \sqrt{2})(N - i)}{N\pi} \times a\right]^2\right\}}}{1.875} \qquad (13\text{-}53)$$

将式（13-53）两边同除以 a，并令 $\dfrac{a_i}{a} = \lambda_i$，得式（13-54）：

$$\begin{cases} \lambda_i = \dfrac{0.375 + \sqrt{2.25 - 15\left[\dfrac{(2 - \sqrt{2})(N - i)}{N\pi}\right]^2}}{1.875} \\ a_i = \lambda_i a \end{cases} \qquad (13\text{-}54)$$

式（13-54）的几何意义是，当 N 确定之后，第 i 道次关于 a_i 的设计系数 λ_i 便唯一确定；因此，决定函数 a_i 大小的真正变量是正方形边长 a。它的实际意义是，无论成品方管边长如何变化，只要总变形道数 N 一定，第 i 道次孔型内接正方形边长的设计系数就是定值；并且，在计算第 i 道次孔型内接正方形边长时，只需将该系数与成品方管边长相乘。

（2）孔型变形半径 R_i 及关于 R_i 的设计系数 μ_i。根据圆变方过程中孔型变形半径 R_i、孔型内接正方形边长 a_i 与弓形高 h_i 的几何关系，有式（13-55）：

$$R_i = \frac{a_i^2 + 4h_i^2}{8h_i} \qquad (13\text{-}55)$$

将式（13-52）和式（13-53）同时代入式（13-55），且两边同除以成品方管边长 a，

并令 $\dfrac{R_i}{a} = \mu_i$，得式（13-56）：

$$\begin{cases} \mu_i = \dfrac{\lambda_i^2 N\pi}{8(2 - \sqrt{2})(N - i)} + \dfrac{(2 - \sqrt{2})(N - i)}{2N\pi} \\ R_i = \mu_i a \end{cases} \tag{13-56}$$

在式（13-56）中，设计系数 λ_i 是定值，一旦 N 确定之后，圆变方过程中关于各道次变形半径 R_i 的设计系数 μ_i 亦为定值，这样，在进行第 i 道次变形半径 R_i 设计时，再也无需进行繁琐运算了。

（3）孔型宽 b_i 和孔型深 l_i。由圆变方孔形之间的几何关系，容易推导出孔型宽度和孔型深度是一个关于系数 λ_i 的表达式与方管边长之积。图 13-20 所示箱式孔型的孔型宽和孔型深由式（13-57）决定：

$$\begin{cases} b_i = \left[\lambda_i + \dfrac{2(2 - \sqrt{2})(N - i)}{N\pi}\right] \times a \\ l_i = \dfrac{1}{2}\left[\lambda_i + \dfrac{2(2 - \sqrt{2})(N - i)}{N\pi}\right] \times a \end{cases} \tag{13-57}$$

式中　　b_i——圆变方箱式孔型第 i 道次的孔型宽度；

　　　　l_i——圆变方箱式孔型第 i 道次的孔型深度。

若是 45°斜出方管孔型，则其孔型宽和孔型深由式（13-58）确定：

$$\begin{cases} B_i = \sqrt{2}\lambda_i \times a \\ H_i = \dfrac{\sqrt{2}}{2}\lambda_i \times a \end{cases} \tag{13-58}$$

式中　　B_i——圆变方 45°斜出方管第 i 道次孔型宽；

　　　　H_i——圆变方斜出 45°方管第 i 道次孔型深。

需要指出的是，其实式（13-57）也是"系数与方管边长"相乘的形式，在 N 确定之后第 i 道次的数值也是可以固化的。

（4）圆变方孔型设计系数表。通常，采用 5 平 4 立 9 个道次孔型轧辊就完全能够满足各种规格圆变方管的轧制，即 $N = 9$，$i = 1$，2，$\cdots$，9。那么，根据式（13-54）和式（13-56）易得系数 λ_i 和 μ_i，详见圆变方系数表 13-19。

表 13-19　圆变方 9 道次孔型设计系数表

变形道次 i 设计系数	1	2	3	4	5	6	7	8	9
λ_i	0.9230	0.9418	0.9577	0.9709	0.9815	0.9896	0.9954	0.9989	1
μ_i	0.7254	0.8370	0.9844	1.1892	1.4945	2.0006	3.0097	6.0304	∞

有了这些系数后，就使得原本繁杂的孔型设计过程变成了简单的四则运算，从而实现圆变方孔型的"傻瓜式"设计，以及运用电脑编程迅速得到设计结果，孔型设计师也因之得到解放。

13.6.1.5　设计验证

以圆变 45mm 方为例进行设计验证。按 5 平 4 立 9 个道次、45°斜出设计变形孔型，则

$a = 45\text{mm}$，$N = 9$，$i = 1$，2，$\cdots$，9。

（1）系数设计法的设计实例。根据圆变方孔型系数设计法的设计思路、设计原则及表 13-19 所列设计系数，计算得圆变 45mm 方管孔型的变形参数，见表 13-20。

表 13-20　圆变方系数设计法 45mm 方斜出 45°孔型参数表　　　　（mm）

变形道次 i 孔型参数	1	2	3	4	5	6	7	8	9
a_i	41.54	42.38	43.10	43.69	44.17	44.53	44.79	44.95	45
R_i	32.64	37.67	44.30	53.51	67.25	90.03	135.44	271.37	∞
B_i	58.73	59.93	60.94	61.78	62.45	62.97	63.34	63.56	63.63
H_i	29.37	29.96	30.47	30.89	31.23	31.48	31.67	31.78	31.82

（2）非系数设计法的设计实例。根据设计原则和式（13-48）、式（13-49）、式（13-51）~式（13-53）和式（13-55），以及为便于比较仍令 $N = 9$，那么圆变方非系数设计法 45mm 方、斜出 45°孔型参数列于表 13-21。

表 13-21　圆变方非系数设计法 45mm 方斜出 45°孔型参数表　　　　（mm）

变形道次 i 孔型参数	1	2	3	4	5	6	7	8	9
a_i'	41.54	42.38	43.10	43.69	44.17	44.53	44.79	44.95	45
R_i'	32.64	37.67	44.30	53.51	67.25	90.03	135.43	271.32	∞
$B_i' = \sqrt{2}a_i'$	58.74	59.93	60.94	61.78	62.46	62.97	63.33	63.56	63.63
$H_i' = \dfrac{\sqrt{2}}{2}a_i'$	29.37	29.96	30.47	30.89	31.23	31.48	31.67	31.78	31.82

注：a_i'、R_i'、B_i'、H_i' 分别表示圆变方非系数设计法 45mm 方斜出 45°孔型第 i 道次内接正方形边长、变形半径、孔型宽和孔型深。

比较表 13-20 和表 13-21 设计结果表明，系数设计法的数值与非系数设计法的数值，绝大部分完全一致，极少和极小的不一致属于计算精度误差，这说明圆变方孔型的系数设计法正确可行。

另外，虽然表 13-20 的设计思想和设计方法与表 13-21 不同，但是两个表内相同道次的相应数据几乎一致的情况说明，圆变方孔型的参数确实存在式（13-54）、式（13-56）和表 13-20 所显示的内在系数规律，其数值精度完全能够满足焊管尺寸精度对孔型精度的要求。

而且，用系数设计法设计圆变方孔型，不再需要计算方管展开长度、初始圆直径、总变形量、平均递减变形量等繁琐数据，直接根据系数与成品方管边长的关系，计算圆变方孔型各部位的变形尺寸，从而简化圆变方孔型设计程序，减少计算量，提高设计效率。同时，由于系数设计法的系数是经专家认可的变形参数，这就从根本上避免了因设计人员经验差异而可能产生的实际变形风险，使圆变方孔型的标准化设计成为现实。

另外，系数设计法设计圆变方孔型的设计思路、设计原则和设计方法，对设计其他孔型如标准平椭圆管孔型亦有借鉴作用。

13.6.2　标准平椭圆管孔型的系数设计法

根据标准平椭圆管图 13-22 所示各部位间的尺寸存在着固定系数关系和替代关系，通过一定数学变换，也推导出针对标准平椭圆管孔型的系数设计方法，以及对所有标准平椭圆管孔型都实用的各道次变形系数 λ_i，直接利用系数 λ_i 与标准平椭圆管管头曲率半径 R 之间的关系，设计标准平椭圆管各道孔型各部位变形尺寸。既简化设计程序，更提高设计效率，确保孔型效果。

由于标准平椭圆管孔型的设计系数推导过程与圆变方的类似，故这里仅将系数推导结果及设计实例列于表 13-22，表中字母含义见图 13-23。

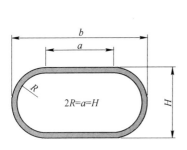

图 13-22　标准平椭圆管

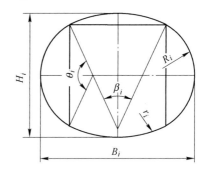

图 13-23　标准平椭圆管孔型设计计算图示

表 13-22　20mm×20mm×20mm、30mm×30mm×30mm 标准平椭圆管系数设计法孔型各部分尺寸

标准平椭圆管 $2R = a = H$	道次序号 i	设计系数 λ_i	管头变形量		管身变形量		孔型高 H_i/mm	孔型宽 B_i/mm
			R_i/mm	θ_i/(°)	r_i/mm	β_i/(°)		
$20 \times 20 \times 20$	1	1.4775	14.78	121.83	19.69	58.17	30.79	34.35
	2	1.3183	13.18	136.54	26.38	43.46	28.24	36.13
	3	1.1592	11.59	155.28	46.38	24.72	24.80	38.07
	4	1	10	180	∞	0	20	40
$30 \times 30 \times 30$	1	1.4775	22.16	121.83	29.54	58.17	46.19	51.52
	2	1.3183	19.77	136.54	39.57	43.46	42.36	54.20
	3	1.1592	17.39	155.28	69.57	24.72	37.20	57.15
	4	1	15	180	∞	0	30	60

系数设计法的最大优点在于：将复杂而又充满变数的孔型设计过程转变为简单的四则运算，使部分孔型的标准化设计和"傻瓜式"设计成为现实，还有更多孔型的系数设计法有待开发。但是，并不是所有的孔型都适用系数法进行设计，一些比较特别的管种如梭子管等还必须依赖个性化设计。

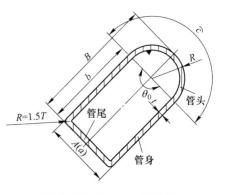

图 13-24　$A \times B \times t$ 梭子管

13.6.3　斜置梭子管孔型设计

梭子管又称子弹头管，如图 13-24 所示。因其管形同时兼有直线美和曲线美，以及在同等强度条件下比矩形管省料的优点，而被家具制造、健身器材等行业追捧。这里介绍一种梭子管孔

型的斜置设计方法，即将梭子管的对称轴线与水平面成一夹角 γ，并以此对称轴为基准设计轧辊孔型。该孔型的最大优点是，焊缝位置能够根据客户需要而变化，可放在管头部、管尾部或管身上。

13.6.3.1 设计指导思想与设计原则

（1）设计指导思想。设计斜置梭子管用孔型的指导思想是，在确保焊缝平滑不凹陷、焊缝位置可变、焊管表面无压痕的前提下，将独立设计的管头、管身和管尾弧线在斜置线上组合成型，力求设计简便。

（2）设计原则。包括以下几点：

1）不具体分配整形余量。将给定的总整形余量不具体分配到每道孔型和每段孔型弧线上，而让其体现在生产现场每道辊缝的实际控制上。一般说来，每道孔型分配到的整形余量通常只有 $0.2 \sim 0.5mm$，而每道孔型轧辊辊缝却有 $2 \sim 5mm$，相比之下，每道的整形余量就显得很小。

2）孔型弧长等于成品管公称长度。即孔型各道各段弧长按成品管对应实际尺寸设计，并让圆弧与圆弧、圆弧与直线、直线与直线之间直接连接，不设过渡 r 角。这样设计有三个方面的考虑：第一，减少设计计算量；第二，能满足厚薄壁管成角大小对孔型的要求；第三，有利于定径余量在管坯各段之间的"自动精确分配"，满足变形管坯在孔型中或多或少存在周向滑移的客观需要。

3）按宽高比（B/A）确定斜置角。斜置角 γ 是设计斜置梭子管孔型首先要确定的值，$B/A \leqslant 2$ 时，γ 取值 $45°$；$B/A > 2$ 时，γ 取值 $30° \sim 40°$。

4）采用算术平均法分配变形量。对管身和管尾而言，选择弓形高为变形量，并对初始弓形高进行算术平均；对管头部位的变形则以角度作为变形量，并对初始变形角与成品管管头之差进行算术平均。

13.6.3.2 设计步骤

（1）成型孔型设计（略）。

（2）确定变形前圆管直径 D_0。

1）由图 13-24 得成品管截面展开长度 L 为：

$$L = 2(B - R - r) + (A - 2r) + \pi(R + r) \tag{13-59}$$

2）初始圆直径 D。即以成品管截面展开长度 L 为周长确定的圆直径：

$$D = \frac{L}{\pi} \tag{15-60}$$

3）变形前圆管直径 D_0。也就是包含整形余量的圆直径：

$$D_0 = kD, k = 1.02 \sim 1.04（总整形余量）\tag{13-61}$$

（3）确定变形量。在由 L 确定的初始圆中，截取对应于图 13-25 中成品管身 b 和管尾 a 公称尺寸所对应的弧长，初始弓形高 h 和管头初始变形角 θ，详见图 13-25。这样，可得关于管头、管身和管尾变形量的一系列计算式。

1）初始变形量的计算式：

管头初始变形角 θ：

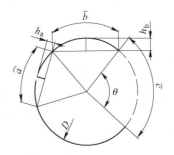

图 13-25 参照圆与初始
变形量示意图

$$\theta = \frac{2 \times 180}{\pi D} \times c = \frac{2 \times 57.3 c}{D} \qquad (13\text{-}62)$$

管身初始弓形高 h_b:

$$h_b = \frac{D}{2}\left(1 - \cos\frac{57.3 b}{D}\right) \qquad (13\text{-}63)$$

管尾初始弓形高 h_a:

$$h_a = \frac{D}{2}\left(1 - \cos\frac{57.3 a}{D}\right) \qquad (13\text{-}64)$$

2）平均变形量的计算式:

管头平均变形量 $\bar{\theta}$:

$$\bar{\theta} = \frac{\theta_0 - \theta}{n} \qquad (13\text{-}65)$$

式中　θ_0——成品管管头圆弧的圆心角;

　　　　n——主变形辊道数。

管身平均变形量 $\bar{h}_b$:

$$\bar{h}_b = \frac{D}{2n}\left(1 - \cos\frac{57.3 b}{D}\right) \qquad (13\text{-}66)$$

管尾平均变形量 $\bar{h}_a$:

$$\bar{h}_a = \frac{D}{2n}\left(1 - \cos\frac{57.3 a}{D}\right) \qquad (13\text{-}67)$$

3）道次变形量的计算式:

管头道次变形量 θ_i:

$$\theta_i = \theta + i\bar{\theta} \qquad (13\text{-}68)$$

管身道次变形量 h_{bi}:

$$h_{bi} = h_b - i\bar{h}_b \qquad (13\text{-}69)$$

管尾道次变形量 h_{ai}:

$$h_{ai} = h_a - i\bar{h}_a \qquad (13\text{-}70)$$

（4）确定弦长和变形半径。根据弦长、弓形高和半径之间的几何关系，易得梭子管头、身和尾各部分孔型曲线的弦长和变形半径的计算式。

1）管头弦长 b_{ci} 和变形半径 R_{ci}:

$$\begin{cases} b_{ci} = 2R_{ci}\sin\dfrac{\theta_i}{2} \\ R_{ci} = \dfrac{57.3 c}{\theta_i} \end{cases} \qquad (13\text{-}71)$$

2）管身弦长 b_{bi} 和变形半径 R_{bi}:

$$\begin{cases} b_{bi} = \dfrac{0.375 b + \sqrt{(0.375 b)^2 + 3.75(0.5625 b^2 - 4h_{bi}^2)}}{1.875} \\ R_{bi} = \dfrac{b_{bi}^2 + 4h_{bi}^2}{8 h_{bi}} \end{cases} \qquad (13\text{-}72)$$

3）管尾弦长 b_{ai} 和变形半径 R_{ai}：

$$
\begin{cases}
b_{ai} = \dfrac{0.375a + \sqrt{(0.375a)^2 + 3.75(0.5625a^2 - 4h_{ai}^2)}}{1.875} \\[3mm]
R_{ai} = \dfrac{a_{ai}^2 + 4h_{ai}^2}{8h_{ai}}
\end{cases}
\tag{13-73}
$$

（5）选择斜置角。根据成品管宽高比确定 γ 值。

（6）确定孔型切割点。这是设计斜置梭子管孔型必须解决的问题，目的是确保变形管坯能够顺利进入孔型和脱离孔型。绘制斜置梭子管孔型设计计算图 13-26，图中坐标系 xoy 的原点 o 是管头 R_{ci} 弧的圆心。那么由解析几何可知，在方程 $x^2 + y^2 = R_{bi}^2$ 中，分别令 $x = 0$ 和 $y = 0$，则 E 和 N 便是 R_{ci} 曲线上的两个最值，亦是图 13-26 上的两个最值点；同理，F 和 M 点是图 13-26 上的另两个最值点。这些最值点的实际意义有三点：第一，E 和 F 点是孔型上最高点和最低点，只要立辊孔型从这两点切割，就能确保变形管坯顺利进入

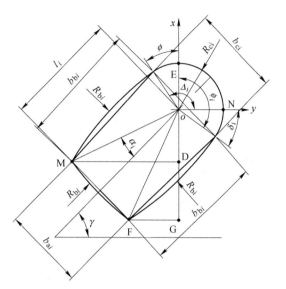

图 13-26　斜置梭子管孔型计算图

与离开立辊孔型；第二，M 和 N 点是孔型上的最左点和最右点，只要平辊孔型从这两点切割，就能够确保变形管坯与平辊孔型顺利脱离接触；第三，只要斜置角 γ 在一定范围内，就能保证最值点 E 和 N 始终落在 R_{ci} 上，这一点对控制成品管上焊缝位置异常重要。

（7）确定孔型外廓尺寸。孔型外廓尺寸包括孔型全宽、全高和孔型深几个方面。在图 13-26 中，连接 oM 和 oF，并分别过 M 和 F 点作 y 轴的垂线，交 y 轴于 D 和 G 点，则孔型外廓尺寸计算如下：

1）平辊孔型全宽 W_i。指孔型左右分割点 M 和 N 到水平面上的距离，其计算式为：

$$
\begin{cases}
W_i = \dfrac{l_i}{\cos\alpha_i} \times \sin(90° - \gamma + \alpha) + R_{ci} \\[3mm]
l_i = \sqrt{b_{bi}^2 - \left(\dfrac{b_{ci} - b_{ai}}{2}\right)^2} - \sqrt{R_{ci}^2 - \left(\dfrac{b_{ci}}{2}\right)^2} \\[3mm]
\alpha_i = \arctan\dfrac{b_{ai}}{2l_i}
\end{cases}
\tag{13-74}
$$

2）立辊孔型全高 x_i。系指孔型上下分割点 E 和 F 投影在竖直平面上的距离，计算式为：

$$
x_i = \dfrac{l_i}{\cos\alpha_i} \times \cos(90° - \gamma - \alpha) + R_{ci}
\tag{13-75}
$$

3）平辊孔型深度：

$$\begin{cases} y_{i上} = \dfrac{l_i}{\cos\alpha_i} \times \cos(90° - \gamma + \alpha) + R_{ci} \\ y_{i下} = \dfrac{l_i}{\cos\alpha_i} \times \cos(90° - \gamma - \alpha) \end{cases} \tag{13-76}$$

4）立辊孔型深度：

$$\begin{cases} z_{i左} = \dfrac{l_i}{\cos\alpha_i} \times \sin(90° - \gamma + \alpha) \\ z_{i右} = \dfrac{l_i}{\cos\alpha_i} \times \sin(90° - \gamma - \alpha) + R_{ci} \end{cases} \tag{13-77}$$

（8）确定孔型头部剩角。剩角是一个相对存在的概念。当完整的孔型在分割点被分割成上下或左右孔型时，其间对圆心角的分割是不对称的，剩角就是指孔型被分割后，头部还剩下的圆心角。剩角分为上剩角和下剩角，显然，二者之和是一个完整的头部变形角，参见图 13-26。

1）平辊孔型上剩角 Δ_i 和下剩角 δ_i：

$$\Delta_i = \frac{\theta_i}{2} + \gamma, \quad \delta_i = \frac{\theta_i}{2} - \gamma, \quad \gamma \leqslant \frac{\theta_1}{2} \tag{13-78}$$

2）立辊孔型上剩角 ψ_i 和下剩角 ϕ_i：

$$\psi_i = \frac{\theta_i}{2} - 90° + \gamma, \quad \phi_i = \frac{\theta_i}{2} + 90° - \gamma, \quad \gamma \geqslant 90° - \frac{\theta_1}{2} \tag{13-79}$$

在式（13-78）和式（13-79）中，θ_1 为管头第 1 道变形量，条件 $\gamma \leqslant \dfrac{\theta_1}{2}$ 和 $\gamma \geqslant 90° - \dfrac{\theta_1}{2}$ 是设计斜置梭子管孔型的一个基本保证，两个条件必须同时满足。否则，E 和 N 将不会同时落在 R_{ci} 弧上，该设计方法的一些计算式便不适用。

13.6.3.3　设计实例

设计 27mm × 54mm × 1.2mm 梭子管整形轧辊一套，要求焊缝在梭子头部位，管头圆弧半径 $R = 13.5$mm。

根据图 13-24 和式（13-59）~ 式（13-61），易得设计所需的基本数据：$A = 27$mm，$B = 54$mm，$R = 13.5$mm，$t = 1.2$mm，$\theta_0 = 180°$，则 $a = 27$mm，$b = 40.5$mm，$c = 42.412$mm，$r = 1.8$mm，$L = 148.866$mm，$D = 47.386$mm，$D_0 = 48.571$mm（$k = 1.025$）。

（1）两个重要参数的选择：

1）斜置角 γ。由于 $B/A = 2$，所以根据设计原则选择 $\gamma = 45°$。

2）主变形辊道数 n。因 $B/A = 2$，管形不算太扁，采用 4 平 3 立布辊方式完全可以顺利实现变形目的。其中，平辊为主变形，立辊为辅助变形，且立辊孔型参数与前道次平辊孔型相同，故 $n = 4$。

（2）管头、管身和管尾变形量。表 13-23 是依据式（13-62）~ 式（13-70）计算出的梭子管各部位的初始变形量、平均变形量和道次变形量。

（3）管头、管身和管尾的弦长及变形半径。表 13-24 是根据式（13-70）~ 式（13-73）计算出的梭子管管头、管身和管尾的弦长及变形半径。

表 13-23　27mm×54mm×1.2mm 梭子管各部位变形量

变形部位	初始变形量	平均变形量	道次变形量
管头/(°)	$\theta = 102.57$	$\bar{\theta} = 19.3575$	$\theta_1 = 121.928$
			$\theta_2 = 141.285$
			$\theta_3 = 160.643$
			$\theta_4 = 180$
管身/mm	$h_b = 8.140$	$\bar{h}_b = 2.035$	$h_{b1} = 6.105$
			$h_{b2} = 4.070$
			$h_{b3} = 2.035$
			$h_{b4} = 0$
管尾/mm	$h_a = 3.744$	$\bar{h}_a = 0.936$	$h_{a1} = 2.808$
			$h_{a2} = 1.872$
			$h_{a3} = 0.936$
			$h_{a4} = 0$

表 13-24　27mm×54mm×1.2mm 梭子管各部位变形半径和弦长　（mm）

变形部位	弦　长	变形半径
管头	$b_{c1} = 34.852$	$R_{c1} = 19.931$
	$b_{c2} = 32.457$	$R_{c2} = 17.201$
	$b_{c3} = 29.825$	$R_{c3} = 15.128$
	$b_{c4} = 27$	$R_{c5} = 13.5$
管身	$b_{b1} = 37.945$	$R_{b1} = 32.533$
	$b_{b2} = 39.39$	$R_{b2} = 49.688$
	$b_{b3} = 40.226$	$R_{b3} = 100.412$
	$b_{b4} = 40.5$	$R_{b4} = \infty$
管尾	$b_{a1} = 26.207$	$R_{a1} = 31.977$
	$b_{a2} = 26.651$	$R_{a2} = 48.364$
	$b_{a3} = 26.931$	$R_{a3} = 97.20$
	$b_{a4} = 27$	$R_{a4} = \infty$

（4）孔型外廓尺寸的计算。参见表 13-25，计算依据是式（13-65）~式（13-68）。

表 13-25　27mm×54mm×1.2mm 梭子管孔型外廓尺寸　（mm）

变形道次	平辊孔型全宽 W_i	立辊孔型全高 x_i	平辊孔型深度 y_i		立辊孔型深度 z_i	
			$y_{i上}$	$y_{i下}$	$z_{i左}$	$z_{i右}$
1	49.013	49.013	30.481	29.082	30.481	29.082
2	50.369	50.369	31.524	33.168	31.524	33.168
3	51.269	51.269	32.239	36.141	32.239	36.141
4	51.684	51.684	32.592	38.184	32.592	38.184

（5）孔型头部剩角的计算。如表 13-26 所示，计算依据是式（13-78）和式（13-79）。

表 13-26　27mm×54mm×1.2mm 梭子管孔型头部剩角　　　　（°）

变形道次	平辊孔型管头部剩角		立辊孔型头部剩角	
	上剩角 Δ_i	下剩角 δ_i	上剩角 ψ_i	下剩角 ϕ_i
1	105.964	15.964	15.964	105.964
2	115.643	25.643	25.643	115.643
3	125.321	35.321	35.321	125.321
4	135.0	45.0	45.0	135.0

（6）绘制孔型图。根据表 13-23～表 13-26 中的数据，分别绘制上下平辊和左右立辊孔型图，见图 13-27。

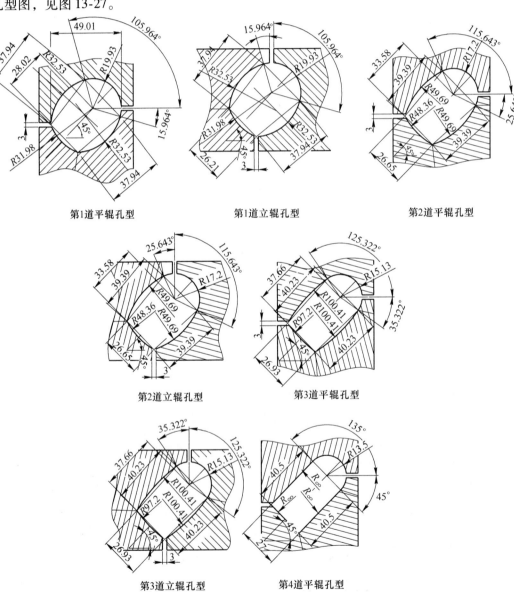

图 13-27　27mm×54mm×1.2mm 斜置梭子管整形辊孔型

（7）斜置梭子管孔型的优点。斜置梭子管孔型与平出或立出相比，有以下优点：

1）一辊多用。从工艺上实现了一套轧辊能任意控制焊缝位置的愿望。如欲使焊缝位置在管尾，则仅需将图 13-27 所示的轧辊孔型上下对调即可。

2）焊管表面质量有保障。与平出或立出孔型比，斜置梭子管平、立辊孔型都是开放式的，孔型边缘受到的切应力很小，边缘不易拉毛，焊管表面质量有保障。而且孔型易修复，轧辊使用寿命长。

3）r 角可控。平出或立出梭子管，其管尾 r 圆角属于挤压成型，影响挤压成型 r 角大小的因素较多，难掌控；而斜置梭子管管尾 r 角则是依靠平、立辊辊缝轧压成角，其圆角大小可以直接通过控制辊缝的大小来实现，方法简单直接，效果明显易控。

此外，这些优点除了体现在斜置梭子管上，另一个更重要的信息在于：对于异型管孔型，在可能的情况下都要尽可能地斜置。斜置孔型，也许增添了设计者的难度，但是对使用者来说不仅方便，更会带来经济实惠。

13.6.4　R 形凹槽方管的孔型设计

在现有先成圆后变异或直接成异工艺条件下，要想生产出如图 13-28 所示 25mm×25mm×1.2mm×R4.2mm 的 R 形凹槽方管有一定难度。

13.6.4.1　可行性分析

可行性分析包括现有焊管成型工艺在变形凹槽类管形方面存在不足的分析、变形新思路和新工艺分析等。

（1）现有生产工艺分析。内容包括：

1）焊接钢管先成圆后变异工艺。焊接钢管先成圆后变异的工艺路径如图 13-29 所示。从圆变方和轧槽同时进行的过程中轧辊孔型与管外壁接触的情况看，它是一种空腹变形。若要在

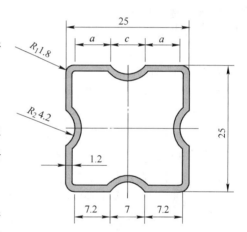

图 13-28　25mm×25mm×1.2mm
R 形凹槽方管

管面上变形出如图 13-29 所示的 R 形凹槽，通常只能采用如图 13-30 所示的轧辊孔型对圆管实施空腹冷轧，以迫使圆管变异。在孔型 R 状凸筋圆弧触碰到圆弧管面并形成凹槽的过程中，受管面整体性和钢材抗压强度、屈服强度共同作用，在凹点两侧一定范围内（如图 13-30 中的 AE 段）的管面势必随孔型上 R 状凸筋逐渐切入而下凹，并不可避免地形成开口宽度明显大于设计宽度的 V 形槽，且 V 形槽两侧的线与管平面线均为圆弧相切，这样，槽两侧就看不到清晰明显的连接线痕迹。在空腹变形方式下，管坯 AE 段无法反向充满如图 13-30 中的△AEF 区域，几乎无法变形出如图 13-28 所示的既浅而窄又清晰可见的 R 形凹槽。

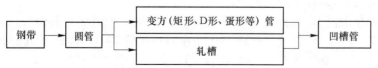

图 13-29　焊接钢管先成圆后变异的工艺路径

2）焊接钢管直接成方工艺。焊接钢管直接成方工艺其实是冷轧型钢技术的延伸应用，它虽然可以在直接成方的过程中轧出比较理想的 R 形凹槽，但是，由于该管形有一个 R 形凹槽是在焊缝位置上，这就给直接成方的孔型设计增添了难度；如果通过偏心设计可以解决这一难题的话，那么将产生另一个更棘手的问题——焊接稳定性差和焊缝强度低。因此，只能另辟蹊径。

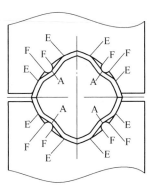

图 13-30　圆变方变槽时
管坯变形示意图

（2）变形思路。受焊接钢管先成圆后变方和直接成方工艺的启迪，倘若能借鉴冷轧型钢的实轧工艺，将二者融为一体，在成圆变形的轧辊孔型面上加工出可以相互吻合的 R 形凸筋和凹槽，先通过上下孔型轧辊实轧出形状和尺寸都合格的 R 形凹槽并焊接成 R 形凹槽圆管，然后利用现有圆变方工艺将 R 形凹槽圆管轧制成 R 形凹槽方管。图 13-31 所示变形花正是这一思路的具体体现。

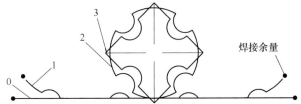

图 13-31　R 形凹槽方管变形思路的变形花
0—平直钢带；1—同时轧槽和边缘变形；
2—R 形凹槽圆管；3—R 形凹槽方管

（3）先成型凹槽圆管后成型凹槽方管工艺。主要工艺流程如图 13-32 所示，该工艺有两个显著特点：一是只有最初的孔型与轧槽有关，其余孔型均与轧槽无关，而最终成品上的 R 形凹槽却又是由最初孔型所决定的；二是槽形规整、槽位精准、线条清晰。

由此可见，先成型 R 形凹槽圆管再成型 R 形凹槽方管工艺的成败关键在于：能否将冷轧凹槽和冷轧凸筋孔型与焊管成圆变方孔型完美结合。

图 13-32　先成凹槽圆管后成凹槽方管的工艺路径

13.6.4.2　R 形凹槽方钢管成型孔型设计

设计包括用料宽度确定、成型圆孔型设计、R 形凹槽孔型设计、圆变方孔型设计和设计原则等方面。

A　设计原则

（1）同时轧制原则。就是将用于轧槽的孔型附着在传统成圆孔型上，当孔型对钢带进行成圆变形时，R 形凹槽的轧制亦在同步进行。这有利于 R 形凹槽在钢带上横向精准定位和成方后 R 形凹槽在方管上的几何对称。

（2）一次轧制原则。是指 R 形凹槽的形成只需用一个道次轧制即可。只用一个道次轧制成型 R 形凹槽，并对后续实轧成型孔型在对应于管坯上已经轧出 R 形凹槽的部位进行避空处理，是为了避免多道次孔型对已成型的多槽发生错槽轧制。

（3）公称尺寸设计原则。直接用成品管公称边长作为设计孔型曲线弧长的依据，让每段孔型对应的曲线长度都与公称边长相同,既不影响产品精度又能简化设计程序。

(4)视同圆管成型原则。把管坯从平直钢带成型为凹形槽圆管的孔型,其孔型弧线除了与凹槽有关的线段外,其余弧线的设计参数均按焊管成型的常规方法设计。

(5)视同圆变方整形原则。就是将带有凹槽的圆管当成普通圆管变方管看待进行整形,但是要特别注意4个凹槽在方管面上的对称。

(6)成品管45°斜出原则。根据图13-28的要求,4个R形凹槽必须均布在25mm×25mm平面正中。为此,在设计圆变方孔型时,应该将成品管某一面设计为与水平面成45°斜出。这样,生产时只要保证焊缝稳定在方管角正中,4个R形凹槽就必然居于25mm×25mm平面正中并实现几何对称。同时,这也为第一道成圆形孔型设计和确定管坯宽度确定了基本原则。

B 确定用料宽度

(1)计算展开宽度。根据设计原则并结合壁厚仅有1.2mm的实际情况,选择图13-28所示方管正角处作为切入点、外尺寸为展开依据,则R形凹槽方钢管的展开宽度B'由式(13-80)确定:

$$B' = 4\left[\frac{R_1\pi}{4} + a + \frac{R_2\pi\arcsin(c/2R_2)}{90} + a + \frac{R_1\pi}{4}\right] \tag{13-80}$$

式中,已知$R_1 = 1.8\text{mm}$,$R_2 = 4.2\text{mm}$,$a = 7.2\text{mm}$,$c = 7\text{mm}$,则$B' = 102\text{mm}$。

(2)用料宽度。因与所选择的展开宽度B'关系密切,且B'是外尺寸的展开值,所以在确定用料宽度B时,不用另外考虑成型余量和整形余量,只需考虑焊接余量。焊接余量的多或少,都将影响R形凹槽在方管上的对称。根据经验数据,焊接余量选择0.4mm比较适宜,则成圆孔型的有效长度为$B = 102.4\text{mm}$。

C R形凹槽孔型设计

(1)成圆孔型弧长。如图13-33所示弧长为97.32mm,由此可推算出此弧长相当于$\phi31\text{mm}$圆管的周长。

(2)选择成型模型。根据图13-28所示R形凹槽位置及所要达到的效果,综合比较单半径、双半径、W孔型和边缘变形这几种成型方式,选择边缘变形模型能较好地将轧槽变形和成圆变形统一于一体,既有利于4个R形凹槽的轧制成型,又兼顾到管坯边部的成圆变形,参见图13-34。

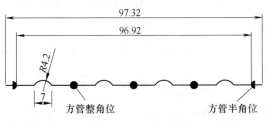

图13-33 成圆孔型用弧长的"直线"示意图

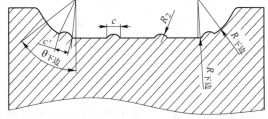

图13-34 25mm×25mm R形凹槽管第1道成型下辊

(3)第1道上辊槽孔型。25mm×25mm R形凹槽方钢管第1道上辊槽孔型如图13-35所示。关键在于"Ⅱ"形槽宽H_1、H_2的确定,槽的感官效果主要取决于槽底宽。

(4)依据一次轧制成槽的原则,对相关上辊进行避空设计。

(5)其他成型孔型的设计。与常规成圆孔型无异。在完成凹槽轧辊孔型的设计、加工

后，就可利用 $\phi31\text{mm} \times 1.2\text{mm}$ 成型辊、焊
接辊和 45° 斜出 25mm 方管轧辊进行轧制。
制管过程中必须确保 R 形凹槽在方管平面上
的对称，这是衡量 R 形凹槽方管优劣的重要
标准，而判断 R 形凹槽是否对称的依据就是
焊缝位置。

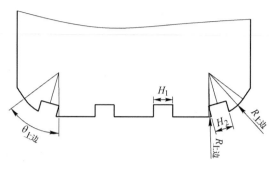

图 13-35　25mm × 25mm 凹槽管第 1 道成型上辊

13.6.4.3　焊缝位置的控制

根据孔型设计和工艺设计的要求，如果
最终焊缝没有落在理想位置上，那么 R 形凹
槽成品管管形就不对称并成为废次品。因此，管形对称性控制便转化为对焊缝位置的控
制。焊缝位置控制分为预控法和自然法两种。

（1）自然法。焊缝落在方管角正中位置，是成型第 1 道孔型的必然产物，也是"一轧
定终身"的自然结果，但是要防止焊缝开裂。

（2）预控法。受"一轧定终身"的启发，如果借助工艺方法，在进料时将钢带横向
中心预先向轧制中心线内（或外）侧人为偏移约 2mm，那么根据钢带成型为管的映射原
理，焊缝将落在距上管角外侧 1.8mm 处。这样既从工艺方面保证了 R 形凹槽在方管平面
上对称，又巧妙地使焊缝避开了管角外层的拉应力危险区域，消除了焊缝开裂的风险。

13.6.4.4　凹槽管的拓展

拓展包括两个方面：一是指同一成型辊生产不同规格的异型管，如根据传统圆变异工
艺，只需更换相应的定径整形轧辊，就可生产出如图 10-5 所示的多款凹槽异形管；二是
指这种工艺方法的拓展，如可以生产波纹管、缺角管、导轨管等多种凹槽异型管。

13.7　借助 Auto CAD 平台设计孔型

对异型管形状的市场需求，导致异型管呈现日新月异的变化，但总趋势是，管材外形
向新奇、怪异方向发展，以增大模仿难度、延长模仿时间、取得销售优势。这就对金属家
具管材模具的孔型设计提出更高、更快的要求，迫使模具孔型设计师的设计方法和设计手
段也要不断创新以适应市场要求。受搭建活动板房的启迪，借助 Auto CAD 计算机辅助设
计系统，将孔型设计过程也分解为设计、制造和
组装 3 个步骤，那么，这样设计异型管孔型、尤
其是较为复杂的异型管孔型，既可以省去复杂孔
型中线条与线条间边、角、弧的数量关系、位置
关系和繁琐计算，又可以降低设计难度、提高设
计效率。

现以利用 CAD 计算机辅助设计系统设计
18mm × 22mm × 40mm 异边矩形管孔型为例，见
图 13-36，对设计异型管孔型的 CAD 组装法加以
介绍。

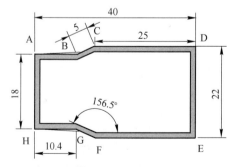

图 13-36　18mm × 22mm × 40mm 异边矩形管

13.7.1 异型管孔型 CAD 组装法的设计原则

所谓设计异型管孔型的 CAD 组装法就是：模拟活动板房完整的工艺路径和工艺思路，将各道次孔型的各段变形曲线按变形规律分别设计出各自的参数，根据这些参数在 CAD 计算机辅助设计系统中"制造"（画）出彼此独立的变形曲线存入 CAD 页面中，并在一定的框架（与成品管密切相关的或圆、或方、或矩）上，把已经"制造"好的独立变形曲线像活动板房构件一样，按照一定原则组装到框架相应位置上，从而"组装"出一个完整的孔型。

异型管孔型 CAD 组装法的设计原则包括充分利用 CAD 的原则、逆向思维变形孔型的原则、公称尺寸原则和流程化原则等。

（1）充分利用 CAD 的原则。在孔型设计的全过程中，除去一些基础数据外，其他变形参数包括那些变形曲线之间边、角、弧的相互位置关系等，都要充分利用 CAD 系统中的功能配置，尽可能地在 CAD 视窗中通过几何途径而非函数方法获得，最大限度地实现无纸化设计，所获得的参数精准，孔型修改也方便。

（2）逆向思维变形孔型的原则。在圆变异方式下，习惯的思维方式是从圆出发，凭空想象、一步步逼近成品异型管图形。其实，异型管孔型设计的过程是可以可逆的，即在成品异型管图形基础上，作还原性拓展，使直线还原成圆弧，小曲率还原成大曲率或者相反，最后回归到初始圆，参见图 13-37。遵循这种逆向思维模式，任何复杂的异型管，都可以紧扣后道次孔型映射出前道次孔型，绝对不会迷"图"。

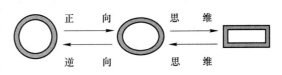

图 13-37　圆变异正向思维与逆向思维示意图

（3）公称尺寸原则（同前，略）。

（4）流程化原则。流程化原则有两个方面的要求：一是整个设计过程中，必须严格按照 CAD 设定的程序进行操作，否则无法保证孔型的正确性；二是孔型中相同部位的变形曲线，无论是参数设计、曲线制造或者是曲线组装，都遵循相同的程序，只有这样才能保证所设计的孔型合理。

13.7.2 设计实例

异型管孔型 CAD 组装法分为变形曲线参数设计、制造变形曲线与变形曲线的组装 3 个流程。

13.7.2.1 变形曲线参数的设计

图 13-36 所示 18mm × 22mm × 40mm 异边矩形管的展开宽度为 120.8mm，由其决定的初始圆直径是 ϕ38.5mm，并在 CAD 页面上作出此圆。依据异型管圆变异孔型设计的公称尺寸原则，在该圆上分别截取 AB + BC = 15.4mm、CD = 25mm、DE = 22mm、HA = 18mm 和 AD = 40mm 相应的弧长，连接 AC、CD、DE、HA、AD 得各自对应的弦长，如图 13-38 所示。由此易得包括变形半径、弦长、弓形高和折线角度等方面的初始孔型变形参数。

（1）初始弓形高。根据变形原理，若以弓形高作主变形量，则异型还原成圆形这一过程的实质是：成品上各部位弓形高从零（本例）逐渐增大至初始圆上弓形高的过程。并利

用 CAD "标注"中的 "对齐"功能，直接在图 13-38
中标注出各自的初始弓形高 h_x，标注结果如下一组
数值所示：

$$h_x = \begin{cases} h_{AB+BC} = 1.52\,\text{mm} \\ h_{CD} = 3.93\,\text{mm} \\ h_{DE} = 3.07\,\text{mm} \\ h_{HA} = 2.06\,\text{mm} \\ h_{AB+BC\cdot\cos\alpha+CD} = 9.51\,\text{mm} \end{cases}$$

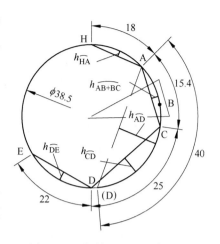

（2）孔型各段曲线弓形高 h_{xi}。如果按 "4 平 3
立、平辊主变形"来平均分配初始弓形高，那么各道
次各段曲线的弓形高由下式确定：

$$\begin{cases} h_{xi} = h_x - i\,\overline{h}_x \\ \overline{h}_x = \dfrac{h_x}{N} \end{cases}$$
(13-81)

图 13-38　初始圆上弓形高图示

式中　　i——主变形道次，i = 4，3，2，1，0（0 表示初始圆的道次）；

　　　　N——主变形道数，N = 4；

　　　h_x——初始圆上 x 弧对应的初始弓形高，mm；

　　　$\overline{h}_x$——初始圆上 x 弧对应初始弓形高的平均值，mm；

　　　h_{xi}——第 i 道次 x 弧的弓形高，mm。

这样，由弧长与弓形高的几何关系，就可以知晓各道次孔型各段曲线的弦长和变形
半径。

（3）道次变形曲线的弦长 b_{xi} 和半径 R_{xi}。由下式确定：

$$\begin{cases} b_{xi} = \left[0.375x + \sqrt{(0.375x)^2 + 3.75(0.5625x^2 - 4h_{xi}^2)}\,\right]/1.875 \\ R_{xi} = \dfrac{b_{xi}^2 + 4h_{xi}^2}{8h_{xi}} \end{cases}$$
(13-82)

式中　　x——孔型中某段曲线弧长，mm；

　　　b_{xi}——第 i 道次 x 弧的弦长，mm；

　　　R_{xi}——第 i 道次 x 弧的变形半径，mm。

将式（13-81）的相关数值代入式（13-82），得各道次孔型的各段设计参数，见表
13-27。

表 13-27　各道次孔型的各段变形曲线参数　　　　　　　　　　　　　（mm）

变形道次	曲线弦长 b_{xi}						变形半径 R_{xi}				
	AB+BC（弧）	A-B-C	CD（弧）	DE（弧）	HA（弧）	AB+BC·$\cos\theta_i$+CD（弧）	AB+BC（弧）	A-B-C	CD（弧）	DE（弧）	HA（弧）
4	—	15.13	25.00	22.00	18.00	40.00	—	157°	∞	∞	∞
3	—	15.27	24.90	21.93	17.96	39.62	—	164°	79.57	78.46	78.55
2	—	15.37	24.58	21.71	17.84	38.46	—	172°	39.32	39.03	39.14
1	15.36	15.40	24.05	21.35	17.64	36.41	59.23	180°	25.93	25.92	25.95
0（初始圆）	14.99	—	23.28	20.82	17.36	33.26	19.25	—	19.25	19.25	19.25

13.7.2.2 利用 CAD "制造" 各段变形曲线

（1）变形曲线的制造程序。在 CAD 页面中，点击"绘图"→"圆弧"→"起点、端点、半径"后，将光标对准页面空白处左点击并输入表 13-27 中所列的弦长 b_{xi} 数值，敲"Enter"键；接着再输入该弦长对应半径 R_{xi} 值同时敲"Enter"键，这样就"制造"出了一段与设计参数一致的变形曲线。如此重复上述过程，即可迅速"制造"出 18mm×22mm×40mm 异边矩形管各道次孔型的各段变形曲线。

（2）变形折线的制造程序。按以下程序制作 A-B-C 折线：点击"绘图"→"直线"后输入 AB=10.4mm，敲"Enter"键；接着输入 BC=5mm 并在点击"Tab"键后输入 $180° - \theta_i$ 之值敲"Enter"键，这样就得到了所需要的折线。

对表 13-27 需要作三点说明：

（1）考虑到金属塑性变形规律、变形道次及后续变形能顺利进行，成品管上折线 A-B-C 在变形第 1 道孔型中只能以一条曲线的形式出现，并且要使该曲线的曲率半径尽可能地大，接近直线，以便后道次孔型直接轧出折线，故给出该道次这段弧的弓形高 $h_{(AB+BC)1} = 0.5mm$，这样，由式（13-82）得该弧线的弦长和半径分别为 $b_{(AB+BC)1} = 15.36mm$、$R_{(AB+BC)1} = 59.23mm$，而在半径为 59.23mm 的圆中，15.4mm 的弧与 15.36mm 的弦在宏观上已经没有区别。

（2）当将（AB+BC）弧视作直线后，它与成品上折线 $\overline{AB}$ 与 $\overline{BC}$ 的角度相差 23.5°，按 $\theta_4 = 156.5°$，$\theta_3 = 164°$、$\theta_2 = 172°$ 和 $\theta_1 = 180°$ 从第 4 道起用 3 个道次递增变形，其弦长便表现为余弦的两边夹一角（θ_i）之边长或通过 CAD "标注"中的"对齐"功能标注得到，变形半径则表现为变形角度。

（3）为了更好地反映逆向思维，特意在表 13-27 中添加了初始圆的相关指标，有了这些参数就可以在 CAD 页面中"制造"出各段曲线。

将这些"制造"出的各段变形曲线和折线按变形道次和孔型部位对号入座存入"库房"（表 13-28）中，供下一步"组装"孔型时"领用"。

表 13-28　18mm×22mm×40mm 异边矩形管曲线库

曲线　部位 道次	$\overset{\frown}{AB+BC}$	A-B-C	$\overset{\frown}{CD}$	$\overset{\frown}{HA}$	$\overset{\frown}{DE}$
1	R59.23　15.36		R25.93　24.05	17.64　R25.95	21.35　R25.92
2		172°　15.37	R39.32　24.58	17.84　R39.14	21.71　R39.03

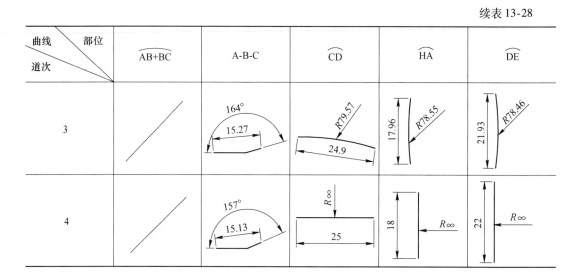

曲线＼部位＼道次	$\overset{\frown}{AB}+\overset{\frown}{BC}$	A-B-C	$\overset{\frown}{CD}$	$\overset{\frown}{HA}$	$\overset{\frown}{DE}$
3		164°　15.27	R79.57　24.9	17.96　R78.55	21.93　R78.46
4		157°　15.13	R∞　25	18　R∞	22　R∞

13.7.2.3 "组装"异边矩形管孔型

（1）搭建"组装"孔型用"框架"。从图 13-36 出发，连接图中 A、D、E、H 点，得到一个以 18mm 为上底、22mm 为下底、40mm 为高的等腰梯形；而且，构成孔型的 8（第 1 道次为 6）条变形曲线与这个梯形上的 A、D、E、H 点存在着千丝万缕的联系。因此，通过发散思维，依此类推就可以为每一道孔型"搭建"一个以 $b_{\mathrm{HA},i}$ 为上底、$b_{\mathrm{DE},i}$ 为下底、$b_{(AB+BC\cdot\cos\alpha+CD),i}$ 为高的等腰梯形，将相应变形曲线"组装"到这样的等腰梯形上，那么，图 13-39 中虚线所示就是"组装" 18mm × 22mm × 40mm 异边矩形管孔型需要预先搭建的"框架"。

（2）"框架"上组装孔型。以圆变异第 2 道孔型的组装为例加以说明。在 CAD 页面中：

1）作以 $b_{18,2}$ = 17.84mm 为上底、$b_{22,2}$ = 21.71mm 为 下 底、$b_{40,2}$ = 38.46mm 为高的等腰梯形，记作梯形 ADEH-2，见图 13-39。

2）从表 13-28 中"领出" HA-2 弧，选择 HA-2 弧的 A 点为移动基点，将其移动到等腰梯形 ADEH-2 之 A

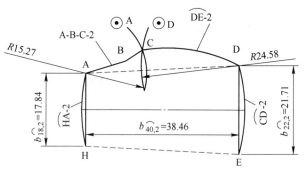

图 13-39　异边矩形管孔型组装过程示意图

点，并使弧线另一端点 H 与等腰梯形 ADEH-2 之 H 点重合，点左键后完成 HA-2 弧的组装；同理，完成 DE-2 弧的组装，区别在于 DE-2 弧的 D 点和 E 点必须与等腰梯形 ADEH-2 之 D、E 点重合。

3）CD-2 弧的组装，共分 4 步。第 1 步，在上述 1）、2）的 CAD 页面中，以 $b_{25,2}$ = 24.58mm 为半径、以 D 点为圆心作圆，记作⊙D；第 2 步，以折线 A-B-C-2 的第 3 条边长为半径、A 点为圆心作圆记作⊙A 并与⊙D 相交，形成上交点 C 和下交点 C′；第 3 步，从表 13-28 中"领出"（点击"移动"图标）CD-2 弧并选择 CD-2 弧之 D 点为移动基点，将其移动到与等腰梯形 ADEH-2 的 D 点重合；第 4 步，点击"旋转"图标和 CD-2 弧，以 D 点为旋转基点旋转 CD-2 弧，使 CD-2 弧的 C 点与相交圆的上交点 C 重合，点左键后完成 CD-2 弧的"组装"。

　　4）折线 A-B-C 的组装。首先从表 13-28 中"领出"折线 A-B-C-2，选择 A 点为移动基点，将其移动到与等腰梯形的 A 点重合并点左键；然后点击"旋转"图标和 A-B-C-2 折线，使折线的 C 点与 CD-2 之 C 点重合，这样就完成了半幅孔型的组装，如图 13-39 所示。

　　5）点击"镜像"，对已"组装"好的半幅孔型进行镜像处理，从而得到一个完整的变形孔型。

　　6）点击"删除"，对组装过程中搭建的梯形框架和相交圆弧等辅助线进行删除。不断重复上述流程，则可得到 18mm× 22mm×40mm 异边矩形管第 1～4 道次圆变异孔型的变形花，如图 13-40 所示。

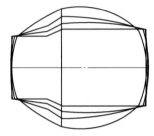

图 13-40　异边矩形管变形花

　　竞争促进创新，创新的途径多种多样，不同行业跨界学习是获得创新灵感的重要途径。借鉴活动板房设计、制造和组装的流程，将圆变异孔型、尤其是复杂孔型的圆变异过程，利用 CAD 计算机辅助设计系统进行孔型参数的设计、变形曲线的"制造"（画）及独立变形曲线的"组装"，该思路和方法不仅可行，而且能够免去计算许多线段与线段之间的边、角、弧数值，提高设计效率。孔型越复杂，该方法的运用价值就越大；其中的一些设计原则如逆向思维变形孔型原则、公称尺寸原则等，对设计其他异型管孔型以及用其他方法设计异型管孔型都有指导意义。不过，再好的孔型，如果没有好的轧辊材料做载体，只能是纸上谈兵。

13.8　轧辊材料与热处理

　　由于焊管用轧辊工作环境十分恶劣，需要经受高温、高接触压应力、剪应力及大摩擦力的考验，同时，轧辊损耗也是焊管生产成本的重要组成部分，因此，作为焊管用轧辊材料，必须具备一些基本品质。

13.8.1　轧辊坯的基本要求

　　（1）良好的加工性能。有利于热锻造加工、机械切削加工、热处理加工以及在高硬度下进行孔型修复等。

　　（2）高强度和高韧性。包括抗压强度、疲劳强度、剪切强度、耐冲击、韧性好。

　　（3）高硬度和耐磨损。要求经过热处理后轧辊表层一定深度（8～10mm）内的硬度必须达到 HRC56～62，同时要求具有高的耐磨性能，确保轧辊孔型磨损少、寿命长。

　　（4）耐高温和耐交变应力。轧辊工作过程中，孔型长时间与管面接触生热，要求轧辊散热能力强。轧辊抗交变应力能力最突出的莫过于挤压辊，它一面要经受高频辐射热能的影响，一面又被冷却液急速冷却，抗交变应力能力弱的挤压辊上辊环使用不久就会出现龟裂, 甚至 "掉肉"。

（5）红硬性好。若用热强性不好的材质制作挤压辊, 挤压辊就会产生 "低温回火效应" 而逐渐变软。

（6）高性价比。以轴承钢（GCr15）与模具钢（Cr12MoV）比, 由于后者的耐磨性优于前者, 虽然后者材料价格是前者的 1.5 倍, 但使用寿命却是前者的 2 倍多, 所以, Cr12MoV 的辊耗仅是 GCr15 的 60% 左右。

13.8.2　常用轧辊材质的比较

焊管行业常用轧辊材质化学成分与性能参见表 13-29 和表 13-30。

表 13-29　焊管常用轧辊材质化学成分

辊材名称	化学成分/%								
	C	Si	Mn	Cr	W	V	Mo	S	P
GCr15	0.95 ~ 1.05	0.15 ~ 0.35	0.20 ~ 0.40	1.30 ~ 1.65	—	—	—	≤0.020	≤0.027
Cr12（SKD1）	2.00 ~ 2.30	≤0.40	≤0.40	11.50 ~ 13.00	—	—	—	≤0.03	≤0.03
Cr12MoV（SKD11）	1.45 ~ 1.70	≤0.40	≤0.35	11.00 ~ 12.50	—	0.15 ~ 0.30	0.40 ~ 0.60	≤0.020	≤0.027
3Cr2W8V	0.3 ~ 0.4	0.15 ~ 0.35	0.2 ~ 0.4	2.20 ~ 2.27	7.50 ~ 9.00	0.20 ~ 0.50	—	≤0.03	≤0.03
H13（4Cr5MoSiV1）	0.32 ~ 0.45	0.80 ~ 1.20	0.20 ~ 0.50	4.75 ~ 5.50	1.10 ~ 1.175	0.80 ~ 1.20	—	≤0.03	≤0.03

表 13-30　焊管用轧辊材料主要性能

辊材名称	热处理后的主要性能	适合使用部位
GCr15	具有较好的淬透性、耐磨性、硬度高、强度高, 价格相对低廉, 热处理工艺简单、成熟, 使用经验丰富。热处理加回火后硬度可达 HRC58	成型辊 定径辊 导向环
Cr12	具有良好的淬透性、耐磨性、硬度高、强度高, 价格较 GCr15 稍高但比 Cr12MoV 低, 热处理工艺与 GCr15 接近, 比较而言, 耐磨性不如 Cr12MoV。热处理后硬度可达 HRC60	成型辊 定径辊
Cr12MoV（SKD11）	具有优良的淬透性、耐磨性、硬度高、强度高, 价格较 GCr15 和 Cr12 稍高, 热处理工艺与 GCr15 接近; 比较而言, 耐磨性比 GCr15、Cr12 都高得多。热处理硬度可达 HRC64	成型辊 定径辊
3Cr2W8V	耐热疲劳性能和高温力学性能较高, 耐磨性和抗回火稳定性好, 热处理后硬度为 HRC42 ~ 46; 但材料较贵	挤压辊
H13	具有良好的热强性、红硬性、较高韧性与抗热疲劳性, 工作温度可达 600℃, 常规热处理后硬度为 HRC42 ~ 48, 性价比较高	挤压辊

13.8.3　轧辊制造工艺

轧辊品质由材质、孔型和制造工艺三个方面构成, 缺一不可, 前两者的重要性毋庸置疑，而作为轧辊制造软实力制造工艺常常被忽视。实践也证实，不同轧辊制造厂商用同样材料制作的同规格轧辊，可轧焊管数量差距较大，甚至数倍。究其原因，不外乎轧辊制造工艺先进与落后。一个完整的轧辊制造工艺流程如图 13-41 所示。其中，热处理工艺（以 Cr12MoV 为例）在整个制造流程中具有举足轻重的作用。

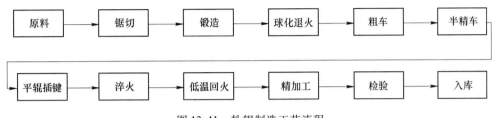

图 13-41　轧辊制造工艺流程

（1）球化退火。作用有两个：一是消除锻造内应力，降低硬度，提高随后的粗加工切削性能和最终孔型表面质量等。Cr12MoV 钢含有较高的、能够提高淬透性的合金元素，锻造后硬度大增，导致粗加工困难，所以锻后需要进行球化（等温）退火。Cr12MoV 钢的等温球化退火曲线如图 13-42 所示。二是为后续淬火、回火做好组织准备。淬火需要有良好的原始组织，只有细球状珠光体经淬火和低温回火后，才能获得高硬度、高耐磨性、高抗剪强度、高抗疲劳强度。

（2）淬火。Cr12MoV 钢在加热温度 810℃ 以上时，原始组织中索氏体和碳化物转变为奥氏体并中和碳化物，随着温度升高合金碳化物会继续向奥氏体中熔解，从而增加了奥氏体中 C 和 Cr 的浓度，故会得到较高的淬火硬度。当温度达到 1050℃ 时，淬火硬度会达到最高值，参见图 13-43。淬火介质可以选择油（980~1030℃），也可以选择油 + 水（1000~1050℃）。

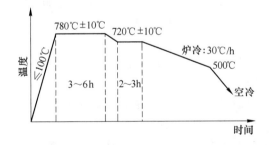

图 13-42　Cr12MoV 辊坯球化退火曲线

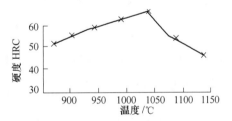

图 13-43　Cr12MoV 淬火温度与硬度曲线

（3）低温回火。Cr12MoV 钢回火温度与硬度的关系如图 13-44 所示，120~150℃ 是轧辊强度、韧性和硬度的平衡点。

机加工工艺等略。

随着科学技术的进步，像高频直缝焊管用轧辊这类需要多学科知识拱卫、多部门配合协作和多工种人员参与的工作，已经从现实走进虚拟，再从虚拟走进现实，使轧辊制造发生了质的飞跃。

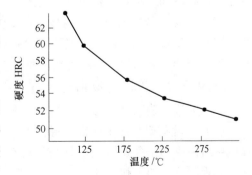

图 13-44　Cr12MoV 回火温度与硬度曲线

13.9　虚拟制造技术在轧辊设计制造中的应用

13.9.1　轧辊虚拟制造技术在焊管行业中应用的必然性

轧辊，在整个焊管制造中既居于起始位置，又贯穿焊管生产全过程，是实现又快又好产出焊管的前提；可是，面对多品种、怪形状、小批量、快交货的焊管市场，传统轧辊生成模式显然已经难当此任。于是，虚拟制造技术（Virtual Manufacturing Technology，VMT）在轧辊设计制造中的应用便应运而生。当人类社会阔步迈进"互联网＋"的时代之后，依靠 CAD/CAM/CAE/Agent（计算机辅助设计/计算机辅助制造/计算机辅助工程/人工智能）等计算机硬件技术、软件技术和网络技术的强力支持，完全能够以最短的产品开发周期（Time）、最优质的产品质量（Quality）、最低廉的制造成本（Cost）和最好的技术支持与售后服务（Service）迅速抢占轧辊制造的最高点。

13.9.2　轧辊虚拟制造技术

13.9.2.1　轧辊虚拟制造技术的内涵

轧辊虚拟制造技术是指在计算机网络及虚拟现实环境中，利用制造系统各层次和不同侧面的数学模型，对包括轧辊孔型设计、制造、使用与管理等各个环节的技术方案和技术策略进行模拟、评估与优化的综合过程，以高逼真度仿真轧辊形成和轧辊工作过程为特色，以建立与轧辊相关的各种模型为核心。

（1）轧辊虚拟制造技术中的四类模型：

1）建立用计算机语言表示的轧辊参数、孔型参数、设备参数、管坯参数等产品模型，实现只需将所要开发的焊管断面形状输入计算机，就能自动生成出变形该焊管用的各道次轧辊孔型。

2）建立与轧辊有关的孔型设计、工艺规划、加工制造、装配拆卸以及性能分析的各种过程模型，为顺利开发出新产品铺平道路。

3）建立与企业生产组织和轧辊销售有关的活动模型，以便更好地协调各企业间的工作节拍。

4）建立与轧辊制造如锻坯、热处理、精加工企业的人力、物力和财力资源模型，方便在虚拟制造和现实制造时调度、指挥。

（2）轧辊虚拟制造技术中的高逼真度仿真。将仿真技术引入轧辊孔型设计模型，提供轧辊与变形管坯成型过程的虚拟环境，并对仿真过程进行优化，促进焊管用轧辊孔型更加符合管坯变形规律和生产实际需要。可见，它与实际制造相比，具有鲜明的虚拟特点。

13.9.2.2　轧辊虚拟制造的特点

轧辊虚拟制造在高度集成、敏捷灵活与区域合作方面特点显著。

（1）高度集成与博采众长。将轧辊孔型设计、孔型优化、孔型应用等全都集成在由计算机网络构成的一个虚拟环境中，并在这个虚拟环境中，利用与轧辊有关的虚拟模型进行虚拟轧辊制造、加工和测试；同时，根据轧辊孔型设计具有理论与经验并重的特征，甚至可以邀请用户、售后、焊管操作工以及其他技术人员一起"进入"虚拟制造环境中，对轧辊提出修改优化建议，而不必再像传统制造那样，依赖于实物轧辊进行反复修改。更可将大量"产成品"——轧辊设计方案存储在计算机网络中，随时根据市场需要投入生产，从而大幅度缩短复杂断面异型管的开发时间，大幅度降低新产品的开发成本，大幅度提高新产品的一次成功率。

（2）敏捷灵活与成本低廉。在尚未形成实物轧辊的虚拟制造环境中，企业可根据客户要求或市场变化，即时、迅速、低成本地更改轧辊断面形状。然而，在传统制造中，若要实现轧辊孔型形状的改变，便意味着原有轧辊报废，前期投入的人力物力瞬间打水漂。

（3）区域合作与集思广益。传统轧辊设计受设计师个人知识与经验限制，导致所设计的轧辊在使用过程中难免不出现这样那样的问题和缺陷。虚拟制造能够不受时空制约，汇聚 IT 专家、材料专家、力学专家、工艺专家、设计师和实践经验丰富的操作工在同一虚拟网络平台上相互交流、信息共享、集思广益，为优质高效低耗地生产出实物轧辊及焊管提供保证。

13.9.3 轧辊虚拟制造的体系结构

焊管用轧辊虚拟制造体系结构由轧辊虚拟开发平台、轧辊虚拟生产平台和轧辊虚拟企业三大平台构成。

13.9.3.1 轧辊虚拟开发平台

（1）虚拟轧辊孔型设计。运用软件与模型对包括焊管成型、焊接、定径过程进行有限元分析、运动学分析、动力学分析和金属弹塑性变形分析等，在此基础上利用 CAD 与相关软件如德国 data M 公司的 COPRA 软件，只需输入最终焊管断面轮廓，就可自动计算出母管尺寸、用料宽度和绘制出各道轧辊孔型的中间尺寸。在图 13-45 中，点 A→A'、B→B'、…、H→H'——呈现线性拓扑关系，虚拟制造成图路径为9→1，实际制造路径则是1→9。

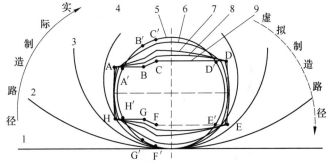

图 13-45 异边矩形管线性拓扑成圆变异图
1~4—成圆变形；5—焊接成圆；6~9—圆变异

（2）虚拟轧辊加工。由单个轧辊孔型工艺优化、轧辊加工工艺过程优化、辅助成型工具设计优化及轧辊加工过程优化等构成。目的是通过轧辊虚拟加工过程，为现实的工艺计划和生产计划生成、工艺资源落实与评价等提供载体，以便能够及时发现实际制造中可能发生的问题并加以解决。

（3）虚拟轧辊安装。包括虚拟换辊工艺规划、虚拟换辊路径和虚拟换辊质量检验等，排除实际换辊时可能发生的机组与轧辊、轧辊与管坯相互干涉因素，为顺利调试出成品焊管首先做好"纸上排兵布阵（CAD）"的工作。

13.9.3.2 轧辊虚拟生产平台

（1）虚拟布局。包括虚拟轧辊生产环境、虚拟轧辊生产动态过程与优化轧辊生产环境，实现时间资源、物流资源在现实区域内合理分配，确保轧辊实际生产过程能够顺利进行。

（2）虚拟设备。主要包括虚拟数控机床（CNC）等集成支承环境和优化集成方案两方面，虚拟对经过淬火与低温回火后的轧辊及其孔型进行精加工，并且对虚拟轧辊进行检验。

（3）虚拟调度。虚拟从轧辊开坯到成品轧辊生产全过程，并对该过程进行调度、纠偏与优化。

13.9.3.3　虚拟轧辊生产企业平台

虚拟轧辊生产企业平台的基本任务有两个：

（1）虚拟各企业协同工作环境。如支持异地设计、异地开坯锻打、异地热处理、异地粗精加工、组合和品质检测的环境。

（2）虚拟企业动态组合。将不同性质、不同类型、不同地域的关联企业集成在一个虚拟"公司"环境下，对轧辊生产安排实行统一组织、统一指挥、统一调度，达到最大限度地整合、利用各种资源的目的。如协调异地热处理厂与异地粗精加工厂间的工作安排，缩短在制品时间，确保准时交货。

13.9.3.4　三个虚拟平台之间的关系

虚拟轧辊开发平台、虚拟轧辊生产平台和虚拟企业平台虽然三者各自侧重点不同，但是它们联系紧密，信息共享，在同一个产品数据平台上被整合成有机整体，形成一个完整的轧辊虚拟制造体系架构，如图 13-46 所示。

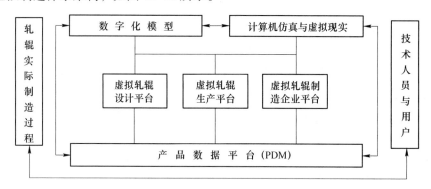

图 13-46　轧辊虚拟制造的体系与结构

13.9.4　轧辊虚拟制造与实际制造的区别与联系

实际制造系统是物质流、信息流在控制流的协调和控制下，在各个层次上进行相应的决策，实现从实物轧辊坯投入到成品轧辊产出的有效转变，其中物质流和信息流是协调工作的主体。虚拟制造系统是在分布式协同工作等多学科技术支持的虚拟环境下实际制造系统的映射，是实际制造系统的抽象，实际制造系统是虚拟制造系统的实例。如将经过虚拟、仿真和优化的轧辊轮廓 CAD 设计与 CAM 相结合，转换为数控加工代码，通过计算机通讯接口导入数控机床（CNC），直接加工出成品轧辊。这样，不但减少编程时间、输入时间，更可保证数据传输及传输的准确性，实现轧辊从虚拟到现实的 CAD/CAM/CNC 一体化技术，参见图 13-47。

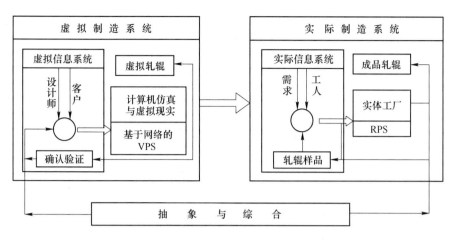

图 13-47 虚拟制造与实际制造的区别与联系

二者的区别与联系表现在以下 4 个方面：

（1）前者是信息流加控制流；后者是信息流、控制流加物流，完成从辊坯到实物轧辊的转换。

（2）前者是图上作业，通过 CAD 视窗模拟仿真看到轧辊形成过程、工作过程，并加以优化，预先为后者顺利进行清除尽可能多的障碍；后者是运用实物形态的机床真实地生产加工轧辊，并实际利用轧辊生产焊管，是前者的物化形态。

（3）虚拟制造可以集成材料学专家、孔型设计师、机械工程师、电气工程师、设备工程师等专家的智慧，决胜千里，事前尽可能为实际制造过程排除一切不利因素。实际制造则是充分利用虚拟制造的成果，同时收集、整理、反馈实操过程中遇到的问题，不断修正、充实、完善虚拟制造系统，为下一次更优化的实际制造打基础。

（4）虚拟制造的参与者多为工程技术人员和客户，从理论的角度尽量满足客户提出的要求；所反映的问题有时过于理想化，缺乏实践经验和实践积累。而实际制造的参与者多为技术工人，素质参差不齐，必须要有详细的操作指引与规范；但是，他们实践经验丰富，可弥补前者的不足，不过有时也为经验所困，在实际制造过程中犯错。对此，两个系统都必须要有清醒认识，相互取长补短，强化信息反馈与偏差纠正。

13.9.5 轧辊虚拟制造的关键技术

轧辊虚拟制造的关键技术由轧辊虚拟设计与安装技术、轧辊虚拟实现技术、轧辊虚拟检测与评价技术、轧辊虚拟分析技术、实验虚拟技术和轧辊虚拟生产技术等 6 个方面构成，详见图 13-48。

焊管用轧辊虚拟制造技术作为一门新兴技术，汇聚多门类学科于一身，为焊管行业高效率、低成本地实现焊管新品种的研发与销售开拓了新途径。可以预料，其与轧辊孔型设计、焊管生产结合后，必将给焊管生产技术和经营管理注入新活力，产生革命性变化。焊管工作者尤其要注重轧辊虚拟制造成果的转化以及虚拟焊管企业管理，使之更好地服务于现实焊管生产。

轧辊虚拟制造的关键技术

- 轧辊虚拟设计与安装技术
  - 虚拟轧辊孔型、外形设计
  - 虚拟换辊、拆卸技术
  - 虚拟样品轧辊
  - 具有力学的虚拟轧辊安装
  - 轧辊装配信息建模
- 轧辊虚拟实现技术
  - 虚拟加工
  - 远程机器人操作与监控
  - 测量技术
  - 基于轧辊表面质量分析的切削参数选择
- 轧辊虚拟检测与评价技术
  - 虚拟轧辊表面接触刚度分析
  - 刀位轨迹检查与碰撞干涉检测
  - 工艺规程与仿真
  - 基于应力的加工质量评价
- 轧辊虚拟分析技术
  - 轧辊孔型分析
  - 轧辊受力有限元分析
  - 焊管坯与孔型接触分析
  - 动力学分析
- 轧辊虚拟实验技术
  - 虚拟实验的物理建模
  - 虚拟轧辊实验的运行平台
  - 虚拟轧辊测试
  - 虚拟轧辊及孔型的评价
- 轧辊虚拟生产技术
  - 虚拟轧辊生产线布局
  - 轧辊生产线生产过程虚拟仿真
  - 基于 VR 的网络化分散制造仿真与评价

图 13-48　轧辊虚拟制造的关键技术内涵

第 14 章　焊管企业生产管理

企业生产管理是一篇大文章，内涵丰富，要立足焊管企业的生产特征，进行工艺管理、质量管理、指标体系管理。

14.1　焊管企业的生产特征

焊管企业的生产特征表现在 5 个方面：

（1）以焊管机组为管理组织的单元。焊管企业多以焊管机组为单位组织生产，如生产金属家具用管的企业，一般以机组为核心，4~6 人为一个最小生产单元，构成一个利益共同体，按角色与岗位分享劳动报酬；中小型焊管机组则通常以 10~20 人组成一个较大生产班组或车间；大型焊管机组如 630 机组，则是全企业的生产核心，企业的所有生产经营活动都围绕它进行。

焊管企业的这一特征，要求无论在人员配置、资金配置、设备配置、物流配置、工艺路径等方面，还是在产量、质量、消耗、成材率、绩效考核以及劳动报酬方面，都必然以焊管机组为单位。

（2）大进大出。一台焊管机组，月生产量少则数百吨，多则数万吨。在全部生产活动中，有 70%~80% 的时间都用在钢带、焊管的转移上。因此，对企业物流路径提出高要求，避免往复搬运，避免人工搬运，谨防焊管企业沦为钢铁"搬运工"，必须合理规划布局，尽可能缩短物流路径。

（3）流水线节拍快。以 6m 管长为例，高频焊管机组的生产节拍从 2 支/min（大型机组）到 33 支/min（小型机组）不等。如此快的生产节拍要求与流水线相关的作业人员、带钢配送、配套设备到成品吊离、入库等各个环节，都必须协调一致。任何一个环节不协调如带钢配送不及时致使机组无料可用、焊工操作不精心导致焊接接头断裂、飞锯机失灵切不断焊管等都会造成整条焊管生产流水线停止运转。

同时，高速运行的焊管流水线，对焊管机组的稳定性与机组操作人员的素质要求也很高，人与机、与轧辊、与材料必须有较好的磨合，必须充分了解机组性能、轧辊特点，否则焊管生产线将难以顺畅。即使是一个高水平的调机师傅，突然让其操作一台完全不熟悉的机组、使用完全不熟悉的轧辊和材料，他也未必能让机组高速运转起来，甚至根本就调不出合格焊管。因此，作为焊管生产线的核心人物——调整工不宜频繁变换机组，即使在企业内部也不主张频繁变动。

（4）生产人员以调整工为核心。调整工是焊管生产中的绝对主角。在某种意义上讲，焊管的产量、质量、消耗等均系调整工于一身，这就要求焊管企业在薪酬待遇、组织人事等方面都应该向调整工倾斜。同时由于是流水线作业，所以各岗位要分工明确、职责清晰、协调有序。

（5）一轧定终身。这里的终身包括形状和品质两个方面。形状既指圆管与公差，也指圆管与异型管，如错将 $\phi 32^{+0.20}$ mm 的圆管调整成 $\phi 32^{-0.20}$ mm 圆管，一旦制成成品后便无法更改；就品质而言，如弯用焊管弯曲后出现焊缝开裂缺陷，那么，这批焊管就会被判"死刑"。这不仅要求机组操作人员必须认真对待每一个生产指令，理解每一个质量要求，按照工艺规定的频率实施自检；还必须强化专职质检员的检查监督，坚持严格的首检、巡检制度，尽可能地避免出现批量性不合格。为此，必须实行严格的工艺管理，制定详细的焊管生产作业指导书，以规范操作行为。

14.2　焊管生产工艺管理

切合焊管企业生产实际的焊管生产工艺，是指导员工实际操作的行动指南，能够使企业实现"傻瓜"式生产，员工实现"傻瓜"式操作，即只需对员工进行简单的岗前培训，员工上岗后只要严格按照生产工艺的培训内容进行作业，就能够生产出合格焊管。如可以将金属家具用焊管生产线分解成上料、成型、焊接、去除外毛刺、冷却、整形（定径）、在线矫直、在线防锈、锯切、工序质量检查、包装等 11 个工序，以焊管生产作业指导书的形式将员工的日常作业内容固化下来，越细越好。仅就成型工序而言，又可细分为 4 个工步，详见表 14-1 所示的《焊管生产作业指导书》。

《焊管生产作业指导书》这类的工艺文件，就是焊管生产作业的"法律文书"，各个岗位、各个工序都必须严格遵守执行；任何人未经授权，不得擅自改变。当然，各个焊管企业的生产特点有所不同，作业指导书的内涵不尽相同，可根据各自生产线特点、设备特点、产品特点和管理特点制订适合本企业的作业指导书。这样，才能确保焊管质量持之以恒。

表 14-1　焊管生产作业指导书

工序名称		主　要　技　术　要　求　描　述		配　　图
成　型		（1）将平直带钢经过由大到小的轧辊孔型轧制成开口圆筒形，见配图 a。 （2）成型后的开口圆管筒形状要基本对称，表面无明显压痕、划伤、辊印，管坯边缘平直无波浪		a
序号	工步名称	作业内容	要　求	工具/检具
1	矫　平	通过施压矫平辊，将穿过其间的钢带皱纹压平，见配图 b	（1）进带钢前首先确认钢带宽度和厚度。 （2）施力大小以板面没有明显的横向折纹和板形无明显浪边为宜	手轮
2	对　中	调整立式活套上的出口对中挡板和矫平辊前后的侧立辊	（1）将管坯纵向中心线调节到与机组轧制中线重合。 （2）矫平上辊两边必须平行，不允许两边有明显高低。 （3）两侧立辊间的通径为 $B+2$mm	扳手

工序名称		主 要 技 术 要 求 描 述			配 图
序号	工步名称	作业内容	要求	工具/检具	
3	开口孔型辊调整	通过开口孔型上辊的上下调节和立辊的左右调节，使通过其间的平直钢带变形为圆心角 $\theta \leqslant 270°$ 的"∪"形管坯，见配图 c	（1）上下辊缝间隙 $T = t - 0.05\text{mm}$，上平辊孔型必须与下平辊孔型几何对称；上下平辊轴要基本平行，两边施力应基本一致。薄管施力不宜大。 （2）立辊辊缝应约等于设计辊缝，根据现场调试情况可略大，也可略小；立辊孔型中心应与轧制中线重合。 （3）变型管坯出孔型后两边缘高度要基本一致。 （4）管坯外表面不允许有压痕、辊印和划伤。 （5）管坯边缘平直无波浪。 （6）变形管坯径向手感流畅无棱角	手轮扳手	c d
4	闭口孔型辊调整	通过闭口孔型平辊和立辊的上下、左右及对称性调整，将通过其间的"∪"形管坯变形为开口"O"形管坯，见配图 d	（1）辊缝间隙 $\Delta = 2 \sim 3\text{mm}$（$\phi76\text{mm}$ 以下、厚度不超过 2.5mm），管径越小一般间隙越小；反之越大。 （2）其余同上面的 2 和 3 中的 (2)~(6)	手轮扳手	

制定：　　审核：　　批准：　　签发：　　日期：

14.3 焊管质量管理

质量管理，历来不缺专著，更不缺专家，唯缺理论联系实际。因此，这里仅针对金属家具管的特点谈质量管理。

14.3.1 金属家具管的特点

金属家具管有 6 个特别之处：

（1）特别"娇气"。管壁较薄，壁厚通常在 0.3~2.0mm 范围内，要求所有接触者包括用户自己都必须轻拿轻放，不注意碰一下就是一个凹坑。

（2）特别要"脸面"。绝大多数管子都要进行电镀、喷粉、电泳等表面处理，不允许存在划痕、麻点、压痕、抖纹、波浪、竹节等表面缺陷。家具管的"脸面"是衡量家具管优劣的第一要素，因而要求家具管的直接生产者和接触者都必须小心、细心加精心。

（3）特别能"折腾"。家具管大多需要进行弯管、扩口、压扁、胀管、锥管、缩管、翻边等后续深加工，管坯和焊管品质将在这里接受最严苛的"破坏性"试验检查。这就警示焊管操作者，对于家具管的焊缝强度来不得半点侥幸，千万不要有赌一把的思想，因为一支 6m 长的管子，在使用者那里可能会被截成十几二十几截，甚至更多并进行加工，这样，焊缝强度的不稳定必将暴露无遗。同时也要求生产家具管的焊管机组和材料，其稳定性必须好。

（4）特别有"规矩"。家具管的公差尺寸大多比较严格，多数都要求有内配或外配，或内外配。就 $\phi 48mm \times 3.5mm$ 的水煤气管来说，$\pm 0.40mm$ 的公差带已经称得上高精度；可是对家具管而言，$\phi 48^{\pm 0.15}mm \times 1.0mm$ 客户都不一定满意。

（5）特别爱"挑剔"。用户对家具管的验收特别严苛，通常都需要经过实操检验后才收货；而且，事后出现问题还要找供应商，如喷粉后起泡、打弯后起皱等。这些都对焊管生产用料提出了更高的要求。

（6）特别"制造"。大多数家具管都是为满足特定客户的质量指标而生产的"特供产品"，一旦不达标将造成长期积压。

金属家具管的这些特点，要求生产者必须处处小心谨慎，杜绝赌徒心理，必须从人员培训、管坯质量、轧辊质量、换辊质量、调整质量、设备稳定运行以及强化生产过程监控和售后服务七个方面入手，强化金属家具管的质量管理。

14.3.2　金属家具管质量管理的内涵

14.3.2.1　员工培训

产品类别不同，质量要求各异，需要员工按不同标准进行操作与把控。而由于员工长期与某类管接触，会形成思维定式，譬如像表面轻微划伤这类缺陷，生产水煤气管的员工一般都"熟视无睹"；可是，对生产中高档金属家具管的员工来说，则必须睁大眼睛，迅速查明原因予以消除，甚至要停机检查。因此，员工、尤其是生产金属家具管的员工，上岗前必须接受严格的岗前培训，熟知工作内容与品质要求；上岗后还必须由有经验的操作工言传身教，实例示范，达到对家具管的品质不枉不纵的目的。

14.3.2.2　管坯质量管理

管坯质量管理包括管坯采购质量管理、入库质量检查管理、分条质量管理、库存质量管理和中转过程质量管理等。

（1）管坯采购质量管理。高档金属家具管通常都需要进行弯曲、压扁、扩口、翻边、锥管、喷粉、电镀等后续加工，为此，要求管坯材质碳含量不宜超过 0.08%（其他也要合格），延伸率不宜低于 31%，硬度不宜高于 120HV，表面不允许存在针孔、气泡、脱皮、刮伤、凹坑、锈蚀、氧化层等；牌号则以 Q195、Q195L、SPCC 等冷轧退火板材或光亮退火带钢为首选。特别地，有时为了满足客户对焊管某些性能指标的特殊需求，还必须进行"特采"和"专款专用"。因为焊管坯料的遗传能力极强，遗传基因极其明显，管坯具有的任何缺陷，都会一个不少地在焊管上留下烙印。所以，作为生产高档金属家具管的企业，必须从源头上重视，将管坯采购纳入质量管理范畴。

（2）管坯入库检查。经验告诉我们，在管坯质量上不要相信任何供应商，要用怀疑的眼光看待供应商的所谓"质保书"；而消除疑虑的最好方法就是对拟入库的管坯实施严格的质量抽查。抽查样本数可参考供应商的质量信用。

对高档金属家具管管坯质量检查的项目可分为化学成分、力学性能、几何尺寸和表面目测四个部分。仅通过目测就能发现的管坯表面缺陷大致有裂边、缺口、倒边、浪边、S弯、锯齿、翻边、粘带、皱折、针孔、气泡、压坑、压线、凸点、散卷、脱皮、分层、翘皮、氧化皮、发霉（锌锈，镀锌板）等20项之多。显而易见，其中任意一项都会对焊管表面质量产生负面影响。

（3）管坯纵剪分条质量管理。要点有4个：1）宽度公差控制，它直接影响焊接质量和尺寸公差的稳定；2）管坯边缘毛刺高度控制，这对于薄壁管焊接和顺利去除外毛刺尤为重要；3）警惕管坯表面被划伤，尤其要留意出张力站后的管坯表面；4）包装与中转，这一阶段极易损伤管坯卷的侧面与内外圈，必须使用专用吊钩，严禁使用钢丝绳。

（4）管坯库存质量管理。对金属家具管用管坯，库存管理的关键，一是防锈蚀，应定期喷洒防锈油；二是堆放码垛时不要碰伤管坯表面和侧面；三是进出库吊运过程中防止散卷与碰伤。

14.3.2.3 轧辊质量管理

轧辊质量管理包括两部分，一是轧辊形成管理，如材质要求、孔型设计、机加工和热处理；二是轧辊使用过程的管理。前者的质量主要由专业轧辊生产厂家保证，焊管企业只需按事先约定的质量要求验收即可；后者主要指轧辊首次入库、领取、使用、归还、修复等，是焊管企业轧辊管理的重点。

（1）轧辊入库管理。新轧辊进入工厂后，必须由质量检验部门按订货合同进行质量验收，其流程如图14-1所示。重点放在轧辊机加工精度、硬度、孔型光洁度等方面，合格后仓管部门必须为轧辊建立档案，并跟踪录入轧辊基本信息和使用信息、修复信息等，格式参见表14-2。

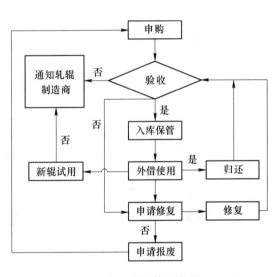

图 14-1 轧辊管理流程

表 14-2 轧辊档案

名　称	规　格	数　量						底　径	制造商	入库日期
		成　型		焊　接		定　径				
		平	立	挤	导	平	立			

使　用　记　录					
第 N 次	领用者	领用日期	归还日期	生产量	目　前　状　态

修 复 记 录						
修复辊名称	修复前底径	修复后底径	修 复 原 因	修复日期	申请修复人	批准修复人

记录人： 审核人：

（2）轧辊领用与归还管理。领用轧辊必须凭生产指令单并填写申领单。归还时，模具管理员既要清点数量，更要查看模具状态，孔型面有无结巴、缺肉、破损等，以便及时安排修复，并且对轧辊作必要的防锈处理；与此同时，调整工应认真填写模具归还单，如实描述模具使用过程中发生和发现的问题及其建议。轧辊管理员应将调整工反馈的问题与建议及时反映给生产技术部门。

（3）轧辊使用与修复管理。内容包括：

1）新轧辊使用。任何新轧辊第一次使用都必须经过试轧，顺利产出合格焊管后，技术部门确认轧辊合格。若产不出焊管，则应协同技术部分析原因；如果属于轧辊设计加工的问题，则知会外协部门通知供应商解决。

2）使用。首先要求在模具安装、拆卸、运输过程中，注意对轧辊孔型面的保护，避免孔型面相互撞击，不允许锤击孔型面；其次要求使用过程中注意观察孔型面的变化，对产生的磨损积瘤等及时进行处理；最后要特别注意轧辊使用过程中的冷却，防止冷却不充分导致孔型面变软，影响使用寿命与焊管质量。

3）修复。要慎重对待孔型修改与孔型修复，因为每一次修改或修复，都意味着轧辊使用寿命明显缩短。因此，轧辊修改与修复谁都可以提出来，但是必须经过技术部门论证许可，调试工个人无权擅自决定修复、修改轧辊孔型。

14.3.2.4 换辊质量

每一次的换辊质量。都将决定该次换辊后生产是否正常、质量是否稳定。它是焊管生产新周期的起点，怎么表述它的重要性都不为过。它包括换辊与换辊后的首次调试质量。

（1）换辊质量保证。必须注意以下三点：

1）清点轧辊数量。对照生产指令单，清点即将要更换的轧辊数量，有没有某些轧辊被其他机组占用，避免前期误工，后期赶工。

2）查看孔型面实际状况。这里强调一个观点，机械工人就应该机械一点，既要相信别人，但更要相信自己的眼睛。

3）执行严格的换辊工艺。俗话说，没有规矩，不成方圆，用在焊管生产和换辊方面最贴切。

（2）换辊调整质量。换辊调整对随后的生产影响深远。以外径尺寸公差控制为例，如果换辊后焊管外径公差带较宽，接近上下偏差，那么，轧辊磨损、管坯尺寸波动、设备精度变化等因数，都有可能导致焊管实际尺寸超上差或下差。换一种调法，尽可能将尺寸公差控制在公称尺寸附近，即便出现上述因数，焊管实际尺寸超出上下偏差的几率也会大大降低，焊管尺寸公差保有时间更长，焊管品质更稳定。

14.3.2.5 强化生产过程质量控制

由于焊管生产流程极短，管坯瞬间就转变成焊管，加强焊管生产过程的质量管控尤为重要，越早发现质量问题，损失就越小。为此，应该在焊管生产企业强制推行适合焊管行业特点的"首检"和"三检制"。

（1）焊管"首检"制。焊管行业的"首检"有三个内涵：

1）换辊后首检。系指换辊调整结束后，必须经由专职检验员对焊管质量进行全面检验、评估，合格并在首检记录上签字后方允许量产。未经首检，焊管生产线不得转入正常生产。

2）每日开机后首检。由于温度对焊管机组的影响较为明显，调试工必须坚持每日开机后首先对焊管进行全面质量检测，了解变化状态，尔后才可以进入正常生产程序。

3）较大调整动作后首检。这样能够有效防止调整工"当局者迷"，充分发挥第三方"旁观者清"的作用。

（2）焊管行业"三检"制。包括调整工自检、上下工序互检和专职检验员的巡检。

只有构建多层次、立体式的质量控制体系和质量控制网络，焊管质量才会有保障。

14.3.2.6 售后服务

焊管售后服务分初级和高级两个层次。

（1）初级售后服务。是被动式、应付式的服务，就像消防员接到火警报告，然后赶去灭火，即收到客户质量投诉，企业立即派员与客户进行沟通与处理。

（2）高层次售后服务。不仅强调事后处理、事中跟踪，更推崇事前跟进。以事后处理为例，简单的、就事论事的质量处理，实属低层次的售后服务；高层次售后服务应该站在客户操作工艺的高度审视焊管质量。不讳言地讲，有些焊管的"质量问题"完全可以通过恰当的操作而避免。如某客户需用方管冲压十字头，在随机操作方式下，会形成两条不同工艺路径，如图 14-2 所示。显然，工艺路径 b 优于 a，因为在 b 路径中，焊缝只经受一次拉拽；

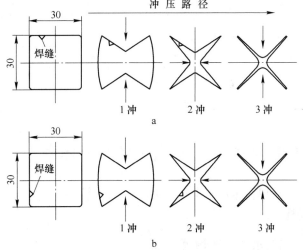

图 14-2 方管随机冲压十字头的两种工艺路径
a—焊缝易开裂的冲压路径；b—焊缝不易开裂的冲压路径

而在 a 路径中，焊缝被两次拉拽，需承受两次拉力的破坏，故对焊缝强度的要求高，焊缝开裂几率大增。因此，应建议用户改变操作习惯。

14.3.3 对专职质检员的岗位责任与考核管理

强化对质检人员岗位责任的考核，有利于界定质检员的质量责任，有利于与生产班组各司其职，各负其责，避免相互扯皮。质检员岗位责任考核细则参见表 14-3。

表 14-3　检员岗位责任考核细则表　　　　考核分：

考核项目分值	岗 位 责 任 及 考 核 细 则	细分分值	考核分值
工作态度 30	（1）严格执行《员工守则》，严重违反厂规厂纪的取消考核资格	9	
	（2）主动认真检查各机台的产品质量，及时反馈；反馈不及时一次扣 1 分	6	
	（3）主动全面了解不同客户的质量要求	6	
	（4）每日有重点地对重点焊管进行重点监控；监控不及时一次扣 1 分	5	
	（5）做好每日质量检查记录，缺一日扣 2 分	4	
岗位技能 40	（1）不漏检、不误检，避免出现批量性质量问题；漏检或误检一次扣 2 分	8	
	（2）发生批量性质量问题视数量和严重程度可取消奖励资格直至扣罚基本工资	6	
	（3）熟练掌握正压、侧压、扩口、缩管、翻边、弯管等检查方法与要求；要求做而未做一次扣 1 分；本项零分以下取消考核资格	6	
	（4）能识别管材、板材等产品的常规缺陷、放行尺度、可接受程度等；误检一次扣 2 分	5	
	（5）了解不抛光电镀、抛光电镀、喷粉、电泳等后处理工序对管材和板材的具体要求	4	
	（6）会使用并知晓卡尺、千分尺等测量工具及其基本原理，做到测量正确、读数准确；做好工量具保养	7	
	（7）会正确使用硬度计、拉力试验机	4	
协作精神 20	（1）服从指挥调度，一次不服从扣 4 分，本项零分或以下取消考核资格	8	
	（2）主动协助生产班组搞好产品质量	5	
	（3）从专业的角度配合业务部门协调处理对外质量异议；不配合的一次扣 1 分	4	
	（4）积极为相关部门提供质量检测数据，数据不准确一次扣 1 分	3	
考勤情况 10	（1）严格执行考勤制度的各项规定，缺勤一天扣 3 分，缺勤两天或以上取消奖励资格	6	
	（2）迟到或早退一次扣 2 分	4	
	（3）旷工取消奖励资格	0	

14.4　与焊管生产有关的指标体系

与焊管生产及考核有关的指标体系包括产量类、消耗类、品质类、效率类和薪酬类等指标。

14.4.1　产量类指标

用于衡量焊管产量的指标有吨（t）、米（m）、支。

（1）吨（t）。比较通用，常用的有吨/年、吨/月、吨/天、吨/班等；以吨作为对内计量口径，与购进管坯的计量口径一致，方便企业进行管理；作为对外计重单位，直观可见，客户认可。

（2）米和支。有利于横向比较同类机组的作业率与员工贡献率，以及按理论重量对外销售，多用于小直径管和细直径管，如千米（km）/班。缺点是需要在企业内部转换，所计算的成材率也不精确，对调整工技术、设备精度（外径负公差）和计数精准要求较高。一般不对外使用。当然，若控制得当且客户乐意接受以理论 kg/米计重，则对焊管生产企业较为有利。

14.4.2 消耗类指标

体现焊管生产过程消耗的指标主要有管坯消耗系数、成材率、辊耗、辅料消耗等。

（1）管坯消耗系数。是焊管生产最重要的经济指标之一。企业根据焊管生产难度、一个周期生产量、过往经验数据，给予生产者规定一个合理的消耗量，生产者据此领取管坯，库房据此发放管坯。若调整工操作不当，产生的废次品过多，势必导致成品数量不足并迫使生产者需要再次申领管坯，管理者便能够及时发现问题，有利于从源头上控制管坯消耗。表示方法见式（14-1）：

$$管坯消耗系数 = \frac{生产一定成品管需要的管坯重量}{成品焊管重量} > 1 \qquad (14-1)$$

其中大于1的部分即为允许消耗量。

（2）成材率。侧重从生产者的角度反映生产成果及原料耗费，与管坯消耗系数互为倒数，参见式（14-2）：

$$成材率 = \frac{生产的成品焊管重量}{投入的管坯重量} \times 100\% \qquad (14-2)$$

在计算成材率时，为了能反映班组的真实成材率，还可以将成材率分为毛成材率和净成材率，参见式（14-3）：

$$\begin{cases} 毛成材率 = \dfrac{生产的成品焊管重量(含包装物重)}{投入的管坯毛重} \times 100\% \\[2mm] 净成材率 = \dfrac{生产的成品焊管重量 - 包装物重}{投入的管坯毛重 - 包装物重} \times 100\% \end{cases} \qquad (14-3)$$

包装物这类物品，与每捆水煤气输送用焊管、厚壁管的重量相比可能微不足道；但是，对薄壁家具管来说，由于一捆管的重量通常只有 300~600kg，而每捆包装物却有 2~3kg，折合成材率就是好几个点，这样，在计算毛成材率时有时就会出现"儿子比老子还大"的怪事。由此可见，净成材率能更真实地反映班组实际生产水平。

（3）废次品率。废次品焊管是对停机、开机之间的开口管，机组调整时产生的公差、管形、表面不合格管，生产过程中产生的高毛刺管、表面压伤管、压扁开裂管、毛刺等的总称。计算式见式（14-4）：

$$废次品率 = \frac{投料重量 - 成品管重量}{投料重量} \times 100\% \qquad (14-4)$$

焊管废次品率、管坯消耗系数和成材率指标分别从不同角度反映管坯消耗情况，是衡量焊管企业管理水平、生产线运行质态、管坯质态、调整工调试水准的重要标准。

（4）轧辊消耗。计算辊耗的方法有两种：一是重量法，二是金额法，如式（14-5）：

$$\begin{cases} 预估辊耗(元/吨) = \dfrac{新轧辊重量 \times 单价 + 轧辊预估修复费用}{预估该套轧辊可生产的焊管重量} \\[2mm] 实际辊耗(元/吨) = \dfrac{新辊购置费 + \sum 该套轧辊的修复维护费}{\sum 用该套轧辊生产的所有焊管重量} \end{cases} \qquad (14-5)$$

比较而言，实际辊耗更完整地描述了一套轧辊的生命周期，所反映的成本更符合生产实际；同时，也从一个侧面反映轧辊质量；但是，等待这一数据的时间跨度有时会很长，不利于成本核算。而预估辊耗，则便于进行成本核算。

（5）辅料消耗。在焊管生产成本中，以金属家具管为例，生产用各种辅料占全部生产成本的 25%~30%，属于绝对大头。这就提醒焊管生产管理者要重视辅料消耗管理，制定相应规章制度鼓励生产工节约、合理使用辅助材料。通常用下式表达：

$$辅料消耗占比 = \frac{统计时段内生产用辅料消耗金额}{统计时段内的生产总成本} \times 100\% \qquad (14\text{-}6)$$

（6）电耗。是生产高频焊管的另一大消耗，构成焊管主要生产成本之一。消耗量因产品结构不同而差异较大，如金属家具管的电耗为 40~50 度/吨，小口径水煤气管的电耗在 20~30 度/吨之间；另外，计算口径不同，差异也较大。这里介绍其中的一种，参见式（14-7）：

$$电耗(度/吨或元/吨) = \frac{\sum 统计时段内生产线设备电耗(度或元)}{\sum 统计时段内生产焊管量(吨)} \qquad (14\text{-}7)$$

该计算方法有利于生产管理，如果再细一点，还可以在式（14-7）的基础上拓展出班产电耗、日产电耗、品种电耗等。

14.4.3　品质类指标

从管理角度看焊管品质指标，主要有焊管合格率、优等品率、批次合格率等。

（1）焊管合格率。是衡量焊管企业一定时期内总体质量水平的重要指标，参见式（14-8）：

$$焊管合格率 = \frac{合格焊管数量}{生产焊管总量} \times 100\% \qquad (14\text{-}8)$$

（2）优等品率。透过优等品率，可以窥见企业设备状态、调整工技术素养及管理水平。优等品率计算式参见式（14-9）：

$$焊管优等品率 = \frac{优等品焊管数量}{合格焊管总量} \times 100\% \qquad (14\text{-}9)$$

（3）批次合格率。是反映一定时期内焊管企业质量稳定程度、焊管机组运行稳定程度、质量控制水平及原材料品质状况的重要指标，如式（14-10）所示：

$$焊管批次合格率(月/季/年) = \frac{合格焊管批次数}{焊管生产批次数} \times 100\% \qquad (14\text{-}10)$$

14.4.4　效率类指标

说明焊管生产效率的指标主要有：机台运转率与平均换辊产量。前者预示焊管机组运行质态与订单饱和程度以及设备完好程度，后者反映每一订单量大小。

（1）机台运转率。见式（14-11）：

$$机台运转率 = \frac{机组实际运转时间}{制度工时} \times 100\% \qquad (14\text{-}11)$$

（2）平均换辊产量。透过这一指标，不仅可以看到平均订单量的大小，而且能够分析出企业的运行效率、产品类型和客户群体。表示方法如式（14-12）所示：

$$平均换辊产量(月或年) = \frac{\sum 月(年)生产合格焊管重量}{\sum 月(年)换辊次数} (吨/次) \qquad (14\text{-}12)$$

如果焊管企业平均换辊产量达大几十吨或数百吨以上，那么，至少可以据此判断该焊管厂的产品不可能是金属家具管，因为通常金属家具管每单订单量都在十几吨左右。

14.4.5　薪酬类指标

适合焊管企业生产员工的计酬方式主要有计时薪酬和计件薪酬。

14.4.5.1　计时薪酬

计时薪酬可分为时工薪酬、日工薪酬和月工薪酬三种。不同的计酬方式适合不同群体，如月工薪酬适合那些不宜计件的质检员、司磅员、仓管员等生产管理人员。薪酬计算方法为：

$$月工薪酬 = \frac{某岗位月薪}{规定月工作天数} \times 实际出勤天数 + 考核奖励 \qquad (14\text{-}13)$$

式中，实际出勤天数包括加班工时折合成的出勤天数。

14.4.5.2　计件薪酬

以生产合格焊管吨位和计件单价作为计算薪酬的依据，包括个人计件薪酬和集体计件薪酬两种。与焊管生产方式相符的是集体计件薪酬，然后再计算到生产工个人。

（1）生产工薪酬计算步骤。分两步：

第一步，计算集体计件薪酬。见式（14-14）：

$$集体计件薪酬 = 该集体生产合格焊管吨位 \times 集体计件单价 +$$
$$各种考核奖励 \qquad (14\text{-}14)$$

第二步，计算岗位薪酬。参见式（14-15）：

$$岗位薪酬 = 集体计件薪酬 \times \frac{岗位分值}{\sum 该集体岗位分值} \qquad (14\text{-}15)$$

或

$$岗位薪酬 = 集体计件薪酬 \times 岗位系数$$

一般情况下，所有岗位系数之和为1，特殊情况可以突破；但是岗位系数是典型的秤砣虽小压千金（斤），每一次调节都要慎之又慎，且不宜频繁变动，确保员工有一个心理预期。

（2）计件薪酬的形式。多种多样，更无优劣之说，企业可根据自身状况选择合适的计件方案，这里给出5种，仅供参考。

1）无限计件薪酬。就是不论集体生产多少合格焊管，都按统一的计件单价计算薪酬，也就是俗话说的上不封顶、下不保底。这种计件方式适合订单充足、生产任务饱满的焊管企业，鼓励员工尽可能地多生产，快交货。

2）累进计件薪酬。将预期合格焊管完成量分成数挡，当实际完成量达到哪一挡时，就用与之对应的计件单价，产量爬升台阶越高，计件单价越高。累进计件薪酬的使用环境同上，但激励目标更明确，激励作用更明显。

3）超定额计件薪酬。就是集体完成一定量的合格焊管按集体计时薪酬计算，超额完成部分按计件单价计算。它适合那些焊管订单波动大和订单量随季节性变化的焊管企业，这种计酬方式既对员工有一定保障，又能在订单饱满时激励员工多生产。

4）保底与计件并举薪酬。就是首先规定集体需要完成一定量（一般按正常产量的60%设定）的焊管，但是，由于客观原因导致其未完成，则该集体仍可获得一个保底薪酬；一旦超过保底产量后，就全额按计件方式计算薪酬。该方式的优点是对员工有一个基本保障，有利于稳定生产工；缺点是在保底产量的临界点附近时，生产工积极性不高，这就需要辅之以必要的考核。

5）保底 + 计件 + 其他考核并举的薪酬。与 4）的区别在于：为了克服上述弊端，增加了相关考核奖励，薪酬内容更加丰富，薪酬计算方法详见式（14-16）：

$$保底、计件加考核薪酬 = \begin{cases} 保底薪酬 + 考核（质量、成材率、完成订单、\\ \quad 辅料消耗、安全、文明生产等）薪酬 \quad（\leqslant 保底产量）\\ 焊管吨位 \times 计件单价 + 考核（质量、成材率、完成订单、\\ \quad 辅料消耗、安全、文明生产等）薪酬 \quad（> 保底产量）\end{cases}$$

$$(14\text{-}16)$$

这种计酬方式，不再单纯以产量作为唯一考核的依据，员工也不再单纯以产量论英雄，有利于引导生产工、计件集体规范行为准则，有利于促进企业各项管理工作上新台阶，最终有利于降低焊管生产成本、增强企业竞争力、提高焊管企业经济效益。

总之，无论是焊管生产管理，还是焊管调整、孔型设计，既要重视焊管理论研究与探索、学习与创新；更应坚持理论联系实际，重视焊管生产实践，用日新月异的实践成果不断充实、完善焊管理论，同时用日臻成熟的理论成果指导焊管实践，促进高频直缝焊管理论与实践相得益彰，焊管事业才会永远充满生气与活力。

参 考 文 献

[1] 首都电焊钢管厂. 高频直缝焊管生产 [M]. 北京：冶金工业出版社，1982.

[2] 曹国富. 用系统论指导焊管调整 [J]. 焊管，1994 (1).

[3] 曹国富. 定径辊磨损机理及半包容孔型 [C]. 第五届环太平洋国际模具钢会议论文集，1998.

[4] 曹国富. 试论双半径成型底线 [J]. 上海金属，1997 (4).

[5] 焊管编辑部. 焊管生产现代化 [J]. 焊管，1990 (专刊).

[6] 曹国富. 用成组技术生产焊管的可行性分析 [J]. 钢管，1997 (1).

[7] 付作宝. 冷轧薄钢板生产 [M]. 2 版. 北京：冶金工业出版社，2006.

[8] 曹国富. 带钢表面氧化层对焊管焊缝质量的影响简析 [J]. 上海金属，1998 (4).

[9] 曹国富. 管坯宽度数学模型 [J]. 焊管，1998 (3).

[10] 宋佩纯，韦光. 板带钢生产工艺学 [M]. 西安：西安交通大学出版社，1987.

[11] 曹国富. 试论偏心成型立辊 [J]. 钢管，1999 (6).

[12] 曹国富. 直缝焊管机组定径平辊底递增量的探讨 [J]. 钢管，2002 (2).

[13] 侯荣涛. Auto CAD2007 计算机辅助设计教程（中文版）[M]. 北京：中国电力出版社，2008.

[14] 曹国富. 联横合纵是焊管企业走出困境的途径 [J]. 焊管，2000 (5).

[15] 曹国富. 挤压辊疲劳破坏的热力学分析 [J]. 轧钢，2000 (5).

[16] 刘继英，艾正青. 冷弯成型的 CAD/CAM/CAE 技术 [J]. 焊管，2006，29 (2).

[17] 曹国富. 大中型焊管企业面对 WTO 可采取的策略 [J]. 焊管，2001 (5).

[18] 蔡自新，徐光佑. 人工智能及其应用 [M]. 北京：清华大学出版社，2004.

[19] 曹国富. 采用公称尺寸设计法设计异型轧辊孔型 [J]. 钢管，2005 (3).

[20] 曹国富. 斜置平椭圆管孔型设计 [J]. 焊管，2005 (1).

[21] 姚涵珍，周桂英，楚大庆，等. Auto CAD2004 交互工程绘图及二次开发 [M]. 北京：机械工业出版社，2004.

[22] 曹国富. 方矩管孔型的纯角设计 [J]. 焊管，2009 (10).

[23] 介升旗. ERW 焊管压扁试验性能评价与提高 [J]. 焊管，2005 (5).

[24] 曹国富. 小直径厚壁管用成型孔型 [J]. 焊管，2010 (10).

[25] 赵继业. 金属塑性变形与轧制理论 [M]. 北京：冶金工业出版社. 1980.

[26] 曹国富. 不等壁厚高频焊方钢管的试制 [J]. 钢管，2011 (3).

[27] 陈传明，邹宜民. 管理学原理 [M]. 南京：南京大学出版社，1994.

[28] 曹国富. 薄壁管用 W 成型孔型再探讨 [J]. 焊管，2011 (9).

[29] 曹国富. R 凹槽方钢管的试制 [J]. 钢管，2012 (3).

[30] 许镇宇，邱宣怀. 机械零件 [M]. 北京：高等教育出版社，1986.

[31] 曹国富. 弯管异常起皱的成因分析 [J]. 焊管，2012 (11).

[32] 曹国富，曹丽珠. 标准平椭圆管孔型的系数设计法 [J]. 钢管，2012 (6).

[33] 曹国富. 左切式热切锯对管口形变的改善机理 [J]. 焊管，2013 (4).

[34] 王先进. 冷弯型钢生产及应用 [M]. 北京：冶金工业出版社，1994.

[35] 曹国富. 圆变方孔型的系数设计法 [J]. 焊管，2014 (7).

[36] 曹国富. V 形区管坯边缘的控制 [J]. 焊管，1993 (1).

[37] 吕炎. 锻压成型理论与工艺 [M]. 北京：机械工业出版社，1991.

[38] 韩国明. 焊接工艺理论与技术 [M]. 北京：机械工业出版社，2007.

[39] 曹国富. 当前焊管企业可采取的策略 [J]. 焊管，1997 (6).

[40] 成大先. 机械设计手册 [M]. 4 版. 北京：化学工业出版社，2003.

[41] 曹国富. 简析影响焊管质量的带钢增量 [J]. 上海金属, 1998 (4).

[42] 曹国富. 焊接钢管管坯成型过程中鼓包的预防 [J]. 焊管, 1999 (1).

[43] 陈熙谋, 赵凯华. 电磁学 [M]. 北京: 高等教育出版社, 1985.

[44] 曹国富, 曹丽珠. 半椭圆闭口孔型分析 [J]. 焊管, 2001 (1).

[45] 樊映川, 等. 高等数学讲义 (上、下册) [M]. 北京: 人民教育出版社, 1958.

[46] Lin Jiying, Sedlmaire A. Computer Aided Design for Rollforming Shaped Tube (1) [C]. Proeedings of the TUBETECH China 2002. Shanghai: The 5th Intemational Conferenec for The Production and Processing of Ferrous and Nonferrous Tube, Pipe and Tubular Products, 2002: 87~92.

[47] 曹国富. 挤压辊轴仰角的形成机理及改进 [J]. 钢管, 2001 (5).

[48] 杨仙等. 虚拟制造技术应用于焊管生产的探索 [J]. 焊管, 2006, 29 (5).

[49] 曹国富. 试论直缝焊管管坯边缘双半径成型 [J]. 钢管, 2002 (3).

[50] 班纳吉. 虚拟制造 [M]. 北京: 清华大学出版社, 2005.

[51] 曹国富. 斜置梭子管孔型设计 [J]. 焊管, 2005 (5).

[52] 赵亚涛. 高频厚壁管焊接质量的影响因素 [J]. 焊管, 2006 (6).

[53] 曹国富, 卢启威. 方矩管管壁增厚的原因分析 [J]. 焊管, 2010 (7).

[54] 戴生宙, 等. 机械基础 [M]. 北京: 科学普及出版社, 1982.

[55] 曹国富. 高频直缝焊网孔管的试制 [J]. 钢管, 2010 (4).

[56] 王国栋. 板形控制与板形理论 [M]. 北京: 冶金工业出版社, 1986.

[57] 曹国富. 异形管孔型设计的 CAD 组装法 [J]. 钢管, 2013 (6).

[58] 曹国富. 简析影响焊管质量的带钢增量 [J]. 上海金属, 1995 (4).

[59] 郑文伟, 吴克坚. 机械原理 [M]. 北京: 高等教育出版社, 1997.

[60] 曹国富. 异型管先成槽圆再变异工艺 [J]. 焊管, 2012 (7).

[61] 李惠忠. 钢铁金相学与热处理常识 [M]. 北京: 冶金工业出版社, 1975.

[62] 曹国富. 试论用解析法优化薄壁管成型孔型设计 [J]. 钢管, 2011 (3).

[63] 黄祥成, 胡农, 李德富. 机修钳工技师手册 [M]. 北京: 机械工业出版社, 2002.

[64] 朱明栓, 章树生. 虚拟制造系统与现实 [M]. 西安: 西北工业大学出版社, 2001.